画法几何及机械制图

主 编 曾 红 姚继权

北京理工大学出版社
BEIJING INSTITUTE OF TECHNOLOGY PRESS

内 容 简 介

本书依照高等学校工科制图课程教学指导委员会制订的《画法几何及工程制图课程教学基本要求》，根据作者多年的教学经验及近几年来教学改革成果编写而成。

全书共12章，主要内容有：制图的基本知识与技能；点和直线；平面；投影变换；立体及其表面交线；组合体的视图；机件常用的表达方法；轴测投影图；零件图；标准件和常用件；装配图；其他工程图。本书采用了最新的国家标准，配有12个附录以方便读者查用。

本书可作为普通高等院校机械类、近机械类等专业的教材，也可作为教师和工程技术人员的参考书。

图书在版编目（CIP）数据

画法几何及机械制图/曾红，姚继权主编.—北京：北京理工大学出版社，2014.7（2020.8重印）

ISBN 978-7-5640-9109-5

Ⅰ.①画… Ⅱ.①曾… ②姚… Ⅲ.①画法几何-高等学校-教材 ②机械制图-高等学校-教材 Ⅳ.①TH126

中国版本图书馆CIP数据核字（2014）第110347号

出版发行/北京理工大学出版社有限责任公司
社　　址/北京市海淀区中关村南大街5号
邮　　编/100081
电　　话/（010）68914775（总编室）
　　　　　82562903（教材售后服务热线）
　　　　　68948351（其他图书服务热线）
网　　址/http://www.bitpress.com.cn
经　　销/全国各地新华书店
印　　刷/唐山富达印务有限公司
开　　本/787毫米×1092毫米 1/16
印　　张/24
字　　数/556千字
版　　次/2014年7月第1版 2020年8月第6次印刷
定　　价/55.00元

责任编辑/张慧峰
文案编辑/多海鹏
责任校对/周瑞红
责任印制/马振武

编委会名单

编写说明

根据教育部教高［2011］5号《关于“十二五”普通高等教育本科教材建设的若干意见》文件和“卓越工程师教育培养计划”的精神要求，为全面推进高等教育理工科院校“质量工程”的实施，将教学改革的成果与教学实践的积累体现到教材建设和教学资源统合的实际工作中去，以满足不断深化的教学改革需要，更好地为学校教学改革、人才培养与课程建设服务，确保高质量教材进课堂。为此，由辽宁工程技术大学机械工程学院、沈阳工业大学机械工程学院、大连交通大学机械工程学院、大连工业大学机械工程与自动化学院、辽宁科技大学机械工程与自动化学院、辽宁工业大学机械工程与自动化学院、辽宁工业大学汽车与交通工程学院、辽宁石油化工大学机械工程学院、沈阳航空航天大学机电工程学院、沈阳化工大学机械工程学院、沈阳理工大学机械工程学院、沈阳理工大学汽车与交通学院、沈阳建筑大学交通与机械工程学院等辽宁省11所理工科院校机械工程学科教学单位组建的专委会和编委会组织主导，经北京理工大学出版社、辽宁省11所理工科院校机械工程学科专委会各位专家近两年的精心组织、工作准备和调研沟通，以创新、合作、融合、共赢、整合跨院校优质资源的工作方式，结合辽宁省11所理工科院校对机械工程学科和课程教学理念、学科建设和体系搭建等研究建设成果，按照当今最新的教材理念和立体化教材开发技术，本着“整体规划、制作精品、分步实施、落实到位”的原则确定编写机械设计与制造、机械电子工程及车辆工程等机械工程学科课程体系教材。

本套丛书力求结构严谨、逻辑清晰、叙述详细、通俗易懂，全书有较多的例题，便于自学，同时注意尽量多给出一些应用实例。

本书可供高等院校理工科类各专业的学生使用，也可供广大教师、工程技术人员参考。

辽宁省11所理工科院校机械工程学科建设及教材编写专委会和编委会

2013年6月6日

前 言

Qianyan

本书依照高等学校工科制图课程教学指导委员会制订的《画法几何及工程制图课程教学基本要求》，以培养应用型人才为目标，通过多年的教学改革的探索，在总结和吸取教学经验的基础上编写而成。

本书的特点：

(1) 全书采用了最新颁布的《技术制图》《机械制图》国家标准等有关的最新标准，根据需要选择并分别编排在正文或附录中，以培养学生贯彻最新国家标准的意识和查阅国家标准的能力。

(2) 教材强调"以学生为主体，以教师为主导"的教学理念，大部分例题既有解题分析，又有分步的解题方法和画图方法；各章的结尾均有小结，总结本章的内容重点与教学要求，便于学生掌握。

书中的所有插图全部采用计算机绘图和润饰，大大提高了插图的准确性和清晰度。同时根据教学实践体会，对一些重点、难点或需提示的内容进行了必要的文字说明。全书采用双色印刷，既方便教师讲课辅导，又便于学生自学。

(3) 与本书配套的习题集为曾红、姚继权主编的《画法几何及机械制图学习指导》，该书为各章的学习配备了大量的练习题，并对每章学习的内容、题目的类型进行了归纳和总结，配合典型例题的解题示例对解题的方法和思路进行了详细的解答。同时《画法几何及机械制图学习指导》配备了电子模型的光盘，有助于学习者了解模型的结构，克服解题过程中空间想象的困难。

本书由曾红、姚继权主编。参加本书编写的人员有：曾红（绪论、第1章），胡亚彬（第2章1~2节、第4章），于晓丹（第2章3~5节），晋伶俐（第3章），姚芳萍（第5章），陈鸿飞（第6章），刘佳（第7、8章、附录），姚继权、朱会东（第9~12章）。

倪杰、周孟德、吕吉、苏国营参加了教材部分图形绘制与修改工作。

胡建生审阅了全书，并提出了很多宝贵的意见，在此表示感谢。

限于水平，书中不当之处在所难免，欢迎读者批评指正。

编 者

Contents

目 录

目 录

Contents

目 录

目 录

绪　论

0.1　课程的地位、性质和任务

工程图学是一门研究工程图样的绘制、表达和阅读的应用科学。为了正确表示出机器、设备及建筑物的形状、大小、规格和材料等内容，通常将物体按一定的投影方法和技术规定表达在图纸上，这就称为工程图样。工程图样和文字、数字一样，也是人类借以表达、构思、分析和进行技术交流的不可缺少的工具之一。如设计者通过图样描述设计对象，表达其设计意图；制造者通过图样组织制造和施工；使用者通过图样了解使用对象的结构和性能，进行保养和维修。因此，工程图样被认为是工程界共同的技术语言，工程技术人员必须熟练地掌握这种语言。

本课程主要研究应用正投影法绘制与阅读机械工程图样的原理和方法，其是高等工科院校理工科各专业重要的技术基础课，通过本课程的学习，可以培养学生绘制和阅读工程图样的能力、形象思维能力及创造性构思能力，为学生学习相关的后续课程及进行课程设计、毕业设计等创造性设计奠定必备的基础。

本课程的主要任务：

（1）培养应用正投影方法及二维平面图形表达三维空间形体的能力。

（2）培养徒手绘图、尺规绘图的综合能力及阅读机械图样的能力。

（3）培养对空间形体的形象思维能力和初步的构思造型能力。

（4）培养工程意识和贯彻执行国家标准的意识。

（5）培养认真、严谨的工作态度。

0.2　课程的学习内容

课程内容包括画法几何、制图基本知识与技能、制图基础及工程制图四个部分。

（1）画法几何：学习用正投影法表达空间几何形体与图解空间几何问题的基本原理和方法。

（2）制图的基本知识与技能：学习绘制图样的基本技术和基本技能，学习《技术制图》与《机械制图》国家标准的基本规定，让学生能正确使用绘图工具和仪器绘图，掌握常用的几何作图方法，做到作图准确、图线分明、字体工整、整洁美观，会分析和标注平面图形尺寸。

（3）制图基础：利用正投影法的基本知识，运用形体分析和线面分析方法，进行组合体的画图、读图和尺寸标注，掌握各种视图、剖视图、断面图的画法及常用的简化画法和其他规定画法，做到视图选择和配置恰当，投影正确，尺寸齐全、清晰。通过学习和实践，培养学生空间逻辑思维和形象思维能力。

（4）工程制图：包括零件图、标准件、常用件和装配图等内容。了解零件图、装配图的作用及内容，掌握视图的选择方法和规定画法，学习极限与配合及有关零件结构设计与加工工艺的知识和合理标注尺寸的方法。培养学生绘制和阅读零件图、装配图的基本能力。

0.3 本课程的学习方法

本课程既有投影理论，又有较强的工程实践性，各部分内容既紧密联系，又各有特点。根据本课程的学习要求及各部分内容的特点，这里简要介绍一下学习方法。

（1）在学习“画法几何”部分时，应深刻理解投影理论的基本概念和基本原理，结合作业将投影分析、几何作图同空间想象、逻辑分析结合起来，通过不断“由物画图、由图想物”，逐步建立起二维平面图形和三维空间物体之间的对应关系，将画图与读图贯穿于学习过程，始终突出一个“练”字，逐步培养学生空间逻辑思维与形象思维的能力。

（2）在学习“制图的基本知识与技能”部分时，要准备一套合乎要求的制图工具，掌握绘图工具的使用方法以及徒手绘图的技巧，并自觉遵守国家标准中有关技术制图和机械制图的相关规定。

（3）在学习“制图基础”部分时，通过听讲和自学，掌握与运用形体分析法和线面分析法等构形分析的理论及方法，善于把复杂的问题转化为简单的问题，逐步提高独立看图、画图的能力。

（4）在学习“工程制图”部分时，要通过机械设计和制造基础认知，了解设计和加工一些工程的背景知识，如典型的工艺结构，车削、钻孔及螺纹、键槽等加工方法，铸造加工方法等。掌握典型零件的表达规律和装配图的表达方法，通过一定的零部件测绘与尺规图板练习，掌握零件和部件绘制及阅读的基本方法，并通过零件图与装配图的绘制和阅读，逐步提高查阅有关标准和资料手册的能力。

第 1 章　制图的基本知识与技能

【本章知识点】

(1)《技术制图》与《机械制图》国家标准中的一些基本规定。

(2) 常用的几何作图方法。

(3) 平面图形的尺寸分析、线段分析和基本作图步骤。

(4) 绘图仪器和绘图工具的使用方法。

1.1　制图国家标准的基本规定

技术图样是表达工程技术，产品调研、论证、设计、制造及维修得以顺利进行的必备技术文件。为了适应现代化生产、管理的需要，便于技术交流，国家制定并颁布了一系列国家标准，简称“国标”，它包含三个标准：强制性国家标准（代号为“GB”）、推荐性国家标准（代号为“GB/T”）、指导性国家标准（代号为“GB/Z”），其后的数字为标准顺序号和发布的年代号，如“图纸的幅面和格式”的标准编号为 GB/T 14689—2008。

需要说明的是，许多行业都有自己的制图标准，如机械制图、土建制图和船舶制图等，其技术的内容均较专业和具体，但都不能与国家标准《技术制图》的内容相矛盾，只能按照专业的要求进行补充。

1.1.1　图纸幅面和格式（GB/T 14689—2008）

1. 图纸幅面

图纸的幅面是指图纸宽度与长度组成的图面。当绘制技术图样时，应优先采用表 1－1 所规定的基本幅面尺寸。基本幅面共有五种，即 A0、A1、A2、A3、A4 和 A5。

表 1－1　基本幅面（摘自 GB/T 14689—2008）　　mm

幅面代号	幅面尺寸	周边尺寸		
	$B \times L$	a	c	e
A0	841 × 1 189	25	10	20
A1	594 × 841			

续表

<table>
<tr><th rowspan="2">幅面代号</th><th>幅面尺寸</th><th colspan="3">周边尺寸</th></tr>
<tr><th>$B \times L$</th><th>a</th><th>c</th><th>e</th></tr>
<tr><td>A2</td><td>420 × 594</td><td rowspan="3">25</td><td>10</td><td rowspan="3">10</td></tr>
<tr><td>A3</td><td>297 × 420</td><td rowspan="2">5</td></tr>
<tr><td>A4</td><td>210 × 297</td></tr>
</table>

图 1－1 中粗实线所示为基本幅面，必要时，可以按规定加长图纸的幅面，加长幅面的尺寸由基本幅面的短边成整数倍增加后得出；细实线所示为加长幅面的第二选择；虚线所示为加长幅面的第三选择。

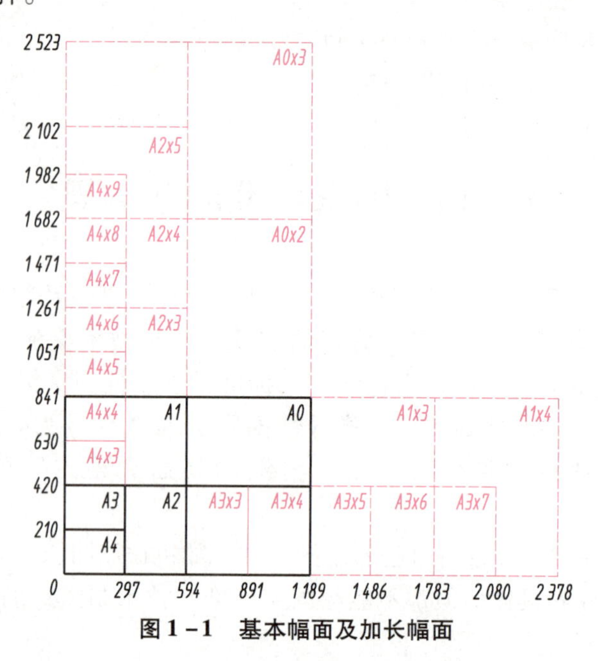

图 1－1　基本幅面及加长幅面

2. 图纸格式

图纸上限定绘图区域的线框称为图框。图框在图纸上必须用粗实线画出，其格式分不留装订边和留装订边两种，同一产品的图样只能采用一种图框格式。不留装订边的图纸，其图框的格式如图 1－2 所示；留装订边的图纸，其图纸格式如图 1－3 所示。

为了复制或缩微摄影的方便，应在图纸各边长的中点处绘制对中符号。对中符号是从周边画入图框内 5mm 的一段粗实线。当对中符号处在标题栏范围内时，则伸入标题栏内的部分予以省略，如图 1－2 和图 1－3 所示。

3. 标题栏与明细栏（GB/T 10609. 1—2008、GB/T 10609. 2—2009）

标题栏一般位于图纸的右下角，如图 1－2 和图 1－3 所示，其一般由名称及代号区、签字区和更改区等组成，格式和尺寸由 GB/T 10609. 1—2008 规定。图 1－4 所示为该标准提供的标题栏格式，各设计单位可根据自身需求重新定制。在学校的制图作业中，为了简化作图，推荐使用简化的标题栏，如图 1－5 所示。

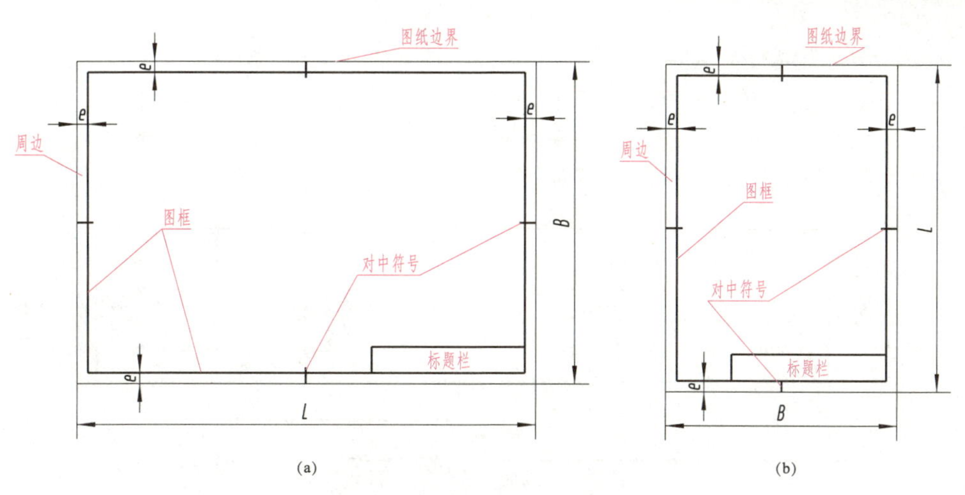

(a)　　(b)

图 1-2　不留装订边的图框格式

(a) X 型图纸；(b) Y 型图纸

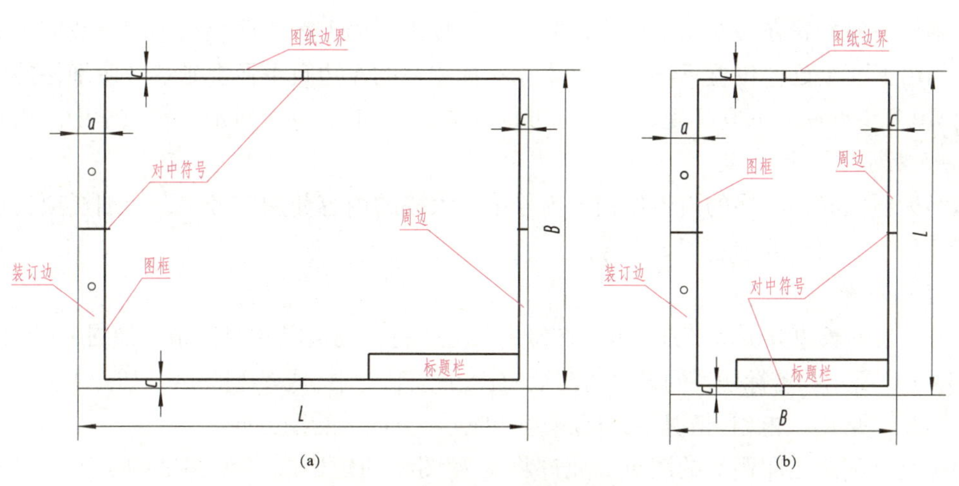

(a)　　(b)

图 1-3　留装订边的图框格式

(a) X 型图纸；(b) Y 型图纸

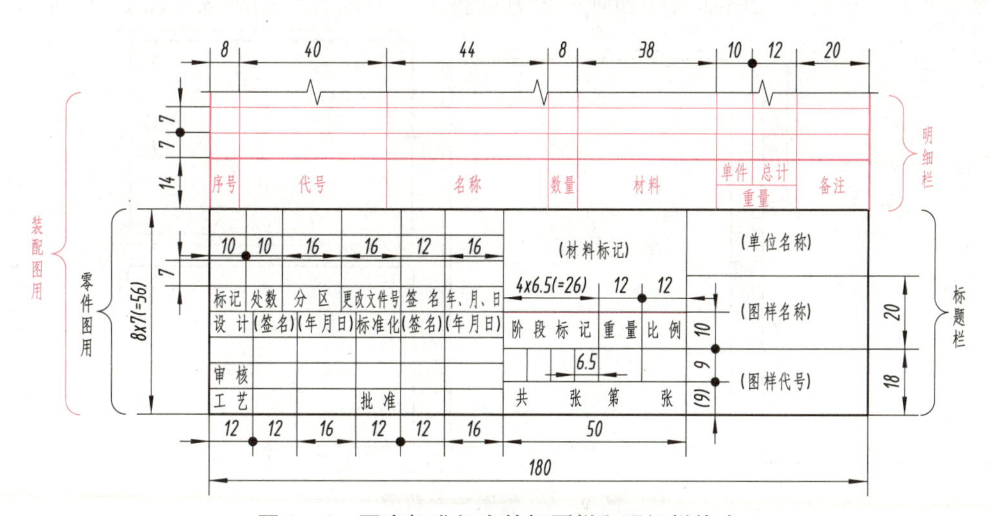

图 1-4　国家标准规定的标题栏和明细栏格式

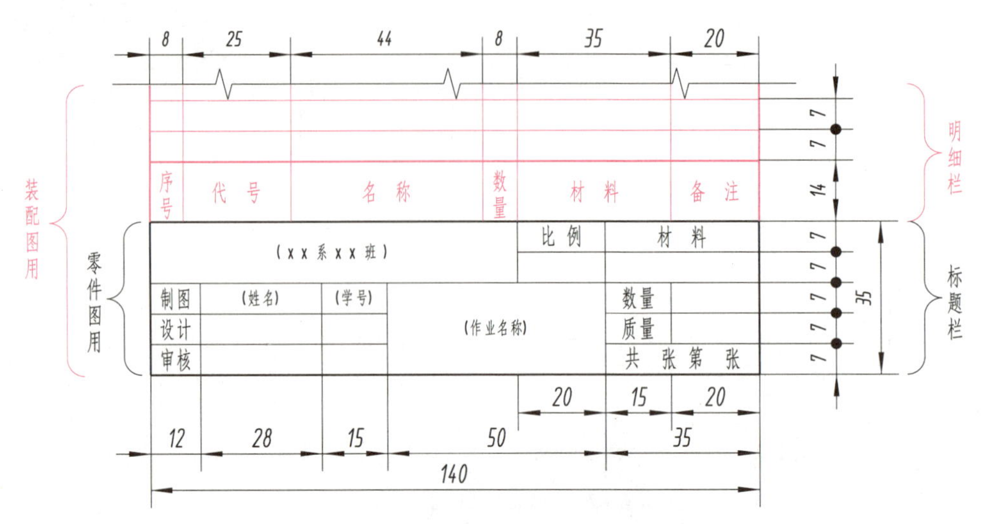

图 1-5 教学中推荐使用的简化标题栏和明细栏的格式

明细栏一般配置在装配图中标题栏的上方，按由下而上的顺序填写，其格数应根据需要而定。当由下而上延伸位置不够时，可紧靠在标题栏的左边自下而上延续。明细栏的格式和尺寸由 GB/T 10609. 2—2009 规定，该标准推荐的格式如图 1-4 所示，在教学中的简化格式如图 1-5 所示。

填写标题栏时，小格的内容使用 3. 5 号字，大格的内容使用 7 号字，明细栏项目栏中的文字用 7 号字，表中的内容用 3. 5 号字。

4. 方向符号

若标题栏的长边置于水平方向并与图纸的长边平行，则构成 X 型图纸，如图 1-2（a）和图 1-3（a）所示；若标题栏的长边与图纸的长边垂直，则构成 Y 型图纸，如图 1-2（b）和图 1-3（b）所示。在此种情况下，标题栏中的文字方向为看图方向。

为了充分利用已印刷好的图纸，允许将 X 型图纸的短边或 Y 型图纸的长边置于水平位置使用，此时看图的方向与标题栏中的文字方向不一致。为了表明绘图和看图的方向，此时须在图纸下方对中符号处用细实线加画一个方向符号，方向符号的画法如图 1-6 所示。

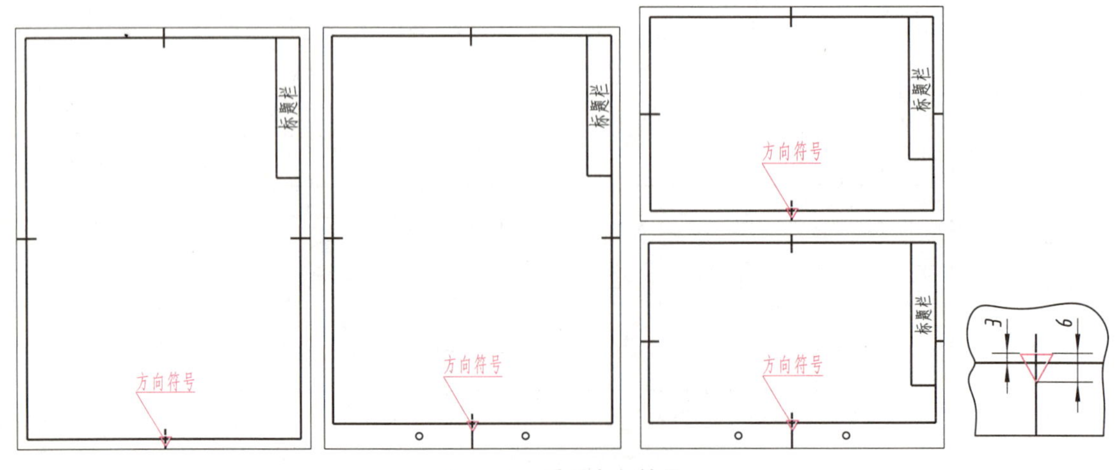

图 1-6 看图方向符号

1.1.2　比例（GB/T 14690—1993）

比例为图样中图形与实物相应要素的线性尺寸之比，分原值比例、放大比例和缩小比例三种。制图时应在表1-2“优先选择系列”中选取适当的绘图比例；必要时也允许在表1-2中“允许选择系列”中选取。

表1-2　图样比例（摘自 GB/T 14690—1993）

种类	定义	优先选择系列	允许选择系列
原值比例	比值为1的比例	1∶1	—
放大比例	比值大于1的比例	5∶1　2∶1 5×10^n∶1　2×10^n∶1　1×10^n∶1	2.5∶1　4∶1 4×10^n∶12.5$\times10^n$∶1
缩小比例	比值小于1的比例	1∶2　1∶5　1∶10 1∶2×10^n　1∶5×10^n　1∶1×10^n	1∶1.5　1∶2.5　1∶3　1∶4　1∶5 1∶6　1∶1.5×10^n　1∶2.5×10^n 1∶3×10^n　1∶4×10^n　1∶5×10^n 1∶6×10^n
注：n为正整数。			

应尽量采用原值比例（1∶1）画图，以便能直接从图样上看出机件的真实大小。绘制同一机件的各个视图一般采用相同的比例，并在标题栏的比例一栏中填写。若某个视图需采用不同的比例时，则应在该视图的上方另行标注。应注意，不论采用何种比例绘图，标注的尺寸数均应是机件的实际尺寸大小，如图1-7所示。

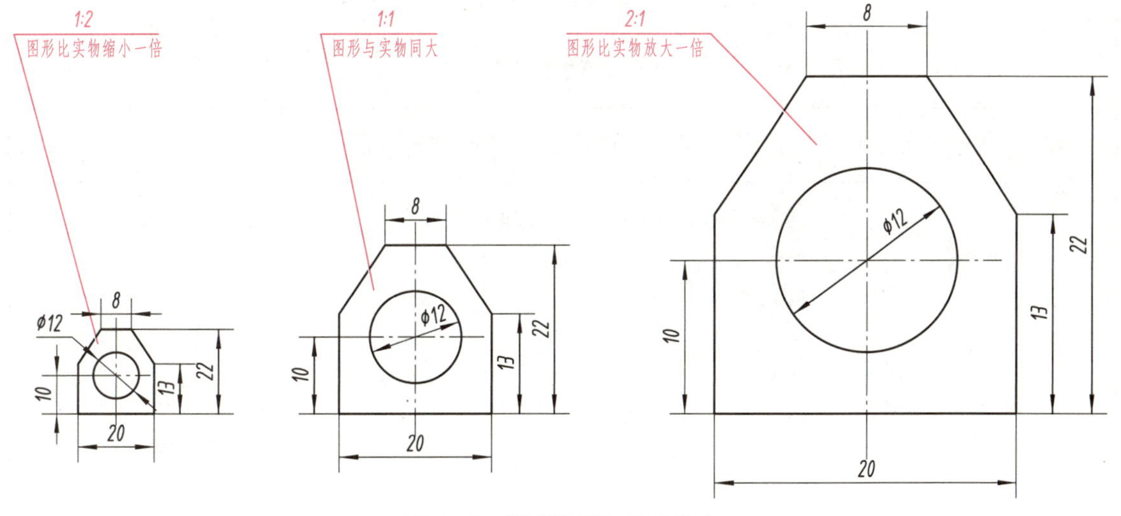

图1-7　图形比例与尺寸数字

1.1.3　字体（GB/T 14691—1993）

字体指的是图中汉字、字母、数字的书写形式。图样中的字体书写必须做到：字体工整、笔画清楚、间隔均匀、排列整齐。

1. 一般规定

（1）字体的号数即字体的高度，用 h 表示，其公称尺寸系列为：1.8mm、2.5mm、3.5mm、5mm、7mm、10mm、14mm、20mm。如需书写更大的字，则其字体高度应按$\sqrt{2}$的比率递增。

（2）汉字应写成长仿宋体，并应采用国家正式公布推行的简化字。汉字的高度不应小于3.5mm，其字宽一般为$h/\sqrt{2}$。

（3）字母和数字分为A型和B型。A型字体的笔画宽度 $d=h/14$；B型字体的笔画宽度 $d=h/10$。在同一图样上，只允许使用一种型式的字体。

（4）字母和数字可写成斜体和直体，斜体字的字头向右倾斜，与水平基准线成75°。图样上一般采用斜体字。

（5）用作指数、分数、极限偏差、注脚的数字及字母，一般采用小一号字体。

2. 字体示例

汉字、数字和字母的示例见表1－3。

表1－3　字体示例

字体		示例
长仿宋体汉字	5号	字体工整 笔画清楚 间隔均匀 排列整齐
	3.5号	横平竖直 结构均匀 注意起落 填满方格
拉丁字母	大写斜体	*ABCDEFGHIJKLMNOPQRSTUVWXYZ*
	小写斜体	*abcdefghijklmnopqrstuvwxyz*
阿拉伯数字	斜体	*0123456789*
	正体	0123456789
字体应用示例		$10JS5(\pm 0.003)$　$M24-6h$　$R8$　10^{3}　S^{-1}　5%　D_{1}　T_{d}　$380kPa$　m/kg $\phi 50^{+0.010}_{-0.023}$　$\phi 45\frac{H6}{f5}$　$\sqrt{Ra\,6.3}$ (with ▽)　$360r/min$　$220V$　l/mm　$\frac{II}{1:2}$　$\frac{3}{5}$　$\frac{A}{5:1}$

1.1.4 图线（GB/T 4457.4—2002、GB/T 17450—1998）

图线是起点和终点以任意方式连接的一种几何图形，它可以是直线或曲线、连续线或不连续线。当图线长度小于或等于图线宽度的一半时，称为点。

1. 图线的线型与应用

国家标准 GB/T 4457.4—2002《机械制图　图样画法　图线》规定了在机械图样中常用的9种图线，其代码、线型、名称及一般应用见表1-4。图线的应用示例如图1-8所示。

表1-4　机械制图中的线型与应用

代码 No	线型	名称	线宽	一般应用
01.1		细实线	约 $d/2$	① 尺寸线及尺寸界线； ② 剖面线； ③ 过渡线； ④ 指引线和基准线； ⑤ 重合断面的轮廓线； ⑥ 短中心线； ⑦ 螺纹的牙底线及齿轮齿根线； ⑧ 范围线及分界线； ⑨ 辅助线； ⑩ 投影线； ⑪不连续同一表面连线； ⑫成规律分布的相同要素线
		波浪线	约 $d/2$	① 断裂处的边界线； ② 视图和剖视分界线
	4d　24d　6d　30°	双折线	约 $d/2$	① 断裂处的边界线； ② 视图和剖视分界线
01.2	d	粗实线	d	① 可见棱边线； ② 可见轮廓线； ③ 相贯线； ④ 螺纹牙底线； ⑤ 螺纹长度终止线； ⑥ 齿顶线； ⑦ 螺纹长度终止线； ⑧ 齿顶圆（线）； ⑨ 剖切符号用线

续表

代码 No	线型	名称	线宽	一般应用
02. 1	12d 3d	细虚线	约 $d/2$	① 不可见棱边线； ② 不可见轮廓线
02. 2		粗虚线	d	允许边面处理的表示线
04. 1	6d 24d	细点画线	约 $d/2$	① 轴线、对称中心线； ② 分度圆（线）； ③ 孔系分布的中心线； ④ 剖切线
04. 1		粗点画线	d	限定范围表示线
05. 1	9d 24d	细双点画线	约 $d/2$	① 相邻辅助零件的轮廓线； ② 可动零件的极限位置的轮廓线； ③ 剖切面前的结构轮廓线； ④ 成形前轮廓线； ⑤ 轨迹线； ⑥ 毛坯图中制成品的轮廓线； ⑦ 工艺用结构的轮廓线

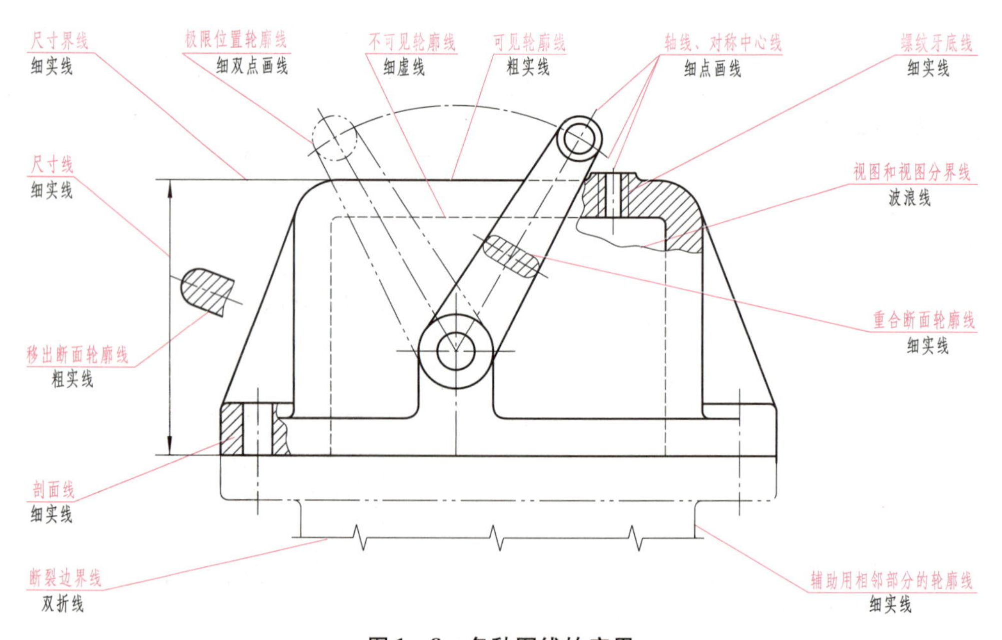

图 1-8　各种图线的应用

2. 图线宽度

国家标准规定了9种图线宽度，其中3种为粗线（粗实线、粗虚线、粗点画线），其余6种均为细线。绘制工程图样时所用线型宽度在下列数系中选取：

0.13mm；0.18mm；0.25mm；0.35mm；0.5mm；0.7mm；1mm；1.4mm；2mm。

同一张图样中，相同线型的宽度应一致，如有特殊需要，线宽按$\sqrt{2}$的级数派生。国家标准规定图线的宽度比率为

$$\text{粗线}:\text{中粗线}:\text{细线}=4:2:1$$

机械图样中采用粗、细两种线宽，它们之间的比例为2∶1。图线宽度和图线的组别见表1-5。它们的选择应根据图样的类型、尺寸、比例和缩微复制的要求确定。一般情况下手工绘图优选0.5组，计算机绘图优选0.7组。

表1-5　图线宽度与图线组别　　mm

图线组别	0.25	0.35	0.5①	0.7①	1.0	1.4	2.0
粗线宽 d	0.25	0.35	0.5	0.7	1.0	1.4	2.0
细线宽 $0.5d$	0.13	0.18	0.25	0.35	0.5	0.7	1.0
注：①是指优先选用。							

3. 图线画法

（1）在同一图样中，同类型的图线宽度应一致。虚线、点画线及双点画线的画线长度和间隔应各自大致相等，其长度可根据图形的大小决定。

（2）当点画线、双点画线的首尾应为画线而不是点，且应超出图形外2～5mm，如图1-9所示。

（3）点画线、双点画线中的点是很短的一横，不能画成圆点，且应点、线一起绘制。

（4）在较小的图形上绘制点画线或双点画线有困难时，可用细实线代替，如图1-9所示。

（5）当虚线、点画线、双点画线相交时，应是画线相交；当虚线是粗实线的延长线时，在连接处应断开，也即从间隔开始，如图1-9所示。

（6）当各种线型重合时，应按粗实线、虚线、点画线的优先顺序画出。

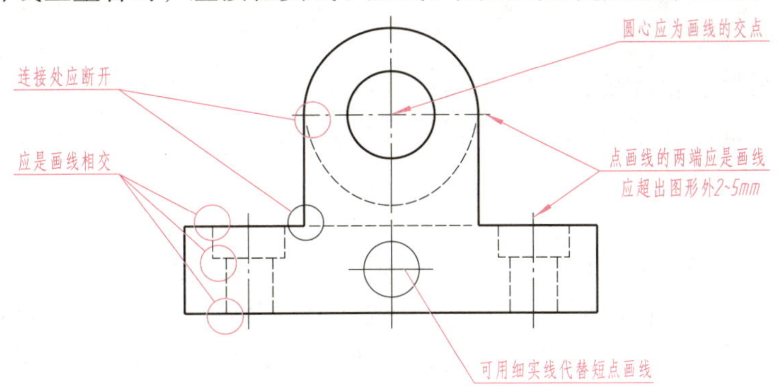

图1-9　图线的应用示例

1.1.5 尺寸注法（GB/T 4458.4—2003）

图样中除了表达零件的结构形状外，还需标注尺寸，以确定零件的大小。因此尺寸也是图样的重要组成部分，尺寸标注是否正确、合理，也会直接影响图样的质量。为了便于交流，国家标准对尺寸标注的基本方法做了一系列的规定，在绘图时必须严格遵守。

1. 基本规则

（1）图样上所注的尺寸数值是机件真实的大小，与图形的大小及绘图的准确度无关。

（2）图样中（包括技术要求和其他说明）的尺寸以毫米为单位，不需标注计量单位的代号或名称。若采用其他单位，则必须标注相应计量单位或名称，如40cm、38°等。

（3）机件的同一尺寸，在图样中只标注一次，并应标注在反映该结构最清晰的图形上。

（4）图样中所注尺寸应是该机件最后完工时的尺寸，否则应另加说明。

2. 尺寸要素

一个完整的尺寸包含尺寸线、尺寸线终端、尺寸界线和尺寸数字，如图1-10所示。

1）尺寸线

尺寸线表示尺寸度量的方向。尺寸线必须用细实线单独画出，不能用其他图线代替，也不得与其他图线重合或画在其延长线上，应尽量避免尺寸线之间及尺寸线与尺寸界线之间相交，如图1-10所示。

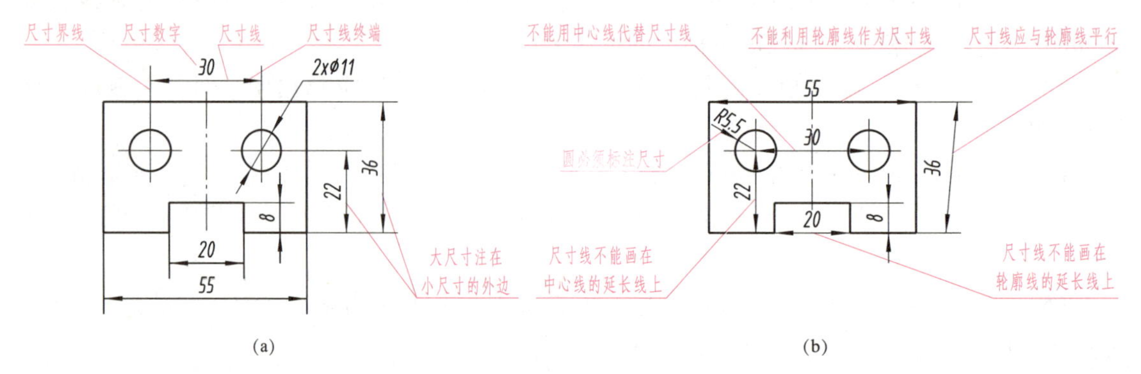

图1-10 尺寸组成与尺寸线的画法

（a）正确示例；（b）错误示例

标注线性尺寸时，尺寸线必须与所标注的线段平行，相同方向各尺寸线之间的距离要均匀，间隔应大于7mm。当有几条相互平行的尺寸线时，大尺寸要注在小尺寸外面，以免尺寸线与尺寸界线相交。

2）尺寸线终端

尺寸线终端表示尺寸的起止。尺寸线终端形式有箭头和斜线。

箭头适用于各种类型的图形，其不能过长或过短，尖端要与尺寸界线接触，不得超出也不得离开。当尺寸线终端采用斜线形式时，尺寸线与尺寸界线必须相互垂直。如图1-11所示。

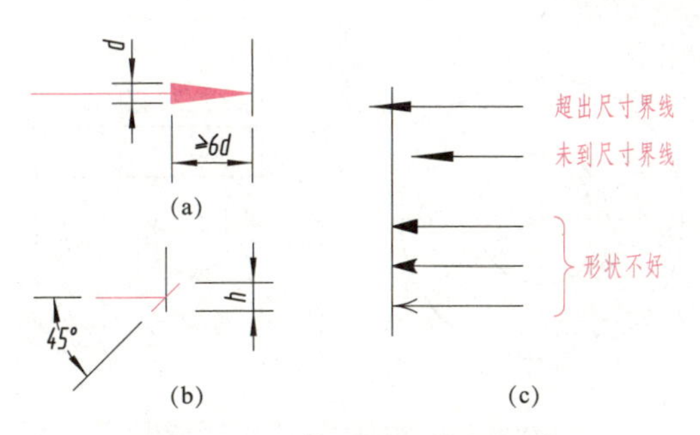

图 1－11　箭头的形式和画法

（a）箭头的画法；（b）斜线的画法；（c）箭头的错误画法

同一图样中只能采用一种尺寸线终端形式。通常机械图的尺寸线终端采用箭头形式，当采用箭头作为尺寸终端时，若位置不够，则允许用圆点或细实线代替箭头。

3）尺寸界线

尺寸界线表示尺寸度量的范围。尺寸界线用细实线绘制，一般从图形的轮廓线、轴线或对称中心线处引出，也可以直接用轮廓线、轴线或对称中心线作尺寸界线。尺寸界线与尺寸线垂直，必要时允许倾斜，一般情况下尺寸界线应超出尺寸线 2～5mm。如图 1－12 所示。

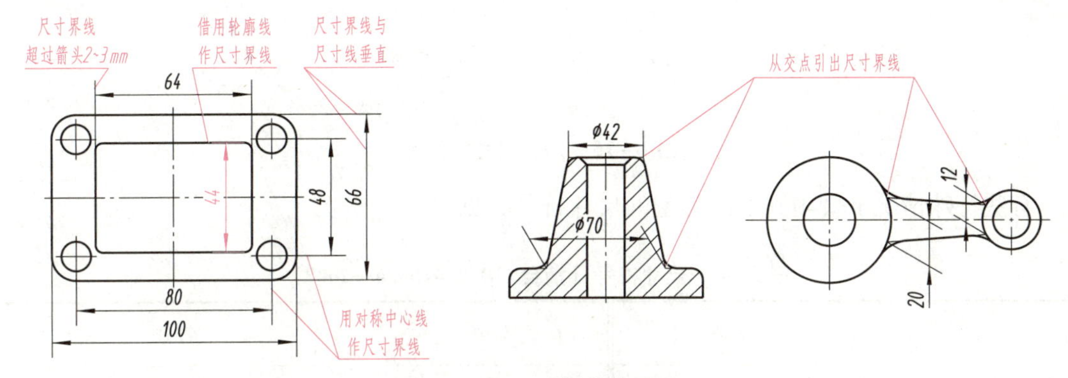

图 1－12　尺寸界线的画法

4）尺寸数字及相关符号

尺寸数字表示尺寸度量的大小。线性尺寸的尺寸数字一般注在尺寸线的上方或左方。线性尺寸数字的方向：水平方向字头朝上，竖直方向字头朝左，倾斜方向字头保持向上的趋势，并尽量避免在如图 1－13（a）所示的 30°范围内标注尺寸。当无法避免时，可按图 1－13（b）形式标注。

尺寸数字不可被任何图线所通过，当不可避免时，图线必须断开，如图 1－14 所示。

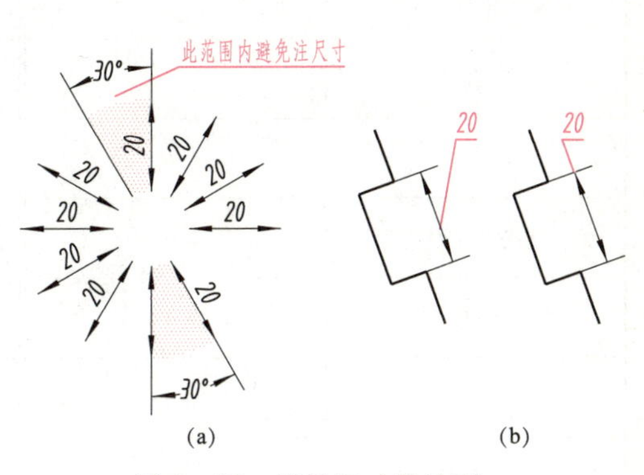

图 1－13　线性尺寸的注写

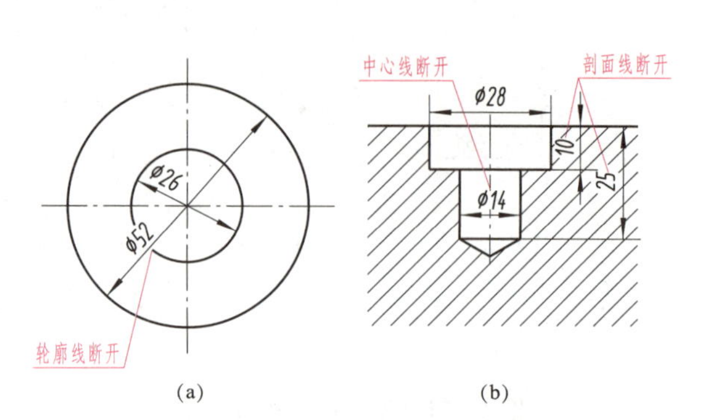

图 1－14　尺寸数字不可被任何图线所通过

标注角度尺寸时，尺寸界线应沿径向引出，尺寸线画成圆弧，其圆心为该角的顶点，半径取适当的大小，标注角度的数字一律水平方向书写，角度数字写在尺寸线中断处，如图 1－15 所示。必要时，允许注写在尺寸线的上方或外面（或引出标注）。

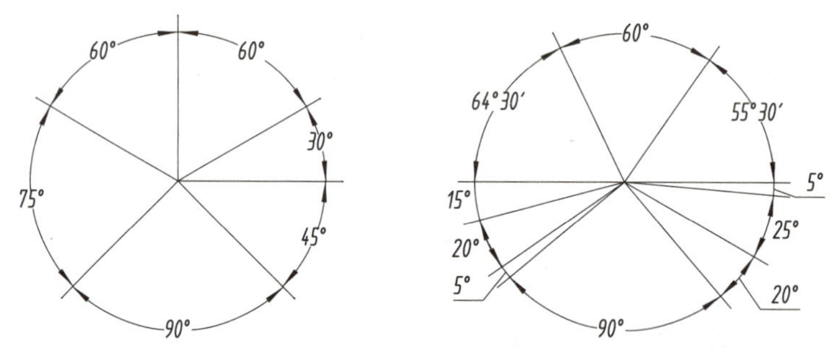

图 1－15　角度尺寸的注写

有些特殊情况下会用到不同类型的尺寸符号，见表 1－6。

表 1－6　尺寸符号（摘自 GB/T 4458. 4—2003）

含义	符号	含义	符号
直径	ϕ	弧长	⌒
半径	R	埋头孔	∨
球直径	Sϕ	沉孔或锪平	⊔
球半径	SR	深度	↧
板状零件厚度	t	斜度	∠
均布	EQS	锥度	◁
45°倒角	C	展开长	○→
正方形	□		

3. 标注示例（见表 1－7）

表 1－7　尺寸标注示例

标注内容	图例	说明
圆的直径	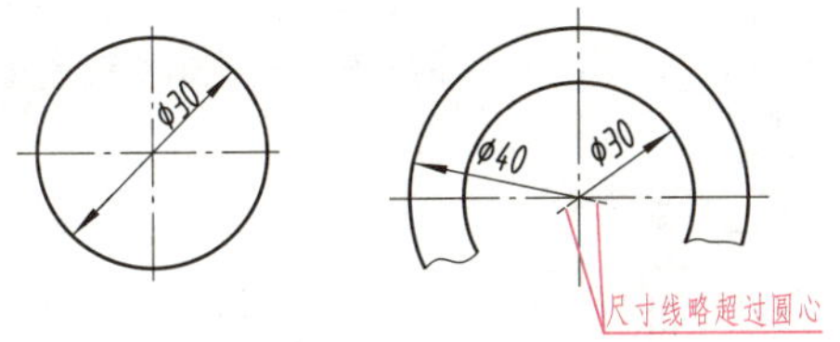	①直径尺寸应在尺寸数字前加注符号“ϕ”； ②尺寸线应通过圆心，尺寸终端画成箭头； ③整圆或大于半圆的圆弧标注直径
圆弧半径	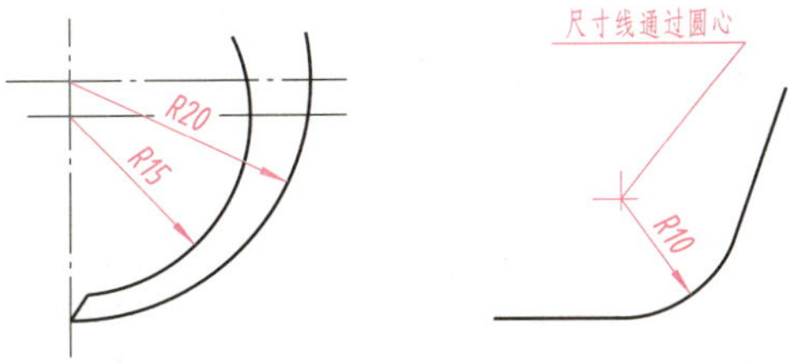	①半圆或小于半圆的圆弧标注半径尺寸； ②半径尺寸数字前加注符号“R”； ③半径尺寸必须注在投影为圆弧的图形上，且尺寸线应通过圆心
大圆弧	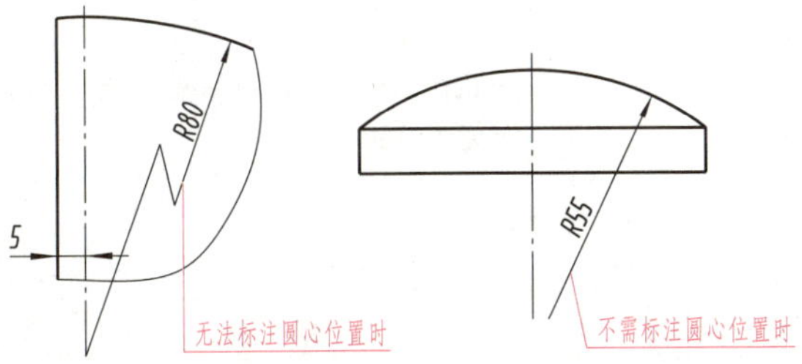	当圆弧半径过大而在图纸范围内无法标出圆心位置时，可按图示的形式标注
球面	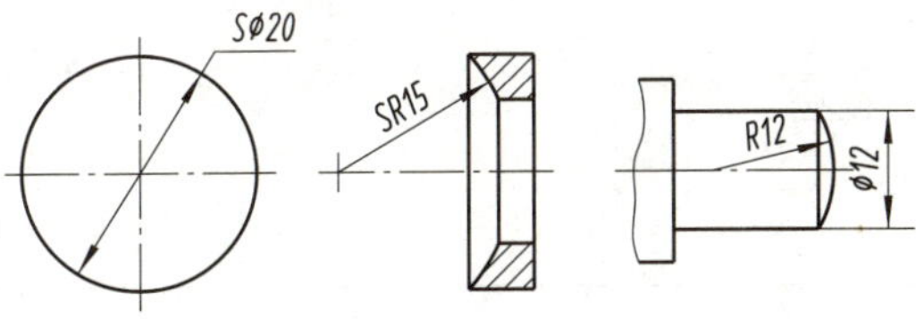	标注球面的直径或半径时，应在符号“ϕ”或“R”前再加注符号“S”。对标准件、轴及手柄的端部等，在不致引起误解的情况下，可省略“S”
弦长和弧长	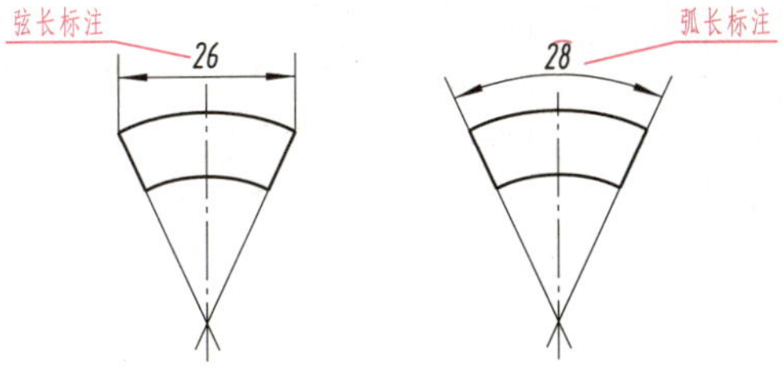	①标注弧长时，应在尺寸数字上方加符号“⌒”； ②弦长及弧长的尺寸界线应平行该弦的垂直平分线，当弧较大时，可沿径向引出

续表

标注内容	图例	说明
狭小部位	5　3 3 3 3　2 2　3 2 3 2 3　φ5　φ5　φ5　R5　R5	在没有足够位置画箭头或注写数字时，可按左图的形式标注
尺寸符号应用	□12 表示正方形边长为12mm t2 表示板厚为2mm 1:15 表示锥度1:15 ∠1:6 表示斜度为1:6 Sφ20 表示圆球直径为20mm C1.6 表示倒角1.6x45° φ4.5 ⌴φ8↧3.2 表示沉孔直径为8mm，深3.2mm φ4.5 ⌵φ9.6x90° 表示埋头孔φ9.6mmx90°	机械图样中可加注一些符号，以简化表达一些常见结构
对称机件	R3　φ20　26　38　4xφ6　78　90　对称符号	当对称机件的图形只画出一半或略大于一半时，尺寸线应略超过对称中心线或断裂处的边界线，仅在尺寸线一端画出箭头

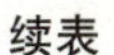

续表

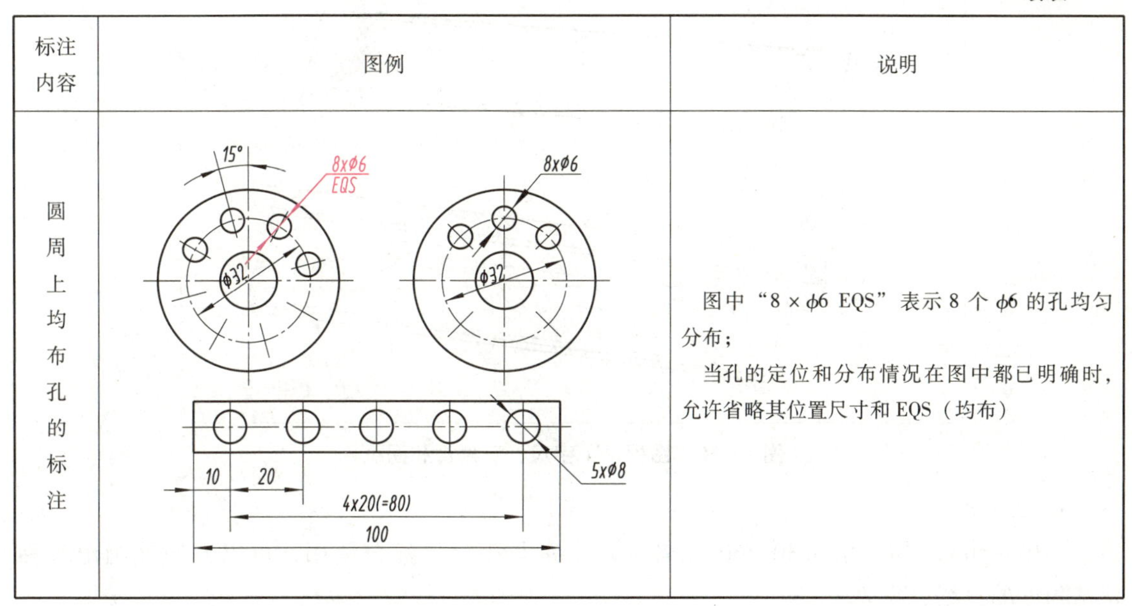

标注内容	图例	说明
圆周上均布孔的标注		图中"8 × ϕ6 EQS"表示 8 个 ϕ6 的孔均匀分布； 当孔的定位和分布情况在图中都已明确时，允许省略其位置尺寸和 EQS（均布）

1.2　绘图工具及使用方法

绘图时常用的普通绘图工具主要有图板、丁字尺、三角板、绘图仪器（主要是圆规、分规、直线笔等），此外还需要铅笔、橡皮、胶带和削笔刀等绘图用品。正确使用绘图工具和仪器是保证图面质量、提高绘图速度的前提。

1.2.1　图板、丁字尺和三角板

1. 图板

图板是用来固定图纸并用于绘图的工具。图板应板面光滑、边框平直，其左侧为导边（必须平直），如图 1－16 所示。图板的规格有 0 号（1 200 × 900）、1 号（900 × 600）、2 号（600 × 400）等，以适应不同幅面的图纸。绘图时宜用胶带将图纸贴于图板上，图板不用时应竖立保管，保护工作面，避免受潮或暴晒，以防止变形。

2. 丁字尺

丁字尺由尺头和尺身组成，尺身上边的工作边主要用来画水平线，如图 1－16 所示。使用时，需左手扶住尺头并使尺头的内侧紧靠图板左侧导边，上下滑移到所需的位置，然后沿丁字尺的工作边自左向右画水平线。禁止直接用丁字尺画铅垂线，也不能用尺身下缘画水平线。

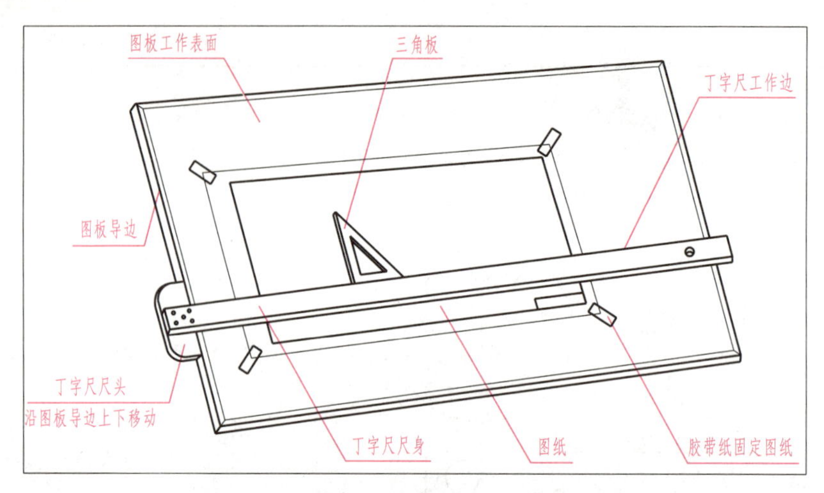

图1-16　图板、丁字尺、三角板和图纸

3. 三角板

一副三角板有45°角和30°/60°角各一块，常与丁字尺配合使用，可以方便地画出各种特殊角度的直线，见表1-8。

表1-8　绘图工具的用法

内容	图例
画水平线和垂直线	水平线自左向右画；左手扶住尺头贴紧图板做上下滑动；垂直线自下而上画
画特殊角度直线	画线方向；45°；60°；30°；75°；15°
作已知斜线的平行线或垂线	已知斜线；三角板移动方向；求作平行线；不动；已知斜线；三角板移动方向；求作垂直线；90°；不动

1.2.2　圆规和分规

圆规和分规的外形相近，但用途却截然不同，应正确使用。

1. 圆规

圆规是画圆或圆弧的仪器，常用的有三用圆规、弹簧圆规和点圆规，如图 1-17 所示。弹簧圆规和点圆规是用来画小圆的，而三用圆规可以通过更换插脚来实现多种绘图功能。

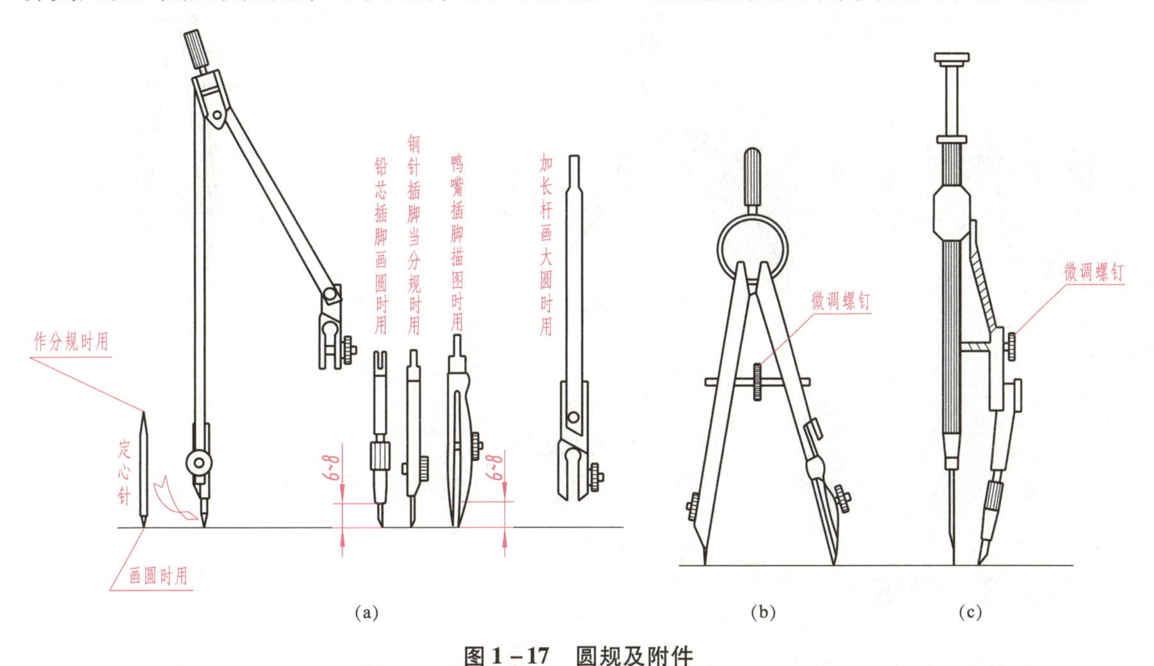

图 1-17　圆规及附件

(a) 三用圆规及附件；(b) 弹簧圆规；(c) 点圆规

圆规的钢针一端为圆锥形，另一端为带有肩台的针尖。画底稿时用普通的钢针，而描深粗实线时应换用带支撑面的小针尖，以避免针尖插入图板过深。画圆时，针尖准确放于圆心处，铅芯尽可能垂直于纸面，顺一个方向均匀转动圆规，并使圆规向转动方向倾斜。画大圆时，须使用接长杆，并使圆规的钢尖和铅芯尽可能垂直于纸面。圆规的用途及用法如图 1-18 所示。

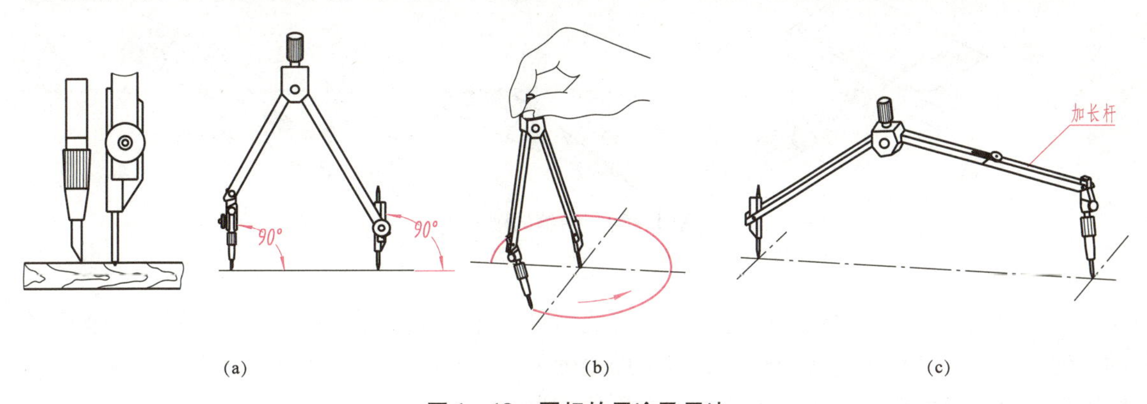

图 1-18　圆规的用途及用法

(a) 圆规头部；(b) 画圆；(c) 使用加长杆画大圆或弧

2. 分规

分规的结构与圆规相近，只是两头都是钢针。分规的用途是量取或截取长度、等分线段或圆弧。为了准确度量尺寸，分规的两针应平齐。分割线段时，应将分规的两针尖调整到所需距离，然后用右手拇指、食指捏住分规手柄，使分规的两针尖沿线段交替作为圆心旋转前进，具体用法如图 1－19 所示。

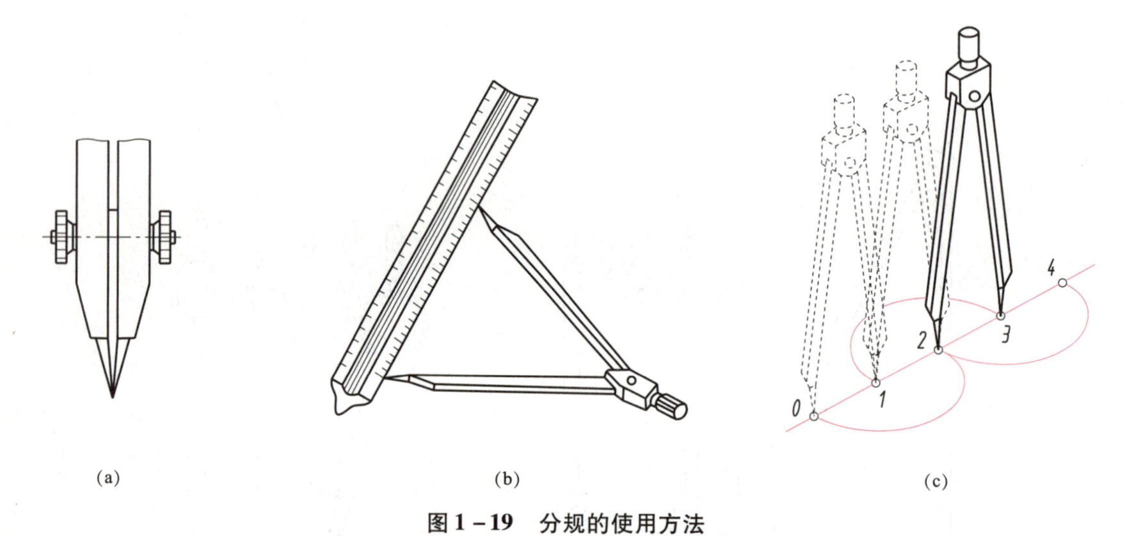

图 1－19　分规的使用方法

(a) 两针尖对齐；(b) 量取长度；(c) 等分线段时分规摆动方法

1.2.3　铅笔

画图时常采用 B、HB、H、2H 绘图铅笔。B 越多表示铅芯越软（黑），H 越多表示铅芯越硬。画粗实线时可采用 B 或 HB 铅笔；打底稿或画细线时可采用 2H 铅笔；写字时可采用 B 或 HB 铅笔。画细线或写字时铅芯应磨成锥状；画粗线时铅笔应磨成四棱柱状，以使所画图线的粗线能符合要求，如图 1－20 所示。装在圆规铅笔插脚的铅芯磨法同样如此。

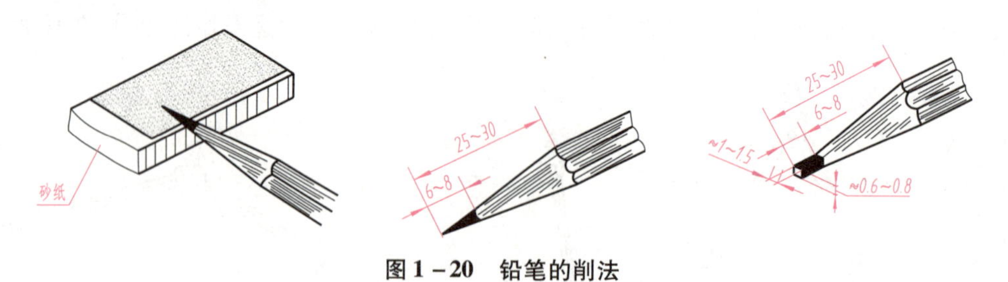

图 1－20　铅笔的削法

其他绘图工具还有曲线板、比例尺和直线笔等。随着计算机技术的广泛应用，越来越多的工程图是用计算机来完成的。计算机辅助绘图可以提高绘图的速度和图面质量，图样可由绘图机或打印机输出，还可存入磁盘，以方便交流和保存。

1.3　几何作图

平面图形由直线和曲线（圆弧和非圆曲线）组成。机械图样中常见的有正多边形、矩形、直角三角形、等腰三角形、圆、椭圆或包含圆弧连接的图形。本节将介绍一些平面图形作图的几何原理和方法，称为几何作图。

1.3.1　等分圆周及作正多边形（见表 1－9）

表 1－9　等分圆周和作正多边形

类别	第一步	第二步	第三步
三等分圆周和作正三角形	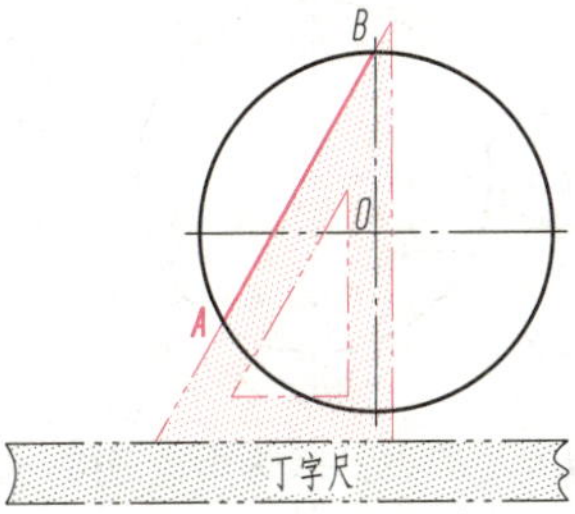 过 *B* 点画出斜边 *AB*	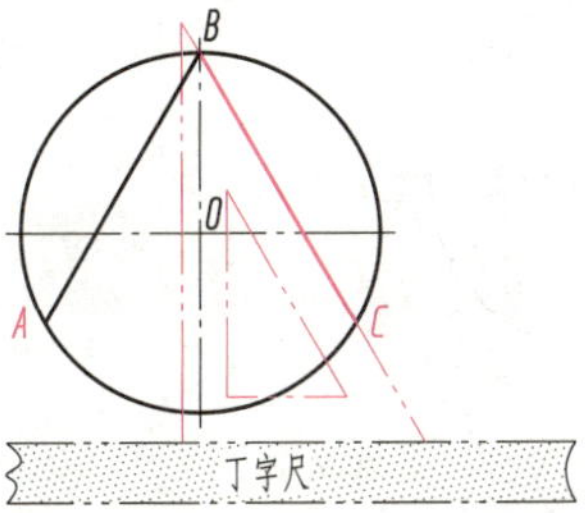 翻转三角板，过 *B* 点画斜边 *BC*	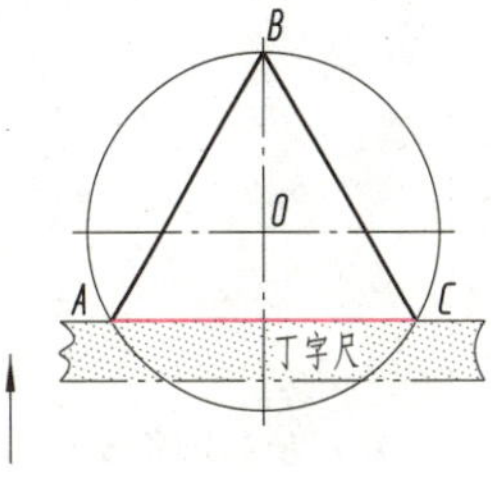 连接 *AC*，即得正三角形
用圆规六等分圆周和作正六边形	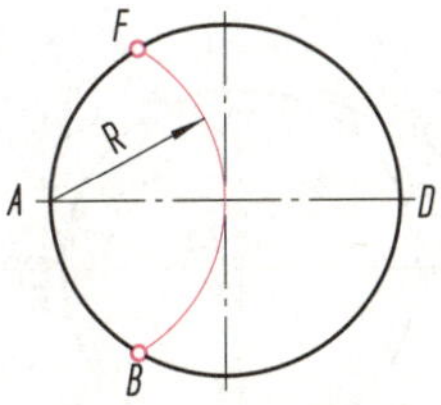 以 *A* 为圆心、*R* 为半径画弧，得交点 *B*、*F*	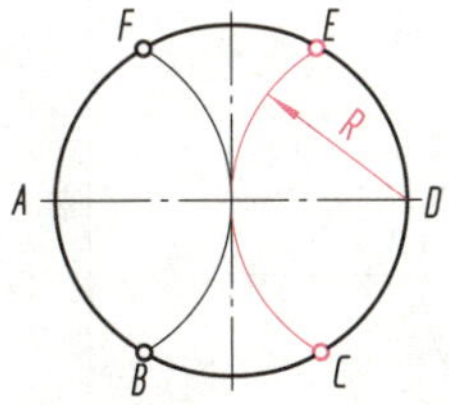 以 *D* 为圆心、*R* 为半径画弧，得交点 *C*、*E*	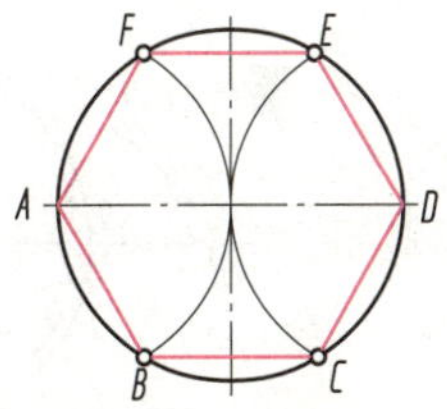 依次连接各点，即得正六边形
用三角板六等分圆周和作正六边形	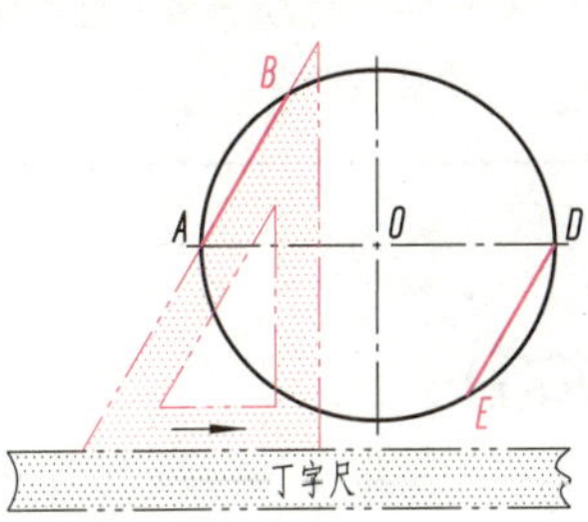 分别过 *A*、*D* 点画 *AB*、*DE*	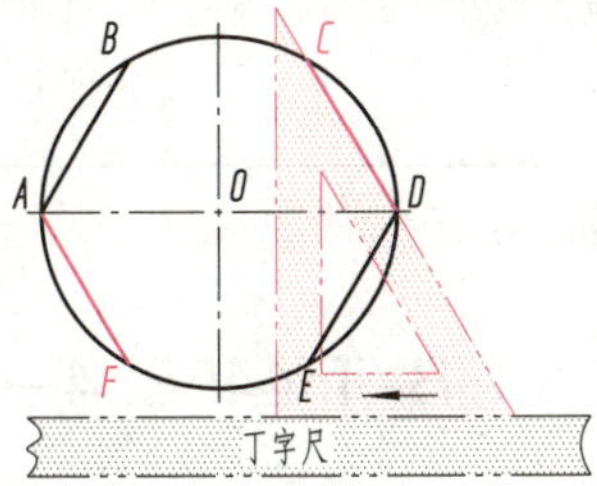 翻转三角板，过 *A*、*D* 点画 *AF*、*CD*	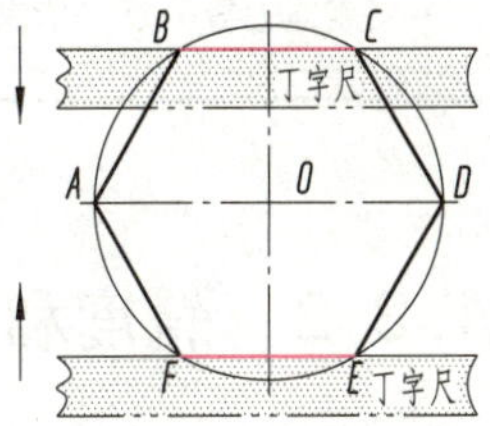 连接 *BC* 和 *FE*，即得正六边形

续表

类别	第一步	第二步	第三步
五等分圆周和作正五边形	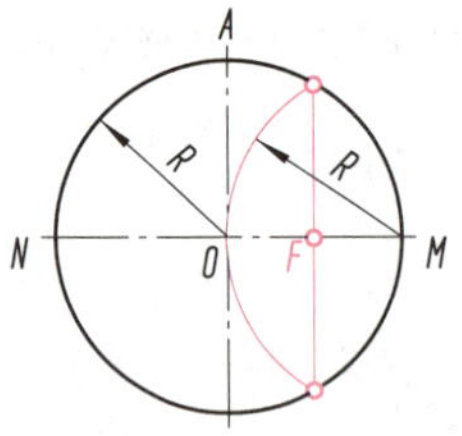 求半径 OM 的中点 F	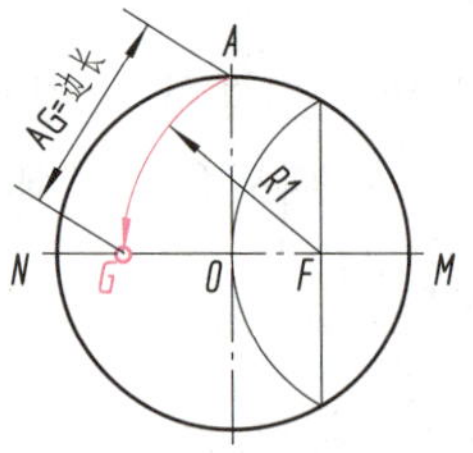 以 F 为圆心、FA 为半径画弧，与 ON 交于 G 点，AG 即边长	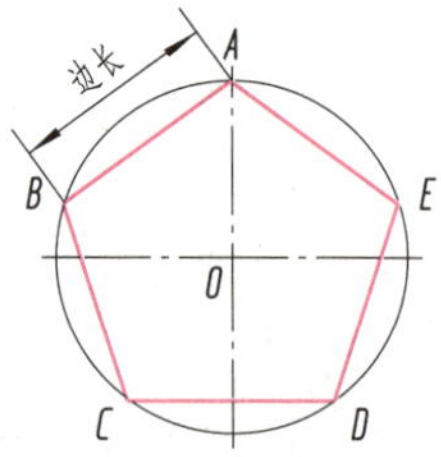 取 AG 弦长，自 A 点在圆周上依次截取五等分点，连接即得
任意等分圆周和作正 n 边形（以正七边形作法为例）	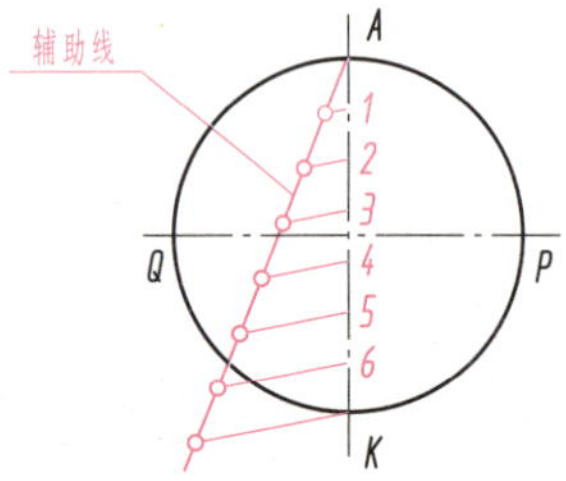 第一步：先将已知直径 AK 七等分（若作 n 边形，可分为 n 等分）	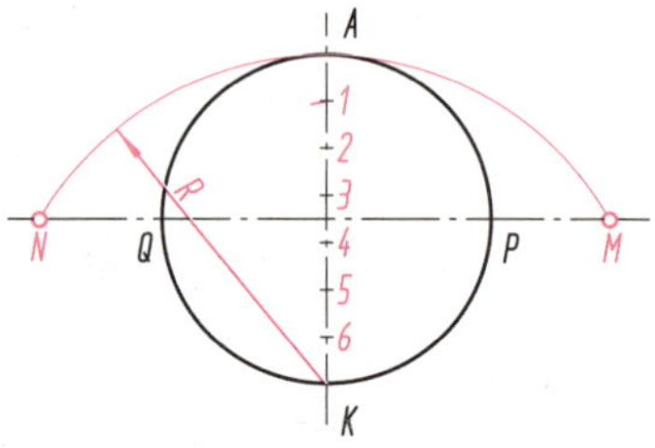 第二步：以 K 为圆心、AK 为半径画弧，交 PQ 的延长线于 M、N 两点	
	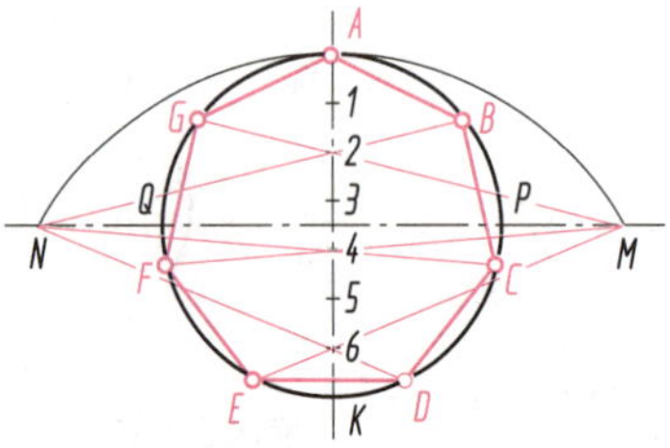 第三步方法一： 自 M、N 与 AK 上的各偶数点连线并延长与圆周的交点即七等分点，依次连接即得	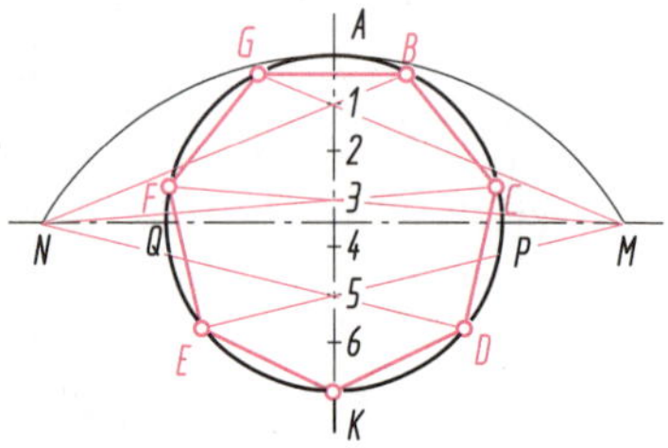 第三步方法二： 自 M、N 与 AK 上的各奇数点连线并延长与圆周的交点即七等分点，依次连接即得	

1.3.2 斜度和锥度（GB/T 4458.4—2003）

1. 斜度

斜度是指一直线或平面相对另一直线或平面的倾斜程度，其大小用两者之间夹角的正切值来表示，如图 1-21（a）所示，即：

$$斜度 = \frac{H}{L} = \tan\alpha \text{（}\alpha\text{ 为倾斜角）}$$

斜度的作图方法如图 1－21（b）和图 1－21（c）所示。斜度在图样上通常以 1∶n 的形式标注，并在前面加注符号“∠”。斜度的图形符号如图 1－21（d）所示，h 为数字的高度。标注时要注意符号的斜线方向应与斜度方向一致，如图 1－21（c）所示。

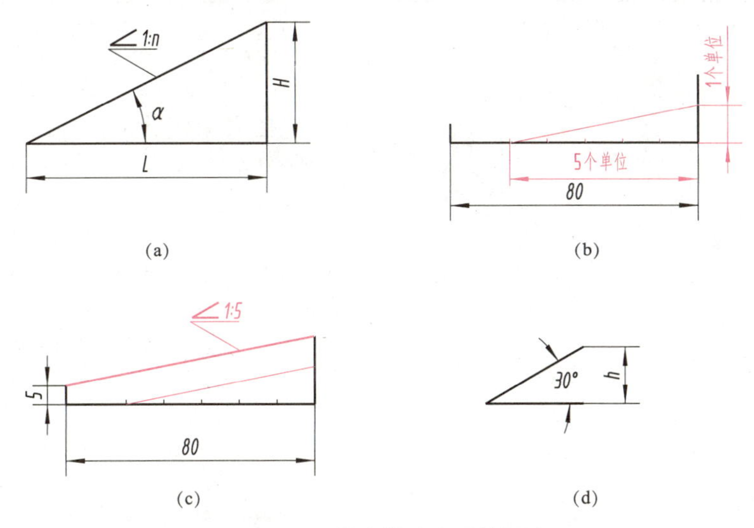

图 1－21　斜度的定义及作图法

（a）斜度的定义；（b）斜度作图步骤一；（c）斜度作图步骤二；（d）斜度符号

2. 锥度

锥度是指正圆锥体底圆直径与圆锥高度之比，如图 1－22（a）所示，即：

$$锥度 = \frac{H}{L} = 2\tan(\alpha/2) \text{（}\alpha\text{ 为圆锥角）}$$

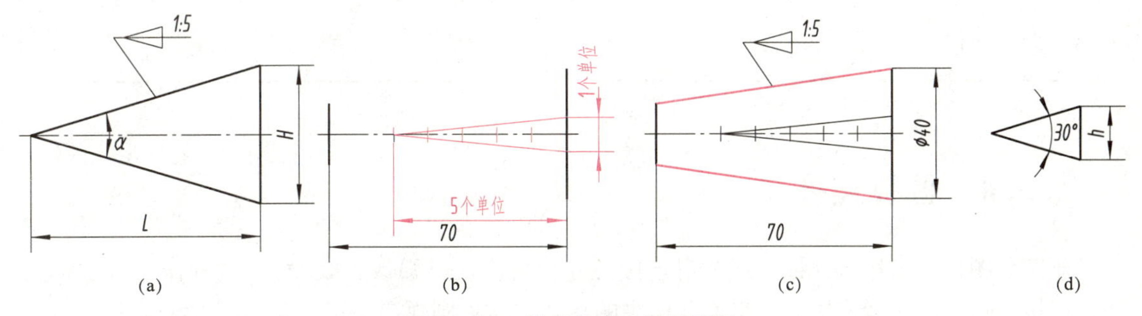

图 1－22　锥度的定义及作图法

（a）锥度的定义；（b）锥度作图步骤一；（c）锥度作图步骤二；（d）锥度符号

锥度的作图方法如图 1－22（b）和图 1－22（c）所示。锥度在图样上通常以 1∶n 的形式标注，并在前面加注符号“◁”。锥度的图形符号如图 1－22（d）所示，h 为数字的高度。标注时要注意符号的斜线方向应与锥度方向一致，如图 1－22（c）所示。

1.3.3 椭圆画法（见表1－10）

表1－10 椭圆的画法

内　容	图　例	作图方法
同心法 （准确画法）	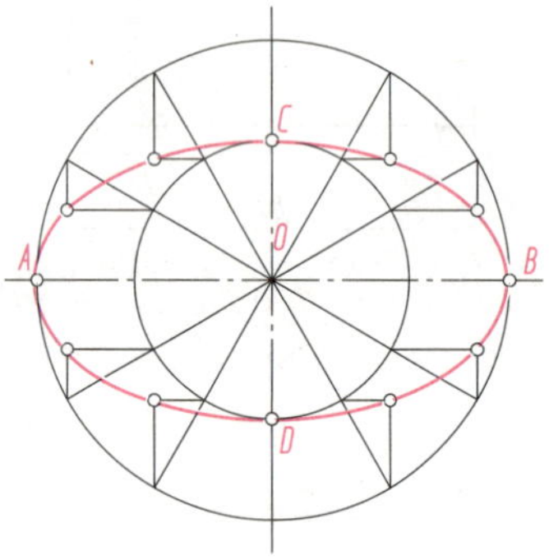	分别以长轴、短轴为直径作两同心圆； 过圆心 O 作一系列放射线，分别与大圆和小圆相交，得若干交点； 过大圆上的各交点引竖直线，过小圆上的各交点引水平线，对应同一条放射线的竖直线和水平线分别交于一点，如此可得一系列交点； 连接该系列交点及 $ABCD$ 各点即完成椭圆作图
四心圆法 （近似画法）	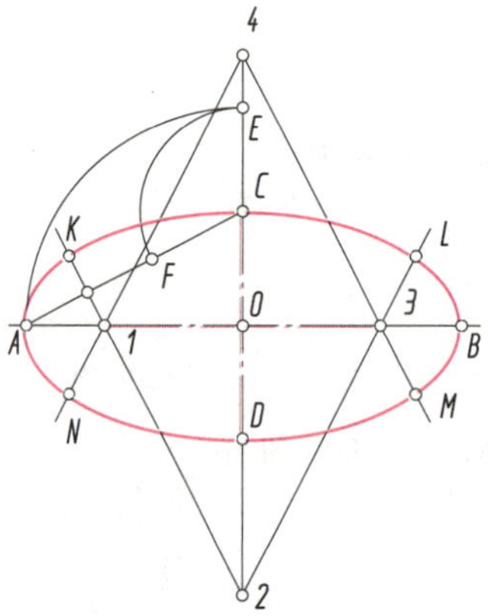	过 O 分别作长轴 AB 及短轴 CD； 连 A、C，以 O 为圆心、OA 为半径作圆弧与 OC 的延长线交于点 E，再以 C 为圆心、CE 为半径作圆弧与 AC 交于点 F，即 $AF = OA - OC$； 作 AF 的垂直平分线交长、短轴于两点 1、2，并求出 1、2 对圆心 O 的对称点 3、4； 各以 1、3 和 2、4 为圆心，$1A$ 和 $2C$ 为半径画圆弧，使四段圆弧相切于 K、L、M、N 而构成一近似椭圆

1.3.4 圆弧连接

画工程图样时，用圆弧或直线光滑连接另外两线段（圆弧或直线段），这种作图方法称为圆弧连接。圆弧的光滑连接就是平面几何中的相切。常见圆弧连接形式及作图方法见表1－11。

表1－11 常见圆弧连接形式及作图方法

已知条件和作图要求	第一步，求连接弧圆心 O	第二步，求切点 M、N	第三步，画连接圆弧
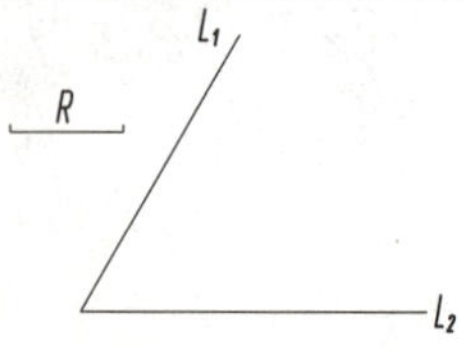 圆弧连接两相交直线	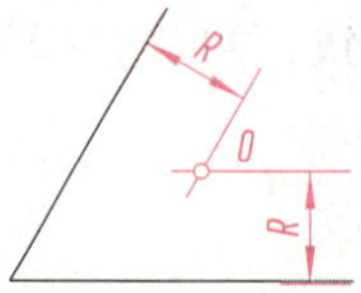	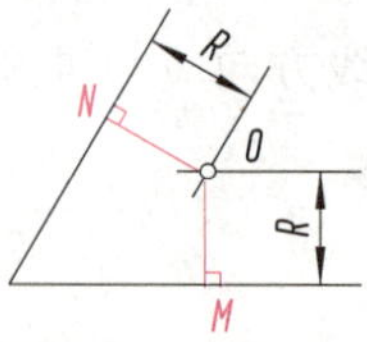	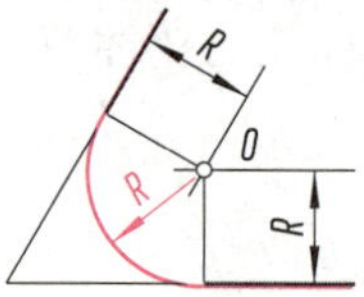

续表

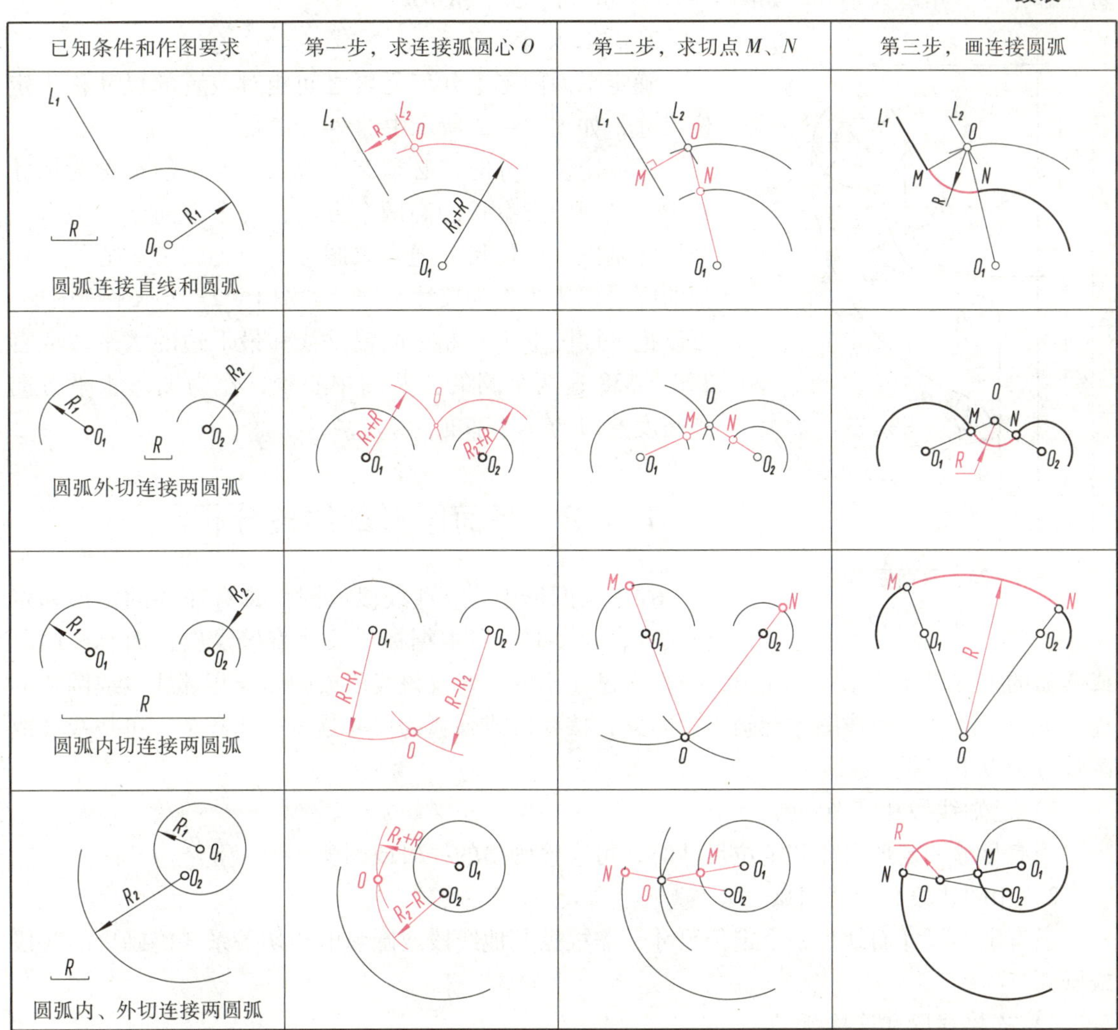

已知条件和作图要求	第一步，求连接弧圆心 O	第二步，求切点 M、N	第三步，画连接圆弧
圆弧连接直线和圆弧			
圆弧外切连接两圆弧			
圆弧内切连接两圆弧			
圆弧内、外切连接两圆弧			

1.4　平面图形分析及作图方法

平面图形是由许多线段连接而成的，这些线段之间的相对位置和连接关系靠给定的尺寸来确定。画平面图形时，只有通过分析尺寸、确定线段性质、明确作图顺序，才能正确画出图形。

1.4.1　平面图形的尺寸分析

尺寸按其在平面图形中所起的作用，可分为定形尺寸和定位尺寸两类。

1. 定形尺寸

确定平面图形上几何元素形状大小的尺寸称为定形尺寸。例如线段的长度、圆及圆弧的直径和半径、角度大小等。如图 1 - 23 所示中的 ϕ20 和 ϕ38。

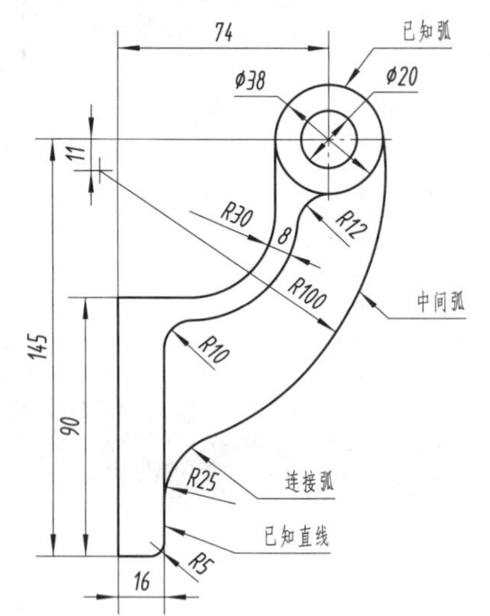

图 1 - 23　平面图形的尺寸分析与线段分析

2. 定位尺寸

确定平面图形上几何元素之间相对位置的尺寸称为定位尺寸，如图 1 - 23 所示中的 74 和 11。

标注定位尺寸时，必须有个起点，这个起点称为尺寸基准。平面图形有长和高两个方向，每个方向至少应有一个尺寸基准。定位尺寸通常以图形的对称线、中心线、较长的底线或边线作为尺寸基准。如图 1 - 23 所示平面图形，可以把平面图形中最左边的铅垂线和最下边的水平线或者 ϕ20、ϕ38 这两个圆的公共的中心线，作为图形水平方向和高度方向的尺寸基准。

1.4.2　平面图形的线段分析

在平面图形中，有些线段或圆弧具有完整的定形和定位尺寸，绘图时，可根据标注尺寸直接绘出；而有些线段或圆弧的定位尺寸并未完全注出，要根据已注出的尺寸及该线段或圆弧与相邻线段或圆弧的连接关系，通过几何作图才能画出。因此，按线段或圆弧的尺寸是否标注齐全，可将线段或圆弧分为以下三类。

1）已知线段和已知圆弧

当有足够的定形尺寸和定位尺寸时，可直接画出的线段或圆弧。

2）中间线段和中间圆弧

只有定形尺寸而缺少一个定位尺寸，需根据其他线段或圆弧的相切关系才能画出的线段或圆弧。

3）连接线段和连接弧

只有定形尺寸而缺少两个定位尺寸，只能在已知线段和中间线段或已知圆弧和中间圆弧画出后，才能根据相切关系画出的线段或圆弧。

分析图 1 - 23，选择 ϕ20、ϕ38 这两个圆公共的中心线作为左右、上下方向的尺寸基准。因此，ϕ38 的圆和下端的铅垂线可按图中所注的尺寸直接作出，是已知圆弧和已知线段。

*R*100 的圆弧有定形尺寸 *R*100 和圆心的一个定位尺寸 11，但圆心的定位尺寸还缺少一个，必须依靠一端与已知圆弧（ϕ38 的圆）相切才能作出，所以是中间线段，也就是中间圆弧。

*R*25 的圆弧有定形尺寸 *R*25，圆心的两个定位尺寸都没有，必须依靠两端分别与已画出的中间圆弧（*R*100 的圆弧）、已知直线（铅垂线）相切才能作出，所以是连接线段，也就是连接圆弧。

由此可知，画这一部分圆弧连接的线段时，应该先画已知圆弧和已知线段，然后画中间圆弧，最后画连接圆弧。

1.4.3　平面图形的作图方法

平面图形的绘图方法及步骤如下，图例见表 1－12：

（1）对平面图形进行尺寸及线段分析。

（2）选择适当的比例及图幅。

（3）固定图纸，画出基准线（对称线、中心线）。

（4）按已知线段、中间线段、连接线段的顺序依次画出各线段。

（5）加深图线。

（6）标注尺寸，填写标题栏，完成图纸。

表 1－12　平面图形的主要画图步骤

①如图 1－23 所示，以 $\phi20$、$\phi38$ 这两个圆公共的中心线为上下、左右基准，画出基准线。确定左侧端线位置和 $R100$ 的圆心位置 O_2。 作图时所用的尺寸 $R81$ 是由中间弧的半径 100 减去已知圆弧的半径 19 而得到的	②按已知尺寸画已知弧和已知直线段，即绘制 $\phi20$、$\phi38$ 的圆及左下侧长方形图形，以此确定连接圆弧 $R25$ 的圆心位置 O_3。 确定 O_3 所用圆弧的半径尺寸 $R125$ 是由连接弧的半径 25 加上中间圆弧的半径 100 得到的
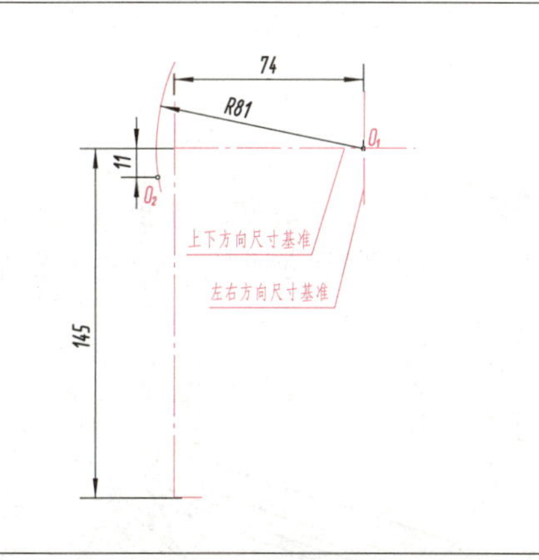 	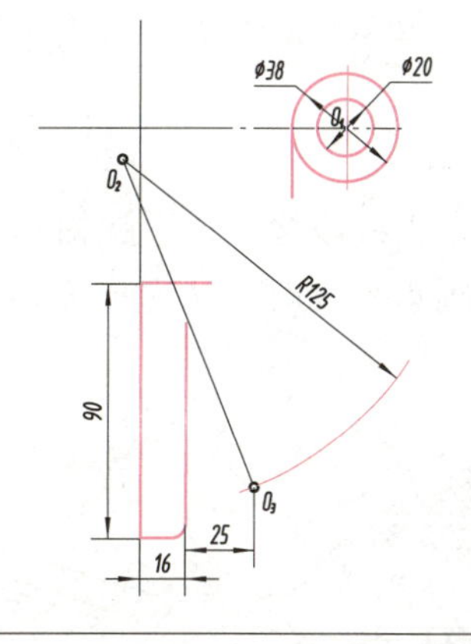
③画中间圆弧 $R30$、$R38$、$R100$。 通过作直线和 $\phi38$ 圆切线的平行线确定圆心 O_4	④ 根据已画出的已知直线和中间弧，画连接弧 $R12$、$R10$、$R25$
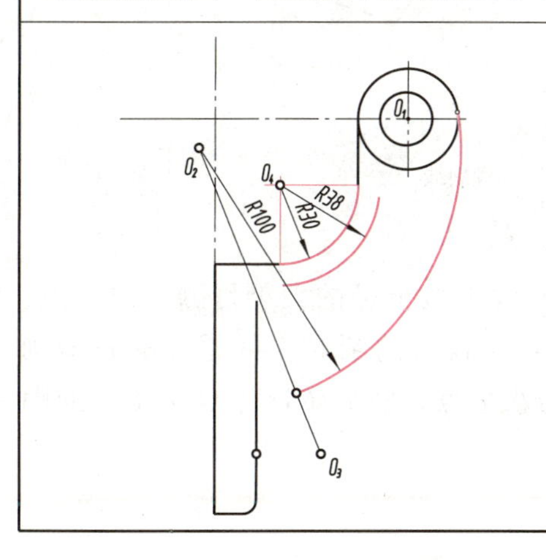 	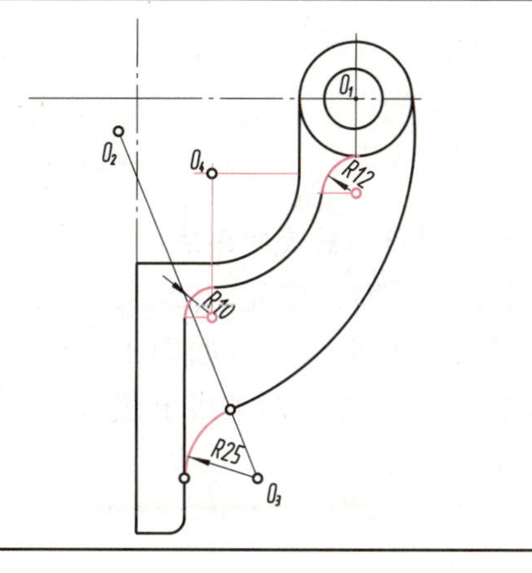

1.5　徒手画图的方法

徒手绘图是指不用绘图仪器，凭目测按大致比例徒手画图的方法。在机器测绘、讨论设计方案、技术交流、现场参观时，受现场条件和时间的限制，经常需要绘制草图，徒手画图是工程技术人员必须掌握的一项重要的基本技能。

1.5.1　画草图的要求

草图并非“潦草的图”，画草图的基本要求为：目测尺寸尽量准确，各部分比例均匀；画线要稳，图线清晰；尺寸无误，字体工整。此外还要有一定的绘图速度。

画草图时所用铅笔的铅芯需稍软些，并削成圆锥状；手握笔的位置要比画仪器图时稍高些，以利于运笔和观察画线方向，笔杆与纸面应倾斜。

画草图时一般使用带方格的图纸，亦称坐标纸，以保证作图质量。

1.5.2　徒手画图的基本作图方法

1. 直线的画法

画线时，目视线段终点，手腕抬起，小手指微触纸面，笔向终点运动。画垂直线时，从上而下画线；画水平线时，从左向右运笔；画倾斜线时可将图纸转动到某一合适位置后画线，如图 1－24 所示。

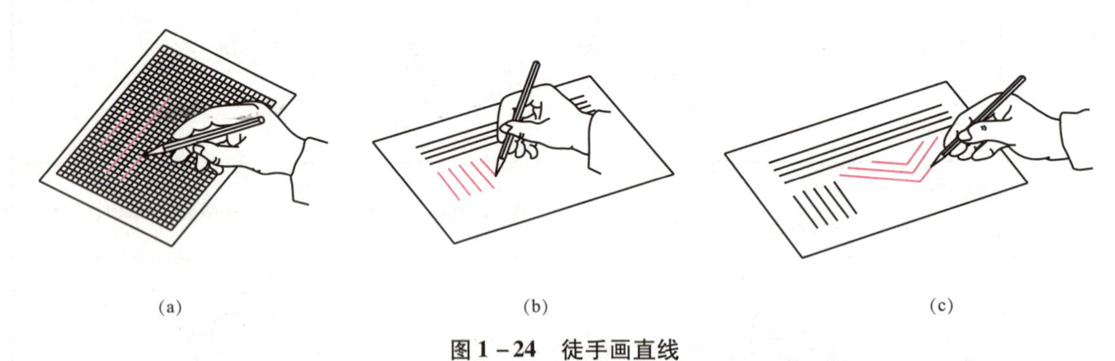

图 1－24　徒手画直线

（a）画水平线；（b）画垂直线；（c）画倾斜线

2. 圆、圆角和椭圆的画法

徒手画小圆时，应先定圆心，画出中心线，在中心线上按半径的大小目测定出四点，然后过四点分两半画出，如图 1－25（a）所示。画直径较大的圆时，可通过圆心增画 45°方向的斜线，并在四条线上截取正、反两个方向的八个点，然后依次连点画出，如图 1－25（b）所示。

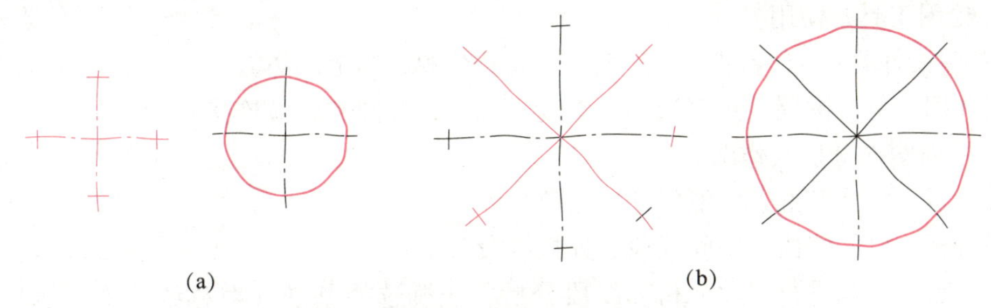

(a)　　(b)

图1－25　徒手画圆

（a）画小圆；（b）画大圆

画椭圆时，可根据椭圆的长、短轴，目测定出端点位置，过四点画矩形，然后作出与矩形相切的椭圆。也可利用外接的菱形画四段圆弧构成椭圆，如图1－26（a）所示。

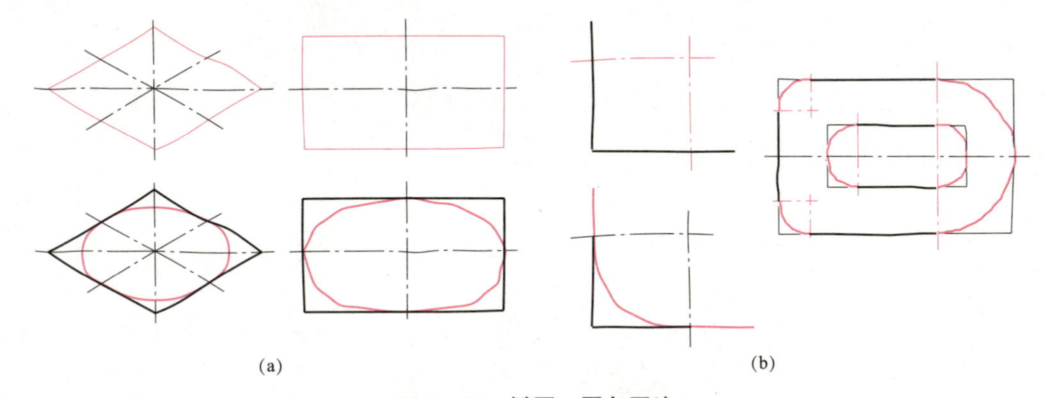

(a)　　(b)

图1－26　椭圆、圆角画法

（a）椭圆的画法；（b）圆角的画法

画圆角时，先通过目测在角分线上选取圆心位置，过圆心向两边引垂线定出圆弧与两边的切点，然后画弧，如图1－26（b）所示。

3. 特殊角度的画法

画30°、45°、60°等特殊角度，可根据直角三角形两直角边的比例关系，在两直角边上定出两端点，然后连接而成，如图1－27所示。

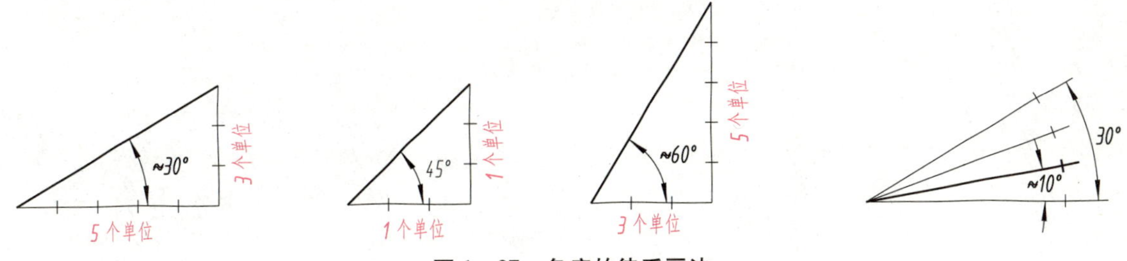

图1－27　角度的徒手画法

（1）国家标准。

图幅、图框格式、标题栏、比例、字体、图线宽度及应用、尺寸标注。

（2）绘图工具及使用。

绘图工具：图板、丁字尺、三角板、圆规及分规、铅笔。

几何作图：等分圆周、正多边形、斜度、锥度、椭圆和圆弧连接等。

（3）平面图形分析及作图。

尺寸分析：尺寸基准、定形尺寸、定位尺寸。

线段分析：已知线段、中间线段、连接线段。

作图要点：正确进行尺寸分析和线段分析→正确选择基准（对称线、中心线）→掌握相连线段两圆心和切点共线的几何关系→准确求出切点及圆心→按照已知线段、中间线段、连接线段的顺序光滑连接。

（4）徒手绘图的方法。

水平、垂直、倾斜线画法；圆、圆角及椭圆画法；特殊角度直线画法。

第2章　点和直线

【本章知识点】

(1) 投影的概念及正投影基本性质。

(2) 三视图的形成及投影规律。

(3) 点的投影及投影规律。

(4) 直线的投影及投影规律。

2.1　投影法

2.1.1　投影法及其分类

物体在光线的照射下会产生影子，人们从这一现象中得到启示，并加以抽象研究，总结其中规律，进而形成了投影的方法。如图2-1所示，设光源S为投射中心，平面P为投影面，在S和平面P之间有一空间点A，S与点A的连线为投射线，延长SA与平面P相交于点a，a为点A在平面P上的投影。投射线通过物体，向选定的面投射，并在该面上得到图形的方法称为投影法。根据投影法得到的图形，称为投影。工程上常用各种投影法绘制图样。

投影法分为两类：中心投影法和平行投影法。

1. 中心投影法

投射线都通过投射中心的投射方法称为中心投影法，如图2-2所示。用中心投影法绘制的图样虽然立体感较强，但不能反映物体的真实形状和大小，且度量性差、作图复杂，故

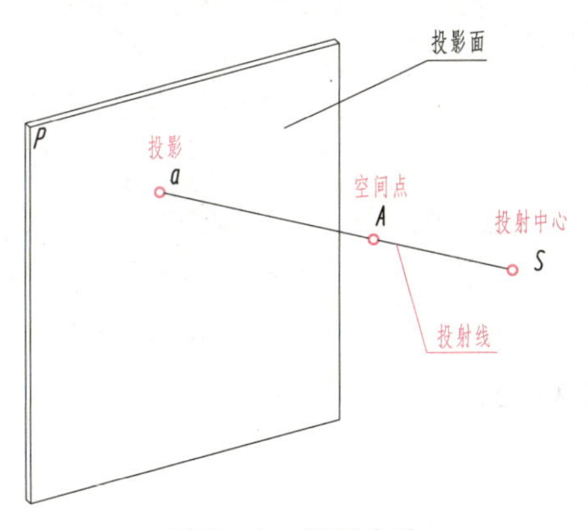

图2-1　投影方法

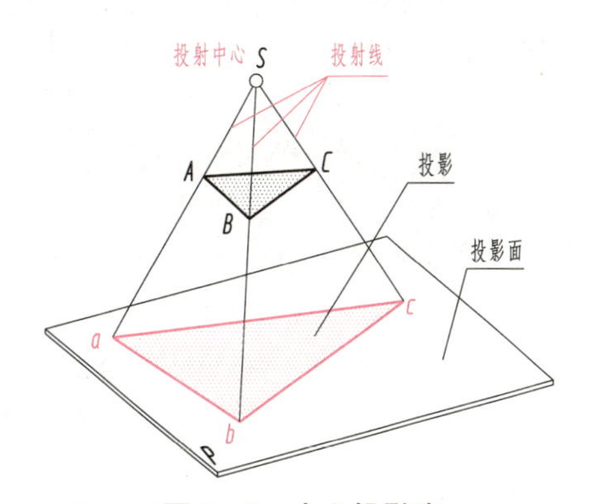

图2-2　中心投影法

在机械图样中很少采用。

2. 平行投影法

若投射中心位于无限远处，则投射线相互平行，这种投射线都相互平行的投射方法称为平行投影法。

根据投射线与投影面是否垂直，平行投影法又分为正投影法和斜投影法两种。

（1）正投影法：投射线垂直于投影面，如图2－3（a）所示。

（2）斜投影法：投射线倾斜于投影面，如图2－3（b）所示。

由于用正投影法能在投影面上较正确地表达空间物体的形状和大小，而且作图也比较方便，因此其在工程上得到了广泛的应用。正投影法是绘制机械图样的理论基础。

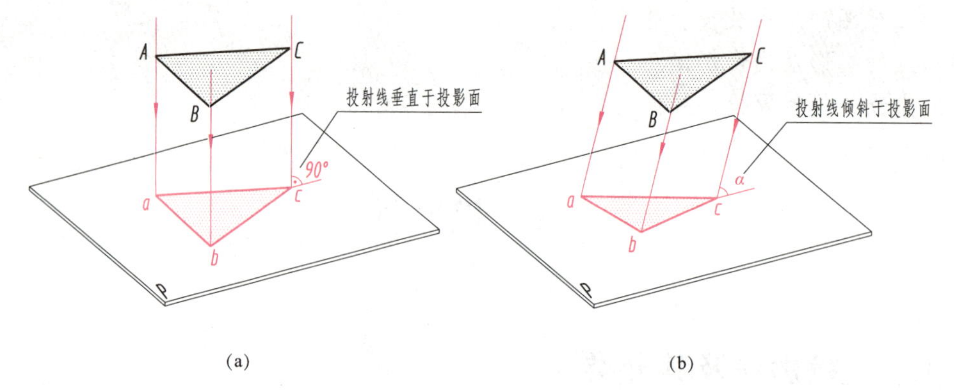

图2－3　平行投影法

（a）正投影法；（b）斜投影法

2.1.2　正投影的基本性质

1. 全等性

当空间直线或平面平行于投影面时，其在所平行的投影面上的投影反映直线的实长或平面的实形，这种性质称为全等性，如图2－4（a）所示。

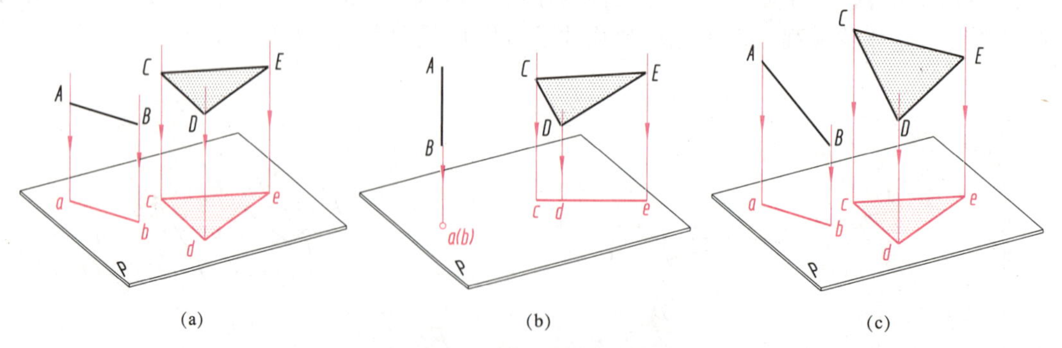

图2－4　正投影的基本性质

（a）全等性；（b）积聚性；（c）类似性

2. 积聚性

当空间直线或平面垂直于投影面时，其在所垂直的投影面上的投影为：一个点或一条直线，这种性质称为积聚性，如图2－4（b）所示。

3. 类似性

当空间直线或平面倾斜于投影面时，它在该投影面上的投影仍为直线或与之类似的平面图形，且其投影的长度变短或面积变小，这种性质称为类似性，如图2－4（c）所示。

2.2　三视图的形成及投影规律

2.2.1　三投影面体系的建立

设立相互垂直的三个投影面分别为正立投影面（简称正面或*V*面）、水平投影面（简称水平面或*H*面）和侧立投影面（简称侧面或*W*面），便组成了三投影面体系，如图2－5所示。相互垂直的三个投影面之间的交线称为投影轴，其中*V*面与*H*面之间的交线称为*OX*轴；*H*面与*W*面之间的交线称为*OY*轴；*V*面与*W*面之间的交线称为*OZ*轴。三条投影轴相互垂直并相交，交点称为原点*O*。

2.2.2　三视图的形成

将物体置于三投影面体系中，分别向三个投影面作正投影所得的图形称为视图，如图2－6所示。物体由前向后投影所得的图形称为主视图；物体由上向下投影所得的图形称为俯视图；物体由左向右投影所得的图形称为左视图。由此可得到物体三视图。

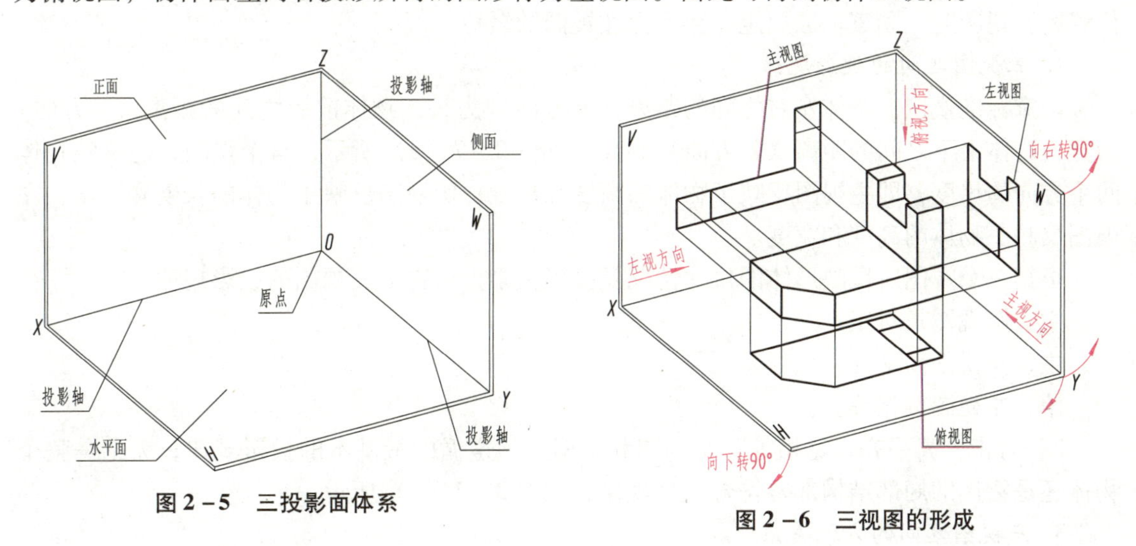

图2－5　三投影面体系

图2－6　三视图的形成

为了使三个视图能画在一张图纸上，规定：*V*面保持不动，*H*面绕*OX*轴向下旋转90°，*W*面绕*OZ*轴向右旋转90°，展开方法如图2－6所示。这样，就得到了展开后的三视图，如图2－7（a）所示。由于在工程图上，视图主要用来表达物体的形状，而没有必要表达物体和投影面间的距离，因此，在绘制视图时不必画出投影轴；为了使图形清晰，也不必画出投影间的连线；为了便于画图和看图，更不必画出投影面的边框线，如图2－7（b）所示。通常视图间的距离可根据图纸幅面、尺寸标注等因素来确定。

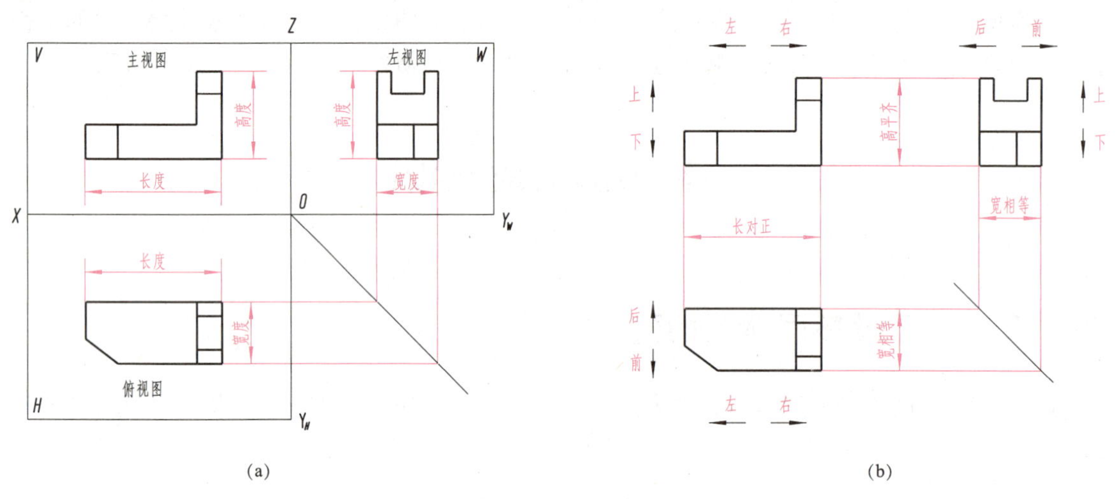

(a)　　(b)

图2－7　物体的三视图

（a）有边框线；（b）无边框线

2.2.3　三视图之间的对应关系及投影规律

由三视图的形成过程可以得出三视图间的位置关系、投影规律和方位关系。

1. 三视图间的位置关系

如图2－7（a）所示，俯视图在主视图的正下方，左视图在主视图的正右方。按照这种位置配置视图时，国家标准规定一律不标注视图的名称。

2. 三视图之间的投影规律

国家标准规定：物体左右之间的距离（X方向）为长；物体前后之间的距离（Y方向）为宽；物体上下之间的距离（Z方向）为高。如图2－7（a）所示，每个视图只能反映物体两个方向的尺度，即主视图反映了物体的高度和长度；俯视图反映了物体的长度和宽度；左视图反映了物体的高度和宽度。

根据三个视图所反映形体的尺寸情况及投影关系，可得出三视图的投影规律为：

主、俯视图长对正；

主、左视图高平齐；

俯、左视图宽相等。

“长对正，高平齐，宽相等”是画图和看图必须遵循的最基本的投影规律，无论是整个物体还是物体的局部结构都要符合这个规律，如图2－7（b）所示。

3. 三视图之间的方位关系

在应用这个投影规律作图时，要注意物体的左、右、前、后、上、下六个方位与视图的关系。每一个视图只能反映物体两个方向的位置关系，如图2－7（b）所示。

主视图反映物体左、右、上、下的相对位置关系；

俯视图反映物体左、右、前、后的相对位置关系；

左视图反映物体前、后、上、下的相对位置关系。

在画图和看图时，应特别注意俯视图和左视图的前、后对应关系。俯视图的下方和左视图的右方反映的是形体的前方；俯视图的上方和左视图的左方反映的是形体的后方。因此，在俯、左视图上量取宽度时，不但要注意量取的起点，还要注意量取的方向。

2.3　点的投影

点是构成空间物体的最基本的几何元素，分析空间物体的投影，必须首先从点开始，然后扩展到线、面和体。

2.3.1　点的直角坐标与点的三面投影

如图2－8（a）所示，将空间点A置于三个相互垂直的投影体系中，分别向三个投影面V、H、W面作投射线，得到三个投影，记为a'、a、a''（任意一点的三个投影都用相应的字母表示，其中水平投影用小写字母，正面投影用小写字母加一撇，侧面投影用小写字母加两撇以示区别），称a'为空间点A的正面投影，a为空间点A的水平投影，a''为空间点A的侧面投影。

如果把三面投影面体系看作直角坐标系，则投影轴、投影面、点O分别是直角坐标系中的坐标轴、坐标面和坐标轴原点，设空间点A的三个坐标为x_A、y_A、z_A，其与A点直角坐标轴的关系如下：

$$a'a_Z = aa_Y = Aa'' = Oa_X = x_A$$
$$aa_X = a''a_Z = Aa' = Oa_Y = y_A$$
$$a'a_X = a''a_Y = Aa = Oa_Z = z_A$$

由图2－8（a）可知，A点的正面投影a'由空间点A的x_A、z_A坐标确定，水平投影a由空间点A的x_A、y_A坐标确定，侧面投影a''由空间点A的y_A、z_A坐标确定。

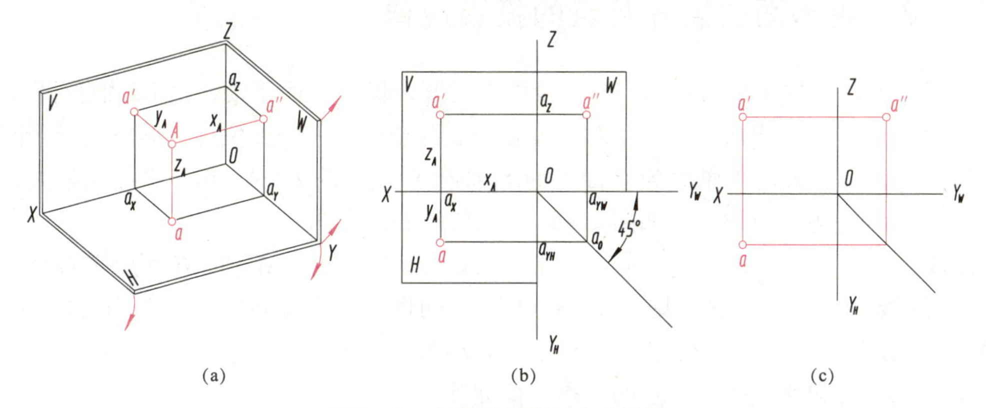

图2－8　点在三面体系中的投影

（a）点在三面体系中；（b）展开后的投影；（c）点的投影

结论：如果已知点的三个直角坐标值，则可以确定点在三面投影体系中的位置；反之，如果已知点的三个投影，则可以求出点的三个坐标值。

【例 2-1】 如图 2-9 所示，已知 *A* 点的三面投影图，利用直角坐标值，作出立体图，确定 *A* 点的空间位置。

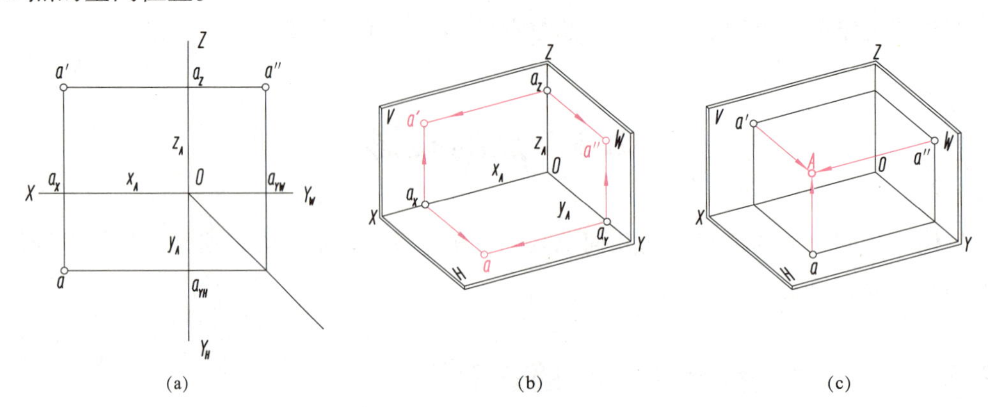

图 2-9 根据点的投影图画出立体图

(a) 投影图；(b) 投影面中的三个投影；(c) 立体图

分析：

由 *A* 点的三面投影图可量得 *A* 点的 *x*、*y*、*z* 坐标值，并确定其在坐标轴上的位置，即 a_X、a_Y、a_Z，由此可确定空间点 *A* 的位置。

作图：

(1) 如图 2-9 (a) 所示，量取 x_A、y_A、z_A值。

(2) 如图 2-9 (b) 所示，确定 a_X、a_Y、a_Z点的位置。

(3) 过 a_X、a_Y、a_Z 三点分别作平行于 *X* 轴、*Y* 轴、*Z* 轴的平行线，得 a'、a、a''在立体图中的位置。

(4) 再过 a'、a、a''作平行于 *X* 轴、*Y* 轴、*Z* 轴的平行线，必交于一点，此点即空间点 *A*。

2.3.2 投影面的展开及点的投影规律

按图 2-8 (a) 中箭头所示的方向将投影面展开，保持 *V* 面不动，沿 *OY* 轴分开 *H* 面和 *W* 面，*H* 面向下转，*W* 面向右转，使两个投影面展开至与 *V* 面一致位置，形成同一平面，如图 2-8 (b) 所示。此时 *Y* 轴分为 *H* 面上的 Y_H轴和 *W* 面上的 Y_W轴，由于平面无限大，故可以把三个投影面边界去掉，变成如图 2-8 (c) 所示的投影图。

由图 2-8 (a) 可知，$Aa a_X a'$ 是个矩形，$a'a_X \perp X$ 轴，$aa_X \perp X$ 轴，*H* 面旋转后与 *V* 面重合，a、a'连线一定垂直 *X* 轴 [见图 2-8 (b)]。同理，*W* 面旋转后，a'、a''连线也一定垂直 *Z* 轴 [见图 2-8 (b)]。aa_{YH}垂直 OY_H轴，$a''a_{YW}$垂直 OY_W轴。

由此可得出三投影面体系中点的投影规律如下：

(1) 空间点的正面投影 a'和水平投影 a 的连线垂直 *X* 轴，这两个投影都反应空间点的 *x* 坐标，即：

$$a'a \perp X \text{ 轴}，a'a_Z = aa_{YH} = x_A$$

（2）空间点的正面投影 a' 和侧面投影 a'' 的连线垂直 Z 轴，这两个投影都反应空间点的 z 坐标，即：

$$a'a'' \perp Z \text{ 轴}, \quad a'a_X = a''a_{YW} = z_A$$

（3）空间点的水平投影 a 到 X 轴的距离等于侧面投影 a'' 到 Z 轴的距离，这两个投影都反映空间点的 y 坐标，即：

$$aa_X = a''a_Z = y_A$$

为了作图方便，可作过 O 点的45°辅助线，则 aa_{YH}、$a''a_{YW}$ 的延长线必与这条辅助线交于一点，这样可简化作图。

【例2-2】 如图2-10所示，已知空间点 A（25，20，15），作出 A 点的三面投影图。

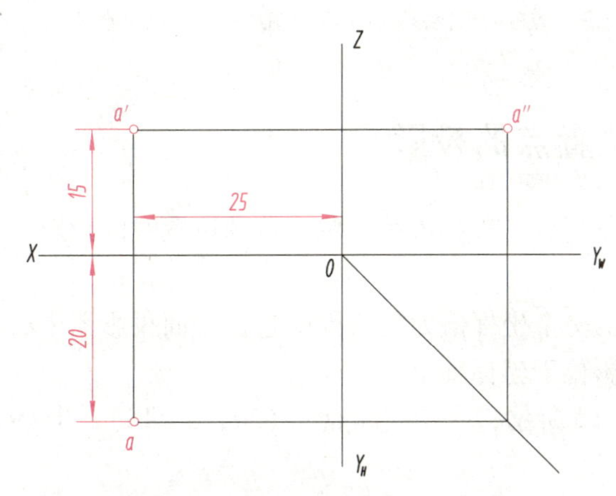

图2-10　根据点的坐标，求投影

分析：

利用 A 点的 a_X、a_Y 确定水平投影 a，利用 A 点的 a_X、a_Z 确定正面投影 a'，利用 A 点的 a_Y、a_Z 确定侧面投影 a''。

作图：

（1）从 O 点向左沿 X 轴量取25处作垂线，沿该垂线向上量取15，得正面投影 a'。

（2）沿上步垂线向下量取20，得水平投影 a。

（3）利用正面投影 a' 和水平投影 a 及45°辅助线作出侧面投影 a''。

根据点的三面投影规律，可由点的三个坐标值画出三面投影，也可根据点的两个投影作出第三个投影。

【例2-3】 如图2-11所示，已知 A 点的两个投影 a'、a''，求作第三个投影 a。

分析：

已知 A 点的正面投影 a' 和侧面投影 a''，利用45°辅助线可作出水平投影 a。

作图：

（1）过 a' 向下作垂直于 X 轴的投射线，如图2-11（b）所示。

（2）再过 a'' 向下作垂直于 Y_W 轴的投射线，交45°辅助线于一点，过此点向左作垂直于 Y_H 轴的垂线，与过 a' 垂线交一点，即水平投影 a，如图2-11（c）所示。

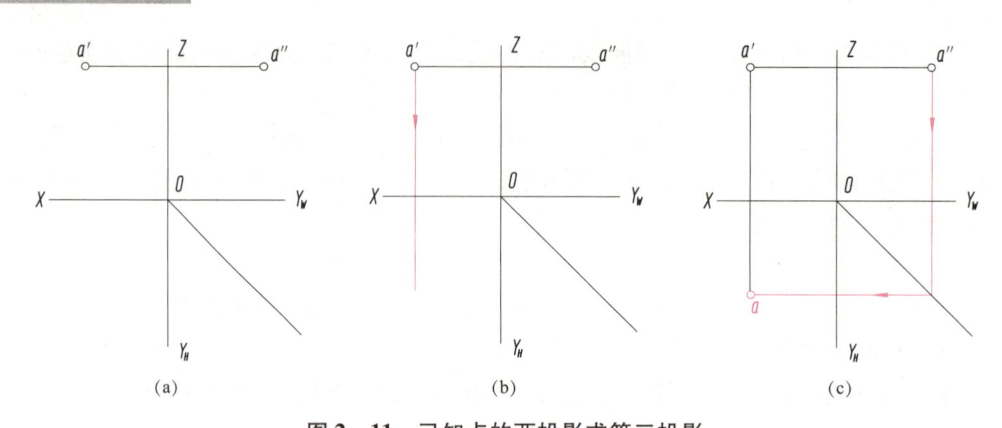

图 2-11　已知点的两投影求第三投影

(a) 点的两个投影；(b) 作投射线；(c) 确定水平投影

2.3.3　特殊位置点的投影

特殊位置点的投影是指点在投影体系中位于特殊位置时的投影。

1. 投影面上的点

由于投影面上的点的一个坐标值为零，因此它在三面投影图中必定有一个投影与空间点本身重合，其余两个投影位于坐标轴上。

【例 2-4】 如图 2-12 所示，已知空间点 A (20，0，18)、B (9，11，0)，作出两点的三面投影图。

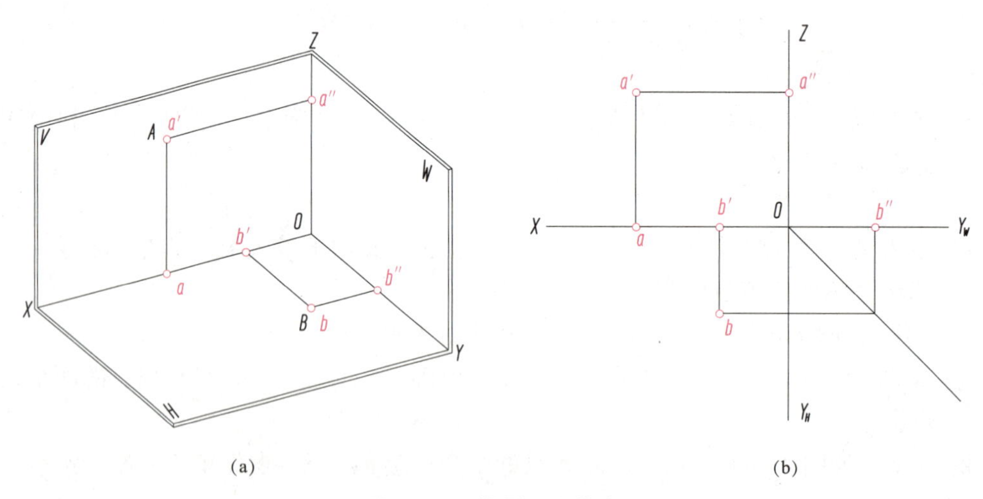

图 2-12　投影面上的点

(a) 立体图；(b) 投影图

分析：

A 点的 y 坐标为零，故 A 点是 V 面上的点；B 点的 z 坐标为零，故 B 点是 H 面上的点。

作图：

A 点：

(1) 从 O 点向左沿 X 轴量取 20 处作垂线，在垂线上沿 X 轴向上量取 18，得正面投

影 a'。

（2）过 a'作垂直 X 轴的线，与 X 轴的交点就是水平投影 a。

（3）过 a'作垂直 Z 轴的线，与 Z 轴的交点就是侧面投影 a''。

B 点：

（1）从 O 点向左沿 X 轴量取9，得正面投影 b'。

（2）过 b'向下作垂直 X 轴的线，在垂线上量取11，得水平投影 b。

（3）利用正面投影 b'和水平投影 b 及45°辅助线作出侧面投影 b''。

2. 投影轴上的点

由于投影轴上点的两个坐标值为零，因此，它在三面投影图中的两个投影与空间点重合且位于坐标轴上，另一个投影与原点重合。

【例2-5】 如图2-13所示，已知空间点 C（28，0，0），作出其三面投影图。

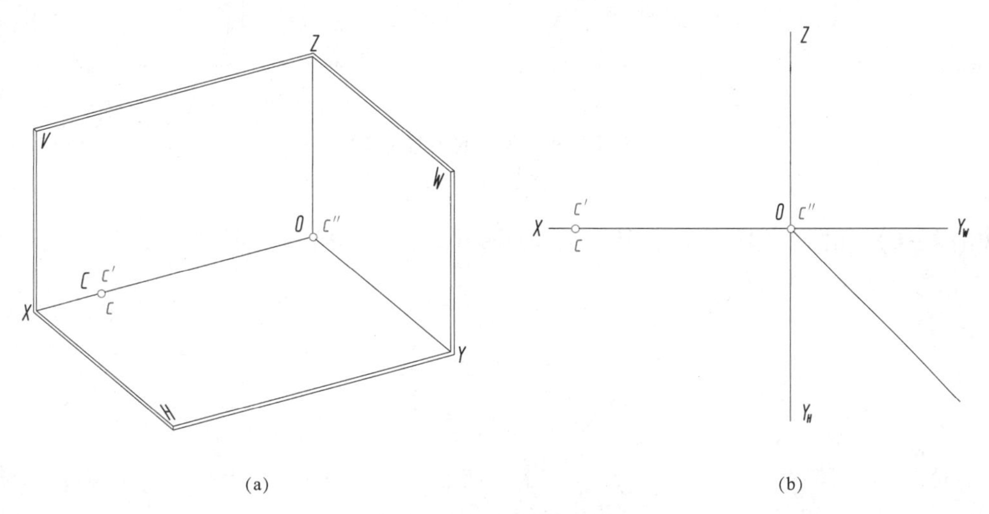

图2-13　投影轴上的点

（a）立体图；（b）投影图

分析：

C 点的 y、z 坐标为零，故 C 点是 X 轴上的点。

作图：

（1）从 O 点向左沿 X 轴量取10，得 C 点的正面投影 c'和水平投影 c 均在 X 轴上，注意 c'写在 X 轴上方而 c 写在 X 轴下方。

（2）由于 c''与原点 O 重合，故 c''写在 Z 轴和 Y_W轴之间。

2.3.4　两点的相对位置

1. 两点相对位置的确定

两点相对位置是指两点间左右、前后、上下的位置关系，可由两点的坐标差来确定。如图2-14所示，设点 A（x_A、y_A、z_A）和点 B（x_B、y_B、z_B），两点相对位置的判别方法如下：

（1）$x_A - x_B > 0$，A 点在 B 点左方；反之，A 点在 B 点右方。

（2）$y_A - y_B > 0$，A 点在 B 点前方；反之，A 点在 B 点后方。

（3）$z_A - z_B > 0$，A 点在 B 点上方；反之，A 点在 B 点下方。

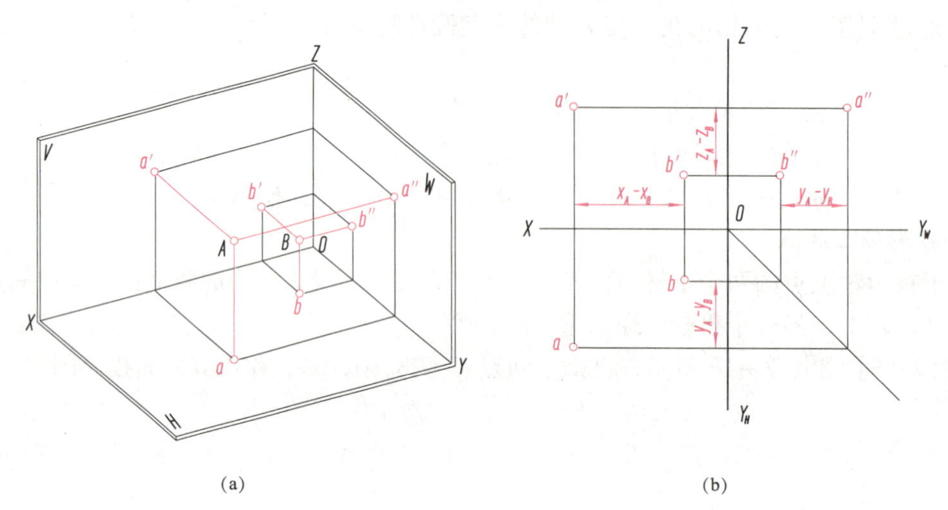

(a)　　(b)

图 2－14　两点的相对位置

（a）立体图；（b）投影图

【例 2－6】如图 2－15 所示，已知空间点 A（22，14，15）和点 B（7，7，7），判断空间 A 点相对于 B 点的位置。

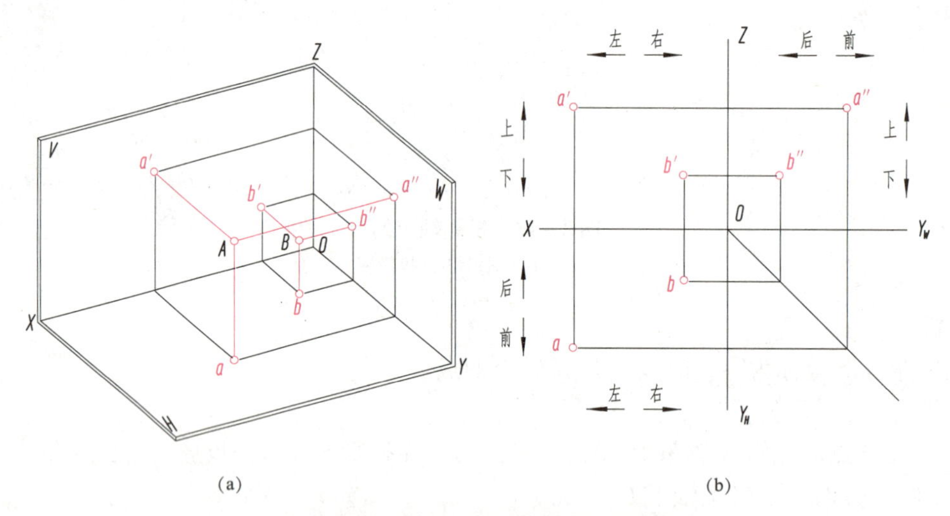

(a)　　(b)

图 2－15　判断空间两点的相对位置

（a）两点的空间位置；（b）判断相对位置的投影图

分析：

已知 A、B 两点的坐标值，利用两点三个方向的坐标值，可判断两点的空间位置。

作图：

（1）$x_A - x_B = 22 - 7 = 15 > 0$，$A$ 点在 B 点左方。

（2）$y_A - y_B = 14 - 7 = 7 > 0$，$A$ 点在 B 点前方。

（3）$z_A - z_B = 15 - 7 = 6 > 0$，$A$ 点在 B 点上方。

结论：空间 A 点在 B 点左、前、上方的位置。

2. 重影点的投影

当空间两点的坐标值有两个相等、第三个不等时，它们的投影有一个就会出现重合，称为对该投影面的重影点。如图 2-16 所示，A 点与 C 点的 X 轴坐标值和 Z 轴坐标值相等，但 Y 轴坐标值不等，且 $x_A > y_C$，A 点在 C 点前方，正面投影 a'（c'）重影为一点，则称 A 点和 C 点相对于 V 面是重影点，后面的点 c' 用括号括起来，表示不可见。

有重影点就要判断点投影的可见性，重影点可见性判断方法如下：

方法一：相对投影面从方位上看，上遮下、左遮右、前遮后。

方法二：比较重影点的坐标值，坐标值较大者为可见。

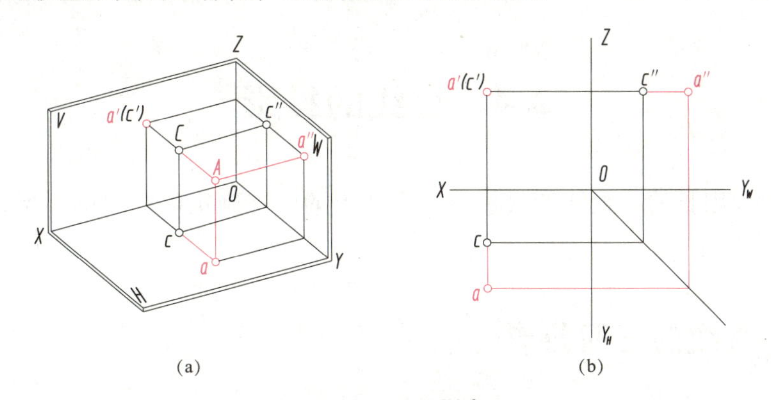

(a)　　(b)

图 2-16　重影点

（a）立体图；（b）投影图

【例 2-7】 如图 2-17 所示，已知空间点 A（20，5，10）和点 B（12，5，10），作出投影图，并判断重影点。

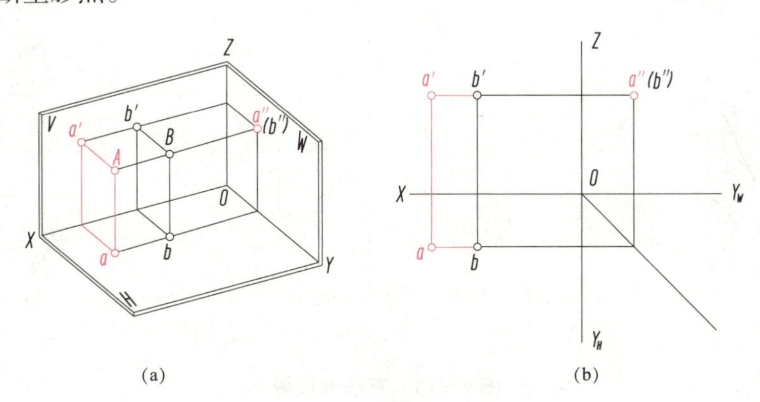

(a)　　(b)

图 2-17　判断重影点

（a）立体图；（b）投影图

分析：

A 点和 B 点的坐标值是已知的，由点的坐标可以作出点的三面投影图，再判断其可见性。

作图：

A 点：

（1）从 O 点向左沿 X 轴量取 20 作垂线，沿垂线向上量取 10 得正面投影 a'。

（2）沿上步垂线向下量取 5 得水平投影 a。

（3）利用正面投影 a'和水平投影 a 及 45°辅助线作出侧面投影 a''。

B 点

（1）从 O 点向左沿 X 轴量取 12 作垂线，沿垂线向上量取 10 得正面投影 b'。

（2）沿上步垂线向上量取 5 得水平投影 b。

（3）利用正面投影 b'和水平投影 b 及 45°辅助线作出侧面投影 b''。

A 点和 B 点的 X 轴坐标值不等，Y 轴坐标值和 Z 轴坐标值相等，侧面投影 a''（b''）重影为一点，a''可见，b''不可见，则称 A 点和 B 点相对于 W 面是重影点。

2.4　直线的投影

空间直线是无限长的，直线的投影是指直线上的两点确定的线段的投影，简称直线的投影。

2.4.1　直线的三面投影

空间有一直线 AB，如图 2－18（a）所示；分别作出 A 点的三面投影 a'、a、a''和 B 点的三面投影 b'、b、b''，如图 2－18（b）所示；同面投影连线即得 AB 直线的三面投影 $a'b'$、a b、$a''b''$，图 2－18（c）所示为直线 AB 的三面投影图。

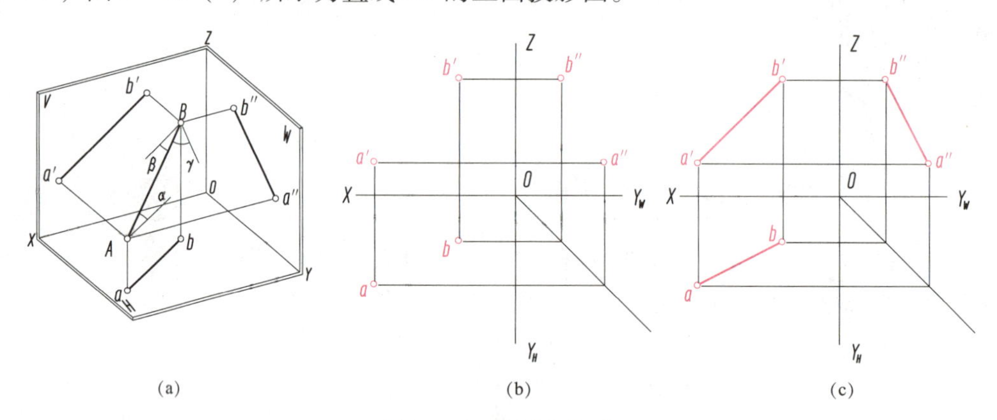

图 2－18　直线的投影

（a）立体图；（b）点的投影图；（c）直线的投影图

2.4.2　各种位置直线的投影特性

直线相对投影面的位置可分为三种：一种是投影面倾斜线，也可称为一般位置直线；后两种称为特殊位置直线。

直线
- 投影面倾斜线：倾斜 V、H、W 面
- 投影面平行线
  - 正平线：平行 V 面，倾斜 H、W 面
  - 水平线：平行 H 面，倾斜 V、W 面
  - 侧平线：平行 W 面，倾斜 H、V 面
- 投影面垂直线
  - 正垂线：垂直 V 面，平行 H、W 面
  - 铅垂线：垂直 H 面，平行 V、W 面
  - 侧垂线：垂直 W 面，平行 V、H 面

各种位置直线的投影，具有不同的投影特性。

1. 投影面倾斜线

如图 2－18 所示，直线 AB 对 V、H、W 面都倾斜，称为投影面倾斜线。直线 AB 与投影面投影的夹角，称为直线相对该投影面的倾角。其对 H 面的倾角为 α，对 V 面的倾角为 β，对 W 面的倾角为 γ。由图 2－18 可以看出：$ab = AB\cos\alpha$，$a'b' = AB\cos\beta$，$a''b'' = AB\cos\gamma$，由于 α、β、$\gamma \neq 0°$ 或 $90°$，故各投影长小于实长。由此可得出倾斜线的投影特性：

（1）三个投影都倾斜于投影轴，投影长小于实长。

（2）投影与投影轴的夹角不反映空间直线相对投影面的倾角。

2. 投影面平行线

平行于一个投影面而与另外两个投影面倾斜的直线称为投影面平行线，见表 2－1。以正平线 AB 为例，其投影特性如下：

（1）正面投影 $a'b'$ 反映直线 AB 的实长，它与 X 轴的夹角反映直线相对 H 面的倾角 α，与 Z 轴的夹角反映直线对 W 面的倾角 γ。

（2）水平投影 ab 平行于 X 轴，侧面投影 $a''b''$ 平行于 Z 轴，因为 $ab = AB\cos\alpha$、$a''b'' = AB\cos\gamma$，故它们的投影长度小于 AB 实长。

水平线和侧平线的投影特性类似，见表 2－1。

表 2－1　投影面平行线的投影特性

名称	正平线 （//V 面，对 H、W 面倾斜）	水平线 （//H 面，对 V、W 面倾斜）	侧平线 （//W 面，对 H、V 面倾斜）
直观图	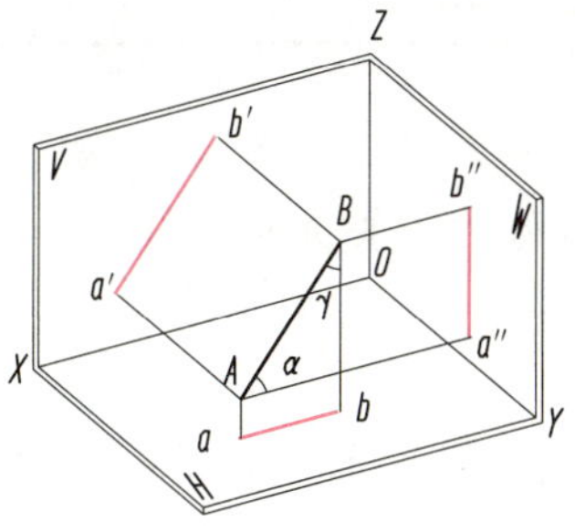	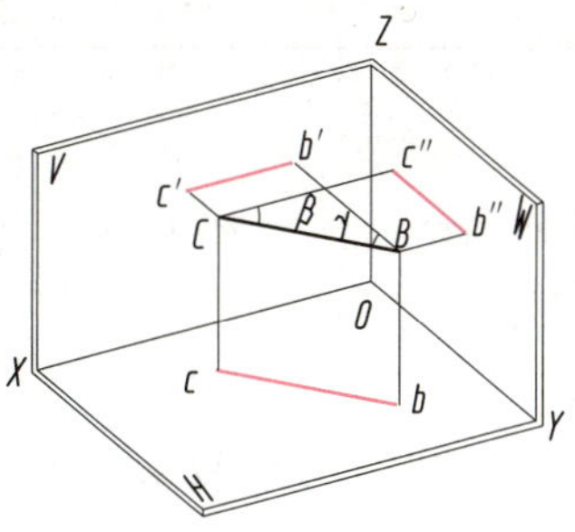	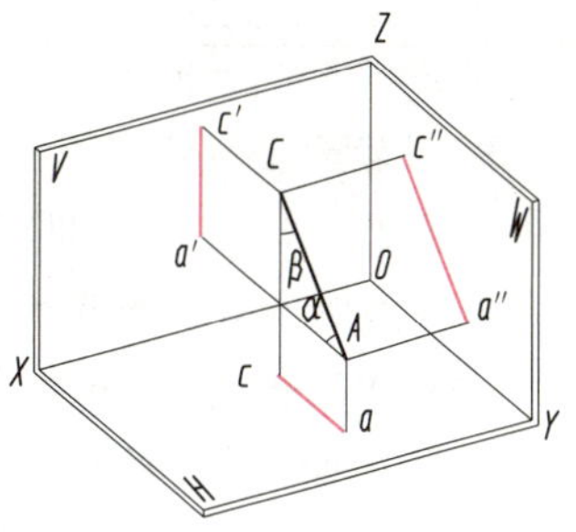

续表

名称	正平线 (//V 面，对 H、W 面倾斜)	水平线 (//H 面，对 V、W 面倾斜)	侧平线 (//W 面，对 H、V 面倾斜)
投影	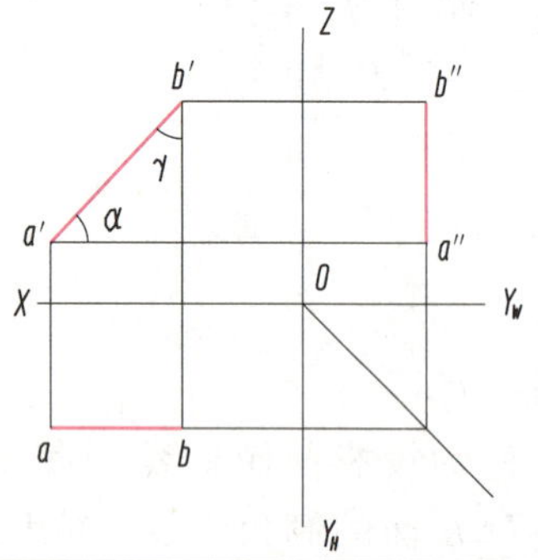	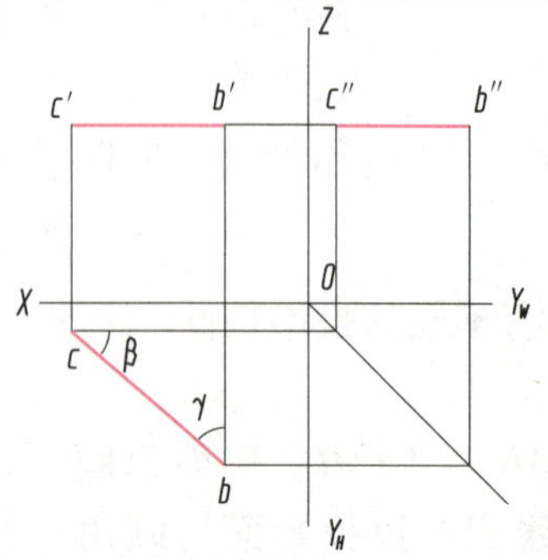	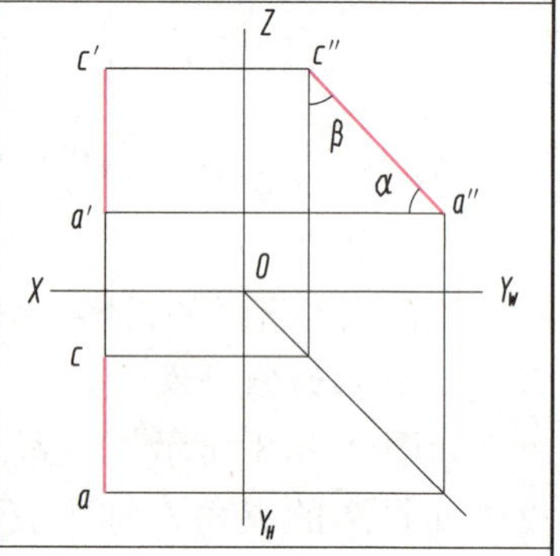
投影特性	① $a'b' = AB$；V 面投影反映 α、γ； ② $ab//OX$、$ab < AB$，$a''b''//OZ$、$a''b'' < AB$	① $cb = CB$；H 面投影反映 β、γ； ② $c'b'//OX$、$c'b' < BC$，$c''b''//OY_W$、$c''b'' < BC$	① $a''c'' = AC$；W 面投影反映 α、β； ② $a'c'//OZ$、$a'c' < AC$，$ac // OY_H$、$ac < AC$
应用举例	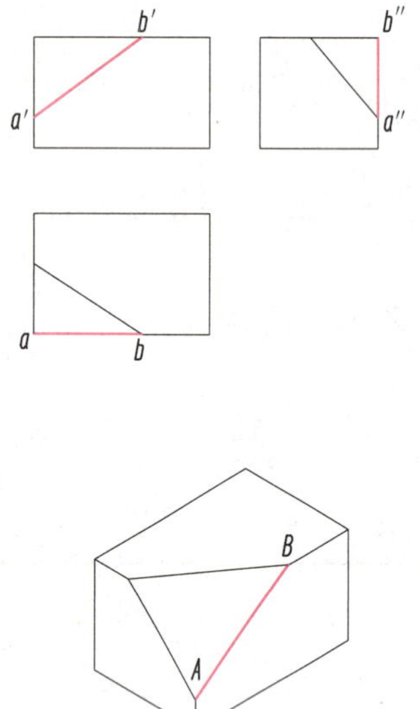	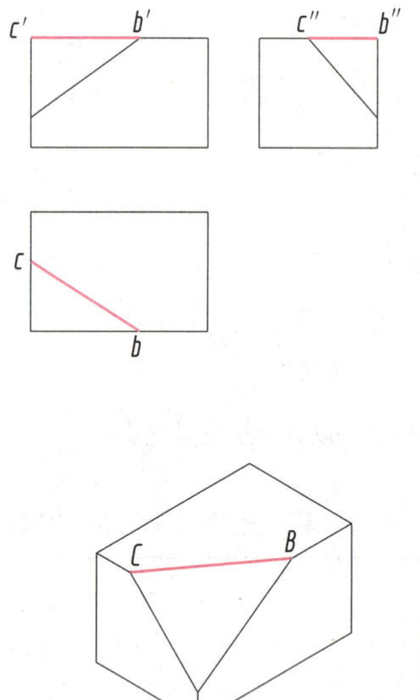	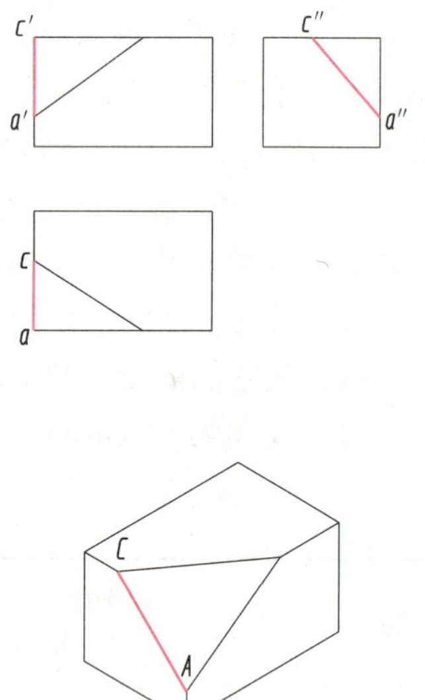

3. 投影面垂直线

垂直于一个投影面即与另外两个投影面都平行的直线称为投影面垂直线，见表 2－2。以铅垂线为例，其投影特性如下：

（1）水平投影 a、d 积聚成一点。

（2）正面投影 $a'd'$ 垂直于 X 轴，侧面投影 $a''d''$ 垂直于 Y_W 轴，$a'd'$、$a''d''$ 均反映实长。

正垂线和侧垂线的投影特性类似，见表 2－2。

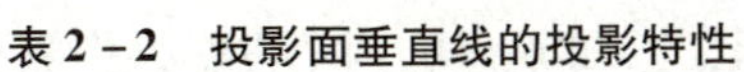

表 2－2　投影面垂直线的投影特性

名称	正垂线 （⊥V 面，// H 面、//W 面）	铅垂线 （⊥H 面，//V 面、//W 面）	侧垂线 （⊥V 面，// H 面、//W 面）
直观图			
投影			
投影特性	①a'（b'）积聚成一点； ②$ab \perp OX$，$a''b'' \perp OZ$； ③$ab = a''b'' = AB$	①a（d）积聚成一点； ②$a'd' \perp OX$，$a''d'' \perp OY_W$（或 $a'd'//a''d''//OZ$）； ③$a'd' = a''d'' = AD$	①c''（a''）积聚成一点； ②$c'a' \perp OZ$，$ca \perp OY_H$； ③$c'a' = ca = CA$
应用举例			

【**例 2-8**】如图 2-19 所示，已知 B 点的两个投影，作侧平线 BD，实长为 25，$\alpha=60°$。

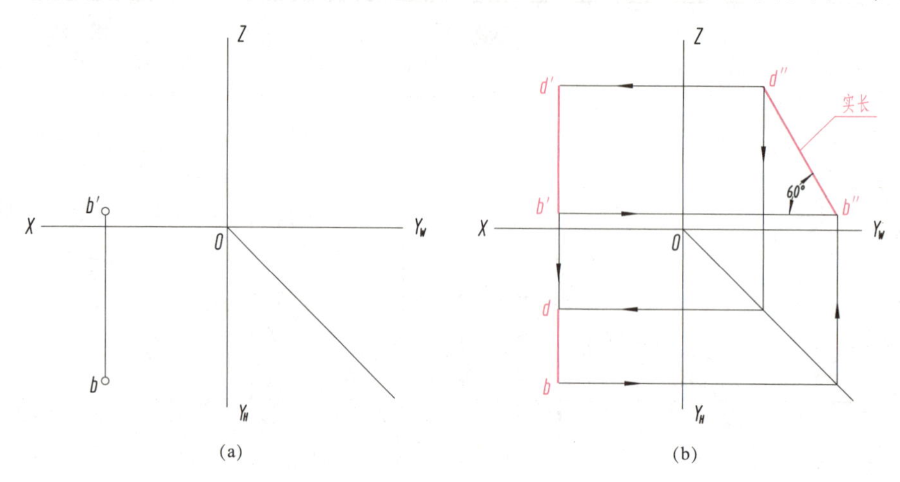

图 2-19 根据已知条件作直线的投影

(a) 已知条件；(b) 作图过程

分析：

由 b'、b 两个投影可作出侧面投影 b''，因为 BD 为侧平线，侧面投影反映实长和倾角，利用题中给出的 BD 实长和倾角 α 可作出侧面投影 $b''d''$。然后求 $b'd'$、bd 的投影。

作图：

(1) 过 b' 作垂直于 Z 轴的线，过 b 作垂直于 Y_H 轴的线，利用 45°辅助线作出 b''。

(2) 过 b'' 作与 Y_W 轴成 60°角的线，向左倾斜（也可向右倾斜），在其上量取 $b''d''=25$，得 d''，连 $b''d''$ 得 BD 侧面投影。

(3) 过 d'' 作垂直于 Z 轴的线，过 b 作垂直于 X 轴的线与其交于一点 d'，连 $b'd'$ 即得 BD 正面投影，$b'd'//Z$ 轴。

(4) 过 d'' 作垂直于 Y_W 轴的线，利用 45°辅助线及 d' 作出 d，连 bd 即得 BD 水平投影，$bd//Y_H$ 轴。

2.4.3 直线段的实长和对投影面的倾角

前面介绍特殊位置直线在投影图中能反映实长和倾角，一般位置直线不反映实长和倾角。为了解决这一问题，工程上常用直角三角形法与换面法求倾斜线的实长和倾角。

1. 直角三角形法几何分析

如图 2-20（a）所示，倾斜线 AB 位于 V/H 两投影面体系中。现过 A 作 $AB_1//ab$，即得一直角三角形 ABB_1，它的斜边 AB 即实长；$AB_1=ab$，BB_1 为两端点 A、B 的 z 坐标差（z_B-z_A），AB 与 AB_1 的夹角即 AB 对 H 面的倾角。由此可见，根据倾斜线 AB 的投影，求实长和对 H 面的倾角，可归结为求直角三角形 ABB_1 的实形。

如过 A 作 $AB_2//a'b'$，则得另一直角三角形 ABB_2，它的斜边 AB 即为实长，$AB_2=a'b'$，BB_2 为两端点 A、B 的 y 坐标差（y_B-y_A），AB 与 AB_2 的夹角即 AB 对 V 面的倾角。

2. 作图方法

求直线 AB 的实长和对 H 面的倾角 α。

方法一：如图2－20（b）所示，过a作ab的垂直线bB_0，在垂线上量取$bB_0 = z_B - z_A$，则aB_0为所求直线AB的实长，$\angle B_0ab$为倾角α。

方法二：如图2－20（b）所示，过a'作X轴的平行线，与$b'b$相交于b_0（$b'b_0 = z_B - z_A$），量取$b_0A_0 = ab$，则$b'A_0$为直线AB的实长，$\angle b'A_0b_0$为倾角α。

同理，如图2－20（c）所示，以$a'b'$为直角边，以$y_B - y_A$为另一直角边，也可求出AB的实长，即$b'A_0 = AB$，而$\angle A_0b'a'$为AB对V面的倾角。类似作法，过b作X轴的平行线，于$a'a$的延长线相交于a_0，量取$a_0B_0 = a'b'$，则$aB_0 = AB$，$\angle aB_0a_0$为倾角β。

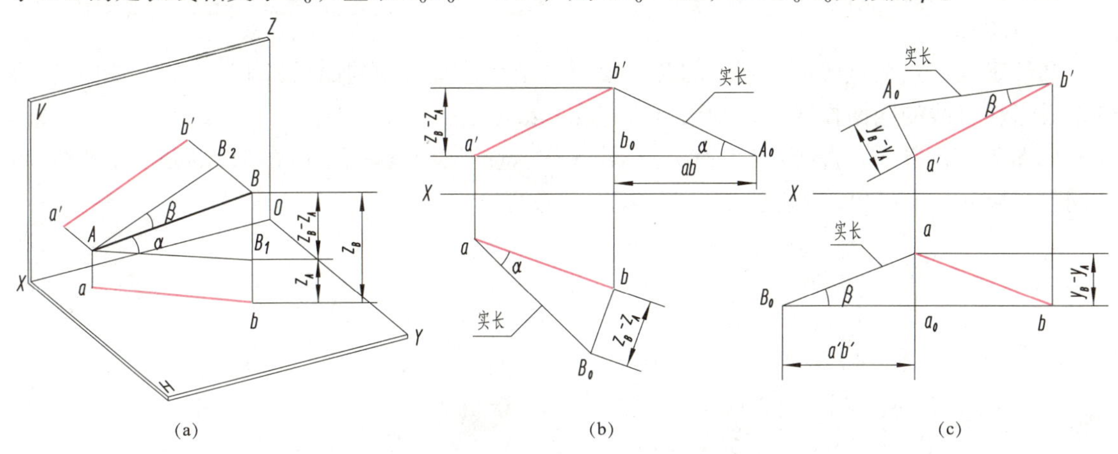

图2－20　直角三角形法求实长及倾角

（a）立体图；（b）求实长和α；（c）求实长和β

【例2－9】 已知直线AB的实长L和$a'b'$及a［见图2－21（a）和图12－21（b）］，求水平投影ab。

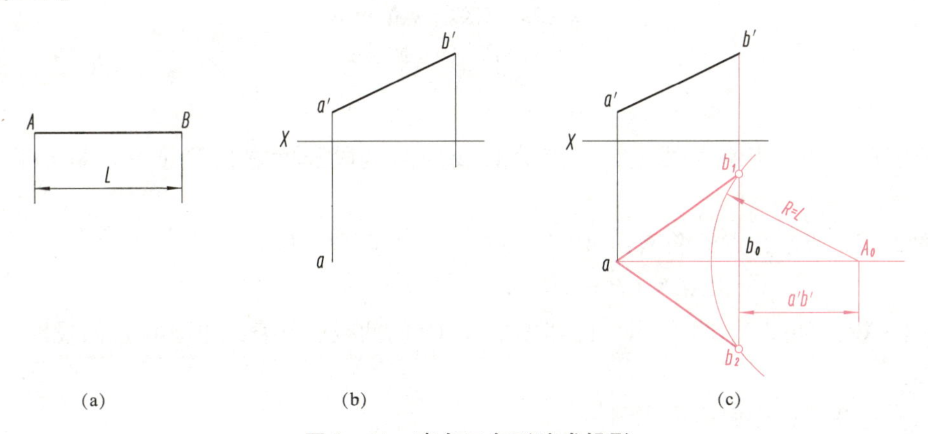

图2－21　直角三角形法求投影

（a），（b）已知条件；（c）作图过程

分析：

由已知$a'b'$和实长L可组成直角三角形，由此可求出坐标差$y_B - y_A$，然后可确定b的位置。

作图：

（1）由b'点作X轴的垂线。

（2）如图2－21（c）所示，由a点作X轴的平行线，与过b'点作的垂线交于b_0，延长

ab_0至A_0，使$b_0A_0 = a'b'$。

（3）以A_0为圆心，以实长L为半径作圆弧交$b'b_0$于b_1或b_2，即可求出水平投影ab_1或ab_2，此题两个解。

2.4.4 直线上的点

直线上的点具有从属性和定比性的投影特性。

1. 从属性

几何定理：点在直线上，则点的各个投影必定在该直线的同面投影上。反之，如果点的各个投影在直线的同面投影上，则该点一定在直线上。

如图2－22所示，直线AB上有一点C，则C点的三面投影c、c'、c''必定分别在直线AB的同面投影ab、$a'b'$和$a''b''$上。

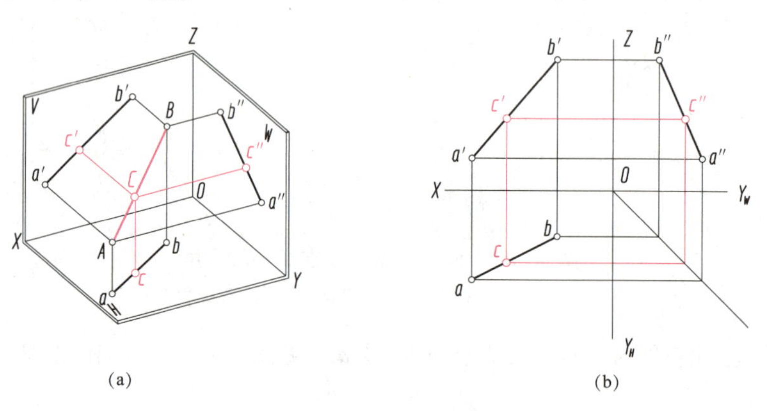

图2－22 直线上点的投影

（a）立体图；（b）投影图

2. 定比性

几何定理：如果点在直线上，则点分直线的两线段长度之比等于它的同面投影长度之比。

如图2－22所示，点C将直线AB分为AC与CB两段，则有：

$$AC:CB = ac:cb = a'c':c'b' = a''c'':c''b''$$

【例2－10】如图2－23所示，已知侧平线AB的两投影和直线上S点正面投影，求S点水平投影。

方法一：在三投影面体系作图。

分析：

由于S点位于直线AB上，故其各个投影均在直线AB的三个投影上，利用$a'b'$、ab作出$a''b''$，由s'作出$a''b''$上的s''，由s''就可以作出水平投影s。

作图：

（1）作出AB的侧面投影$a''b''$，同时作出S点的侧面投影s''。

（2）根据点的投影规律，由s'、s''作出s。

方法二：在两投影面体系作图。

分析：

因为 S 点在直线 AB 上，由点分线段成定比可知 $a's'$：$s'b'=as$：sb。

作图：

（1）过 a 点（或 b 点）以任意角度作一条线，量取 $as_0=a's'$，$s_0b_0=s'b'$。

（2）连 bb_0，过 s_0 作 $ss_0//bb_0$ 交 ab 于 s 点，则 s 点为所求点的水平投影。

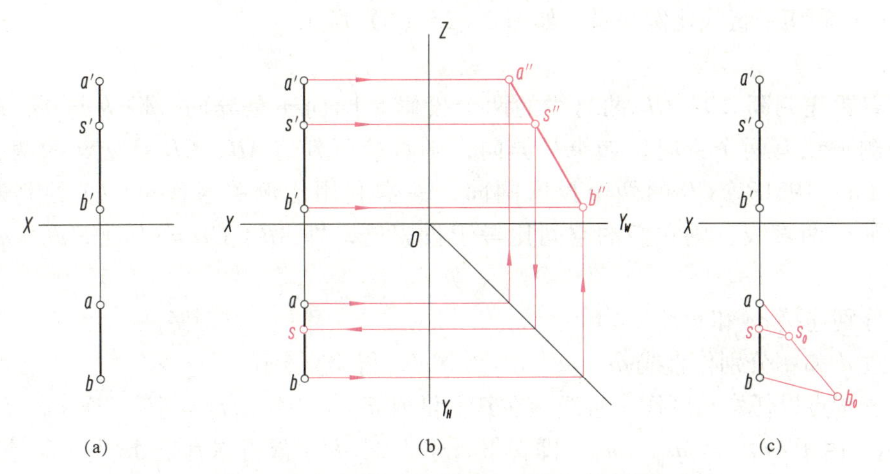

图 2-23　根据已知条件作直线上点的投影

（a）已知条件；（b）方法一的作图过程；（c）方法二的作图过程

2.4.5　两直线的相对位置

空间两直线的相对位置有三种：两直线平行、两直线相交和两直线交叉。

1. 两直线平行

几何定理：空间两直线平行，则它们的各组同面投影必定相互平行。反之，如果两直线在投影图上的各组同面投影都互相平行，则两直线在空间必定互相平行。

如图 2-24 所示，由于 $AB//CD$，则有 $ab//cd$、$a'b'//c'd'$、$a''b''//c''d''$。

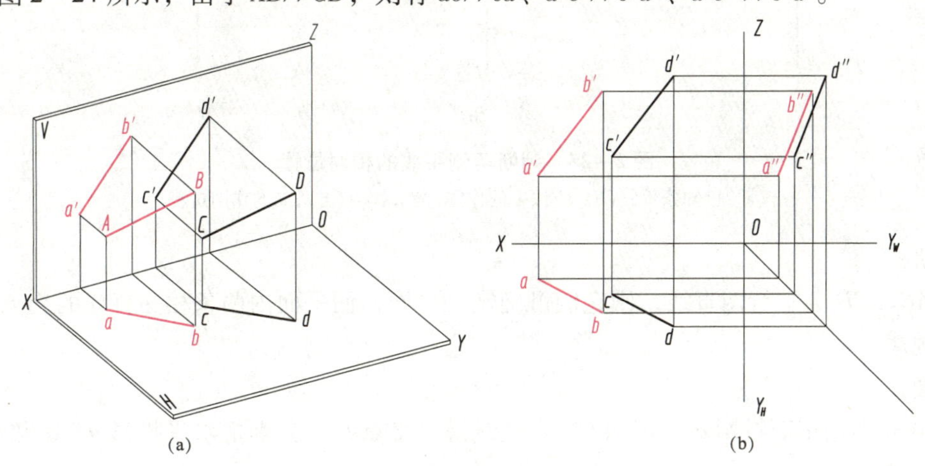

图 2-24　平行两直线的投影

（a）立体图；（b）投影图

一般情况下，若两个一般位置直线有两个投影互相平行，则可判定空间两直线是平行的。但对于两条同为某投影面的平行线来说，则需从两直线在该投影面上的投影来判断。

【例 2－11】 判断如图 2－25（a）所示的两侧平线 AB、CD 的相对位置。

此题有两种方法。

方法一： 利用平行线比例关系，如图 2－25（b）所示。

分析：

此法需要先判断 AB、CD 两直线的两个投影是同向还是异向，因为与 V、H 面成相同倾角的侧平线有两个方向，如果是异向，则直接可判定 AB、CD 是交叉的两直线。因图 2－25（a）中 AB、CD 的两个投影同向，故需利用比例关系作进一步的判断。如两侧平线为平行两直线，则它们的空间比等于投影比，即 $AB : CD = a'b' : c'd' = ab : cd$。

作图：

（1）分别连接 ac 和 $a'c'$。

（2）过 d 和 d' 分别作直线 $ds /\!/ ac$、$d's' /\!/ a'c'$，得交点 s 和 s'。

（3）过 a 点以任意角度作一直线，在其上量取 $as_0 = a's'$，$s_0b_0 = s'b'$，连 ss_0、bb_0，可看出 $ss_0 /\!/ bb_0$。由于 $as : sb = as_0 : s_0b_0$，即 $as : sb = a's' : s'b'$，故可以判定 AB 与 CD 是空间平行的。

方法二： 利用两条平行线可确定一平面，如图 2－25（c）所示。

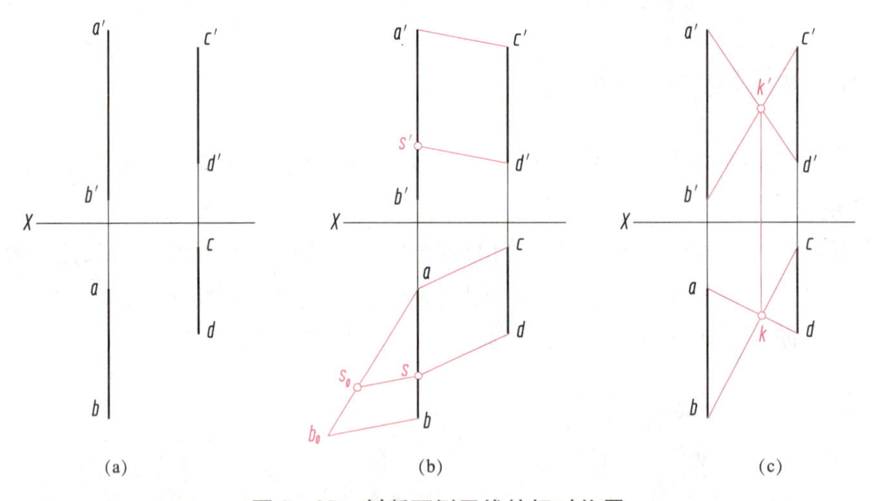

(a)　(b)　(c)

图 2－25　判断两侧平线的相对位置

（a）已知条件；（b）方法一的作图过程；（c）方法二的作图过程

分析：

如 AB、CD 为平行两直线，则它们可确定一平面，而平面内两条相交直线的交点满足点的投影规律。

作图：

（1）分别把正面投影 a'、d' 和 b'、c' 连线得一交点 k'；分别把水平投影 a、d 和 b、c 连线得一交点 k。

（2）将 k' 和 k 连线，由于 $k'k$ 垂直于 X 轴，满足点的投影规律，故判断 AB、CD 空间是平行的。

2. 两直线相交

几何定理：空间相交的两直线，它们的各组同面投影必定相交，且交点满足点的投影规律。反之，两直线在投影图上的各组同面投影都相交，且各组投影的交点符合空间点的投影规律，则两直线在空间必定相交。

如图2－26所示，空间直线 AB、CD 交于 K 点，则水平投影 k 既在 ab 上又在 cd 上。同样 k' 必然既在 $a'b'$ 上又在 $c'd'$ 上，k'' 也必然既在 $a''b''$ 上又在 $c''d''$ 上，且符合交点 K 的投影规律。

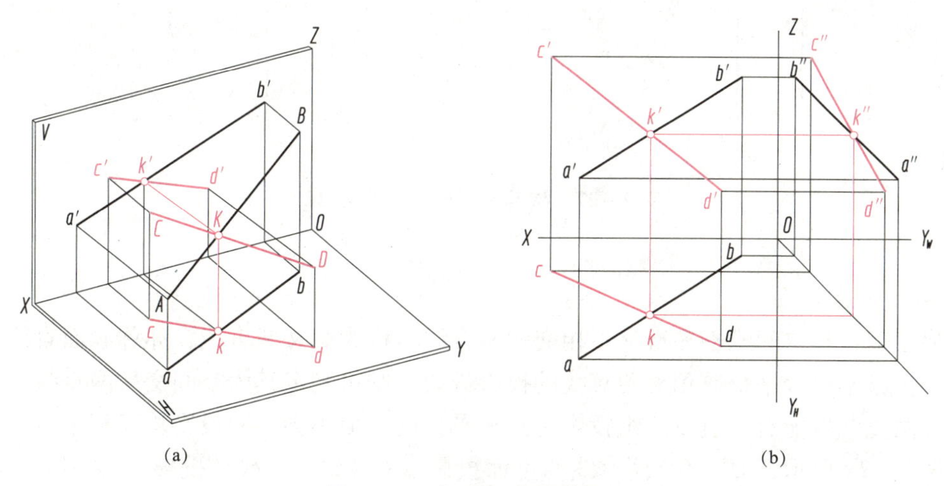

图2－26 相交两直线的投影

（a）立体图；（b）投影图

一般情况下，若两个一般位置直线有两个投影都相交，且交点符合点的投影规律，则可以断定空间两直线是相交的。

【例2－12】 已知直线 AB、CD、EF 的两面投影，作水平线 MN 与 AB、CD、EF 分别交于 M、S、K 点，N 点在 V 面之前6mm，如图2－27所示。

分析：

水平线 MN 的正面投影 $m'n' /\!/ X$ 轴，又和正垂线 CD 相交，由此可作出 $m'n'$，利用点在线上可作出点的其他投影。

作图：

（1）s' 积聚在 c'（d'）上，由 s' 作水平线，与 $a'b'$、$e'f'$ 分别交得 m'、k'。

（2）k 积聚在 e（f）上，由 a 任作一直线，在其上量取 $am_0 = a'm'$，$m_0b_0 = m'b'$；连 b 和 b_0，作 $m_0m /\!/ b_0b$，与 ab 交于 m 点；连 m 和 k，mk 与 cd 交于 s 点。

（3）从 OX 轴向下（即向前）6mm 作 X 轴的平行线，与 mk 的延长线交于 n，由 n 作投影连线，与 $m'k'$ 的延长线交于 n'。于是就作出了水平线 MN 的正面投影 $m'n'$ 和水平投影 mn。

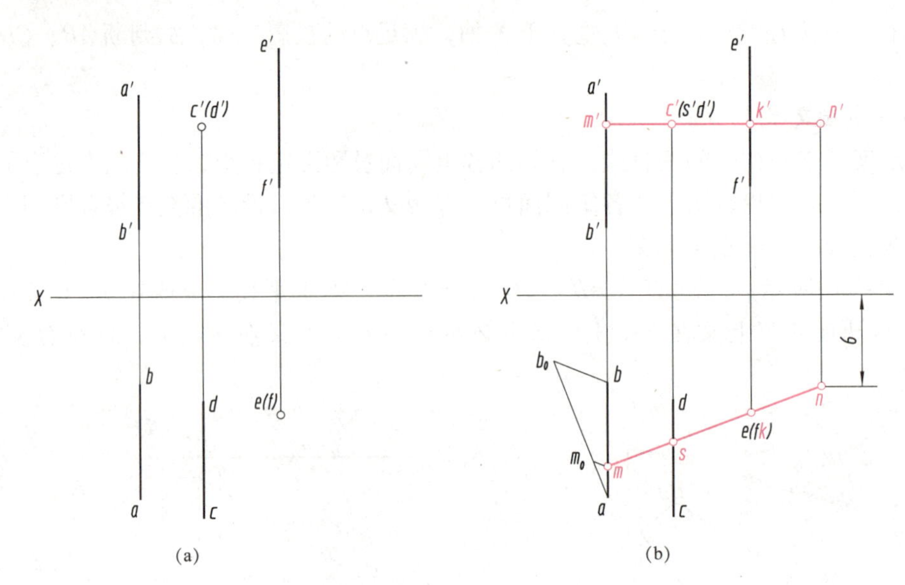

图 2－27　按给定条件作水平线 *MN*

（a）已知条件；（b）作图过程

3. 两直线交叉

几何定理：在空间既不平行又不相交的两直线，称为交叉两直线，亦称异面直线；如果两直线的投影不符合平行或相交两直线的投影规律，则可判定其为空间交叉两直线。

交叉两直线可能有一组或两组投影是互相平行的，但不会三面投影均互相平行。

如图 2－28 所示，*AB*、*CD* 两直线的正面投影 $a'b' /\!/ c'd'$，水平投影 $ab /\!/ cd$，但侧面投影 $a''b''$不平行 $c''d''$。

也可能有投影是相交的，但交点不满足点的投影规律。

如图 2－29 所示，*AB*、*CD* 的三个投影均相交，但交点连线不垂直投影轴，故它们是交叉的两直线。

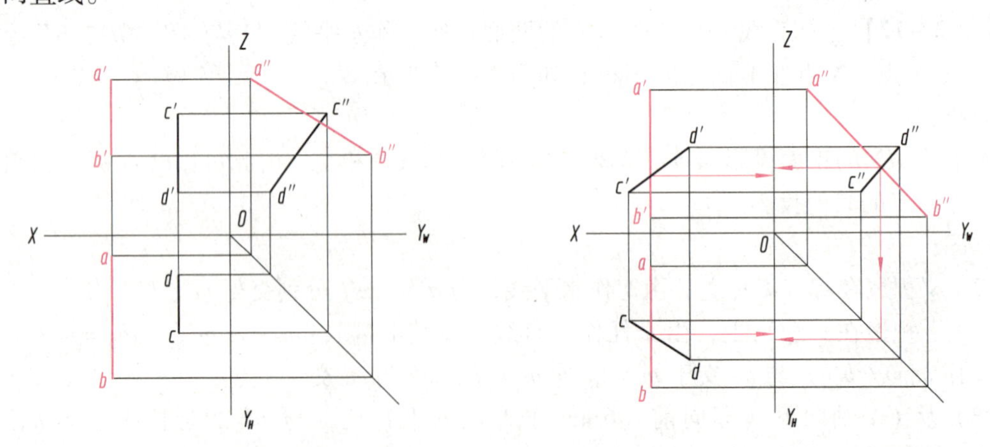

图 2－28　交叉两直线的投影（一）　　**图 2－29　交叉两直线的投影（二）**

如图 2－30 所示，*AB*、*CD* 两直线的正面投影 $a'b' /\!/ c'd'$，水平投影 *ab* 与 *cd* 不平行，其交点是 *AB* 直线上的 I 点和 *CD* 线上的 II 点相对水平投影面的重影点 1（2）。

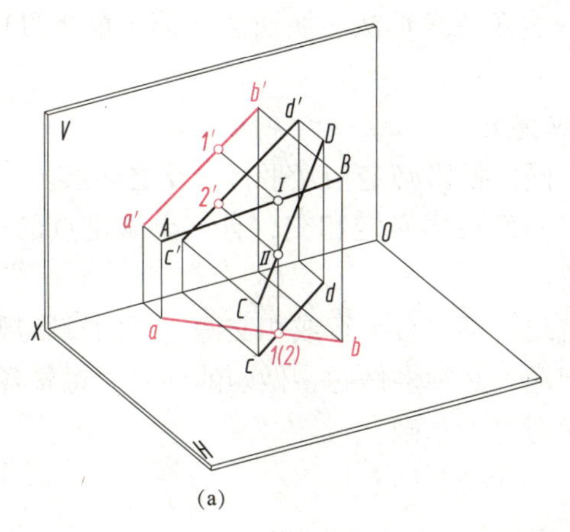

(a)

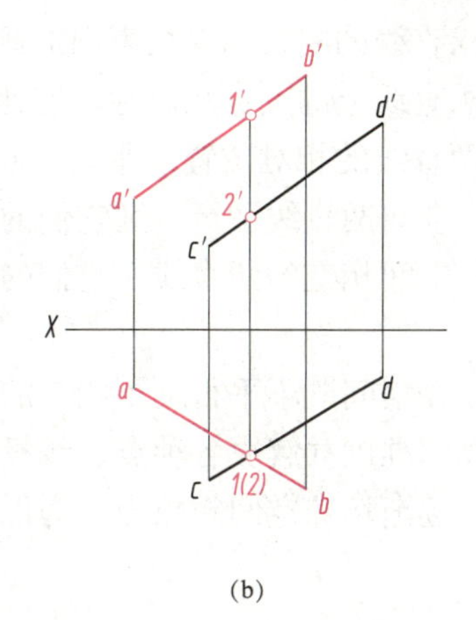

(b)

图2-30 交叉两直线的重影点

（a）立体图；（b）投影图

本章小结

本章首先介绍了投影的基本概念和基本知识，然后重点介绍了点的投影、直线的投影以及直线相对投影面的位置、两点或两直线的相对位置。

（1）投影法要点。

投影法的分类［中心投影法、平行投影法（正投影法、斜投影法）］；

正投影法基本性质（全等性、积聚性、类似性）。

（2）三视图要点。

三面投影体系（正投影面 V、水平投影面 H、侧投影面 W）；

三视图形成（主视图、俯视图、左视图）；

三视图之间对应关系（位置关系、投影规律、方位关系）；

三视图之间投影规律（长对正、宽相等、高平齐）。

（3）点的投影要点。

点的投影特性：$a'a \perp X$ 轴，$a'a_Z = aa_{Y_H} = x_A$；$a'a'' \perp Z$ 轴，$a'a_X = a''a_{Y_W} = z_A$；$aa_X = a''a_Z = y_A$。

投影面上的点：一个投影与空间点本身重合，其余两个投影位于坐标轴上。

投影轴上的点：两个投影与空间点本身重合，位于坐标轴上，另一个投影与原点重合。

两点的相对位置：左右、前后、上下的位置关系，由两点的坐标差来确定。

重影点：判断可见性。

（4）各种位置直线（倾斜线、平行线、垂直线）的投影特性。

投影面倾斜线（与三个投影面倾斜）：三个投影都倾斜于投影轴，投影长小于实长。

投影面平行线（正平线、水平线、侧平线）：一投影等于实长；另两投影平行两个投影轴，小于实长。

投影面垂直线（正垂线、铅垂线、侧垂线）：一投影积聚成点；另两投影垂直两个投影轴，且两投影 = 实长。

（5）求直线的实长和对投影面的倾角：直角三角形法、换面法（第 4 章介绍）。

（6）求直线上的点：从属性、定比性。

（7）两直线的相对位置（平行、相交或交叉）。

平行：空间两直线平行，则它们的各组同面投影必定相互平行；反之亦然。

相交：空间相交的两直线，它们的各组同面投影必定相交，且交点满足点的投影规律；反之亦然。

交叉：在空间既不平行又不相交的两直线，不符合平行或相交两直线的投影规律。

要想画图准确并解决各种点、线投影问题，必须多做题，做题的同时，想象各对象在空间的位置，逐渐培养空间想象力，为以后学习打下基础。

第3章　平面

【本章知识点】

(1) 平面的表示法及各种位置平面的投影特性。

(2) 点和直线在平面上的几何条件及在平面上取点和直线的作图方法。

(3) 直线、平面与平面的相对位置——平行、相交和垂直。

① 直线、平面与平面平行的判定条件及作图方法。

② 直线、平面与平面相交求交点、交线的作图方法及可见性判断。

③ 直线、平面与平面垂直的判定条件及作图方法。

3.1　平面的投影

3.1.1　平面表示法

平面的空间位置通常可用确定该平面的几何元素表示，也可用迹线表示。

1. 几何元素表示法

由初等几何可知，空间一平面可由下列任意一组几何元素来确定。

(1) 不在同一条直线上的三点。

(2) 一条直线和直线外的一点。

(3) 两条相交直线。

(4) 两条平行直线。

(5) 任意平面图形，如平面多边形、圆等。

在投影图中，只要画出决定该平面的任一几何元素组的投影，即可表示该平面的投影，如图3－1所示。

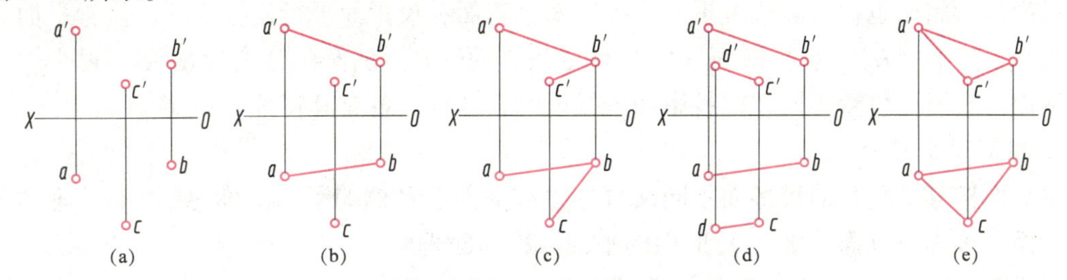

图3－1　用几何元素表示平面

(a) 不在同一直线上的三点；(b) 直线与线外一点；(c) 相交两直线；(d) 两平行直线；(e) 平面图形

图 3-1 所示为用各几何元素组表示的同一平面的投影。从图 3-1 中可以看出，各几何元素组可以相互转换，即连接图 3-1（a）中的 ab、$a'b'$，就转换成图 3-1（b）；再连接 bc、$b'c'$，又转换成图 3-1（c）；由 c、c' 作 $cd // ab$、$c'd' // a'b'$，则得到图 3-1（d）；由图 3-1（c）连接 ac、$a'c'$ 又转换成图 3-1（e）。以上五种表示平面的方法只是形式不同，其本质均是三点确定一个平面。

2. 迹线表示法

平面与投影面的交线称为平面在该投影面上的迹线。如图 3-2 所示，平面 P 与水平投影面（H）、正投影面（V）和侧立投影面（W）的交线分别称为水平迹线（P_H）、正面迹线（P_V）和侧面迹线（P_W）。P_H、P_V、P_W 两两相交于 X、Y、Z 轴上的一点称为迹线集合点，分别以 P_X、P_Y、P_Z 表示。

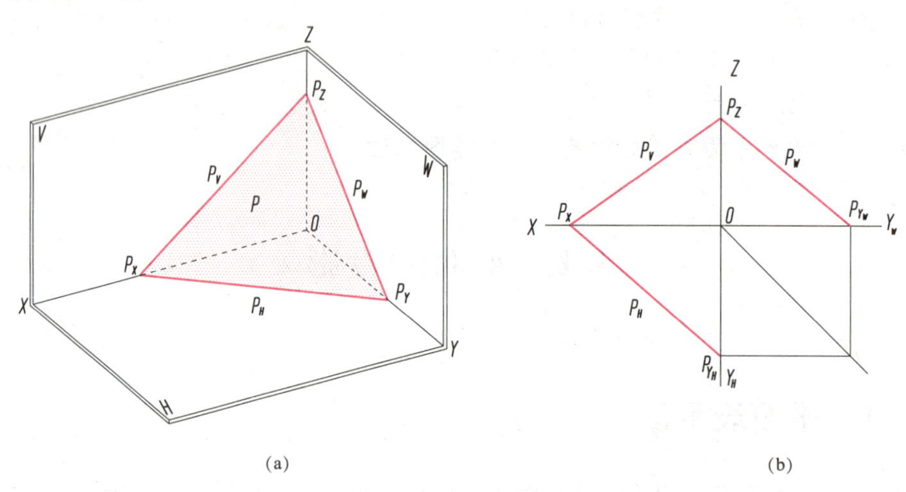

(a)　　(b)

图 3-2　用迹线表示平面

（a）立体图；（b）投影图

3.1.2　各种位置平面的投影特性

根据平面在三投影面体系中的位置不同，可将平面分为三类：

（1）投影面倾斜面：与三个投影面都倾斜的平面。

（2）投影面垂直面：垂直一个投影面，与另两个投影面倾斜的平面。

（3）投影面平行面：平行一个投影面，与另两个投影面垂直的平面。

投影面倾斜面也称一般位置平面，投影面垂直面和投影面平行面统称特殊位置平面。平面与水平投影面（H）、正投影面（V）、侧立投影面（W）的倾角分别为 α、β、γ。

平面与投影面位置不同，向投影面做投射时，其投影各有其特性。

1. 投影面垂直面

垂直面按其所垂直的投影面不同又可分为：垂直于 H 面的平面，称为铅垂面；垂直于 V 面的平面，称为正垂面；垂直于 W 面的平面，称为侧垂面。

以铅垂面为例，讨论其投影特性。见表 3-1 的第一列，矩形 $ABCD$ 是铅垂面，由于矩形 $ABCD \perp H$ 面，故其水平投影 $abcd$ 为一条直线，有积聚性或称重影性；水平投影 $abcd$ 与 OX 轴

的夹角反映矩形 $ABCD$ 与正投影面 V 的倾角 β，水平投影 $abcd$ 与 OY 轴的夹角反映矩形 $ABCD$ 和侧立投影面 W 的倾角 γ；由于矩形 $ABCD$ 与正投影面 V、侧立投影面 W 都倾斜，则其在两投影面中的投影仍是矩形，但不反映实形，即其类似形。归纳可得铅垂面投影特性，见表 3－1。

表 3－1 投影面垂直面的投影特性

名称	铅垂面 （⊥H 面，倾斜于 V、W 面）	正垂面 （⊥V 面，倾斜于 H、W 面）	侧垂面 （⊥W 面，倾斜于 H、V 面）
轴测图	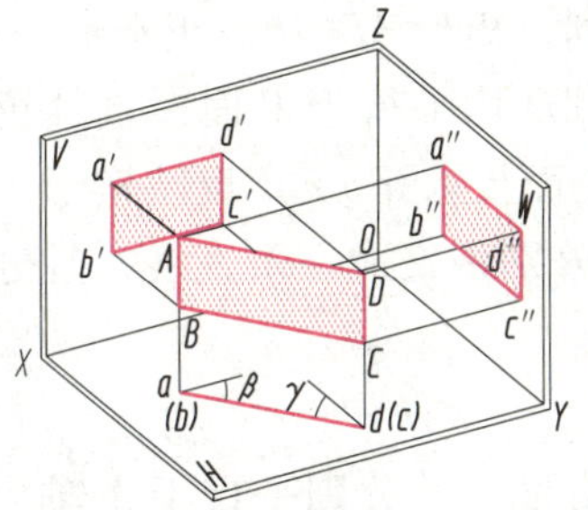	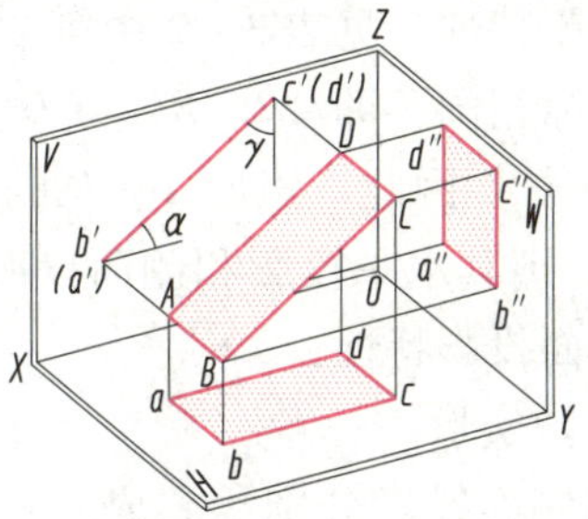	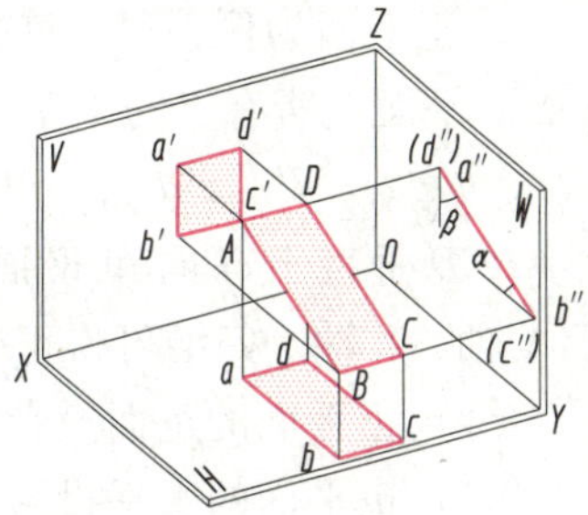
投影图	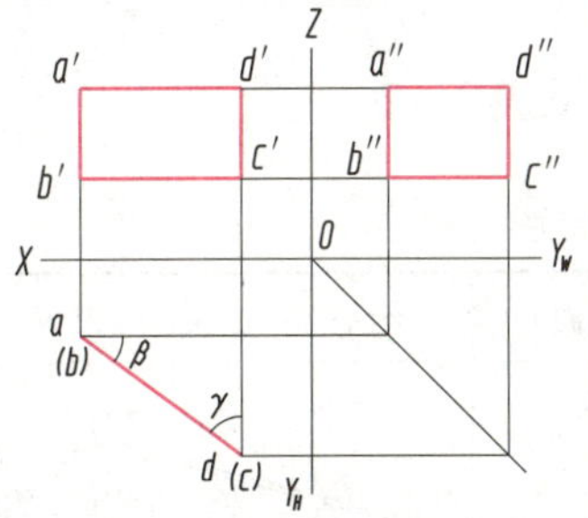	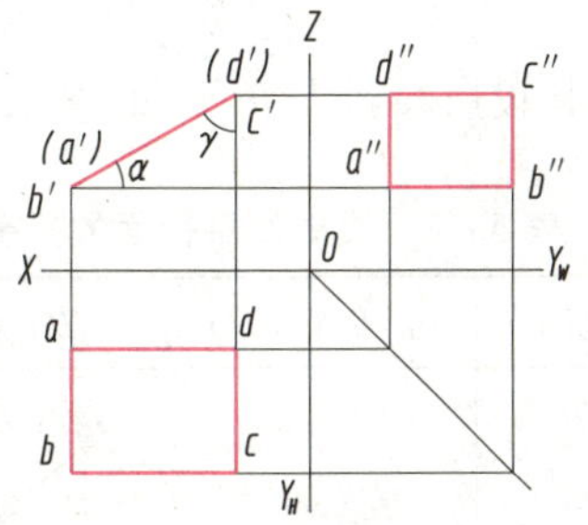	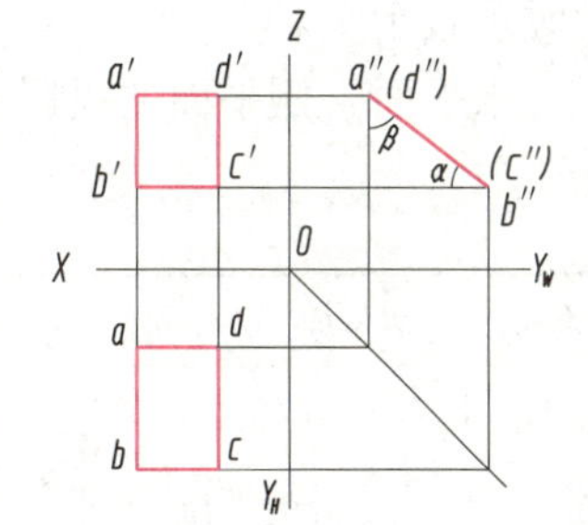
投影特性	① 水平投影积聚成一条直线，其与 OX、OY_H 轴夹角分别反映为 β、γ。 ② 正面投影、侧面投影是其类似形	① 正面投影积聚成一条直线，其与 OX、OZ 轴夹角分别反映为 α、γ。 ② 水平投影、侧面投影是其类似形	① 侧面投影积聚成一条直线，其与 OY_W、OZ 轴夹角分别反映为 α、β。 ② 水平投影、正面投影是其类似形
实例	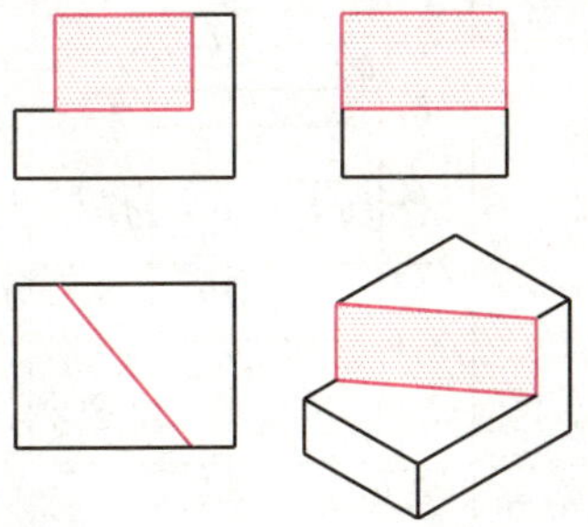	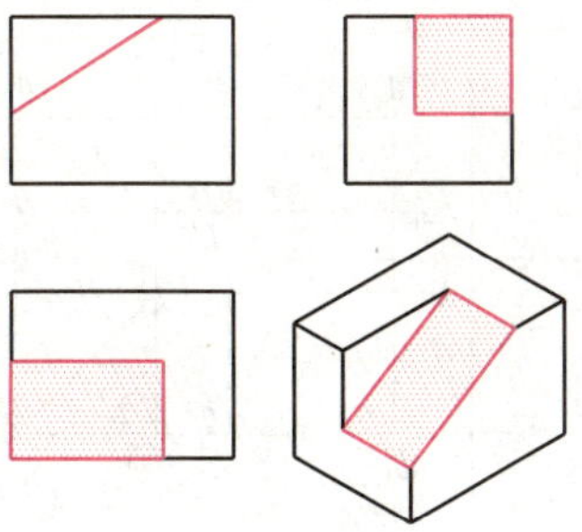	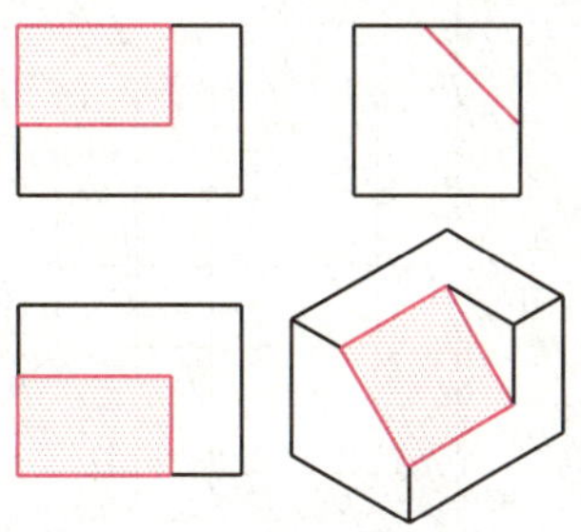

（1）铅垂面的水平投影积聚成一条直线，该投影与 OX、OY 轴夹角分别反映平面与正投影面 V、侧立投影面 W 的倾角 β、γ。

（2）平面的正面投影、侧面投影是其类似形。

正垂面、侧垂面的投影及其投影特性与铅垂面类似，见表 3－1。

由此可知投影面垂直面的投影特性：

（1）垂直面在其垂直的投影面上的投影积聚成一条直线，该投影与投影面上两投影轴夹角分别反映平面与另两投影面真实的倾角。

（2）另两投影是该平面类似形。

2. 投影面平行面

平行面按其所平行的投影面不同又可分为：平行于 H 面的平面，称为水平面；平行于 V 面的平面，称为正平面；平行于 W 面的平面，称为侧平面。

以正平面为例，讨论其投影特性。见表 3－2 中第二列，矩形 $ABCD$ 是正平面，$ABCD /\!/ V$ 面，平面上所有点的 Y 轴坐标相同，即 AB、BC、CD、AD 均平行于 V 面，且其正面投影 $a'b'$、$b'c'$、$c'd'$、$a'd'$ 都反映实长。因此，矩形 $ABCD$ 的正面投影 $a'b'c'd'$ 反映实形。由于矩形 $ABCD$ 垂直于 H 面和 W 面，则其水平投影和侧面投影分别积聚成一条直线，且分别平行于 X 轴、Z 轴。归纳可得正平面投影特性：

（1）正平面的正面投影反映实形。

（2）正平面的水平投影和侧面投影分别积聚成一条直线，并分别平行于 X 轴、Z 轴或同时垂直于 Y 轴。

水平面、侧平面的投影及其投影特性与正平面类似，见表 3－2。

表 3－2　投影面平行面的投影特性

名称	水平面（$/\!/H$ 面，$\perp V$、W 面）	正平面（$/\!/V$ 面，$\perp H$、W 面）	侧平面（$/\!/W$ 面，$\perp H$、V 面）
轴测图	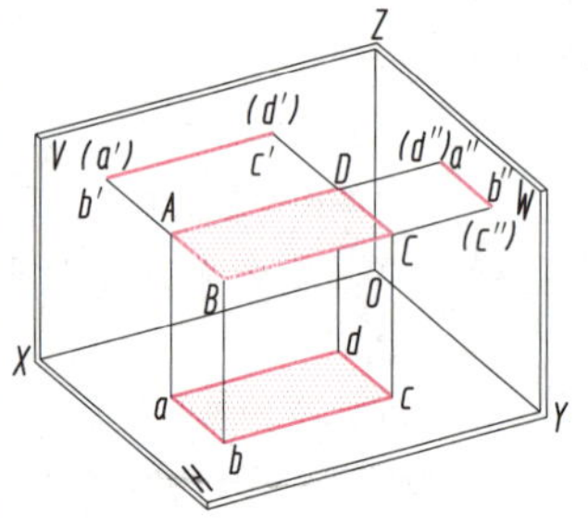	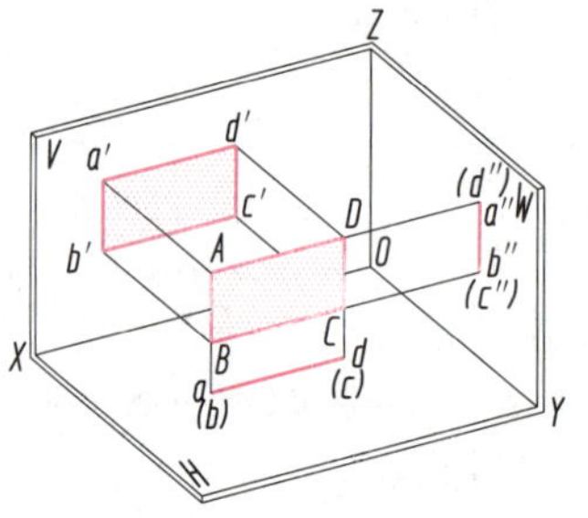	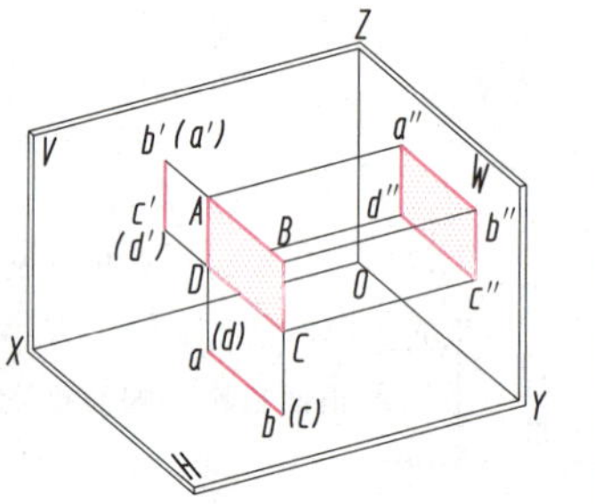
投影图	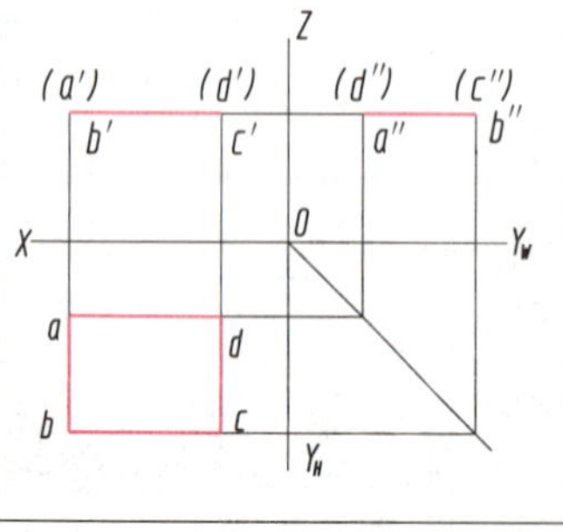	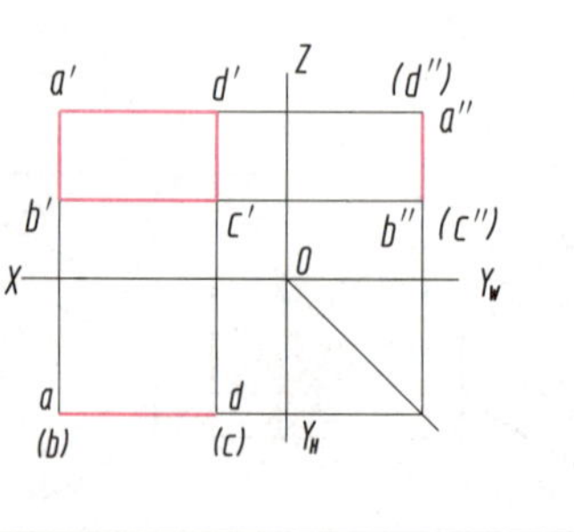	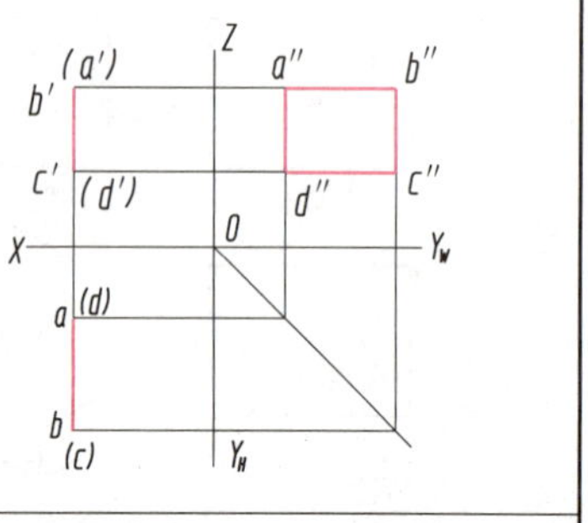
投影特性	① 水平投影反映实形。 ② 正面投影和侧面投影分别积聚成一条直线，正面投影平行于 OX 轴，侧面投影平行于 OY_W，或两面投影同时垂直 OZ 轴	① 正面投影反映实形。 ② 水平投影和侧面投影分别积聚成一条直线，水平投影平行于 OX 轴，侧面投影平行于 OZ 轴，或两面投影同时垂直 OY 轴	① 侧面投影反映实形。 ② 水平投影和正面投影分别积聚成一条直线，水平投影平行于 OY_H 轴，正面投影平行于 OZ 轴，或两面投影同时垂直 OX 轴

续表

名称	水平面（//H面，⊥V、W面）	正平面（//V面，⊥H、W面）	侧平面（//W面，⊥H、V面）
实例	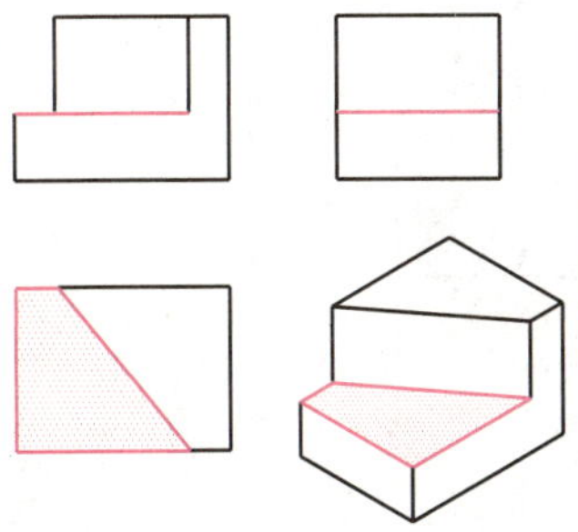	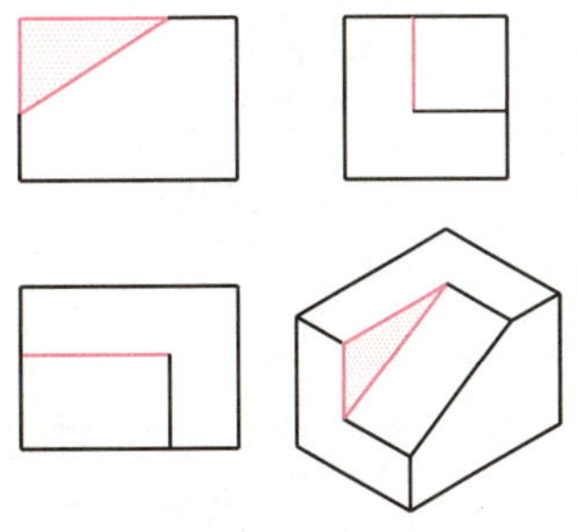	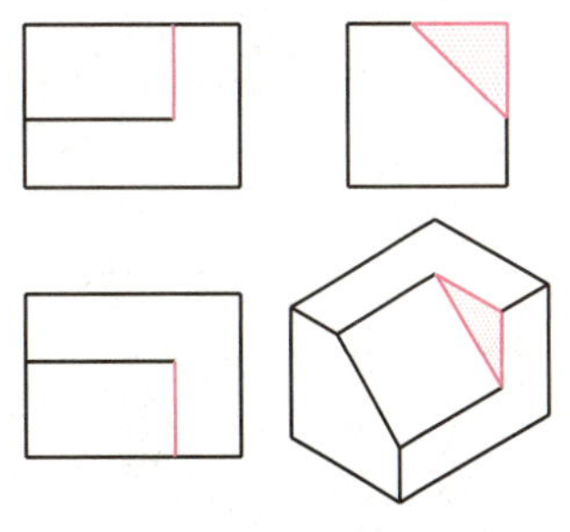

由此可知投影面平行面的投影特性：

（1）平行面在其所平行的投影面上的投影反映实形。

（2）另两投影分别积聚成直线，并分别平行于相应的投影轴（同时垂直同一条投影轴）。

3. 投影面倾斜面

投影面的倾斜面与三个投影面都倾斜，如图3-3所示，其三面投影没有积聚性，且三面投影都不反映实形。因此，其三个投影都是其类似形，在投影图中不反映平面与投影面的倾角。由此可得投影面倾斜面投影特性：

（1）投影面倾斜面的三面投影都是其类似形，不反映平面的实形。

（2）三面投影都不反映平面与投影面的倾角 α、β、γ。

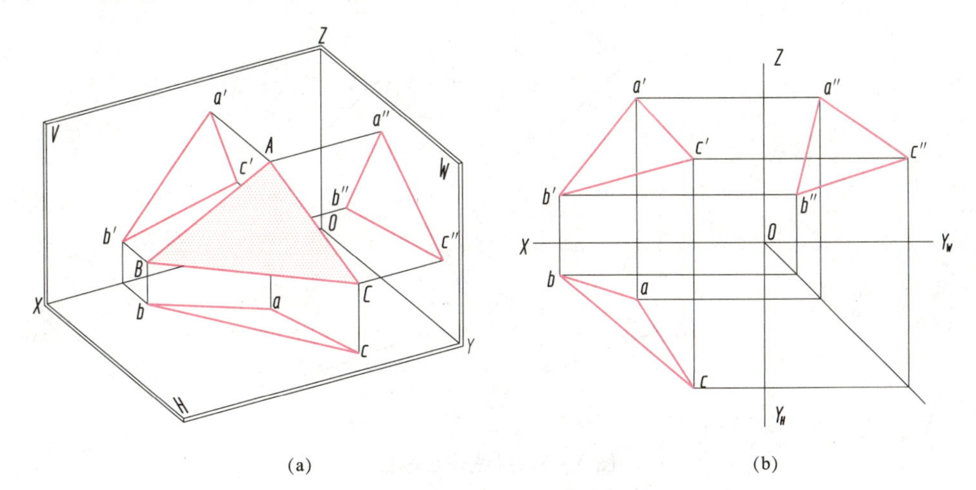

图3-3　倾斜面投影及特性

（a）立体图；（b）投影图

【例3-1】如图3-4（a）所示，已知点A的两面投影，过A作$\beta=45°$的铅垂面。

分析：

铅垂面可作成包含A的相交两直线或平面多边形。铅垂面的水平投影积聚成一条直线，其与OX轴夹角为β，因此，只要过点A的水平投影作与OX轴夹角为45°的直线，即铅垂面的水平投影，过点 A 的正面投影作相交直线、平面多边形即铅垂面的正面投影。

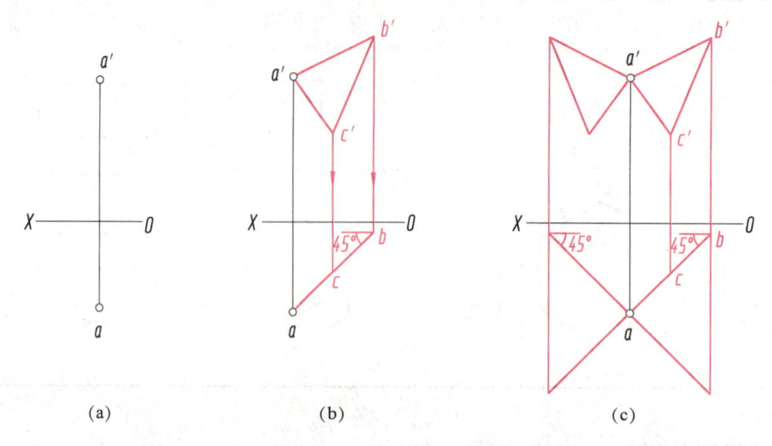

图 3－4　过点作铅垂面

(a) 已知条件；(b) 作图过程；(c) 多解

作图：

(1) 如图 3－4 (b) 所示，过 a 作直线 ab 与 OX 轴夹角为 45°。

(2) 过 a' 作直线 $a'b'$、$a'c'$，连 b' 和 c'。

(3) 由 c' 作铅垂投影连线交 ab 于 c，即得铅垂面的两面投影。

过点 A 的水平投影作与 OX 轴夹角为 45°的直线，其方向、位置不唯一，因此有多解，如图 3－4 (c) 所示。

【例 3－2】 如图 3－5 (a) 所示，过直线 CD 作正垂面。

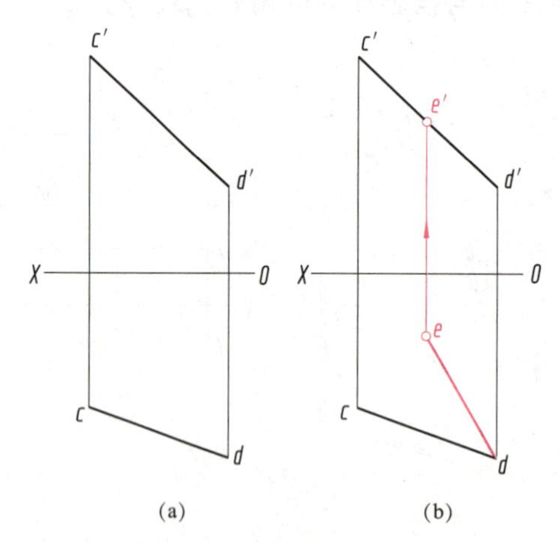

图 3－5　过线作正垂面

(a) 已知条件；(b) 作图过程

分析：

正垂面的正面投影积聚成一条直线，与 $c'd'$ 重合，即正垂面的正面投影；两条相交直线可以确定一个平面，其水平投影可任意作一条与 cd 相交的直线。

作图：

(1) 如图 3－5 (b) 所示，过 d 作 de。

(2)过 e 作铅垂投影连线交 $c'd'$ 于 e' 点。

【例3-3】如图3-6(a)所示，已知点 M 的水平投影，过 M 作水平面，距 H 面20。

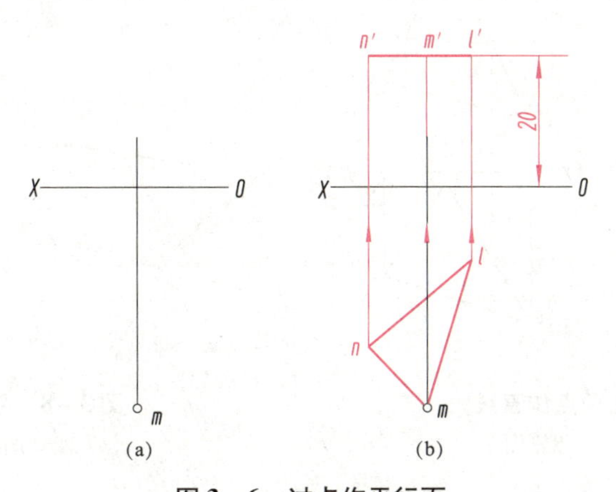

图3-6 过点作平行面

(a)已知条件；(b)作图过程

分析：

水平面的正面投影积聚成一条直线，且与 OX 轴平行，其与 OX 轴的距离反映水平面与 H 面的距离。据此可在 OX 轴上方作平行于 OX 轴且距 OX 轴为20的平行线，即水平面的正面投影，水平投影可过 m 点任意作两条相交直线、平面多边形等表示平面的投影。

作图：

(1)如图3-6(b)所示，作△MNL 的水平投影 mnl(任意作)。

(2)在 OX 轴上方作直线平行于 OX 轴，且距 OX 轴20。

(3)过 n、m、l 作铅垂投影连线，交平行于 OX 轴的直线于 n'、m'、l'。

3.2 平面上的直线和点

3.2.1 平面上取直线和点

1. 平面上的直线

直线从属于平面的几何条件：

(1)直线通过平面上的两点。

如图3-7所示，P 是由△ABC 确定的平面，D、E 分别在 AB、BC 上，所以 DE 直线在△ABC 确定的平面 P 上。

(2)直线通过平面上的一点，且平行于该平面上的另一条已知直线。

如图3-8所示，Q 是相交两直线 EF、FG 确定的平面，K 在 EF 上，$KL /\!/ FG$，因为 FG 是 Q 平面上的直线，所以 KL 直线在 EF、FG 确定的平面 Q 上。

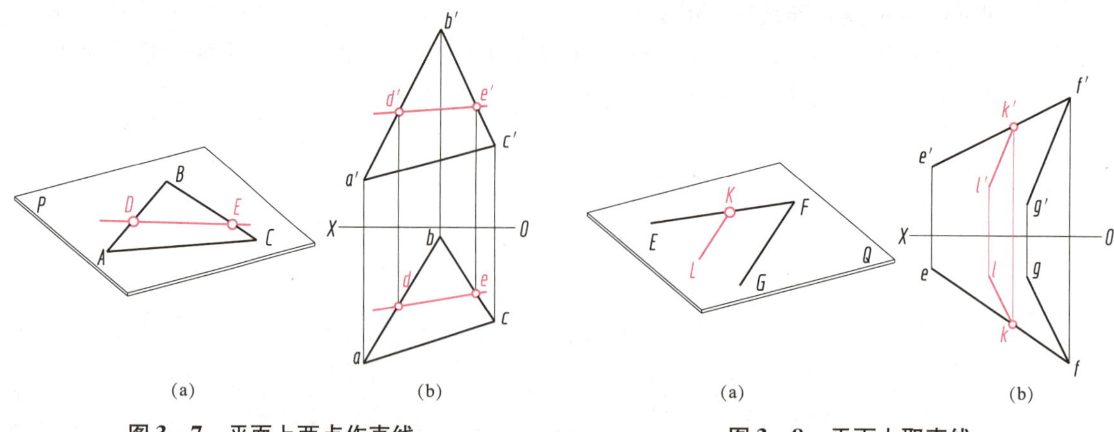

图 3-7　平面上两点作直线

（a）立体图；（b）投影图

图 3-8　平面上取直线

（a）立体图；（b）投影图

2. 平面上的点

点从属于平面的几何条件是：若某点在平面内的任一直线上，则该点一定在该平面上。

如图 3-9 所示，*R* 是相交两直线 *AB*、*BC* 确定的平面，点 *M* 在 *AB* 上，*AB* 是 *R* 平面上的直线，所以点 *M* 在相交两直线 *AB*、*BC* 确定的平面 *R* 上。因此，在平面上取点时，应先在平面上取直线，再在该直线上取点。

【例 3-4】 如图 3-10（a）所示，在平面△*ABC* 上作直线 *EF*，使 *EF*∥*BC*，点 *E* 在 *AC* 上距 *V* 面 15。

分析：

在 *AC* 上找到距 *V* 面 15 即 *Y* 轴坐标为 15 的点，再过该点作平行于 *BC* 的线，即满足条件的平面上的线。

作图：

（1）如图 3-10（b）所示，在 *OX* 轴下方作辅助线平行于 *OX*，且距 *OX* 轴 15，交 *ac* 于 *e*。

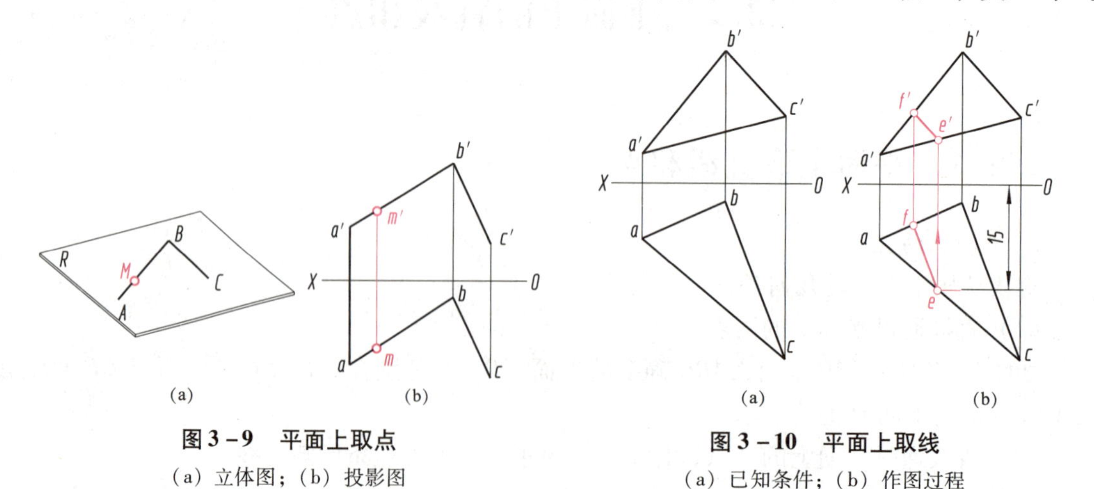

图 3-9　平面上取点

（a）立体图；（b）投影图

图 3-10　平面上取线

（a）已知条件；（b）作图过程

（2）过 *e* 作铅垂投影连线交 *a′c′* 于 *e′*。

（3）作 $ef // bc$、$e'f' // b'c'$。

【例3-5】 如图3-11（a）所示，已知平面△*ABC*：

（1）点 *E* 在平面△*ABC* 上，已知 *E* 点的水平投影，求其正面投影；

（2）已知点 *F* 的两面投影，判断点 *F* 是否在平面上。

分析：

在平面上取点及判断点是否在平面上，都必须在平面上取直线。

作图：

（1）如图3-11（b）所示，连接 *ae* 交 *bc* 于1，过1作铅垂投影连线交 $b'c'$ 于 $1'$，连 $a'1'$ 并延长，过 *e* 作铅垂投影连线与 $a'1'$ 延长线交于 e'。

（2）连接 *bf* 并延长，交 *ac* 于2，过2作铅垂投影连线交 $a'c'$ 于 $2'$，连 $b'2'$，f' 不在 $b'2'$ 上，则点 *F* 不在平面△*ABC* 上。

【例3-6】 如图3-12（a）所示，已知平面图形 *ABCDE* 的正面投影和部分点的水平投影，完成平面图形的水平投影。

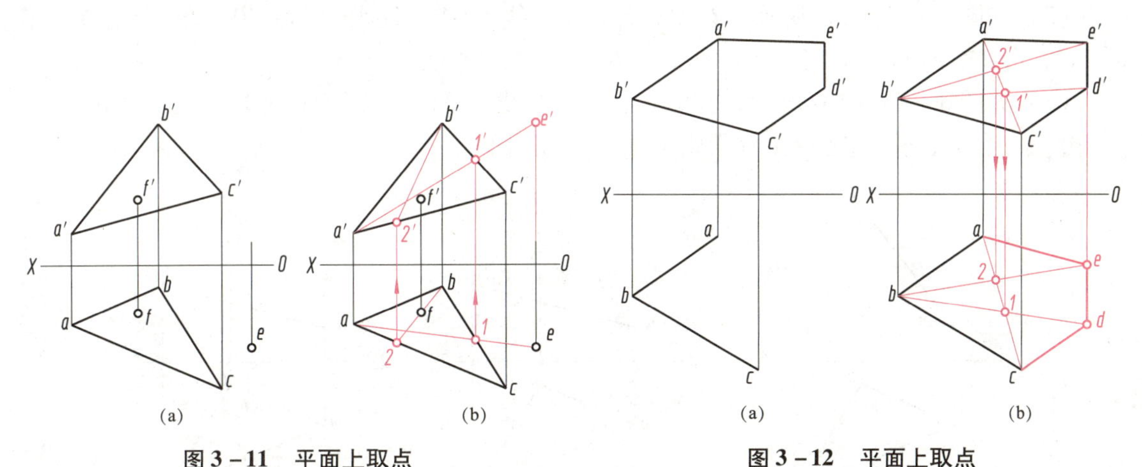

图3-11 平面上取点

（a）已知条件；（b）作图过程

图3-12 平面上取点

（a）已知条件；（b）作图过程

分析：

两条相交直线确定一个平面，已知 *ab*、*bc* 和多边形平面的正面投影，且 *D*、*E* 在平面上，则在平面上取点可求其水平投影。

作图：

（1）如图3-12（b）所示，连接 $a'c'$、*ac*，连接 $b'd'$、$b'e'$ 分别交 $a'c'$ 于 $1'$、$2'$。

（2）过 $1'$、$2'$ 作铅垂投影连线分别交 *ac* 于1、2，连 *b*1、*b*2 并延长，与过 d'、e' 铅垂投影连线交于 *d*、*e*。

（3）连 *cd*、*de*、*ea*，完成平面图形 *ABCDE* 的水平投影。

3.2.2 平面上的特殊直线

在平面内可作无数条直线，它们对于投影面的位置各不相同，也就是说其对投影面的倾角各不相同，但其中有两种直线位置比较特殊，一种是投影面平行线，即与投影面倾角为零的线；另一种是投影面的最大斜度线，即与投影面倾角为最大的线。

1. 平面上的投影面平行线

平面上的投影面平行线既要满足投影面平行线的投影特性，又要满足直线在平面上的投影特性。

【例 3－7】 如图 3－13（a）所示，在△*ABC* 平面上作：

（1）水平线和正平线；

（2）距 *H* 面 20 的水平线和距 *V* 面 15 的正平线。

分析：

平面上的正平线、水平线各有无数条，根据正平线的水平投影平行于 *OX* 轴、水平线的正面投影平行于 *OX* 轴，可作出该投影，另一投影在平面上取线即可作出。

作图：

（1）如图 3－13（b）所示，过 *c*′作 *c*′1′∥*OX* 轴，由 1′求 1，连接 *c*1 即得△*ABC* 上的水平线；过 *a* 作 *a*2∥*OX* 轴，由 2 求 2′，连 *a*′2′即得△*ABC* 上的正平线。

（2）如图 3－13（c）所示，在 *OX* 上方作直线∥*OX*，且距 *OX* 轴 20，交 *a*′*b*′、*b*′*c*′于 *d*′、*e*′，由 *d*′、*e*′作 *d*、*e*，连接 *de* 即得距 *H* 面 20 的水平线。

（3）如图 3－13（c）所示，在 *OX* 下方作直线∥*OX*，且距 *OX* 轴 15，交 *ac*、*bc* 于 *f*、*g*，由 *f*、*g* 作 *f*′、*g*′，连接 *f*′*g*′即得距 *V* 面 15 的正平线。

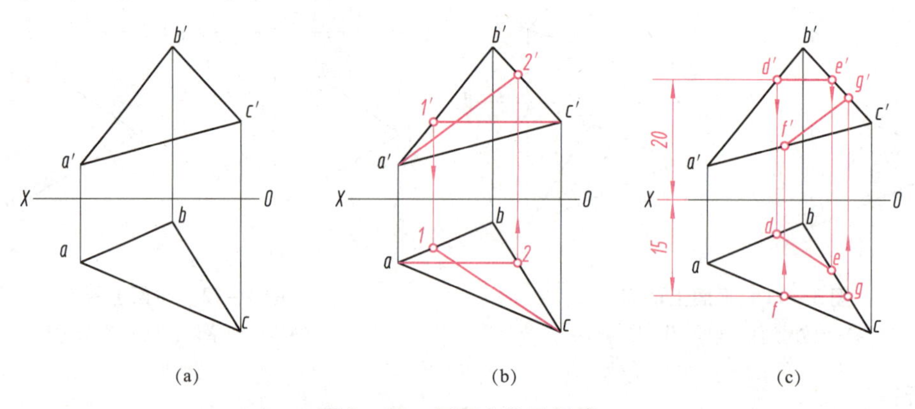

图 3－13　平面上作平行线

（a）已知条件；（b）作水平线、正平线；（c）作满足条件的平行线

2. 平面上的投影面最大斜度线

平面上的投影面最大斜度线应满足直线在平面上的投影特性，同时也要满足直线对投影面倾角为最大。

1）过平面上一点作各种直线

如图 3－14 所示，已知一平面 *P*，P_H是 *P* 平面的水平迹线，*K* 是 *P* 平面上一点，过 *K* 可作无数条直线，如 *KL*、*KM*、*KN*…，其中 *KL*∥*H* 面，*KM*⊥*KL*，*Kk*、*Ll* 是投射线，*KL*、*KM*、*KN*…在 *H* 面上的投影分别为 *kl*、*km*、*kn*…，且 *KM*、*KN*…与 *H* 面的倾角各不相同，分别为 α、α_1…。

2）最大斜度线与投影面平行线关系

由投射线 *Kk* 与 *KM*、*KN*…及它们在 *H* 面上的投影 *km*、*kn*…分别组成一系列等高的直角三角形，在这些直角三角形中，斜边与另一条直角边（其在 H 面上投影）间的夹角分别为 α、α_1…，斜边越小，其与直角边的夹角越大；由于 $KL /\!/ H$ 面，即 KL 是水平线，P_H 是 P 平面的水平迹线，则 $KL /\!/ P_H$。又因为 $KM \perp KL$，所以 $KM \perp P_H$，两平行线垂直距离最短，即 $KM < KN < \cdots$（KM 是最短的斜边），$\alpha > \alpha_1 > \cdots$（其倾角 α 为最大），即 KM 是 P 平面上过点 K 对 H 面的最大斜度线。KL 是水平线，$KM \perp KL$，由直角投影定理得 $mk \perp kl$。根据上述分析可知：

（1）最大斜度线与投影面平行线关系：平面对投影面的最大斜度线必定垂直平面上对该投影面的平行线；

（2）最大斜度线的投影特性：平面对投影面的最大斜度线在该投影面上的投影必定垂直平面上对该投影面平行线的同面投影。

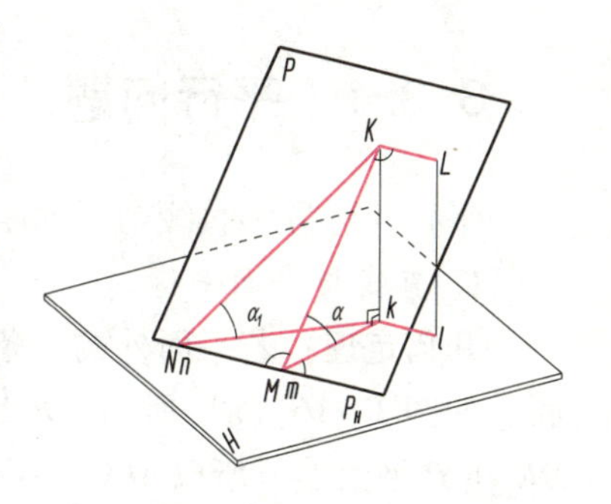

图 3-14 平面上最大斜度线

3）平面对投影面的倾角与最大斜度线对投影面的倾角的关系

KL 是水平线，Kk 是投射线，则 $KL \perp Kk$、$KM \perp KL$、$KL \perp \triangle KMk$，又因为 $KL /\!/ P_H$，所以 $P_H \perp \triangle KMk$，KM 与 Mk 的夹角 α 是平面 P 对水平面 H 的倾角。

由此可知，平面对投影面的倾角是平面上对该投影面的最大斜度线对该投影面的倾角。平面对 H 面、V 面、W 面的最大斜度线各不相同，因此，若要求平面对三投影面的倾角，则应首先求平面对 H 面、V 面、W 面的最大斜度线，然后再分别求相应的最大斜度线对 H 面、V 面、W 面的倾角 α、β、γ。

【例 3-8】 如图 3-15（a）所示，求 $\triangle ABC$ 平面对 V 面的倾角 β。

分析：

$\triangle ABC$ 平面对 V 面的倾角，即 $\triangle ABC$ 平面上对 V 面的最大斜度线对 V 面的倾角。

作图：

（1）如图 3-15（b）所示，过 A 作平面上的正平线 $a1$、$a'1'$；

（2）过 b' 作 $b'd' \perp a'1'$，作出 bd 即为最大斜度线；

（3）用直角三角形法求 BD 对 V 面的倾角即 $\triangle ABC$ 对 V 面的倾角 β。

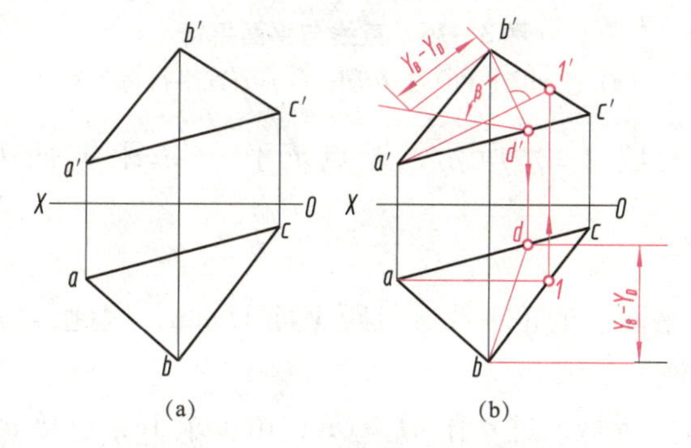

图 3-15 作平面对 V 面的倾角

（a）已知条件；（b）作图过程

3.3 直线与平面、平面与平面的相对位置

直线与平面、平面与平面的相对位置可分为三种情况：平行、相交和垂直。其中，垂直是相交的特殊情况。

3.3.1 平行问题

平行问题分为直线与平面平行、平面与平面平行两种。

1. 直线与平面平行

几何定理：若平面外的一条直线与平面上任意一条直线平行，则此直线一定平行于该平面。如图 3－16（a）所示，P 是△ABC 确定的一平面，D 在 AB 上，E 在 BC 上，$MN//DE$，DE 在 P 平面上，所以 MN //平面 P。

投影特性：

（1）一直线与平面上任意一条直线的同面投影平行，则直线平行于该平面。如图 3－16（b）所示，若 $mn//de$、$m'n'//d'e'$且 DE 在△ABC 平面上，则 $MN//$△ABC。

（2）一直线与投影面垂直面有积聚性的同面投影平行，则直线平行于该平面。如图 3－16（c）所示，△ABC 是铅垂面，若 $mn//abc$，则 $MN//$△ABC。

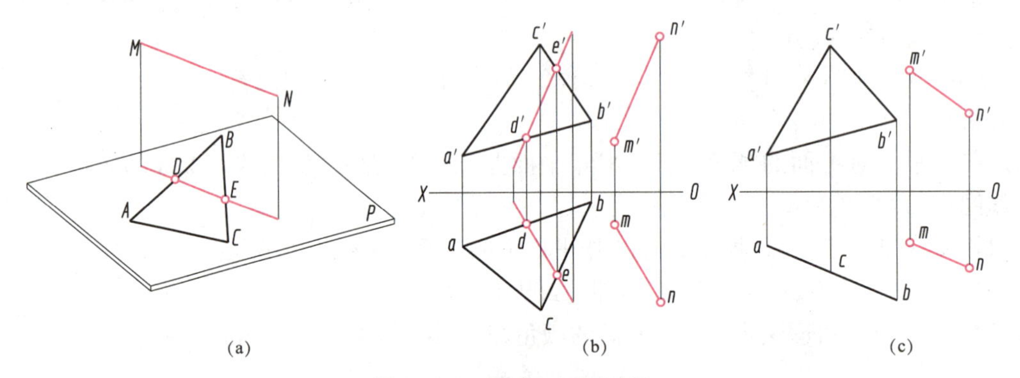

图 3－16 直线与平面平行

（a）空间图；（b）投影图；（c）直线平行垂直面

【例 3－9】如图 3－17（a）所示，过点 E 作一条距 V 面 15mm 的正平线 $EF//$△ABC。

分析：

EF 为平行于△ABC 平面上的正平线，且距 V 面 15mm，因此，EF 可求。

作图：

（1）如图 3－17（b）所示，过 a 作 $a1//OX$，由 1 求 $1'$，连接 $a'1'$；

（2）作 $ef//a1$，且 ef 距 OX 轴 15mm，$e'f'//a'1'$。

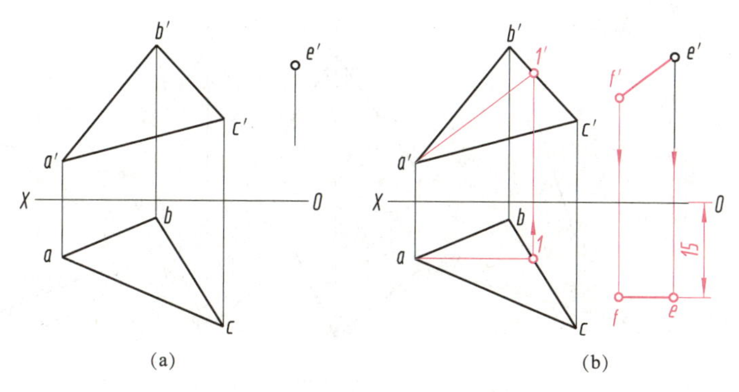

图3－17　过点作面的平行线

(a) 已知条件；(b) 作图过程

【例3－10】 如图3－18（a）所示，过点 C 作一平面平行于直线 AB。

分析：

过点 C 作直线平行已知直线，包含所作直线作两相交直线表示面，即所求。

作图：

（1）如图3－18（b）所示，过 c、c' 作 $ce /\!/ ab$、$c'e' /\!/ a'b'$；

（2）作 de 、$d'e'$。

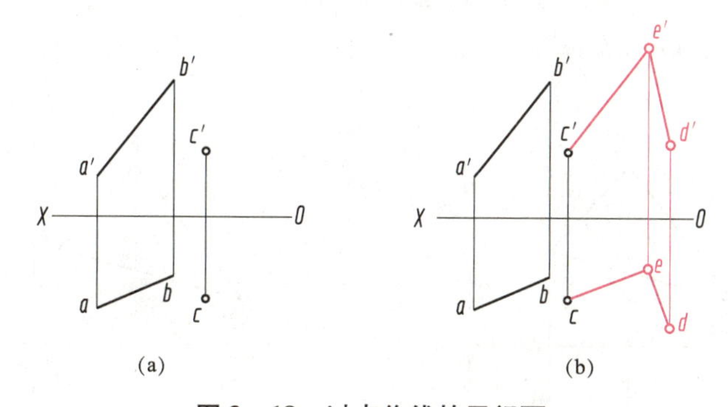

图3－18　过点作线的平行面

(a) 已知条件；(b) 作图过程

2. 平面与平面平行

几何定理： 一个平面上的两条相交直线与另一平面上的两条相交直线对应平行，则两平面平行。如图3－19（a）所示，$AB /\!/ DE$，$BC /\!/ EF$，AB、BC 确定平面 Q，DE、EF 确定平面 R，则 $Q /\!/ R$。

投影特性：

（1）一个平面上的两相交直线与另一平面上的两相交直线的同面投影对应平行，则两平面平行。如图3－19（b）所示，$ab /\!/ de$，$a'b' /\!/ d'e'$，$bc /\!/ ef$，$b'c' /\!/ e'f'$，AB、BC 确定平面 Q，DE、EF 确定平面 R，则 $Q /\!/ R$。

（2）两投影面的垂直面在其垂直的投影面上有积聚性的同面投影相互平行，则两平面平行。如图3－19（c）所示，$\triangle ABC$、$\triangle DEF$ 是铅垂面，$abc /\!/ def$，则 $\triangle ABC /\!/ \triangle DEF$。

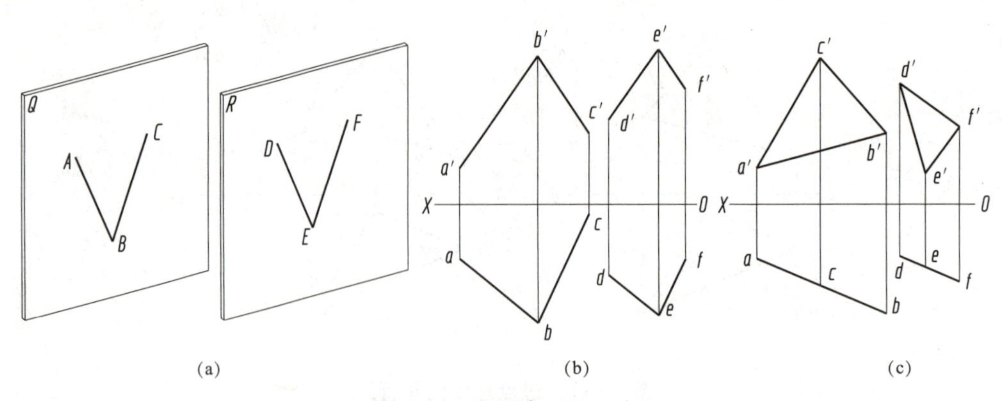

图 3-19　平面与平面平行

（a）立体图；（b）投影图；（c）垂直面平行

【例 3-11】 如图 3-20（a）所示，过点 K 作一平面∥已知平面△ABC。

分析：

过 K 作两相交直线对应平行△ABC 上两相交直线，则过 K 点两相交直线确定的平面即所求。

作图：

（1）如图 3-20（b）所示，过 k 作 kn∥bc、km∥ac；

（2）过 k' 作 $k'n'$∥$b'c'$、$k'm'$∥$a'c'$。

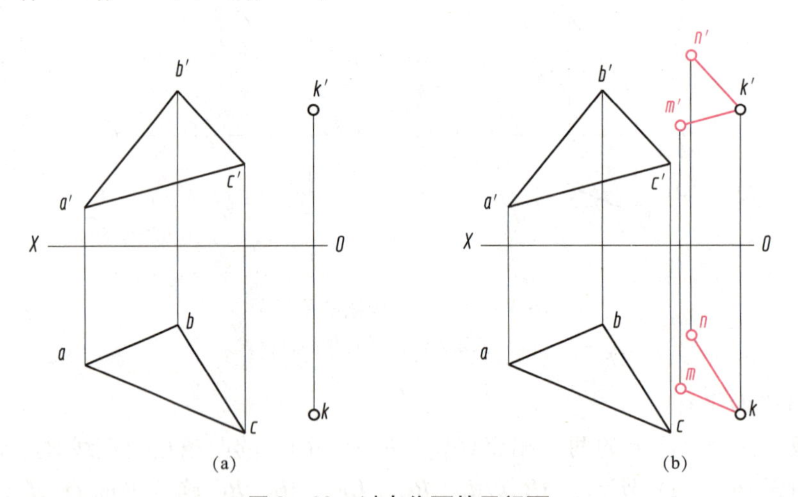

图 3-20　过点作面的平行面

（a）已知条件；（b）作图过程

3.3.2　相交问题

相交问题按几何元素分为两种：直线与平面相交、平面与平面相交。

直线与平面、平面与平面不平行必相交；直线与平面相交必有交点，交点是直线与平面的共有点；平面与平面相交必有交线，交线是平面与平面的共有线，只需求出两平面的两个共有点，即可求出两平面的交线。

求交点、交线的方法有两种：投影的积聚性法和辅助平面法。

1. 利用投影的积聚性求交点、交线

当两相交的几何元素之一在某一投影面上的投影有积聚性时，交点或交线在该投影面上的投影可直接求得，再利用直线上取点或平面上取点、取直线的方法即可求出交点或交线在另外投影面上的投影。

1）垂直线与倾斜面相交

【例3-12】 如图3-21（a）所示，求铅垂线与倾斜面的交点。

分析：

DE 是铅垂线，水平投影积聚为一点，交点是直线上的点，则交点水平投影与 *de* 重合，且交点也在平面上，在平面上取点，即可求出交点的正面投影。

作图：

（1）求交点。如图3-21（b）所示，标出 *k*，连接 *bk* 并延长交 *ac* 于 *f*，作 *f'*，连接 *b'f'* 交 *d'e'* 于 *k'*。

（2）判断可见性。

如图3-21（a）和图3-21（c）所示，*BC* 上的Ⅰ（1，1'）点与 *DE* 上的Ⅱ（2，2'）点在正投影面上重影，从水平投影上可以看出 $Y_1 > Y_2$，即Ⅰ在Ⅱ之前，Ⅰ点可见，Ⅱ点不可见，则 *DE* 上的Ⅱ*K* 线段的正面投影不可见，画成虚线；以交点为界，另一线段可见，画成粗实线。水平投影上 *D*、*E* 积聚为一点，所以不需要判断可见性。

（3）连线。可见画成粗实线，不可见画成虚线。*k'*2'画成虚线，交点另一端画成粗实线。

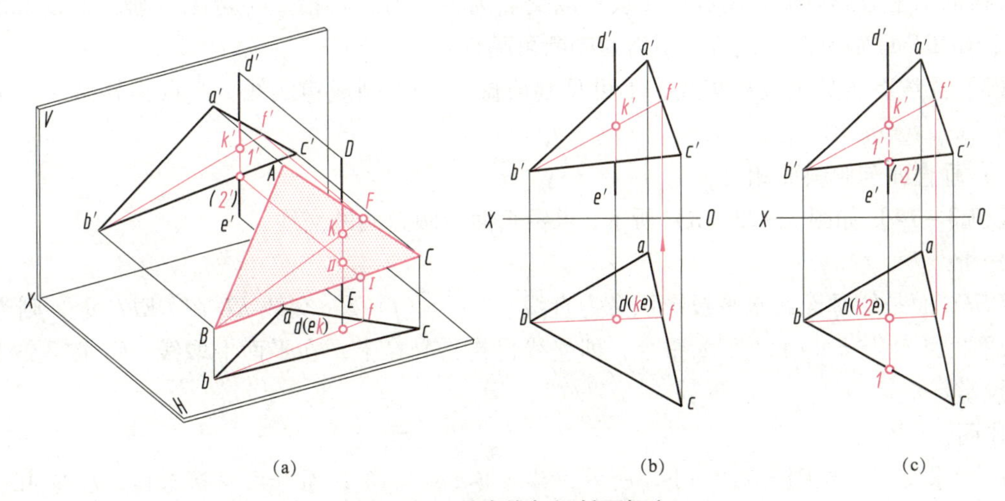

(a)　(b)　(c)

图3-21　垂直线与倾斜面相交

（a）立体图；（b）求交点；（c）可见性判断

2）垂直面与倾斜线相交

【例3-13】 如图3-22（a）所示，求倾斜线 *AB* 与正垂面 *CDEF* 的交点。

分析：

CDEF 面是正垂面，正面投影积聚为直线 *d'e'*（*c'*）（*f'*），*d'e'*（*c'*）（*f'*）与直线 *AB* 正面投影 *a'b'*交点，即直线与正垂面相交的交点 *K* 的正面投影 *k'*，交点也在直线上，在直线上

取点，即可求出交点的水平投影。

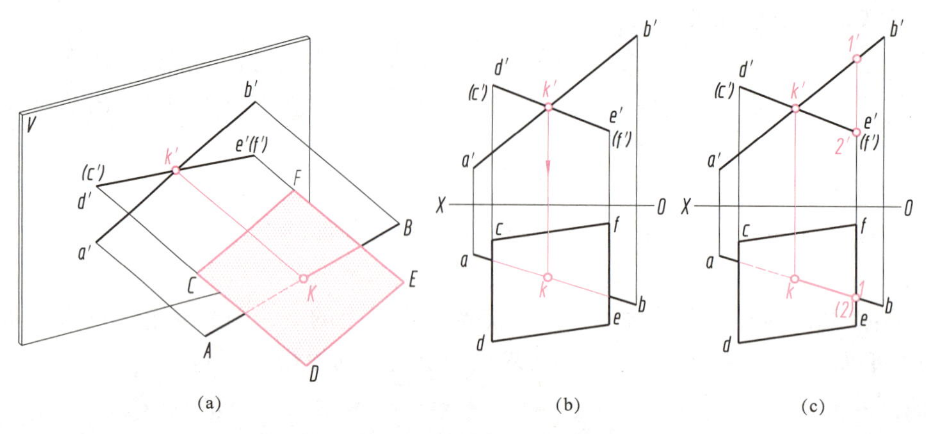

图 3-22　垂直面与倾斜线相交

(a) 立体图；(b) 求交点；(c) 可见性判断

作图：

(1) 求交点。如图 3-22 (b) 所示，$d'e'$ (c') (f') 与 $a'b'$的交点即 k'；由 k'作投影连线交 ab 于 k。

(2) 判断可见性。

如图 3-22 (c) 所示，AB 上的点 I (1, 1′) 与 EF 上的点 II (2, 2′) 在水平投影面上重影，从正面投影上可以看出 $z_1>z_2$，即 I 点在 II 点之上，I 点可见，II 点不可见，则 AB 上 I K 线段的水平投影可见，画成粗实线；以交点为界，另一端投影不可见，画成虚线。正面投影上 $CDEF$ 重影为直线，所以不需要判断可见性。

(3) 连线。可见画成粗实线，不可见画成虚线。$k1$ 画成粗实线，交点为界另一端画成虚线。

3) 垂直面与倾斜面相交

【例 3-14】 如图 3-23 (a) 所示，求铅垂面与倾斜面的交线。

分析：

$DEFG$ 面是铅垂面，水平投影积聚为直线 d (e) (f) g，交线 KL 在 $DEFG$ 上，则交线 KL 水平投影 kl 与 d (e) (f) g 重合，即交线也在$\triangle ABC$ 上，在平面上取线，可求得交线的正面投影。

作图：

(1) 求交线。如图 3-23 (b) 所示，kl 与 d (e) (f) g 重合可直接求得，K 在 AC 上，L 在 AB 上，根据点在直线上，则点的投影在直线的同面投影上，求得 k'、l'；交线可见，则 $k'l'$画成粗实线。

(2) 判断可见性。

如图 3-23 (c) 所示，AC 上的点 I (1, 1′) 与 DE 上的点 II (2, 2′) 在正投影面上重影，从水平投影上可以看出 $y_1>y_2$，即 I 点在 II 点之前，I 点可见，II 点不可见，则 AC 上 I K线段的正投影可见，画成粗实线；以点 K 为界，另一线段正投影不可见，画成虚线；其余部分可见性判断按同面可见性相同，异面可见性相反，重影点、交点两边可见性相反，拐点可见性相同的判断原则走一圈即可判断出，可见画成粗实线，不可见画成虚线。*DEFG* 在水平投影面上的投影为直线，所以不需要判断可见性。

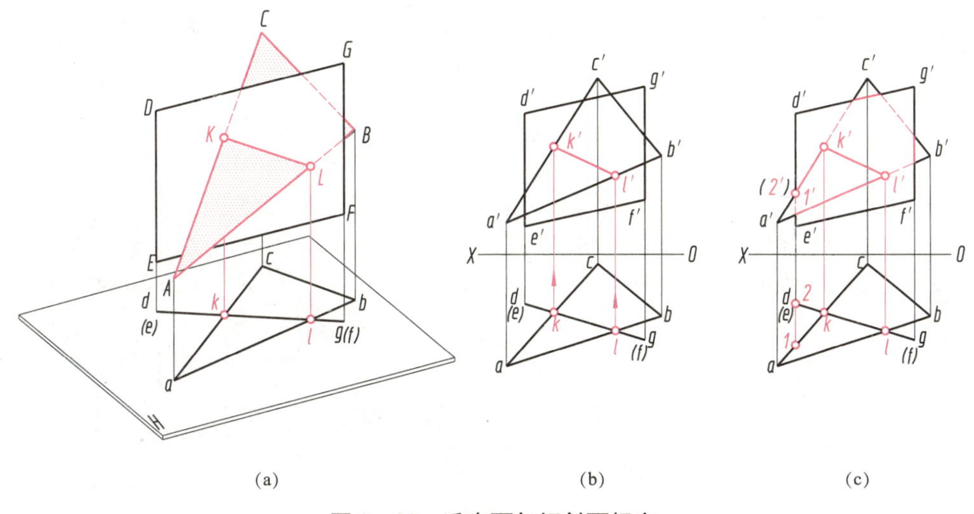

图 3-23 垂直面与倾斜面相交

（a）立体图；（b）求交线；（c）可见性判断

（3）连线。可见画成粗实线，不可见画成虚线。$k'1'$画成粗实线，以交点为界，另一端画成虚线。根据上述可见性判断，补全图形。

2. 利用辅助平面法求交点、交线

当两相交几何元素的投影都没有积聚性时，可以采用辅助平面法求交点、交线。如图3-24所示，*DE* 与△*ABC* 相交于点 *F*，过点 *F* 可在△*ABC* 上作无数条直线，所作直线与直线 *DE* 构成一平面，该平面称为辅助平面，图 3-24 中过点 *F* 在△*ABC* 上所作的直线是 *KL*，*KL* 与 *DE* 构成辅助平面，辅助平面与△*ABC* 的交线即过点 *F* 在△*ABC* 上的直线 *KL*，*KL* 与 *DE* 的交点即直线 *DE* 与平面△*ABC* 的交点 *F*。由此用辅助平面法求交点的步骤如下：

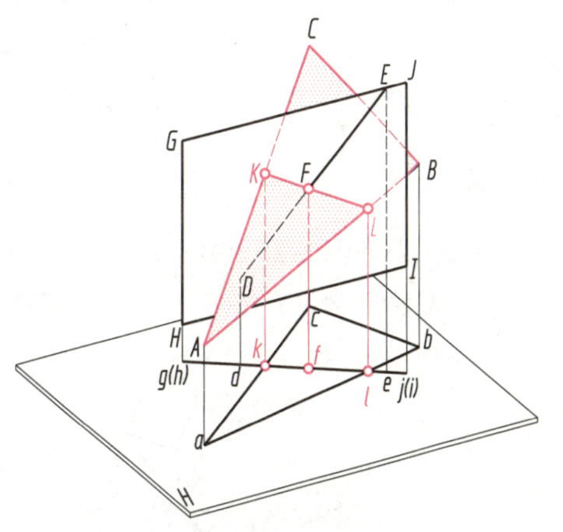

图 3-24 辅助平面法求交点

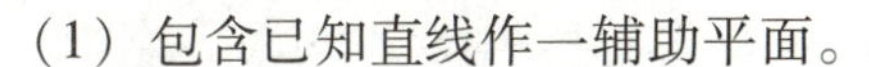

（1）包含已知直线作一辅助平面。

（2）求辅助平面与已知平面的交线。

（3）求该交线与已知直线的交点，即已知直线与已知平面的交点。

1）倾斜直线与倾斜平面相交

【例 3-15】 如图 3-25（a）所示，求倾斜线 *DE* 与倾斜面△*ABC* 相交。

作图：

（1）如图 3-25（b）所示，包含已知直线 *DE* 作一辅助平面 $P\perp H$，包含 *de* 作 P_H。

（2）作 *P* 面与△*ABC* 的交线 *KL*，即 *kl* 与 *de*、P_H 重合，直接标出，再作 $k'l'$。

（3）求 *DE* 与 *KL* 的交点 *F*，$k'l'$与 $d'e'$交点为f'，由f'求f。

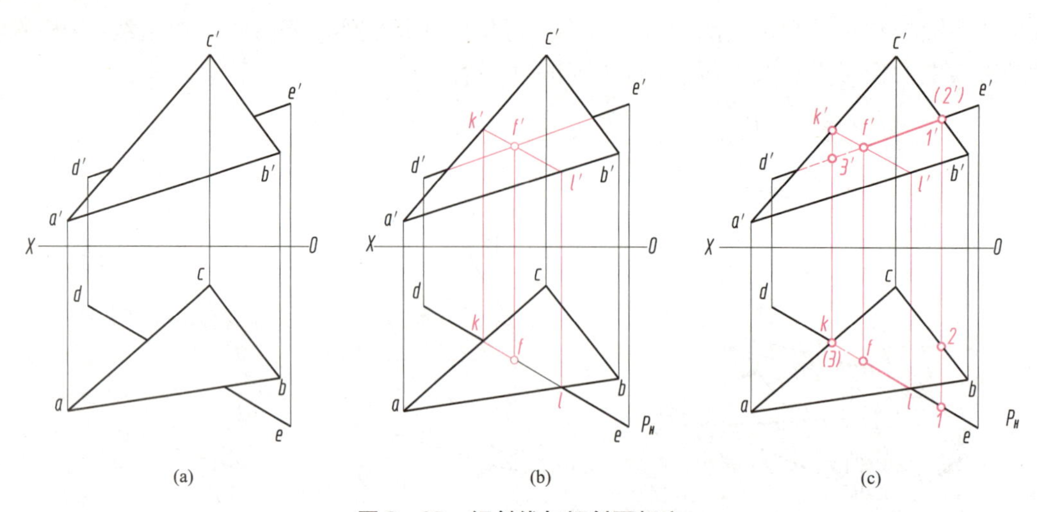

(a)　　　　(b)　　　　(c)

图 3－25　倾斜线与倾斜面相交

（a）已知条件；（b）求交点；（c）可见性判断

（4）判断可见性。

如图 3－25（c）所示，*DE* 上的点Ⅰ（1，1′）与 *BC* 上的点Ⅱ（2，2′）在正投影面上重影，从水平投影上可以看出 $y_1>y_2$，即点Ⅰ在点Ⅱ之前，点Ⅰ可见，点Ⅱ不可见，则 *DE* 上Ⅰ*F*线段的正投影可见，画成粗实线；以点 *F* 为界，另一端正投影不可见，画成虚线。由于两几何要素的水平投影也没有积聚性，故也存在可见性问题，判断方法与上述相同。

（5）连线。完成作图，如图 3－25（c）所示。

2）倾斜平面与倾斜平面相交

【例 3－16】 如图 3－26（a）所示，求倾斜面与倾斜面相交的交线。

作图：

（1）如图 3－26（b）所示，分别包含已知直线 *DF*、*EF* 作辅助平面 *P*、*R*，两辅助平面垂直于 *V*。包含 $d'f'$ 作 P_V，包含 $e'f'$ 作 R_V。

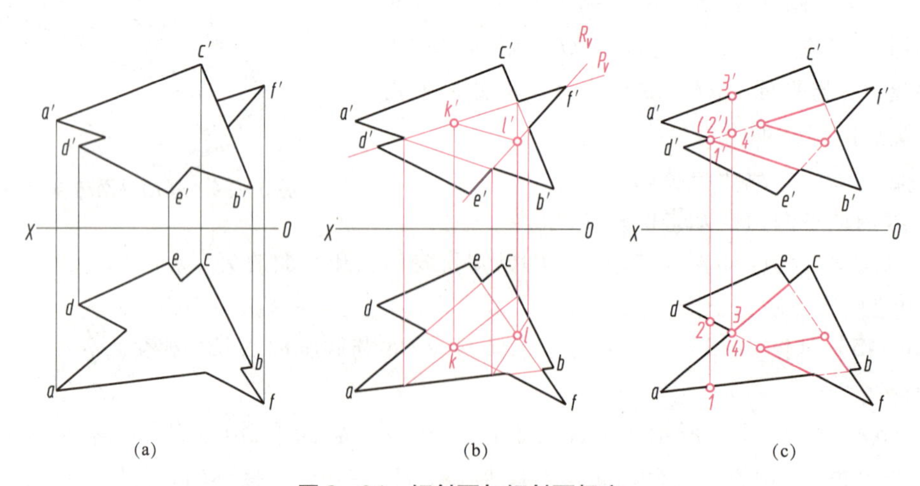

(a)　　　　(b)　　　　(c)

图 3－26　倾斜面与倾斜面相交

（a）已知条件；（b）求交线；（c）可见性判断

（2）利用辅助平面 P、R 分别求出直线 DF、EF 与 $\triangle ABC$ 的交点 K（k，k'）、L（l，l'）。连线 kl、$k'l'$ 即交线 KL 的投影。

（3）判断可见性。

如图 3－26（c）所示，由于两平面倾斜于投影面，其在投影面上投影均没有积聚性，因此正面投影、水平投影都需要判断可见性。正面投影可见性判断：AB 上的点 I（1，1′）与 DF 上的点 II（2，2′）在正投影面上重影，从水平投影上可以看出 $y_1 > y_2$，即点 I 在点 II 之前，I 点可见，II 点不可见，则 AB 正面投影可见，画成粗实线；DF 上重影点到交点段不可见，画成虚线。其余部分可见性判断参见【例 3－14】。由于两几何要素的水平投影也没有积聚性，故水平投影也存在可见性问题，判断方法与上述相同。同理可判断水平投影的可见性。

（4）连线。完成作图，如图 3－26（c）所示。

3.3.3　垂直问题

垂直问题分为直线与平面垂直、两平面垂直。

1. 直线与平面垂直

几何定理： 如果一条直线垂直于平面上的任意两条相交直线，则直线垂直于该平面。反之，如果直线与平面垂直，则直线垂直于平面上的所有直线。

如图 3－27 所示，$MN \perp \triangle ABC$，M 在 $\triangle ABC$ 上。过点 M 分别作水平线 BD、正平线 EF，则 $MN \perp BD$、$MN \perp EF$，由直角投影定理可知，$mn \perp bd$、$m'n' \perp e'f'$。

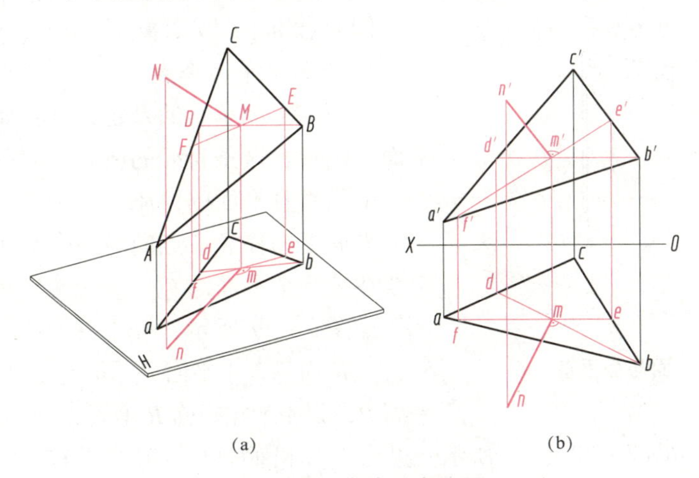

图 3－27　直线垂直平面

（a）立体图；（b）投影图

投影特性：如果一条直线垂直于一个平面，则该直线的水平投影必定垂直于该平面上水平线的水平投影，该直线的正面投影必定垂直于该平面上正平线的正面投影。反之，如果直线的水平和正面投影分别垂直于平面上水平线的水平投影和正平线的正面投影，则直线垂直于该平面。

【例 3-17】 如图 3-28（a）所示，过点 M 作△ABC 的垂线。

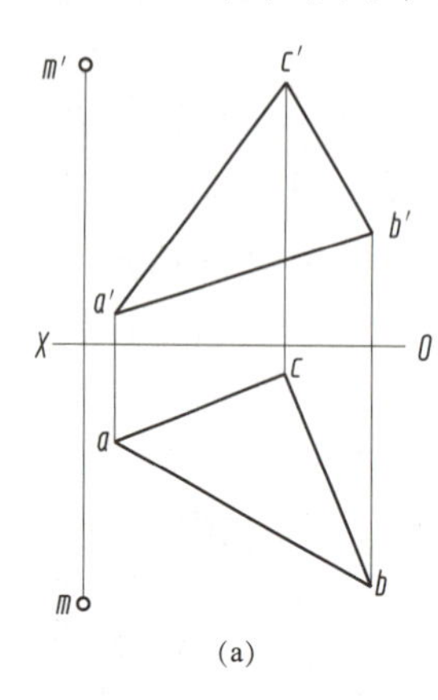

(a)

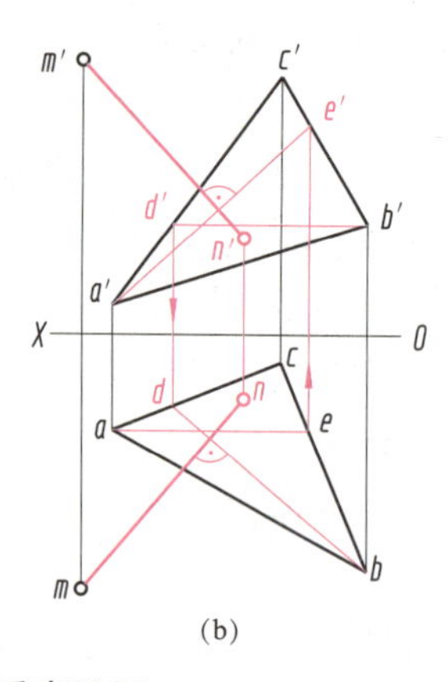

(b)

图 3-28　求直线垂直平面

(a) 已知条件；(b) 作图过程

分析：

直线与平面垂直的条件是直线垂直于平面上的任意两条相交直线，已知同一平面上的正平线和水平线是相交直线，因此，只要作直线垂直已知平面上的正平线和水平线，则该直线垂直于已知平面。

作图：

(1) 如图 3-28（b）所示，在△ABC 上作水平线 BD（bd，$b'd'$）、正平线 AE（ae，$a'e'$）。

(2) 作 $mn \perp bd$，$m'n' \perp a'e'$，则 MN 为所求。

2. 平面与平面垂直

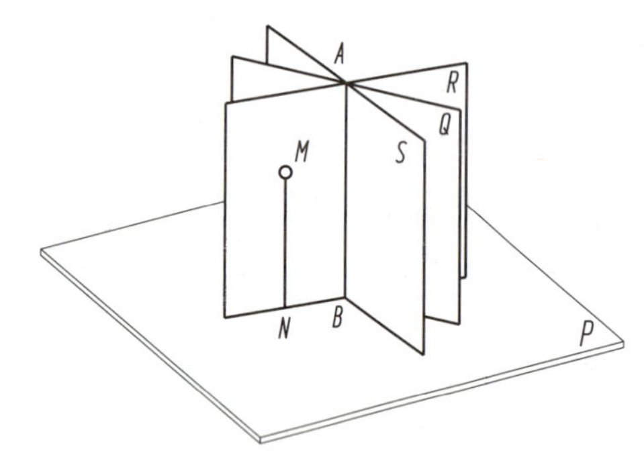

图 3-29　面与面垂直

平面与平面垂直的判定条件：如果直线垂直于一平面，则包含这条直线的所有平面垂直于该平面。

平面垂直平面的性质：两个平面互相垂直，则过一个平面上的任意一点向另一个平面作垂线，所作的垂线在第一个平面内。

如图 3-29 所示，$AB \perp$ 平面 P，则包含 AB 的面 S、Q、R 均垂直于平面 P。M 点在 R 平面上，作 $MN \perp$ 平面 P，则 MN 在平面 R 上。

【例 3-18】 如图 3-30（a）所示，过点 K 作铅垂面与△ABC 垂直。

分析：

求过点作平面与已知平面垂直。只要过点作直线与已知平面垂直，则包含该直线的所有面与已知平面垂直。所求面是铅垂面，其水平投影积聚成直线，因此，作铅垂面的水平投影只要与已知平面水平线的水平投影垂直即可，正面投影可画成过 k 点的任意平面图。

作图：

(1) 如图 3-30（b）所示，在△ABC 上作水平线 BD（bd，$b'd'$）。

(2) 作平面 $kmn \perp bd$，然后作 m'、n'，则△KMN 为所求。

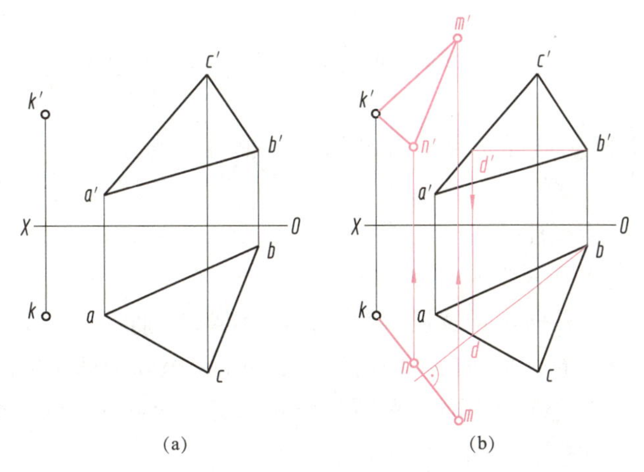

图3-30　铅垂面与已知面垂直

（a）已知条件；（b）作图过程

本章小结

本章介绍了平面的表示法，平面的分类，各种位置平面的投影特性，平面上点、直线的判断方法及作图方法，直线与平面、平面与平面的相对位置判定及作图方法。

（1）平面表示法及平面投影。

几何元素表示平面（不在一条直线上三点、直线与直线外一点、两相交直线、两平行直线及任意平面图形）。画出组成平面几何元素的投影即表示平面的投影。

（2）各种位置平面的投影特性。

① 一般位置平面：三面投影是类似形，不反映真实倾角。

② 投影垂直面（铅垂面、正垂面、侧垂面）：一个投影有积聚性，反映真实倾角，另两投影是类似形。

③ 投影平行面（水平面、正平面、侧平面）：有两个投影有积聚性，另一投影反映实形。

（3）平面上点、直线判断方法及作图方法。

① 平面上取点：将点取在平面的直线上。

② 平面上取线：在平面上取两点，连线即平面上直线；过平面上一点作平面上另一直线的平行线。

③ 平面上特殊直线：平行线；最大斜度线。

（4）直线与平面、平面与平面的相对位置：平行、相交、垂直。

① 平行：

a. 直线∥平面上任一条直线，直线∥平面。

b. 一平面上两相交直线对应平行另一平面上两相交直线，两平面平行。

② 垂直：

a. 直线⊥平面，直线⊥平面上所有直线。

b. 直线⊥平面，包含该直线的所有平面⊥该平面。

c. 平面⊥平面，过第一平面上一点作另一平面垂线，该线一定在第一平面上。

③ 相交：

a. 直线与平面相交（垂直线与倾斜面相交、倾斜线与垂直面相交、倾斜线与倾斜面相交）。

b. 平面与平面相交（垂直面与垂直面相交、垂直面与倾斜面相交、倾斜面与倾斜面相交）。

交点、交线求法：积聚性法、辅助平面法。

（5）可见性判断：利用重影点判断可见性。

在学完本章后，利用几何定理及投影性质，熟练掌握平面上点、直线的判断方法及作图方法，熟练掌握直线与平面、平面与平面的平行、垂直判定方法及作图方法；熟练掌握利用积聚性法、辅助平面法求直线与平面、平面与平面相交的交点、交线作图方法；利用重影点判断可见性，为后续课程打下基础。

第4章　投影变换

【本章知识点】

(1) 换面法的基本概念。

(2) 点的投影变换规律。

(3) 换面法解决的四个基本问题。

(4) 综合应用换面法图解空间几何元素间定位和度量问题。

4.1　投影变换的目的和方法

4.1.1　投影变换的目的

由前述内容可知，当直线或平面相对于投影面处于特殊（平行或垂直）位置时，它们的投影反映线段的实长、平面的实形及其与投影面的倾角，根据这一特性就能较容易地解决定位问题（如求交点、交线等）和度量问题（如求直线实长、平面实形和倾角等），如图4－1所示。当直线或平面相对于投影面处于一般位置时，它们的投影则不具备上述特性。

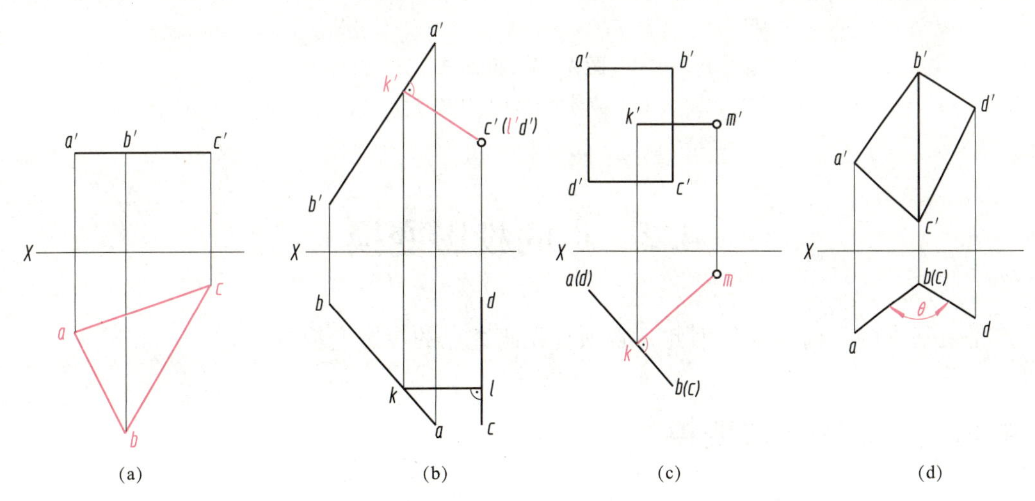

图4－1　几何元素处于有利于解题位置

(a) △*ABC* 反映实形；(b) *KL* 反映距离；(c) *KM* 反映距离；(d) θ 反映真实倾角

投影变换的目的就是将直线或平面从一般位置变换成与投影面平行或垂直的位置，以便解决定位和度量问题。

4.1.2 换面法的基本概念

换面法就是保持空间几何元素不动，用新的投影面替换旧的投影面，使新的投影面对于空间几何元素处于有利于解题的位置。

图4-2所示为一铅垂面△*ABC*，它在*V/H*体系中不能反映实形。现作一个与*H*面垂直的新投影面V_1平行于△*ABC*，组成新的投影面体系V_1/H，再将△*ABC*向V_1面进行投影，则该投影反映△*ABC*实形。

由此可知，新投影面的选择应符合以下两个条件：

（1）新投影面必须和空间几何元素处于有利于解题的位置。

（2）新投影面必须垂直于原来投影面体系中一个不变投影面，以组成一个新的两投影面体系。

其中，前一条件是解题需要，后一条件是为了应用两投影面体系中的投影规律。

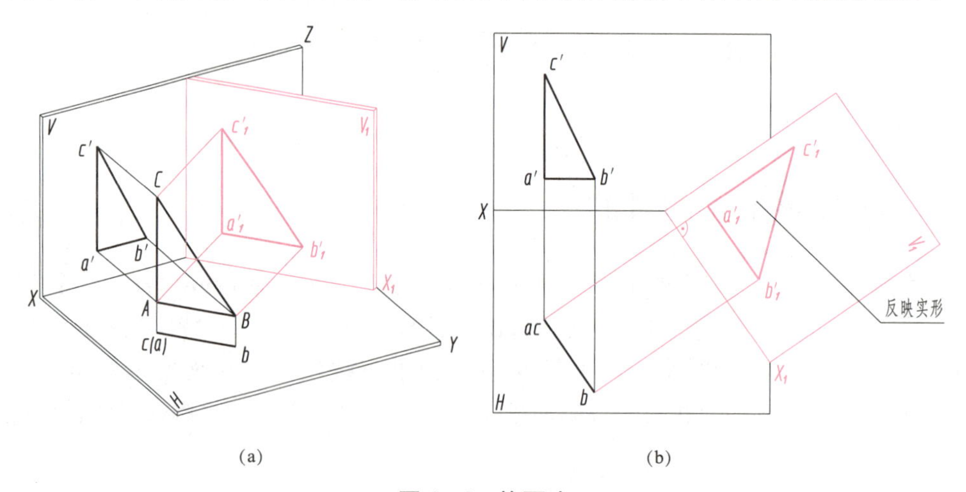

(a)　　(b)

图4-2　换面法

（a）立体图；（b）作图过程

4.2 点的投影变换

点是最基本的几何元素，因此，必须首先研究点的投影变换规律。

4.2.1 点的一次变换

如图4-3所示，*A*点在*V/H*体系中，它的两个投影为*a*、a'，若用一个与*H*面垂直的新投影面V_1代替*V*面，建立新的V_1/H体系，则V_1面与*H*面的交线称为新的投影轴，以X_1表示。由于*H*面为不变投影面，所以*A*点的水平投影*a*的位置不变，称为不变投影，而*A*点在V_1面上的投影为新投影a_1'。由图4-2可以看出，*A*点的各个投影*a*、a'、a_1'之间的关系如下：

（1）在新投影面体系中，不变投影 a 和新投影 a_1' 的连线垂直于新投影轴 X_1，即 $aa_1' \perp X_1$ 轴。

（2）新投影 a_1' 到新投影轴 X_1 的距离等于原来（即被代替的）投影 a' 到原来（即被代替的）投影轴 X 的距离，A 点的 z 坐标在变换 V 面时是不变的，即：

$$a_1'a_{x1} = a'a_x = Aa = z_A$$

根据上述投影之间的关系，点的一次变换的作图步骤如下：

（1）作新投影轴 X_1，以 V_1 面代替 V 面形成 V_1/H 体系，X_1 轴与 a 点的距离以及 X_1 轴的倾斜位置与 V_1 面对空间几何元素的相对位置有关，可根据作图需要确定。

（2）过 a 点作新投影轴 X_1 的垂线，得交点 a_{x1}。

（3）在垂线 aa_{x1} 上截取 $a_1'a_{x1} = a'a_x$，即得 A 点在 V_1 面上的新投影 a_1'。

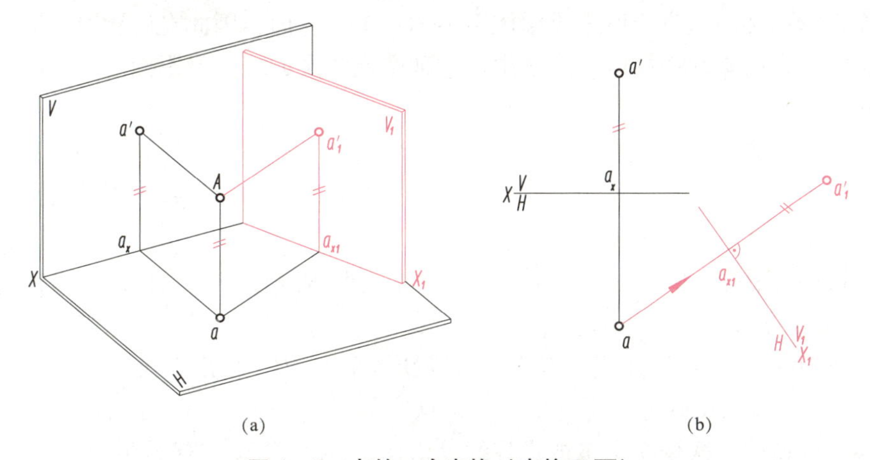

(a)　　　　(b)

图 4－3　点的一次变换（变换 *V* 面）

（a）立体图；（b）作图过程

如图 4－4 所示，A 点在 V/H 体系中，它的两个投影分别为 a、a'，亦可用一个垂直于 V 面的投影面 H_1 代替 H 面，建立新的 V/H_1 体系，这时 A 点在 V/H_1 体系中的投影为 a'、a_1。同理，A 点的各个投影 a、a'、a_1 之间的关系如下：

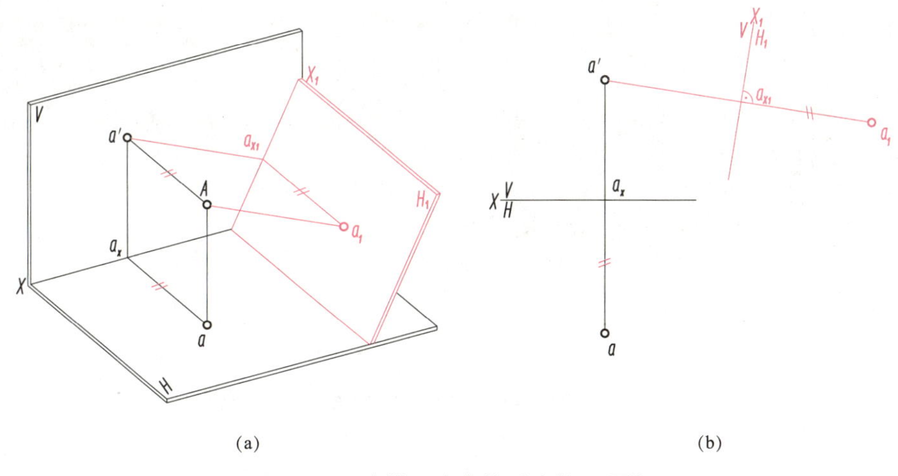

(a)　　　　(b)

图 4－4　点的一次变换（变换 *H* 面）

（a）立体图；（b）作图过程

（1）$a_1a' \perp X_1$轴。

（2）$a_1a_{x1} = aa_x = A\ a' = y_A$。

其作图步骤与变换 V 面时类似。

综上所述，点的变换投影面法的基本规律可归纳如下：

（1）不论在新的或原来的（即被代替的）投影面体系中，点的两面投影的连线均垂直于相应的投影轴。

（2）点的新投影到新投影轴的距离等于原来投影到原来投影轴的距离。

4.2.2 点的二次变换

由于新投影面必须垂直于原来投影体系中的一个投影面，因此在解题时，有时变换一次还不能解决问题，而必须变换两次或多次。这种变换两次或多次投影面的方法称为二次变换或多次变换。

当在进行二次或多次变换时，由于新投影面的选择必须符合前述两个条件，因此不能同时变换两个投影面，而必须变换一个投影面后，在新的两投影面体系中再变换另一个未被代替的投影面，即轮流进行投影面变换。

二次变换的作图方法与一次变换的作图方法完全相同，只是重复一次作图过程。图4－5所示为点的二次变换，其作图步骤如下：

（1）先变换一次，以 V_1 面代替 V 面，组成新体系 V_1/H，作出新投影 a_1'。

（2）在 V_1/H 体系基础上，再变换一次，这时如果仍变换 V_1 面就没有实际意义，因此，第二次变换应变换前一次变换中未被代替的投影面，即以 H_2 面来代替 H 面组成第二个新体系 V_1/H_2，这时 $a_1'a_2 \perp X_2$ 轴、$a_2a_{x2} = a\ a_{x1}$，由此作出新投影 a_2。

二次变换投影面时，也可先变换 H 面，再变换 V 面，即由 V/H 体系先变换成 V/H_1 体系，再变换成 V_2/H_1 体系。变换投影面的先后次序按图示情况及实际需要而定。

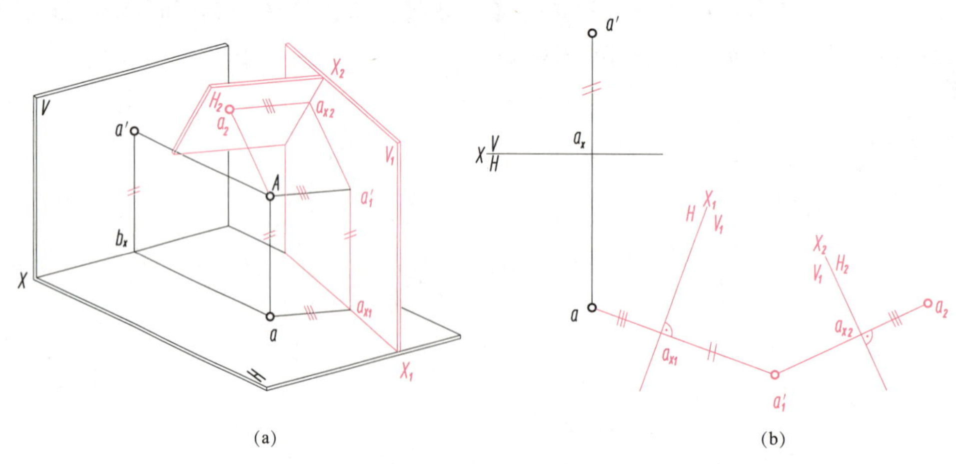

图4－5　点的二次变换

（a）立体图；（b）作图过程

4.3 四个基本问题

4.3.1 将一般位置直线变为投影面的平行线

如图4-6所示，AB为一投影面倾斜线，若变换为正平线，则必须变换V面使新投影面V_1平行AB，这样AB在V_1面上的投影$a_1'b_1'$将反映AB的实长，$a_1'b_1'$与X_1轴的夹角反映直线对H面的倾角α，具体作图步骤如下：

（1）作新投影轴$X_1 /\!/ ab$。

（2）分别过a、b作X_1轴的垂线，与X_1轴交于a_{x1}、b_{x1}，然后在垂线上量取$a_1'a_{x1}=a'a_x$，$b_1'b_{x1}=b'b_x$，得到新投影a_1'、b_1'。

（3）连接a_1'、b_1'得投影$a_1'b_1'$，它反映AB的实长，其与X_1轴的夹角反映AB对H面的倾角α。

如果要求出AB对V面的倾角β，则要作新投影面H_1平行AB，即AB在V/H_1体系中为水平线。作图时作$X_1 /\!/ a'b'$，如图4-7所示。

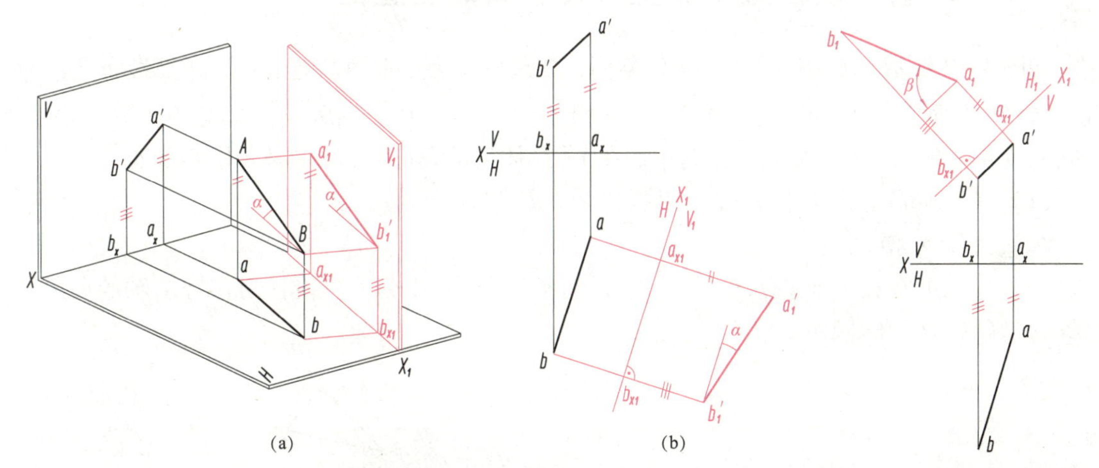

图4-6 倾斜线变换成平行线（变换V面）

（a）立体图；（b）作图过程

图4-7 倾斜线变换成平行线（变换H面）

4.3.2 将一般位置直线变为投影面垂直线

将投影面倾斜线变换成投影面垂直线必须经过二次变换，第一次将投影面倾斜线变换成投影面平行线；第二次将投影面平行线变换成投影面垂直线。

如图4-8所示，AB为一投影面倾斜线，若先变换V面，使V_1面$/\!/ AB$，则AB在V_1/H体系中为投影面平行线；再变换H面，作H_2面$\perp AB$，则AB在V_1/H_2体系中为投影面垂直线。具体作图步骤如下：

（1）先作X_1轴$/\!/ ab$，求得AB在V_1面上的新投影$a_1'b_1'$。

（2）再作X_2轴$\perp a_1'b_1'$，得出AB在H_2面上的投影a_2b_2，这时a_2与b_2重影为一点。

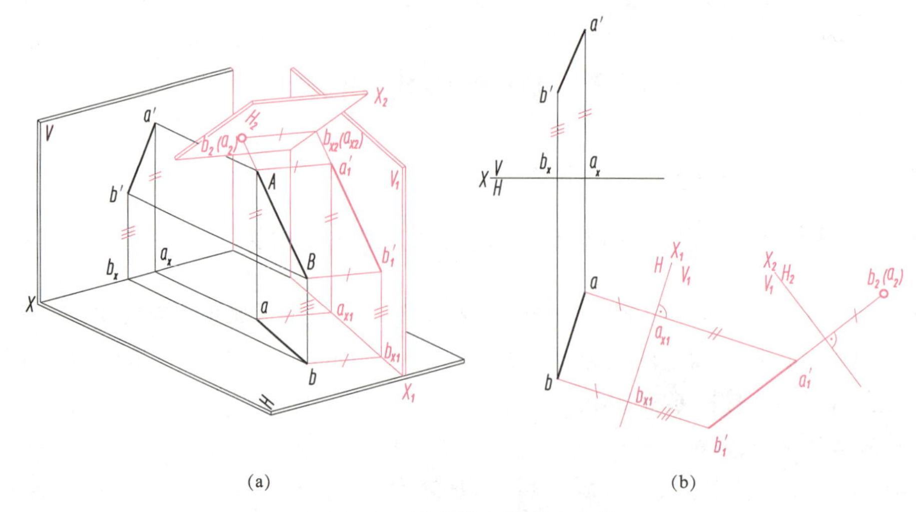

(a)　　　　(b)

图 4-8　倾斜线变换成垂直线

(a) 立体图；(b) 作图过程

4.3.3　将一般位置平面变为投影面的垂直面

如图4-9所示，$\triangle ABC$为投影面倾斜面，如果变换为正垂面，则必须取新投影面V_1既垂直于$\triangle ABC$又垂直于H面，为此可在$\triangle ABC$上先作一水平线，然后作V_1面与该水平线垂直，由此V_1面也一定与$\triangle ABC$垂直，这时平面在V_1/H体系中为正垂面。具体作图步骤如下：

(1) 在$\triangle ABC$上作水平线CD，其投影为$c'd'$和cd。

(2) 再作X_1轴$\perp cd$。

(3) 作$\triangle ABC$在V_1面的投影$a_1'b_1'c_1'$，而$a_1'b_1'c_1'$重影为一直线，则它与X_1轴的夹角即反映$\triangle ABC$对H面的倾角α。

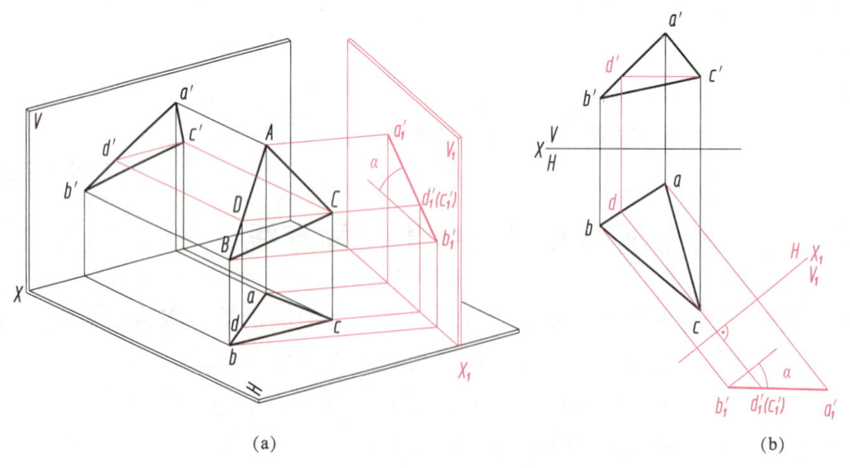

(a)　　　　(b)

图 4-9　倾斜面变换成垂直面（变换 V 面）

(a) 立体图；(b) 作图过程

如果要求出$\triangle ABC$对V面的倾角β，则必须使平面$\perp H_1$面，即在V/H_1体系中为一铅垂面。为此可在此平面上作一正平线 BE，作 H_1 面 $\perp BE$，则 $\triangle ABC$ 在 H_1 面上的投影为一直线，它与 X_1 轴的夹角反映 $\triangle ABC$ 对 V 面的倾角 β，具体作图如图 4－10 所示。

4.4.4　将一般位置平面变为投影面的平行面

将投影面倾斜面变换成投影面平行面，必须经过二次变换，第一次将投影面倾斜面变换成投影面垂直面；第二次再将投影面垂直面变换成投影面平行面。

如图 4－11 所示，先将 $\triangle ABC$ 变换成垂直于 H_1 面；再将 $\triangle ABC$ 变换成平行于 V_2 面。具体作图步骤如下：

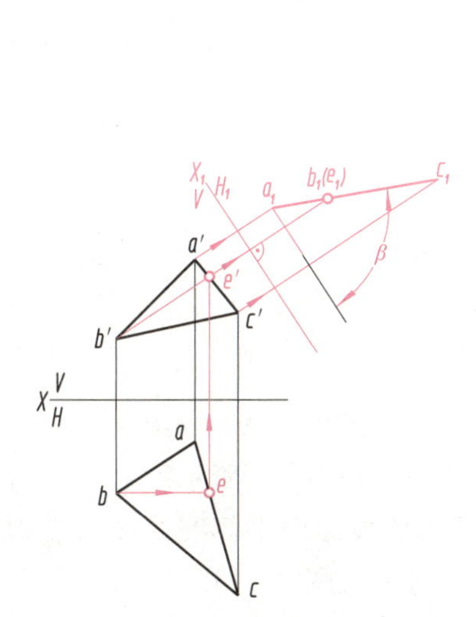

图 4－10　倾斜面变换成垂直面（变换 H 面）

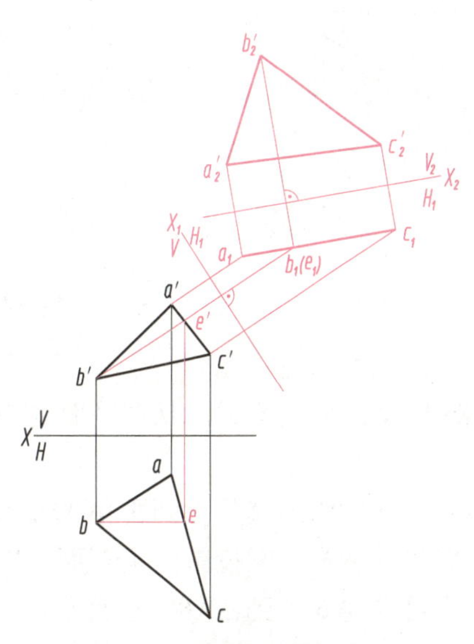

图 4－11　倾斜面变换成平行面

（1）在 $\triangle ABC$ 上作正平线 BE，作新投影面 $H_1 \perp BE$，即作 X_1 轴 $\perp b'e'$，然后作出 $\triangle ABC$ 在 H_1 面的新投影 $a_1b_1c_1$，而 $a_1b_1c_1$ 重影为一条直线。

（2）作新投影面 V_2 平行于 $\triangle ABC$，即作 X_2 轴 $/\!/ a_1b_1c_1$，然后作出 $\triangle ABC$ 在 V_2 面的投影 $\triangle a_2'b_2'c_2'$，则 $\triangle a_2'b_2'c_2'$ 反映 $\triangle ABC$ 的实形。

4.4.5　换面法的应用

【例 4－1】 求 K 点到 AB 直线的距离。

分析：

点到直线的距离就是点到直线的垂线实长。如图 4－12 所示，AB 为投影面倾斜线，若将其变换为某投影面垂直线，则其垂线 KM 为该投影面平行线，在该投影面上反映实长。具体作图过程如图 4－12（c）所示。

作图：

（1）将直线 AB 经过二次变换成为 H_2 面上的垂直线，其在 H_2 面上的投影重影为一点，即 a_2（b_2），垂足 M 在 H_2 面上的投影亦为该点。点 K 也随之变换，其在 H_2 面上的投影为 k_2。

（2）连接 k_2、m_2，k_2m_2 即垂线 KM 在 H_2 面上的投影，由于 KM 在 V_1/H_2 体系中为水平线，因此，k_2m_2 为 K 点到 AB 直线的距离 KM 的实长。

如要求出 KM 在原来体系中的投影，可先过 k_1' 作 $k_1'm_1' /\!/ X_2$ 或 $k_1'm_1' \perp a_1'b_1'$ 交 $a_1'b_1'$ 于 m_1'，再根据点的变换规律作出 km、$k'm'$。

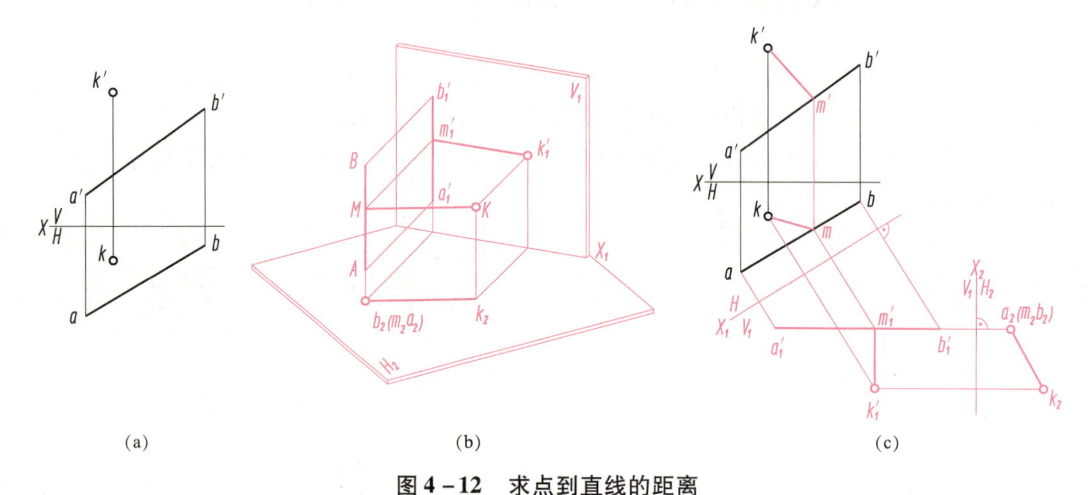

图 4－12　求点到直线的距离

（a）已知条件；（b）立体图；（c）作图过程

【例 4－2】 求点 S 到△ABC 平面的距离。

分析：

点到平面的距离就是点到平面的垂线实长。如图 4－13（a）所示，△ABC 为投影面倾斜面，若将其变换为某投影面垂直面，则其垂线 SK 为该投影面平行线，在该投影面上反映实长，即可求得 S 点到△ABC 平面的距离。具体作图过程如图 4－13（b）所示。

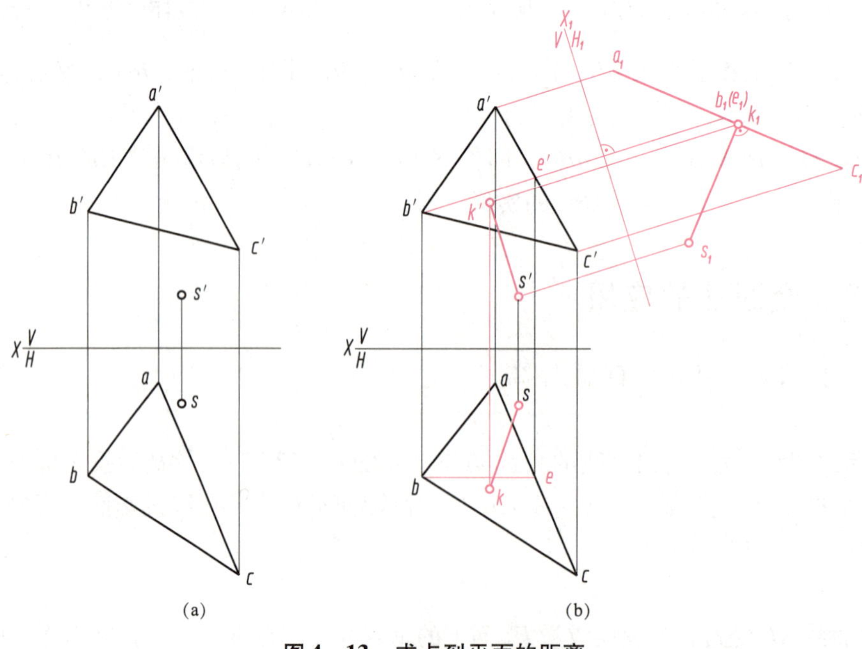

图 4－13　求点到平面的距离

（a）已知条件；（b）作图过程

作图：

（1）将△ABC 经过一次变换成为 H_1 面的垂直面（亦可变换为 V_1 面的垂直面），其在 H_1 面上的投影重影为一条直线，即 $a_1b_1c_1$。点 S 也随之变换，其在 H_1 面上的投影为 s_1。

（2）过 s_1 作 $s_1k_1 \perp a_1b_1c_1$，得垂足 k_1，由于 SK 在 V/H_1 体系中为水平线，因此 s_1k_1 即点 S 到△ABC 平面距离 SK 的实长。

如要求出 SK 在原来体系中的投影，可先过 s' 作 $s'k' /\!/ X_1$ 轴，再根据点的变换规律作出 sk。

【例4-3】 如图4-14所示，已知相交两平面△ABC、△ADC 的正面投影及△ABC 的水平投影，且它们的夹角为160°，补全△ADC 的水平投影。

分析：

当两平面的交线垂直于投影面时，则两平面在该投影面上的投影为两相交直线，它们之间的夹角反映两平面间的夹角。在新投影面体系中利用已知夹角及△ADC 的正面投影即可求得△ADC 水平投影。具体作图过程如图4-14（b）所示。

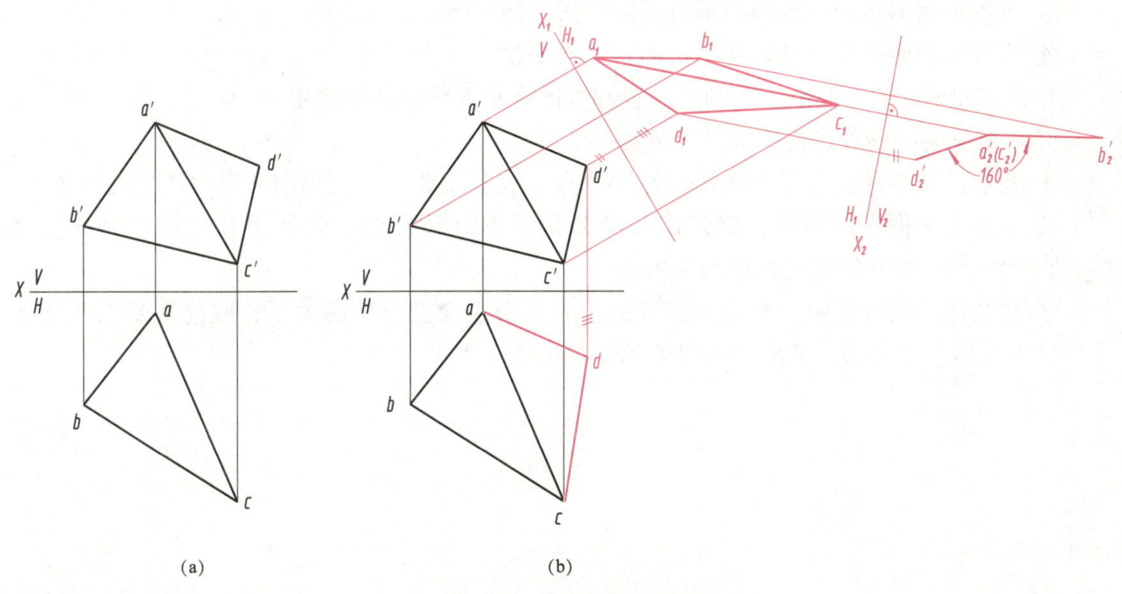

图4-14 求△ADC的投影

（a）已知条件；（b）作图过程

作图：

（1）将直线 AC 经过二次变换成为 V_2 面上的垂直线，其在 V_2 面上的投影重影为一点，即 a_2'（c_2'）；点 B 也随之变换，其在 V_2 面上的投影为 b_2'。连接该两点得△ABC 在 V_2 面上的投影，该投影重影为直线 a_2'（c_2'）b_2'。

（2）同理△ADC 在 V_2 面上的投影亦重影为直线，该两直线的夹角即反映△ABC 与△ADC 两平面的夹角。因此，过 a_2'（c_2'）作一条直线与直线 a_2'（c_2'）b_2'成160°，该直线即△ADC 在 V_2 面上的投影 a_2'（c_2'）d_2'。

（3）根据点的变换规律，由d'求得 d_2'，再求得 d，连线 ad、dc，即得△ADC 的水平投影。

本章小结

本章介绍了点的投影变换规律、换面法中的四个基本问题和换面法的应用。

（1）投影变换的目的：

让直线或平面相对于投影面处于特殊（平行或垂直）位置。

（2）新投影面的选择条件：

① 新投影面必须和空间几何元素处于有利于解题的位置。

② 新投影面⊥原来投影面体系中一个不变投影面，以组成一个新的两投影面体系。

（3）点的投影变换要点：

连线垂直于轴；新投影到新轴的距离 = 旧投影到旧轴的距离。

（4）换面法中的四个基本问题：

① 将投影面倾斜线→投影面平行线：一次变换。

② 将投影面倾斜线→投影面垂直线：二次变换。

③ 将投影面倾斜面→投影面垂直面：一次变换。

④ 将投影面倾斜面→投影面平行面：二次变换。

在直线和平面的变换中，新轴的位置和方向要根据作图需要确定。

（5）解题时一般要考虑下面几个问题：

① 根据已知条件，分析空间几何元素（点、线、面等）在投影面体系中所处的位置。

② 根据要求得到的结果，确定出相关几何元素对新投影面应处于什么样的特殊位置（垂直或平行），据此确定解题思路和方法。

③ 在具体作图过程中，要注意新投影与原投影在变换前后的关系，既能在新投影体系中正确无误地求得结果，又能将结果返到原投影体系中去。

第5章　立体及其表面交线

【本章知识点】

(1) 基本立体投影的画法及其表面取点。

(2) 截交线的分析及作图方法。

(3) 相贯线的分析及作图方法。

(4) 特殊相贯线的画法。

5.1　平面立体

任何立体都可以看成是由平面或曲面围成的实体。由若干平面多边形围成的立体称为平面立体，如棱柱、棱锥；由平面和曲面或者全部由曲面围成的立体称为曲面立体，如圆柱、圆锥、圆球和圆环。本节主要介绍平面立体的形成方式、结构特点及其表面取点的方法。

5.1.1 常见平面立体的形成方法和结构特点

表5-1给出了常见平面立体（棱柱、棱柱体、棱锥、棱台）的形成方式及结构特点。

表5-1　常见平面立体的形成方式及结构特点

项目	棱柱	棱柱体	棱锥	棱台
立体图				
形成方式				
结构特点	由上、下两底面和若干棱面组成，棱面垂直于底面，各棱线相互平行；底面形状反映立体特征，为特征平面，不同底面形成不同柱体		由一个或两个底面和具有公共顶点的棱面组成，各棱线交于顶点；锥状体的形状取决于底面的形状	

5.1.2 棱柱

棱柱是由一个顶面、一个底面和几个侧棱面围成的立体。侧棱面之间的交线称为侧棱线，侧棱线相互平行。

1. 棱柱的投影

图5－1（a）所示为一正六棱柱的投影图，它是由顶面、底面和六个侧棱面围成的，顶面和底面为正六边形，侧棱面为长方形。

分析：

正六棱柱的顶面和底面为水平面，其水平投影反映实形，积聚为一正六边形，另两面投影积聚为直线。六个侧棱面中最前、最后棱面为正平面，其正面投影反映实形，另两面投影积聚为直线；其余四个侧棱面为铅垂面，其水平投影积聚为直线，正面和侧面投影为其类似形。六条侧棱线均为铅垂线，其水平投影积聚为一点，分别为正六边形的六个顶点，正面投影和侧面投影反映实长。

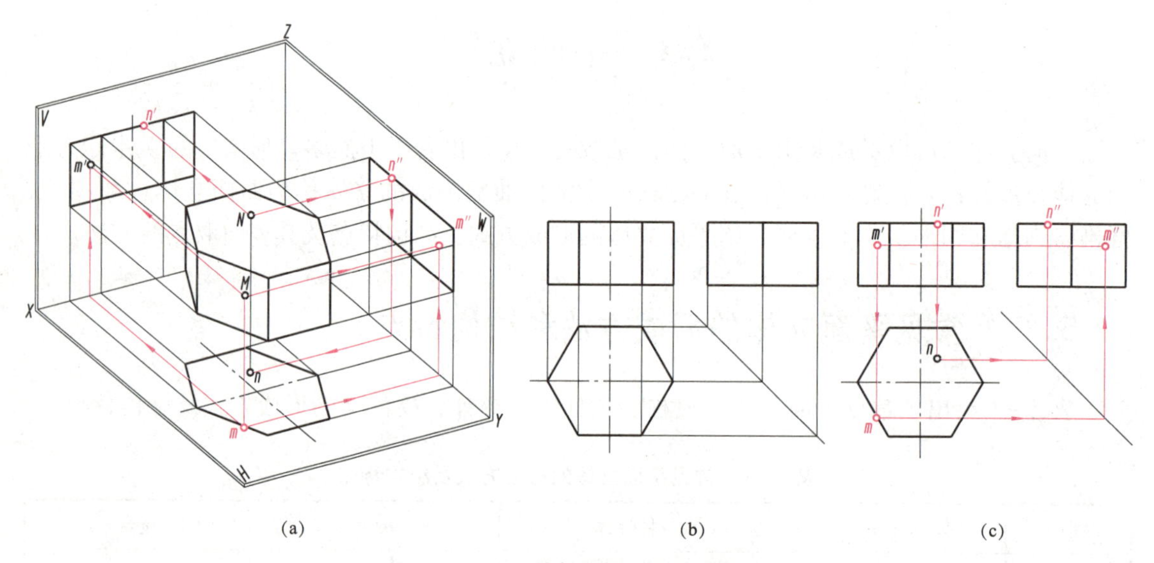

图5－1 正六棱柱投影及其表面取点

（a）立体投影；（b）平面投影；（c）棱柱表面取点

作图：

（1）如图5－1（b）所示，作正六棱柱的投影时，先画出对称中心线。

（2）作出棱柱水平投影（正六边形）。

（3）按照投影关系画出它的正面投影和侧面投影。

注意：当棱线投影与对称线重合时应画成粗实线。

2. 棱柱表面取点

平面立体表面上取点的原理与方法和在平面上取点相同，由于正放六棱柱的各个表面都处于特殊位置，因此，在其表面上取点均可利用平面投影的积聚性作图，并标明其可见性。

【**例5-1**】如图5-1（c）所示，在正六棱柱表面上有两点，分别为M和N，已知M点正面投影m'，求作其水平投影和侧面投影；已知N点的水平投影n，求其正面投影n'和侧面投影n''。

分析及作图：

（1）求M点另两面投影。

由于点M的正面投影是可见的，所以该点必定在左前方的棱面上，而该棱面为铅垂面，因此点M的水平投影m必在该棱面有积聚性的水平投影直线上，再根据投影关系由m'和m求出m''，如图5-1（c）所示。由于M点所在棱面处于左前方，所以点M的侧面投影也可见。

（2）求N点另两面投影。

由于n可见，所以点N必定在顶面上，而顶面为水平面，其正面投影和侧面投影都具有积聚性。因此，n'和n''也必分别在顶面的同面投影上，如图5-1（c）所示。

5.1.3　棱锥

1. 棱锥的投影

图5-2（a）所示为一正三棱锥投影图。正三棱锥由一个底面和三个侧棱面围成。底面是由三条棱线围成的正三角形，三个侧棱面均是由三条侧棱线和三条底棱线围成的大小相等的等腰三角形。

分析：

如图5-2（a）和图5-2（b）所示，正三棱锥底面$\triangle ABC$为水平面，其水平投影$\triangle abc$反映实形，正面和侧面投影均积聚为平行于相应投影轴的直线$a'b'c'$和a''（c''）b''；左右两个侧棱面$\triangle SAB$和$\triangle SBC$为一般位置平面，其三面投影均为类似形，且其侧面投影重合；后侧棱面$\triangle SAC$为侧垂面（隐含侧垂线AC），其侧面投影积聚成斜直线$s''a''$（c''），正面投影$\triangle s'a'c'$和水平投影$\triangle sac$均为类似形；三个侧棱面$\triangle SAB$、$\triangle SBC$、$\triangle SCA$的水平投影$\triangle sab$、$\triangle sbc$、$\triangle sca$与底面$\triangle ABC$的水平投影$\triangle abc$重合。底面的三条底棱线中有两条是水平线AB和BC，一条是侧垂线AC；三条侧棱线中，有两条是一般位置直线SA和SC，一条是侧平线SB。

作图：

（1）如图5-2（b）所示，作三棱锥三面投影时，先画其底面的投影。三棱锥底面为水平面，因此，其正面与侧面投影积聚为直线，水平投影反映实形。

（2）作出顶点S的三面投影s'、s和s''。

（3）将s'、s、s''与底面各顶点同面投影相连，即得各个侧棱面的三面投影。

2. 棱锥表面取点

正三棱锥的表面既有特殊位置平面，也有一般位置平面。特殊位置平面上点的投影可利用该平面投影的积聚性直接作图；一般位置平面上点的投影可通过在平面上作辅助线的方法求得。

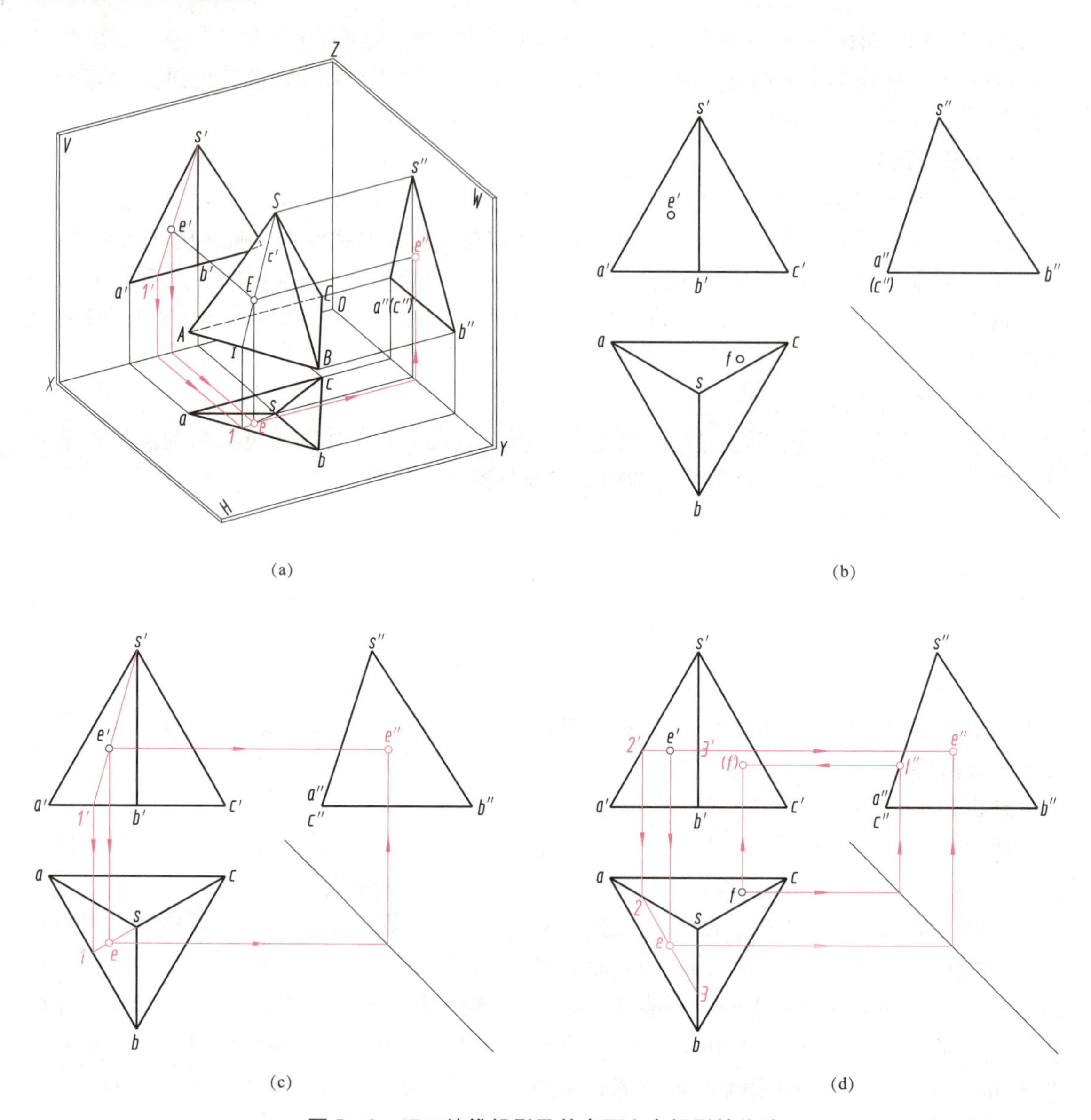

图5-2 正三棱锥投影及其表面上点投影的作法

(a) 棱锥的投影过程；(b) 棱锥的投影图；

(c) 过锥顶作辅助线法求 *E* 点另两面投影；(d) 利用平面投影积聚性求 *F* 点另两面投影

【例5-2】 如图5-2(b)所示，在正三棱锥表面有两点 *E* 和 *F*，已知 *E* 点的正面投 e'，求其水平投影 e 和侧面投影 e''；已知 *F* 点的水平投影 f，求其正面投影 f' 和侧面投影 f''。

分析及作图：

棱锥表面取点的作图原理与在平面上取点时相同。由于 e 点可见，所以点 *E* 在左棱面 △*SAB*（一般位置平面）上。欲求点 *E* 的另两个投影 e、e''，必须利用辅助线作图。具体方法有以下两种：

(1) 如图5-2(c)所示，过点 *E* 和锥顶作辅助直线 *S* Ⅰ，其正面投影 $s'1'$ 必通过 e'；求出辅助线 *S*1 的水平投影 $s1$，则点 *E* 水平投影 e 必在 $s1$ 上，根据 e' 和 e 可求出 *E* 点的侧面

投影 e''。

（2）如图5－2（d）所示，过点 E 作底棱 AB 的平行线ⅡⅢ，则 $2'3'//a'b'$ 且通过 e'，求出ⅡⅢ的水平投影 $23//ab$，且必通过 e，根据 e' 和 e 即可作出 E 点的侧面投影 e''。

F 点在侧棱面△SAC 上，而不是在底面△ABC 上。侧棱面△SAC 是侧垂面，其侧面投影具有积聚性，故 f'' 可利用积聚性直接求出，即 f'' 必在 $s''a''$ 上，再由 f 和 f'' 求出 f'。

最后还要判别点的投影可见性。由于侧棱面△SAB 处于左方，侧面投影可见，故其上的点 E 侧面投影 e''、水平投影 e 也可见。而侧棱面△SAC 处于后方，正面投影不可见，故其上的点 F 的正面投影 f' 不可见，用（f'）表示。

5.2 回转体

5.2.1 常见回转体的形成方式和结构特点（见表5－2）

表5－2 常见回转体的形成方式和结构特点

	圆柱	圆锥	圆球	圆弧回转体
立体图				
形成方式	A B O O	A O B O	A O B C O	O A B O
结构特点	由上、下两个底面和一个回转面组成，回转面垂直于底面，圆柱素线与轴线平行	由一个底面和一个回转面组成，各条素线交于顶点	由一圆母线绕过圆心且与圆在同一平面的轴线回转形成	由上、下底面和圆弧回转面组成，两底面互相平行，素线为一段圆弧

5.2.2 圆柱

1. 圆柱的投影

如图5 3（a）所示，圆柱面可看作由一条直线 AB 绕与其平行的轴线 OO_1 回转而成。

OO_1为回转轴，直线AB称为母线，母线转至任一位置时均称为素线。圆柱体表面由圆柱面和上、下两个圆平面组成。

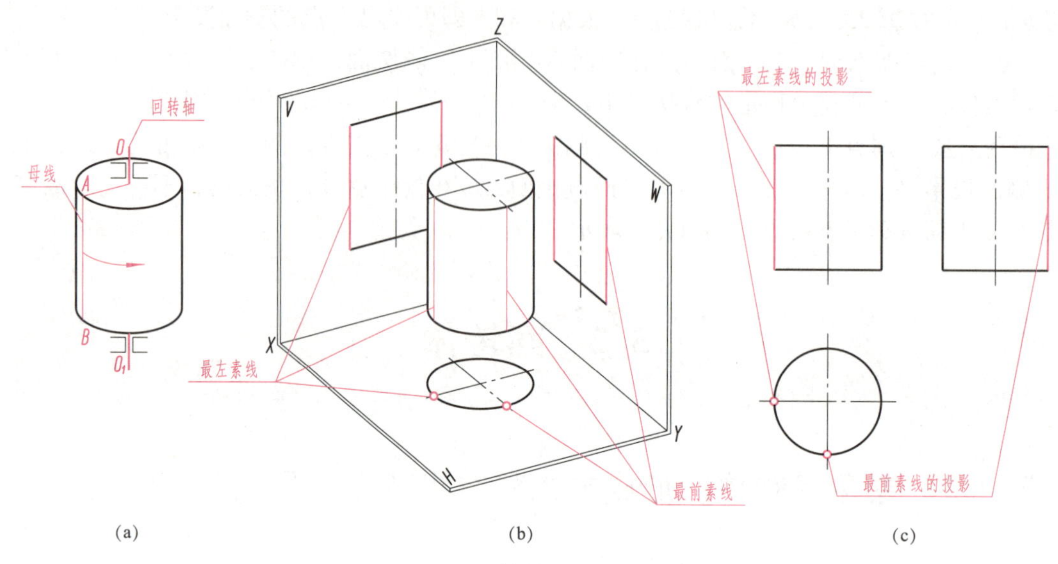

图5-3 圆柱的形成及投影图

(a) 圆柱的形成；(b) 圆柱的投影过程；(c) 圆柱的投影图

分析：

圆柱的轴线为一铅垂线，上、下两个面均为水平面，水平投影反映实形。其正面投影和侧面投影均积聚为直线。圆柱面的水平投影积聚为一个圆，和上、下面的水平投影重合。正面投影上为最左、最右两条素线的投影；侧面投影上为最前、最后两条素线的投影，如图5-3（b）所示。

作图：

（1）如图5-3（c）所示，作圆柱的投影时，首先画出中心线，以确定回转轴的位置。

（2）画出投影为圆的视图。

（3）根据投影圆确定的轮廓线位置和圆柱的高度画出其余两个视图。

2. 圆柱表面取点

圆柱表面上点的投影作法可根据积聚性投影及三面投影规律来作。

【例5-3】如图5-4（a）所示，已知圆柱体表面点M和N的正面投影m'及n'，求其水平投影m、n和侧面投影m''、n''。

分析及作图：

（1）根据给定的m'位置，可断定M点在前半圆柱的左半部分，由m'和m可求得m''，且m''可见，如图5-4（b）所示。

（2）根据给定的n'位置，可判定N点在圆柱的最右素线上，由此可得其水平投影n，再由n'直接求得n''，由于N点在圆柱的最右素线上，所以其侧面投影n''不可见，如图5-4（c）所示。

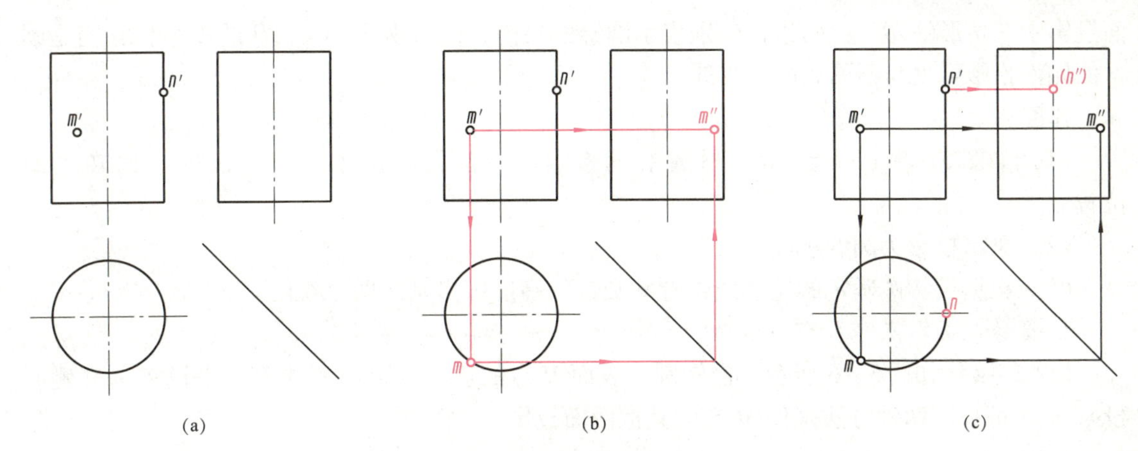

图5-4　圆柱表面取点

(a) 已知条件；(b) 求 *M* 点另两面投影；(c) 求 *N* 点另两面投影

5.2.3　圆锥

1. 圆锥的投影

圆锥由一圆锥面和底面组成。圆锥面可看作是由一条直母线 *SA* 绕与其相交的轴线旋转一周形成。圆锥面上通过锥顶的任一条直线称为圆锥面的素线，如图5-5（a）所示。

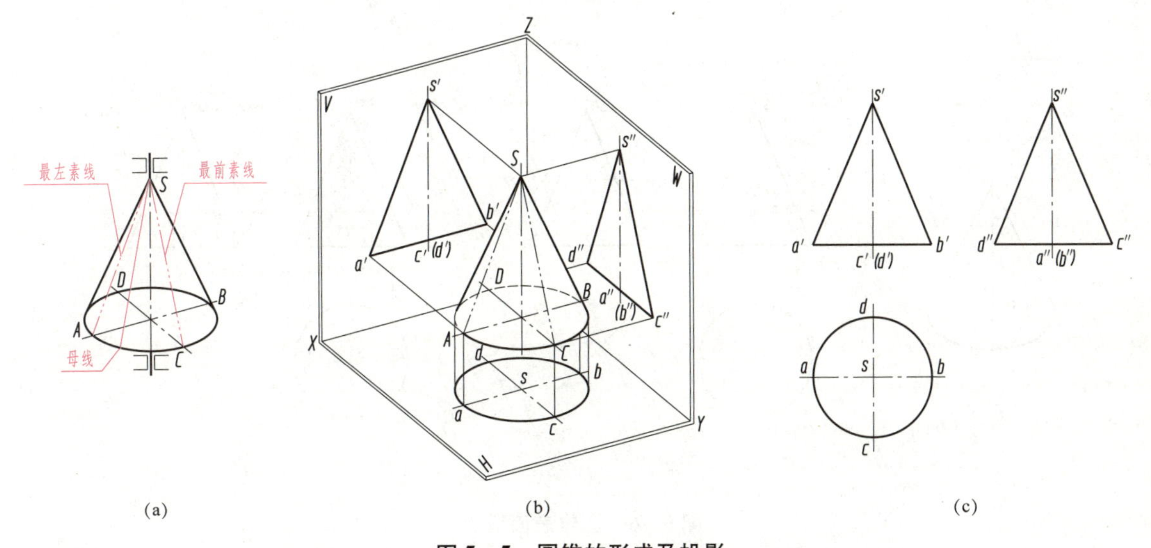

图5-5　圆锥的形成及投影

(a) 圆锥的形成；(b) 圆锥的投影过程；(c) 圆锥的投影图

分析：

如图5-5（b）所示，将圆锥体放在三面投影体系中，使其轴线垂直于水平面，这时其底面为水平面，水平投影为一圆，反映圆锥底面的实形。正面投影和侧面投影为等腰三角形线框，其底边为圆锥底面的积聚性投影。正面投影中三角形的左、右两边分别表示圆锥面最左素线 *SA* 和最右素线 *SB* 的投影，它们是圆锥面正面投影可见与不可见部分的分界线；侧面投影中三角形的左、右两边，分别表示圆锥面最前、最后素线 *SC*、*SD* 的投影，它们是圆锥面侧面投影可见与不可见的分界线。

作图：

（1）如图 5－5（c）所示，画圆锥投影图时，首先画出中心线，以确定回转轴的位置。

（2）画出投影为圆的视图。

（3）根据投影圆确定的轮廓线位置和圆锥的高度画出其余两个视图。

2. 圆锥表面取点

【例 5－4】 如图 5－6 所示，已知圆锥表面 *M* 点的正面投影 m'，求其水平投影 m 和侧面投影 m''。可采用两种方法来作 *M* 点的其他两面投影。

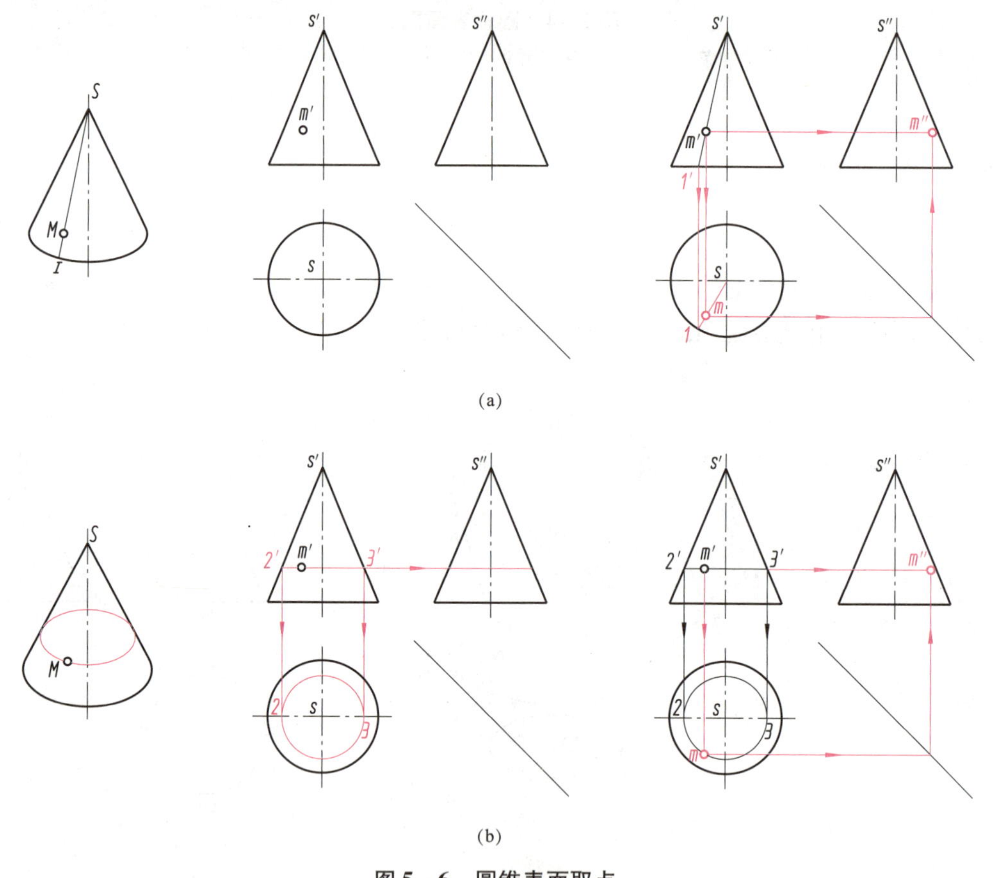

图 5－6 圆锥表面取点

（a）辅助素线法；（b）辅助圆法

（1）辅助素线法。

如图 5－6（a）所示，过圆锥的锥顶作一辅助线 *S*Ⅰ，根据已知投影确定 *S*Ⅰ 的正面投影 $s'1'$，然后作出其水平投影 $s1$，根据点投影的从属性就可以确定 *M* 点的水平投影 m，最后再由 m'和 m 确定出 m''。根据给定的 m'的位置可以判定 *M* 点在左半圆锥面上，所以它的侧面投影 m''可见。

(2) 辅助圆法。

如图5-6(b)所示，过 M 点作一平行于圆锥底面的水平辅助圆，该圆的正面投影必然为过 m' 且平行于圆锥底面正面投影的直线 $2'3'$，其水平投影为一直径为 $2'3'$ 的圆，m 点必定在此圆周上，由 m' 求出 m 后，再由 m' 和 m 求出 m''。

5.2.4 圆球

1. 球的投影

圆球体由球面组成。球面可以看成是由一个半圆绕其自身直径旋转而成，如图5-7(a)所示。

分析：

从球面的形成可知，必须用转向轮廓线的投影来表示圆球的轮廓。如图5-7(b)所示，球的三面投影为三个和球直径相等的圆，它们分别是圆球三个方向转向轮廓线的投影。正面投影上的圆为平行于 V 面的圆素线 V_1，水平投影上的圆是平行于 H 面的圆素线 H_1，侧面投影上的圆为平行于 W 面的圆素线 W_1。

作图：

(1) 如图5-7(c)所示，首先画出中心线，以确定球心的位置。

(2) 以相同的半径画出各个投影圆。

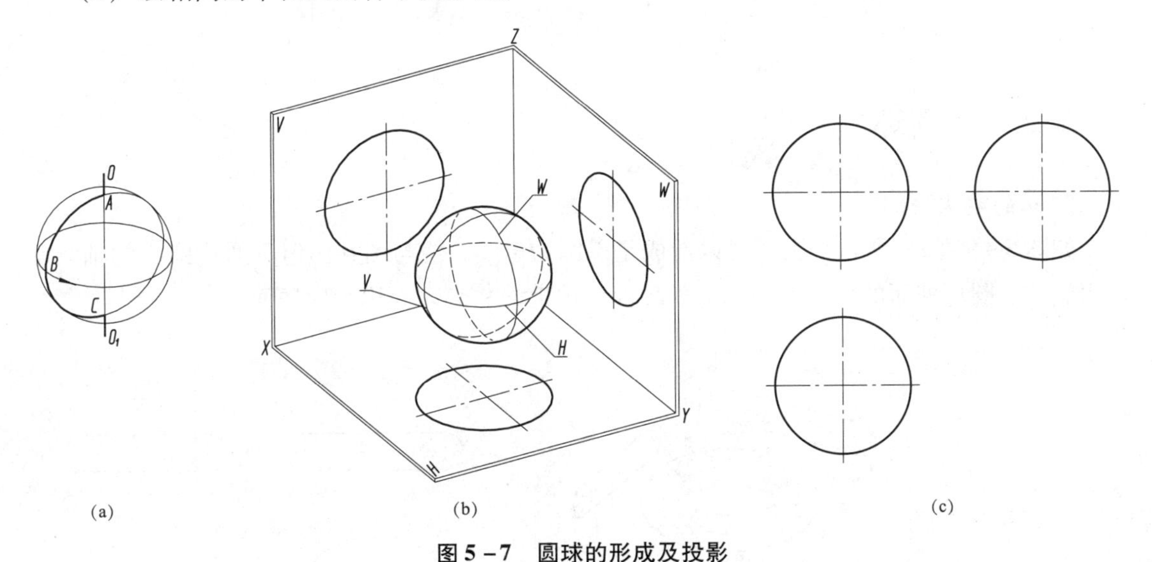

图5-7 圆球的形成及投影

(a) 球的形成；(b) 球的投影过程；(c) 球的投影

2. 球面上取点

因球面上不能取到直线，所以只能用辅助纬圆法来确定球面上点的投影。当点位于圆球的最大圆上时，可直接利用最大圆求出点的投影。

【例5-5】 如图5-8(a)所示，已知球面上点 M 和 N 的正面投影 m' 和 n'，求其另两面投影。

分析及作图:

求 M 点的另两面投影，可过 M 点作一个平行于 H 面的辅助圆，其正面投影为 $2'3'$，水平投影为直径为 23 的圆，m 点必定在该圆上，由 m' 可求得 m，再由 m' 和 m 求出 m''。由 m' 可知，M 点在上半球的右边，所以 m 可见、m'' 不可见，如图 5－8（b）所示。

由 n' 可判定 N 在球平行于 V 面的圆素线的下方，从而由 n' 直接求出 n，由于 N 点在左半球的下方，所以其水平投影 n 不可见。最后由 n' 和 n 求出 n''，如图 5－8（c）所示。

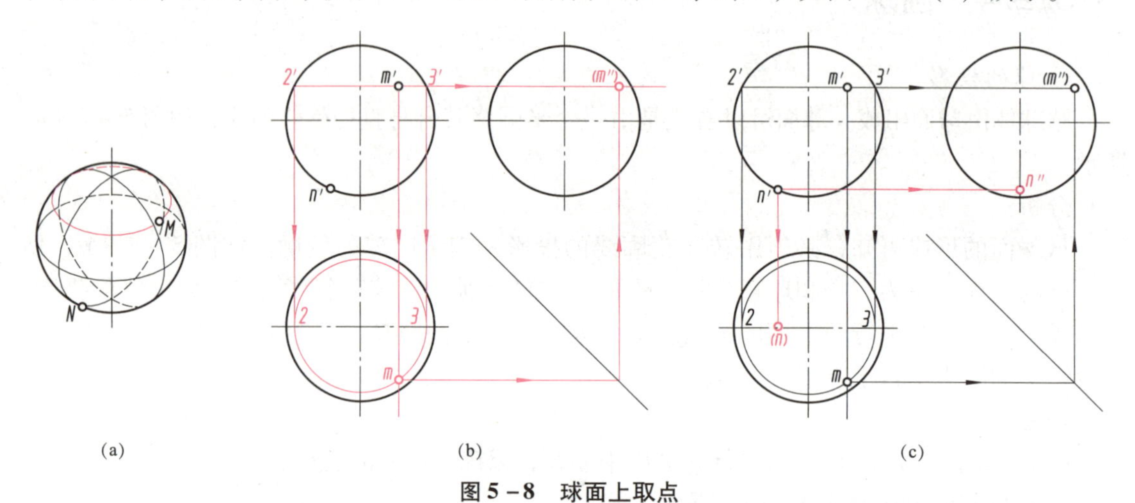

图 5－8　球面上取点

（a）已知条件；（b）求 M 点另两面投影；（c）求 N 点另两面投影

5.2.5　圆环

1. 环的投影

如图 5－9（a）所示，圆环可以看成是以圆为母线，绕与圆共面但不通过圆心的轴线旋转而成的。圆环外面的一半表面称为外环面，内部的一半表面称为内环面。

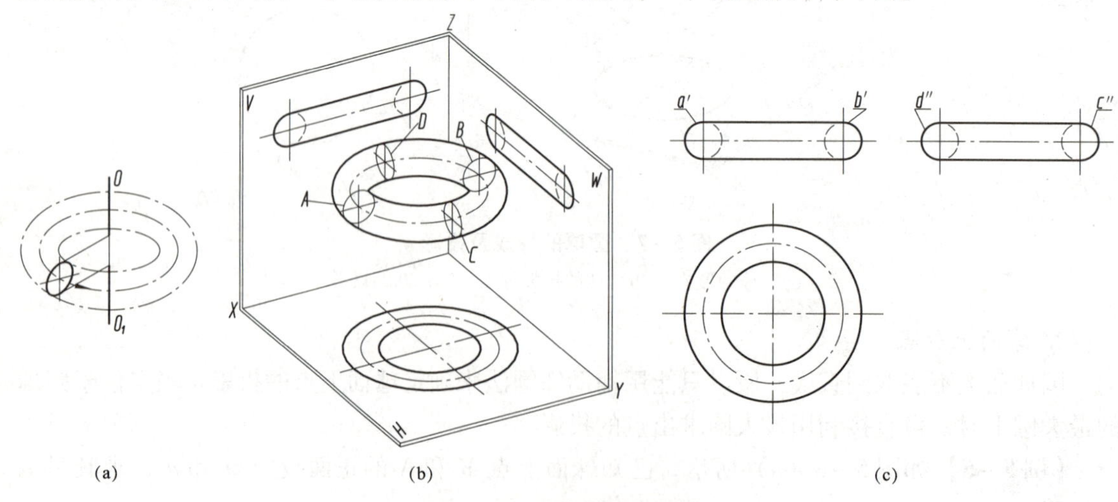

图 5－9　环的形成及投影

（a）圆环的形成；（b）圆环的投影过程；（c）圆环的投影图

分析：

如图5-9（b）所示，圆环由单纯的圆环回转面组成，其投影应画出回转轴、圆母线的各个投影及各投影轮廓线。

水平投影为圆环在该方向最大、最小转向轮廓线的投影，图5-9（b）中点画线为两同心圆的中心线及素线圆圆心轨迹的投影；正面投影中，左、右两圆为圆环在V面投影方向转向轮廓线的投影，即母线圆在平行于V面时的投影，上、下两条水平线的投影为母线圆上最高点和最低点旋转而成的水平圆的正面投影，左、右两转向轮廓线圆中各有半个圆不可见，故用虚线表示。图5-9（c）中点画线分别为素线圆中心线及回转轴线的投影；侧面投影与正面投影相似。

作图：

（1）如图5-9（c）所示，首先画中心线，在水平投影上画出环面上最大圆和最小圆（区分上、下环面的转向线）的投影。

（2）在正面投影上作A、B两圆的投影。

（3）在侧面投影上作C、D两圆的投影。

（4）在正面投影和侧面投影上作环面最高、最低圆的投影，分别为两直线。

2. 环面上取点

【例5-6】 如图5-10（a）所示，已知环面上点M的正面投影m'，求其水平投影m和侧面投影m''。

分析及作图：

作图时，可过M作平行于水平面的辅助圆，由m'求出m，再由m'和m求出m''。

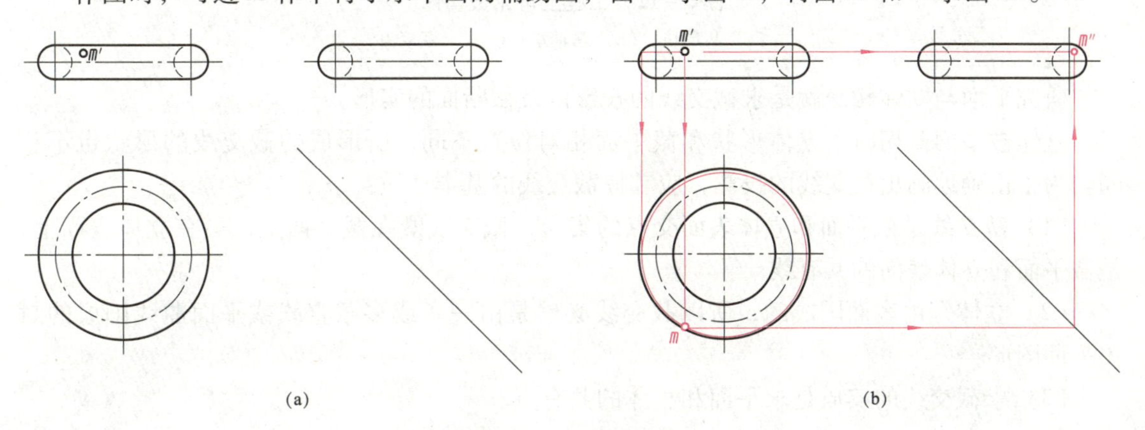

图5-10 环面上取点

（a）已知条件；（b）求M点另两面投影

5.3 平面与立体相交

如图5-11所示，平面与立体相交，可以认为是用平面截切立体。截切立体的平面称为截平面；截平面与立体表面的交线称为截交线；立体被截切后的断面称为截断面，它是由截交线围成的平面图形。图5-12所示为工程实际中常见的截切体。

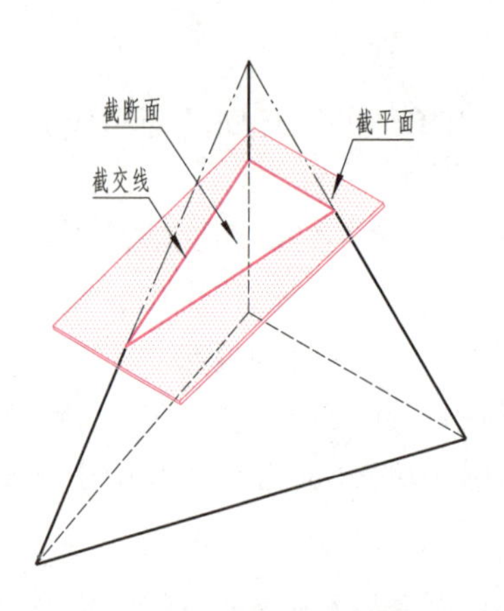

图 5-11　截交线与截断面

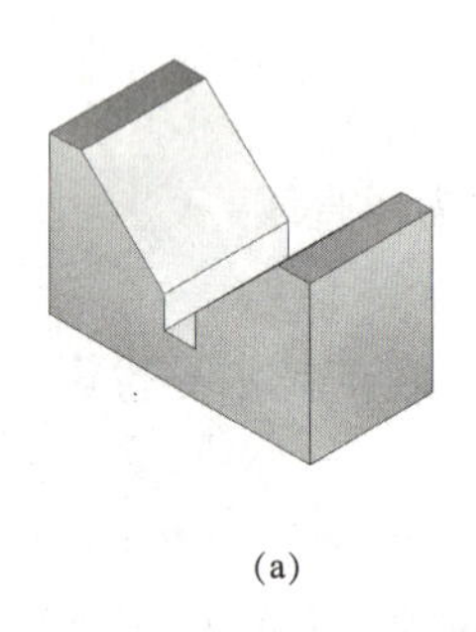

(a)

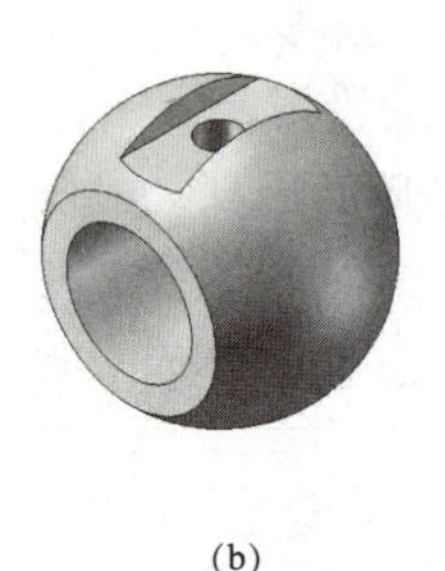

(b)

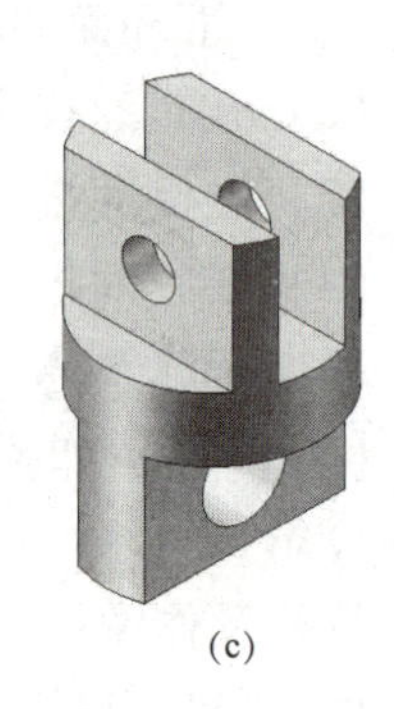

(c)

图 5-12　工程上常见截切体

(a) V形块；(b) 球轴承；(c) 十字接头

研究平面与立体相交就是求截交线的投影以及截断面的实形。

立体被平面截切时，立体形状和截平面相对位置不同，所形成的截交线的形状也不相同。为了正确地画出截交线的投影，应掌握截交线的基本性质：

(1) 截交线是截平面和立体表面交点的集合，截交线既在截平面上，又在立体表面上，是截平面和立体表面的共有线。

(2) 立体是由表面围成的，所以截交线必然是由一条或多条直线或平面曲线围成的封闭平面图形。

(3) 求截交线的实质是求平面和立体的共有点。

5.3.1　平面与平面立体相交

研究平面与平面立体相交的实质就是求平面与平面立体各表面的交线。平面与平面立体相交所得的截交线是由直线组成的封闭多边形，多边形的边数取决于立体上与平面相交的棱线的数目。

【例 5-7】 如图 5-13 所示，试求六棱柱被正垂面 P 截切后截交线的水平投影和侧面投影。

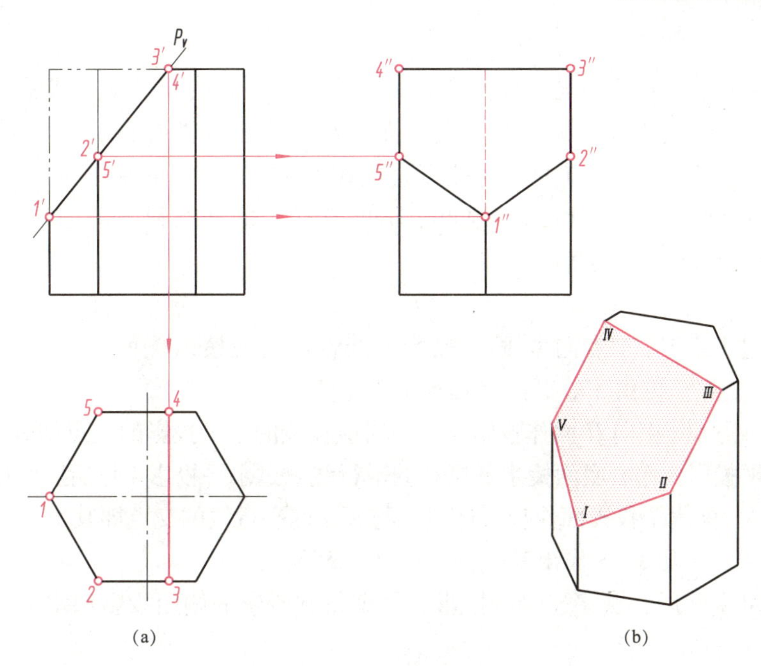

图5-13　正垂面切割六棱柱

（a）投影图；（b）立体图

分析：

截断面的顶点都是平面与棱线和底边的交点。与六棱柱棱线的交点为1′、2′、5′，与上顶面边的交点为3′、4′，共计5个交点，分别作出这5个交点的两面投影，判断截交线的可见性，依次连接各点的投影，即得到截交线的三面投影。注意侧面投影中出现虚线，这是由于可见棱线被切掉一段后，原先重合的不可见棱线以虚线形式表示出来。作图过程略。

【例5-8】图5-14所示为一三棱锥被相交的水平面和正垂面所截，试求作截切后截交线的水平投影和侧面投影。

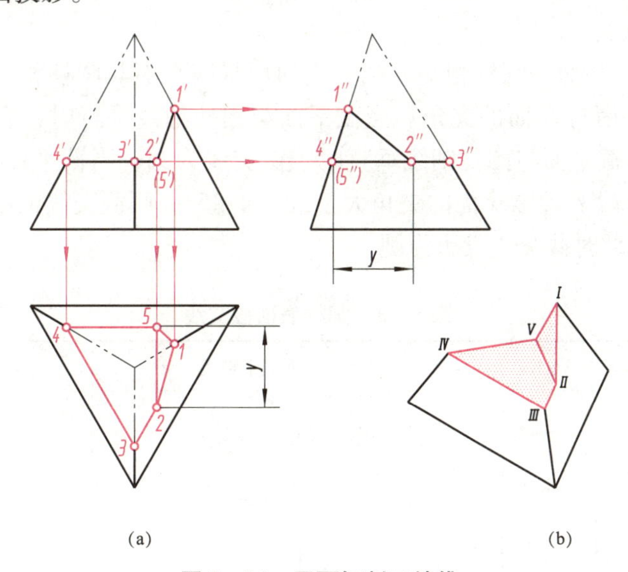

图5-14　平面切割三棱锥

（a）投影图；（b）立体图

分析：

如图 5－14 所示，正垂面与三棱锥的右边侧棱有一个交点 1′，水平截面与三棱锥左边侧棱及中间棱共有两个交点 4′、3′，两个截平面相交，与三棱锥前、后两个侧面有两个交点 2′、5′，共计 5 个交点。根据点的从属性可直接作出 1′、3′、4′的水平投影和侧面投影。由于 2′、5′为棱面上点的投影，可以过顶点引辅助直线，也可以利用平行线的投影特性来作图，本题采用平行线的方法求解。

作图：

（1）分别过 1′、3′、4′点向 W 面作投影连线，与对应棱线侧面投影的交点即为对应的侧面投影 1″、3″、4″，再由 3′、3″作出其水平投影 3。

（2）分别过点 1′、4′向 H 面作投影线，与对应棱线的水平投影的交点即其水平投影 1、4。

（3）过水平投影 3 作右底面棱水平投影的平行线，过水平投影 4 作后底面棱水平投影的平行线，过 2′（5′）向水平投影面作投影连线，与所作两平行线的交点即其水平投影 2 和 5。

（4）根据 2′、5′及 2、5 作出其侧面投影 2″、5″。

（5）判别可见性后，顺序连接各投影点，即得到所求的侧面投影和水平投影。

5.3.2 平面与曲面立体相交

一般情况下，平面与曲面立体相交的截交线为一封闭的平面曲线。但由于截平面与曲面立体相对位置不同，也可能得到由直线和平面曲线组成的截交线或者完全由直线段组成的截交线。

平面与曲面立体相交，截交线上的点分为特殊点和一般点。特殊点包括曲面转向轮廓线上的点、极限位置点（即相对于投影体系的最高点、最低点、最前点、最后点、最左点、最右点）以及椭圆长、短轴端点等。

以下主要讨论平面与圆柱、圆锥、圆球以及组合回转体相交时截交线的性质及作图方法。

1. 平面与圆柱相交

如表 5－3 所示，平面与圆柱相交，截交线的形状因平面与圆柱相对位置的变化有三种情况，其中 α 为截平面与 H 面的夹角。当截平面与圆柱轴线平行时，它与圆柱面的截交线为两条平行直线；当截平面与圆柱轴线垂直时，截交线为圆；当截平面与圆柱轴线斜交时，截交线为椭圆，若该截平面与 H 面的夹角大于或小于 45°，则截交线的投影为一椭圆，而截平面与 H 面夹角为 45°时截交线投影为圆。

表 5－3 圆柱表面截交线

截平面位置	平行于轴线	垂直于轴线	倾斜于轴线
立体图			

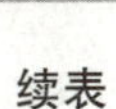

续表

截平面位置	平行于轴线	垂直于轴线	倾斜于轴线
投影图	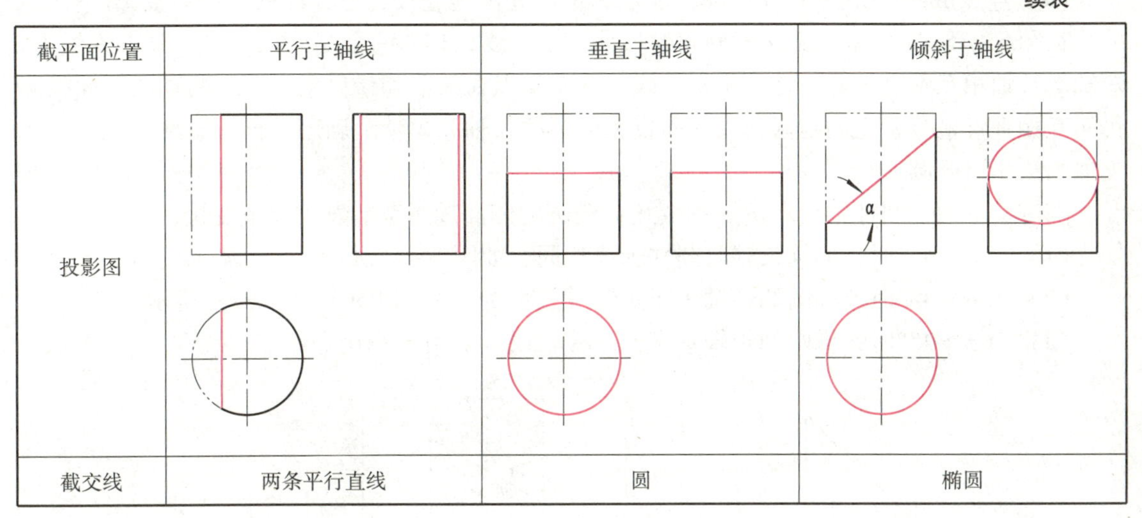		
截交线	两条平行直线	圆	椭圆

【例 5 – 9】 求作圆柱被正垂面截切时截交线的投影。

分析：

由表 5 – 3 可知，正垂面与圆柱的截交线为椭圆，正面投影中的斜线为截交线的正面投影，其水平投影为圆，侧面投影为椭圆。椭圆根据曲线的投影方法来画，先找出椭圆上特殊点（与转向轮廓线的交点，极限位置点等）的投影，再在特殊点中间找一般点的投影，最后判别可见性后光滑连接。

作图：

（1）求特殊点。如图 5 – 15（a）所示，点Ⅰ、Ⅱ、Ⅲ、Ⅳ分别为圆柱最左、最右、最前与最后转向轮廓线上的点，属于截交线上的特殊点。其正面投影 1′、2′、3′、4′和水平投影 1、2、3、4 可直接作出，根据正面投影可直接作出其侧面投影 1″、2″、3″、4″，如图 5 – 15（b）所示。

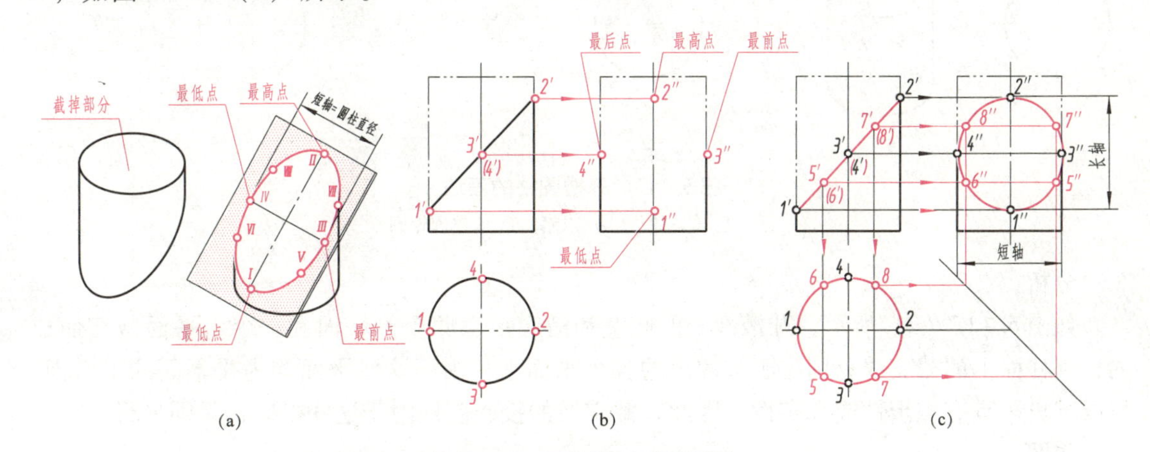

图 5 – 15　圆柱被正垂面切割

（a）切割圆柱；（b）求特殊点；（c）求一般点并连线

（2）求中间点。在其正面投影上任取两对重影点（或取等分点）5′、6′、7′、8′，利用投影关系作出其侧面投影 5″、6″、7″、8″，如图 5 – 15（c）所示。

（3）连点成线。如图 5－15（c）所示，依次光滑地连接各点，即截交线的投影。

在图 5－15（c）中，截交线椭圆的长轴是正平线，它的两个端点在最左和最右素线上；短轴与长轴相互垂直平分，是一条正垂线，两个端点在最前和最后素线上。两轴的侧面投影仍然互相垂直平分，它们是截交线侧面投影椭圆的长轴和短轴。确定了长、短轴，就可以用近似画法作出椭圆。

随着截平面与圆柱轴线夹角 α 的变化，椭圆的侧面投影也会发生以下变化：

（1）当 $\alpha<45°$时，椭圆长轴与圆柱轴线相同，如图 5－15（c）所示。

（2）当 $\alpha=45°$时，椭圆的长轴等于短轴（投影为圆），如图 5－16（a）所示。

（3）当 $\alpha>45°$时，椭圆的长轴垂直于圆柱轴线，如图 5－16（b）所示。

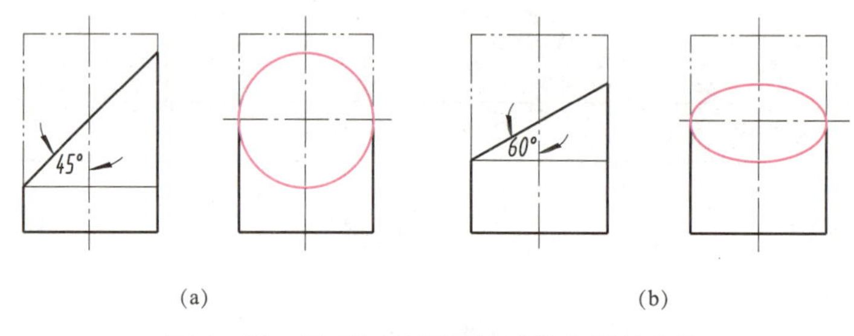

图 5－16　正垂面斜切圆柱时截交线的变化

（a）$\alpha=45°$；（b）$\alpha>45°$

【例 5－10】 如图 5－17（a）所示，试完成开槽圆柱的水平投影和侧面投影。

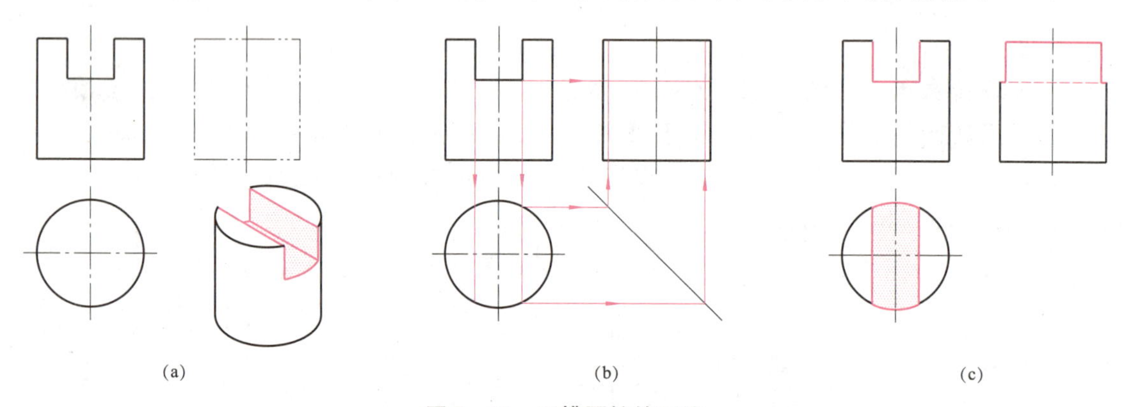

图 5－17　开槽圆柱的画法

（a）已知条件；（b）求解；（c）整理轮廓

分析：

如图 5－17（a）所示，开槽部分的侧壁和槽底是由两个侧平面和一个水平面截切而成的，圆柱面上的截交线分别位于被切出的各个平面上。由于这些平面均为投影面的平行面，所以其投影具有积聚性或真实性，因此，截交线的投影应依附于这些投影，无须另行求出。

作图：

（1）如图 5－17（b）所示，根据开槽圆柱的正面投影图，先在水平投影图中作出槽两侧面的积聚性投影；再按“高平齐、宽相等”的投影规律，作出槽的侧面投影。

（2）如图 5－17（c）所示，擦去作图线，校核切割后的圆柱轮廓，加深描粗，并判断可见性。

2. 平面与圆锥相交

如表 5-4 所示，平面与圆锥相交时，根据截平面与圆锥轴线的位置不同，其截交线有五种形状——圆、椭圆、抛物线、双曲线和两相交直线。

表 5-4　圆锥表面截交线

截平面位置	垂直于轴线	倾斜于轴线 $\alpha<\theta$	倾斜于轴线 $\alpha=\theta$	平行或倾斜于轴线 $\alpha>\theta$	过锥顶
立体图	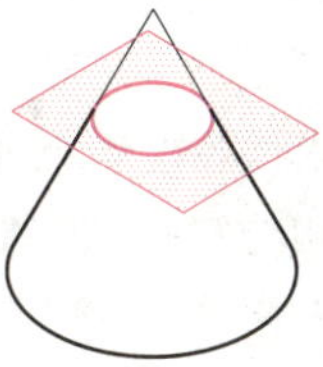	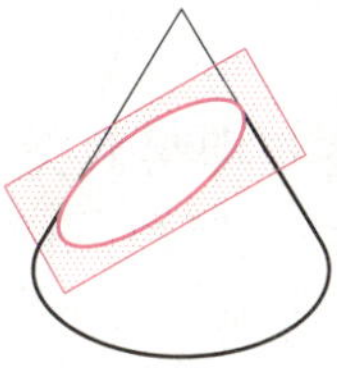	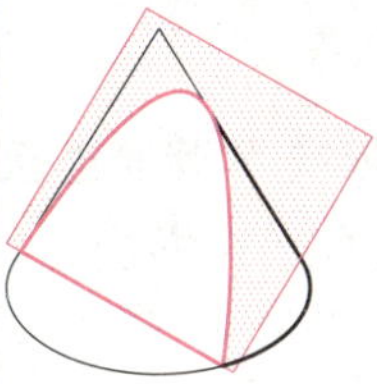	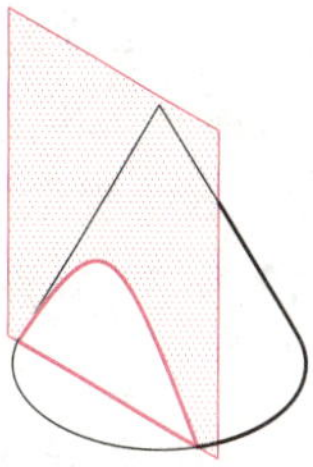	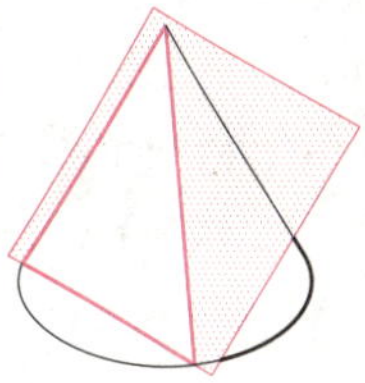
投影图	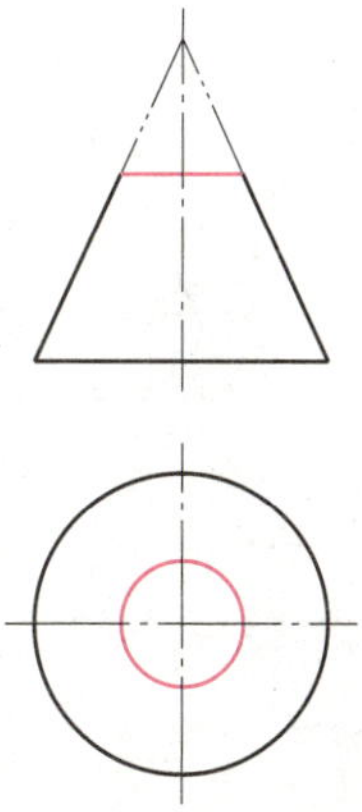	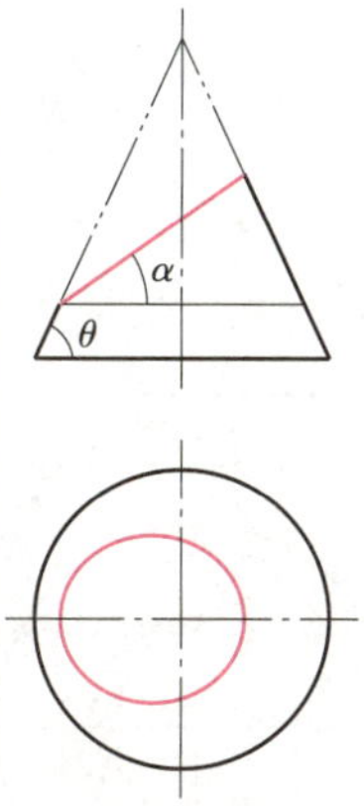	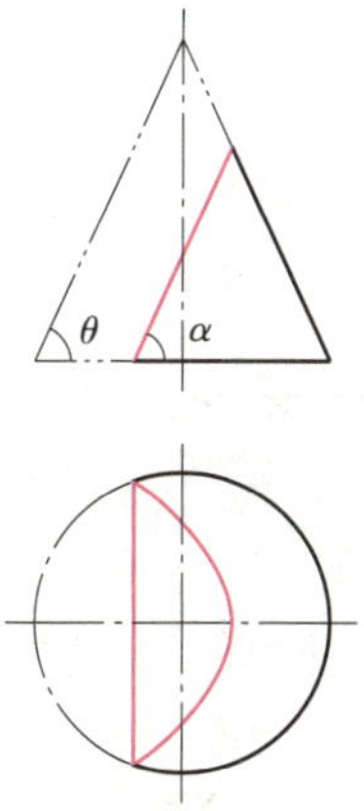	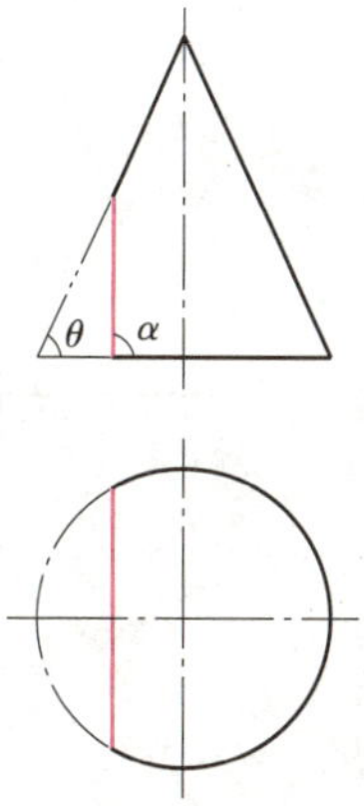	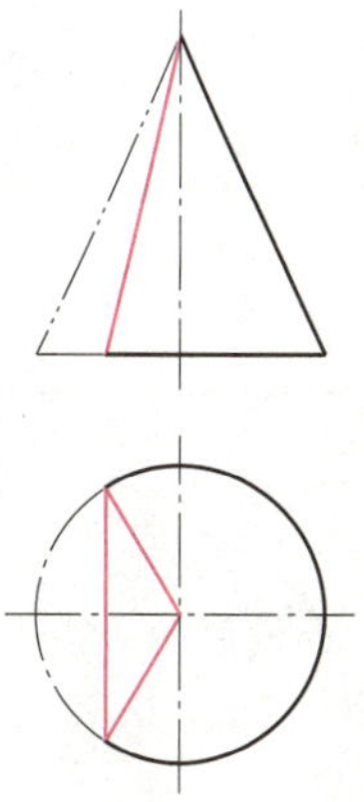
截交线	圆	椭圆	抛物线	双曲线	两相交直线

【例 5-11】 如图 5-18（a）所示，圆锥被正垂面截切，求作截交线的水平投影和侧面投影。

分析：

从图 5-18（a）中的截切位置看，截交线应为椭圆，椭圆的长轴为正平线 ⅠⅡ，短轴为正垂线 ⅢⅣ，二者相互垂直平分。截交线的正面投影为直线，也正好是长轴的正面投影，水平投影和侧面投影皆为椭圆。点Ⅰ和Ⅱ既是椭圆长轴的端点，也是圆锥最左、最右转向轮廓线上的点；Ⅲ、Ⅳ为椭圆短轴的端点；Ⅴ、Ⅵ分别为圆锥最前、最后转向轮廓线上的点。这 6 个点都是截交线上的特殊点。

作图：

（1）先作特殊点。

如图 5-18（b）所示，在正面投影中，可以直接作出截平面与圆锥最左、最右素线交点Ⅰ、Ⅱ的正面投影 1′、2′，由 1′、2′可直接作出 1、2 和 1″、2″。Ⅰ、Ⅱ点也是空间椭圆长轴的两个端点。

取1′2′的中点，即空间椭圆短轴有积聚性的正面投影3′4′。过3′4′按照圆锥表面取点的方法作辅助水平圆，作出该圆的水平投影，由3′、4′即可求得3、4，再由3′、4′和3、4求得3″和4″，3′4′、34和3″4″即空间椭圆短轴的三面投影。

取截交线上位于圆锥最前、最后素线上的点Ⅴ、Ⅵ，作出其正面投影5′、6′及其侧面投影5″、6″，然后由5′、6′和5″、6″求出其水平投影5、6。

（2）再作适当数量的一般点。

如图5－18（b）所示，为了准确地画出截交线，还需要在上、下两半椭圆上对称取出适当数量的一般点。可先在截交线的正面投影上定出7′、8′，再作辅助水平圆，求出7、8，并由7′、8′和7、8求得7″、8″。

（3）如图5－18（b）所示，依次平滑地连接各点即得截交线的水平投影和侧面投影。图5－18（b）中，12和34分别为水平投影椭圆的长、短轴；3″4″和1″2″分别为侧面投影椭圆的长、短轴。

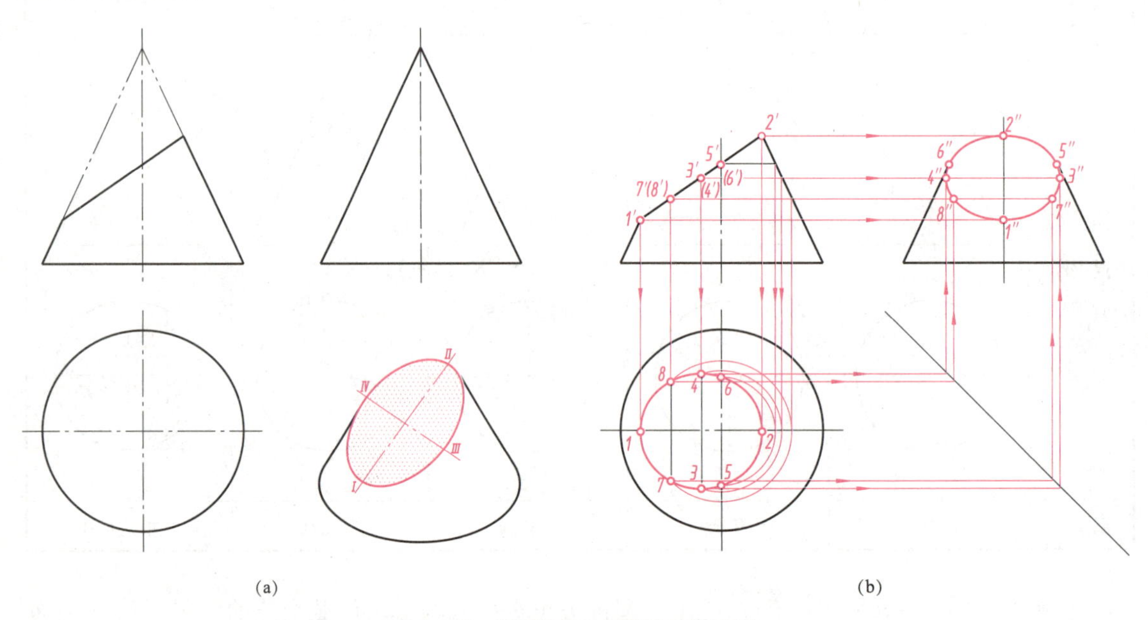

图5－18　辅助圆法求圆锥的截交线

（a）已知条件；（b）求截交线的另两面投影

【例5－12】如图5－19（a）所示，圆锥被正平面截切，求作截交线的正面投影。

分析：

如图5－19（b）所示，作垂直于圆锥轴线的辅助平面Q与圆锥面相交，其交线为圆。此圆与截平面P相交得Ⅱ、Ⅳ两点，这两个点是圆锥面、截平面P和辅助平面Q三个面的共有点，亦即三面共点，也是截交线上的点。由于截平面P为正平面，截交线的水平投影和侧面投影分别积聚为一条直线，故只需作出其正面投影。

（1）求特殊点。如图5－19（b）所示，Ⅲ点为截交线的最高点，根据其侧面投影3″，可作出3及3′；Ⅰ、Ⅴ点为最低点，根据其水平投影1和5，可作出1′、5′及1″、5″，如图5－19（c）所示。

（2）利用辅助平面法求一般点。如图 5－19（b）所示，作辅助平面 Q 与圆锥相交，交线为圆（辅助圆）。辅助圆的水平投影与截平面的水平投影相交于 2 和 4，即为所求共有点的水平投影。根据 2 和 4，再求出 2′、4′及 2″、4″，如图 5－19（d）所示。

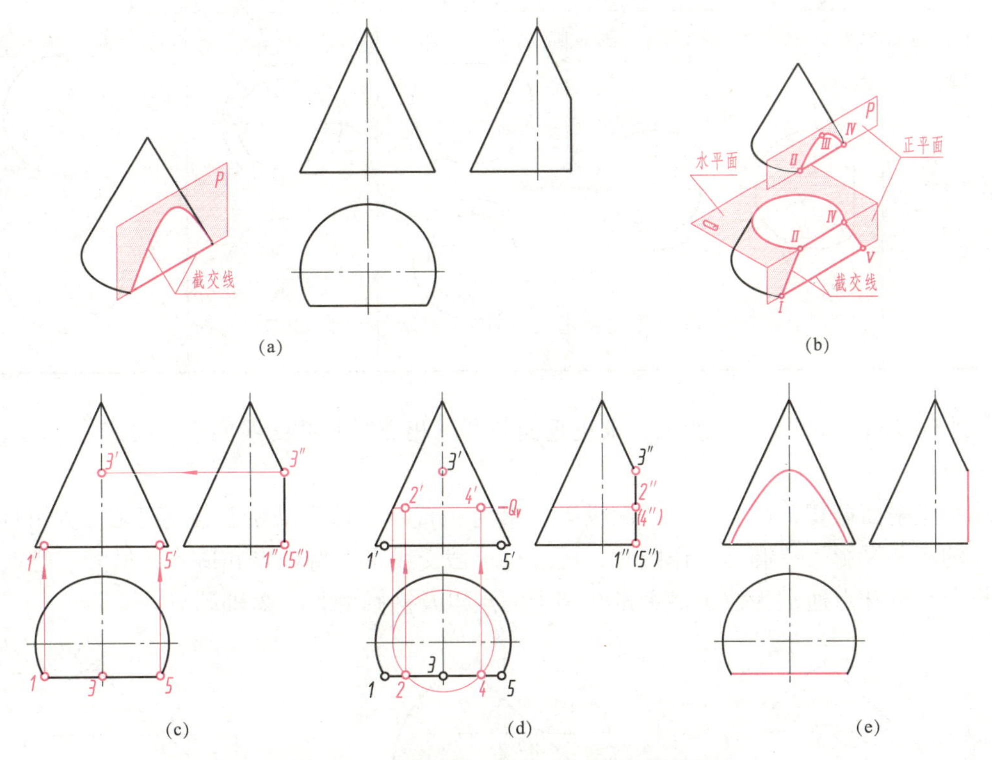

图 5－19　用辅助平面法求圆锥的截交线

（a）求截交线的正面投影；（b）三面共点原理；（c）求特殊点；（d）辅助平面法求一般点；（e）完成作图

（3）如图 5－19（e）所示，依次平滑地连接各点即得截交线的正面投影。

3. 平面与球相交

如表 5－5 所示，圆球被平面截切时，根据圆球与截平面的相对位置，其截交线分为两种情况。

当截平面 P 平行或垂直于球的轴线时，截交线投影为圆，可利用辅助纬圆法求出；当截平面 P 倾斜于轴线时，截交线投影为椭圆，可利用辅助纬圆法在球面取点求其投影。

表 5－5　圆球的截交线

截平面位置	截平面平行或垂直于轴线			截平面倾斜于轴线
截交线的投影	圆			椭圆
直观图	P	P	P	P

续表

截平面位置	截平面平行或垂直于轴线			截平面倾斜于轴线
截交线的投影	圆			椭圆
投影图	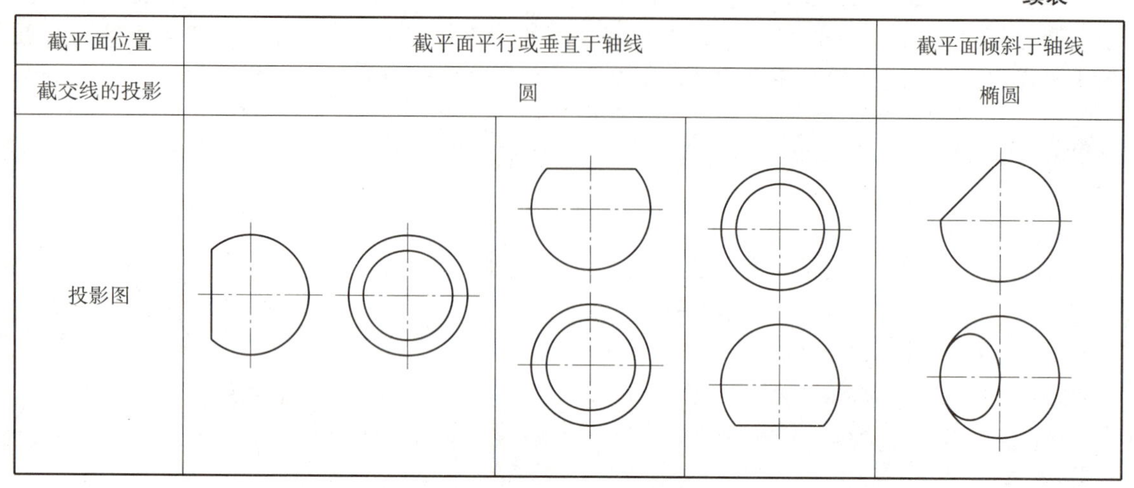			

【**例 5-13**】如图 5-20 所示，求正垂面与圆球相交时其截交线的水平投影。

分析：

球被正垂面截切，截交线的正面投影积聚为一直线，该直线的长度等于截交圆的直径，截交线的水平投影为一椭圆。作图时，可通过求截交线上的特殊点和适当数量的一般点来确定其投影，特殊点通常为位于最大素线圆上的点以及椭圆的长、短轴端点。

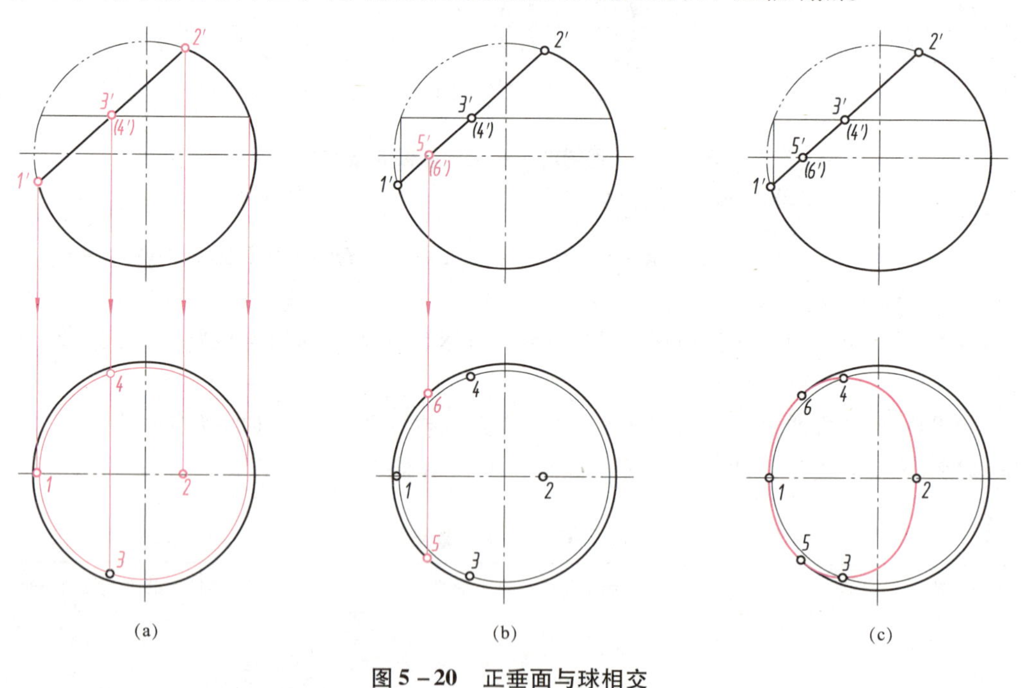

图 5-20　正垂面与球相交

(a) 求椭圆长、短轴端点；(b) 求最大水平圆上的点；(c) 光滑连线

作图：

(1) 求特殊点。如图 5-20 (a) 所示，特殊点包括椭圆长，短轴的端点 Ⅰ、Ⅱ、Ⅲ、Ⅳ，以及位于最大水平圆上的点 Ⅴ、Ⅵ，如图 5-20 (b) 所示。在截交线的正面投影上可直接

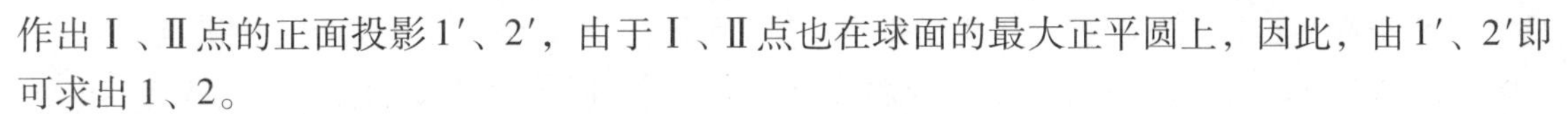

作出Ⅰ、Ⅱ点的正面投影1′、2′，由于Ⅰ、Ⅱ点也在球面的最大正平圆上，因此，由1′、2′即可求出1、2。

在1′2′中点作出3′、4′两点，即Ⅲ、Ⅳ点的正面投影，过点Ⅲ、Ⅳ在球面上作辅助水平圆，即可求得其水平投影3、4；如图5－20（b）所示，Ⅴ、Ⅵ点的正面投影5′、6′可直接作出，由5′、6′即可求出5、6。

（2）再作适当数量的一般点。为保证作图准确性，可再增加若干一般点，具体参见球面取点的方法。

（3）如图5－20（c）所示，依次平滑地连接以上各点，即切割球截交线的水平投影椭圆。

［应用举例］

图5－21所示为一半圆头螺钉头部的立体图及其三面投影。

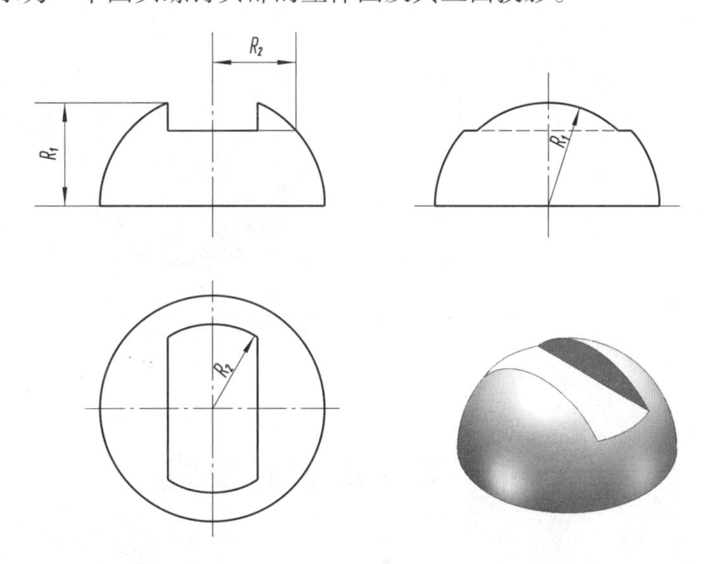

图5－21　半圆头螺钉头部立体图及投影

半圆头螺钉的头部是用以球左、右轴线为对称线的两个侧平面及一个水平面切割而成。求截交线时，应先作出其具有积聚性的正面投影，然后根据正面投影找出截交圆弧的半径，完成截交线的其他投影。

4. 平面与组合回转体相交

组合回转体是由若干基本回转体组合而成的。作图时首先要分析其各组成部分的曲面性质，然后按照它的几何特性确定截交线的形状，再分别作出其各面投影。

【例5－14】 图5－22所示为一连杆头的立体及三视图，求其截交线的正面投影。

分析：

连杆头的表面由轴线为侧垂线的圆柱面、圆锥面和球面组成，前后均被正平面截切，球面部分的截交线为圆；圆锥面部分的截交线为双曲线；圆柱面未被截切。

作图：

（1）如图5－22所示，首先要确定球面与圆锥面的分界线。从球心O'作圆锥面正面外形轮廓线的垂线得交点a'、b'，连线$a'b'$即球面与圆锥面的分界线，以$O'6'$为半径作圆，即球面的截交线，该圆与 $a'b'$ 相交于 1′、5′点，1′、5′即截交线上圆与双曲线的连接点。

（2）按照水平面与圆锥相交求截交线的方法作出圆锥面上的截交线，即完成连杆头上截交线的正面投影。

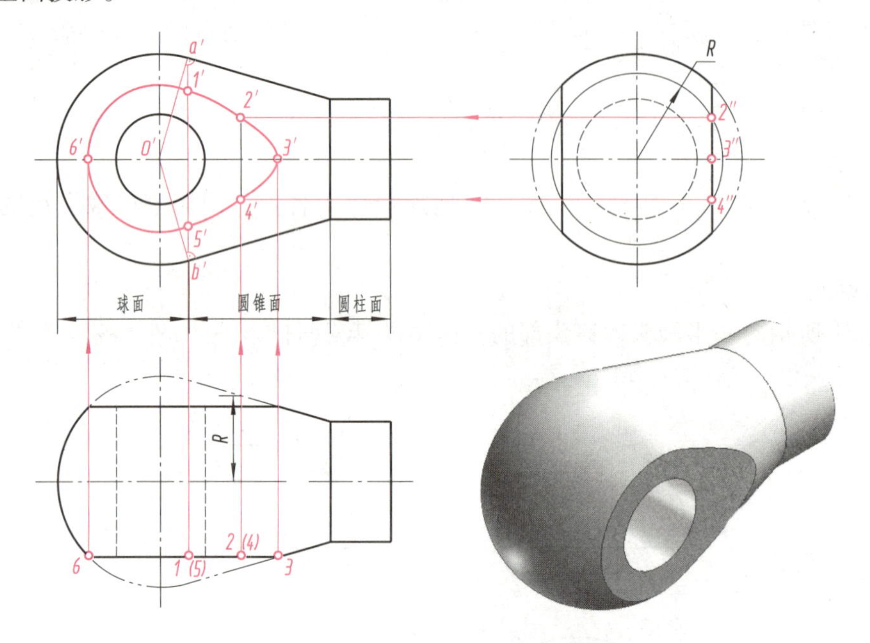

图 5－22　连杆头的主体及投影

5.4　两立体表面交线

5.4.1　相贯线的基本概念、基本形式与特性

在机器零件上常出现两立体相交的情况，两立体表面的交线称为相贯线。相贯线不仅出现于两立体外表面相交的情况，有时还经常有由于在立体上穿孔而形成的孔口交线或孔与孔的孔壁交线。相贯线具有下列性质：

（1）相贯线是两立体表面的共有线，也是两立体表面的分界线。

（2）相贯线在一般情况下为空间曲线或折线，特殊情况下为平面曲线或直线。

因此，求相贯线的基本问题是求两立体表面的共有点。

两立体相交可分为两平面立体相交、平面立体与曲面立体相交和两曲面立体相交三种情况。以下主要讨论平面立体与曲面立体相交、曲面立体与曲面立体相交这两种情况。

5.4.2　平面立体与曲面立体相交

平面立体与曲面立体的相贯线即平面立体的相关平面与曲面立体表面各交线的组合。求交线的实质就是求各棱面与回转面的截交线。平面立体的棱线与曲面立体表面的交点称为贯穿点，它们是各段截交线之间的连接点，如图5－23所示。

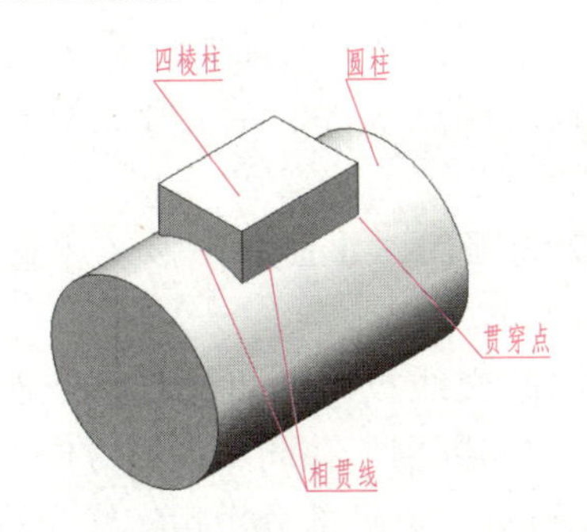

图5－23　平面立体与曲面立体相交

【例5－15】图5－24所示为一假想的直三棱柱与圆锥相交，求其相贯线的水平投影和侧面投影。

分析：

如图5－24（a）所示，其相贯线实际为棱柱表面与圆锥表面交线的组合，三个棱面与圆锥面的交线分别为圆、两条直线和椭圆。

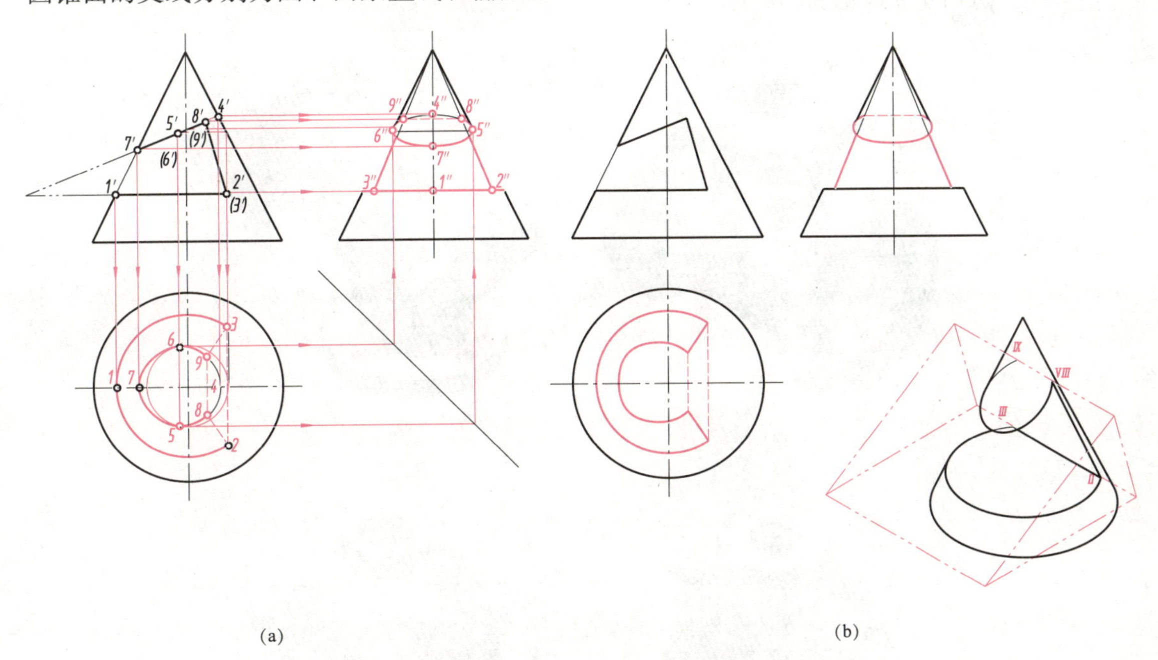

图5－24　直三棱柱与圆锥相交

（a）求相贯线水平投影和侧面投影；（b）整理后的相贯线投影

作图：

（1）如图5－24（a）所示，求水平棱面与圆锥面的截交线。水平棱面与圆锥底面平行、与圆锥面相交产生的截交线的水平投影为圆，由于左右没有切穿，所以为Ⅱ、Ⅲ左边的大半个圆弧，其交线的正面投影积聚为一条直线。

（2）求过锥顶的正垂棱面与圆锥面的截交线。其水平投影与侧面投影均为其所在的圆锥素线的一部分。

（3）求倾斜于圆锥体轴线的正垂棱面与圆锥面的截交线。其水平投影和侧面投影均为部分椭圆，需找出椭圆长、短轴的端点（Ⅳ、Ⅴ、Ⅶ、Ⅵ），再找适当数量的中间点（如Ⅷ、Ⅸ），分别作出其水平和侧面投影。

（4）求相邻两正垂棱面间交线ⅧⅨ、ⅡⅢ的投影（注意：多个截平面截切立体时，不能漏掉相邻两截平面间交线的投影）。

（5）判别截交线及其截平面间交线投影的可见性，依次光滑地连接各点的同面投影。相贯线投影的可见性要根据投影方向判别。在同一投影方向上，两相交立体表面都可见的部分产生的交线才可见，否则为不可见。可见部分用粗实线光滑连线，不可见部分用虚线。

（6）如图 5 - 24（b）所示，整理圆锥各转向轮廓线的投影，检查、擦去多余的图线，加深可见的轮廓线，完成全图。

5.4.3 曲面立体与曲面立体相交

如图 5 - 25 所示，机械零件多由两个以上的立体组合而成，结合时表面常出现交线，称为相贯线，两相交立体称为相贯体。

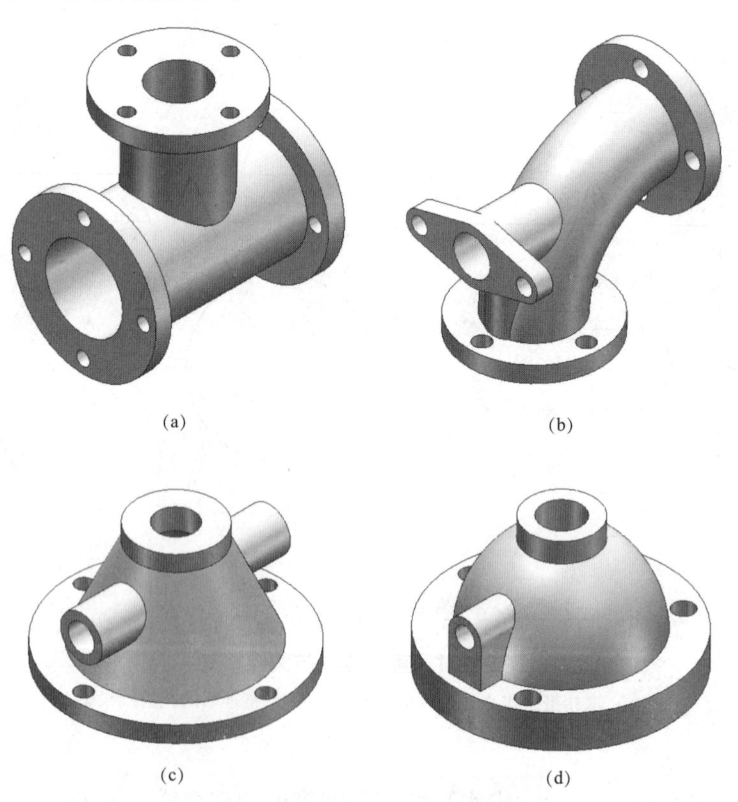

图 5 - 25 曲面立体与曲面立体相交

（a）圆柱与圆柱相交；（b）圆柱与圆环相交；（c）圆柱与圆锥相交；（d）圆柱与圆球相交

两曲面立体相交，其相贯线的一般性质如下：

（1）相贯线是两曲面立体表面的共有线，也是两曲面立体表面的分界线。相贯线上的所有点都是两曲面立体表面的共有点。

（2）由于立体的表面是封闭的，因此，在一般情况下相贯线是封闭的线条。当两立体的表面处在同一平面上时，两表面在此平面部位上没有共有线，即相贯线不封闭。

（3）相贯线的形状取决于曲面的形状、大小以及两曲面之间的相对位置。一般情况下为空间曲线，特殊情况下可以由平面曲线或直线组成。

两曲面立体相交主要有三种情况：

（1）两立体外表面相交。

（2）两立体内表面和外表面相交。

（3）两立体内表面相交。

表5－5给出了两圆柱体相贯的三种形式。

表5－6　轴线垂直相交的两圆柱体相贯的三种形式

相交形式	外表面与外表面相交	外表面与内表面相交	内表面与内表面相交
立体图	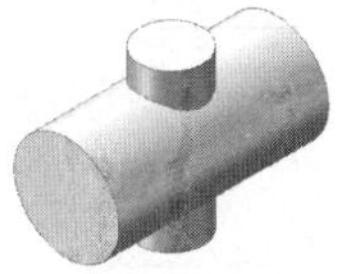	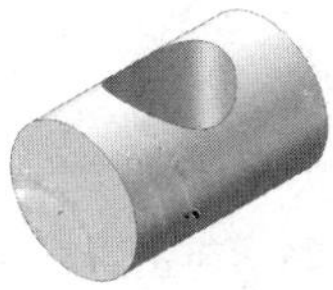	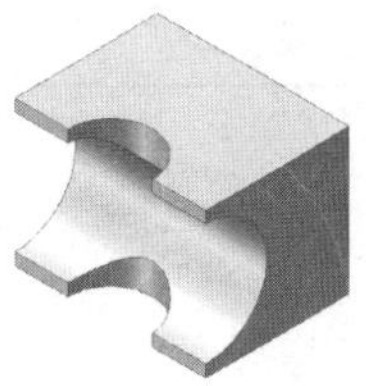
投影图	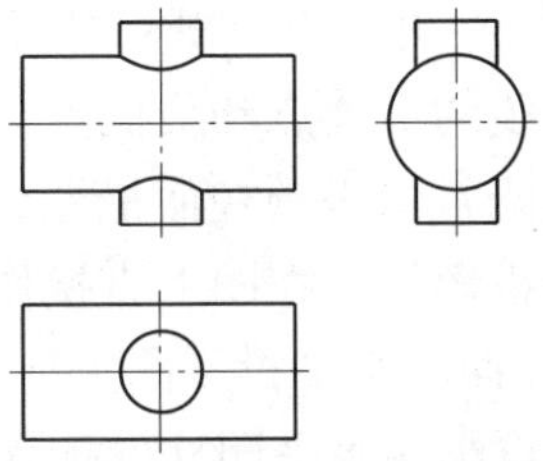	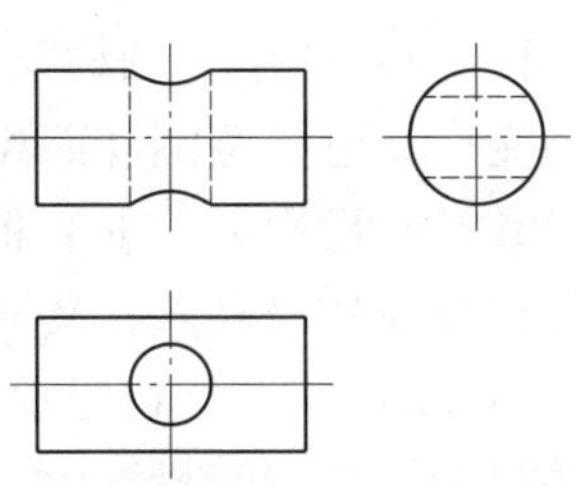	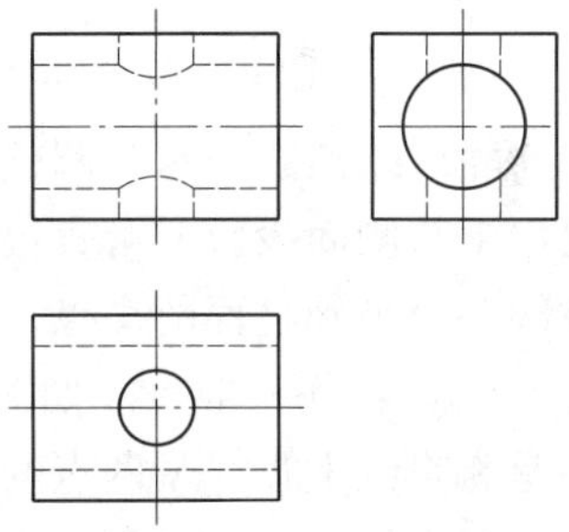

求相贯线的投影，其实质是求两曲面体相贯线上若干共有点的投影，然后判断各面投影的可见性，再用相应图线平滑地连接各点的投影。求解相贯线的常用方法有：表面投影积聚性法、辅助平面法和辅助球面法。作图时，通常可先作出相贯线上特殊点的投影，然后再作一系列中间点，平滑连线即可。两曲面立体相贯，相贯线上的特殊点通常是指其最高、最低、最前、最后、最左、最右点，圆柱转向轮廓线上的点或者球体素线圆上的点。

1. 表面投影积聚性法

当两曲面立体相交且其投影均具有积聚性时，可利用积聚性直接求出其相贯线。

【例5－16】 图5－26所示为一铅垂圆柱和一水平圆柱相交，且其轴线在同一正平面内垂直正交，求其相贯线的投影。

分析：

其相贯线为一条前后、左右对称的空间闭合曲线。相贯线的水平投影就重影在铅垂圆柱的水平投影圆上，侧面投影重影在水平圆柱的侧面投影上，现已知相贯线的水平和侧面投影，可采用表面投影积聚性法求其正面投影。

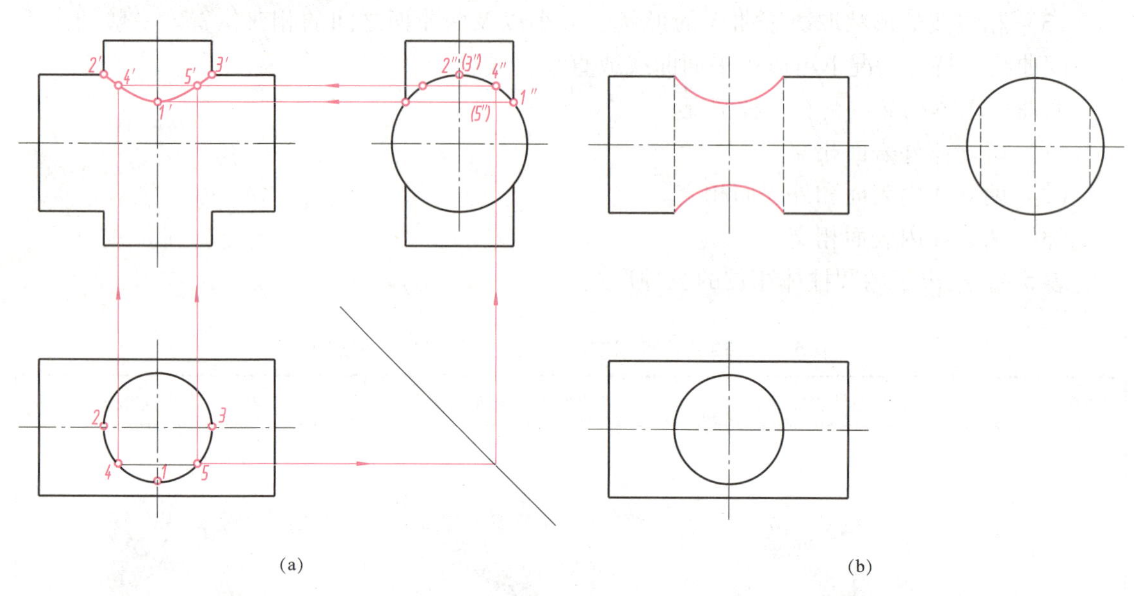

图 5－26　两正交圆柱相贯线的投影

（a）圆柱与圆柱正交；（b）圆柱与内孔正交

作图：

（1）先作特殊点。如图 5－26（a）所示，圆柱与圆柱相贯，Ⅰ点既是铅垂圆柱面最前转向轮廓线素线与水平圆柱面的交点，也是两圆柱面相贯线的最前点和最低点，根据其水平投影 1 与侧面投影 1″可直接求出其正面投影 1′；Ⅱ、Ⅲ点既是铅垂圆柱面最左、最右转向轮廓线与水平圆柱面的交点，也是相贯线的最高点，其三面投影均可在图上直接作出。

（2）再作一般点。如图 5－26（a）所示，在铅垂圆柱面的水平投影圆上取 4、5 点，它们是相贯线上Ⅳ、Ⅴ两点的水平投影，其侧面投影 4″、5″重影在水平圆柱的侧面投影上，可根据投影规律作出，再由 4、5 和 4″、5″作出其正面投影 4′、5′。

（3）连线并判别可见性。依次平滑地连接 2′、4′、1′、5′、3′，即得相贯线前半部分的正面投影，是可见的。相贯线的后半部分和 2′4′1′5′3′重影且不可见。可用同样的方法求下半部分相贯线的正面投影。

图 5－26（b）所示为以铅垂圆柱孔与水平圆柱相交，其相贯线为水平圆柱面上的孔口曲线。作图方法与图 5－26（a）相同，但需作出铅垂圆柱孔的轮廓线，因其不可见，故用虚线表示。

2. 辅助平面法

辅助平面法是利用三面共点原理，作一系列截平面截切两相贯体表面，每截切一次即得两条截交线，这两条截交线即三面（截平面、两相贯体表面）的共有点，同时也是相贯线上的点，当得出一系列共有点后，依次顺序连线即得相贯线的投影。

辅助平面法适用于所有表面相交的情况，是求相贯线的通用方法。实际作图时，要使选择的辅助平面与相交两立体表面的交线是简单、易画的几何图形。辅助平面一般取投影面的平行面。

【例 5-17】 如图 5-27（a）所示的水平圆柱与半球相贯，已知相贯线的侧面投影，求作其正面投影和水平投影。

分析：

相贯体的公共对称面平行于 V 面，故其相贯线的正面投影为抛物线，侧面投影重影在水平圆柱的侧面投影上，水平投影为四次曲线。其辅助平面可以选择与圆柱轴线平行的水平面，辅助平面与圆柱面的交线为两条平行直线，与球面的交线为圆。也可选择侧平面或正平面作为辅助平面。

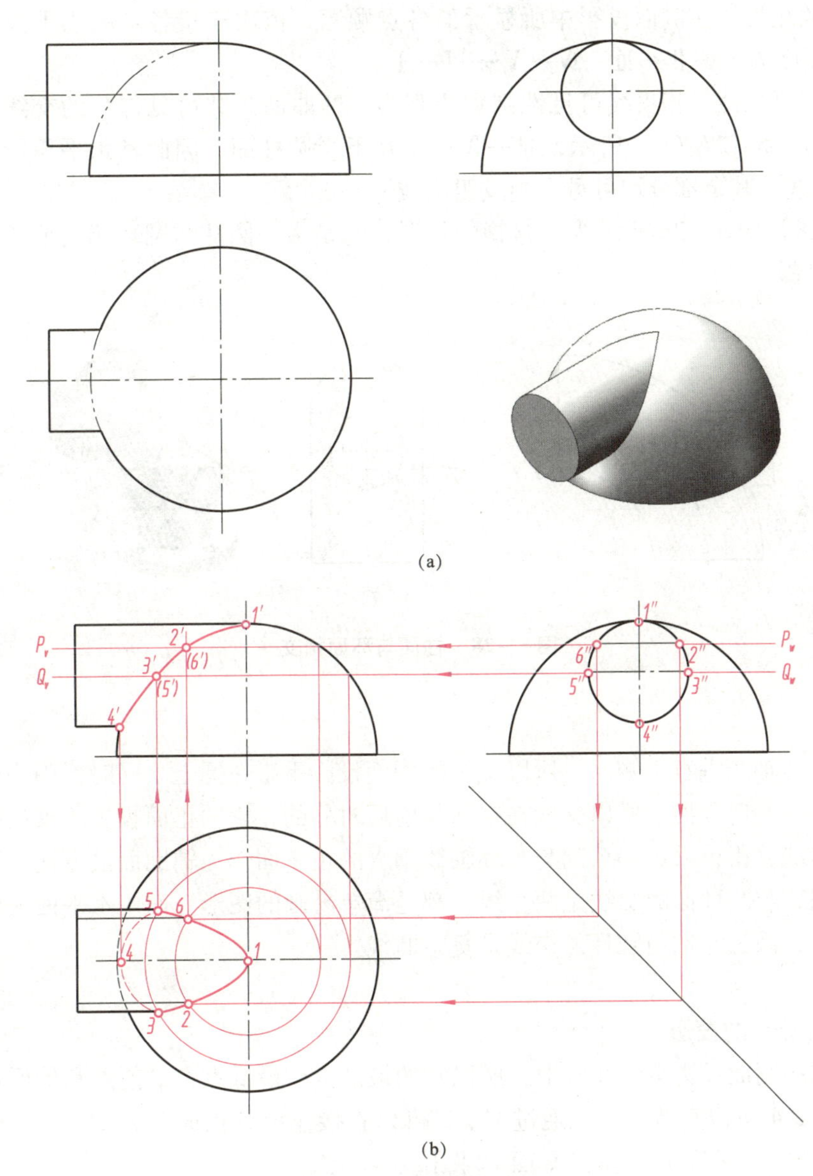

图 5-27　圆柱与半球相交

（a）已知条件；（b）求相贯线的投影

作图：

（1）先作特殊点。如图5－27（b）所示，Ⅰ、Ⅳ点为相贯线的最高点和最低点，也是最右点和最左点，同时也是圆柱体最上与最下转向轮廓线上的点，其三面投影可直接作出；过圆柱上下对称面作辅助平面 Q，它与圆柱面的截交线为其最前、最后转向轮廓线，与球面截交线为圆，两组截交线的交点为Ⅲ、Ⅴ点。它们的水平投影交于3、5点，也是相贯线水平投影曲线的可见部分与不可见部分的分界点，可由3、5直接作出其正面投影3′、5′。

（2）作一般点。如图5－27（b）所示，作辅助平面 P，它与圆柱面的交线为两条平行直线，与球面的交线为圆，直线与圆的交点Ⅱ、Ⅵ即辅助平面 P、圆柱面、球面的共有点，亦即相贯线上的点，其水平投影为2、6。由此可求出其正面投影2′、6′，这是一对重影点的重合投影。

（3）依照相贯线在侧面投影中所显示的各点顺序，依次连接各点的水平投影和正面投影，其连接顺序为Ⅰ—Ⅱ—Ⅲ—Ⅳ—Ⅴ—Ⅵ—Ⅰ。

（4）判别可见性。相贯线可见性判别原则为：两曲面公共可见部分的交线可见，否则为不可见。如图5－27（b）所示，Ⅲ—Ⅳ—Ⅴ在下半圆柱面，因此其水平投影不可见，故3—4—5画虚线，其余部分均可见，画成粗实线。

【例5－18】 图5－28所示为一弯管的外形，它是由一圆柱与圆环相交而成，求作其外表面交线的投影。

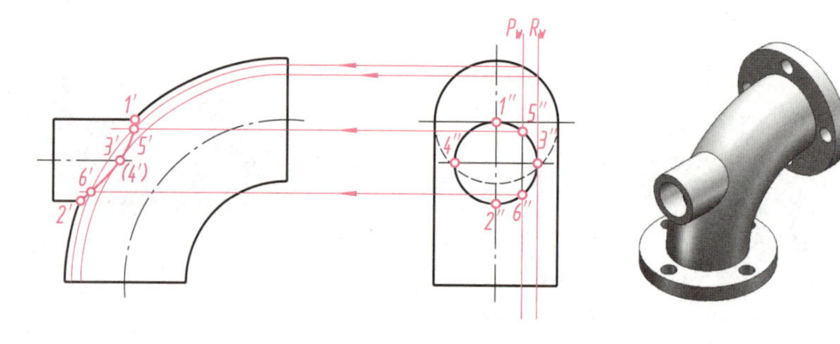

图5－28　柱面与环面相交

分析：

因为圆柱的轴线垂直于侧面，所以交线的侧面投影重影在圆上。同时，因为两曲面具有平行于正面的公共对称面，所以交线在空间是前后对称的，它的正面投影积聚为一条曲线。

从实际情况分析，采用一系列与圆环轴线垂直的正平面作为辅助面最方便，因为它与圆环的交线是圆，与圆柱面的交线是两直线，都是简单易画的图形。而用水平面或侧平面作辅助平面都不妥，因为它们与圆环的交线是复杂曲线。

作图：

（1）求特殊点的投影。

由于交线的侧面投影重影在圆上，所以它的最高点、最低点、最前点和最后点的侧面投影1″、2″和3″、4″可以直接找出，通过1″、2″可以直接作出其正面投影1′、2′。而最前、最后点的正面投影3′、4′需通过辅助平面 R 求出。

（2）作一般点。

通过辅助平面 P 作出中间点Ⅴ、Ⅵ的正面投影5′、6′。

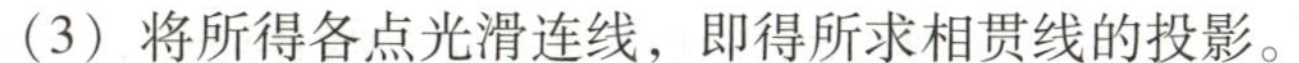

（3）将所得各点光滑连线，即得所求相贯线的投影。

3. 辅助球面法

辅助球面法是应用球面作为辅助面，如图5－29所示，其基本原理为：当两回转面相交时，以其轴线的交点为球心作一球面，则球面与两回转面的交线分别为圆［如图5－29（a）所示的A、B、C圆］，由于两圆均在同一球面上，因此两圆的交点即两回转面的共有点。若回转面的轴线平行于某一投影面，则该圆在该投影面上的投影为一垂直于轴线的线段，该线段就是球面与回转面投影轮廓线交点的连线。

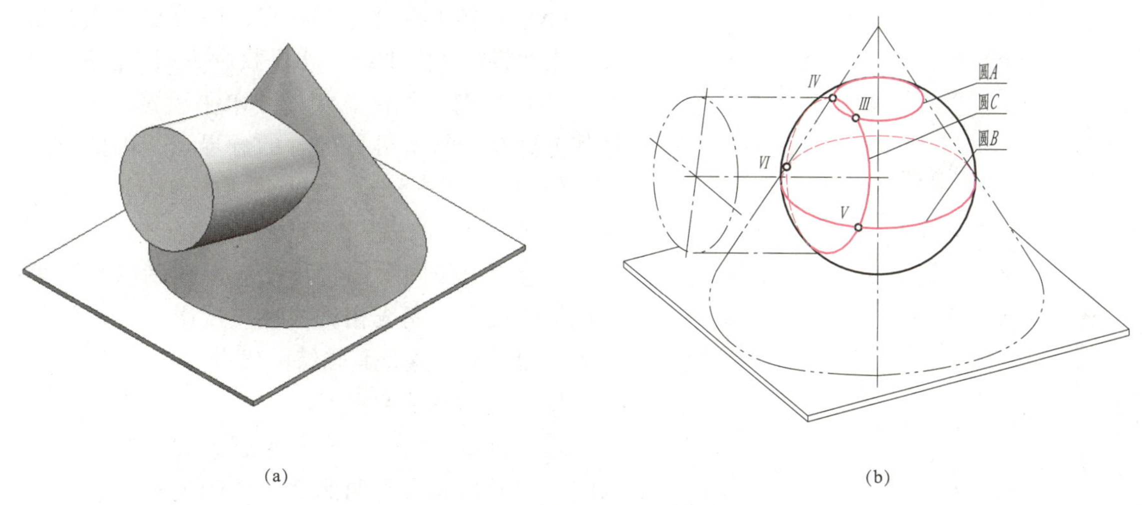

图5－29　辅助球面法作图原理

（a）立体图；（b）作图原理

利用辅助球面法求相贯线，要求相贯体必须满足以下条件：

（1）参加相贯的立体都是回转体。

（3）两回转体轴线相交。

（3）两回转体轴线所决定的平面及两回转体的公共对称面平行于某一投影面，从而保证球面与两回转面的交线在平行于轴线的投影面上的投影均为垂直于轴线的直线段。

【例5－19】图5－30所示为一圆柱和圆锥斜交，求其相贯线的正面投影和水平投影。

作图：

（1）由于两回转体轴线相交且平行于V面，因此两曲面交线的最高点Ⅰ和最低点Ⅱ的正面投影1′、2′可直接在正面投影上确定，再由1′、2′作出其水平投影1、2。

（2）由辅助球面法求出其他点。先以两回转体轴线正面投影的交点为圆心O，取适当半径值R_3作圆，该圆即辅助球面的正面投影，然后作出球面与圆锥面交线圆A、B的正面投影a'、b'以及球面与圆柱面交线圆C的正面投影c'，这两组圆的正面投影相交，交点3′、4′、5′、6′即两回转体表面共有点Ⅲ、Ⅳ、Ⅴ、Ⅵ的正面投影。为使图面清晰，分别与3′、5′重影的4′、6′未在图中标出。

（3）再作若干不同半径的同心球面，以同样的方法求出一系列相贯线上的点。作图时，球半径应取在最大和最小辅助球半径之间，一般由球心投影到两曲面轮廓线交点中最远一点2′的距离R_1即球面的最大半径。若作半径比R_1大的辅助球面，将得不到圆柱与圆锥的共有

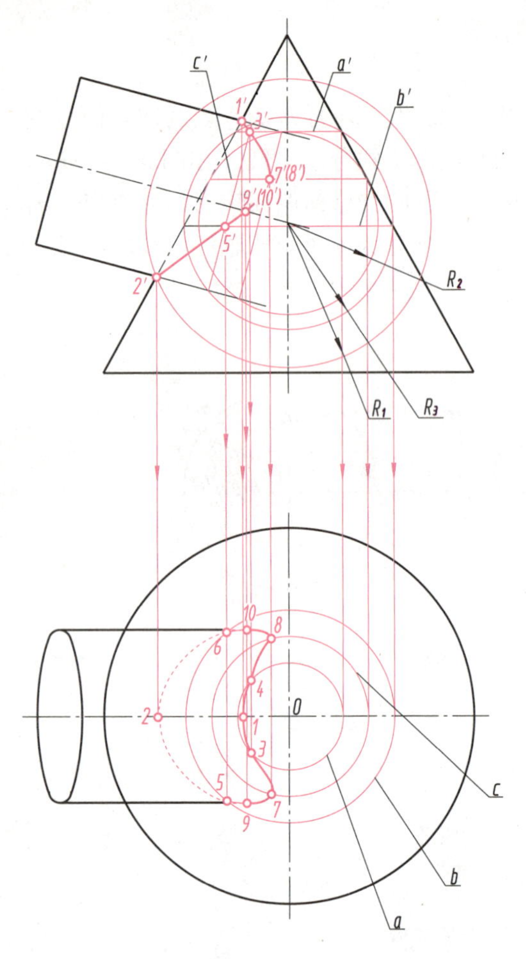

图 5 - 30　辅助球面法求两曲面的相贯线

点。从球心投影向两曲面轮廓线作垂线，两垂线中较长的一个 R_2 就是球面的最小半径，半径比 R_2 更小的球面就不能和圆锥相交。因此，辅助球面的半径 R 必须在 $R_1 \sim R_2$ 之间，即 $R_2 \leqslant R \leqslant R_1$。

（4）共有点的水平投影可通过作相应的辅助水平圆求出。如图 5 - 30 所示，作过Ⅴ、Ⅵ点的水平圆的水平投影后即可求得 5、6 点。

（5）依次平滑地连接各点，即得相贯线的投影。正面投影为双曲线，水平投影为四次曲线。

（6）判别可见性。相贯线水平投影上 9、10 是其可见部分与不可见部分的分界点，因此，左边部分的连线 9—5—2—6—10 画成虚线，其余均为粗实线。

通过以上作图可以得出，应用辅助球面法可以在一个投影上完成相贯线在该投影面上投影的全部作图过程，这是其独特的优点。

4. 相贯线的变化趋势

通过对相贯线的分析和求解方法可知，相贯线的空间形状取决于两曲面立体的形状、大小以及它们的相对位置；而相贯线的投影形状还取决于它们对投影面的相对位置。

表 5 - 7 给出了相交两曲面立体各自几何形状及相对位置不变的情况下，因其尺寸大小发生变化时，引起相贯线变化的情况。两曲面立体所在的平面是正平面，从表 5 - 7 中可以看出：相贯线的双曲线投影总是向相对较大的曲面体的轴线方向弯曲，而且两曲面立体的大小差别越大，相贯线的曲率越小；反之曲率越大。当相交的两圆柱直径相同时，或圆柱与圆锥公切一个球时，相贯线的正面投影为两条相交直线。

表 5 - 8 给出了圆柱与圆柱偏交时，两立体相对位置变化引起相贯线变化的情况。

表 5 - 7　相贯线的变化趋势（一）

相贯立体	立体尺寸的变化			
圆柱与圆柱（轴线正交）	投影图			
	相贯线形状	上下对称的两条空间曲线	相交的两平面曲线——椭圆	左右对称的两条空间曲线

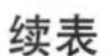

续表

相贯立体	立体尺寸的变化			
圆柱与圆锥（轴线正交）	投影图			
	相贯线形状	左右对称的两条空间曲线	相交的两平面曲线——椭圆	上下不同的两条空间曲线

表5-8　相贯线的变化趋势（二）

相贯立体	相对位置的变化			
圆柱与圆柱（轴线垂直交叉）	投影图			
	相贯线形状	左右、上下均对称的空间曲线	左右对称的空间曲线且在切点处交于一点	左右对称的空间曲线

5.4.4　相贯线的简化画法和特殊情况

1. 相贯线的简化画法

两回转体相交，其相贯线一般为封闭的空间曲线，也有一些特殊情况下其相贯线是封闭的平面曲线（圆、椭圆）或直线，表5-9所示为相贯线为封闭空间曲线时的简化画法。

表5-9　相贯线简化画法

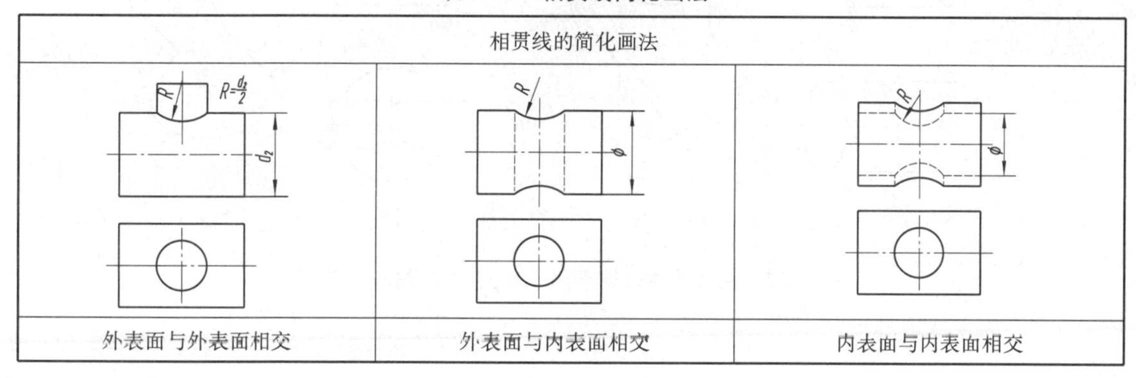

相贯线的简化画法		
外表面与外表面相交	外表面与内表面相交	内表面与内表面相交

2. 相贯线的特殊情况

1）相贯线为平面曲线

（1）如图5－31所示，当两个同轴回转体相交时，相贯线一定是垂直于轴线的圆。当回转体轴线平行于某一投影面时，这个圆在该投影面上的投影为垂直于轴线的直线。

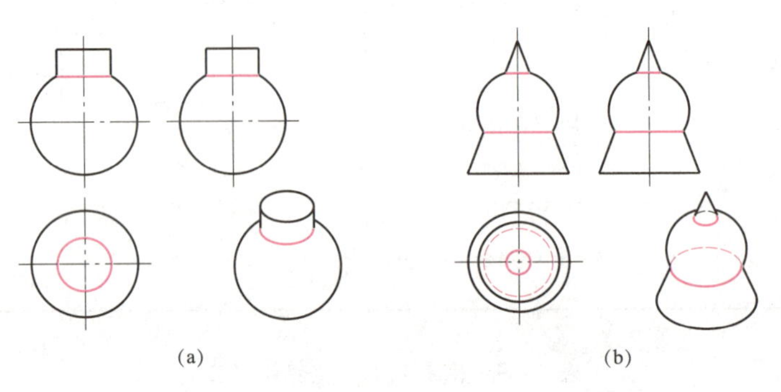

图5－31　同轴回转体的相贯线——圆

（a）圆柱与球同轴相交；（b）圆锥与球同轴相交

（2）如图5－32所示，当轴线相交的两圆柱（或圆柱与圆锥）公切于同一球面时，相贯线一定是平面曲线，即两个相交的椭圆。

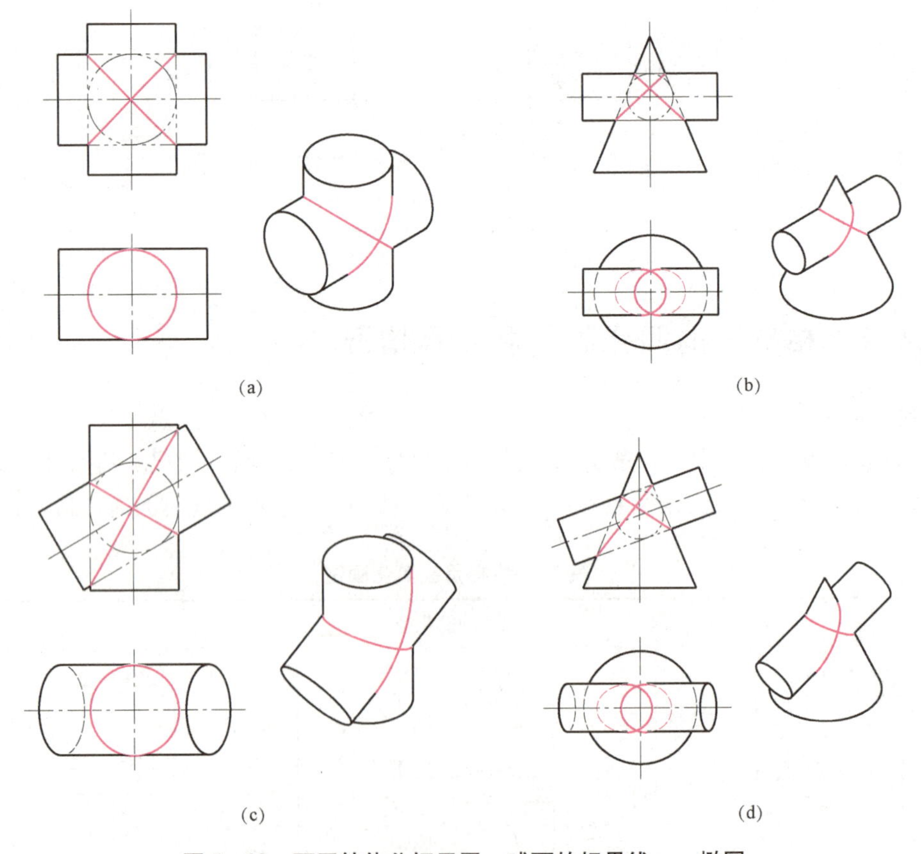

图5－32　两回转体公切于同一球面的相贯线——椭圆

（a）圆柱与圆柱等径正交（公切一圆球）；（b）圆柱与圆锥正交（公切一圆球）；
（c）圆柱与圆柱等径斜交（公切一圆球）；（d）圆柱与圆锥斜交（公切一圆球）

2）相贯线为直线

如图5-33（a）所示，当相交两圆柱的轴线平行时，相贯线为直线；当两圆锥共顶时，相贯线也是直线，如图5-33（b）所示。

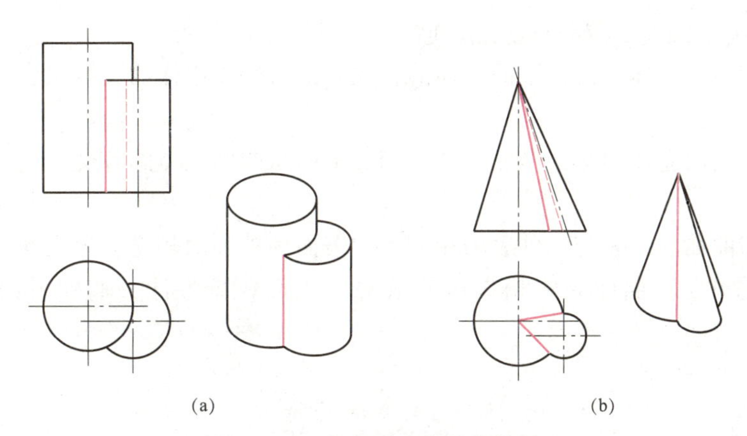

(a)　　(b)

图5-33　相贯线为直线的情况

（a）相交两圆柱的轴线平行；（b）两圆锥共顶

本章小结

本章主要介绍了立体投影、立体表面截交线、相贯线投影的作图方法，需要重点掌握立体表面的截交线和相贯线的作图方法。

（1）平面立体：棱柱、棱锥、棱台。

平面立体的形成：平面图形沿一组平行于棱线或相交于一点的一组棱线拉伸而成。

平面立体投影：一投影反映顶面或底面的实形；另两投影为侧棱面的投影，为四边形、三角形和梯形的组合多边形。

平面立体表面求点：

① 棱柱表面取点（平面投影的积聚性）。

② 棱锥、棱台表面取点（过锥顶辅助线法或平面投影积聚性法）。

（2）回转体（圆柱、圆锥、圆球、圆弧回转体）。

回转体的形成：由直线和曲线绕轴线回转而成，回转体的形状取决于回转直线、曲线与轴线的关系。

回转体投影：垂直于轴线方向的投影反映为圆，另两个投影反映为回转素线的最大投影。

回转体表面求点：

① 圆柱表面取点（利用积聚性投影及点的三面投影规律）。

② 圆锥、圆球、圆环表面取点（辅助素线法、辅助圆法）。

（3）平面与立体相交：截交线（表面性、共有性、封闭性）。

平面与平面立体相交：截交线由直线围成的封闭平面多边形。

平面与回转体相交：截交线的形状取决于截平面与被截立体轴线的相对位置。截交线由特殊点（转向轮廓线上的点；最高、最低、最前、最后、最左、最右点；椭圆长短轴端点等）和一般点构成。

截交线解题要点：分析截交线形状→确定截交线投影特性→找特殊点，补充中间点→光滑连接各点。

（4）立体与立体相交：相贯线（表面性、共有性、封闭性）。

平面立体与平面立体相交：平面立体的相关平面与平面立体的交线组合，可采用相应截交线求法。

平面立体与曲面立体相交：平面立体的相关平面与曲面立体的各交线组合，可采用相应截交线求法。

曲面立体与曲面立体相交：外表面相交、内表面和外表面相交、内表面相交。

相贯线解题方法：曲面立体相贯线的求解（表面积聚性法、辅助平面法、辅助球面法）。

第6章　组合体的视图

【本章知识点】

(1) 组合体的形体分析和组合体的组合形式。

(2) 组合体的画法。

(3) 组合体的尺寸标注。

(4) 组合体的读图方法。

6.1　形体分析法绘图

6.1.1　形体分析法的概念

任何复杂的物体都可以看成是由若干个基本形体组合而成的。这些基本形体可以是完整的基本几何体（如棱柱、棱锥、圆柱、圆锥、球等），也可以是不完整的基本几何体，组合体即它们经过切割、穿孔后的简单组合。如图6-1（a）所示的支座，其可看成由圆筒、底板、肋板、耳板和凸台组合而成［见图6-1（b）］。在绘制组合体视图时，应首先将组合体分解成若干个简单的基本形体，并按各部分的位置关系和组合形式画出各基本几何形体的投影，综合起来，即得到整个组合体视图。这种假想把复杂的组合体分解成若干个基本形体，

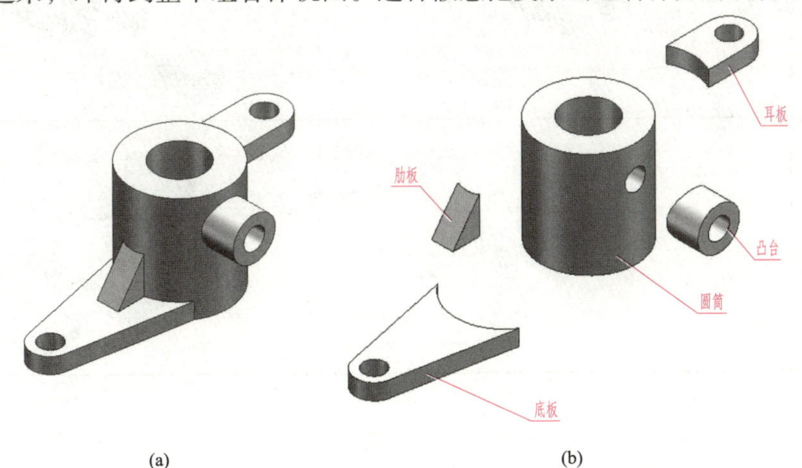

图6-1　支座的形体分析

(a) 立体图；(b) 分解图

分析它们的形状、组合形式、相对位置和表面连接关系，使复杂问题简单化的思维方法称为形体分析法。它是组合体画图、尺寸标注和看图的基本方法。

6.1.2 组合体的组合形式

组合体可分为叠加和切割两种基本组合形式，或者是两种组合形式的综合。常见的组合体大多数属于综合型的组合体。

叠加是将各基本体以平面接触相互堆积、叠加后形成组合形体；切割是在基本体上进行切块、挖槽、穿孔等切割后形成组合体；综合型的组合体则是叠加和切割两种形式的综合。组合体的组成形式见表 6－1。

表 6－1 组合体的组合形式

组合形式	形体	
	组合体	组合过程
叠加	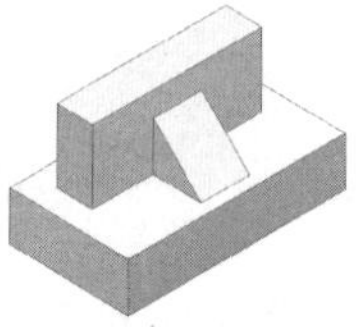	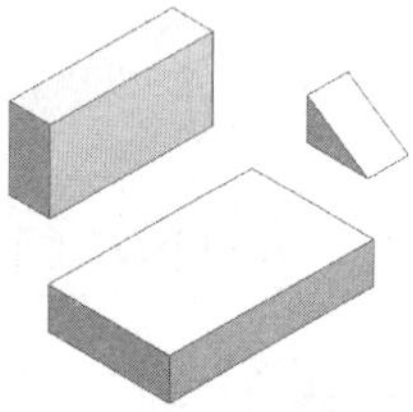
切割	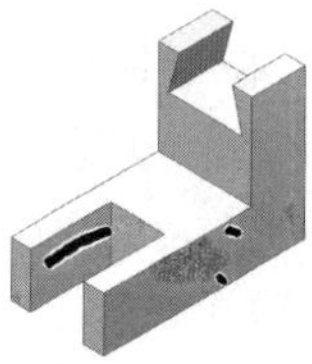	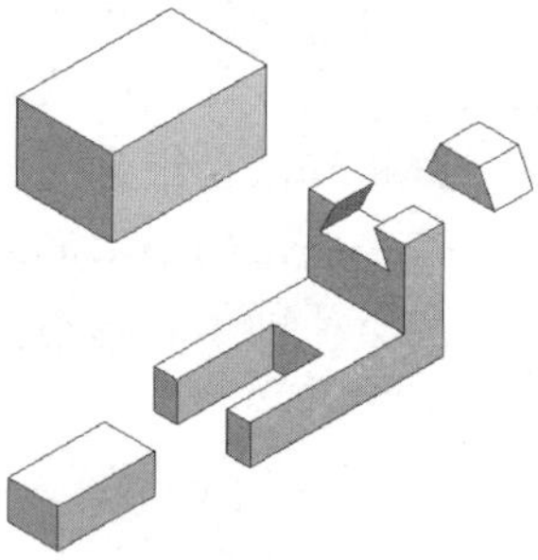
综合		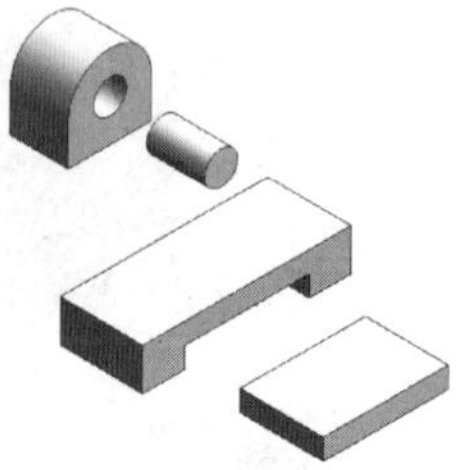

6.1.3 相邻两形体表面的过渡关系

组合体表面连接关系有平齐、相交和相切三种形式。弄清组合体表面连接关系，对画图

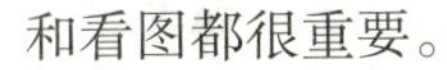

和看图都很重要。

1. 组合体连接的过渡形式

（1）当组合体中两基本体的表面平齐（共面）时，在视图中不应画出分界线。

（2）当组合体中两基本体的表面相交时，在视图中的相交处应画出交线。

（3）当组合体中两基本体的表面相切时，在视图中的相切处不应画线。

组合体的表面过渡形式见表6－2。

表6－2　组合体相邻两表面的过渡关系

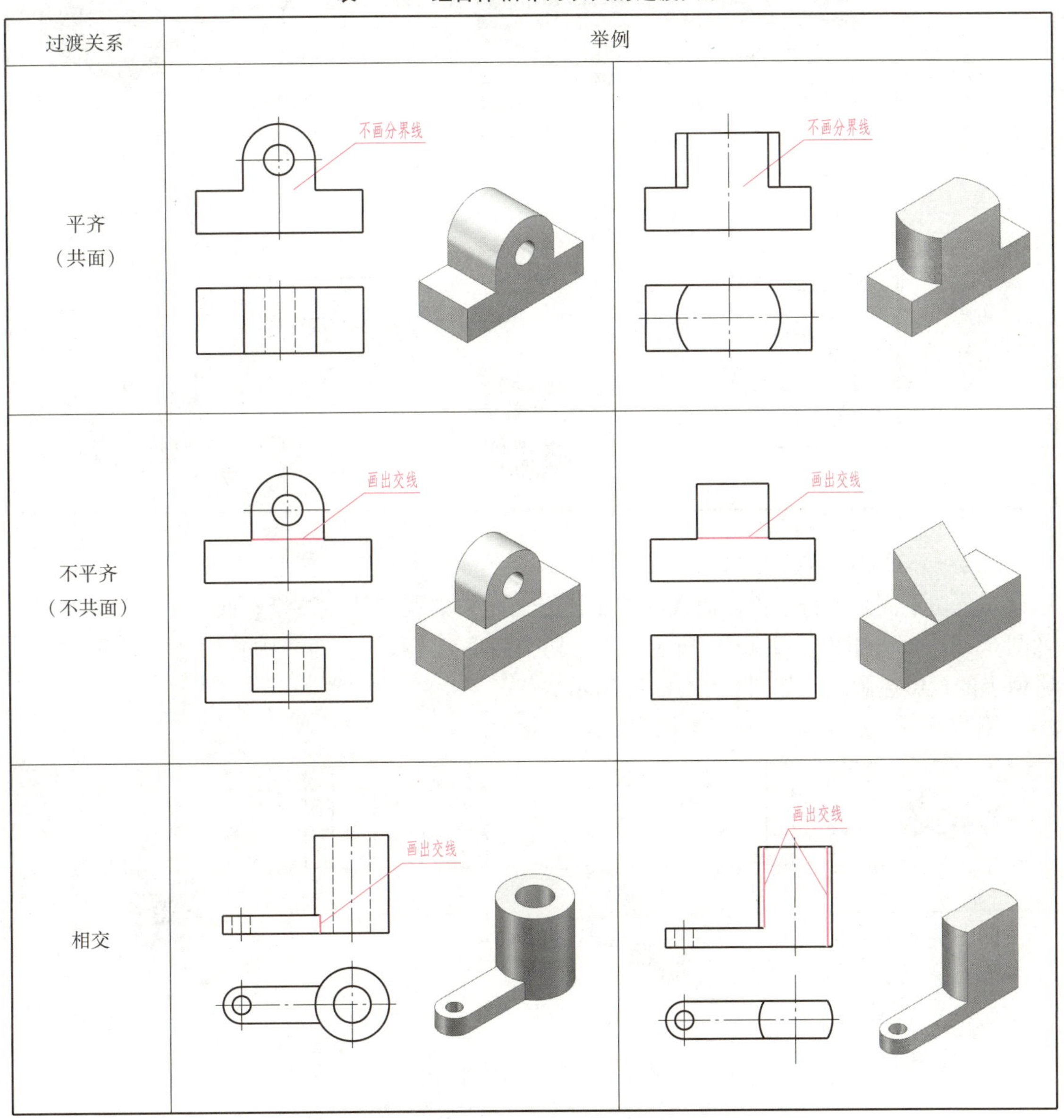

过渡关系	举例	
平齐（共面）	不画分界线	不画分界线
不平齐（不共面）	画出交线	画出交线
相交	画出交线	画出交线

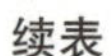

续表

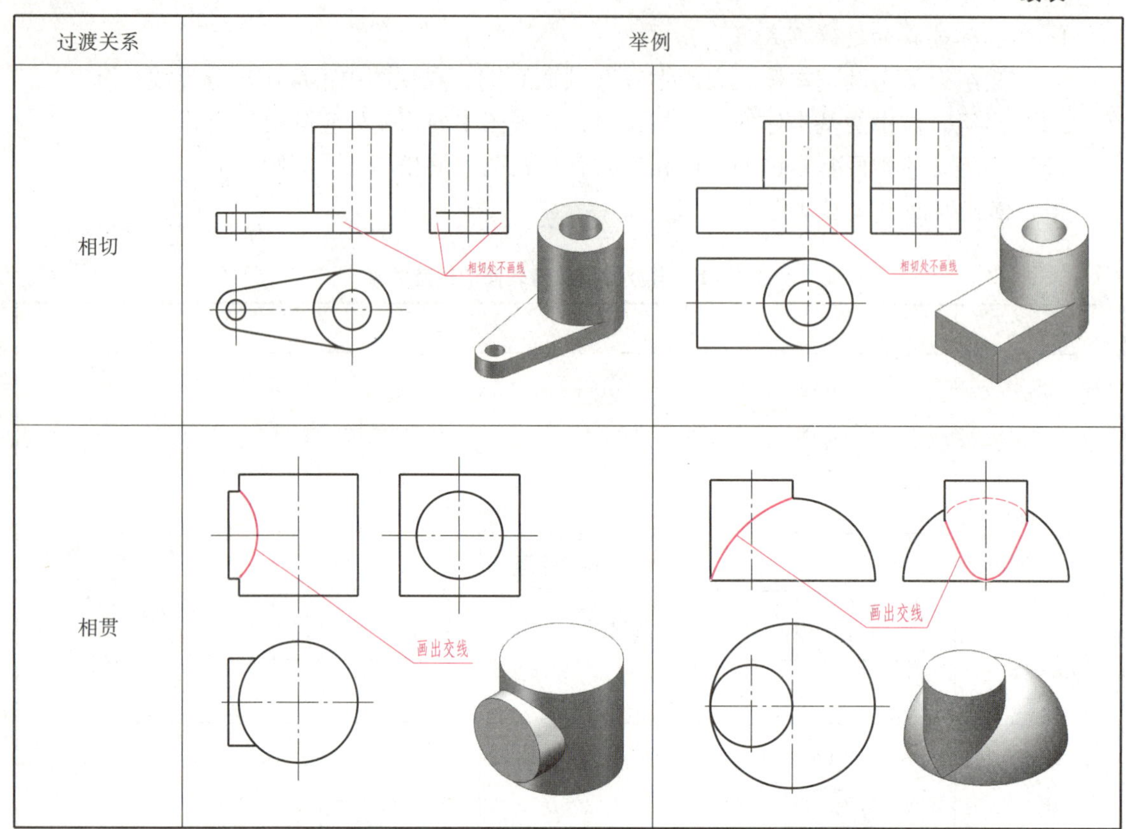

过渡关系	举例
相切	
相贯	

2. 公切面的过渡形式

当公切平面是平行于投影面或倾斜于投影面时，则相切处在该投影面上的投影不画线，如图 6－2（a）和图 6－2（b）所示。当公切平面垂直于投影面时，则相切处在所垂直的投影面上的投影应画线，如图 6－2（a）所示。

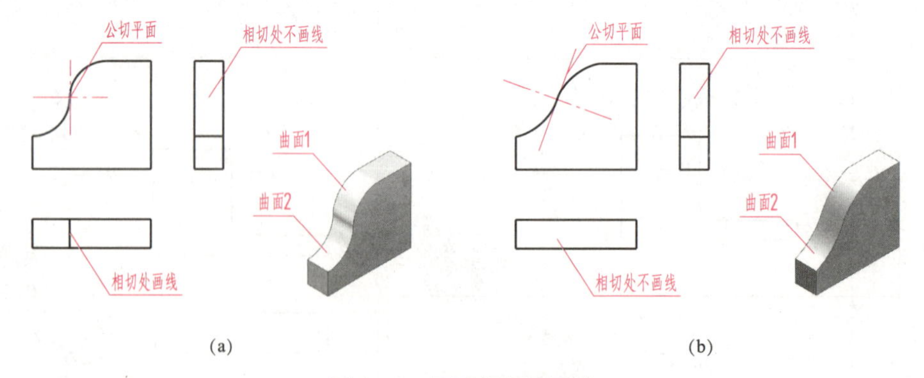

图 6－2　压铁相切处画法

（a）公切面垂直或平行于投影面；（b）公切面倾斜于投影面

3. 基本体的切割形式

基本形体的切割包括切割、开槽和挖孔三种，随着截切面位置不同，视图表达也不同。表 6－3 显示的是平面立体、圆柱体和空心圆柱体被切割、开槽和挖孔。

表 6-3　基本形体的切割形式

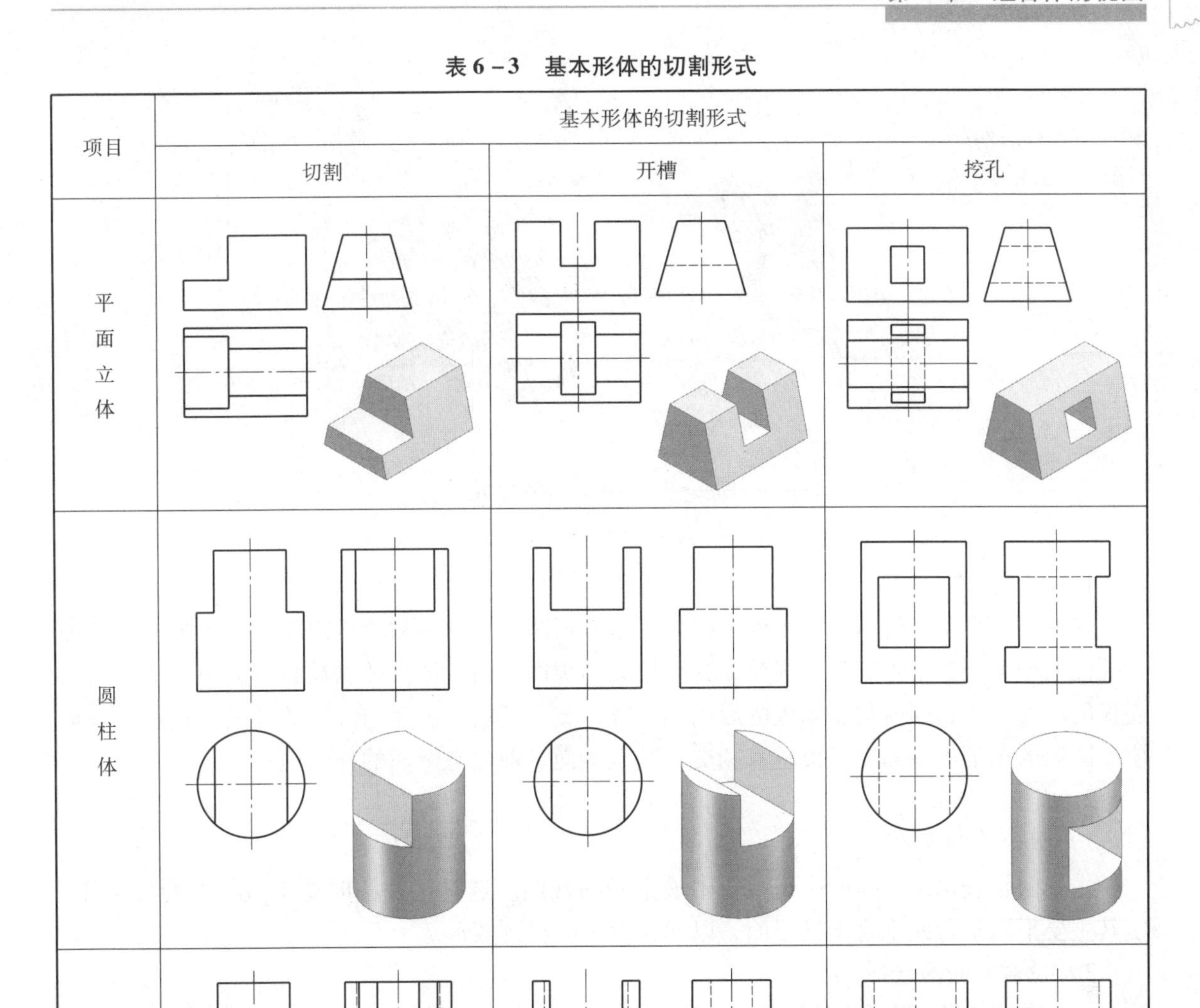

项目	基本形体的切割形式		
	切割	开槽	挖孔
平面立体			
圆柱体			
空心圆柱体			

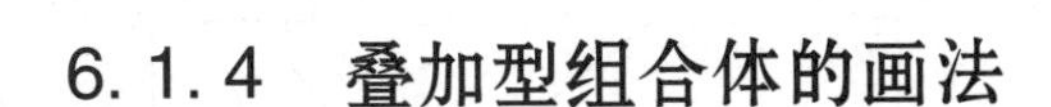

6.1.4　叠加型组合体的画法

画组合体的视图时，首先要运用形体分析法将组合体合理地分解为若干个基本形体，并按照各基本形体的形状、组合形式、形体间的相对位置和表面连接关系进行作图。

以图 6-3（a）所示的机座为例，介绍叠加型组合体视图的画图方法和步骤。

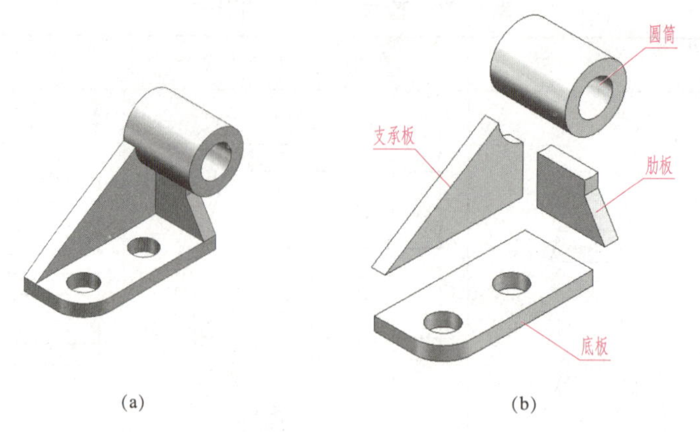

图 6－3　机座的形体分析

（a）立体图；（b）分解图

1. 形体分析

如图 6－3（b）所示，机座可分解为底板、圆筒、支承板和肋板四部分。底板上有直径相等的两个圆孔和 1/4 圆角，圆筒、支承板和肋板由上而下依次叠加在底板上面。支承板与底板的后面平齐，圆筒与支承板的后面不平齐，支承板的左侧面与圆筒的外表面相切，肋板位于圆筒的正下方并与支承板垂直相交，其左侧面、前面与圆筒的外表面相交。

2. 选择主视图

1）组合体的安放

主视图是表达组合体的一组视图中最主要的视图。选择主视图时通常应将组合体放正，使其主要平面平行或垂直于投影面，以便在投影时得到实形。

2）投射方向的选择

一般应该选择反映组合体形状特征最明显、位置特征最多的方向作为主视图的投射方向，同时应考虑在投影作图时避免在其他视图上出现较多的虚线，影响图形的清晰性和标注尺寸。

如图 6－4 所示，将机座底板平行于水平投影面放置，并使支承板平行于正投影面。以

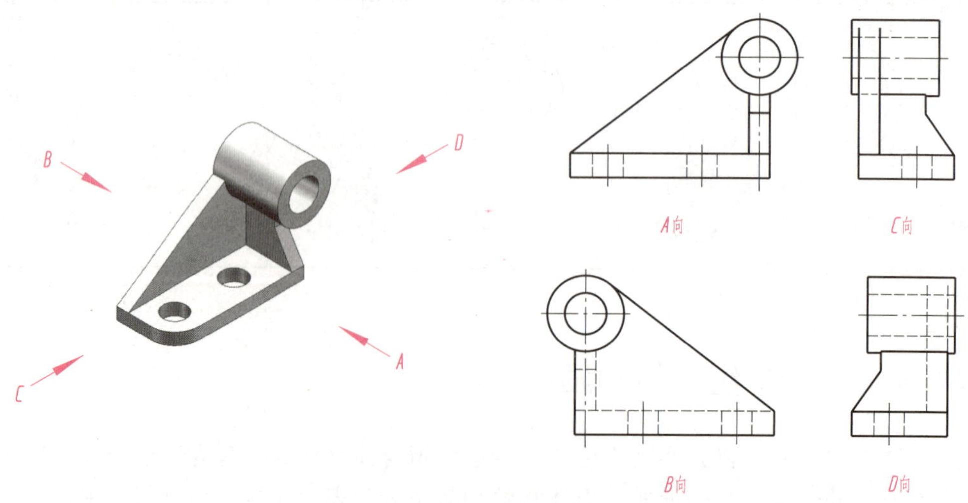

图 6－4　主视投射方向的选择

机座的 A、B、C、D 四个方向作为主视图的投射方向，可以看出，A、B 两个方向比较，选择 B 向则肋板在主视图的投影为虚线，并且支承板的左视图也为虚线，因此，A 向好于 B 向；同样，C、D 两个方向比较，C 向好于 D 向。比较 A、C 两个方向，A 向能反映机座各组成部分的主要形状特征和较多的位置特征，符合主视图的要求，所以选择 A 向作为主视图。

3. 选比例、定图幅

选定主视图后，要根据组合体的实际大小，按国标规定选择比例和图幅。一般情况下，应根据组合体的大小和复杂程度确定绘图所用比例及相应的图幅。选择图幅时，应留有足够的空间标注尺寸。

4. 布置视图

应根据组合体的总长、总宽、总高确定各视图在图框内的具体位置，使视图分布均匀。在画图时应首先画出各视图的主要中心线或定位线，确定各基本形体之间的相对位置，如图 6－5（a）所示。

5. 画底稿

按形体分析法，从主要形体着手，按各基本形体之间的相对位置逐个画出视图，如图 6－5（b）～图 6－5（e）所示。

6. 检查、描深

底稿完成后，要仔细检查全图，分析是否存在多线、漏线，并改正错误。准确无误后，按国家标准规定的线型加粗、描深。描深时应先画圆或圆弧，后画直线；先画小圆，后画大圆。如图 6－5（f）所示。

画图时应注意以下几点：

（1）绘图时，应先画出反映形状特征的视图，再画其他视图，三个视图应配合画出，各视图应注意保持“长对正、高平齐、宽相等”。

（2）在作图过程中，每增加一个组成部分，要特别注意分析该部分与其他部分之间的相对位置关系和表面连接关系，同时注意被遮挡部分应随手改为虚线，以避免画图时出错。

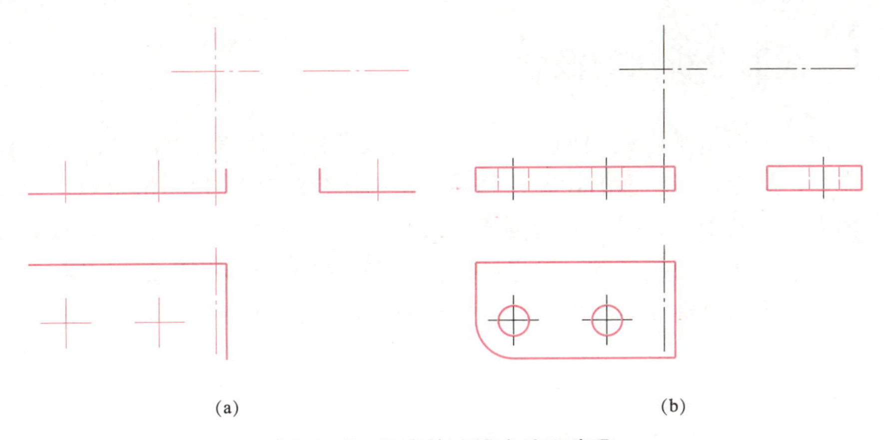

图 6－5　机座的画图方法和步骤

（a）布图：画各视图的作图基准线；（b）画底板：先画俯视图

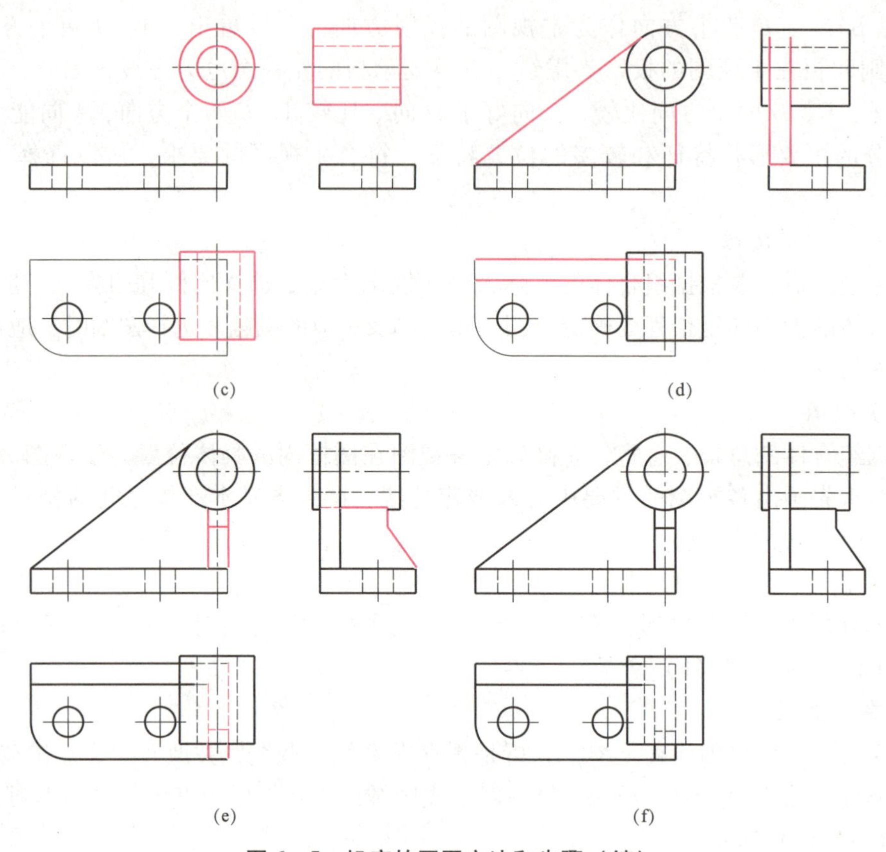

图6-5　机座的画图方法和步骤（续）

（c）画圆筒：先画主视图；（d）画支承板：先画主视图；（e）画肋板：先画主视图；（f）检查、描深

6.2　线面分析法绘图

6.2.1　线面分析法的概念

物体都是由若干面（平面或曲面）、线（直线或曲线）所围成的。利用前面所学的知识，分析围成物体的点、线、面的投影，有助于正确地绘制组合体视图。因此，线面分析法就是把组合体看成由若干点、线、面所围成，分析并确定这些点、线、面形状及相对位置，进而绘制出这些点、线、面投影的一种思维方法。在绘制组合体视图及读图时，对于较复杂的组合体，尤其是当形体被切割或形状较为复杂时，需要借助于线面分析法来绘制这些局部结构形状。

6.2.2　切割型组合体的画法

以图6-6所示的组合体为例，介绍切割型组合体视图的画图方法和步骤。

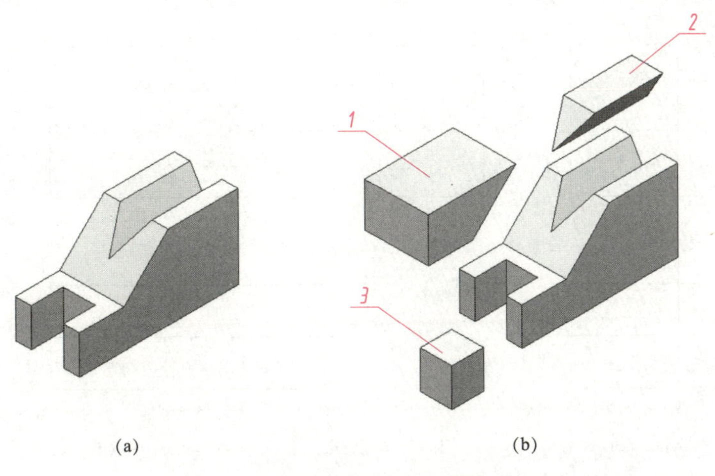

(a)　(b)

图6-6　切割型组合体的形体分析

（a）立体图；（b）分解图

1. 形状分析

该组合体的原始形体是一个长方体，在此基础上用一个正垂面和一个水平面截切，切去了形体1（四棱柱）；用两个侧垂面截切，切去了形体2（三棱柱）；用两个正平面和一个侧平面截切，切去了形体3（四棱柱）。最后形成切割型组合体，如图6-6所示。

2. 画原始形体的三视图

先画基准线，布好图，再画出其原始形体的三视图。如图6-7（a）和图6-7（b）所示。

3. 用正垂面和水平面切割物体

正垂面和水平面在主视图上的投影有积聚性，应从主视图画起，确定其投影。然后利用投影规律，求出两截平面与长方体的截交线及两截平面交线的另外两投影，如图6-7（c）所示。

4. 用两个侧垂面切割物体

两个侧垂面在左视图上的投影有积聚性，应从左视图画起，确定其投影。然后利用投影规律，求出两截平面与长方体的截交线及两截平面交线的另外两投影，如图6-7（d）所示。

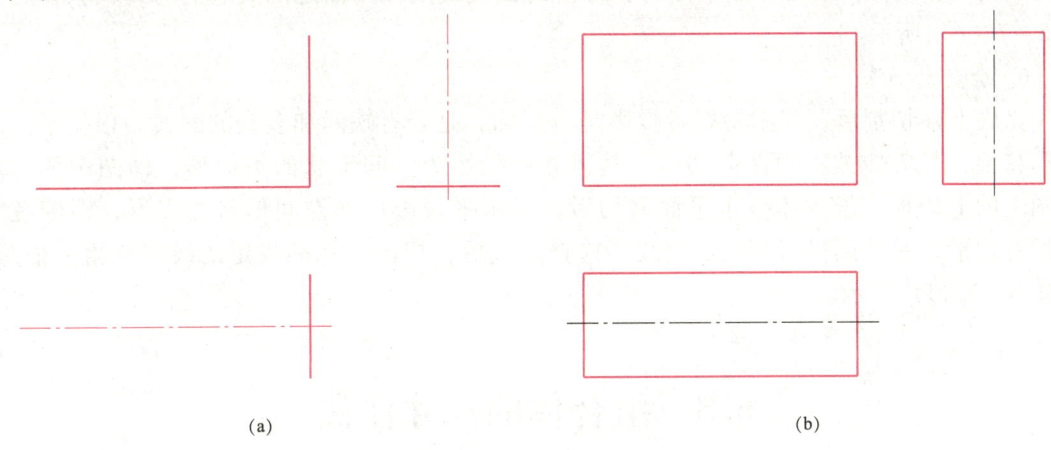
(a)　(b)

图6-7　切割型组合体视图的画图方法和步骤

（a）画基准线和位置线；（b）画原始形体的三视图

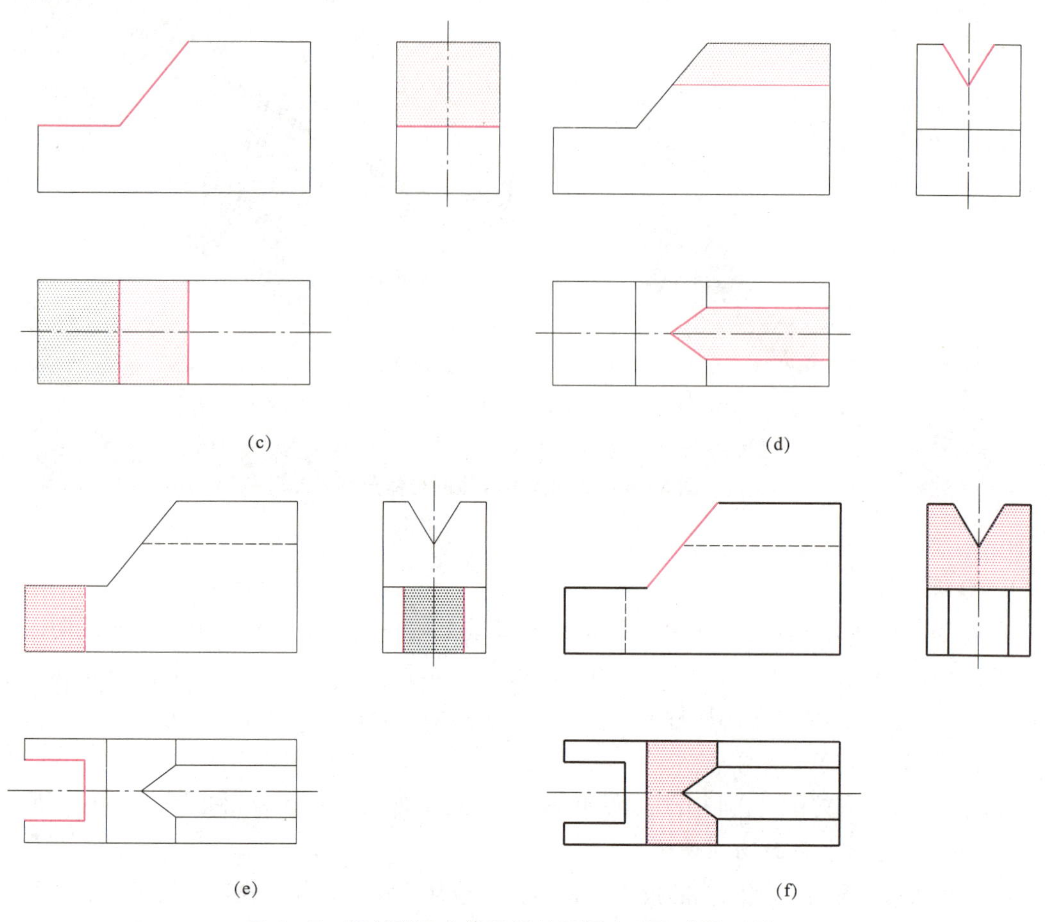

图 6－7　切割型组合体视图的画图方法和步骤（续）

（c）画切去形体 1 的三视图；（d）画切去形体 2 的三视图；（e）画切去形体 3 的三视图；（f）加粗、描深

5. 用两个正平面和一个侧平面切割物体

两个正平面和一个侧平面在俯视图上的投影有积聚性，应从俯视图画起，确定其投影。然后利用投影规律，求出各截平面与长方体的截交线及截平面之间交线的另外两投影，如图 6－7（e）所示。

6. 检查、描深

完成上述切割后，仔细检查各投影是否正确，是否有缺漏和多余的图线。根据平面的投影特性，长方体被正垂面截切后，其另外两投影为空间形状的类似形，即图中俯、左视图上的七边形。长方体被水平面截切后，其水平投影反映空间形状的实形，即俯视图上的八边形，另外两投影积聚成直线。检查无误后，按国家标准规定的线型加粗、描深，如图 6－7（f）所示。

6.3　组合体的尺寸注法

视图只能表达组合体的形状和结构，要表示它们的大小则需要进行尺寸标注。尺寸标注

的基本要求：

正确——标注的尺寸数值应准确无误，标注方法要符合国家标准中有关尺寸注法的基本规定。

完整——标注尺寸必须能唯一确定组合体及各基本形体的大小和相对位置，做到无遗漏、不重复。

清晰——尺寸的布局要整齐、清晰，以便于查找和看图。

合理——所注尺寸应能符合设计和制造、装配等工艺要求，并使加工、测量和检验方便。

6.3.1　尺寸分类

1. 尺寸基准

标注尺寸的起始位置称为尺寸基准。组合体有长、宽、高三个方向的尺寸，每个方向至少应有一个尺寸基准。组合体的尺寸标注中，常选取对称面、底面、端面、轴线或圆的中心线等几何元素作为尺寸基准。每个方向应有一个主要尺寸基准，根据情况还可以有几个辅助基准。主要尺寸基准选定后，重要尺寸（尤其是定位尺寸）应从主要尺寸基准出发，进行标注。

如图 6 - 8 所示支架，是用竖板的右端面作为长度方向主要尺寸基准；用前、后对称平面作为宽度方向的主要尺寸基准；用底板的底面作为高度方向的主要尺寸基准。

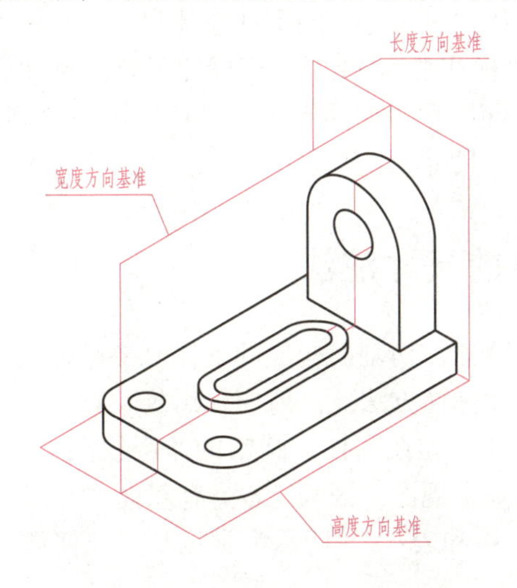

图 6 - 8　支架的尺寸基准分析

2. 尺寸种类

要使尺寸标注完整，既无遗漏，又不重复，最有效的办法是对组合体进行形体分析，根据各基本体形状及其相对位置分别标注以下几类尺寸。

1）定形尺寸

确定各基本体形状大小的尺寸。如图 6 - 9（a）所示中的 50、40、11、*R*8 等尺寸确定了底板的形状，而 *R*14、18 等即竖板的定形尺寸。

2）定位尺寸

确定各基本体之间相对位置的尺寸。如图 6 - 9（a）所示，俯视图中的尺寸 10 确定竖板在宽度方向的位置，主视图中的尺寸 30 确定 ϕ16 孔在高度方向的位置。

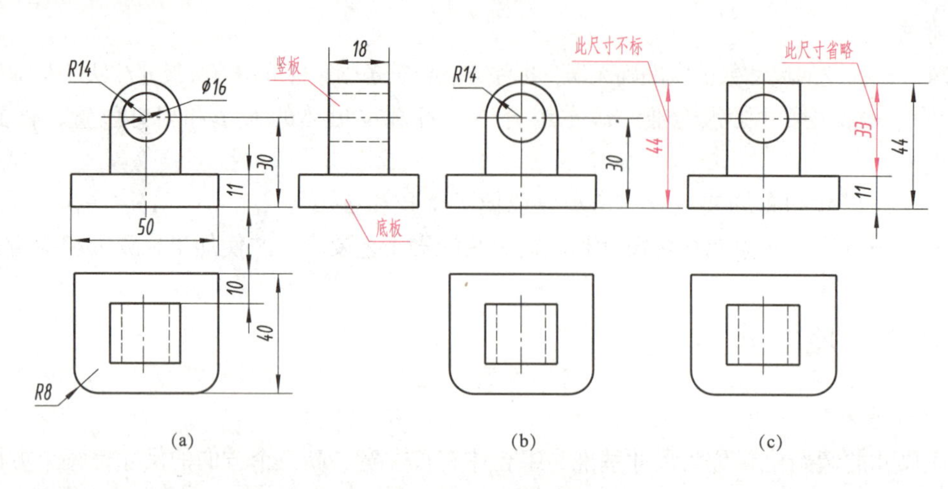

图 6－9　尺寸种类

3）总体尺寸

确定组合体外形总长、总宽、总高的尺寸。总体尺寸有时和定形尺寸重合，如图 6－9（a）所示中的总长 50 和总宽 40 既是组合体的总体尺寸，同时也是底板的定形尺寸。对于具有圆弧面的结构，通常只注中心线位置尺寸，而不注总体尺寸。如图 6－9（b）所示中总高可由 30 和 *R*14 确定，此时就不再标注总高 44 了。当标注了总体尺寸后，有时可能会出现尺寸重复，这时可考虑省略某些定形尺寸。如图 6－9（c）所示中总高 44 与定形尺寸 11 和 33 重复，此时可根据情况省略一个尺寸。

6.3.2　基本形体的尺寸注法

组合体是由基本体经过叠加、切割而构成的形体。要掌握组合体的尺寸标注，必须先熟悉和掌握基本几何形体的尺寸标注方法。一般应标出长、宽、高三个方向尺寸，但并非每个基本体都需标出三个方向尺寸，如在圆柱、圆锥的非圆视图上直接注出直径“ϕ”，可以减少一个方向尺寸，还可省去一个视图，因为“ϕ”有双向尺寸功能；在球的一个视图中标出“$S\phi$”就可以表示球。表 6－4 和表 6－5 所示为常见基本几何体尺寸标注方法，这些尺寸称为基本几何体的定形尺寸。

表 6－4　基本几何形体尺寸标注示例（一）

尺寸数量	一个尺寸	两个尺寸	三个尺寸
回转体尺寸标注	Sφ 球	φ　φ　φ φ 圆柱　圆锥　圆环	φ φ 圆台

表 6－5　基本几何形体尺寸标注示例（二）

尺寸数量	两个尺寸	三个尺寸	四个尺寸	五个尺寸
平面立体 尺寸标注				

6.3.3　截切体和相贯体的尺寸注法

几何形体被切割后，截交线和相贯线上不应直接标注尺寸，因为它们的形状和大小取决于形成交线的平面与立体或立体的形状、大小及其相互位置，交线是在加工时自然产生的，画图时是按一定的作图方法求得的。

故在标注截交线部分的尺寸时，只需标注参与截交的基本形体的定形尺寸和截平面的尺寸。图 6－10 所示为一些典型切割体的尺寸标注方法。

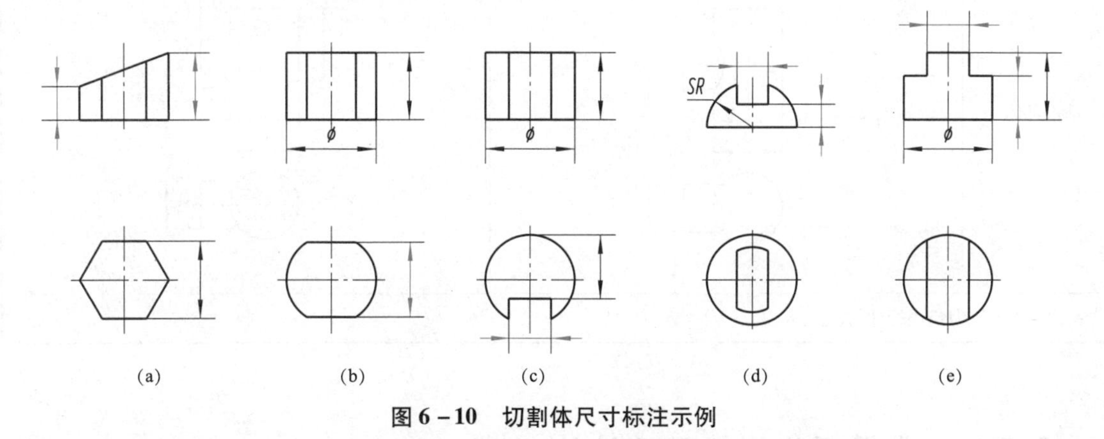

图 6－10　切割体尺寸标注示例

对于相贯的立体，应加注确定各相贯立体之间相对位置的定位尺寸，这些尺寸标注后相贯线就随之确定了。因此，相贯线上一律不注尺寸。其标注方法如图 6－11 所示。

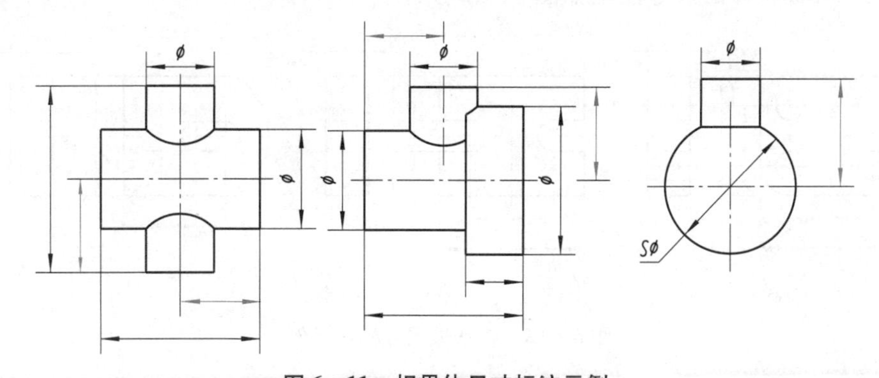

图 6－11　相贯体尺寸标注示例

对于不完整的圆柱面、球面，一般大于一半者标注直径尺寸，尺寸数字前加 ϕ；等于或小于一半者标注半径尺寸，尺寸数字前加“R”，半径尺寸必须注在反映圆弧实际形状的视图上。

表 6－6 分析了圆柱体被截切和两圆柱体相贯的尺寸注法。

表 6－6　切割体和相贯体标注方法示例

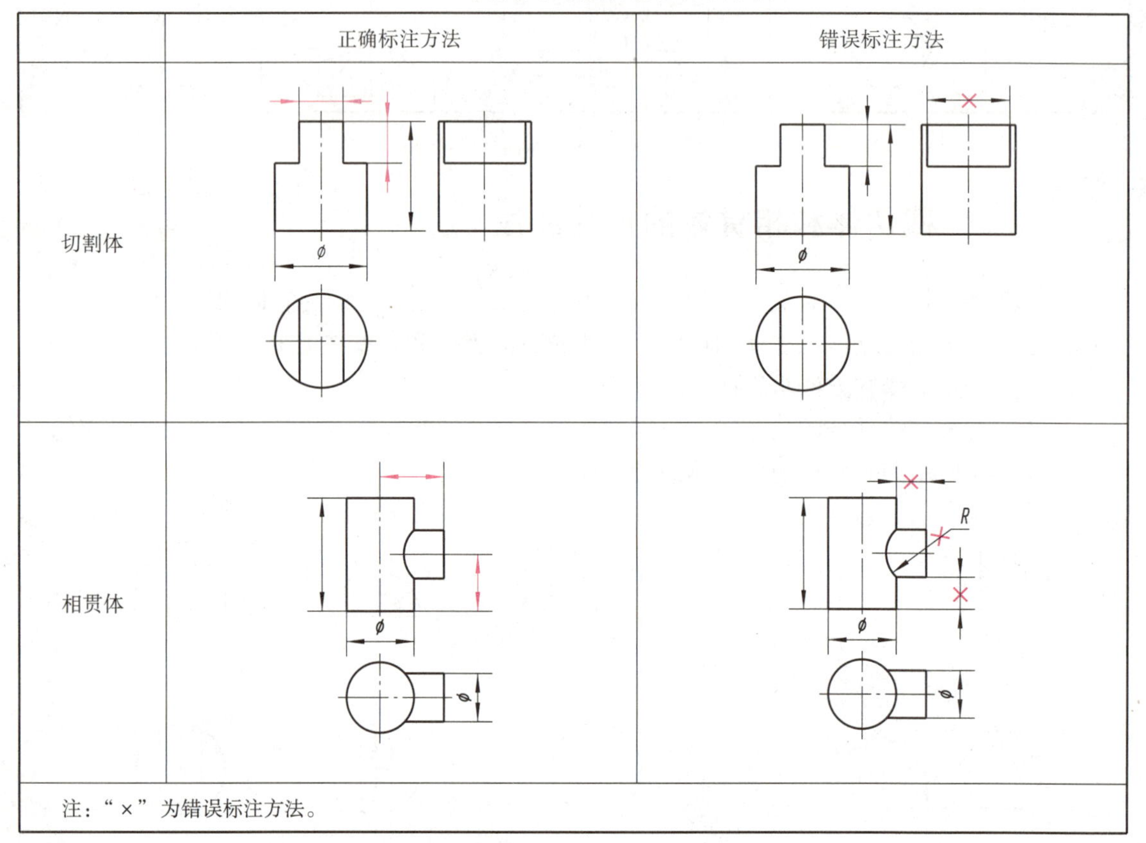

	正确标注方法	错误标注方法
切割体	ϕ	ϕ
相贯体	ϕ　ϕ	R　ϕ　ϕ
注：“×”为错误标注方法。		

6.3.4　常见板状体的尺寸注法

常见的几种板状体的尺寸注法如图 6－12 所示。

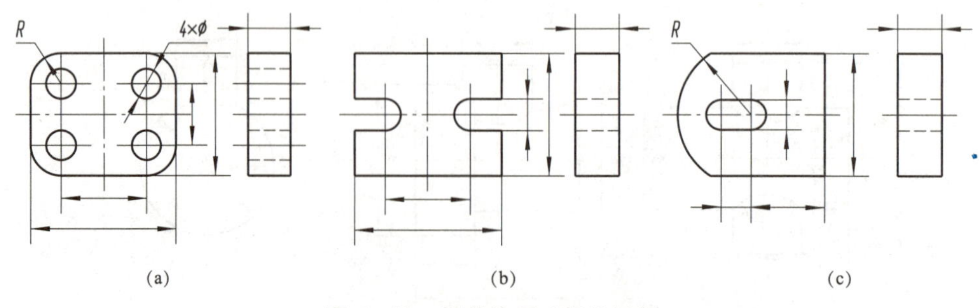

图 6－12　板状体尺寸标注示例

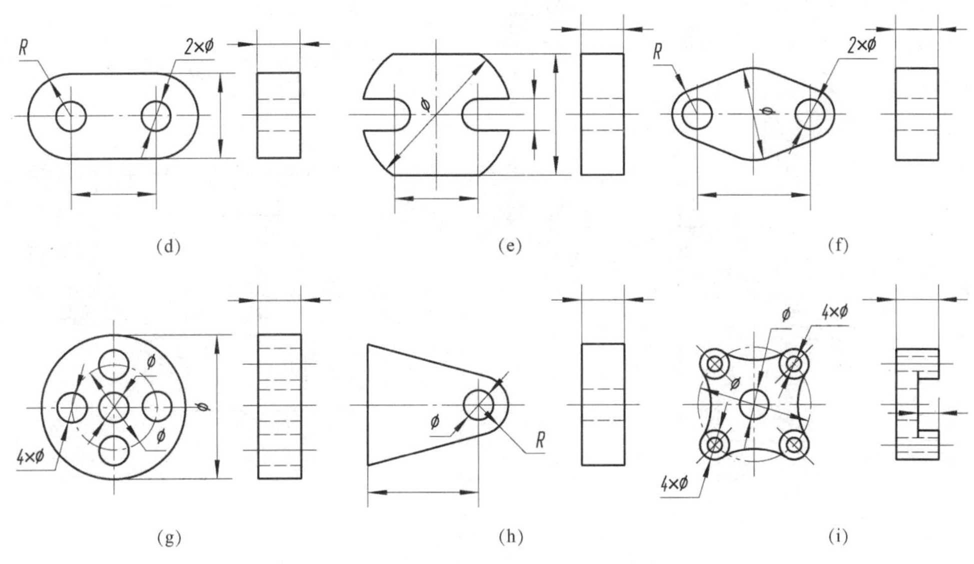

图6-12 板状体尺寸标注示例（续）

6.3.5 组合体的尺寸标注要点

1. 标注尺寸要完整

标注尺寸要完整，即标注尺寸必须不多不少，且能唯一确定组合体的形状、大小及其相互位置。标注组合体的尺寸通常采用形体分析法，将组合体分成若干个基本形体，逐个标出其定形尺寸，再确定各基本形体的定位尺寸，还要考虑标注出组合体的总体尺寸。

总体尺寸是确定组合体外形所占空间大小的总长、总宽、总高的尺寸。从形体分析和相对位置上考虑，全部标注出定形尺寸、定位尺寸，这时尺寸已经标注齐全，若再加注总体尺寸，则会出现多余尺寸。因此，每加注一个总体尺寸，必定要去掉一个同方向的定形尺寸或定位尺寸，也就是说尺寸的数量总是一定的。如图6-13（a）所示，删除小圆柱的高度尺寸，标注总高。另外，当组合体的一端为回转体时，该方向上一般不注总体尺寸，如图6-13（b）所示。

2. 标注尺寸要清晰

标注尺寸要清晰，就是尺寸要恰当布局，以便于查找和看图，不致发生误解和混淆。标注尺寸应注意以下几点：

（1）尺寸应尽可能标注在反映基本形体形状特征较明显、位置特征较清楚的视图上。组合体上有关联的同一基本形体的定形尺寸与定位尺寸应尽可能集中标注在反映形状和位置特征明显的同一视图上，以便查找和看图。

如图6-14（a）所示，主视图上矩形槽的定形尺寸10、8和高度方向的定位尺寸30，直角梯形立板的定形尺寸44、20、38和高度方向的定位尺寸50；俯视图上底板两圆柱孔的定形尺寸2×ϕ9与长度方向的定位尺寸9、26和宽度方向的定位尺寸27都应集中标注在同一视图上。如图6-14（b）所示的分散标注不好。

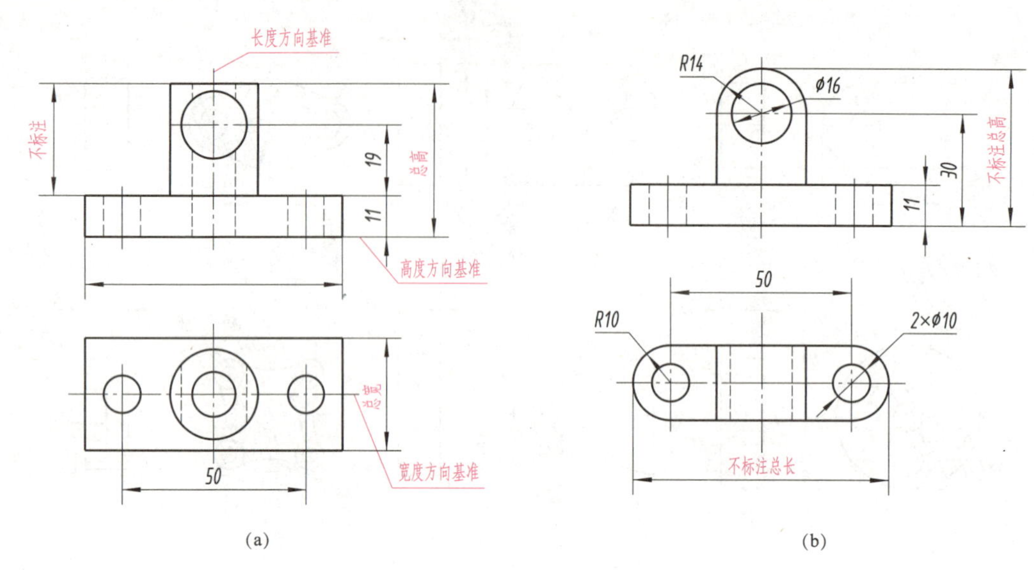

(a) (b)

图 6－13 组合体的尺寸标注

(a) 尺寸基准；(b) 不注总体尺寸的情况

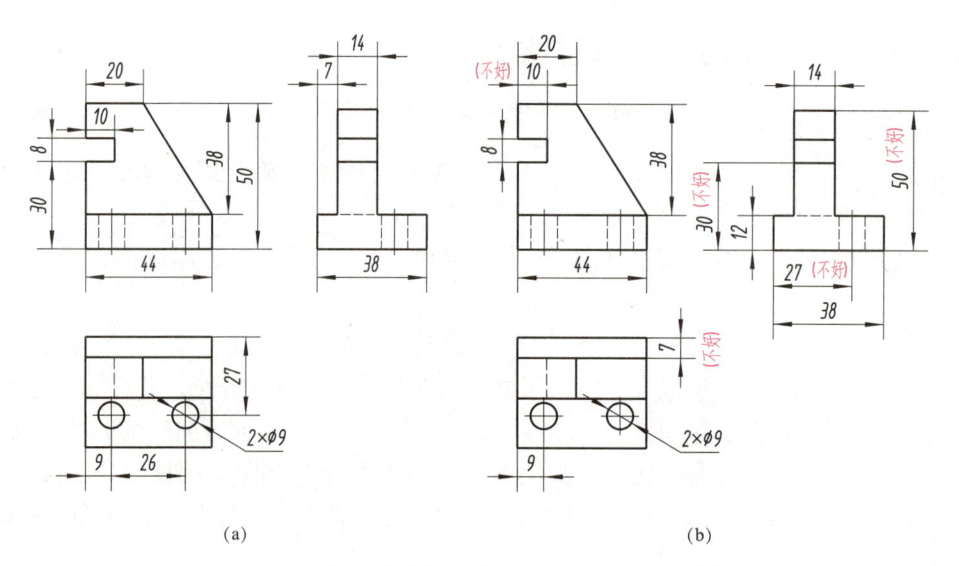

(a) (b)

图 6－14 尺寸尽量集中标注在反映形体特征明显的视图上

(a) 好；(b) 不好

(2) 为保持图形清晰，尺寸应尽量注在视图外面。尺寸排列要整齐，且应使小尺寸在里（靠近图形）、大尺寸在外，如图 6－15（a）所示，其尺寸 50 在外、32 在里，尺寸 40 在外、28 在里。否则，尺寸线与尺寸界线相交，会显得紊乱，如图 6－15（b）所示。当图上有足够地方能清晰地注写尺寸数字又不影响图形的清晰度时，也可注在视图内，如图 6－14（a）所示主视图上矩形槽定形（长）尺寸 10 要比如图 6－14（b）所示注在视图外好，又如图 6－15（a）所示主视图上半圆头槽圆心长度方向的定位尺寸 12 要比如图 6－15（b）所示注在视图外好。

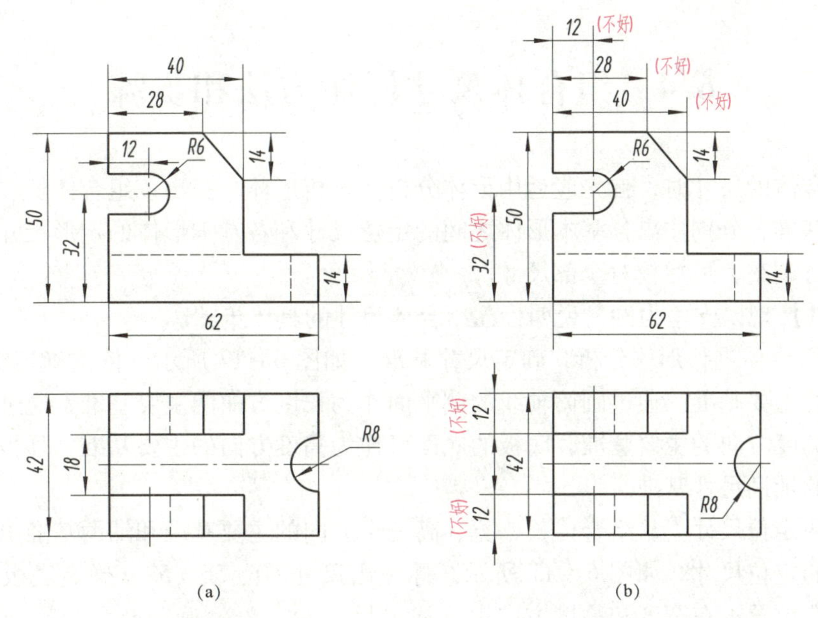

图6－15　尺寸尽量集中标注在视图外边，且小尺寸在里、大尺寸在外

（a）清晰；（b）不好

（3）标注圆柱、圆锥的直径尺寸应尽量注在非圆的视图（其轴线平行于投影面的视图）上，半圆以及小于半圆的圆弧的半径尺寸一定要注在反映为圆弧的视图上，如图6－16（a）所示。又如图6－15（a）所示中主视图的尺寸 $R6$ 和俯视图的尺寸 $R8$。

在板状零件上存在多孔分布时，其直径尺寸应注在投影为圆的视图上。

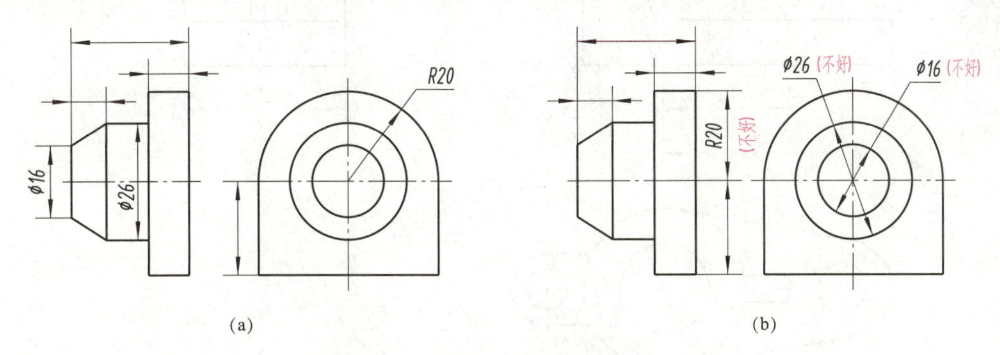

图6－16　直径、半径尺寸标注

（a）清晰；（b）不好

（4）同一基本形体的定形、定位尺寸应尽量集中标注。

（5）尺寸尽量不标注在虚线上。但为了布局需要和尺寸清晰，有时也可标注在虚线上。

以上各点并非是标注尺寸的固定模式，在实际标注尺寸时，有时会出现不能完全兼顾的情况，应在保证尺寸标注正确、完整、清晰的基础上，根据尺寸布置的需要灵活运用和进行适当的调整。

6.4 组合体尺寸标注方法和步骤

标注组合体的尺寸时，首先应运用形体分析法分析形体，找出该组合体长、宽、高三个方向的主要基准，分别注出各基本形体之间的定位尺寸和各基本形体的定形尺寸，再标注总体尺寸并进行调整，最后校对全部尺寸。

【例 6－1】 现以支座为例，说明标注组合体尺寸的具体步骤。

（1）对组合体进行形体分析，确定尺寸基准。如图 6－17 所示，依次确定支座长、宽、高三个方向的主要基准。通过圆筒轴线的侧平面作为长度方向的主要基准，通过圆筒轴线的正平面作为宽度方向的主要基准，底板的底面可作为高度方向的主要基准，耳板和圆筒顶面为高度方向的辅助尺寸基准。

（2）标注定位尺寸。从组合体长、宽、高三个方向的主要基准和辅助基准出发依次注出各基本形体的定位尺寸。如图 6－17 所示，标注出尺寸 80、56、52，确定底板和耳板相对于圆筒的左右位置；在宽度和高度方向上标注出尺寸 48、28，确定凸台相对于圆筒的上下和前后位置。

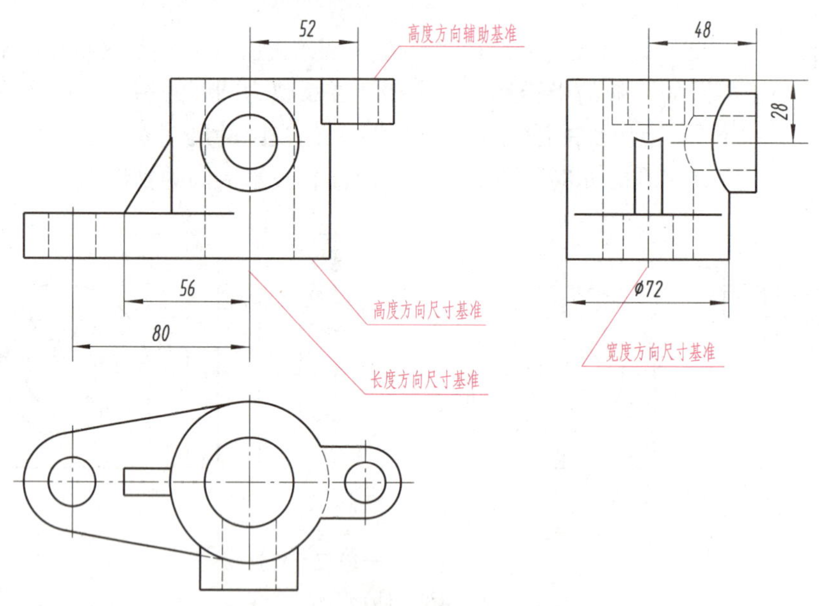

图 6－17　支座的尺寸基准和定位尺寸

（3）标注定形尺寸。依次标注支座各组成部分的定形尺寸，如图 6－18 所示。

（4）标注总体尺寸。为了表示组合体外形的总长、总宽和总高，应标注相应的总体尺寸。如图 6－19 所示，支座的总高尺寸为 80，它也是圆筒的高度尺寸；已标注了定位尺寸 80、52 以及圆弧半径 *R*22 和 *R*16 后，不再标注总长，左视图上标注了定位尺寸 48 后，不再标注总宽。

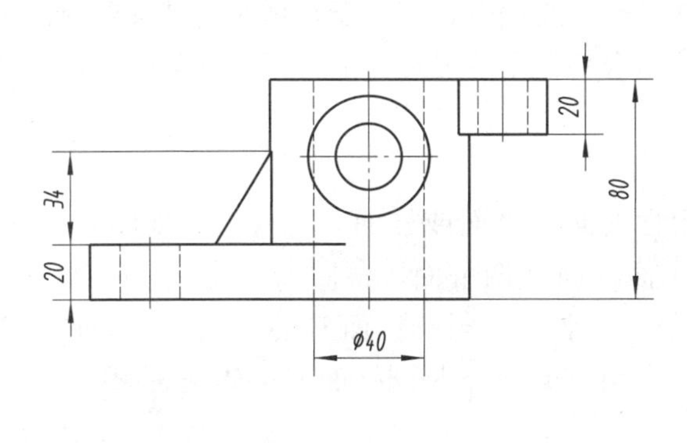

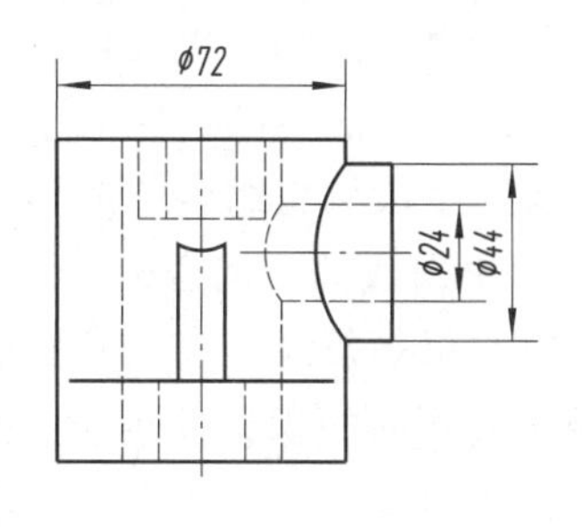

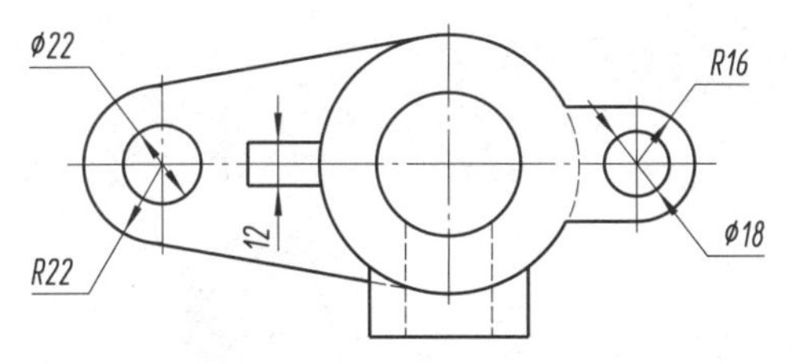

图 6-18　支座的定形尺寸

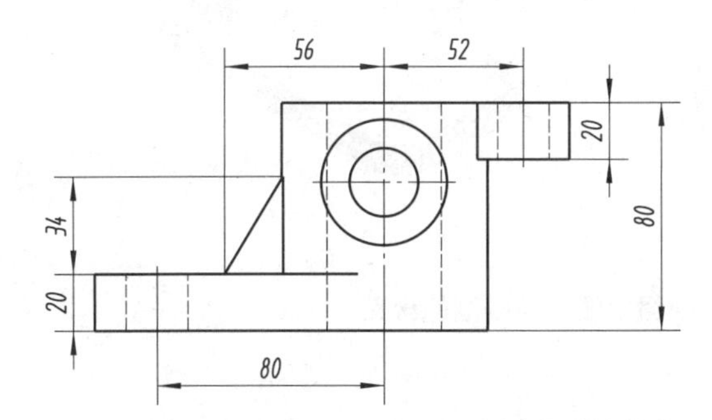

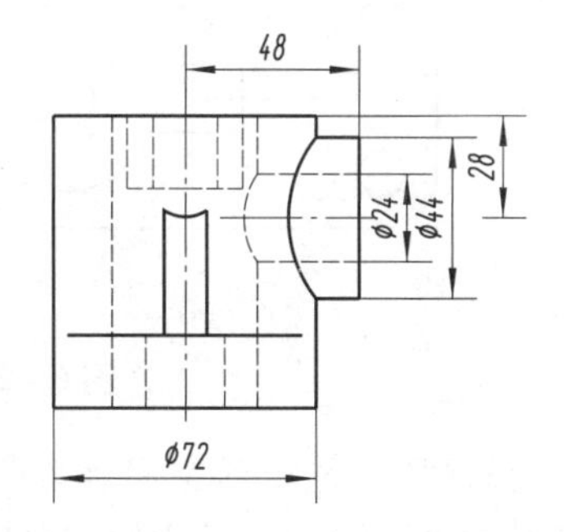

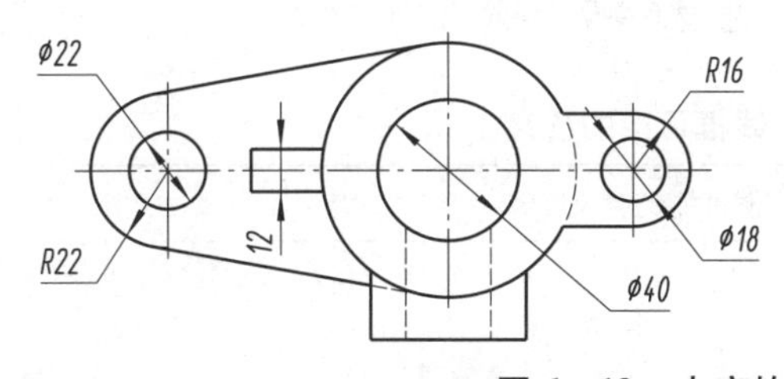

图 6-19　支座的总体尺寸

6.5　组合体的看图方法

6.5.1　看图的基本要领

看组合体的视图，就是根据组合体投影图构思组合体形状的思维过程，是画组合体视图的逆过程，所以看图同样也要运用形体分析及线面分析。对于形体组合特征明显的组合体视图宜采用形体分析法看图；但对于形体组合特征不明显或有局部不明显的组合体视图则宜采用线面分析的手段构思组合体的形状。

1. 视图中图线的空间含义

视图中的每一条线：表示具有积聚性的面（平面或柱面）的投影，如图 6－20（a）所示的线条 a 是 A 面的积聚性投影；表示面与面（两平面、两曲面，或一平面和一曲面）交线的投影，如图 6－20（a）所示的线条 b 是平面 E 与圆柱面 C 的交线；表示曲面转向轮廓线在某方向上的投影，如图 6－20（a）所示的线条 c 是圆柱面 C 的转向轮廓线。

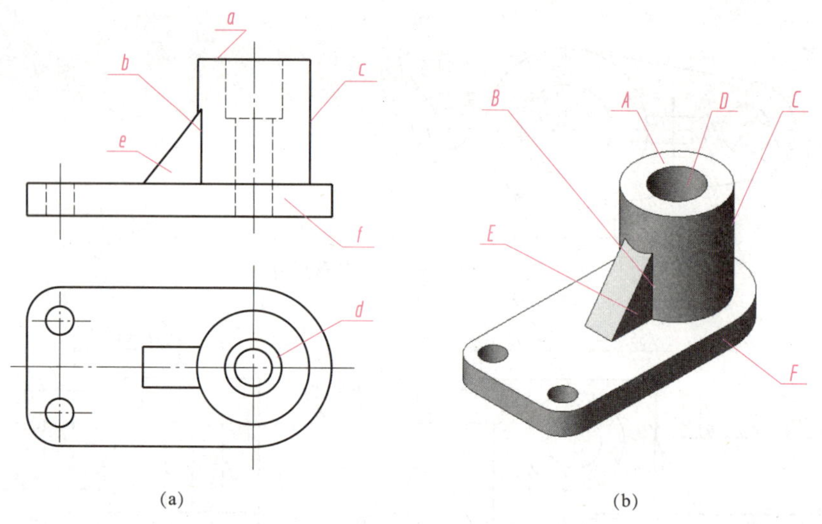

图 6－20　视图中图线和线框的含义

2. 掌握视图中线框的空间含义

视图中线框可能表示不同的含义，圆形线框可能代表球体、圆柱体、圆锥体等；长方形线框可能代表长方体、三棱柱等。具体情况见表 6－7。

表 6－7　线框可能的含义

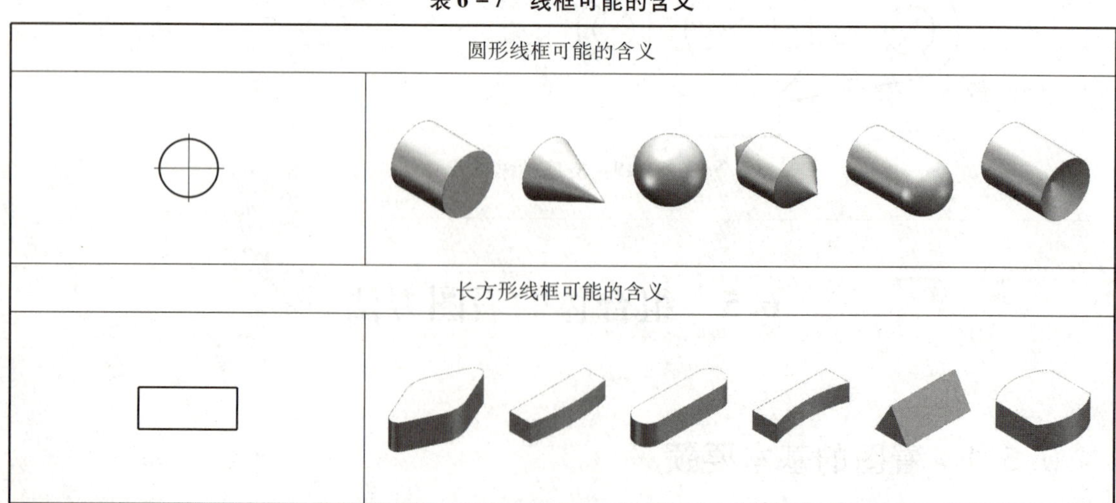

圆形线框可能的含义	
长方形线框可能的含义	

（1）视图中的封闭线框：表示凹坑或通孔积聚的投影，如图6－20（a）所示的圆形线框 *d* 表示的就是圆柱形通孔 *D* 的投影；表示一个面（平面或曲面）的投影，如图6－20（a）所示的三角形 *e* 就是平面 *E* 的投影；表示曲面及其相切的组合面（平面或曲面）的投影，如图6－20（a）所示的 *f* 就是平面与圆柱面相切形成的组合面的投影。

（2）视图中相邻封闭线框：表示不共面、不相切、位置不同的两个面的投影，如图6－21（a）所示表示位置不同的两个面的投影；如图6－21（b）所示表示不相切的两个面的投影；如图6－21（c）所示表示不共面的两个面的投影。

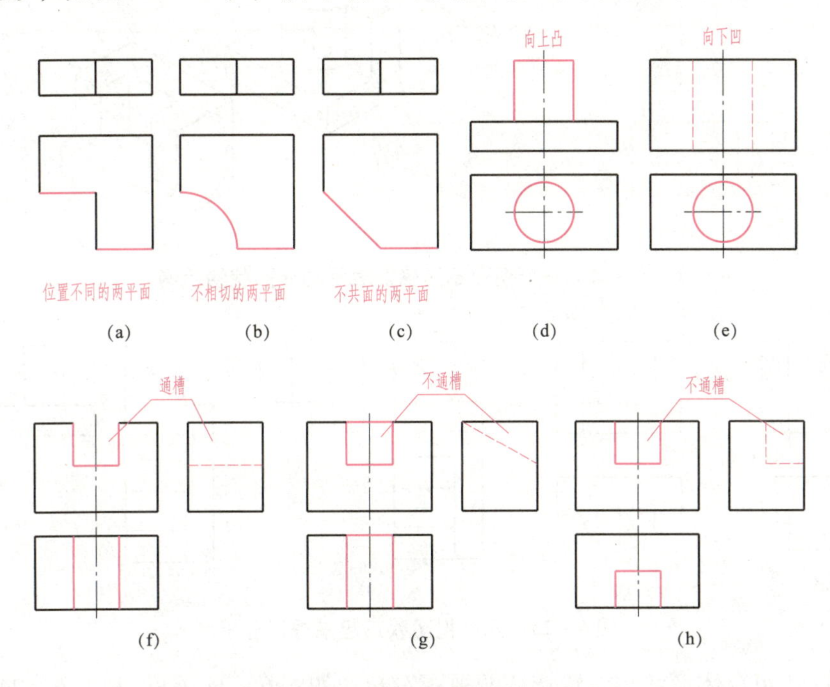

图6－21　相邻封闭线框的含义

（3）大线框内包括的小线框，一般表示在大立体上凸出或凹下的小立体的投影。如图6－21（d）所示，俯视图上的小圆线框表示凸出圆柱体的投影；如图6－21（e）所示，俯视图上的小圆线框表示凹下的圆柱孔的投影。

（4）线框边上有开口线框和闭口线框，分别表示通槽和不通槽。如图6－21（f）所示，表示的就是通槽；如图6－21（g）和6－21（h）所示，表示的就是不通槽。

3. 几个视图联系起来看，找出特征视图

看组合体视图时，要把几个视图联系起来进行分析。在一般情况下，一个视图是不能完全确定组合体的形状的，如图6－22所示，多种组合体的投影图可能为同一个。再如图6－23（a）和图6－23（b）所示的两组视图中，主视图相同，但两组视图表达组合体却完全不相同；有时，两个视图也不能完全确定组合体的形状，如图6－23（c）和图6－23（d）所示的两组三视图中，俯、左视图相同，两组三视图表达的组合体形状也不相同。由此可见，表达组合体必须要有反映形状特征的视图，看图时，要把几个视图联系起来进行分析，才能想象出组合体的形状。

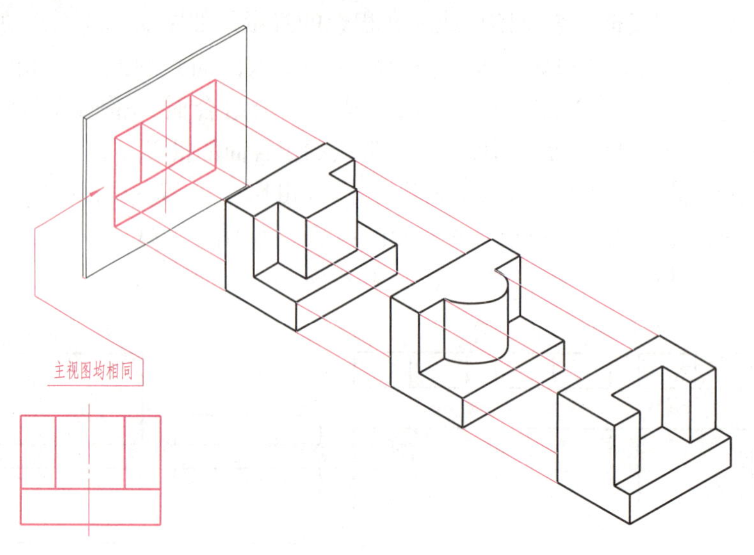

图 6－22　一个视图不能确切表示物体形状的示例

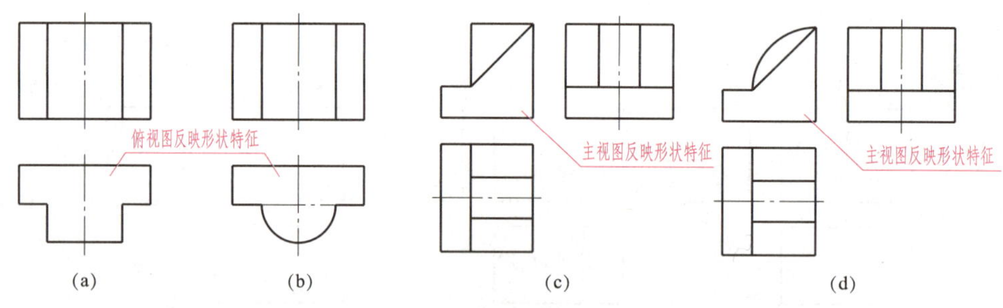

图 6－23　几个视图联系起来进行分析

从最能反映组合体形状和位置特征的视图看起。如图 6－24（a）和图 6－24（b）所示的两组三视图中，主、俯视图完全相同，其与左视图结合起来才能反映形体的结构。主视图能反映主要形状特征，故看图时若想知道组合体形状应看主视图；而左视图是最能反映组合体各形体的位置特征，故看图时若想知道组合体位置关系应先看左视图。

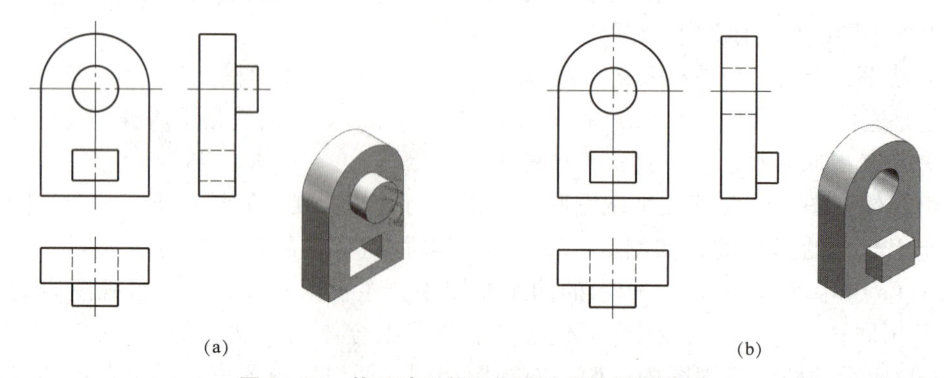

图 6－24　从反映形状和位置特征的视图看起

一般来讲，主视图是反映组合体整体的形状和位置特征的视图，但组合体各组成部分的形状和位置特征并不一定全部集中在主视图上。

如图6-25所示的支架，由三个基本体叠加而成，主视图反映了该组合体的形状特征，同时也反映了形体Ⅰ的形状特征；俯视图主要反映形体Ⅱ的形状特征；左视图主要反映形体Ⅲ的形状特征。看图时，应当抓住有形状和位置特征的视图，如分析形体Ⅰ时，应从主视图看起；分析形体Ⅱ时，应从俯视图看起；分析形体Ⅲ时，应从左视图看起。

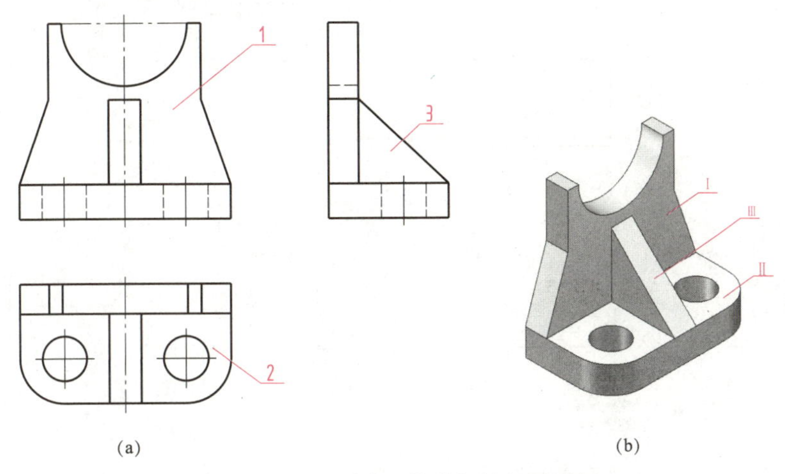

图6-25　从反映形状特征的视图看起

看图时要善于抓住反映组合体各组成部分形状与位置特征较多的视图，并从它入手，就能较快地将其分解成若干个基本体，再根据投影关系，找到各基本体所对应的其他视图，并经分析、判断后，想象出组合体各基本体的形状，最后达到看懂组合体视图的目的。

6.5.2　形体分析法读图

形体分析法是在看叠加型组合体的视图时，根据投影规律分析基本形体的三视图，从图上逐个识别出基本形体的形状和相互位置，再确定它们的组合形式及其表面连接关系，综合想象出组合体的形状的分析方法。

应用形体分析法看图的特点是：从基本形体出发，在视图上分线框。

【例6-2】 下面以图6-26所示的支承架为例，介绍应用形体分析法看图的方法和步骤：

1）划线框，分形体

从主视图看起，将主视图按线框划分为1′、2′、3′，并在俯视图和左视图上找出其对应的线框1、2、3和1″、2″、3″，将该组合体分为立板Ⅰ、凸台Ⅱ和底板Ⅲ三部分。

2）对投影，想形状

按照“长对正、高平齐、宽相等”的投影关系，从每一个基本形体的特征视图开始，找出另外两个投影，想象出每一个基本形体的形状，如图6-26（b）~图6-26（d）所示。

3）合起来，想整体

根据各基本形体所在的方位，确定各部分之间的相互位置及组合形式，从而想象出支承架的整体形状，如图6-26（e）所示。

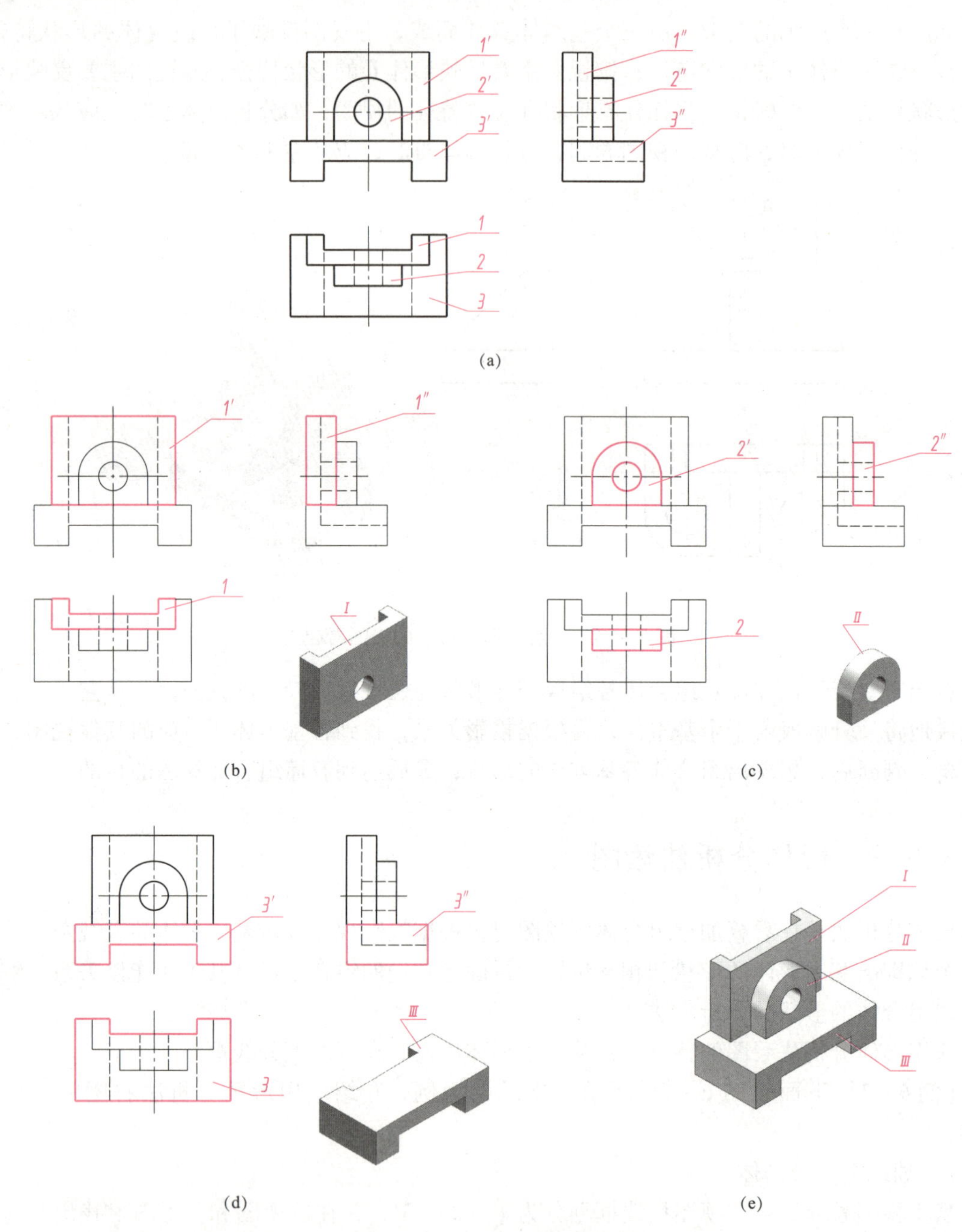

图 6-26 用形体分析法看支承架视图的方法和步骤

(a) 划线框，分形体；(b) 想象立板（Ⅰ）的形状；(c) 想象凸台（Ⅱ）的形状；
(d) 想象底板（Ⅲ）的形状；(e) 综合想象支架的整体形状

6.5.3 线面分析法读图

看图时，在应用形体分析法的基础上，对一些较难看懂的部分，特别是对切割型组合体的被切割部位，还要根据线面的投影特性分析视图中线和线框的含义，弄清组合体表面的形状和相对位置，综合起来想象出组合体的形状。

线面分析法的看图特点：从面出发，在视图上分线框。

【例 6－3】 现以如图 6－27 所示的压块为例，介绍用线面分析法看图的方法和步骤。

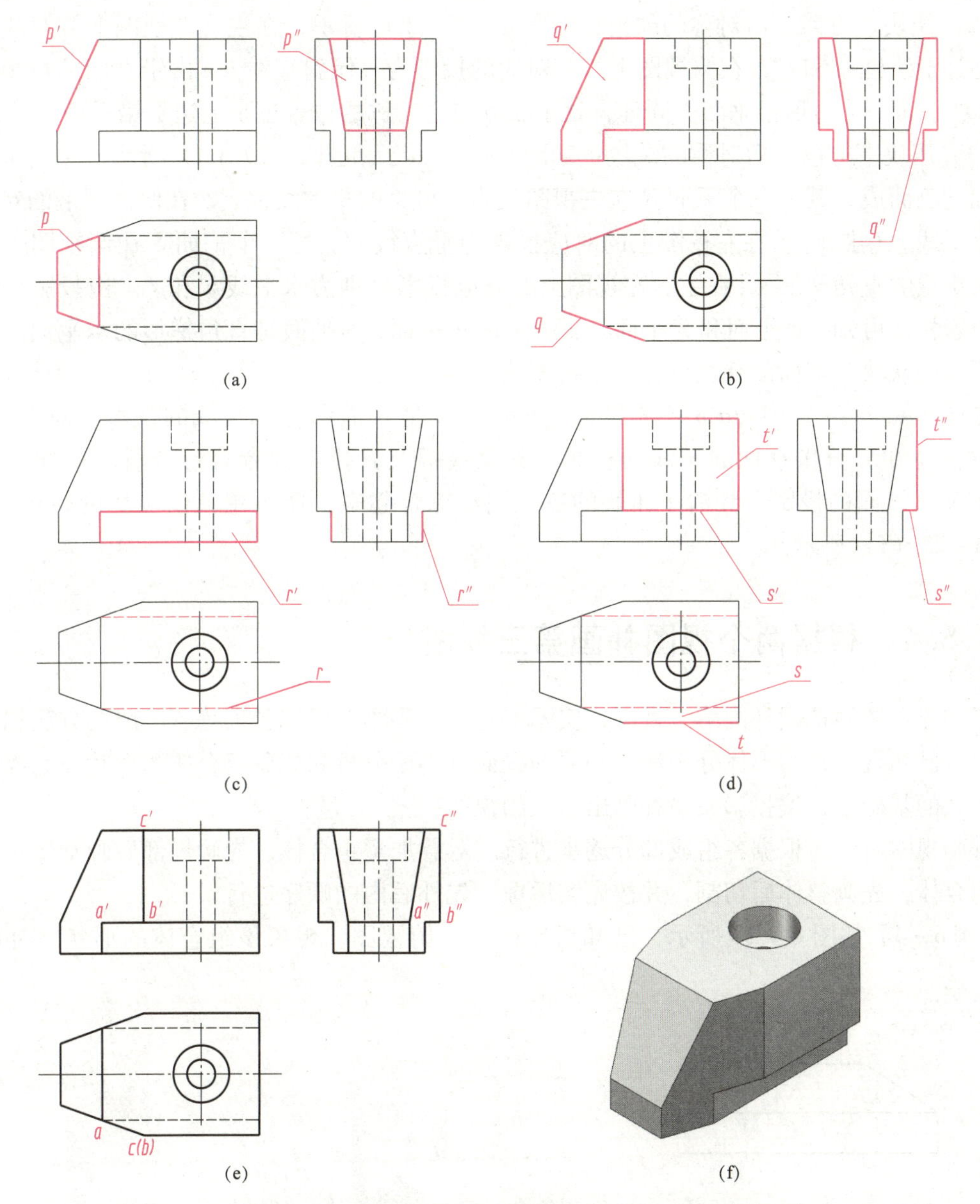

图 6－27　用线面分析法看压块视图的方法和步骤

(a) 分析正垂面 P；(b) 分析铅垂面 Q；(c) 分析正平面 R；(d) 分析水平面 S 和正平面 T；(e) 分析交线；(f) 直观图

先分析整体形状，压块三个视图的轮廓基本上都是矩形，所以它的原始形体是个长方体；再分析细节部分，压块的右上方有一阶梯孔，其左上方和前后面分别被切掉一角。

从某一视图上划分线框，并根据投影关系在另外两个视图上找出与其对应的线框或图线，确定线框所表示的面的空间形状和对投影面的相对位置。

（1）压块左上方的缺角：如图 6－27（a）所示，在俯、左视图上相对应的投影是等腰梯形线框 p 和 p''，在主视图上与其对应的投影是一倾斜的直线 p'。由正垂面的投影特性可知，P 平面是梯形的正垂面。

（2）压块左方前、后对称的缺角：如图 6－27（b）所示，在主、左视图上方对应的投影是七边形线框 q'和 q''，在俯视图上与其对应的投影为一倾斜直线 q。由铅垂面的投影特性可知，Q 平面是七边形铅垂面。同理，处于后方与之对称的位置也是七边形铅垂面。

（3）压块下方前、后对称的缺块：如图 6－27（c）和图 6－27（d）所示，它们是由两个平面切割而成，其中一个平面 R 在主视图上为一可见的矩形线框 r'，在俯视图上的对应投影为水平线 r（虚线），在左视图上的对应投影为垂直线 r''。另一个平面 S 在俯视图上是有一边为虚线的直角梯形 s，在主、左视图上的对应投影分别为水平线 s'和 s''。由投影面平行面的投影特性可知，R 平面和 T 平面是长方形的正平面，S 平面是直角梯形的水平面。压块下方后面的缺块与前面的缺块对称，不再赘述。

在图 6－27（e）中，$a'b'$不是平面的投影，而是 R 面和 Q 面交线的投影。同理，$b'c'$是长方体前方 T 面和 Q 面的交线的投影，其余线框及其投影读者自行分析。这样就既从形体上又从线面的投影上弄清了压块的三视图，综合起来，便可想象出压块的整体形状，如图 6－27（f）所示。

6.5.4　根据两个视图补画第三视图

已知组合体两视图补画第三视图，实际上是看图和画图的综合训练，一般的方法和步骤为：根据已知视图，用形体分析法与必要的线面分析法分析和想象组合体的形状，在弄清组合体形状的基础上，按投影关系补画出所缺的视图。

补画视图时，应根据各组成部分逐步进行。对叠加型组合体，先画局部后画整体；对切割型组合体，先画整体后切割，并按先实后虚、先外后内的顺序进行。

【例 6－4】如图 6－28 所示，已知机座的主、俯视图，想象该组合体的形状并补画左视图。

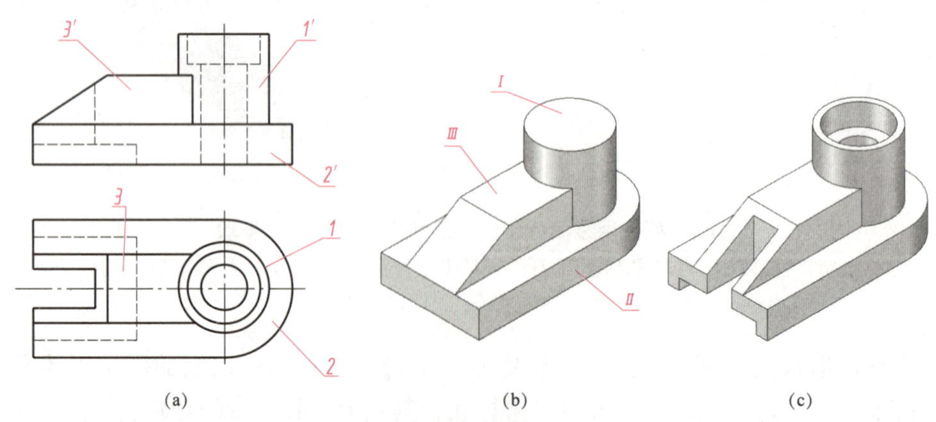

图 6－28　想象机座的形状

（a）将机座分解成三部分，找出对应的投影；（b）想象出三部分形体的形状；

（c）想象出机座左端的长方形凹槽、矩形通槽与阶梯圆柱孔的位置和形状

（1）分析：按主视图上的封闭线框，将机座分为底板Ⅰ、圆柱体Ⅱ、右端与圆柱面相交的厚肋板Ⅲ三个部分，再分别找出三部分在俯视图上对应的投影，想象出它们各自的形状，如图 6－28（a）和图 6－28（b）所示。进一步分析细节，如主视图右边的虚线表示阶梯圆柱孔，主、俯视图左边的虚线表示长方形凹槽和矩形通槽。综合起来想象出机座的整体形状，如图 6－28（c）所示。

（2）补画左视图，其过程如图 6－29 所示。

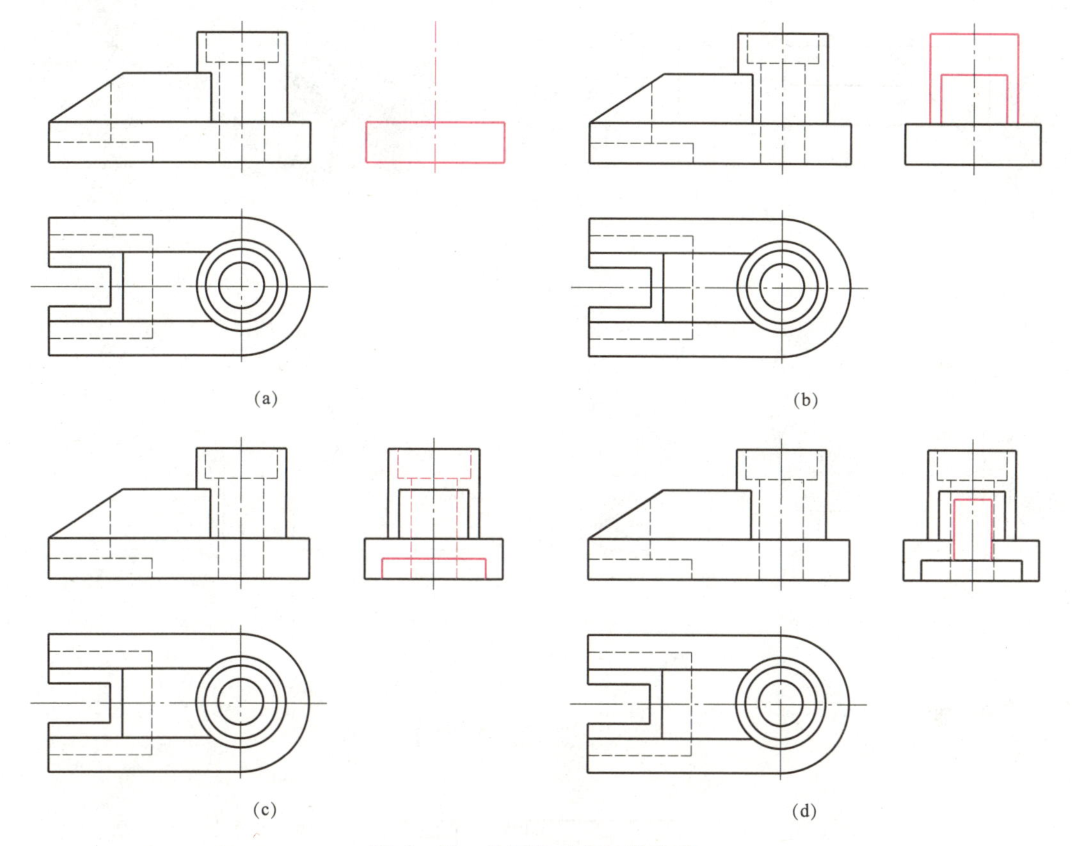

图 6－29　补画机座视图的步骤

（a）补画底板 2 的左视图；（b）补画圆柱体 1 和厚肋板 3 的左视图；
（c）补画长方形凹槽和阶梯圆柱孔的左视图；（d）补画矩形通槽的左视图

【例 6－5】如图 6－30（a）所示，已知切割型组合体的主、左视图，想象该组合体的形状，并补画俯视图。

（1）形体分析：由主、左视图可以看出，该组合体的原始形状是一个四棱柱。用正平面 *P* 和正垂面 *Q* 在左前方切去一块后，再用正平面 *S* 和侧垂面 *R* 在右前方切去一角，如图 6－30（b）所示。

（2）线面分析：正平面 *P* 和 *S* 在主视图中的封闭线框分别是三角形和四边形，根据投影特性可知，其在俯视图上必积聚为直线，如图 6－30（c）和图 6－30（d）所示。正垂面 *Q* 在主视图上积聚为直线、左视图上为六边形，而侧垂面 *R* 在左视图上积聚为直线、主视图为四边形，根据投影特性可知，它们的俯视图必为相似的六边形和四边形，如图 6－28（c）和图 6－28（d）所示。水平面 *T* 在主、左视图上积聚为直线，根据“长对正、宽相等”的对应关系和投影特性可求得俯视图上反映真实形状的六边形，如图 6－30（d）所示。

（3）补画俯视图：先分别画出正平面 P 和正垂面 Q 在俯视图的投影，如图 6－30（c）所示。再分别画出侧垂面 R、正平面 S 和水平面 T 的俯视图，如图 6－30（d）所示。

（4）检查后按线型加粗图线，如图 6－30（e）所示。

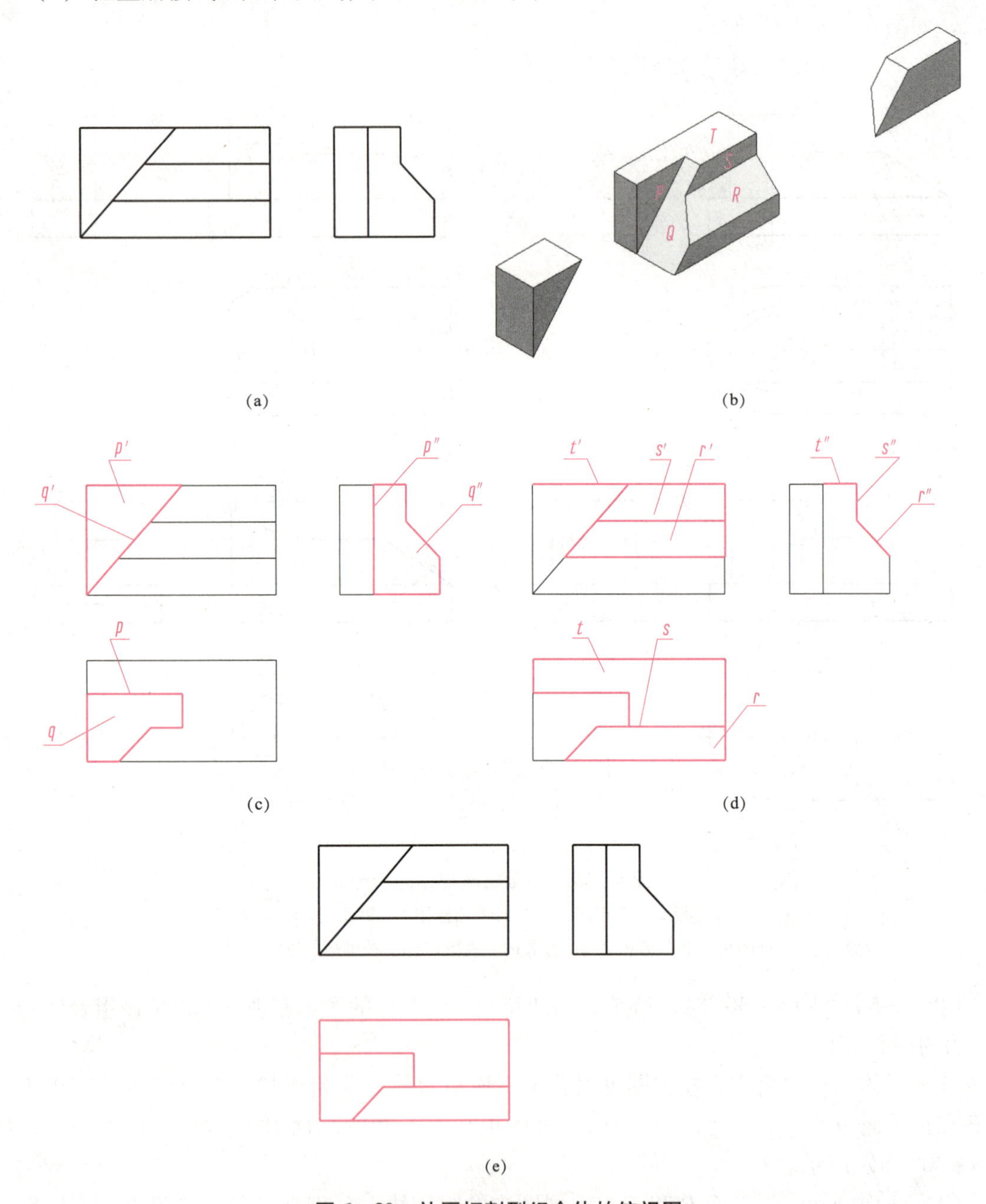

图 6－30　补画切割型组合体的俯视图

（a）已知条件；（b）形体分析；（c）画正平面 P 和正垂面 Q；（d）画侧垂面 R、正平面 S 和水平面 T；（e）检查、加深

本章介绍了组合体画图、看图和尺寸标注的方法。

形体分析法、线面分析法是组合体画图、看图的基本方法。画图、看图时，一般采用形体分析法分析组合体各形体的形状及相对位置；对形体上的投影面垂直面、一般位置面及一些形体相交切割等较复杂处可用线面分析法。

（1）形体分析法要点：

① 基本形体：锥、柱、球、环……

② 形体间的基本组合形式：叠加、挖切。

③ 邻接表面的关系：共面、相切、相交。

（2）线面分析法要点：

面、线的空间性质和投影规律，特别要注意投影面平行面、投影面垂直面和一般位置面的实形性、积聚性及类似性。

（3）画图要点：

形体分析→组合形式、相对位置及相邻表面关系的投影特点→画图方法和步骤。

（4）尺寸标注要点：

① 基准的选定：长、宽、高度方向基准。

② 尺寸类型：定形尺寸、定位尺寸、总体尺寸。

③ 标注原则：正确、完整、清晰、合理。

要提高画图、看图能力，必须不断实践、反复练习，多画、多看、多想，还应适当记忆一些常见组合体的形状和视图。通过绘制和阅读组合体视图的练习，将使以前各章节知识内容得到应用，同时也为学习后续课程及将来绘制零件图打下基础。

第 7 章　机件常用的表达方法

【本章知识点】

(1) 视图（基本视图、向视图、斜视图、局部视图）的形成、画法、标注及应用。

(2) 剖视图的概念、种类、适用条件、画法及标注。

(3) 剖切方法。

(4) 断面图的概念、种类、适用条件、画法及标注。

(5) 局部放大图、简化画法及其他规定画法。

(6) 第三角投影简介。

在生产实践中，当机件的形状和结构比较复杂时，仅采用前面介绍的主、俯、左三个视图，往往不能将机件的内外形状准确、完整、清晰地表达出来。为了满足这些要求，国家标准《技术制图》及《机械制图》规定了用视图（GB/T 17451—1998、GB/T 4458.1—2002)、剖视图（GB/T 17452—1998、GB/T 4458.6—2002)、断面图（GB/T 17452—1998、GB/T 4458.6—2002)、局部放大图（GB/T 4458.6—2002)、简化画法和其他规定画法（GB/T 16675.1—1996、GB/T 4458.1—2002）等各种表达机件的方法。对于一名合格的工程技术人员，在表达工件时，要根据工件的复杂程度，分析其结构特征，选用适当的表达方法，本章将着重介绍一些常用的表达方法。

7.1　视　图

7.1.1　基本视图

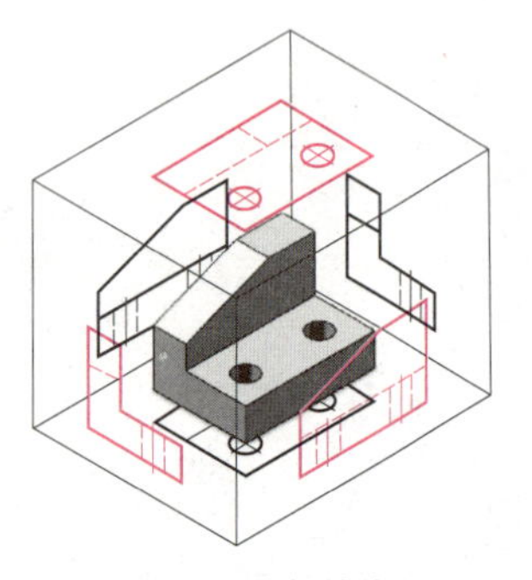

图 7－1　六个基本投影面

当机件的形状比较复杂时，为了清晰地表达各方向的形状，在原来介绍的 3 个投影面的基础上，再增加 3 个投影面构成一个正六面体，国家标准将这 6 个面规定为基本投影面。将机件放置在正六面体中，然后向 6 个基本投影面投影所得的视图称为基本视图。在 6 个基本视图中除了前面已介绍的主、俯、左 3 个视图外，还有右视图、仰视图和后视图，如图 7－1 所示。

右视图——由右向左投射所得的视图；

仰视图——由下向上投射所得的视图；

后视图——由后向前投射所得的视图。

6个基本投影面按照规定展开，正立投影面不动，其余各投影面按照如图7－2（a）所示箭头方向展开，展开后各基本视图的配置如图7－2（b）所示。6个基本视图之间仍然符合“三等”的投影规律，即主、俯、仰、后视图，长对正；主、左、右、后视图，高平齐；俯、左、右、仰视图，宽相等。在同一张图纸上按图7－2（b）所示配置视图时，一般不标注视图的名称。

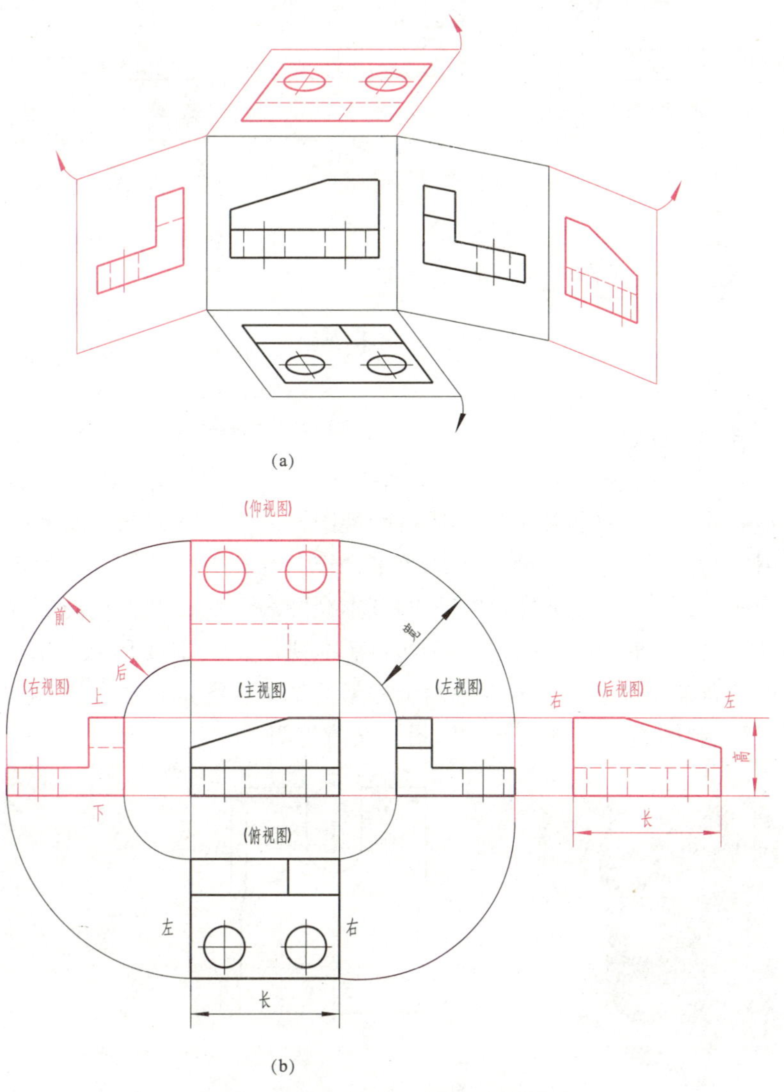

图7－2　六个基本投影面及基本视图

（a）六个基本投影面展开；（b）6个基本视图

在实际制图时，应根据机件的形状和结构特点，按需要选择基本视图。在6个基本视图中，一般优先选用主、俯、左3个基本视图。在完整、清晰地表达物体形状的前提下，应使视图数量最少，以便于画图和读图。

7.1.2　向视图

向视图是可以自由配置的视图。

在设计制图过程中，为了合理利用图幅，当不能按图 7－2（b）配置视图时，应自由配置，但应在向视图的上方标出“×”（“×”为大写拉丁字母），并在相应视图附近用箭头指明投影方向，标注相同的字母，如图 7－3 所示。

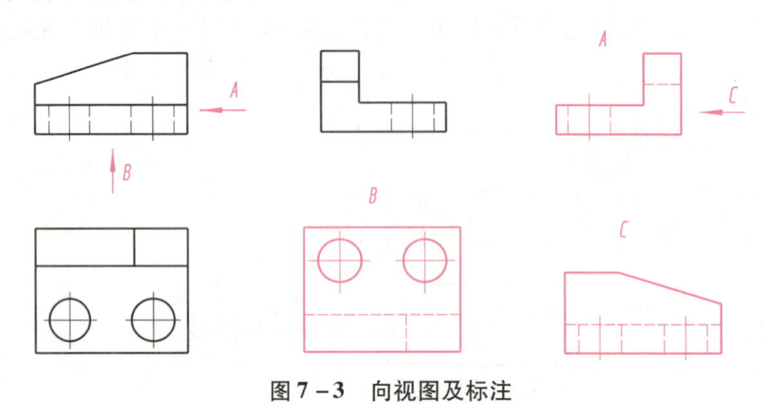

图 7－3　向视图及标注

7.1.3　局部视图

将机件的某一部分向基本投影面投影所得的视图，称为局部视图。局部视图是基本视图的一部分，利用局部视图可减少基本视图的数量，作为补充表达基本视图尚未表达清楚的部分。当机件上某些局部形状没有必要用完整的基本视图表达时，常采用局部视图。

如图 7－4 所示的机件，若选用主、俯两个基本视图，其主要形状已表达清楚，但左、右两个凸台的形状尚未充分表达，若再画两个完整的基本视图则大部分投影重复，此时采用“*A*”“*B*”两个局部视图表达，既简化了作图，又清楚明了。

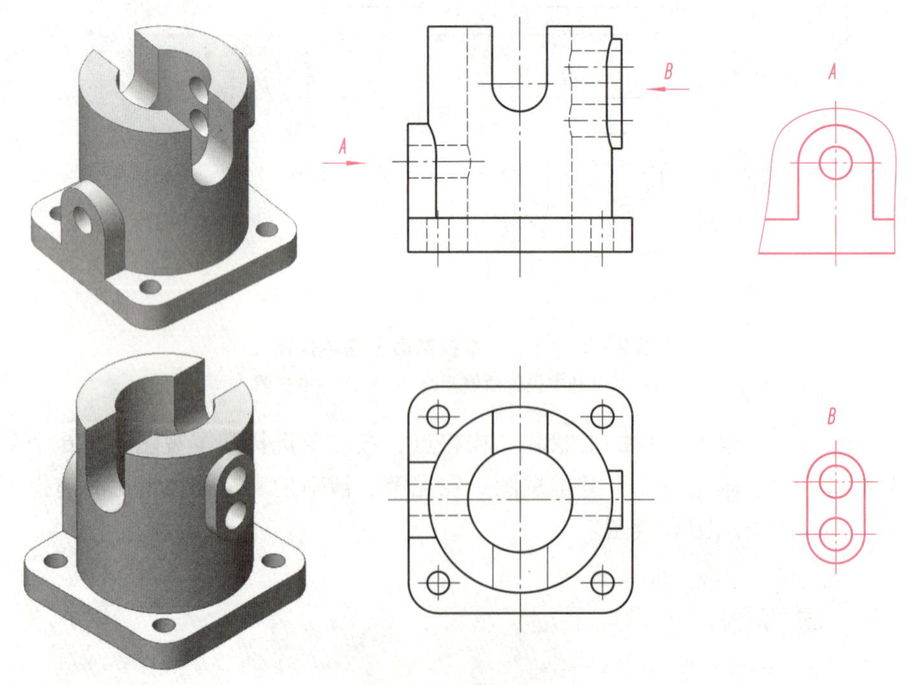

图 7－4　局部视图

画局部视图时，一般在局部视图的上方标出视图的名称“×”（“×”为大写拉丁字母），在相应视图附近用箭头指明投影方向，并注上同样的字母“×”。当局部视图按投影关系配置中间又没有其他图形隔开时，可省略标注，如图 7 -4 所示中的 *A* 向局部视图可省略标注。

由于局部视图只表达物体某一部分的形状，因此，断裂处的边界通常用波浪线表示，如图 7 -4 所示中的“*A*”视图。当所表示的结构形状完整且外轮廓线成封闭时，波浪线可省略，如图 7 -4 所示中的“*B*”视图。

7.1.4　斜视图

机件向不平行于任何基本投影面的平面（斜投影面）投影而得到的视图，称为斜视图。图 7 - 5 所示为弯板斜视图的形成。该弯板具有倾斜结构，其倾斜表面为正垂面，它的基本视图不反映实形，给画图、看图和尺寸标注带来了困难。为了表示倾斜部分实形，应建立一个平行于倾斜结构的正垂面作为新投影面，然后将倾斜结构按垂直于新投影面的方向 *A* 作投影，即可得到反映其实形的视图。因此，斜视图通常只用来表达机件倾斜部分的实形，其余部分不必全部画出，其断裂边界用波浪线表示。

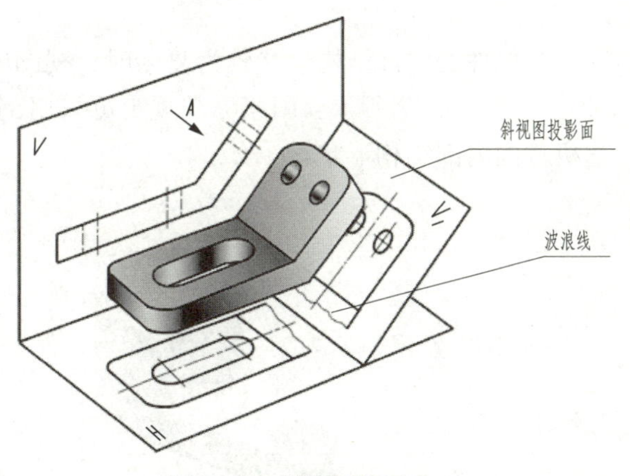

图 7 -5　斜视图的形成

画斜视图时，必须在视图的上方标出视图的名称“×”（“×”为大字拉丁字母），在相应的视图附近用箭头指明投影方向，并注上同样的字母，注意表明投影方向的箭头应垂直于被表达的部位，且字母一律水平书写。

斜视图一般按投影关系配置，如图 7 -6（a）所示，必要时也可配置在其他适当位置。在不致引起误解时，允许将图形旋转，如图 7 -6（b）所示，表示该视图名称的拉丁字母应靠近旋转符号的箭头端，旋转符号的方向应与实际旋转方向一致。必要时，也允许将旋转角度标注在字母之后。

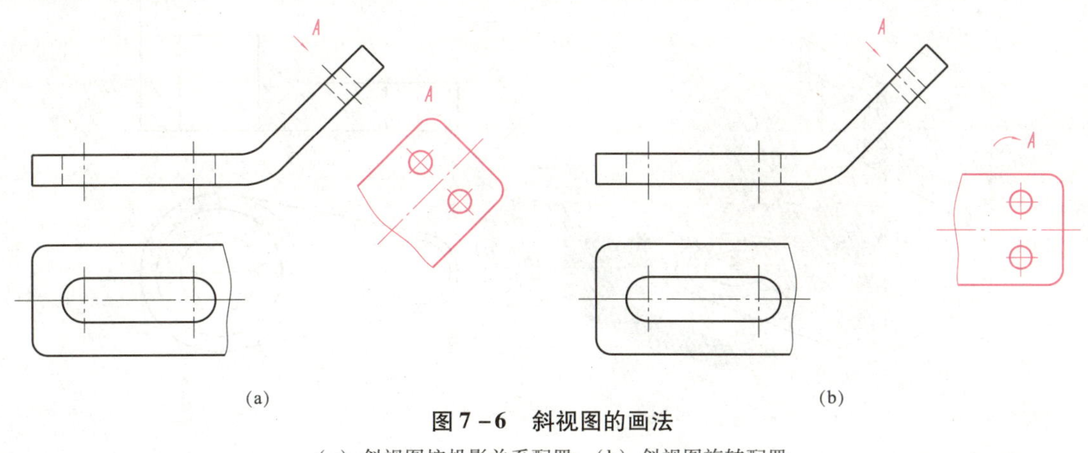

图 7 -6　斜视图的画法

（a）斜视图按投影关系配置；（b）斜视图旋转配置

7.2 剖视图

7.2.1 剖视图的概念

当机件的内部结构形状较为复杂时，视图中会出现较多虚线，不便于画图、看图和标注尺寸，如图 7－7 所示。国家标准规定可采用剖视图来表达复杂结构，即剖视图主要用于表达机件的内部结构形状。

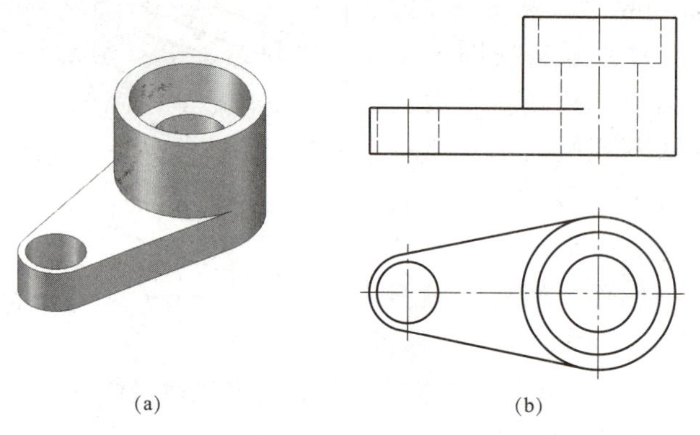

(a)　　(b)

图 7－7　机件及其视图

1. 剖视的形成

假想用剖切面剖开机件，移去观察者和剖切平面之间的部分，将其余部分向投影面投影所得的图形，称为剖视图。如图 7－8 所示，用正平面作为剖切面，在机件的前后对称面处假想将其剖开，移去前面部分，使其内部的孔、槽等结构显示出来，将其余的部分向正立投影面上作投影，从而得到它的剖视图。

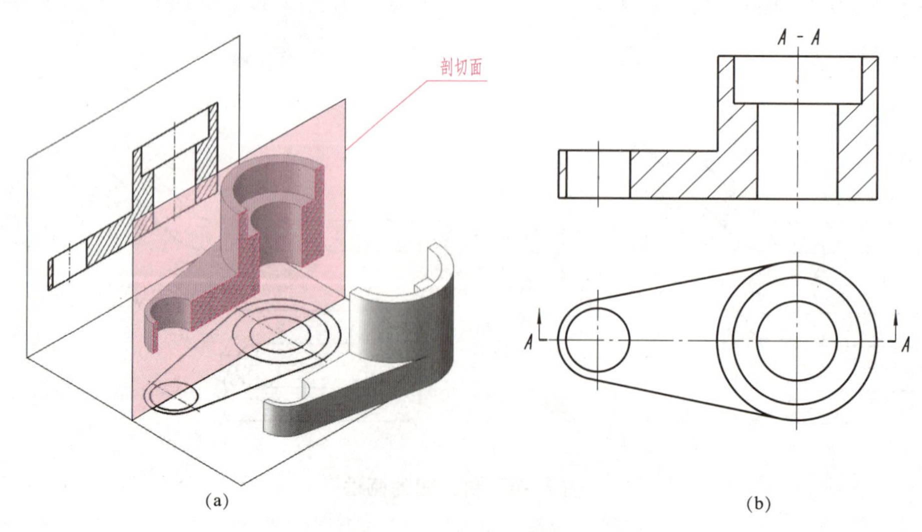

(a)　　(b)

图 7－8　剖视图的形成

2. 剖视图的画法

1）确定剖切面的位置

画剖视图时，首先要考虑在什么位置剖开机件，即剖切位置的选择。为了表达机件内部的实形，剖切平面一般应通过机件内部孔、槽等结构的对称面或轴线，并平行或垂直某一投影面。如图7-8所示，选取平行于 V 面的前后对称面为剖切平面。

2）画剖视图

剖切平面剖切到的机件断面轮廓和其后面的所有可见轮廓线均用粗实线画出，如图7-8（b)所示的主视图。

3）画剖面符号

剖切平面与机件接触的实体部分称为截断面。在断面轮廓内画出剖面符号，为了区别被剖切机件的材料，国家标准GB/T 17453—1998中规定采用表7-1所示的剖面符号表示。在不指明材料类别时，可采用通用剖面线表示，如图7-8所示的主视图。金属材料的剖面符号用与水平方向成45°、间隔均匀的细实线画出，向左或向右倾斜均可，即剖面线。但在一张图样上，同一机件在各个剖视图上剖面线的方向和间距应相同。当图形中的主要轮廓线与水平线成45°时，该图形的剖面线应画成与水平成30°或60°的平行线，其倾斜的方向和间距仍与其他图形的剖面线一致。

表7-1 各种材料的剖面符号

材料		剖面符号	材料	剖面符号
金属材料（已有规定剖面符号者除外）			木质胶合板（不分层数）	
线图绕组元件			基础周围的泥土	
转子、电枢、变压器和电抗器等的迭钢片			混凝土	
非金属材料（已有规定剖面符号者除外）			钢筋混凝土	
型砂、填砂、粉末冶金、砂轮、陶瓷刀片、硬质合金刀片等			砖	
玻璃及供观察用的其他透明材料			格网（筛网、过滤网等）	
木材	纵剖面		液体	
	横剖面			

3. 剖视图的标注

（1）一般在剖视图的上方用大写字母标出剖视图的名称“×－×”；在相应的视图上用剖切符号（线宽为1～1.5d、长度为5～10mm的断开粗实线）表示剖切位置，在剖切符号的起迄处用箭头指明投影方向，并标出同样的字母“×”，如图7－8（b）所示。

（2）当剖视图按投影关系配置中间又没有其他图形隔开时，可省略箭头，如图7－8（b）所示中的箭头即可省略。

（3）当单一剖切平面通过机件的对称平面或基本对称平面，且剖视图按投影关系配置中间又没有其他图形隔开时，可省略标注，如图7－8（b）所示中的标注可全部省略。

4. 画剖视图的注意事项：

1）剖切的假想性与真实性

对机件来说，剖切是假想的，即在一个视图上画了剖视图［如图7－8（b）所示的主视图］，其他未画剖视图的视图也仍应完整画出［如图7－8（b）所示的俯视图］。对所画的剖视图来说，剖切又是真实的，应按剖切后的情况画出，如图7－8（b）所示的主视图。

2）剖视图与剖切面的位置

剖视图本身不能反映剖切面的位置，剖切面的位置只能在其他视图上表示。如图7－8（b）所示的主视图，剖切面只有通过机件的前后对称平面剖切，剖切面的位置在俯视图上才能表示出来。

3）虚线的处理

剖视图的圆的目的是表达机件的内部形状、减少视图中的虚线及增强图形的清晰性。因此，在某个视图画了剖视图以后，凡是已经表达清楚的内、外结构形状，在其他视图上的虚线将不再画出。如图7－8（b）所示，主视图上左部分表示平板上表面投影的水平虚线就没有画出，因为在俯视图上已经清楚表示出了它的结构。

4）剖视图上可见的轮廓线不要遗漏

剖视图应画出断面轮廓线和剖切平面后的可见轮廓线。表7－2列举出了几种易漏线的情况。

表7－2　剖视图中容易漏线的示例

立体图	正	误
	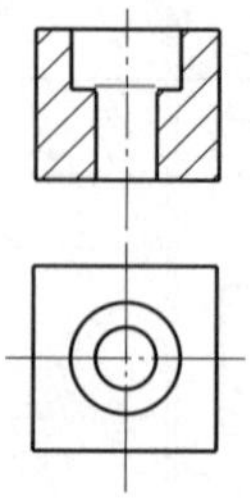	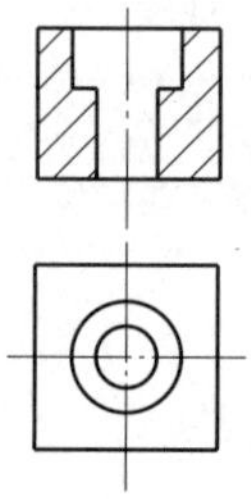

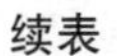

续表

立体图	正	误

7.2.2　剖切面的种类

1. 用单一剖切面剖切

1）用平行于某一基本投影面的剖切平面剖切

用平行于某一基本投影面的剖切平面剖开机件后所得到的剖视图是最常用的剖视图。

2）用不平行于任何基本投影面的剖切平面剖切

当机件上倾斜部分的内形需表达时，可先选择一个与倾斜部分平行的投影面（不平行于基本投影面），然后用不平行于任何基本投影面的剖切平面剖开机件的方法称为斜剖。如图 7－9 所示中的“*A*—*A*”全剖视图就是用斜剖画出的，它表达了弯管及其顶部凸缘、凸台与通孔的结构。

采用斜剖画的剖视图一般按投影关系配置，也可将其平移至图纸的适当位置，在不致引起误解时，还允许将图形旋转放正，但旋转后的标注形式应为“↷× － ×”，如图 7－9 所示，斜剖视图“↷*A*－*A*”必须标注。

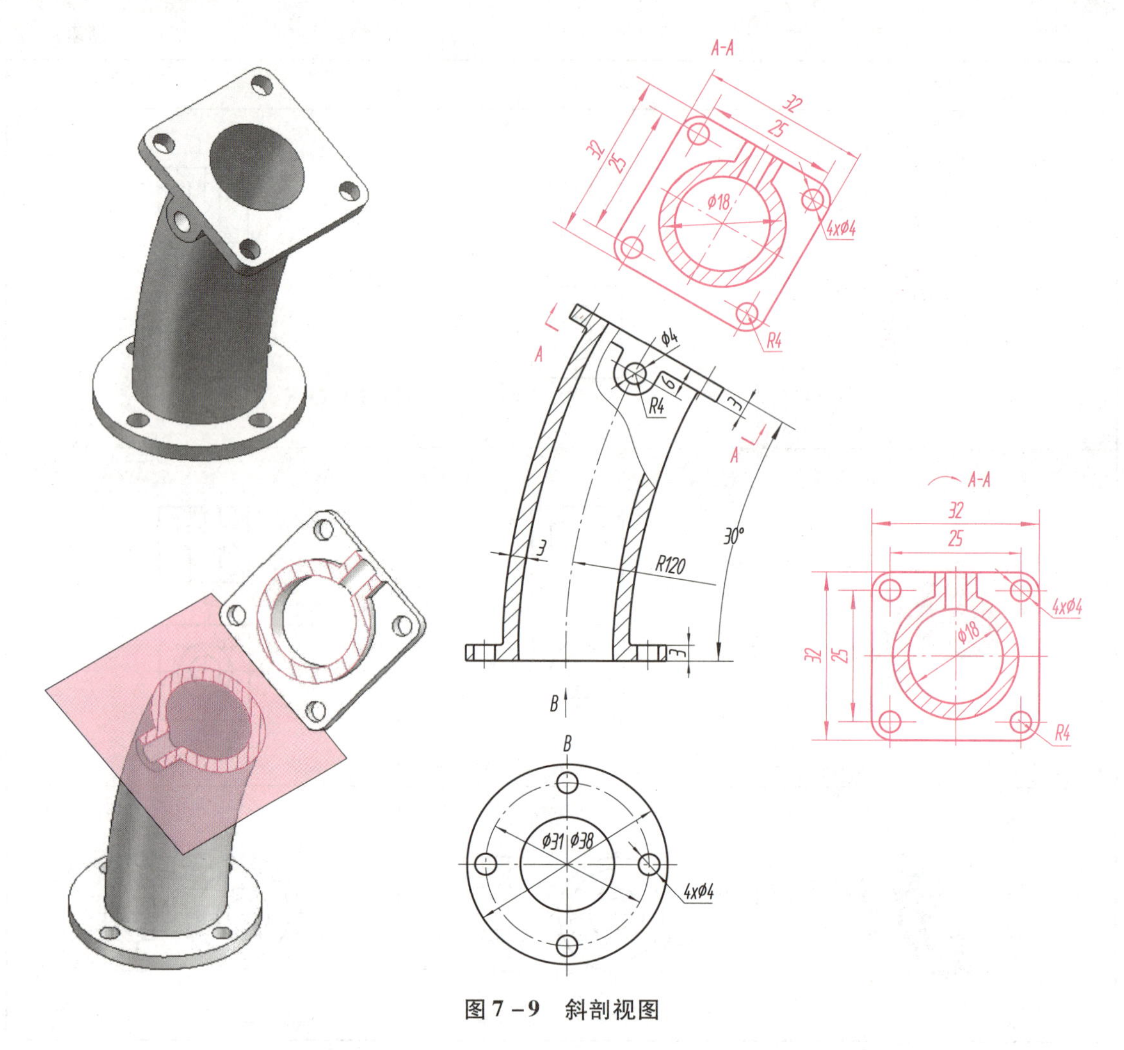

图 7－9　斜剖视图

2. 用几个剖切平面剖切

1）用两个相交的剖切平面剖切

用交线垂直于某一基本投影面的两个相交平面作为剖切平面剖开机件，这种方法称为旋转剖。

如图 7－10 所示机件，若用单一剖切平面剖切，则不能同时将三种孔表达清楚。又由于该机件具有回转轴线，故可采用交线与回转轴线重合的两相交剖切平面将三种孔同时剖开，为了将倾斜的结构反映实形，可把正垂面剖切得到结构及有关部分，旋转到与侧立投影面平行，再进行投影所得的剖视图，如图 7－10（b）所示。

画旋转剖时，应按图 7－10（b）所示画出剖切符号，在剖切符号的起迄和转折处标注大写字母“×”，在剖切符号两端画表示剖切后投影方向的箭头，并在剖视图上方注明视图的名称“×－×”；但当转折处空间有限又不致引起误解时，允许省略标注转折处的字母。

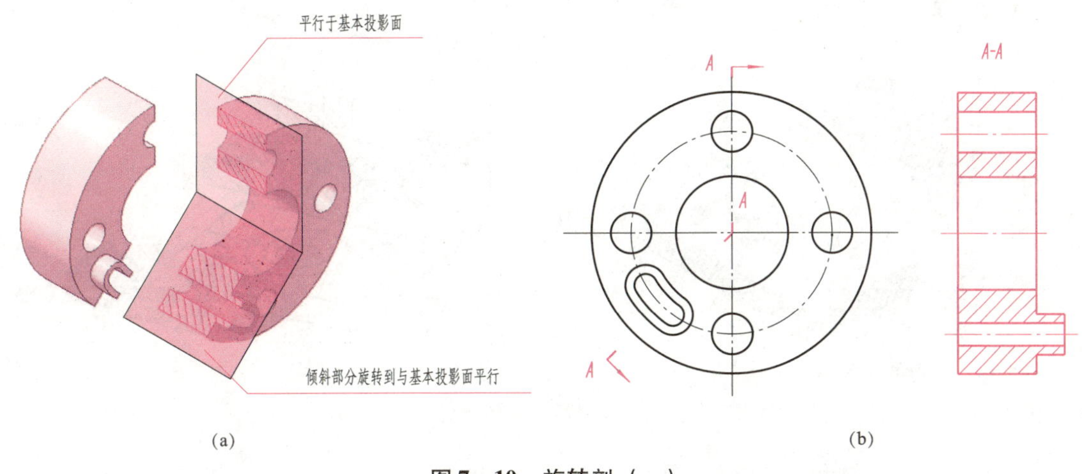

图7-10 旋转剖（一）

如图7-11（b）所示摇杆的 $A-A$ 剖视图也是用旋转剖画出来的。此机件中起加强连接作用的肋按国家标准规定，如剖切平面过肋的纵向剖切，则在肋的部分不画剖面线，而用粗实线将它与相邻部分分开。

旋转剖两个剖切平面的交线一般应与机件上的回转轴重合。采用旋转剖时，在剖切平面后的其他结构一般仍按原来位置投影，如图7-11（b）所示中油孔的俯视图。

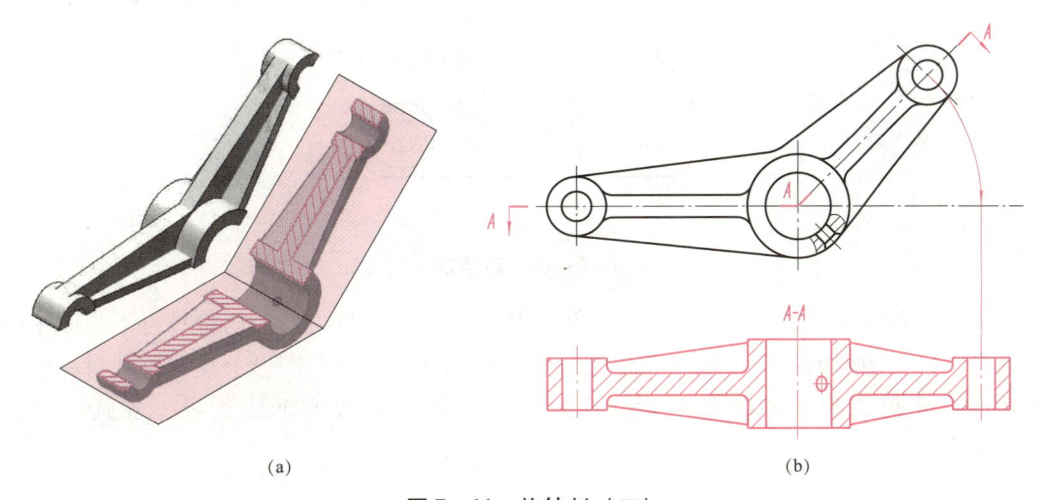

图7-11 旋转剖（二）

2）用几个平行的剖切平面剖切

用几个平行的剖切平面剖开机件的方法称为阶梯剖。如图7-12（a）所示，机件上面分布的孔不在同一个平面上，而且又没有明显的回转轴线，为了表示这些孔的结构，用两个平行的剖切平面剖开机件，将处在观察者与剖切平面之间的部分移去，再向正立投影面作投影，就能清楚地表达出两部分孔的结构，如图7-12（b）所示的 $A-A$ 全剖视图。阶梯剖画剖视图时，必须加标注，标注方法与旋转剖的标注相同，注意转折处剖切符号成直角，如图7-12（b)所示。如果剖视图按投影关系配置，中间又没有其他图形隔开，也可省略表示投影方向的箭头，如图7-12（b）所示中俯视图的箭头可省略。

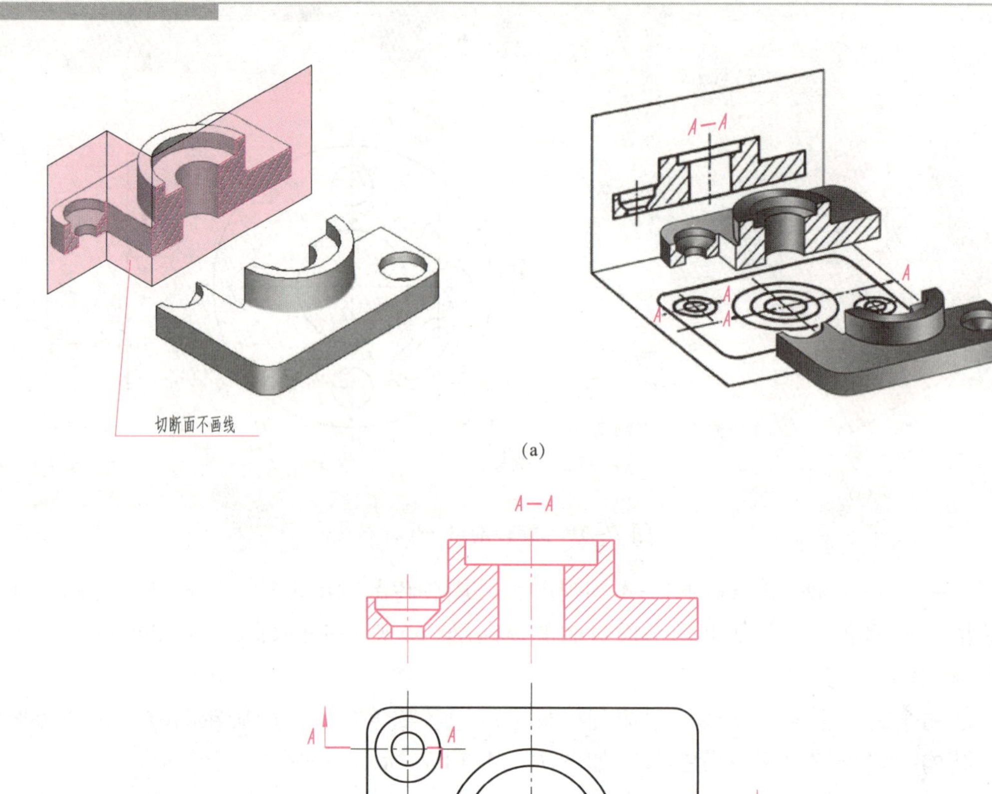

(a)

(b)

图 7－12 阶梯剖

用阶梯剖画剖视图时，剖切平面转折处的界线不画，转折处的剖切符号也不与图中的轮廓线重合，且在图形内不应出现不完整的要素。仅当两个要素在图形上具有公共对称中心线或轴线时，才可以出现不完整要素，这时应以对称中心线或轴线为界，各画一半，如图 7－13所示。

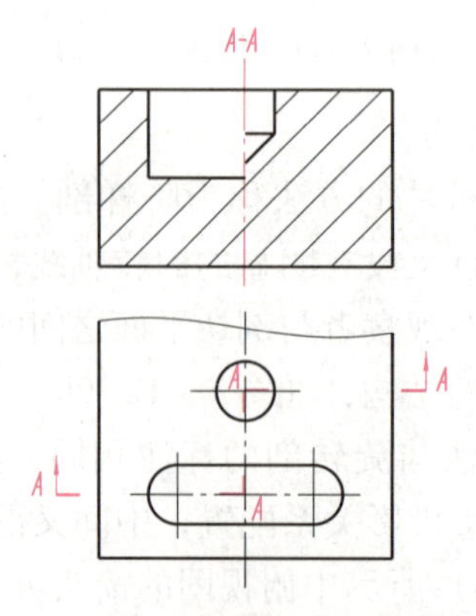

图 7－13 允许出现不完整要素的阶梯剖

3）用组合的剖切平面剖切

如图7－14所示的机件，为了表达机件上所有孔的结构，采用几个剖切平面剖切。这些剖切平面可以平行或倾斜于投影面，但都同时垂直于另一个投影面。倾斜的剖切平面剖切到的部分，采用旋转剖的方法。这种除了阶梯剖、旋转剖以外，用组合的剖切平面剖开机件的方法称为复合剖。复合剖剖切符号的画法和标注与旋转剖和阶梯剖相同。

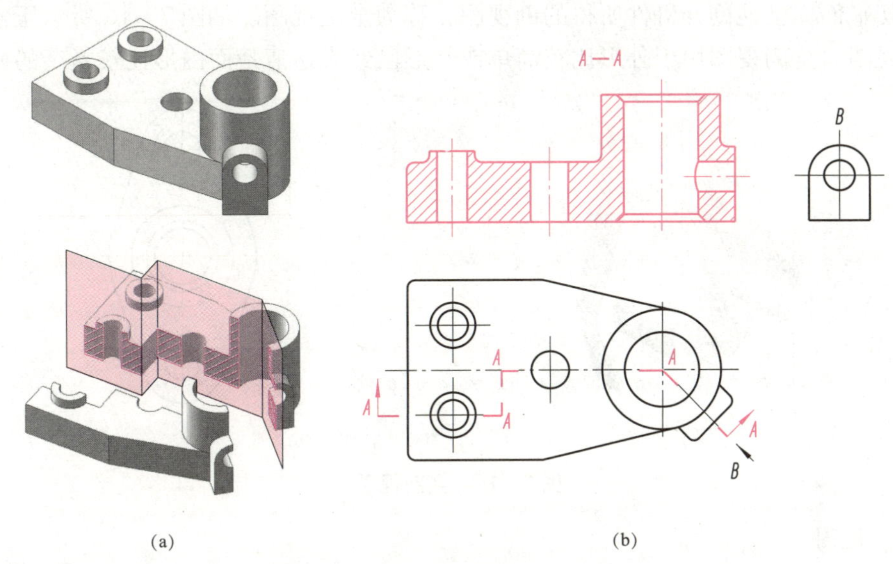

图7－14　采用复合剖的形式（一）

如图7－15所示的机件，由于采用了四个连续相交的剖切平面剖切，因此在画剖视图时，可采用展开画法，对于展开的复合剖，图名应标出“×－×展开”。

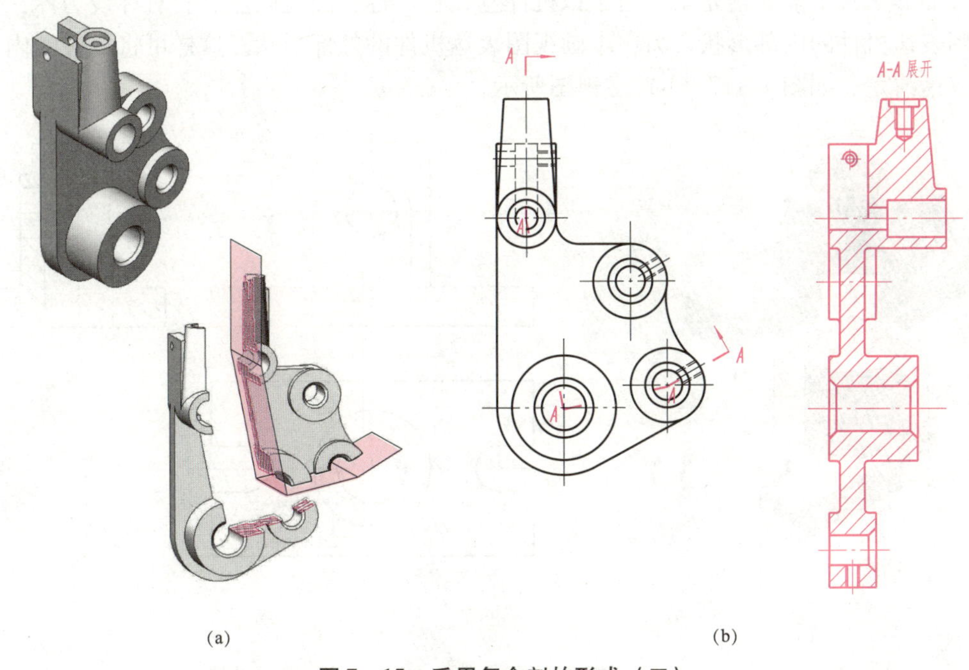

图7－15　采用复合剖的形式（二）

7.2.3 剖视图的种类

按照剖切平面不同程度地将机件剖开，可将剖视图分为全剖视图、半剖视图和局部剖视图。

1. 全剖视图

用剖切平面完全地剖开机件所得的剖视图，称为全剖视图。如图 7 - 16 所示压盖的主视图为全剖视图。全剖视图用于外形比较简单或外形已经表达清楚而内形比较复杂的机件。

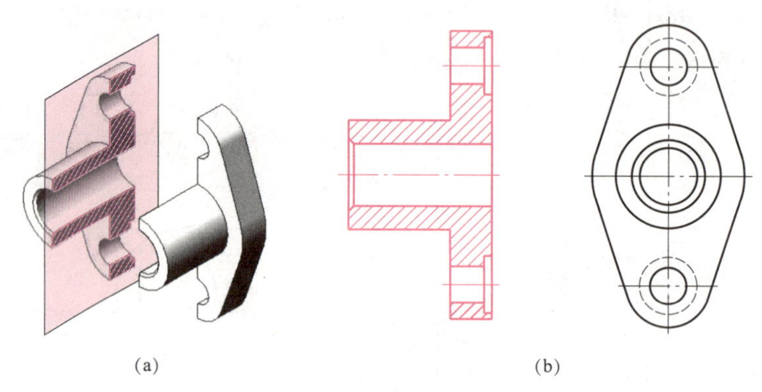

图 7 - 16　全剖视图

2. 半剖视图

当机件具有对称平面时，在垂直于对称平面的投影面上投影所得的图形，以对称中心线为界，一半画成剖视，另一半画成视图，这种剖视图称为半剖视图。如图 7 - 17 所示机件，其内、外形状都较复杂，主视图如画成视图，则内部形状的表达不够清晰；如画成全剖视图，则外部形状又不能表达完全。由于该机件左、右对称，因此以左、右对称线为界，一半画剖视图表达机件的内部形状，另一半画视图表达机件的外部形状。这样可将机件的内、外形状都表达清楚，如图 7 - 17（b）主视图所示。

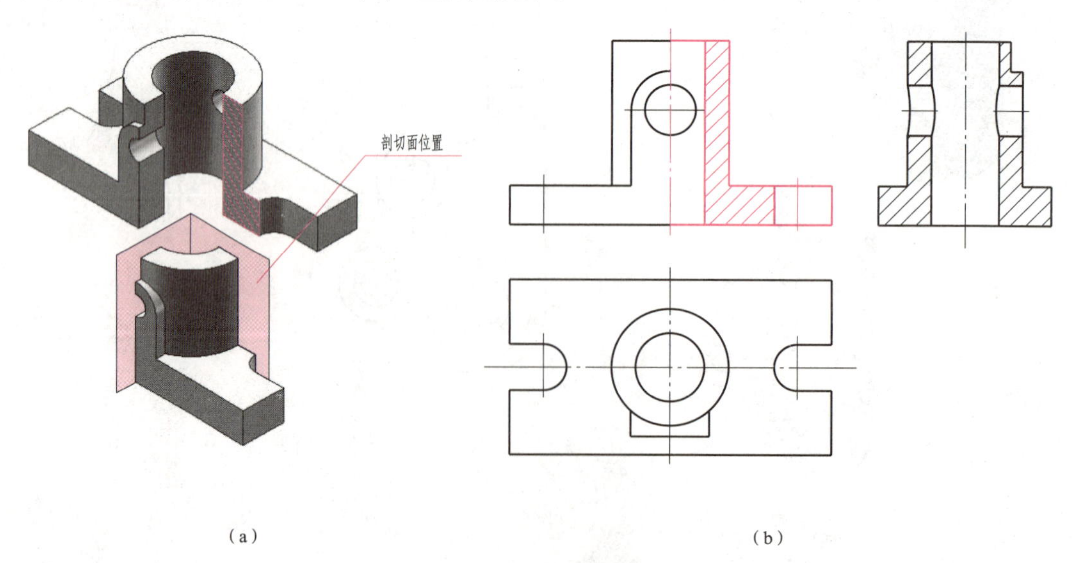

图 7 - 17　半剖视图

当机件的形状接近对称，且不对称部分已另有图形表达清楚时，也可以画成半剖视。如图 7－18 所示带轮，由于带轮上下不对称的局部只是在轴孔的键槽处，而轴孔和键槽已由 A 向局部视图表达清楚，所以也可将主视图画成半剖视图。

半剖视图剖切平面位置的标注与全剖视图相同。

半剖视图用于表达内、外形状都较复杂的对称或基本对称的机件。

图 7－18　带轮

3. *局部剖视图*

用剖切面局部地剖开机件所得的剖视图，称为局部剖视图。如图 7－19 所示的主、俯视图都是用一个平行于相应投影面的剖切平面局部地剖开机件后所得的局部剖视图。

局部剖视图的视图和剖视图之间用波浪线分界，如图 7－19 所示，波浪线不应与图样上其他图线重合；波浪线应画在机件实体上，不能穿空而过。

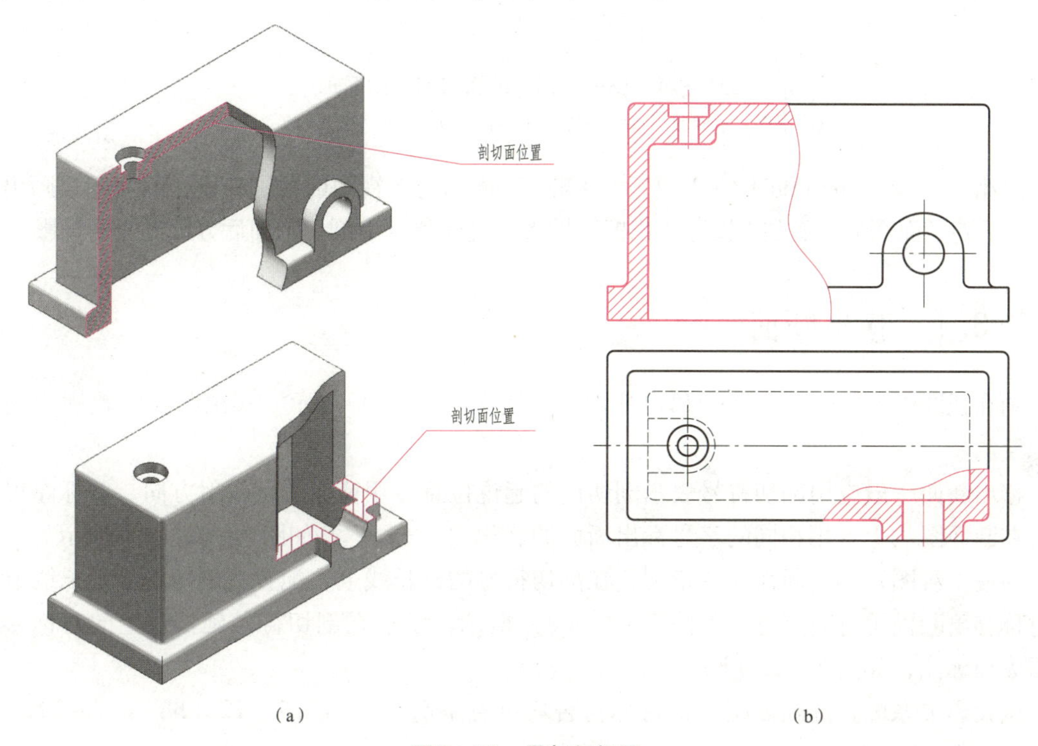

图 7－19　局部剖视图

当被剖切结构为回转体时，允许将该结构的轴线作为剖视图与视图的分界线，如图 7－20 所示。

当用单一剖切平面剖切且剖切位置明显时，局部剖视图的标注可以省略，如图 7－19 和图 7－20 所示。

局部剖视图是一种比较灵活的表达方法，主要用于表达既不宜采用全剖视图，也不宜采用半剖视图的机件，其剖切位置和范围根据需要决定。但在一个视图中，局部剖视的数量不宜过多，以免使图形过于破碎。

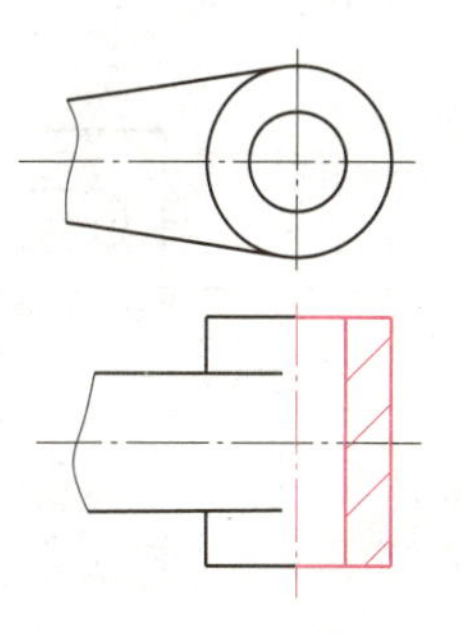

图 7－20　用中心线作为分界线

7.3 断面图

假想用剖切平面将机件的某处切断，仅画出断面形状，这种图形称为断面图，简称断面。如图 7－21（b）所示。

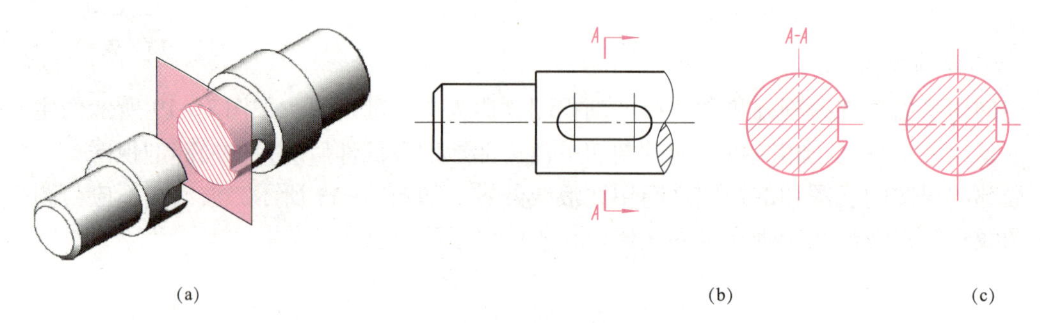

图 7－21 轴的断面、断面与剖视的区别

（a）用剖切平面假想将轴切断；（b）轴的断面图；（c）轴的剖视图

对比图 7－21（b）和图 7－21（c）可知，断面图与剖视图的区别在于：断面图只画出机件切断后的断面图形，而剖视图除画出断面图形之外还要画出剖切平面后方可见线的投影。

7.3.1 移出断面

画在视图外面的断面，称为移出断面，如图 7－22（a）所示。移出断面的轮廓线用粗实线绘制。

移出断面一般应用剖切符号表示剖切面的起讫位置，用箭头表示投射方向，并标注出字母；在断面图的上方用相同的字母标出断面的名称"×—×"。如图 7－22（c）所示。

为便于看图，移出断面应尽量配置在剖切符号的延长线上，配置在剖切符号延长线上的不对称移出断面可省略字母，如图 7－22（a）所示。配置在剖切符号延长线上的对称移出断面无须标注，如图 7－22（b）所示。

按投影关系配置的断面图不论对称与否均可省略箭头，如图 7－22（b）和 7－22（c）所示。

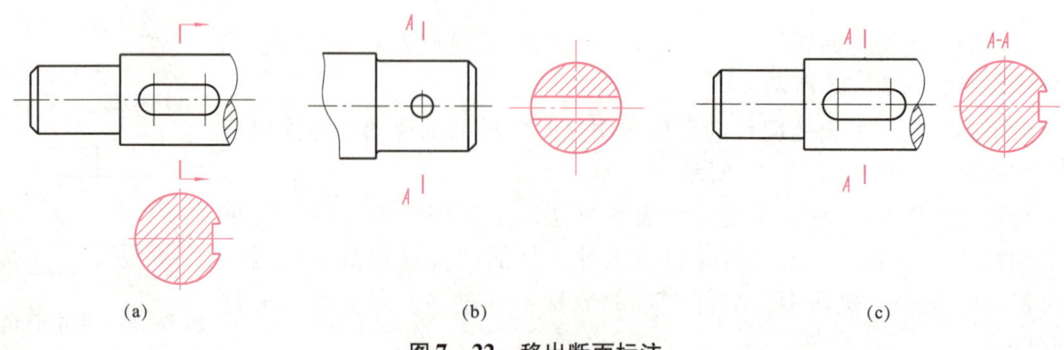

图 7－22 移出断面标注

断面图形对称时，也可按图7－23（a）所示直接画在视图的中断处。必要时可将移出断面配置在其他适当位置，如图7－23（b）所示。

在不致引起误解时，允许将图形旋转，但要标注旋转符号和名称，如图7－23（d）所示。

当剖切平面通过回转面形成的孔或凹坑的轴线时，这些结构应按剖视画出，如图7－23（c）所示。

当剖切平面剖切机件后，会导致出现完全分离的两个断面时，则这样的结构按剖视绘制，如图7－23（d）所示。

由两个或多个相交平面剖切得到的移出断面可以画在一起，但中间应断开，如图7－23（e）所示。

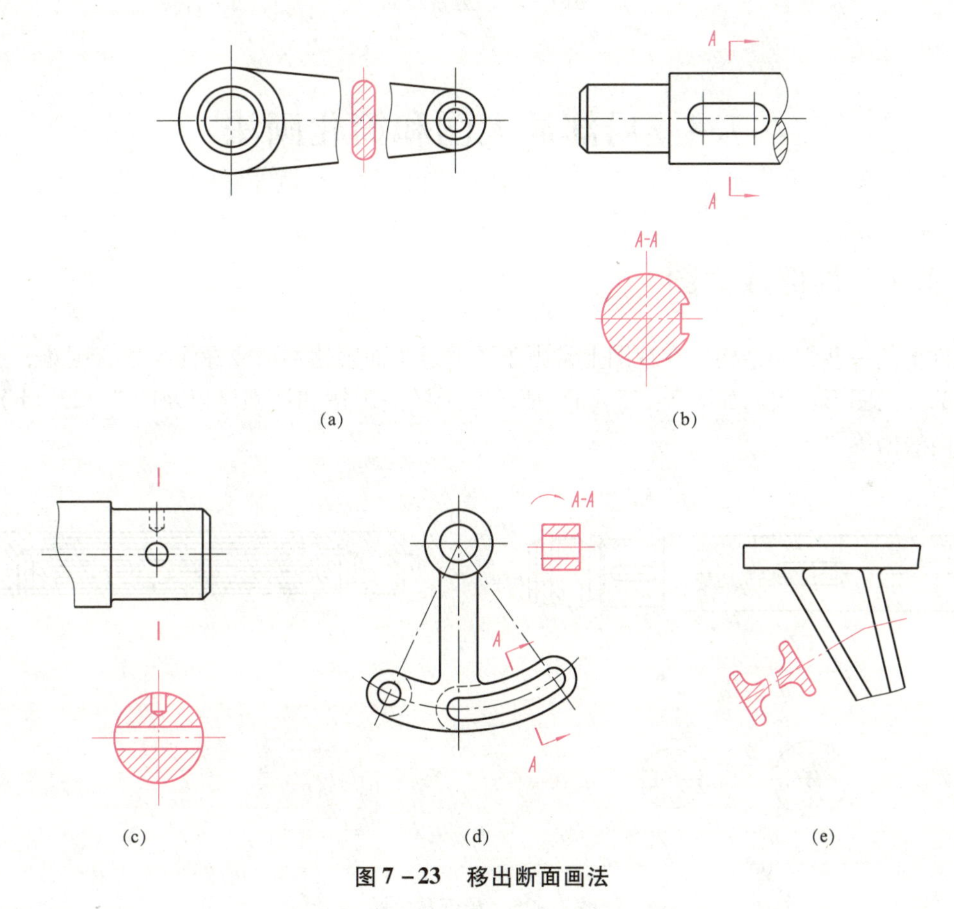

图7－23　移出断面画法

7.3.2　重合断面

在不影响图形清晰的情况下，断面也可按投影关系画在视图内。画在视图内的断面称为重合断面，重合断面的轮廓线用细实线绘制，如图7－24所示。当视图中的轮廓线与重合断面的轮廓线重合时，视图中的轮廓线仍应连续画出，不可间断，如图7－24（b）所示。

对称的重合断面不必标注，如图 7－24（a）所示。

配置在剖切符号上的不对称重合断面不必标注字母，但仍要在剖切符号处画出表示投影方向的箭头，如图 7－24（b）所示。

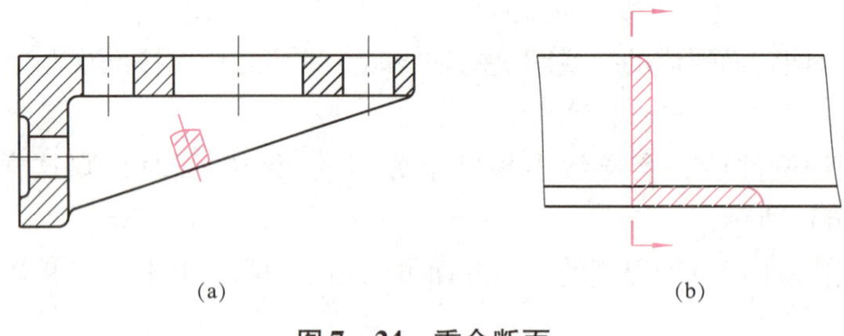

(a)　　(b)

图 7－24　重合断面

7.4　局部放大图和简化画法

7.4.1　局部放大图

机件上的一些细小结构，在视图上常由于图形过小而表达不清或标注尺寸有困难，这时可将过小部分的图形放大。如图 7－25（a）所示轴上的退刀槽和挡圈槽以及图 7－25（b）所示端盖孔内的槽等。

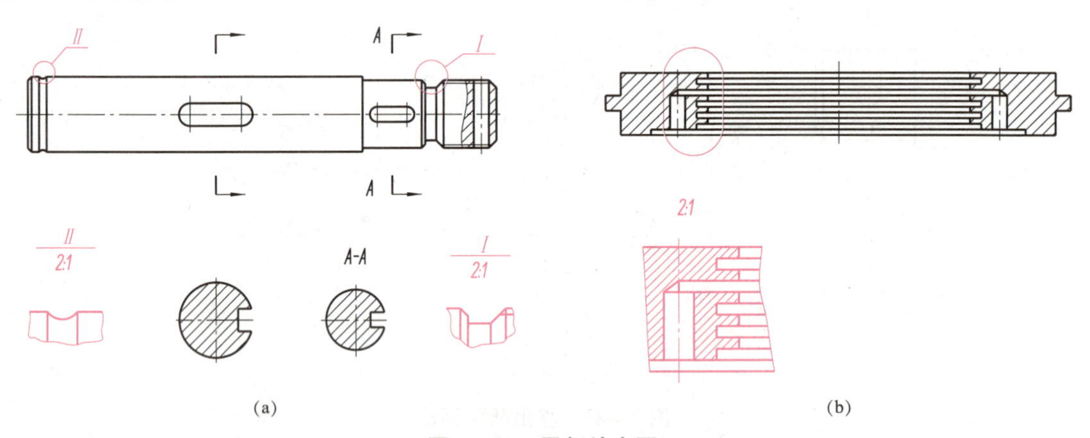

(a)　　(b)

图 7－25　局部放大图

将机件的部分结构，用大于原图形所采用的比例放大画出的图形称为局部放大图。局部放大图可画成视图、剖视图、断面图，它与被放大部分的表达方式无关。

局部放大图应尽量配置在被放大部位的附近。绘制局部放大图时，一般应用细实线圈出被放大的部位。当同一零件上有几处被放大时，必须用罗马数字依次标明被放大的部位，并在局部放大图的上方标注出相应的罗马数字和所采用的比例，如图 7－25（a）所示；当机件上被放大的部分仅有一个时，在局部放大图的上方只需注明所采用的比例，如图 7－25（b）所示。

这里要特别注意，局部放大图上标注的比例是指该图形与机件实际大小之比，而不是与原图形之比。

7.4.2　简化画法

制图时，在不影响对机件表达完整和清晰的前提下，应力求制图简便。国家标准规定了一些简化画法及其他规定画法，现将一些常用的画法介绍如下：

（1）对于机件上的肋、轮辐及薄壁等，如按纵向剖切，即当剖切平面通过这些结构的基本轴线或对称平面时，这些结构都不画剖面符号，而用粗实线将它与相邻部分分开。

（2）当机件回转体上均匀分布的肋、轮辐、孔等结构不处于剖切平面上时，应将这些结构旋转到剖切平面上画出，如图7－26所示。

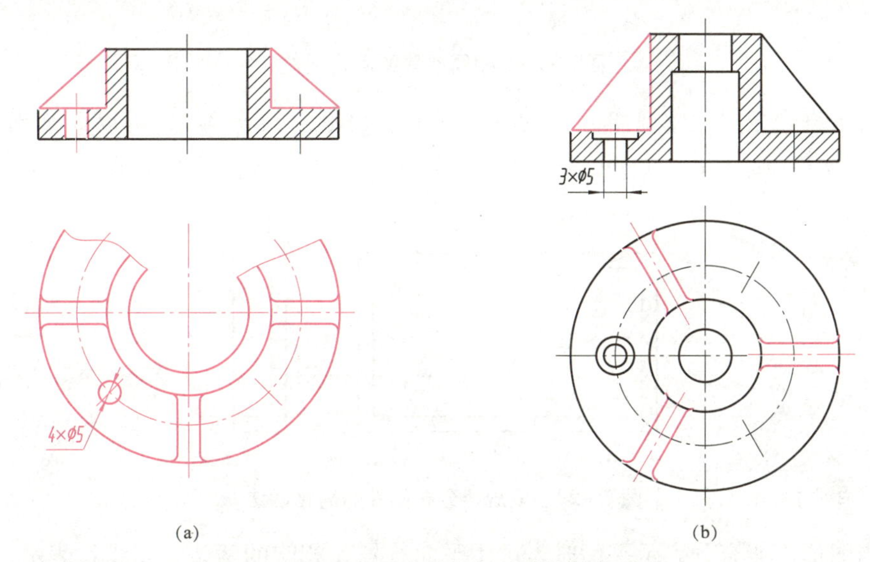

图7－26　均匀分布的肋与孔等的简化画法

（3）当不致引起误解时，对于对称机件的视图可只画一半，如图7－27所示；或略大于一半，如图7－26（a）所示。当只画半个视图时，应在对称中心线的两端画出两条与其垂直的平行细实线（对称符号），如图7－27所示。

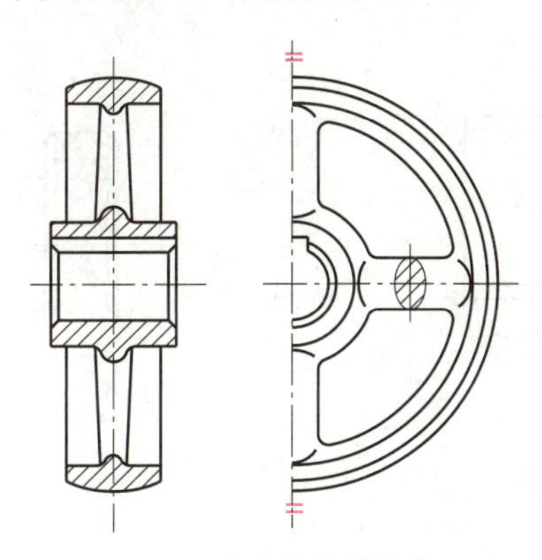

图7－27　对称零件的简化画法

（4）当机件具有若干相同结构（如齿、槽等），并按一定规律分布时，只需画出几个完整的结构，其余用细实线连接，如图 7－28 所示，但在视图中必须注明该结构的总数。

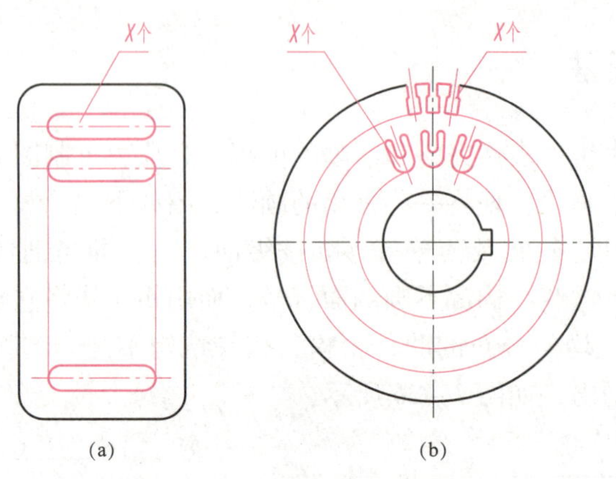

图 7－28　相同要素的简化画法

（5）若干直径相同且成规律分布的孔（圆孔、螺孔、沉孔等），可以仅画出一个或几个，其余只需用点画线表示其中心位置，但须在视图中注明孔的总数，如图 7－29 所示。

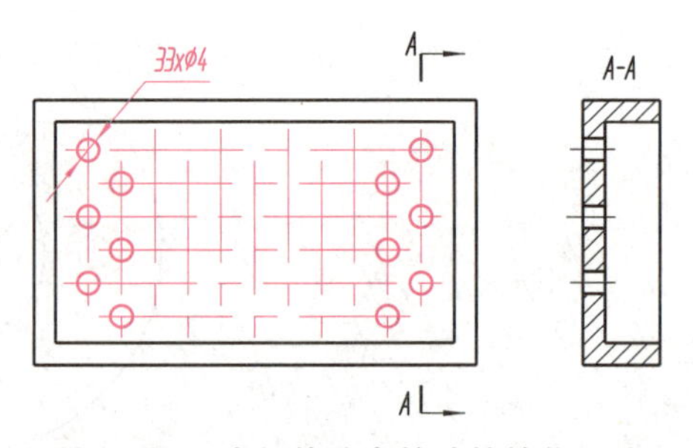

图 7－29　成规律分布的孔的简化画法

（6）当图形不能充分表示平面时，可用平面符号（相交的两条细实线）表示。图 7－30 所示为一轴端，该形体为圆柱体被平面切割，由于不能在这一视图上明确地看清它是一个平面，所以需加上平面符号。如其他视图已经把这个平面表示清楚，则平面符号可以省略。

（7）机件上的滚花部分，可以只在轮廓线附近用细实线示意地画出一小部分，并在零件图上或技术要求中注明其具体要求，如图 7－31 所示。

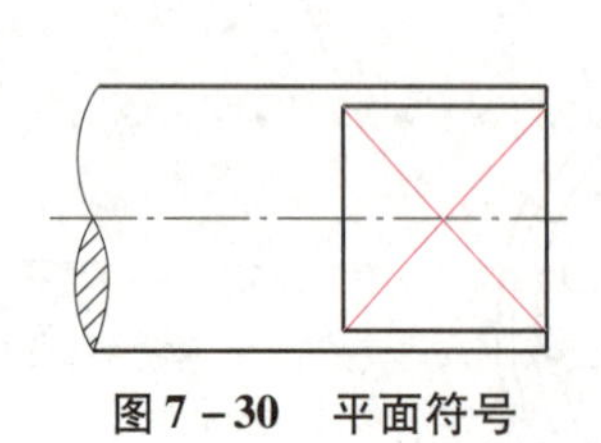

图 7－30　平面符号

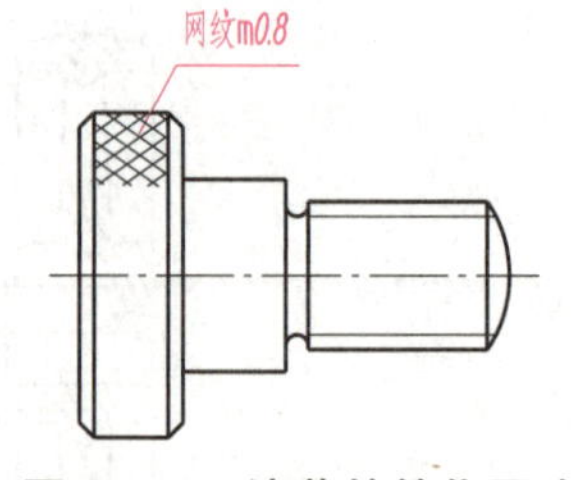

图 7－31　滚花的简化画法

（8）较长的机件，如轴、杆、型材、连杆等，且沿长度方向的形状一致或按一定规律变化时，可以断开后缩短绘制，如图 7－32 所示。

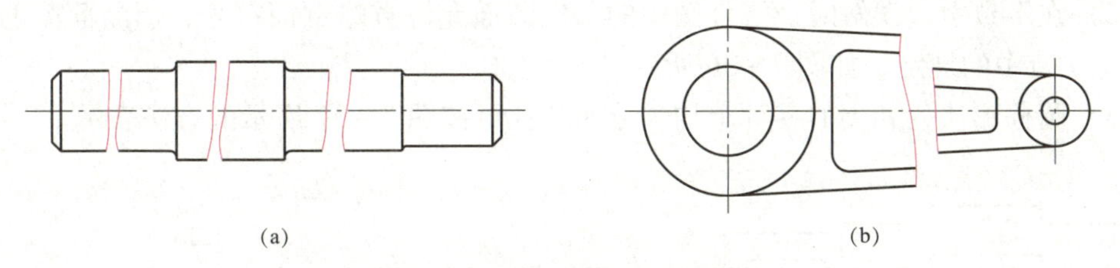

图 7－32　较长机件的简化画法

（9）机件上较小的结构，如在一个图形中已表示清楚时，则在其他图形中可以简化或省略，即不必按真实的投影情况画出所有的图线，如图 7－33 所示。

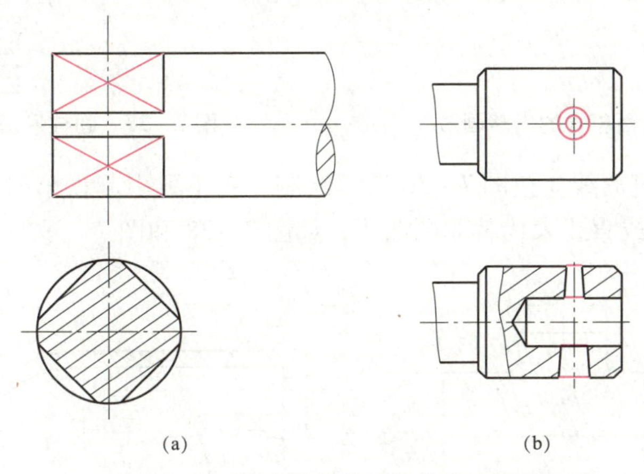

图 7－33　较小结构的简化或省略画法

（10）机件上斜度不大的结构，如在一个图形中已表达清楚时，其他图形可以只按小端画出，如图 7－34 所示。

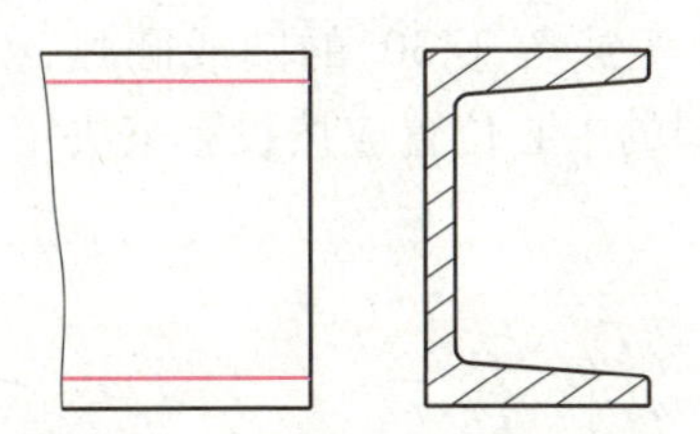

图 7－34　斜度不大的结构画法

（11）在不致引起误解时，零件图中的小圆角、锐边小倒圆或 45°小倒角允许省略不画，但必须注明尺寸或在技术要求中加以说明，如图 7－35 所示。

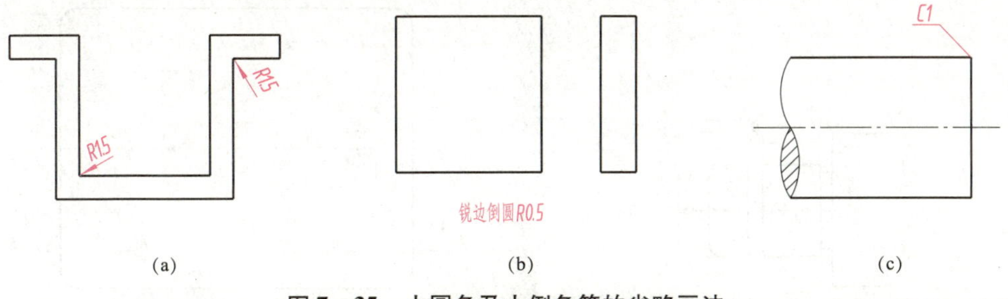

图 7－35　小圆角及小倒角等的省略画法

（12）在不致引起误解时，零件图中的移出断面允许省略剖面符号，但断面图的标注必须遵照7.3节中的规定，如图7－36所示。

（13）圆柱形法兰和类似零件上均匀分布的孔可按图7－37所示的方法表示。

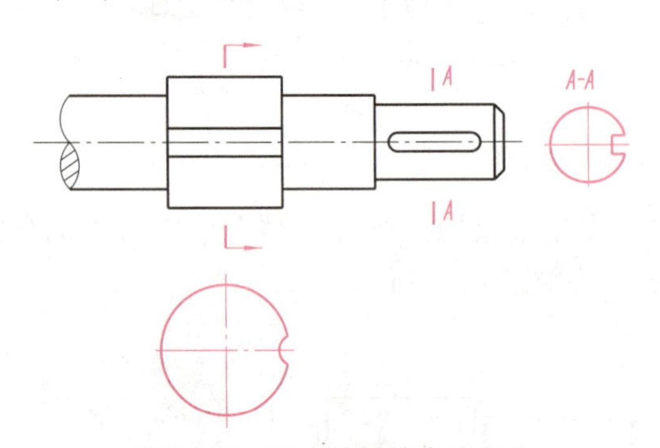

图7－36　剖面符号的省略画法

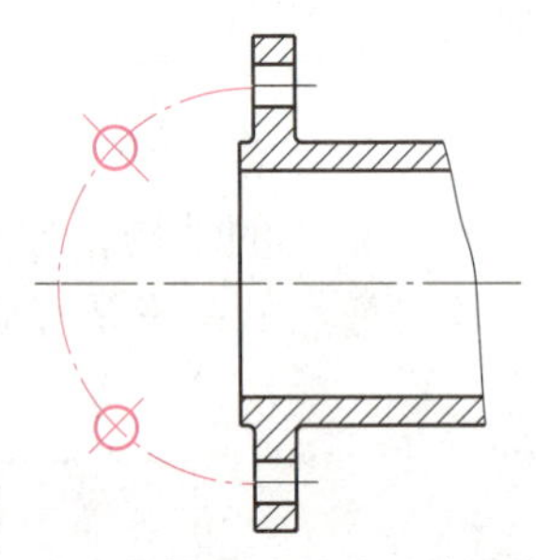

图7－37　圆柱形法兰上均布孔的画法

（14）图形中的过渡线应按图7－38所示绘制。在不致引起误解时，过渡线或相贯线允许简化，例如用圆弧或直线来代替非圆曲线，如图7－38和图7－39所示。

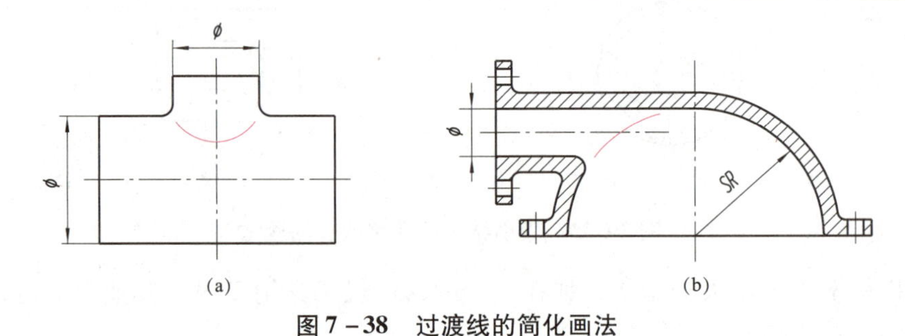

图7－38　过渡线的简化画法

（15）与投影面倾斜角度小于或等于30°的圆或圆弧，其投影可用圆或圆弧代替椭圆，如图7－40所示，俯视图上各圆的中心位置应按投影来决定。

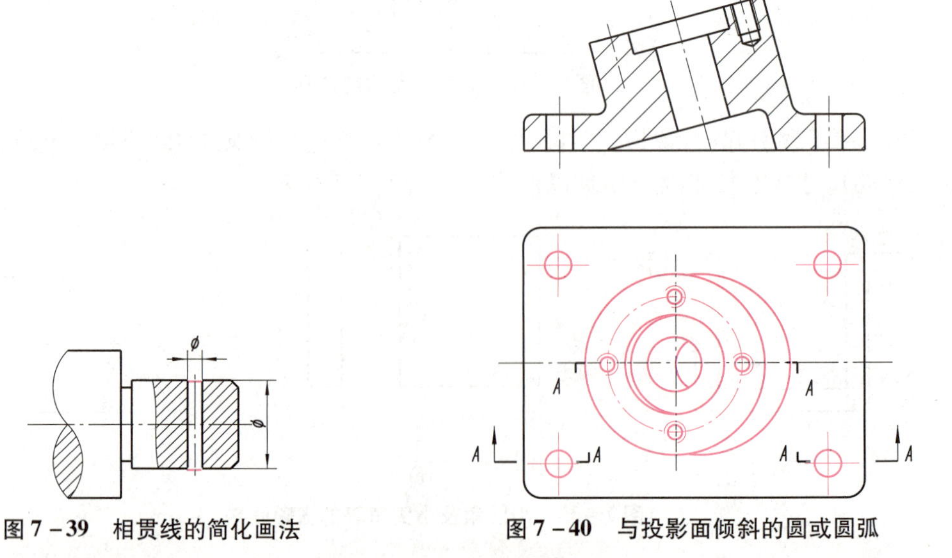

图7－39　相贯线的简化画法

图7－40　与投影面倾斜的圆或圆弧

7.4.3　其他规定画法

（1）允许在剖视图的剖面中再作一次局部剖。采用这种表达方法时，两个剖面的剖面线应同方向、同间隔，但要互相错开，并用引出线标注其名称，如图 7－41 所示的 *B－B* 剖视图。如剖切位置明显时，也可省略标注。

（2）在需要表示位于剖切平面前的结构时，这些结构可按假想投影的轮廓线（即用双点画线）绘制，如图 7－42 所示机件前面的长圆形槽在 *A—A* 剖视图的画法。

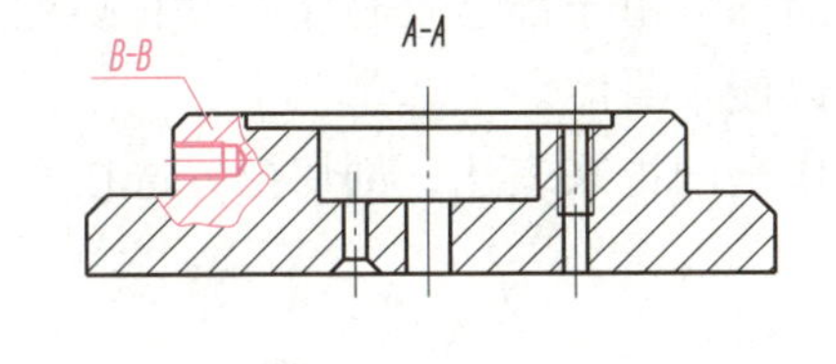

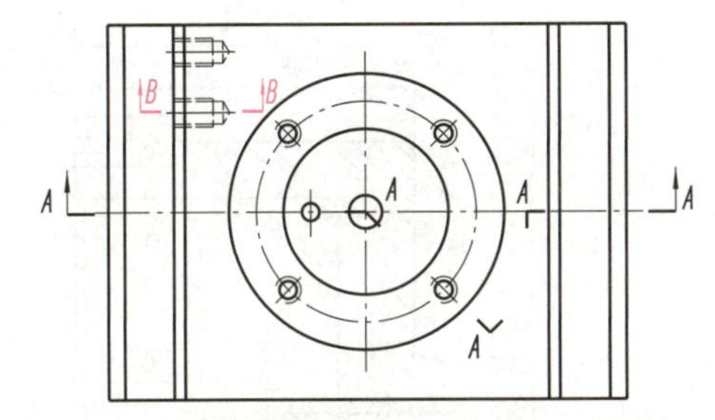

图 7－41　在剖视图的剖面中再作一次局部剖

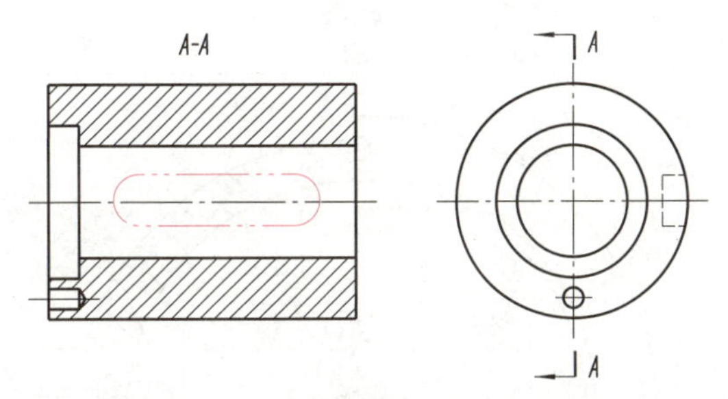

图 7－42　剖切平面前结构的规定画法

7.5　综合举例

在绘制机械图样时，应根据零件的具体情况综合运用视图、剖视、断面等各种表达方法，使零件各部分的结构形状能完整、清晰地表示出来并恰当地标注尺寸，且使图形数量较少，最后从几种不同的表达方案中选出最优方案。以泵体为例，表达方法的运用如下。

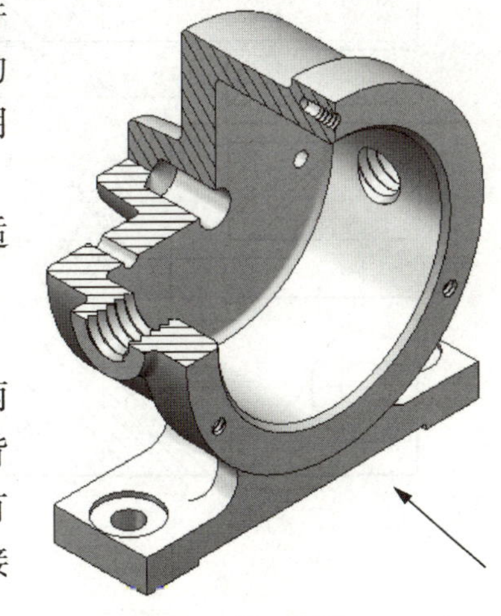

图 7－43　泵体

【例 7－1】 根据图 7－43 所示泵体的实物模型，选择适当的表达方法画出它的图样。

分析：

（1）形体分析：泵体的上面部分主要由直径不同的两个圆柱体、向上偏心的圆柱形内腔、左右两个凸台以及背后的锥台等组成；下面部分是一个长方形底板，底板上有两个安装孔；中间部分为连接块，它将上下两部分连接起来。

（2）选择主视图：把泵体安放成工作位置，在此基础上选择最能反映形体特征的方向（如图 7－43 所示箭头）作为主视图的投影方向。由于泵体最前面的圆柱直径最大，它遮盖了后面直径较小的圆柱，为了表达它的形状和左、右两端的螺孔以及底板上的安装孔，主视图采用剖视；但泵体前端的大圆柱及均布的三个螺孔也需要表达，考虑到泵体左右是对称的，因而选用了半剖视图以使内、外结构都能满足表达的要求，如图 7－44 所示。

（3）选择其他视图：如图 7－44 所示，选择左视图表达泵体上部沿轴线方向的结构。为了表达内腔形状，采用剖视，如果作全剖视图，下面部分由于都是实心体，没有必要全部剖切，因此采用局部剖视，这样可保留一部分外形，以便于看图。

底板及中间连接块及其两边的肋，可在俯视图上作全剖视来表达，剖切位置选在图上的 $A-A$ 处较为合适。

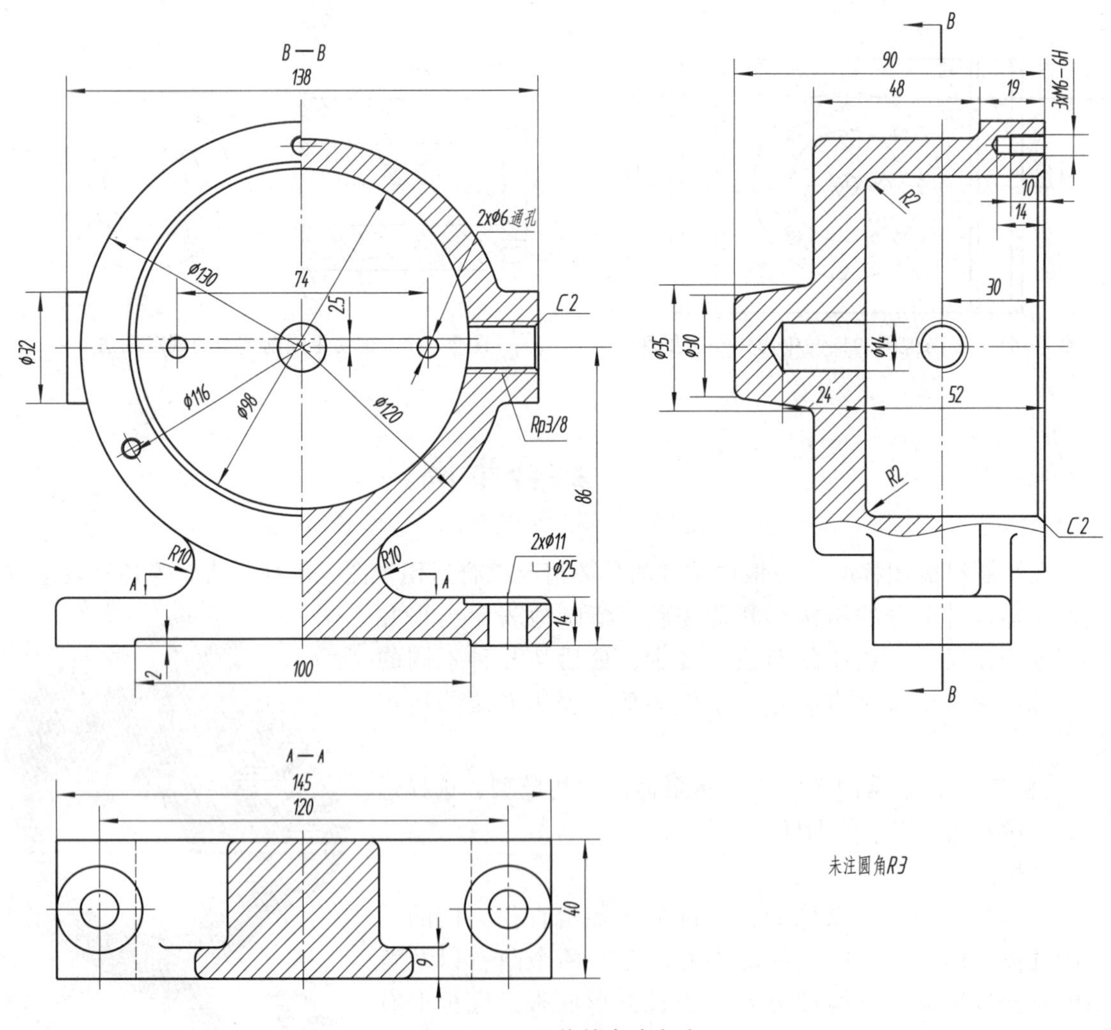

图 7－44　泵体的表达方法

7.6　第三角投影法简介

虽然世界各国都采用正投影法表达机件的结构形状，但有些国家采用第一角画法，如中国、俄罗斯、英国、德国等国家；有些国家则采用第三角画法，如日本、加拿大、美国等。而且 GB/T 14692—1993《技术制图投影法》规定，绘制技术图样应以正投影法为主，采用第一角画法，但同时提出，必要时（如合同规定等），允许使用第三角画法。尤其是当前随着国际技术交流和国际贸易日益增长，在今后的工作中很可能会遇到要阅读和绘制第三角画法的图样，因而也应该对第三角画法有所了解，故在此作简要介绍。

采用第三角画法时，如图 7－45（a）所示，将物体置于第三分角内，即投影面处于观察者与物体之间进行投影，在 *V* 面上形成由前向后投影所得的前视图，在 *H* 面上形成由上向下投影所得的顶视图，在 *W* 面上形成由右向左投影所得的右视图。然后，令 *V* 面保持正立位置不动，将 *H* 面、*W* 面分别绕它们与 *V* 面的交线向上、向右转 90°，使这三个面展成同一个平面，得到物体的三视图，如图 7－45（a）所示。与第一角画法相类似，采用第三角画法的三视图也有下述特性，即多面正投影的投影规律：前、顶视图长对正；前、右视图高平齐；顶、右视图宽相等，如图 7－45（b）所示。

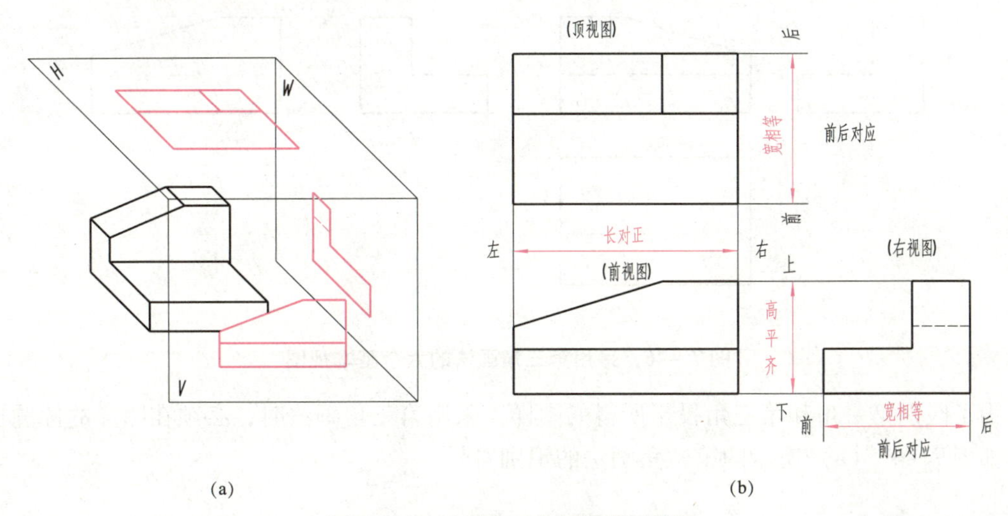

图 7－45　采用第三角画法的三视图

采用第三角画法时，与第一角画法相类似，如图 7－46（a）所示，除了在图 7－45 中已有的 *H*、*V*、*W* 三个基本投影面外，还可分别增设与它们相平行的三个基本投影面，围成一个长方体，从而在这些基本投影面上分别得到一个视图。除了前视图、顶视图、右视图以外，还有由左向右投影所得的左视图、由下向上投影所得的底视图以及由后向前投影所得的后视图。然后，仍令 *V* 面保持正立位置不动，将各投影面按图 7－46（a）所示展开成同一个平面，展开后各视图的配置关系如图 7－46（b）所示。在同一张图纸内按图 7－46（b）配置视图时，一律不注视图名称。

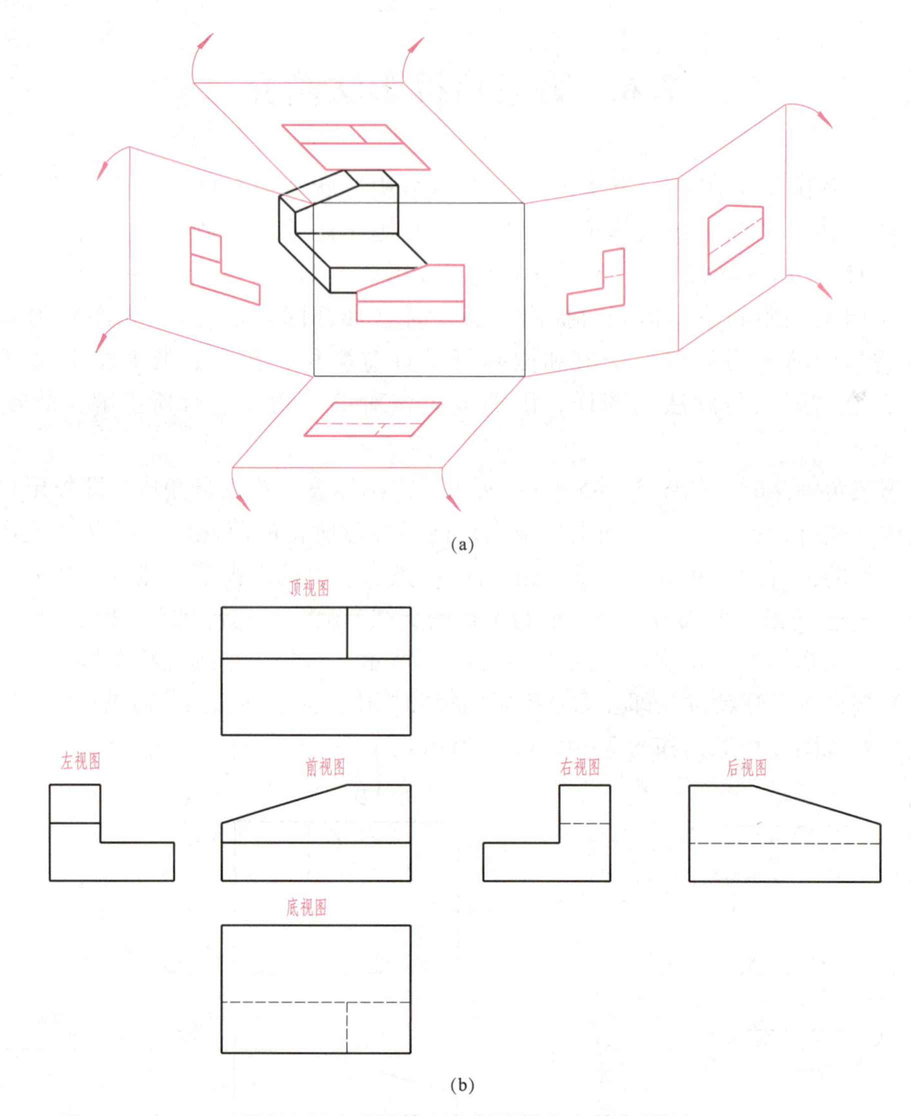

图 7－46　采用第三角画法的六个基本视图

为了区别第一角和第三角投影所得的图样，采用第三角画法时，必须在图样的标题栏中画出如图 7－47（a）所示的第三角画法的识别符号。

图 7－47　第三角和第一角画法的识别符号

（a）第三角画法；（b）第一角画法

本章介绍了视图、剖视图、断面图、局部放大图及一些规定画法和简化画法，这些表达方法在表达机件时有着各自的特点和应用场合。

视图——主要用于表达机件的外部形状，包括基本视图、向视图、局部视图和斜视图。

剖视图——主要用于表达机件的内部形状，包括全剖视图、半剖视图、局部剖视图、斜剖视图、阶梯剖视图、旋转剖视图和复合剖视图。

断面图——用于表达机件的断面形状，包括移出断面图和重合断面图。

通过本章学习能掌握各种表达方法的名称、概念、适用条件、画法和标注方法，从而能根据机件的特点确定正确的表达方案。

第8章　轴测投影图

【本章知识点】

(1) 轴测投影图的形成、原理、基本特性、种类和基本作图方法。

(2) 正等轴测图的特点、适应条件和作图方法。

(3) 斜二等轴测图的特点、适应条件和作图方法。

(4) 轴测剖视图的剖切方法和剖面线的画法。

多面正投影图通常能完整、准确地表达出形体各部分的形状和大小，而且作图简便，因此，在工程图中被广泛采用，如图8-1 (a) 所示的三面正投影图。但由于这种图缺乏立体感，直观性较差，故只有具有一定读图能力的人才能看懂。轴测投影图是一种能在一个投影面上同时反映物体长、宽、高三个方向的形状，立体感较强的工程图样，但其作图复杂，且不能确切地表达形体原来的形状和大小。如图8-1 (b) 所示的轴测投影图直观性好，但对形体地表达不全面，没有反映出形体各个侧面的实形，如侧面上的圆在轴测图中变成了椭圆，原来的长方形平面变成了平行四边形，另外，底板上右侧槽的深度没有表达清楚。所以在工程设计和工业生产中，轴测投影图常用作辅助图样，用以帮助阅读正投影图。但有些较简单的形体，也可以用轴测图来代替部分正投影图。

(a)　　(b)

图8-1　多面正投影图和轴测投影图

(a) 正投影图；(b) 轴测图

8.1　轴测投影的基本知识

8.1.1　轴测图的形成

在物体上建立一个适当的直角坐标系，用平行投影法将物体连同其参考直角坐标系一起沿不平行于任一坐标平面的方向投影到单一投影面上，所得到的具有立体感的图形称为轴测投影图，简称轴测图。如图 8－2 所示，该投影面 P 称为轴测投影面，投射线方向 S 称为投射方向。空间坐标轴 OX、OY、OZ 在轴测投影面上的投影 O_1X_1、O_1Y_1、O_1Z_1 称为轴测投影轴，简称轴测轴。轴测轴是画轴测图和识别轴测图的主要依据，因而也是研究轴测投影的一个主要问题。

按投影方向与投影面的位置关系有以下两种形成轴测图的方法。

1. 正轴测图的形成

投射方向与投影面垂直，将形体斜放，使形体的三个坐标面与投影面都倾斜，这样所得到的投影图称为正轴测投影图，如图 8－2（a）所示。

2. 斜轴测图的形成

投射方向与投影面倾斜，将形体放正，使形体上的一个坐标面与投影面平行，这样得到的投影图称为斜轴测投影图，如图 8－2（b）所示。

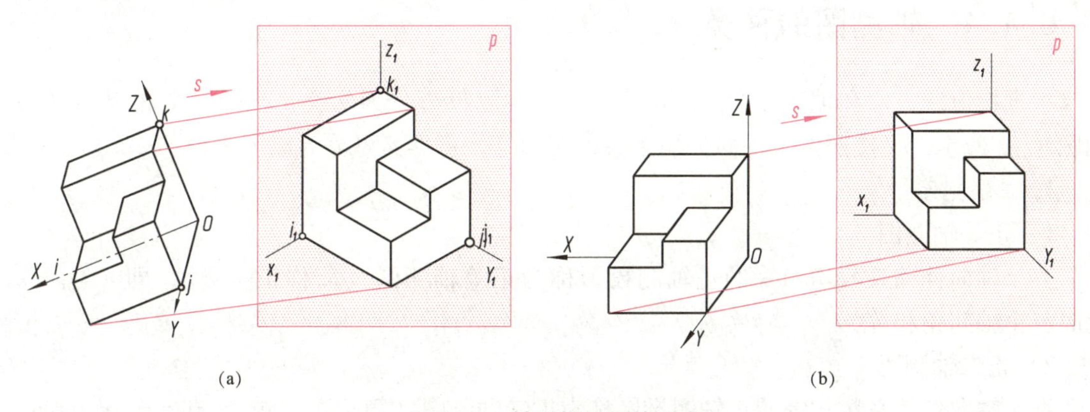

图 8－2　轴测投影图的形成

（a）正轴测投影图的形成；（b）斜轴测投影图的形成

8.1.2　轴间角和轴向伸缩系数

两轴测轴之间的夹角 $\angle X_1O_1Y_1$、$\angle Y_1O_1Z_1$、$\angle Z_1O_1X_1$ 称为轴间角。随着空间坐标轴、投射方向与轴测投影面相对位置的不同，轴间角大小也不同。显然，这三个夹角中的任何一个都不允许等于零。

轴测轴上的单位长度与相应空间坐标轴上的单位长度之比，称为轴向伸缩系数。设空间坐标轴上的单位长分别为 i、j、k，在轴测轴上的投影分别为 i_1、j_1、k_1。则轴向伸缩系数可用下面的表达式来描述：

$p = i_1/i$（沿 O_1X_1 轴的轴向伸缩系数）

$q = j_1/j$（沿 O_1Y_1 轴的轴向伸缩系数）

$r = k_1/k$（沿 O_1Z_1 轴的轴向伸缩系数）

8.1.3 轴测图的基本特性

由于轴测图是用平行投影法得到的，因此必然具有下列特性：

（1）立体上相互平行的线段，在轴测图上仍然相互平行。因此，立体上平行于三个坐标轴的线段，在轴测投影上都分别平行于相应的轴测轴。

（2）立体上两平行线段或同一直线上的两线段长度之比，在轴测图上保持不变。因此，立体上平行于坐标轴的线段的轴测投影长度与线段实长之比，等于相应的轴向伸缩系数。

根据以上性质，若已知各轴向伸缩系数，在轴测图上即可直接按比例测长度，画出平行于轴测轴的各线段。

8.1.4 轴测图的种类

根据投射线方向和轴测投影面的位置不同，轴测投影分为两类：正轴测图和斜轴测图，如图 8－2 所示。又按照三个轴向伸缩系数是否相等，每类又可分为以下三种：

1. 正轴测图

1）正等轴测图

三个轴向伸缩系数均相等的正轴测投影称为正等轴测图（简称正等测），即 $p=q=r$，此时三个轴间角相等。

2）正二轴测图

两个轴向伸缩系数相等的正轴测投影称为正二轴测图（简称正二测），即 $p=r\neq q$ 或 $p=q\neq r$ 或 $p\neq q=r$。

3）正三轴测图

三个轴向伸缩系数均不相等的正轴测投影称为正三轴测图（简称正三测），即 $p\neq q\neq r$。

2. 斜轴测图

1）斜等轴测图

三个轴向伸缩系数均相等的斜轴测图称为斜等轴测图（简称斜等测），即 $p=q=r$。

2）斜二轴测图

轴测投影面平行于一个坐标面且平行于坐标面的那两个轴的轴向伸缩系数相等的斜轴测投影称为斜二轴测图（简称斜二测）。

3）斜三轴测图

三个轴向伸缩系数均不相等的斜轴测投影称为斜三轴测图（简称斜三测），即 $p\neq q\neq r$。

理论上可以画出许多种轴测图，由于正等测和斜二测作图相对简单并且立体感较强，因此，本书只介绍这两种轴测图的画法。当作物体的轴测图时，应首先选择画哪一种轴测图，并由此确定轴间角和轴向伸缩系数。轴测轴在图中的位置可根据已确定的轴间角，按表达清晰和作图方便来安排，通常把 Z_1 轴画成竖直的，用粗实线画出轴测图中物体的可见轮廓，必要时可用细虚线画出物体的不可见轮廓。

8.2　正等轴测图

8.2.1　正等测的轴间角和轴向伸缩系数

1. 正轴测投影的两个基本性质

（1）任意锐角三角形的三条高线，可认为是正轴测投影的三条轴测轴。

（2）正轴测投影的三个轴向伸缩系数的平方和等于2，即：

$$p^2+q^2+r^2=2$$

由该式可知，正轴测投影的三个轴向伸缩系数只要任意给定两个，第三个轴向伸缩系数可通过公式推算出，轴向伸缩系数确定，则轴间角也随之确定。

2. 轴向伸缩系数

将 $p=q=r$ 代入公式 $p^2+q^2+r^2=2$，可计算出：

$$p=q=r\approx0.82$$

按照理论上的轴向伸缩系数作图时，需要把形体上的每个轴向尺寸乘以伸缩系数后再进行作图。为了便于作图，在实际画图时，通常采用简化的伸缩系数作图：取 $p=q=r=1$。按照简化伸缩系数画出的正等轴测图的每一轴向尺寸比形体的真实投影放大了 $1/0.82\approx1.22$ 倍，但形状不变，图8－3所示为两者的区别。

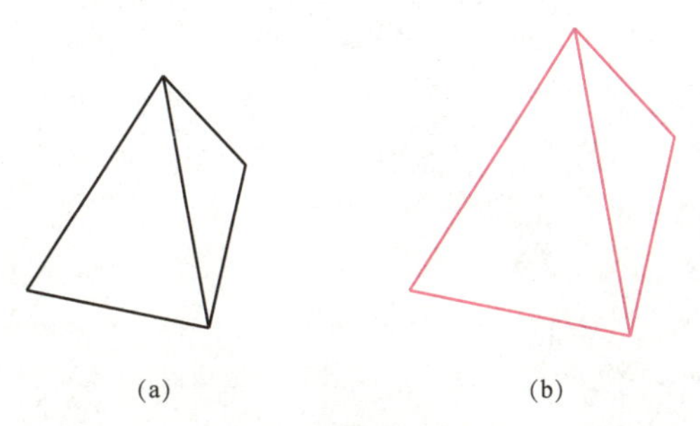

图8－3　用理论和简化轴向伸缩系数画出三棱锥正等测的区别

（a）$p=q=r=0.82$；（b）$p=q=r=1$

3. 轴间角

在正轴测投影图中，只要空间坐标系与轴测投影面相对位置确定，则轴向伸缩系数和轴间角也就随之被确定。根据求出的正等测轴向伸缩系数，就可以得到正等测的轴间角。

$$\angle X_1O_1Y_1=\angle Y_1O_1Z_1=\angle Z_1O_1X_1=120°$$

在作图时，一般将 O_1Z_1 轴画成竖直线，O_1X_1、O_1Y_1 轴与水平线成30°，正等轴测图的轴测轴与轴向伸缩系数如图8－4所示。

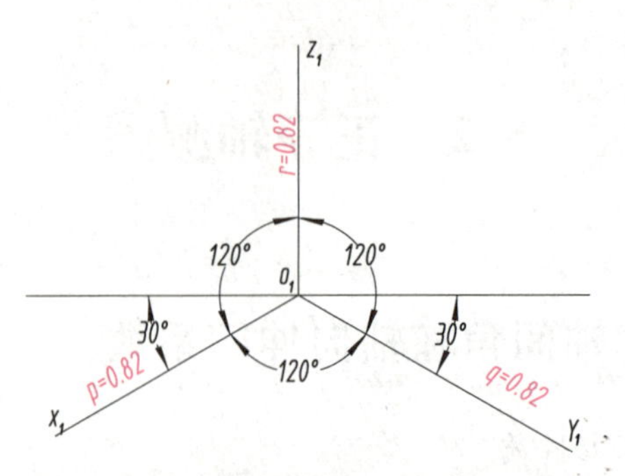

图 8-4　正等轴测投影图轴测轴的画法

8.2.2　平面立体的正等轴测图画法

画轴测图的基本方法是坐标法，即根据平面立体的尺寸或各顶点的坐标画出点的轴测投影，然后将同一棱线上的两点连成直线即得立体的轴测图。为了便于作图，均采用简化轴向伸缩系数。

【例 8-1】 如图 8-5（a）所示，已知三棱锥的三面投影图，试画出三棱锥的正等测图。

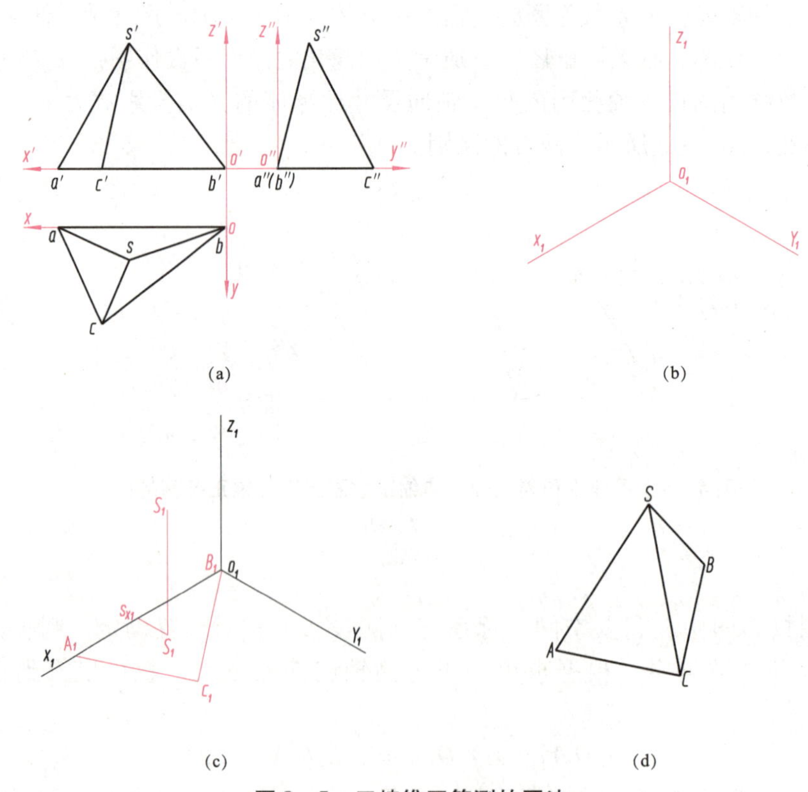

图 8-5　三棱锥正等测的画法

作图：

(1) 根据形体的特点，在多面投影图上确定直角坐标系的投影，如图 8-5（a）所示。

(2) 画出正等测的轴测轴，如图 8-5（b）所示。

(3) 根据三棱锥四个顶点 S、A、B 和 C 的坐标值，分别画出它们的正等轴测投影 S_1、A_1、B_1和 C_1，如图 8-5 (c) 所示。

(4) 连接各顶点，擦掉作图辅助线，用粗实线表示可见线，不可见线不画，即得到三棱锥的正等测图，如图 8-5 (d) 所示。

由此可见，画线段的轴测图需要先画出线段端点的轴测图，而在画点的轴测图时，要根据点的坐标和轴向伸缩系数计算出该点的轴测坐标值，再沿着轴测轴度量，才能画出点的轴测图，这种沿着轴测轴用坐标定位的方法是画轴测图的最基本的方法。

【例 8-2】 如图 8-6 (a) 所示，根据六棱柱的两面投影，画出它的正等测图。

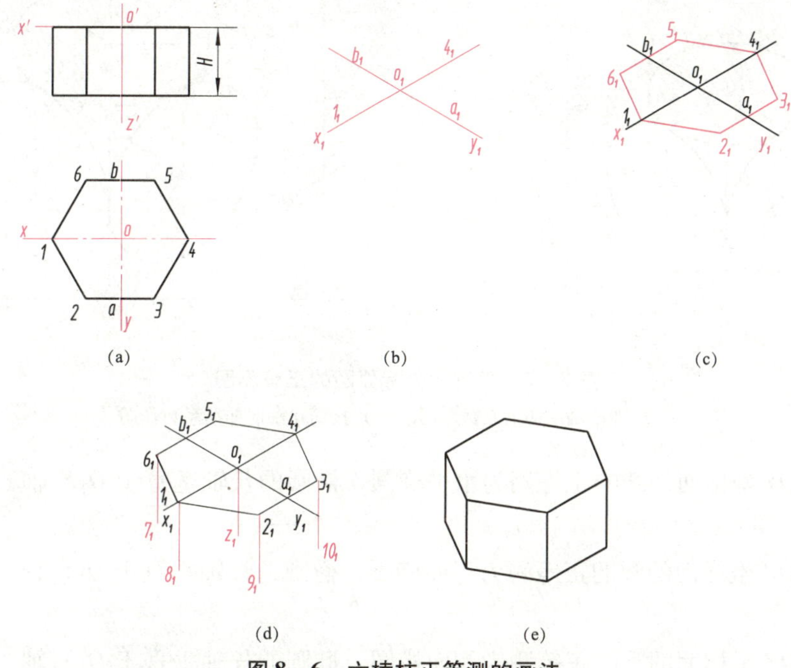

图 8-6　六棱柱正等测的画法

作图：

(1) 在两面投影图上确定直角坐标系和坐标原点的两面投影，根据形体特点，取上顶面六边形的对称中心为原点，如图 8-6 (a) 所示。

(2) 画正等轴测轴，并在其上量得 1_1、4_1和 a_1、b_1，如图 8-6 (b) 所示。

(3) 通过 a_1、b_1作 O_1X_1的平行线，以 a_1、b_1为中点分别向两边截取六边形边长的一半，得到 2_1、3_1和 5_1、6_1，连成顶面，如图 8-6 (c) 所示。

(4) 由点 6_1、1_1、2_1、3_1向下作 Z_1轴的平行线，截取六棱柱的柱高 H，得 7_1、8_1、9_1、10_1，如图 8-6 (d) 所示。

(5) 连接 7_1、8_1、9_1、10_1，整理描深，结果如图 8-6 (e) 所示。

8.2.3　曲面立体的正等轴测图画法

1. 平行于各坐标面的圆的轴测图

画回转体正等测的关键是回转体上与坐标面平行的圆的止等测—椭圆的画法。

在正等测中，由于空间各坐标面对轴测投影面的位置都是倾斜的，故由轴向伸缩系数可推出各坐标面与轴测投影面的倾角均相等，其值为

$$\alpha = \beta = \gamma = \arccos 0.82 \approx 35°16'$$

所以平行于各坐标面的直径相同的圆，其正等测投影是长、短轴大小相等的椭圆。为了画出椭圆，需要掌握椭圆长、短轴的方向、大小和椭圆的画法。

1）椭圆长、短轴的方向（见图8－7）

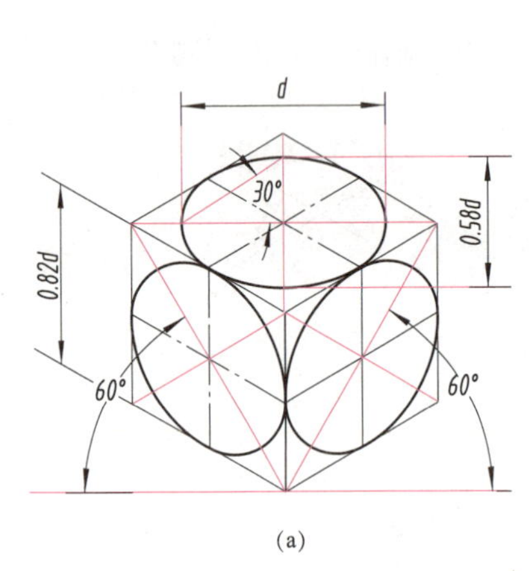

(a)

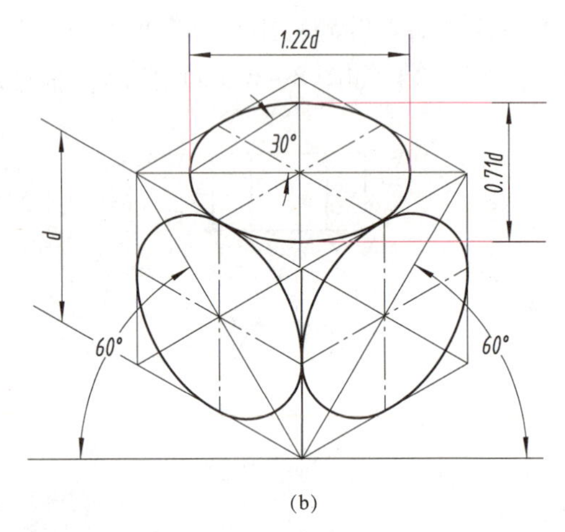

(b)

图8－7　平行于坐标面圆的正等测图

（a）按理论轴向伸缩系数作图；（b）按简化轴向伸缩系数作图

平行于 XOY 坐标面的圆的正等测为水平椭圆，椭圆的长轴垂直于 O_1Z_1 轴，短轴平行于 O_1Z_1 轴。

平行于 XOZ 坐标面的圆的正等测为正面椭圆，椭圆的长轴垂直于 O_1Y_1 轴，短轴平行于 O_1Y_1 轴。

平行于 YOZ 坐标面的圆的正等测为侧面椭圆，椭圆的长轴垂直于 O_1X_1 轴，短轴平行于 O_1X_1 轴。

综上所述：椭圆的长轴垂直于与圆平行坐标面垂直的那个轴的轴测轴，短轴则平行于该轴测轴。

2）椭圆长、短轴的大小

椭圆的长轴是圆内平行于轴测投影面的直径的轴测投影。因此，在采用轴向伸缩系数0.82作图时［见图8－7（a）］，椭圆长轴的大小为圆的直径 d，而短轴的大小可用下式来表达：

$$d \cdot \sin 35°16' \approx 0.58d$$

在采用简化的轴向伸缩系数作图时，由于整个轴测图放大了约1.22倍，所以椭圆的长、短轴也相应放大了1.22倍。故长轴等于 $1.22d$，短轴为 $1.22 \times 0.58d \approx 0.71d$，如图8－7（b）所示。

在正等测中，椭圆长、短轴端点的连线与长轴约为30°角。因此，只要已知长轴的大小，即可求出短轴的大小，反之亦然。

3）椭圆的近似画法

考虑到轴测图是一种辅助性的图形，为了便于作图，轴测图中的椭圆一般采用近似画

法。用四心圆弧法画椭圆，即用圆弧连接的办法来代替椭圆。

现以水平圆为例，说明四心圆弧法画椭圆的作图方法和步骤，如图 8－8 所示。

（1）过圆心作坐标轴和圆的外切正方形，切点为 1、2、3、4，如图 8－8（a）所示。

（2）作正等测的轴测轴和切点 1_1、2_1、3_1、4_1，通过这些点作外切正方形的正等测菱形，并作对角线，如图 8－8（b）所示。

（3）过 1_1、2_1、3_1、4_1 作各边的垂线，交得四段圆弧的圆心 A_1、B_1、C_1、D_1，A_1、B_1 为短对角线的顶点，C_1、D_1 在长对角线上，如图 8－8（c）所示。

（4）分别以 A_1、B_1 为圆心，以 A_11_1 为半径作 1_12_1 圆弧和 3_14_1 圆弧；分别以 C_1、D_1 为圆心，以 C_14_1 为半径作 1_14_1 圆弧和 2_13_1 圆弧。连成近似椭圆，如图 8－8（d）所示。

（5）擦除多余的作图辅助线，加深完成全图，如图 8－8（e）所示。

另外，如图 8－8（f）所示，四段圆弧的 4 个切点 1_1、2_1、3_1、4_1，2 个圆心 A_1、B_1 到 O_1 的距离相等，为圆的半径。因此，可以不画外切菱形，直接画同心圆确定 1_1、2_1、3_1、4_1、A_1、B_1 后再确定 C_1、D_1。

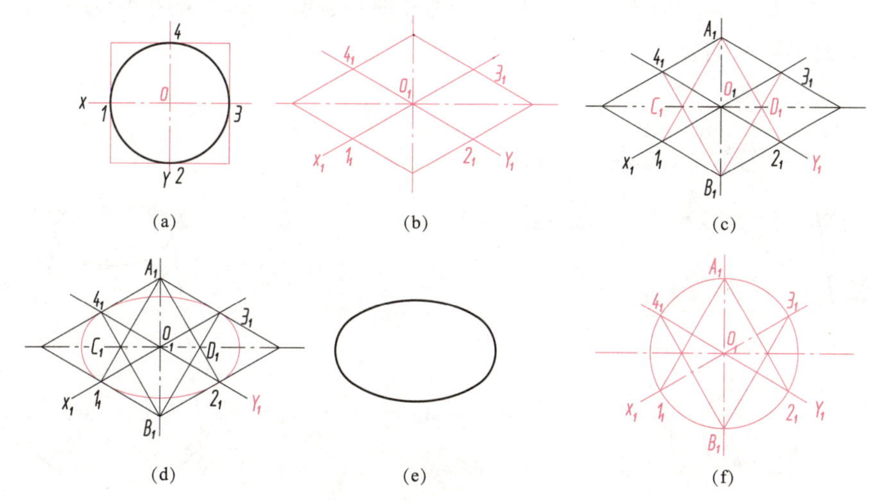

图 8－8　四心近似圆弧法画椭圆

2. 常见曲面立体正等轴测图的画法

对于曲面立体来说，可先画出曲线轮廓上适当点的轴测投影并连成曲线，然后分析并画出轴测图中曲面立体的轮廓线。掌握了圆的正等测投影的画法，就可以画圆锥、圆柱等的正等测图了，作图时，分别作出两个端面圆的正等测椭圆，再画出两个椭圆的外公切线，最后画出轮廓。

【例 8－3】 如图 8－9（a）所示，已知圆柱的两面投影，画出它的正等测图。

作图：

（1）在圆柱的投影图中，建立直角坐标系的两面投影，如图 8－9（a）所示。

（2）作正等测的轴测轴和顶面圆的正等测椭圆，如图 8－9（b）所示。

（3）采用移心法，将 4 个圆心和 4 个切点沿着圆柱轴线 O_1Z_1 的方向平移圆柱的柱高，画出底面圆的正等测椭圆，并画出两个椭圆的外公切线，如图 8－9（c）所示。

（4）擦除作图辅助线，描深轮廓完成全图，如图 8－9（d）所示。

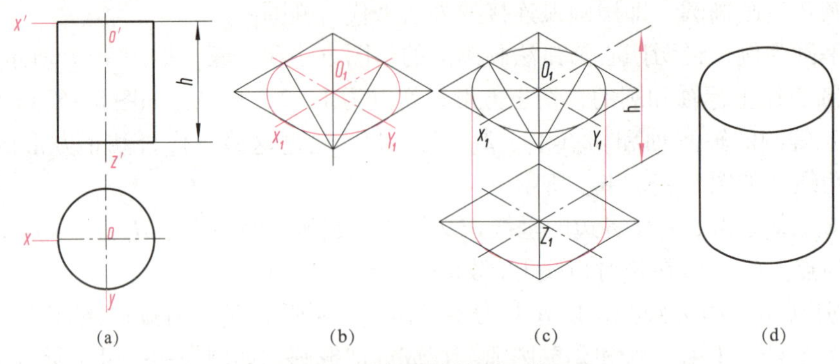

图 8-9　圆柱正等轴测图的画法

【例 8-4】 如图 8-10（a）所示，画圆锥台的正等测图。

分析：

如图 8-10 所示，圆锥台正等测的画法和圆柱的画法相同。但需要注意：圆锥台两个端面圆直径不等，因此正等测的椭圆大小不同，要分别画椭圆，不能采用移心法。另外，圆锥台的轮廓线是大小椭圆的公切线。

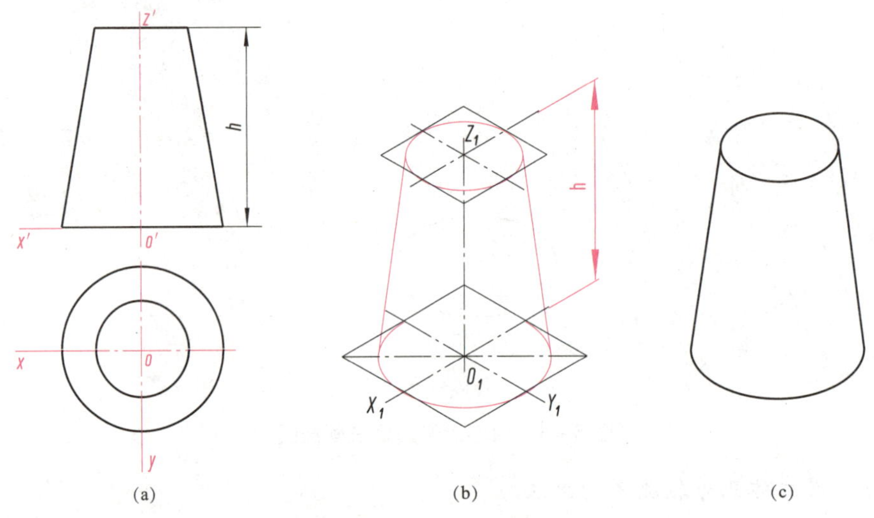

图 8-10　圆台正等轴测图的画法

3. 圆角的画法

图样上经常出现 90°包角的圆弧，这种圆弧的正等轴测投影可以采用一段圆弧近似表达，90°包角圆弧的画法如图 8-11 所示。

作图：

（1）画出平板的外形轴测图，如图 8-11（a）所示。

（2）由顶角点在相邻边上量取圆角半径 R 得四个切点，过切点作它所在边的垂线，得到相邻垂线的交点 O_1、O_2。O_1、O_2 为两段圆弧的圆心，如图 8-11（b）所示。

（3）用移心法从 O_1、O_2 向下量取板厚尺寸 h，即得到平板底面的圆弧圆心 O_3、O_4，如图 8-11（b）所示。

（4）分别以 O_1、O_2、O_3、O_4 为圆心，以 R 为半径，画出圆弧与直线相切，并作两个小圆弧的外公切线，如图 8－11（c）所示。

（5）擦除作图辅助线，描深轮廓完成全图，如图 8－11（d）所示。

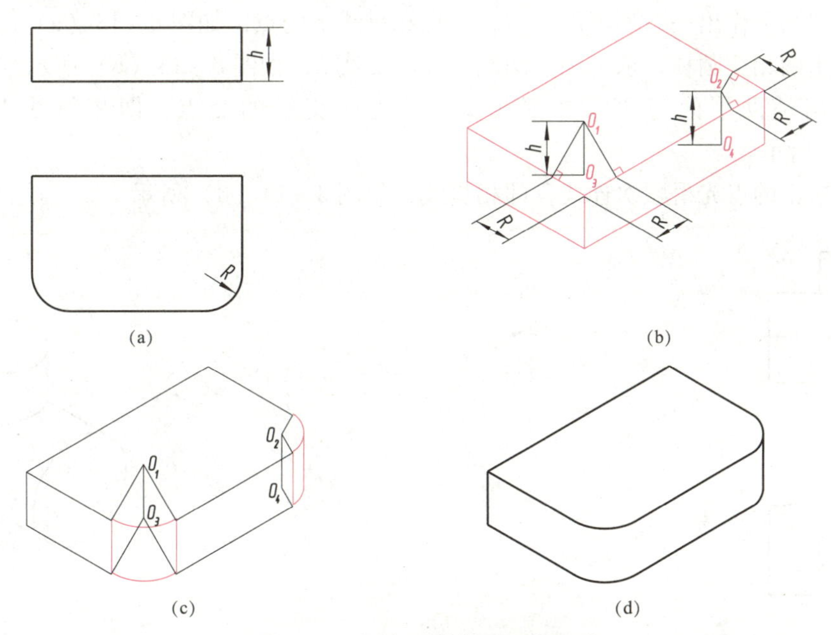

图 8－11　圆角正等轴测图的画法

4. 截交线的画法

平面和曲面立体表面的交线，即截交线，既可用坐标法作图，也可用在表面上取点的方法作图，如图 8－12 表示用坐标法求截交线轴测投影。

作图：

（1）在视图上定出点的坐标，如图 8－12（a）所示。

（2）画出整体轮廓和切口为直线的投影，如图 8－12（b）所示。

（3）按坐标画出曲线上各点的投影，光滑连线，如图 8－12（c）所示。

（4）擦除作图线，整理加深，完成全图，如图 8－12（d）所示。

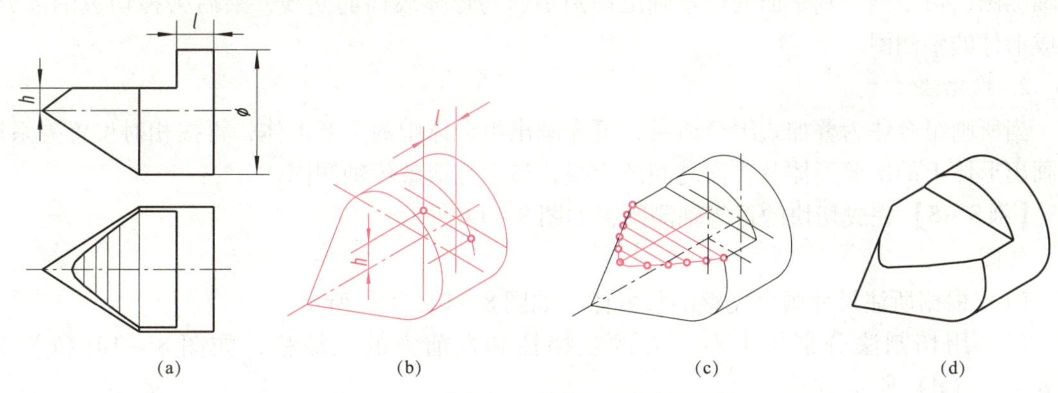

图 8－12　用坐标法求截交线的轴测投影

5. 相贯线的画法

轴测图上相贯线的画法有两种：坐标法和辅助平面法。图 8－13 所示为用辅助平面法求相贯线。

作图：

（1）在视图上作出一系列辅助平面，找出相贯线上的点，如图 8－13（a）所示。

（2）画出两相交圆柱，求出圆柱两端平面的交线 L，如图 8－13（b）所示。

（3）作出辅助平面与两圆柱都相交，求出两交线的交点，即相贯线上的点，如图 8－13（c）所示。

（4）将求出的点光滑顺次连线，即相贯线，如图 8－13（d）所示。

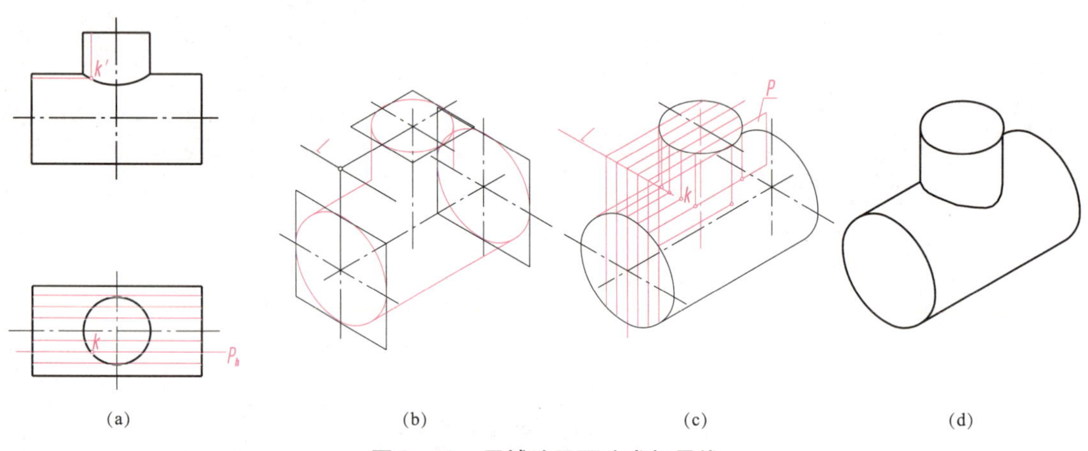

图 8－13　用辅助平面法求相贯线

8.2.4　组合体的正等轴测图画法

画组合体的轴测图时，也要进行形体分析。根据组合体的组合形式，选择下列两种方法画图。

1. 切割法

对于截切式的组合体适合于用切割法，采用此方法作图时，首先要画出形体切割前的完整轴测图，再根据切割平面的位置画出切割平面与形体表面的交线，最后去掉切去的部分，完成形体的轴测图。

2. 堆砌法

当所画组合体为叠加式组合体时，可先画出组合体中的主要形体，再按相对位置关系逐个画出形体上的次要形体及表面之间的交线，最后完成整体轴测图。

【例 8－5】 完成切块的正等轴测图，如图 8－14 所示。

作图：

（1）根据所注尺寸画出完整的长方体，如图 8－14（b）所示。

（2）用切割法分别切去左上方的三棱柱和左前方的三棱柱，如图 8－14（c）和图 8－14（d）所示。

（3）擦除作图线，整理加深，得到形体的正等轴测图，如图 8－14（e）所示。

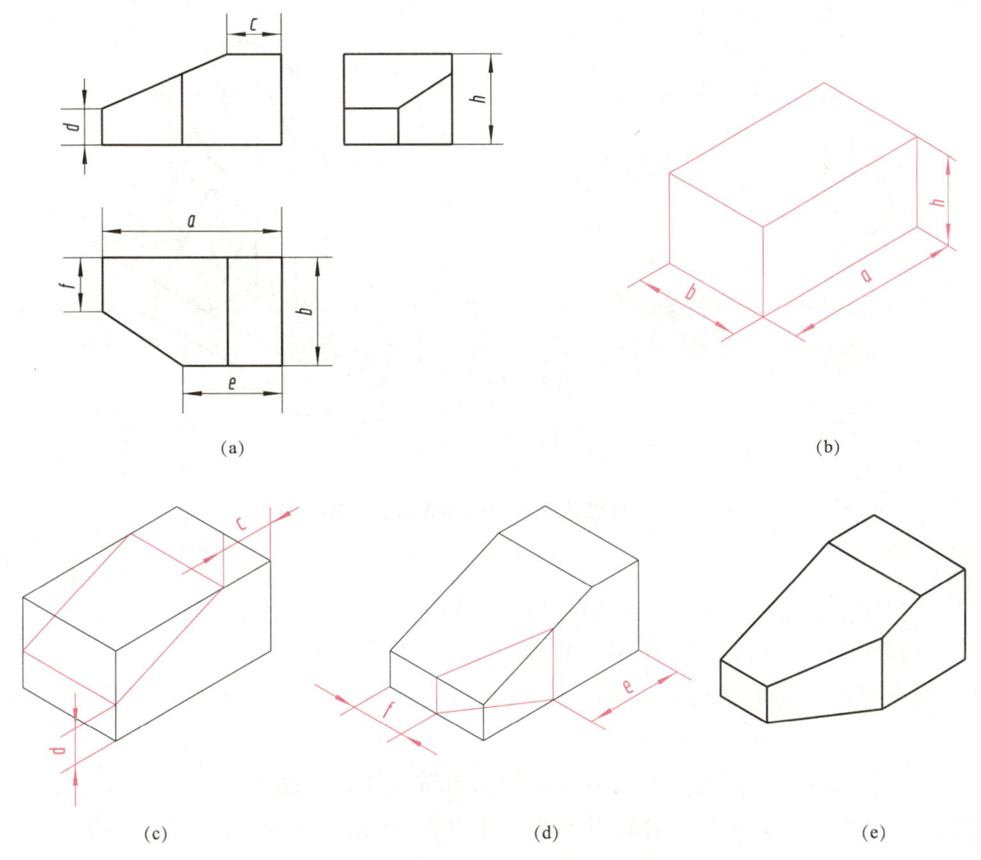

图 8－14　切割法画组合体的正等轴测图

【例 8－6】 完成支架的正等轴测图，如图 8－15 所示。

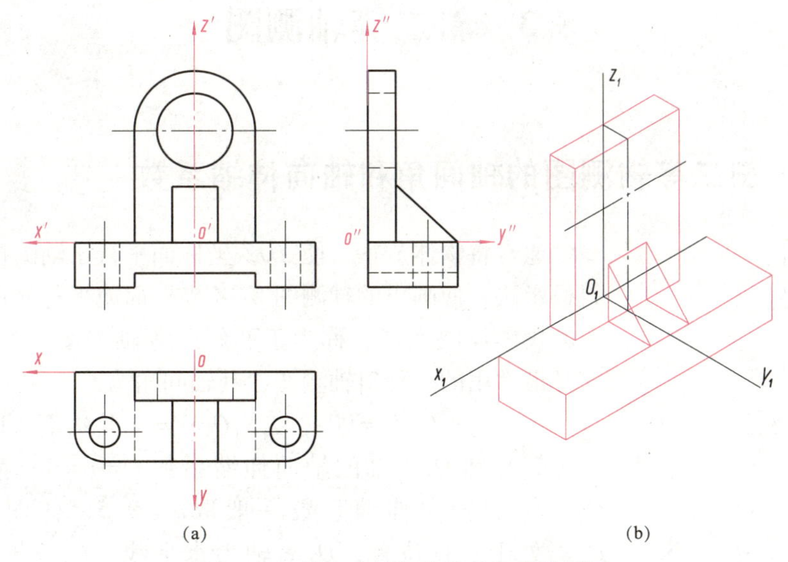

图 8－15　堆砌法画组合体的正等轴测图

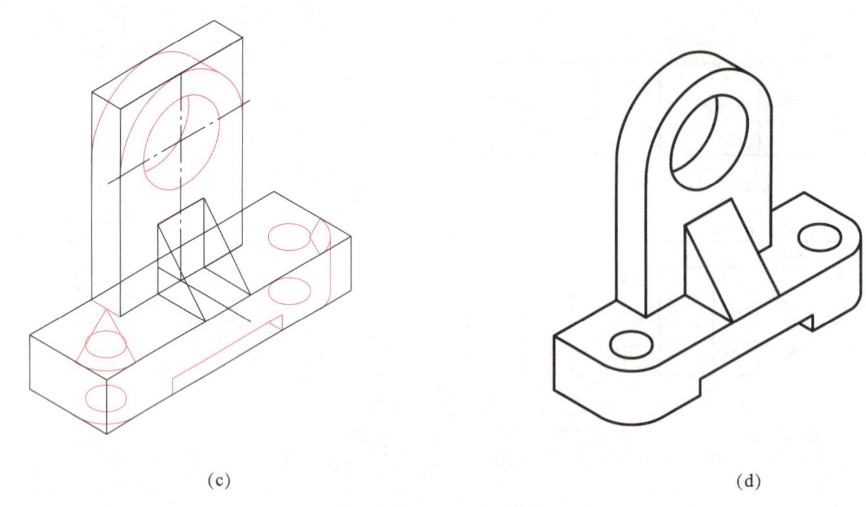

图 8－15　堆砌法画组合体的正等轴测图（续）

作图：

（1）在视图上确定直角坐标系和坐标原点，如图 8－15（a）所示。

（2）画轴测轴，然后画出三个平板的外形，如图 8－15（b）所示。

（3）画出竖板上的半个外圆柱和一个圆孔以及底板上的圆角和槽，如图 8－15（c）所示。

（4）擦除作图线，整理加深，得到支架的正等轴测图，如图 8－15（d）所示。

切割法和叠加法是根据形体分析得出的。在绘制复杂形体的轴测图时，常将两种方法综合使用。

8.3　斜二等轴测图

8.3.1　斜二等轴测图的轴间角和轴向伸缩系数

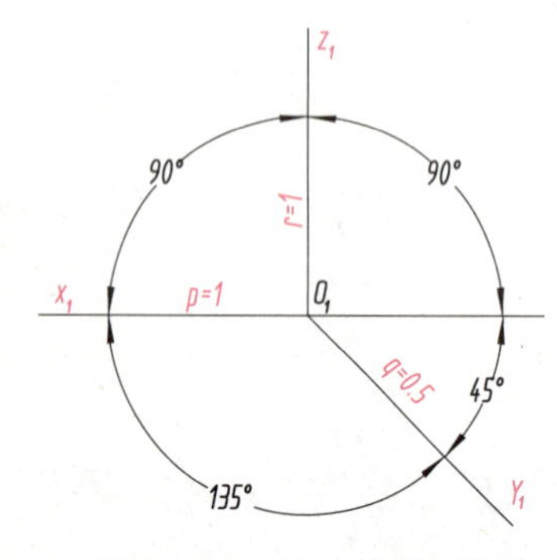

图 8－16　斜二等轴测图的轴测轴及轴向伸缩系数

通常将物体放正，使 XOZ 坐标面平行于轴测投影面，采用斜投影法，使画出的轴测图 XOZ 坐标面或平行面在轴测投影面上的投影反映实形，称为正面斜二等轴测图（简称斜二测）。这是最常用的一种斜轴测图，其轴间角为

$$\angle X_1O_1Z_1=90°，\angle X_1O_1Y_1=\angle Y_1O_1Z_1=135°$$

O_1X_1 和 O_1Z_1 轴的轴向伸缩系数 $p=r=1$；为作图方便，O_1Y_1 轴的轴向伸缩系数一般取 $q=0.5$。作图时，一般使 O_1Z_1 处于竖直位置，O_1X_1 轴为水平线，O_1Y_1 轴与水平线成 45°，如图 8－16 所示。

8.3.2　斜二等轴测图的画法

斜二等轴测图的基本画法仍然是坐标法。复杂形体的画法与正轴测图相似。

1. 圆的斜二等轴测图

平行于坐标面圆的斜二等轴测图如图 8－17 所示；平行于 *XOY* 和 *YOZ* 面圆的斜二等轴测投影为椭圆，椭圆的形状相同，但长、短轴的方向不同，它们的长轴都和圆所在坐标面内某一轴测轴成 7°10′夹角。平行于 *XOZ* 面圆的斜二等轴测投影仍是圆。

（1）平行于 *XOY* 面圆的斜二等轴测图的画法，如图 8－18 所示。

① 画 X_1、Y_1轴及椭圆长、短轴的方向。

② 在 X_1轴上截取 $O_1A = O_1B = d/2$（*d* 为圆的直径）。

③ 在短轴上截取 $O_11 = O_12 = d$，得到 1、2 两点。

④ 连接 1*A* 和 2*B*，分别与长轴交于 3、4 两点，即点 1、2、3、4 为画近似椭圆的四个圆心。

⑤ 分别以点 1、2 为圆心，以 1*A* 为半径画两个大圆弧；分别以点 3、4 为圆心，以 3*A* 为半径画两个小圆弧。圆弧的切点在连心线的延长线上。

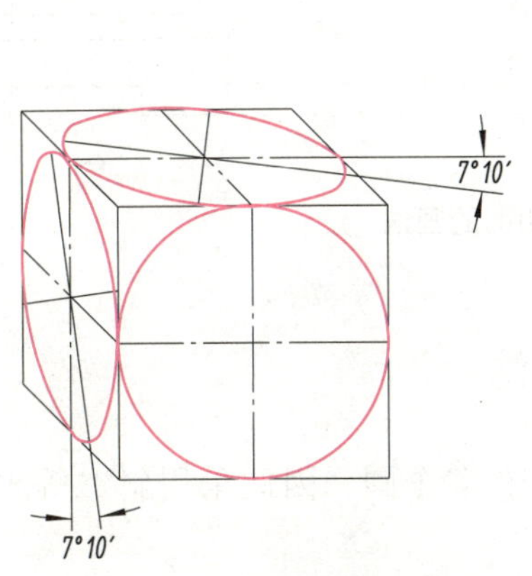

图 8－17　平行于坐标面圆的斜二等轴测图

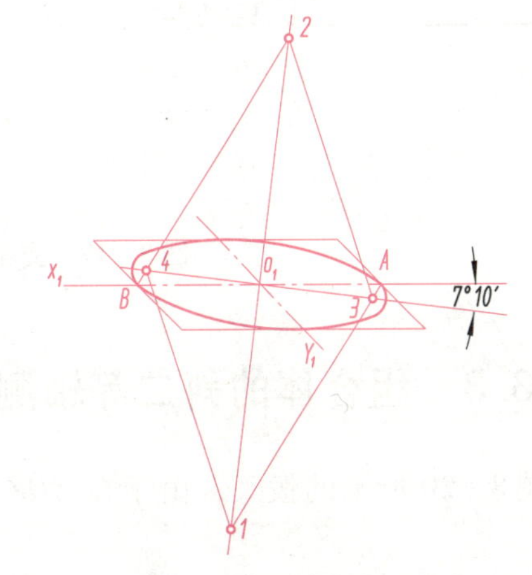

图 8－18　椭圆的画法

（2）平行于 *YOZ* 坐标面圆的斜二等轴测投影椭圆的作图方法与上述水平椭圆类似，只是长、短轴的方向不同。

2. 支架的斜二等轴测图

斜二等轴测图能如实表达物体在某一个坐标面上的实形，因而宜用来表达某一方向的形状复杂或只有一个方向有圆的物体。如图 8－19（a）所示的支架符合上述要求，常用斜二等测图表达。

作图：

（1）在两视图上建立直角坐标系和坐标原点的投影，如图 8－19（a）所示。

（2）画上部前面的形状，与主视图一样，如图 8－19（b）所示。

（3）在 Y_1 轴上定 $O_1O_2 = a/2$，画出后面形状，将前面和后面的对应点连线（只画可见部分），并作出两半圆的公切线，如图 8－19（c）所示。

（4）由支架上部前面下边的中点，沿 Y_1 轴正向量取 $b/2$，确定下部长方体前面上边的中点；画出前面的形状，与主视图完全一样；再沿 Y_1 轴反向量取 $c/2$，画出后面形状，将前、后面的对应点连线，如图 8－19（d）所示。

（5）擦除作图线，整理加深，完成全图，如图 8－19（e）所示。

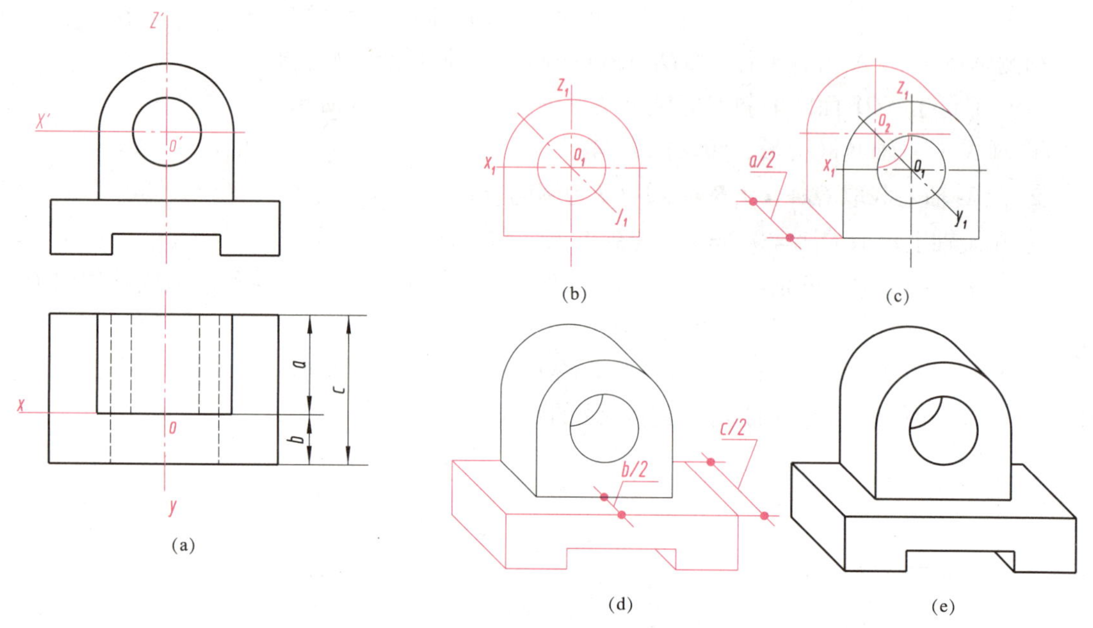

图 8－19　支架斜二等轴测图的画法

8.3.3　组合体的斜二等轴测图的画法

如图 8－20 所示的拨叉，由于在 *XOZ* 坐标面上有多个圆，因此采用斜二等轴测图的画法。

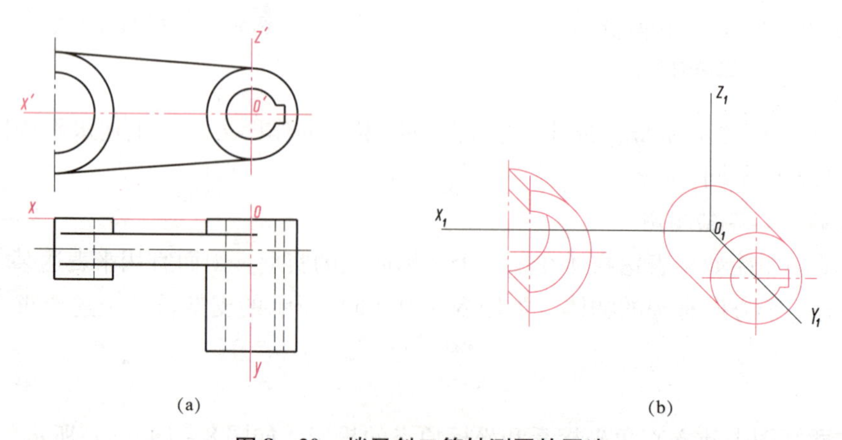

图 8－20　拨叉斜二等轴测图的画法

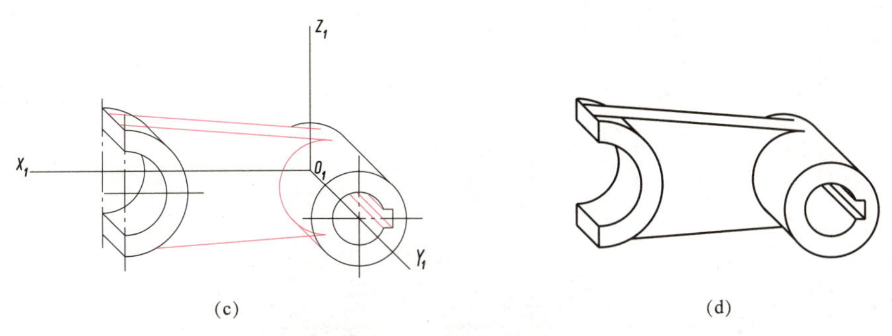

图8－20　拨叉斜二等轴测图的画法（续）

作图：

（1）在两个视图上建立直角坐标系和坐标原点的投影，如图8－20（a）所示。

（2）画出左、右两个圆筒，如图8－20（b）所示。

（3）画出中间的连杆和键槽，如图8－20（c）所示。

（4）擦除作图线，整理加深，完成全图，如图8－20（d）所示。

8.4　轴测剖视图

轴测图的剖切方法及剖面线的画法。

1. 轴测图的剖切方法

当绘制内部形状较复杂形体的轴测图时，为了表达形体内部的结构形状，一般采用剖视的方法。假想的用剖切平面将形体的一部分剖去，这种剖切后的轴测图称为轴测剖视图。作轴测剖视图时，一般用两个相互垂直的轴测坐标面（或其平行面）剖切形体，其能较完整地表达形体的内、外形状，最常见的剖切形式如图8－21所示。

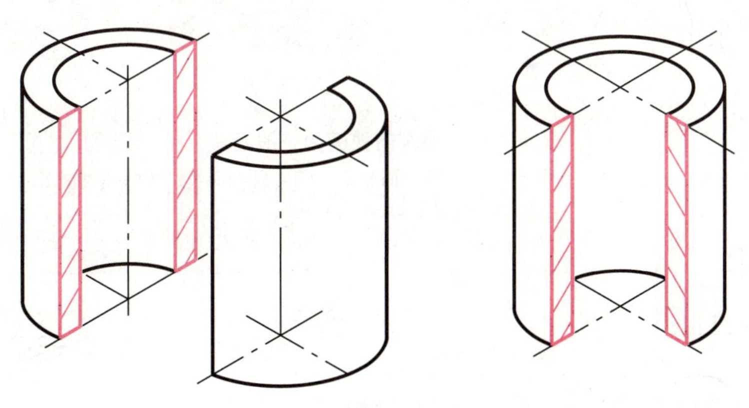

图8－21　轴测图的剖切方法

轴测剖视图中的剖面线按照图8－22所示方向画出，正等测剖面线方向应按图8－22（a）的规定来画；斜二测剖面线方向应按图8－22（b）的规定来画。

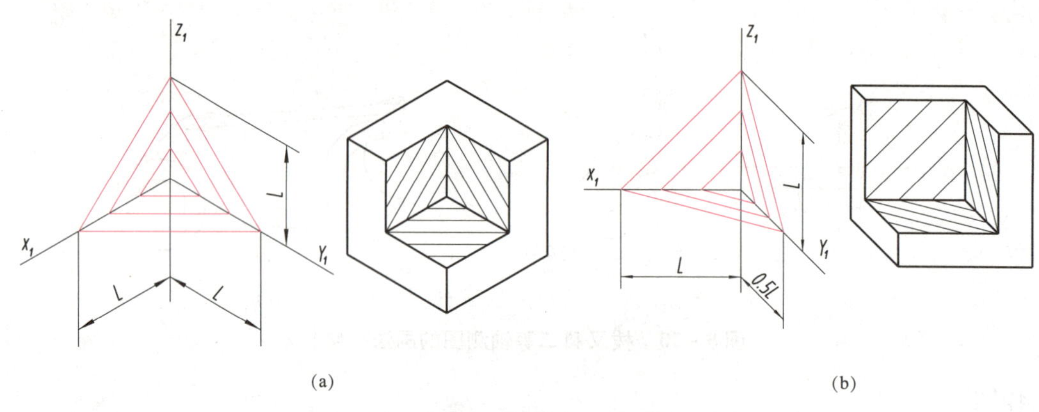

(a)　　(b)

图 8－22　常用两种轴测图上的剖面线方向

（a）正等测；（b）斜二测

2. 轴测剖视图的画法

在轴测图上作剖视时，有两种画法：可以先画整体的外形轮廓，然后画剖面与内部看得见的结构和形状，如图 8－23 所示；也可以先画剖面形状，后画外面和内部看得见的结构，如图 8－24 所示，这种画法可以省画那些被剖切部分的轮廓线，有助于保持图面的整洁。

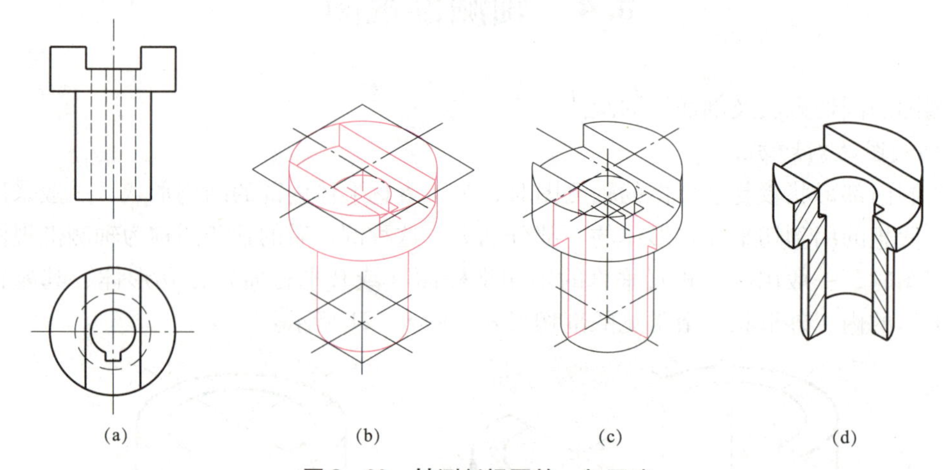

(a)　(b)　(c)　(d)

图 8－23　轴测剖视图的一般画法

（a）视图；（b）画外形；（c）画剖面轮廓；（d）画剖面线，描深完成全图

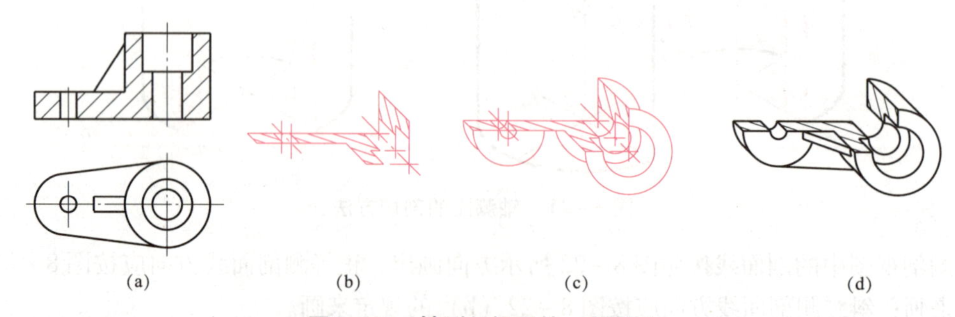

(a)　(b)　(c)　(d)

图 8－24　轴测剖视图的一般画法

（a）视图；（b）画剖面形状；（c）画剖切的外形及内部可见结构；（d）描深完成全图

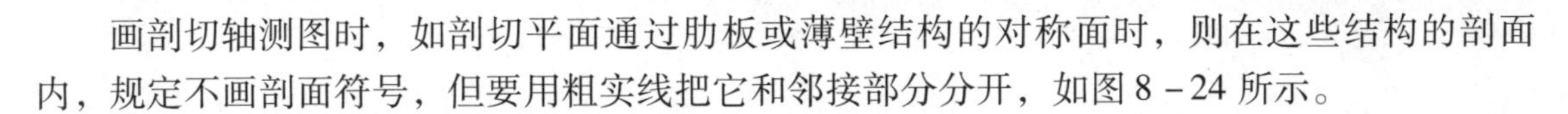

画剖切轴测图时，如剖切平面通过肋板或薄壁结构的对称面时，则在这些结构的剖面内，规定不画剖面符号，但要用粗实线把它和邻接部分分开，如图 8 - 24 所示。

本章小结

（1）本章介绍了轴测投影图的形成、概念、特性、种类和画法。轴测投影图是用平行投影法将物体连同坐标系向不平行于任意坐标面的方向投射到一个投影面上的具有立体感的图形，它仍然是一个二维平面图。

（2）按投影方向与投影面的位置关系形成正轴测图和斜轴测图两种。每种又按照轴向伸缩系数的不同分为三种，常用正等轴测图和斜二等轴测图。介绍了正等测轴间角和轴向伸缩系数的大小，平面立体、平行于坐标面的圆、曲面立体、圆角、截交线、相贯线和组合体正等测的画法，斜二等轴测图的适用条件和基本画法，圆和组合体的斜二测画法，最后介绍了轴测剖视图的剖切方法和绘图方法。

轴测图作为辅助图样，虽然作图较麻烦，但有助于我们正确想象空间形体。因此，通过本章学习能熟练掌握正等轴测图与斜二等轴测图的画法和应用，并能在实际的应用中灵活运用。

第9章　零件图

【本章知识点】

（1）零件图作用与内容。

（2）零件图的常见结构和视图表达。

（3）零件图的尺寸标注和技术要求。

（4）零件的铸造、锻造、机械加工工艺要求。

（5）零件图识读。

（6）零件测绘。

9.1　零件图概述

9.1.1　零件与机器的概念

任何一台机器或一个部件都是由一定数量、相互联系的零件按照一定的装配关系和要求装配而成的。如图9－1所示齿轮油泵是由泵体、右端盖、左端盖、传动齿轮、主动齿轮轴、传动齿轮轴、密封圈、压紧螺母、螺栓、螺母、垫圈和销等零件组成。

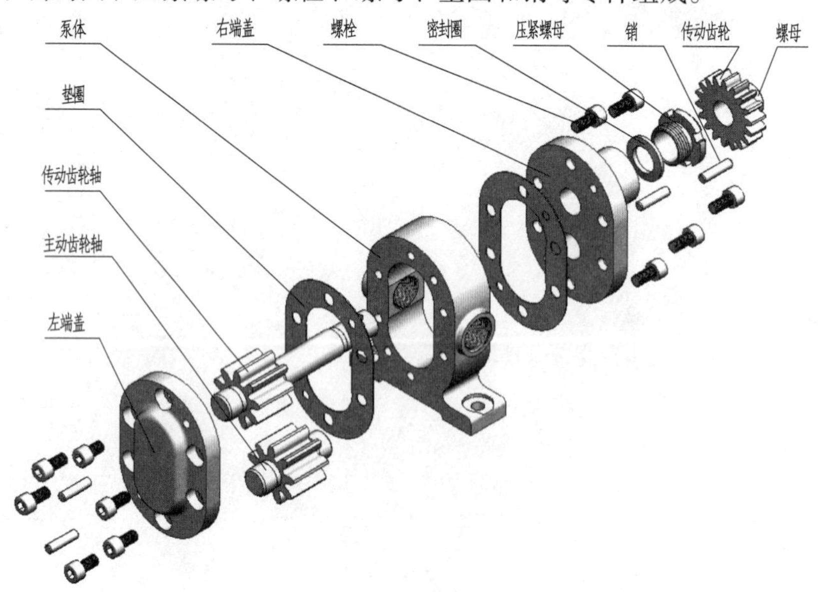

图9－1　齿轮油泵

9.1.2 零件的分类

由于零件的结构形状是复杂多样的，一般习惯上根据零件在机器或部件中的作用，将零件分为三种类型。

1）一般零件

一般零件按它的结构特点可分为轴套类、盘盖类、叉架类和箱体类等。这类零件的结构形状、大小常根据它们在机器或部件中的作用，按照机器或部件的性能和结构要求以及零件制造的工艺要求进行设计。所以一般零件都要画出相应的零件图。

2）传动零件

如齿轮、蜗轮、蜗杆等。这类零件在机器或部件中起传递动力和改变运动方向的作用，其结构要素（如齿轮上的轮齿，带轮上的V形槽等）大多已经标准化，并且在国家标准中有其相应的规定画法。所以在表达这类零件时，要按照规定画法画出它们的零件图。

3）标准件

如螺纹紧固件（螺钉、螺栓、螺柱、螺母、垫圈）、键、销、滚动轴承、油杯、螺塞等。这类零件在机器或部件中主要起零件间的连接、支承、密封等作用。对于标准件通常不必画出零件图，只要标注出它们的规定标记，按规定标记查阅有关的标准，便能得到相应零件的结构形状、全部尺寸和相关技术要求等。

9.1.3 零件图的作用和内容

要制造机器或部件必须按要求生产出零件，生产和检验零件所依据的图样称为零件图。一张完整的零件图通常要包括以下几方面的基本内容，如图9－2和图9－3所示。

1）一组图形

用视图、剖视、断面及其他规定画法，正确、完整、清晰地表达零件的内、外结构形状。

2）全部尺寸

表达零件在生产、检验时所需的全部尺寸。

3）技术要求

用文字或其他符号标注或说明零件制造、检验或装配过程中应达到的各项要求，如表面粗糙度、尺寸公差、几何公差、热处理和表面处理等要求。

4）标题栏

标题栏中应填写零件的名称、代号、材料、数量、比例、单位名称、设计、制图及审核人员的签名和日期等。

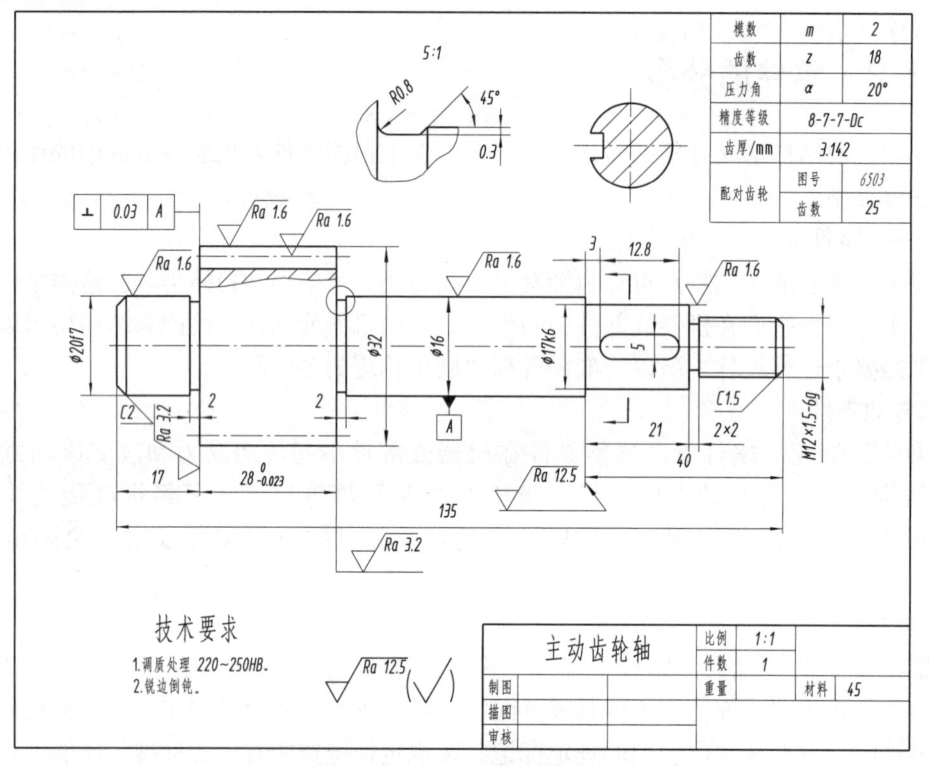

图 9－2　主动齿轮轴零件图

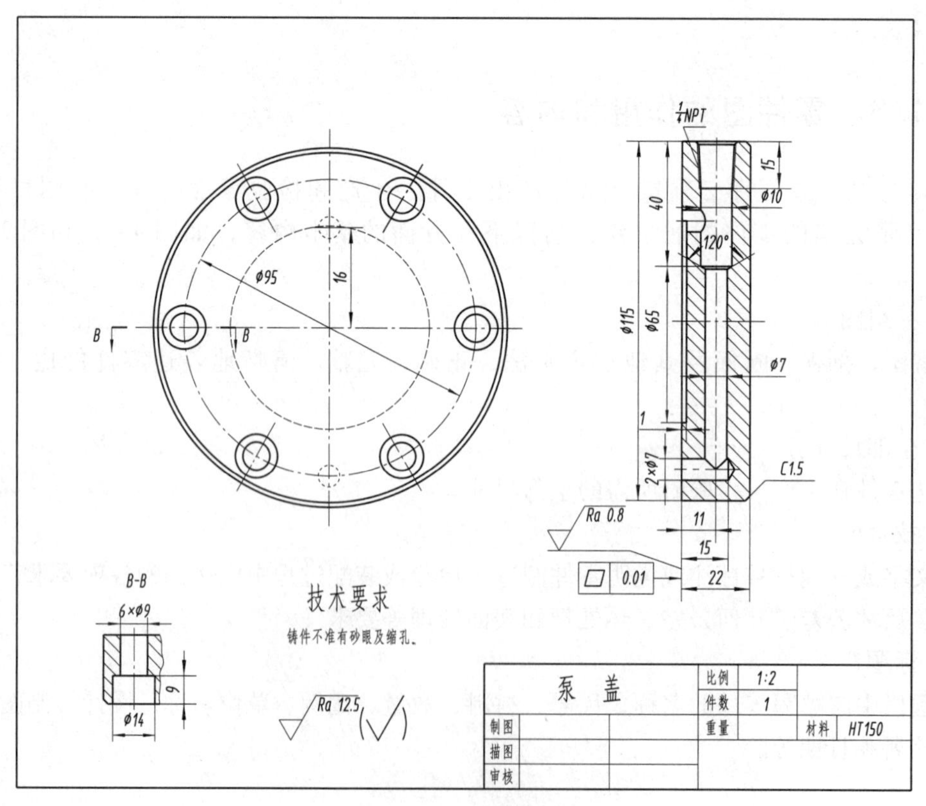

图 9－3　泵盖零件图

9.2 零件的表达方案

零件图应完整、清晰地表达零件的内、外结构形状，并要考虑画图的方便。要达到以上要求，必须对零件的结构特点进行分析，恰当地选取表达方案，即认真地考虑主视图的选择、视图的数量及表达方法。

9.2.1 视图选择的一般原则

零件图的视图选择包括主视图的选择和其他视图的选择。

1. 主视图的选择

主视图是表达零件最主要的视图。从便于看图这一要求出发，在选择主视图时应遵循下列原则。

1）形体特征原则

零件的形体特征包括反映零件各组成部分的形状特征和反映零件各组成部分相对位置关系的位置特征。应选择最能明显地反映零件形体特征的方向作为主视图的投影方向。

如图9-4（a）所示的阀体，若按箭头A的方向画主视图，并采用全剖视的表达方法[如图9-4（b）所示]，则可以反映出阀体内、外结构形状及其相对位置；若按箭头B的方向画主视图，并采用半剖视的表达方法[如图9-4（c）所示]，也可表示出阀体内、外结构形状，但其相对位置不明显。两者比较，前者作为主视图的投影方向较好。

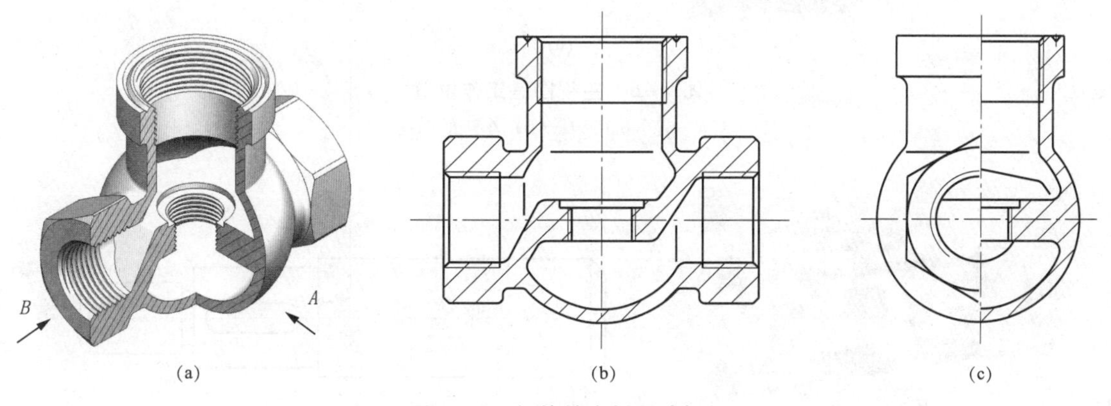

图9-4 阀体的主视图选择

（a）阀体；（b）A向好；（c）B向不好

2）工作位置原则和加工位置原则

零件在投影体系中的放置，应尽量符合它的工作位置（零件在部件中工作时所处的位置）和主要加工位置（零件在加工时主要工序的位置或加工前在毛坯上划线时的主要位置）要求，这样便于装配和加工。如图9-5（a）和图9-5（b）所示起重机吊钩和汽车前拖钩的主视图就是按工作位置绘制的；如图9-6所示轴类零件的主视图是按加工工序的位置绘制的。

必须指出，在选择主视图时，同时满足上述两点最为理想。但当两者不能兼顾时，要根据具体情况而定。通常将零件按习惯位置安放（具体见“9.2.2　典型零件的表达方法”），如工作中没有固定位置的运动件、结构形状不规则的叉架类零件等。另外，选择主视图时，还应考虑合理地利用图纸幅面，如长、宽相差悬殊的零件，应使零件的长度方向与图纸的长度方向相一致。

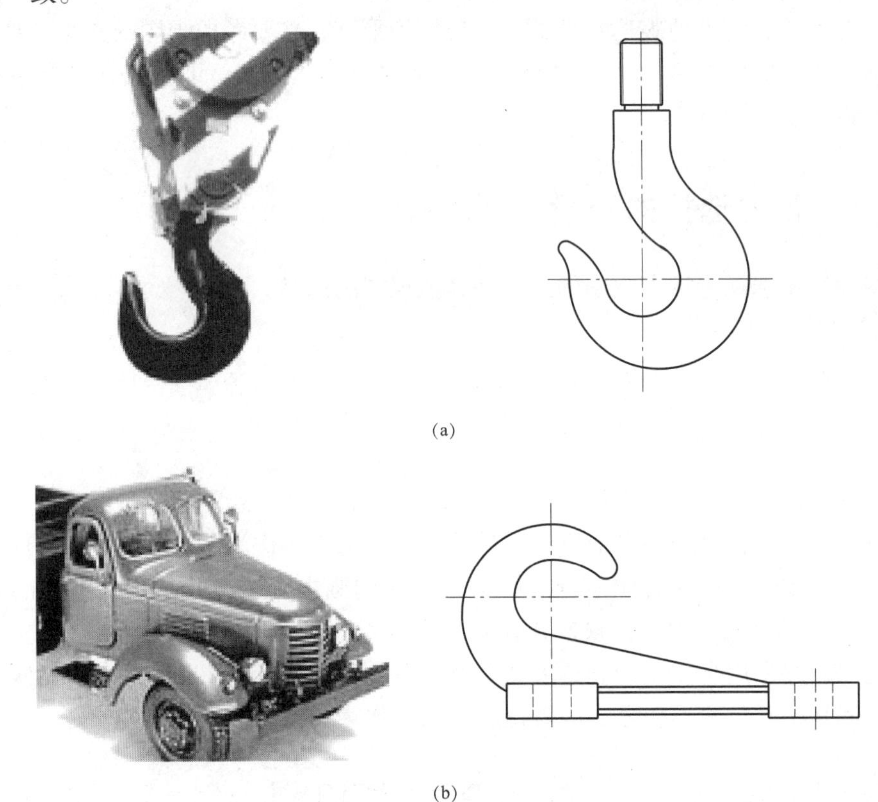

(a)

(b)

图 9－5　主视图是工作位置

（a）起重机吊钩；（b）车辆的拖钩

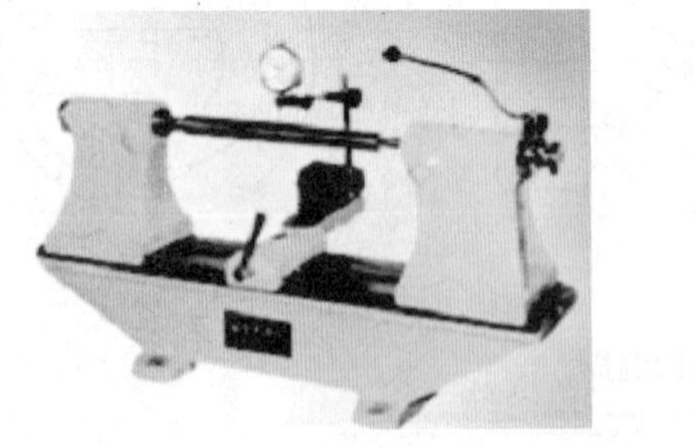

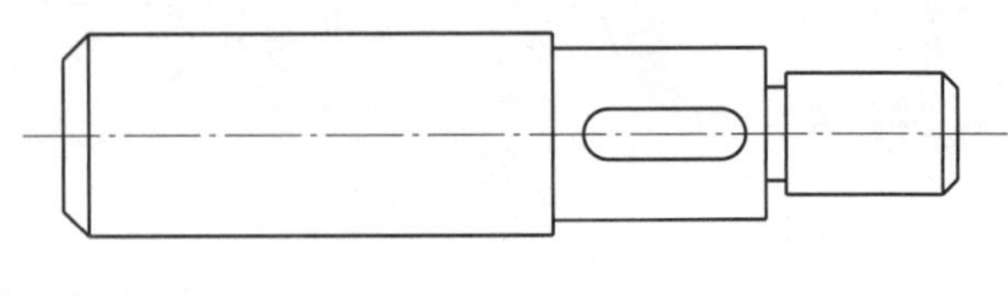

图 9－6　主视图是加工位置

2. 其他视图的选择

主视图确定后，其他视图的选择应根据零件的内、外结构形状及相对位置是否表达清楚来确定。

1）互补性原则

其他视图主要用来表达零件在主视图中尚未表达清楚的部分，以作为主视图的补充。互补性原则是选择其他视图的基本原则，即主视图和其他视图之间在表达零件时，重点明确、各有侧重、互相补充。

如图9－7（a）所示零件可分为7个部分，即图中所标Ⅰ、Ⅱ…Ⅶ，以箭头A所指方向为主视图投影方向，可用5个视图（主、俯、左、仰和断面）来表达，如图9－7（b）所示。该零件既有外部结构形状，又有内部结构形状，在主视图中，它具有对称平面，所以选用半剖视；为了表达底板上小孔是通的，作了一个局部剖视；俯视、仰视和左视都选用了视图表达它的外部结构形状；为了表达肋的断面形状，作了一个移出断面（重合断面也可）。

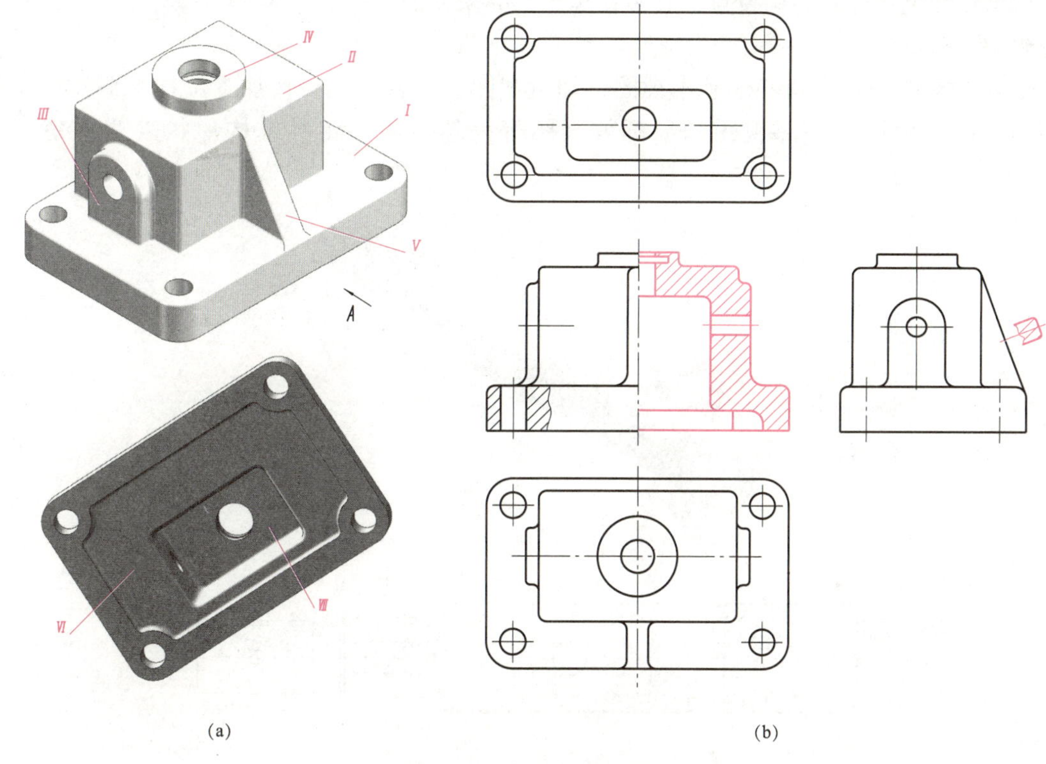

(a)　　(b)

图9－7　需多个视图表达

（a）箱体零件；（b）箱体的视图表达

2）简化性原则

在能够清楚地表达出零件的内、外结构形状和便于看图的前提下，应使所选的视图数量尽量少，各视图表达的重点明确、简明易懂。对在标注尺寸后已表达清楚的形体，可考虑不再用视图重复表达。

9.2.2　典型零件的表达方法

确定零件视图表达方法的主要依据是零件的结构形状及各结构的作用和要求，形状相近的零件在表达方法上则有其共同的特点。一般机器零件按其形状的不同大致可分为轴套类、盘盖类、叉架类和箱体类。在表达零件时，应优先考虑采用基本视图以及在基本视图上作剖视。采用局部视图或斜视图时应尽可能按投影关系配置，并配置在有关视图的附近，以便于看图。

1. 轴套类零件的表达分析

轴套类零件多用于传递动力或支承其他零件，如轴、套筒、衬套、套管和螺杆等。

1）结构特点

轴套类零件主要由大小不同的圆柱、圆锥等回转体组成。由于设计、加工或装配上的需要，此类零件上有倒角、螺纹、轴肩、退刀槽、越程槽、键槽、销孔和平面等结构，如齿轮泵泵轴（见图9-8）。

2）加工方法

根据轴套类零件的结构特点，其多在车床、磨床上加工。

3）视图选择

轴套类零件一般只画一个基本视图，即主视图，并将其轴线按加工位置水平放置，再采用适当的断面图、局部视图和局部放大图等表达方法，将其结构形状表达清楚，如图9-8（b)所示。

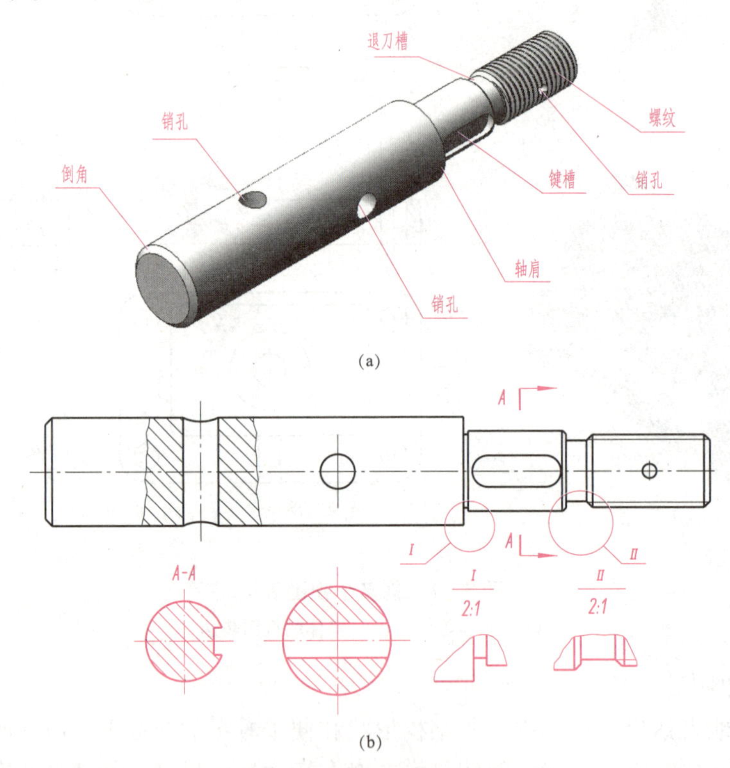

图9-8 齿轮泵泵轴的视图选择

（a）立体图；（b）泵轴的视图

2. 盘盖类零件的表达分析

盘盖类零件多用于传递动力和扭矩或起支承、轴向定位及密封等作用，主要包括端盖、手轮、皮带轮、法兰盘和齿轮等。

1）结构特点

盘盖类零件的主体部分通常为回转体，其上有一些沿圆周分布的孔、肋、槽和齿等其他结构，如图9-3所示泵盖的零件图。

2）加工方法

盘盖类零件的外圆、内孔、端面和键槽等，主要在车床和插床上加工或采用铸造毛坯后再经过机械加工。

3）视图选择

盘盖类零件通常采用两个基本视图，一般取非圆视图（如图9－9（a）所示A向）作为主视图，其轴线多按主要加工工序的位置水平放置，并采用全剖视。当圆周上分布的肋、孔等结构不在对称平面上时，则采用简化画法或旋转剖视。另一视图表达其外形轮廓和各组成部分，如孔、轮辐等的相对位置［如图9－9（b）所示端盖的视图］。

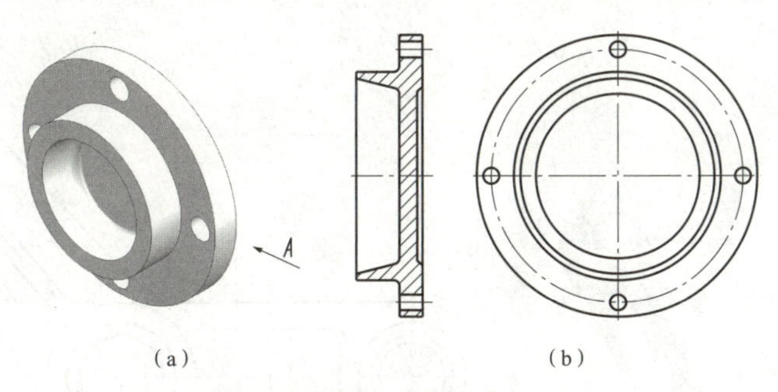

图9－9　端盖的立体图及视图

（a）立体图；（b）视图

3. 叉架类零件的表达分析

叉架类零件大都用来支承其他零件或用于机械操纵系统和传动机构上，主要包括拨叉、支架、中心架和连杆等，在一般机械中应用较广。

1）结构特点

叉架类零件多由肋板、耳片、底板和圆柱形轴孔、实心杆等部分组成，如图9－10所示脚踏座的视图。

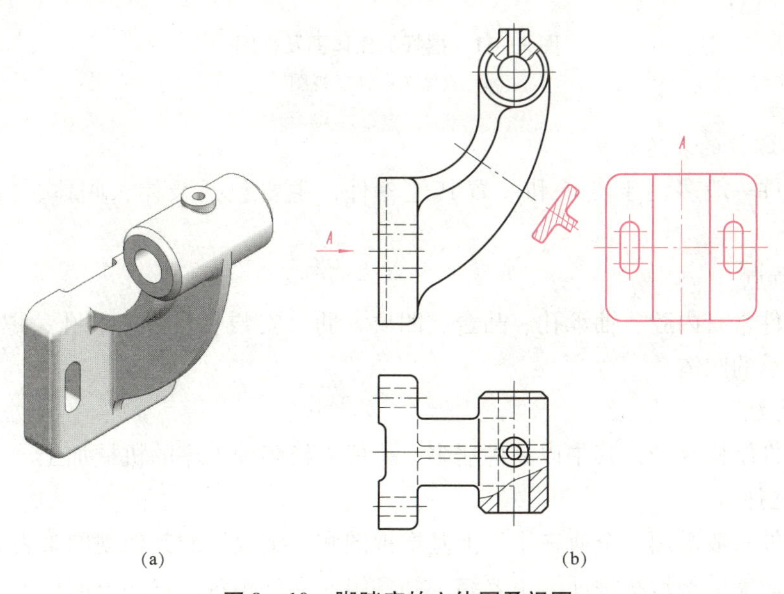

图9－10　脚踏座的立体图及视图

（a）立体图；（b）视图

2）加工方法

由于叉架类零件的结构形状比较复杂，故一般先将其铸成毛坯，然后对毛坯进行多工序的机械加工。

3）视图选择

叉架类零件常采用两个或两个以上基本视图。在选择主视图时，常按工作位置放置，主要考虑形状特征原则，以表达它的形状特征、主要结构和各组成部分的相互关系，并根据其具体结构形状选用其他视图。常采用局部剖视、断面、旋转视图或旋转剖视等表达方法，如图9－11（b）所示。

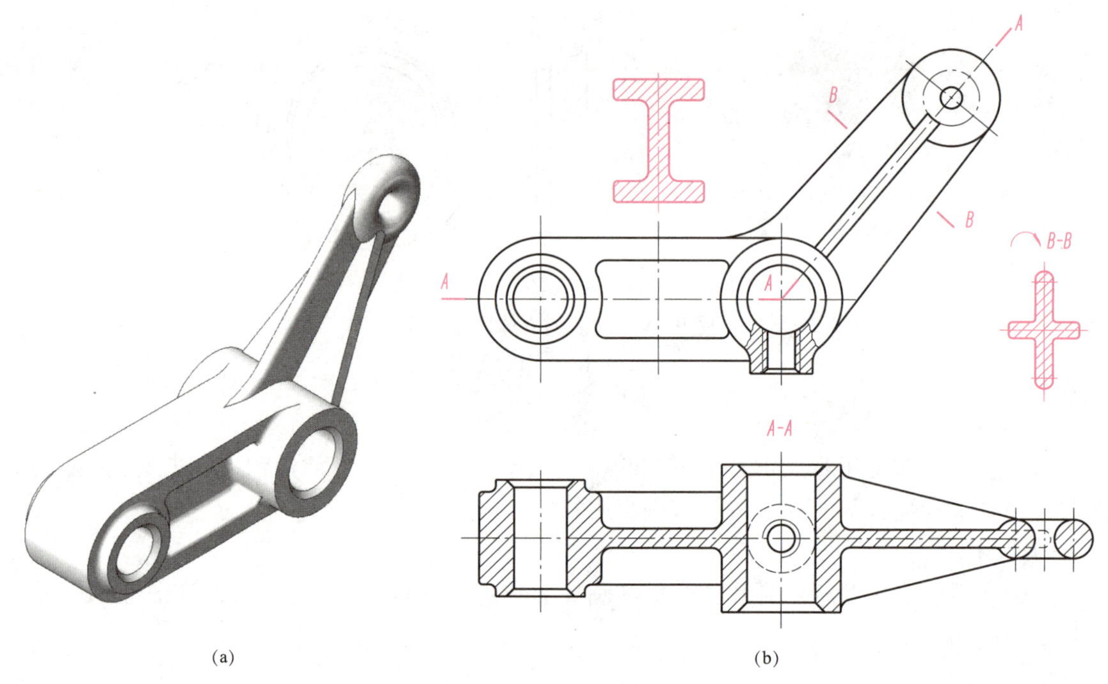

图9－11　摇杆的立体图及视图

（a）立体图；（b）视图

4. 箱体类零件的表达分析

箱体类零件一般多用于支承和装置其他零件，主要包括泵体、阀体、机座和减速箱壳等。

1）结构特点

箱体类零件常有内腔、轴承孔、凸台、凹坑、肋、安装底板、安装孔、螺纹和销孔等，如图9－12所示的阀体。

2）加工方法

箱体类零件结构复杂，其中以铸件居多，一般需经多种工序的机械加工。

3）视图选择

箱体类零件一般需用三个或三个以上基本视图和一定数量的其他视图来表达。常按工作位置放置，以最能反映形状特征、主要结构和各组成部分相对位置的方向作为主视图的投影方向。然后根据其结构的复杂程度，按视图数量尽量少的原则，选用其他视图。采用剖视

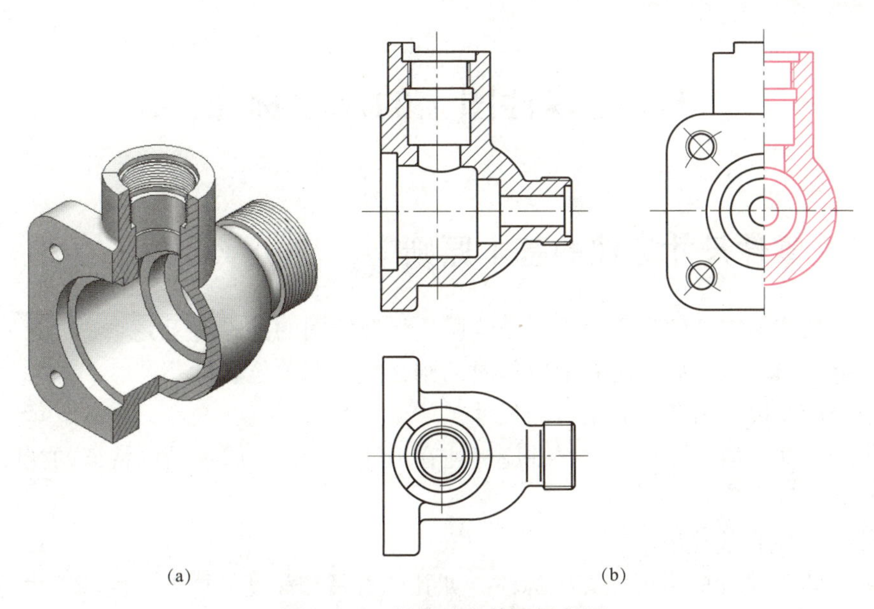

图 9 – 12　阀体的立体图及视图

（a）立体图；（b）视图

图、局部视图、断面等表达方法，且每个视图都有表达重点，如图 9 – 13 所示。

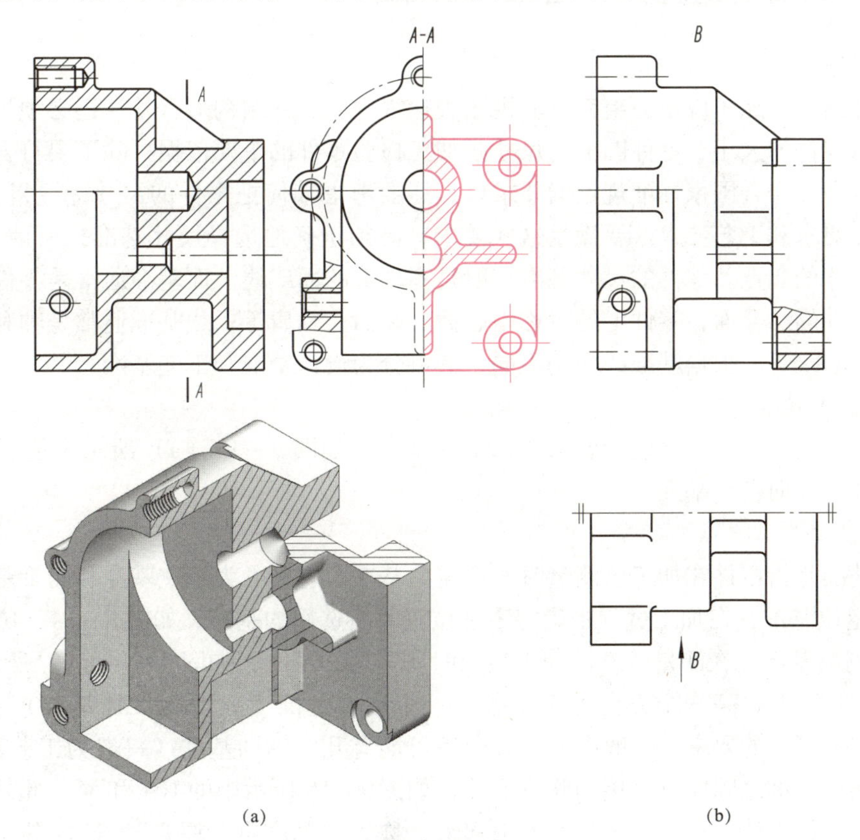

图 9 – 13　壳体的立体图及视图

（a）立体图；（b）视图

9.3 零件图上的尺寸标注

9.3.1 零件尺寸标注的基本原则

(1) 尺寸数值为零件的真实大小，与绘图比例及绘图的准确度无关。
(2) 以毫米为单位，如采用其他单位时，则必须注明单位名称。
(3) 图中所注尺寸为零件完工后的尺寸。
(4) 每个尺寸一般只标注一次，并应标注在最能清晰地反映该结构特征的视图上。
(5) 尺寸配置合理。
① 功能尺寸应直接注出。
② 同一要素的尺寸应尽可能集中标注，如孔的直径和深度、槽的深度和宽度等。
③ 尽量避免在不可见的轮廓线上标注尺寸。

9.3.2 合理选择尺寸基准

1. 尺寸基准

在零件图中，除了应用一组完整的视图表达零件内、外结构形状外，还必须标注全部尺寸，以表示零件的大小，零件图上的尺寸是加工检验零件的重要依据；除了要符合前面所述的完整、清晰、符合国家标准规定的要求外，还要考虑如何把零件的尺寸标注得比较合理，以符合设计要求和工艺要求。要满足这些要求，必须正确地选择尺寸基准。所谓尺寸基准，就是标注尺寸的起点。零件的尺寸基准一般是零件上的面或线。面基准通常是零件的主要加工面，两零件的结合面，零件上的对称中心面、端面、轴肩等；线基准通常是轴和孔的中心线、对称中心线等。根据基准的作用不同，其可分为设计基准和工艺基准。

1) 设计基准

根据零件的结构特点和设计要求所选定的基准，如图 9-14 (a) 所示中箭头所指的轴线即该零件的径向设计基准。

2) 工艺基准

工艺基准是指零件在加工、测量时所选定的基准。它又分为定位基准和测量基准。

(1) 定位基准：在加工过程中确定零件位置时所选用的基准，如图 9-14 (b) 所示。

(2) 测量基准：在测量零件已加工表面时所选用的基准，如图 9-14 (c) 所示。

零件在长、宽、高三个方向上至少各有一个主要基准（一般为设计基准)，但根据设计、加工和测量上的要求，一般在同一方向还可能有几个辅助基准（一般为工艺基准)，主要基准和辅助基准之间应有直接的联系尺寸，如图 9-15 所示中的 164 和 56。此外，标注尺寸时，应尽量使设计基准与工艺基准统一起来，称为“基准重合原则”。这样既能满足设计要求，又能满足工艺要求。一般情况下，设计基准与工艺基准是可以做到统一的，如图 9-15所示中零件的径向尺寸标注都符合基准重合原则。当两者不能统一时，要按设计要

尺寸精度时，不宜采用此注法。

3）综合式

综合式就是链式和坐标式的综合。在确定基准后，一部分尺寸从同一基准注出，另一部分从前一尺寸的终点注起。如图 9－16（c）所示小轴采用综合式标注尺寸，这样不仅保证了小轴中段的加工误差在 ±0. 1mm 之内，也保证了它与右端面基准的距离 e 的加工误差不超过 ±0. 1mm，同时总长 d 的加工误差也被控制在 ±0. 1mm 内。因此，这种标注形式兼有上述两种标注形式的优点，得到了广泛应用。

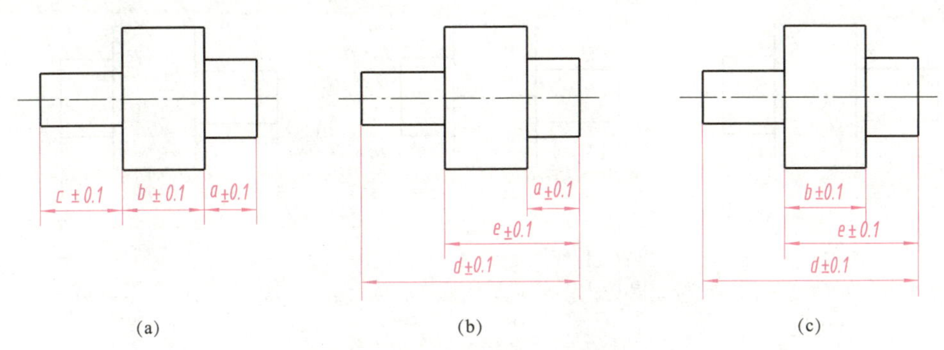

图 9－16　标注尺寸的三种形式

（a）链式；（b）坐标式；（c）综合式

9. 3. 3　主要尺寸和一般尺寸

1. 主要尺寸

影响到机器或部件的工作性能、工作精度以及确定零件位置和有配合关系的尺寸均属于主要尺寸。在标注这类尺寸时，应直接从设计基准注起，而且应在尺寸数字后注出公差带代号或偏差值。如图 9－17 所示中 $\phi5.5^{-0.005}_{-0.012}$，$\phi9^{\ 0}_{-0.010}$、$\phi7^{-0.005}_{-0.015}$和 12 ±0. 1 均属于主要尺寸。

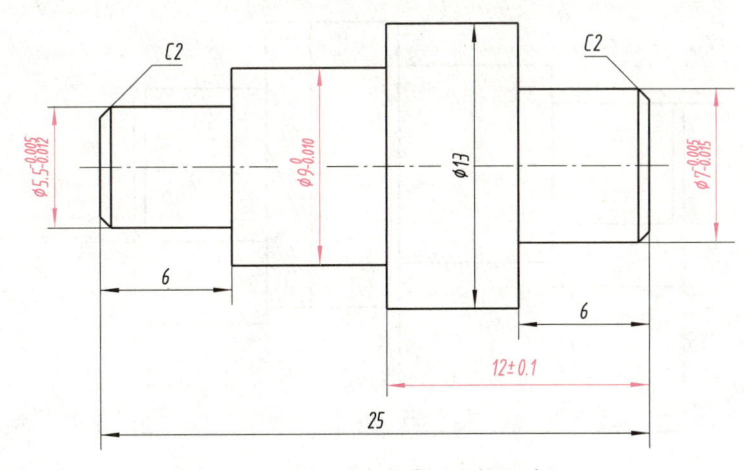

图 9－17　主要尺寸和一般尺寸

2. 一般尺寸

不影响机器或部件的工作性能和工作精度或结构上无配合和定位要求的尺寸均属于一般

尺寸精度时，不宜采用此注法。

3）综合式

综合式就是链式和坐标式的综合。在确定基准后，一部分尺寸从同一基准注出，另一部分从前一尺寸的终点注起。如图 9－16（c）所示小轴采用综合式标注尺寸，这样不仅保证了小轴中段的加工误差在 ±0.1mm 之内，也保证了它与右端面基准的距离 e 的加工误差不超过 ±0.1mm，同时总长 d 的加工误差也被控制在 ±0.1mm 内。因此，这种标注形式兼有上述两种标注形式的优点，得到了广泛应用。

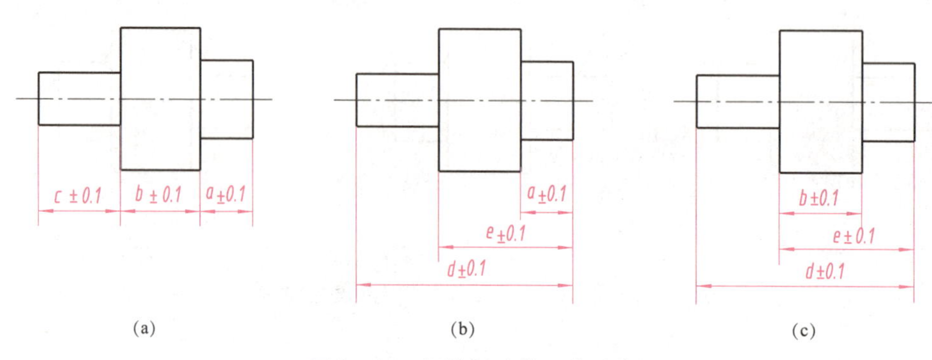

图 9－16　标注尺寸的三种形式

（a）链式；（b）坐标式；（c）综合式

9.3.3　主要尺寸和一般尺寸

1. 主要尺寸

影响到机器或部件的工作性能、工作精度以及确定零件位置和有配合关系的尺寸均属于主要尺寸。在标注这类尺寸时，应直接从设计基准注起，而且应在尺寸数字后注出公差带代号或偏差值。如图 9－17 所示中 $\phi5.5^{-0.005}_{-0.012}$，$\phi9^{\ 0}_{-0.010}$、$\phi7^{-0.005}_{-0.015}$和 12 ±0.1 均属于主要尺寸。

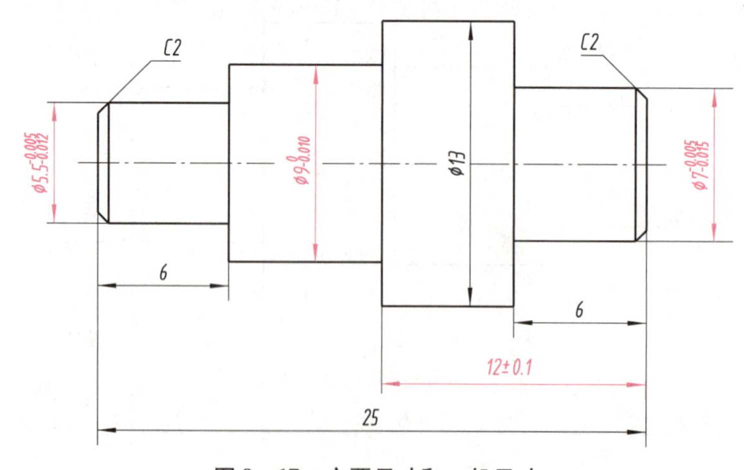

图 9－17　主要尺寸和一般尺寸

2. 一般尺寸

不影响机器或部件的工作性能和工作精度或结构上无配合和定位要求的尺寸均属于一般

尺寸。一般尺寸不注写公差带代号或偏差值，有时将其尺寸公差统一注写在技术要求里，如“未注尺寸公差为 IT14”等。如图 9－17 所示中的 ϕ13、25、6、C2 均属于一般尺寸。

9.3.4　标注尺寸应注意的问题

要使图中的尺寸标注合理，除恰当地选择尺寸基准、标注形式及分清尺寸的重要性之外，还应注意下列几个问题。

1. 考虑设计要求

1）恰当地选择基准

基准的选择要根据设计要求和便于加工测量而定，如图 9－18（a）和图 9－18（b）所

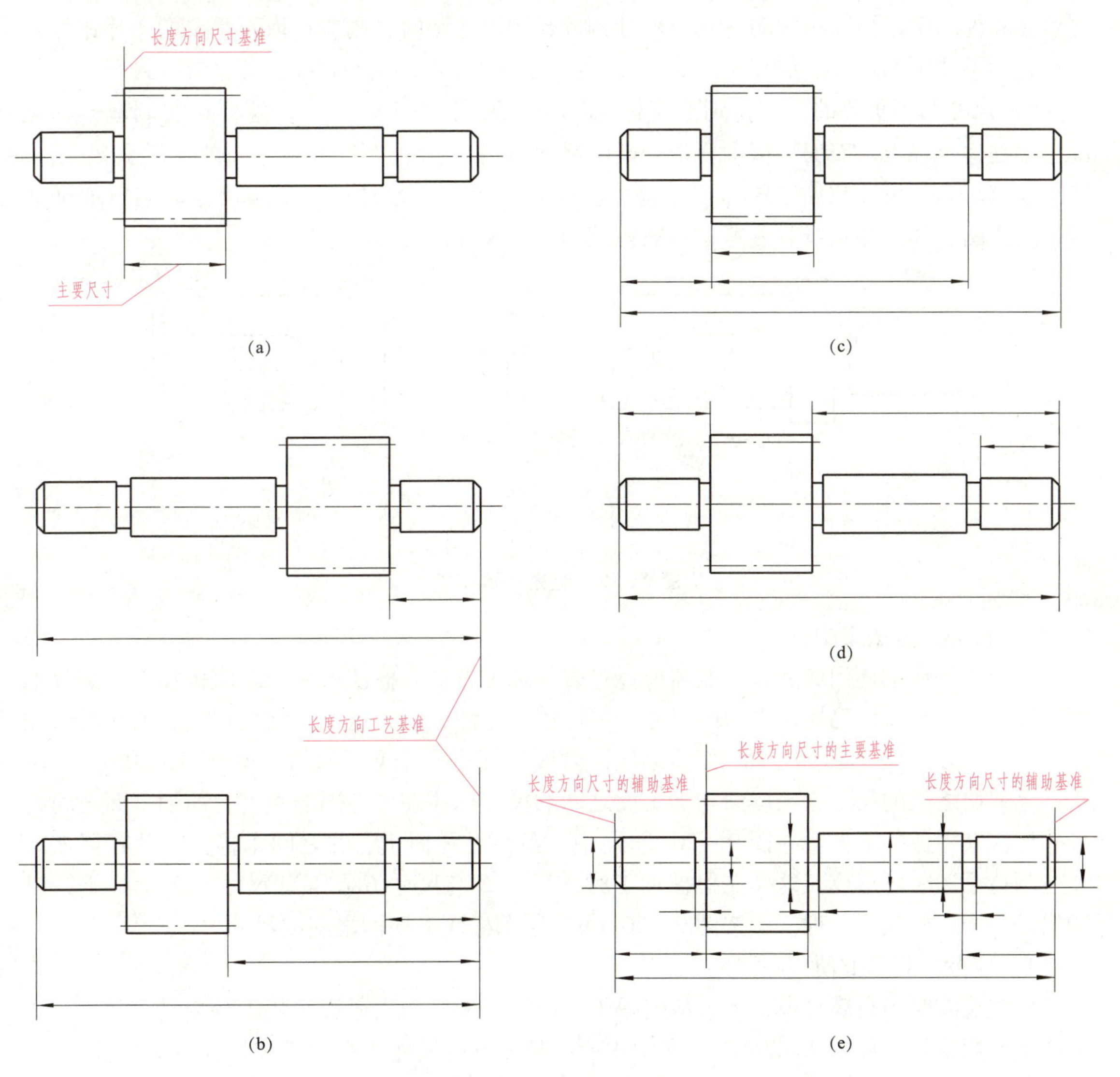

图 9－18　主轴的尺寸标注

（a）按设计要求选择尺寸基准；（b）按加工要求选择尺寸基准；（c）按工艺基准标注长度方向尺寸；（d）按设计基准标注长度方向尺寸；（e）综合考虑标注尺寸

示。在选择基准时，应尽可能使设计基准和工艺基准重合，这样可以减少由于这两个基准不重合所引起的尺寸误差。

2）主要尺寸直接注出

主要尺寸由主要基准直接注出，以保证设计要求，如图9－18（a）所示。

2. 考虑工艺要求

1）尽量符合加工顺序

如图9－18（c）所示主轴是按加工要求标注的尺寸，考虑到该零件在车床上调头加工，因此，其轴向尺寸是以两端为基准注出的。图9－18（d）所示为按设计要求标注的尺寸，图9－18（e）所示为综合考虑设计要求和加工要求所注的尺寸。

2）不要注成封闭尺寸链

在零件图中，如同一方向有几个尺寸构成封闭尺寸链时，则应选取不重要的一环作为开口环，而不注它的尺寸。如图9－19（a）所示中A_1、A_2、A_3、A_4四个尺寸组成封闭环，若A_2（6）尺寸为不重要的一环，则不应标注尺寸［见图9－19（b）］，这样可使制造误差全部集中在这个环上，而保证精度要求较高的尺寸$26^{+0.21}_{0}$、$50^{+0.25}_{0}$。

但有时为了设计和加工的需要，也可注成封闭形式，此时封闭环的尺寸数字应加圆括号，供绘图、加工和画线时参考，一般称其为参考尺寸。

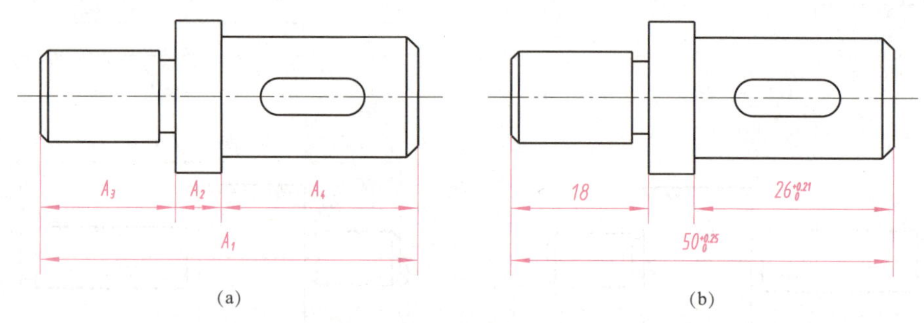

图9－19　避免封闭尺寸

3）按加工方法集中标注

一个零件从毛坯到成品，一般需要经过多种加工方法，标注尺寸时，应按加工方法分别集中标注。对于铸件毛坯面之间的尺寸一般应单独标注，因为这类尺寸是在制造毛坯时保证的。在同一方向上，零件的加工面与毛坯面之间只能有一个联系尺寸，如图9－20（b）所示。毛坯面之间的尺寸、毛坯面与加工面之间的尺寸标注在零件图的上方，而加工面之间的尺寸标注在零件的下方。在图9－20（a）中，虽然毛坯面Ⅰ、Ⅱ之间未标注尺寸，但该尺寸在制造毛坯时已形成。这样在机械加工时，尺寸E与尺寸G在保证尺寸C的前提下，只能保证一个，标注不合理。应按图9－20（b）所示标注毛坯面之间的尺寸H。

4）应考虑测量方便

标注尺寸时，在满足设计要求的前提下，应尽量考虑使用通用量具进行测量，避免或减少使用专用量具。如图9－20（a）所示中所注长度方向尺寸A在加工和检验时测量较困难，如图9－20（b）所示的标注形式测量较方便。

除了有设计要求的尺寸外，尽量不从轴线、对称线出发标注尺寸。如图9－21所示键槽的尺寸注法，若标注尺寸E，则测量困难，且尺寸也不易控制，故应标注尺寸F。

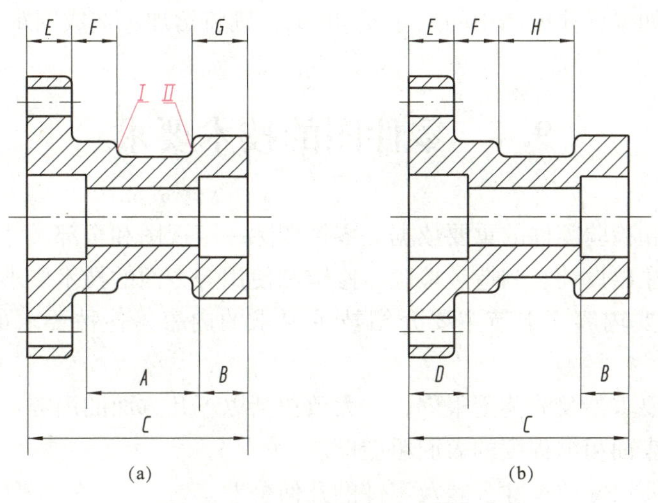

图9-20 毛坯面与阶梯孔的尺寸标注

（a）错误；（b）正确

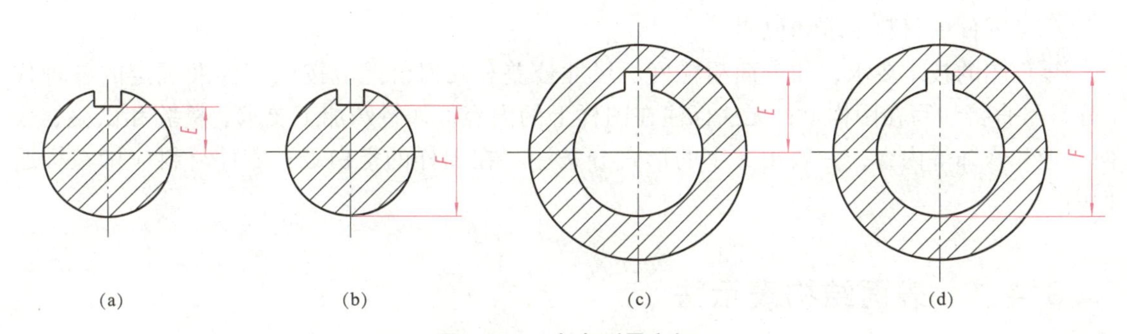

图9-21 考虑测量方便

（a），（c）不易测量；（b），（d）易于测量

5）考虑刀具尺寸及加工的可能性

凡由刀具保证的尺寸，应尽量给出刀具的有关尺寸。如图9-22所示的衬套，在其左视图中给出了铣刀直径，轮廓用双点画线画出。图9-23所示为加工斜孔时标注尺寸的实例。根据加工的可能性，孔 A 的定位尺寸45最好从外面标注，因为钻头只能从外面进行加工。

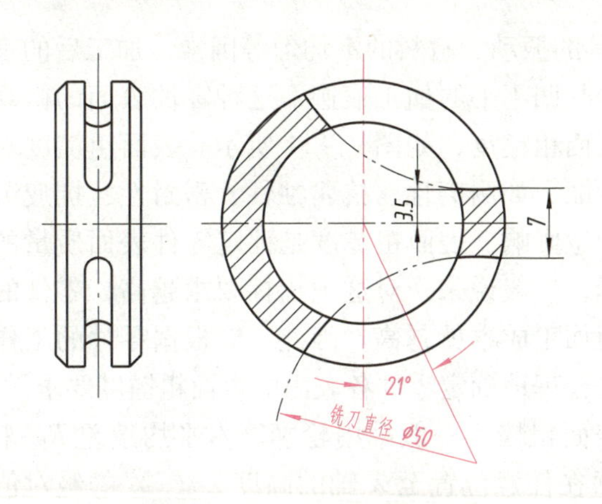

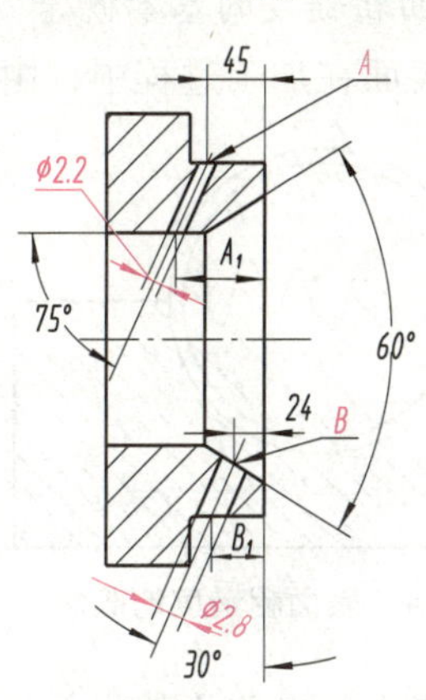

图9-22 考虑刀具的尺寸　　**图9-23 考虑加工的可能性**

上述情况中，如果标注成图中的尺寸 A_1 和 B_1，则将给加工造成困难。

9.4　零件图的技术要求

零件图是制造和检验零件的重要依据。零件图除一组视图和全部尺寸外，为确保零件的质量还应在图样中注出设计、制造、检验、修饰和使用等方面的技术要求，它也是零件图中必不可少的一项重要内容。本节主要介绍技术要求的内容、各种要求的基本概念和标注方法。

零件图中技术要求涉及的范围很广，它大致包括以下几方面的内容：

（1）说明零件表面粗糙程度的表面粗糙度。

（2）零件上重要尺寸的尺寸公差及零件的几何公差。

（3）零件的特殊加工要求、检验和试验方面的说明。

（4）零件的热处理和表面修饰说明。

（5）零件的材料要求和说明。

零件图的技术要求，如表面粗糙度、尺寸公差和几何公差应按国家标准规定的各种代〔符〕号直接注写在图样上；无法标注在图样上的内容，如特殊加工要求、检验和试验、表面处理和修饰等内容，一般用文字的形式分条注写在图样的空白处；零件材料应标在标题栏内。

9.4.1　表面结构表示法

在机械图样上，为保证零件装配后的使用要求，除了对零件各部分结构的尺寸、形状和位置给出公差要求外，还要根据零件的功能需要，对零件的表面质量——表面结构提出要求。表面结构是表面粗糙度、表面波纹度、表面缺陷、表面纹理和表面几何形状的总称。表面结构的各项要求在图样上的表示法在 GB/T 131—2006 中均有具体规定。这里主要介绍常用的表面粗糙度表示法。

1. 表面粗糙度的基本概念

零件表面在加工过程中，由于机床和刀具的振动、材料的不均匀等因素，加工后的表面总会存在着凸凹不平的加工痕迹，这种零件表面的微观不平度称为表面粗糙度，如图 9－24 所示。表面粗糙度对零件的使用性能，如耐磨性、抗腐蚀性、密封性、抗疲劳能力等都会产生影响。表面粗糙度是评定零件表面质量的一项重要指标，一般说来，对这项指标要求越高，零件的寿命越长，而加工成本就越高。因此，应根据零件的工作状况和需要，合理地确定零件各表面的表面粗糙度要求。

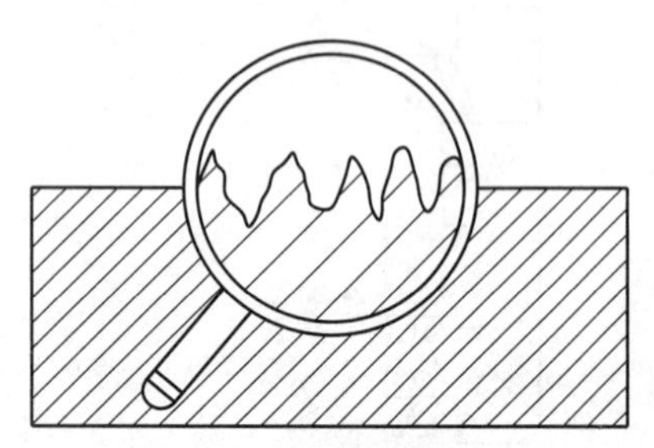

图 9－24　表面粗糙度的概念

零件表面粗糙度一般采用轮廓算术平均偏差 Ra 来评定，它是指在一个取样长度 l 内，被评定轮廓在任意位置至 X 轴的高度 Z（x）的绝对值的

算术平均值，如图 9－25 所示，用公式表示为

$$Ra = \frac{1}{l}\int_0^l |Z(x)|\,dx$$

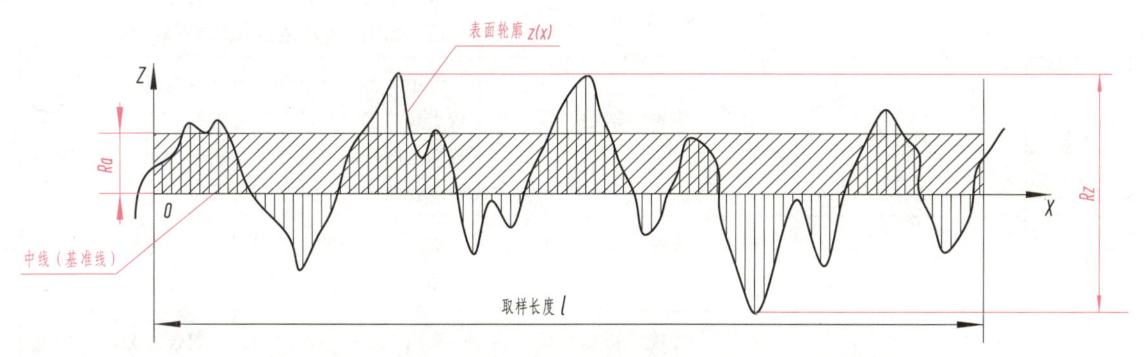

图 9－25 轮廓算术平均偏差 *Ra* 和轮廓最大高度 *Rz*

Ra 的数值见表 9－1，一般优先选用表中的第一系列。

表 9－1 *Ra* 数值

第 1 系列	第 2 系列	第 1 系列	第 2 系列	第 1 系列	第 2 系列	第 1 系列	第 2 系列
	0.008						
	0.010						
0.012			0.125		1.25	12.5	
	0.016		0.160	1.6			16
	0.020	0.20			2.0		20
0.025			0.25		2.5	25	
	0.032		0.32	3.2			32
	0.040	0.40			4.0		40
0.050			0.50		5.0	50	
	0.063		0.63	6.3			63
	0.080	0.80			8.0		80
0.100			1.00		10.0	100	

选择 *Ra* 数值时，在满足使用性能要求的前提下，应尽可能选用较大的 *Ra* 数值。表 9－2给出了在不同数值范围内的零件表面状况、所对应的加工方法及应用举例。

表 9－2 *Ra* 数值与应用举例

Ra/μm	表面特征	主要加工方法	应用
50	明显可见刀痕	粗车、粗铣、粗刨、钻、粗纹锉刀和粗砂轮加工	表面质量低，一般很少应用
25	可见刀痕	粗车、粗铣、粗刨、钻、粗纹锉刀和粗砂轮加工	不重要的加工部位，如油孔、穿螺栓用的光孔及不重要的底面和倒角等

续表

Ra/μm	表面特征	主要加工方法	应用
12.5	微见刀痕	粗车、刨、立铣、平铣、钻	常用于尺寸精度要求不高且没有相对运动的表面，如不重要的端面、侧面和底面等
6.3	可见加工痕迹	粗车、精铣、精刨、镗、粗磨等	常用于不十分重要，但有相对运动的部位或较重要的接触面，如低速轴的表面、相对速度较高的侧面、重要的安装基面和齿轮、链轮的齿廓表面等
3.2	微见加工痕迹	粗车、精铣、精刨、镗、粗磨等	常用于传动零件的轴、孔配合部分以及中低速轴承孔、齿轮的齿廓表面等
1.6	不可见加工痕迹	精车、精铣、精刨、镗、粗磨等	常用于传动零件的轴、孔配合部分以及中低速轴承孔、齿轮的齿廓表面等
0.8	可辨加工痕迹方向	精车、精铰、精拉、精镗、精磨等	常用于较重要的配合面，如安装滚动轴承的轴和孔、有导向要求的滑槽等
0.4	微辨加工痕迹方向	精车、精铰、精拉、精镗、精磨等	常用于重要的平衡面，如高速回转的轴和轴承孔等

2. 表面结构的图形符号

表面结构基本图形符号的画法如图 9－26 所示，符号的各部分尺寸与字体大小有关，并有多种规格。对于 3.5 号字：$H_1=5$mm，$H_2=10.5$mm，符号线宽 $d'=0.35$mm。表 9－3 列出了表面结构的基本图形符号和完整图形符号。

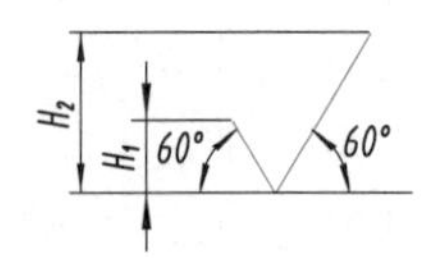

图 9－26　表面结构基本图形符号的画法

表 9－3　表面结构符号

序号	符号	意义及说明
1		基本图形符号，未指定工艺方法的表面，当通过一个注释解释时可单独使用
2		扩展图形符号，用去除材料方法获得的表面；仅当其含义是“被加工表面”时可单独使用
3		扩展图形符号，不去除材料的表面，也可用于表示保持上道工序形成的表面，不管这种状况是通过去除材料或不去除材料形成的
4		完整图形符号，在以上各种符号的长边上加一横线，以便注写对表面结构的各种要求

在完整符号中，对表面结构的单一要求和补充要求应注写在如图 9－27 所示的指定位置。

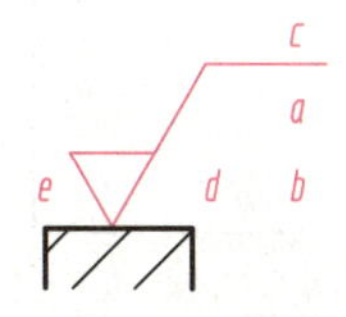

图 9－27　补充要求的注写位置

位置 a 和 b—— 注写符号所指表面表面结构的评定要求。

位置 c—— 注写符号所指表面的加工方法，如车、磨、镀等。

位置 d—— 注写符号所指表面的表面纹理和纹理的方向要求，如“ = ”“X”“M”。

位置 e —— 注写符号所指表面的加工余量，以毫米为单位给出数值。

表 9－4 列出了几种表面结构代号、符号及说明。

表 9－4　表面结构代号、符号及说明

序号	符号	意义及说明
1	Ra 1.6	表示去除材料，单向上限值，默认传输带，R 轮廓，算术平均偏差 1.6μm，评定长度为 5 个取样长度（默认），“16% 规则”（默认）
2	Rz max 3.2	表示去除材料，单向上限值，默认传输带，R 轮廓，粗糙度最大高度的值 3.2μm，评定长度为 5 个取样长度（默认），“最大规则”
3	U Ra max 3.2 L Ra 0.8	表示不允许去除材料，双向极限值，两极限值均使用默认传输带，R 轮廓，上限值：算术平均偏差 3.2μm，评定长度为 5 个取样长度（默认），“最大规则”。下限值：算术平均偏差 0.8μm，评定长度为 5 个取样长度（默认），“16% 规则”（默认）
4	0.8~25/Wz3 10	表示去除材料，单向上限值，传输带 0.8～25mm，W 轮廓，波纹度最大高度 10μm，评定长度包含 3 个取样长度，“16% 规则”（默认）
注：16% 规则是所有表面结构标注的默认规则。最大规则应用于表面结构要求时，参数代号中应加上“max”。		

3. 表面结构符号、代号在图样上的标注

（1）表面结构要求对每一表面一般只标注一次，并尽可能注在相应尺寸及其公差的同一视图上。

（2）表面结构的注写和读取方向与尺寸注写和读取方向一致，如图 9－28 所示。

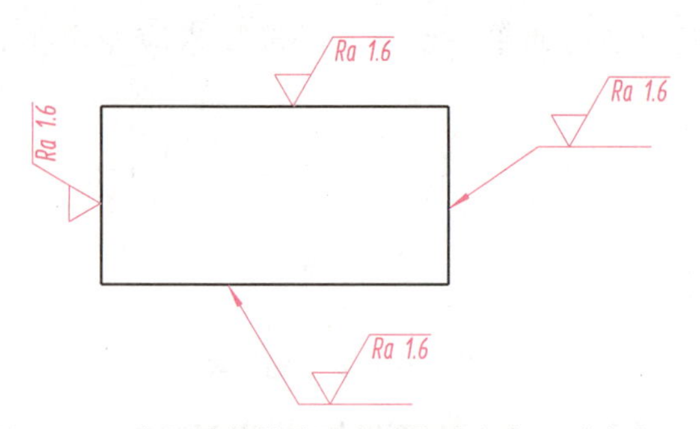

图 9-28　表面结构的注写和读取方向与尺寸方向一致

（3）表面结构要求可标注在轮廓线上，其符号应从材料外部指向零件表面。必要时，表面结构符号也可用带箭头或黑点的指引线引出标注，如图 9-29 所示。

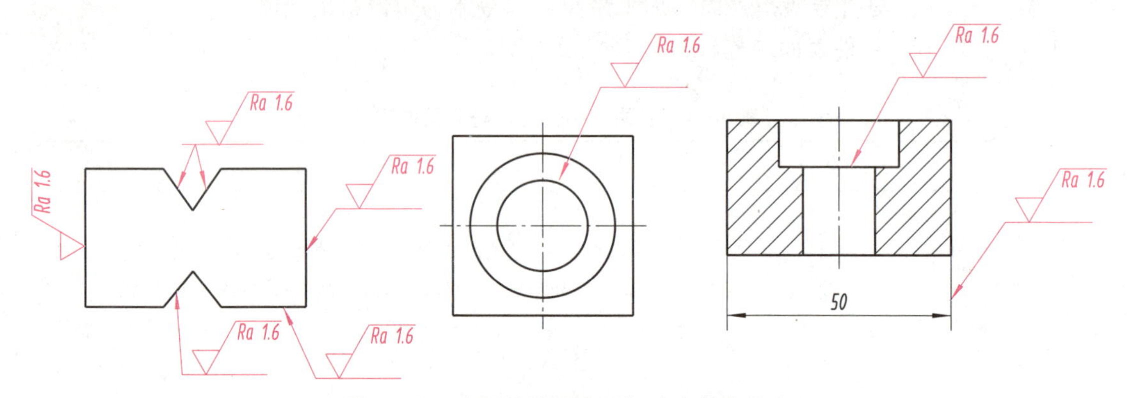

图 9-29　表面结构要求可标注在轮廓线上

（4）在不致引起误解的情况下，表面结构要求可标注在给定的尺寸线上或几何公差框格的上方，如图 9-30所示。

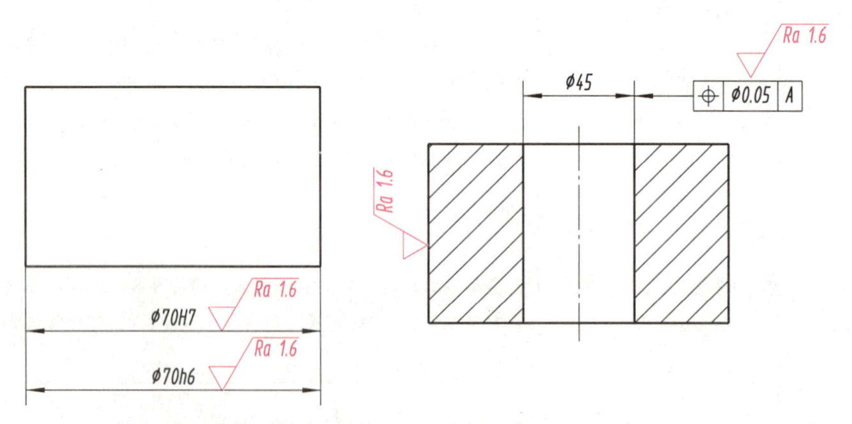

图 9-30　表面结构要求可标注在给定的尺寸线上或几何公差框格的上方

（5）圆柱和棱柱表面的表面结构要求只标注一次，如图 9-31 所示，如果每个棱柱表面有不同的表面结构要求，则应分别单独标注。

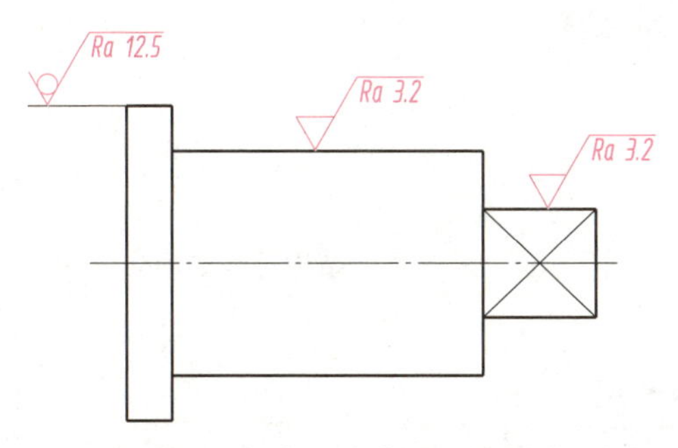

图9－31　圆柱和棱柱表面的表面结构要求只标注一次

4. 表面结构要求的简化注法

1）有相同表面结构要求的简化注法

如果在工件的多数（包括全部）表面有相同的表面结构要求，则其表面结构要求可统一标注在图样的标题栏附近。表面结构要求的符号后面应有以下两种情况：在圆括号内给出无任何其他标注的基本符号，如图9－32所示；在圆括号内给出不同的表面结构要求，如图9－33所示。

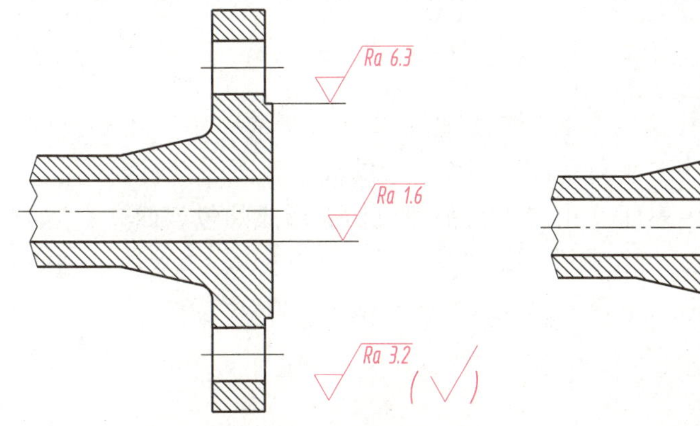

图9－32　在圆括号内给出无任何其他标注的基本符号

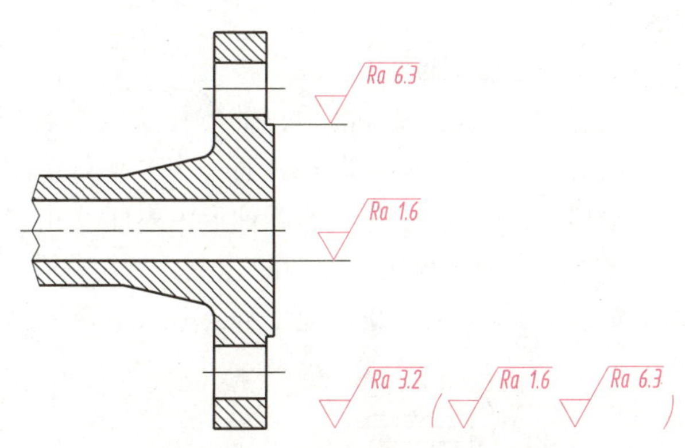

图9－33　在圆括号内给出不同的表面结构要求

2）多个表面有相同要求的注法

当多个表面具有相同的表面结构要求或图纸空间有限时，可以采用简化注法。

（1）可用带字母的完整符号，以等式的形式，在图形或标题栏附近对有相同表面结构要求的表面进行简化标注，如图9－34所示。

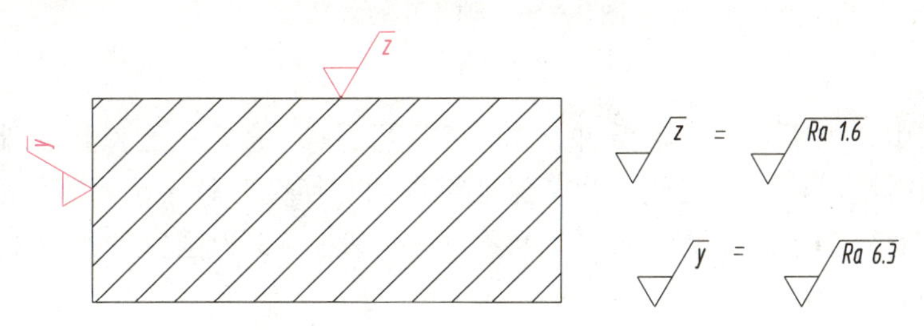

图9－34　用带字母的符号以等式形式的表面结构简化注法

（2）可用表9－6的表面结构符号，以等式的形式给出对多个表面共同的表面结构要求，如图9－35所示。

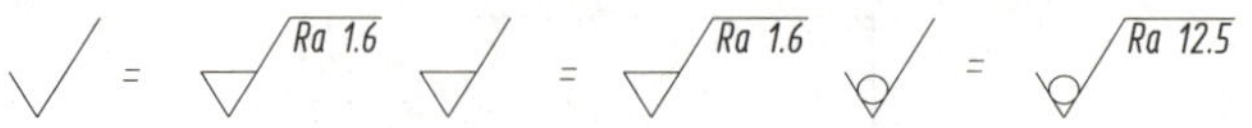

Ra 1.6　Ra 1.6　Ra 12.5

图9－35　只用表面结构符号的简化注法

9.4.2　极限与配合

1. 零件互换性

现代化的机械工业要求机械零件或部件具有互换性。所谓“互换性”是指成批或大量生产中，规格大小相同的零件或部件，不经选择地任取一个，不经任何辅助加工及修配，就可以顺利地装配到产品上，并达到一定的使用要求。零、部件具有互换性，不仅有利于装配和维修，而且可以简化设计，保证协作，便于采用先进设备和工艺，从而提高劳动生产率。

零件的互换性是通过规定零件的尺寸公差、几何公差以及表面粗糙度等技术要求来实现的。

2. 极限与配合的基本概念

在公差与配合国家标准中，轴与孔这两个名词有其特殊含义。所谓“轴”主要指圆柱形外表面，也包含非圆柱形外表面（由二平行平面或切面形成的被包容面）；所谓“孔”主要指圆柱形内表面，也包含非圆柱形内表面（由二平行平面或切面形成的包容面）。例如在图9－36（a）所示齿轮和轴的配合中，齿轮内孔和键槽均为孔，图9－36（b）所示轴的外表面和键均为轴。为了正确地了解公差与配合的内容，下面介绍有关概念。

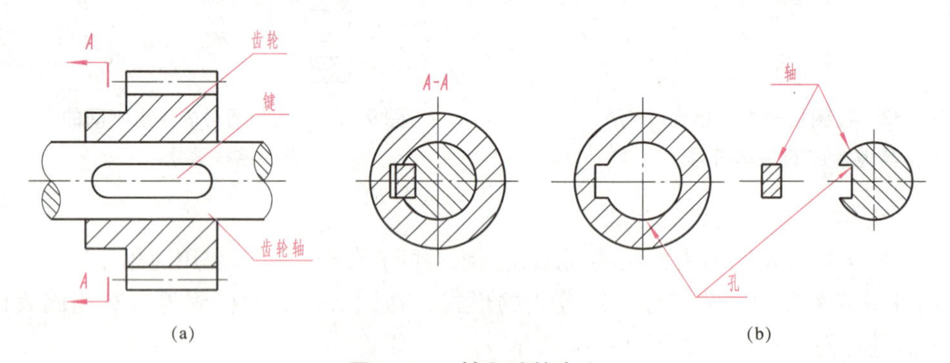

图9－36　轴和孔的含义

1）尺寸公差

在生产过程中，由于受到设备条件（如机床、工具、量具）和操作技能的影响，零件的尺寸不可能做得绝对精确，因此，为了保证零件的互换性，就必须对零件的尺寸规定一个允许的变动量，此变动量即尺寸公差（简称公差）。表9－5为国家标准《公差与配合》中有关尺寸公差的名词解释。

表9-5　尺寸公差的名词解释

名称	解释	简图、计算示例及说明	
		孔	轴
公称尺寸	设计时给定尺寸，通过它应用上、下极限偏差可算出极限尺寸	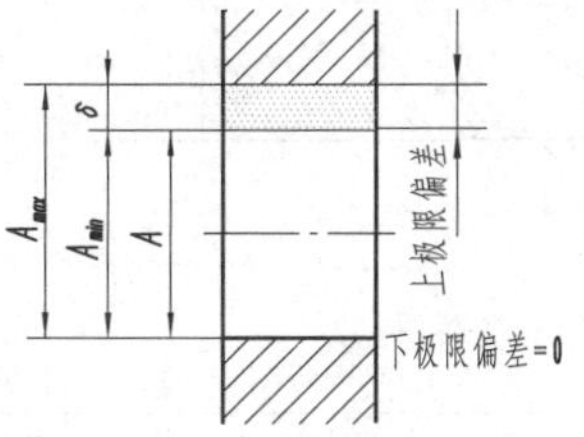 孔的尺寸 $\phi50H8(^{+0.039}_{0})$ A=50	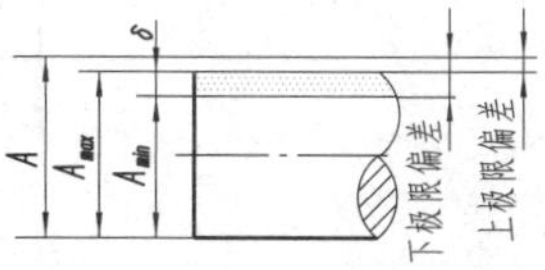 轴的尺寸 $\phi50f7(^{-0.025}_{-0.050})$ A=50
实际尺寸	通过测量获得的某一孔、轴的尺寸		
极限尺寸	一个孔或轴允许的尺寸的两个极端。实际尺寸位于其中，也可达到极限尺寸		
上极限尺寸 A_{max}	孔或轴允许的最大尺寸	$A_{max}=50.039$	$A_{max}=49.975$
下极限尺寸 A_{min}	孔或轴允许的最小尺寸	$A_{min}=50$	$A_{min}=49.95$
偏差	某一尺寸（实际尺寸、极限尺寸等）减其公称尺寸所得的代数差		
上极限偏差 孔 ES、轴 es	上极限尺寸减其公称尺寸所得的代数差	上极限偏差 $ES=50.039-50=0.039$	上极限偏差 $es=49.975-50=-0.025$
下极限偏差 孔 EI、轴 ei	下极限尺寸减其公称尺寸所得的代数差	下极限偏差 $EI=50-50=0$	下极限偏差 $ei=49.95-50=-0.050$
尺寸公差 （简称公差）δ	上极限尺寸减下极限尺寸之差，或上极限偏差减下极限偏差之差。它是允许尺寸的变动量（尺寸公差是一个没有符号的绝对值）	$\delta=50.039-50=0.039$ 或 $\delta=0.039-0=0.039$	$\delta=49.975-49.950=0.025$ 或 $\delta=-0.025-(-0.050)=0.025$

2）公差带图

在分析公差时，用于表示孔与轴公差带之间关系的简图称为公差带图。在公差带图中，只需画出表示公称尺寸的零线及孔和轴的公差带，即可分析孔与轴的公差带之间的关系。在公差带图中可以完全明确地表示出公差带的大小和公差带相对于零线的位置。表9-6为公差带图解的名词解释。

表9-6 公差带图解的名词解释

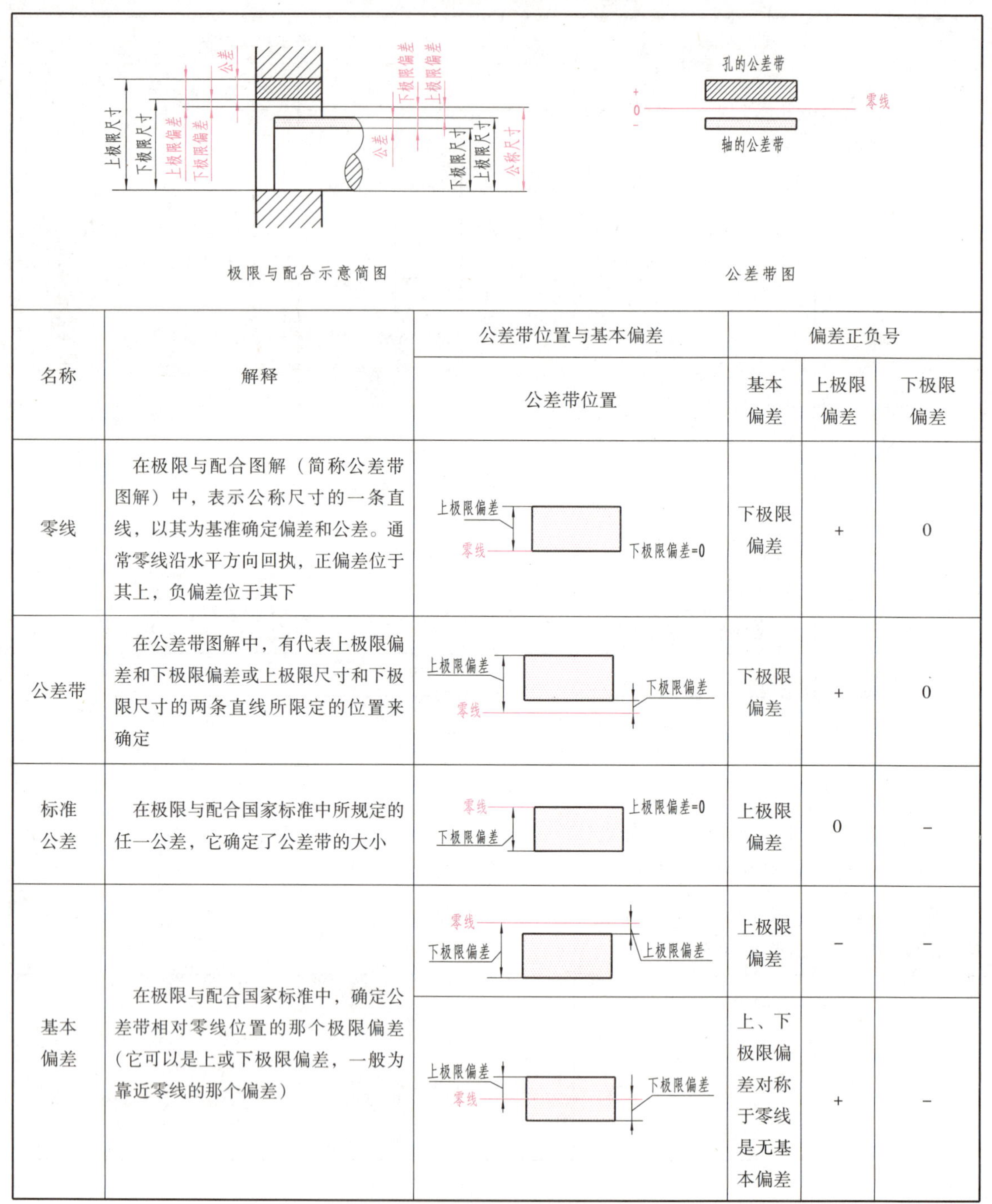

极限与配合示意简图　　公差带图

名称	解释	公差带位置与基本偏差	偏差正负号		
		公差带位置	基本偏差	上极限偏差	下极限偏差
零线	在极限与配合图解（简称公差带图解）中，表示公称尺寸的一条直线，以其为基准确定偏差和公差。通常零线沿水平方向回执，正偏差位于其上，负偏差位于其下	上极限偏差　零线　下极限偏差=0	下极限偏差	+	0
公差带	在公差带图解中，有代表上极限偏差和下极限偏差或上极限尺寸和下极限尺寸的两条直线所限定的位置来确定	上极限偏差　零线　下极限偏差	下极限偏差	+	0
标准公差	在极限与配合国家标准中所规定的任一公差，它确定了公差带的大小	零线　下极限偏差　上极限偏差=0	上极限偏差	0	-
基本偏差	在极限与配合国家标准中，确定公差带相对零线位置的那个极限偏差（它可以是上或下极限偏差，一般为靠近零线的那个偏差）	零线　下极限偏差　上极限偏差	上极限偏差	-	-
		上极限偏差　零线　下极限偏差	上、下极限偏差对称于零线是无基本偏差	+	-

3）配合

公称尺寸相同的相互结合的孔和轴公差带之间的关系称为配合。由于孔和轴的实际尺寸不同，装配后可出现不同的松紧程度，即出现“间隙”或“过盈”。当孔的实际尺寸减去与之相配合的轴的实际尺寸所得的代数差为正时产生间隙，为负时产生过盈。因此，国家标准规定配合分为三类，即间隙配合、过盈配合和过渡配合。

（1）间隙配合。孔与轴装配时产生间隙（包括最小间隙等于零）的配合。此时，孔的公差带在轴的公差带之上，如图9－37（a）所示。

（2）过盈配合。孔与轴装配时产生过盈（包括最小过盈等于零）的配合。此时孔的公差带在轴的公差带之下，如图9－37（b）所示。

（3）过渡配合。孔与轴装配时可能产生间隙或过盈的配合。此时孔与轴的公差带重叠，如图9－37（c）所示。

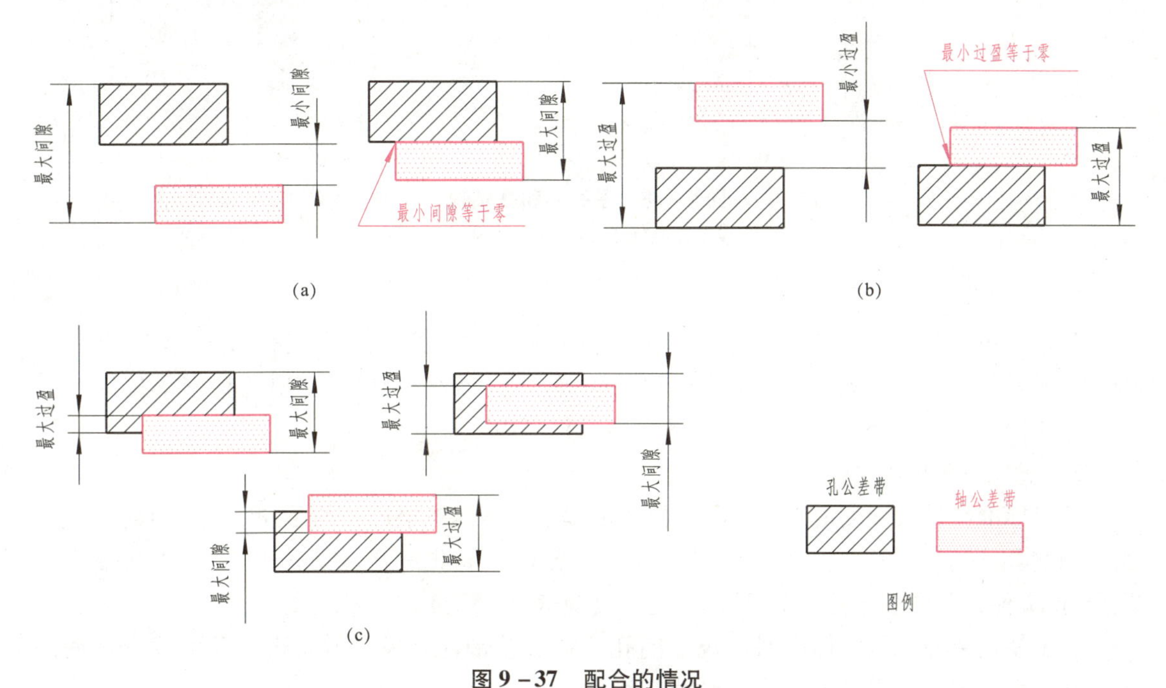

图9－37 配合的情况

（a）间隙配合；（b）过盈配合；（c）过渡配合

4）基准制

当基本尺寸确定之后，为了得到各种不同性质的配合，需要确定其公差带。如果孔和轴的公差带任意变动，则配合情况变化很多，不便于零件的设计和制造。为此，国家标准对配合规定了两种基准制，即基孔制和基轴制。

（1）基孔制。

基本偏差一定的孔的公差带，与不同基本偏差的轴的公差带形成各种配合的一种制度［见图9－38（a）］。基孔制的孔为基准孔，其基本偏差代号为H，下偏差为零。

（2）基轴制。

基本偏差一定的轴的公差带，与不同基本偏差的孔的公差带形成各种配合的一种制度［见9－38（b）］。基轴制的轴为基准轴，其基本偏差代号为h，上偏差为零。

实际生产中选用基孔制还是基轴制，要从机器或部件的结构、工艺要求和经济性等方面的因素考虑，一般情况下优先选用基孔制。若与标准件形成配合时，应按标准件确定基准制。如与滚动轴承内圈配合的轴应选用基孔制；与滚动轴承外圈配合的孔应选用基轴制。

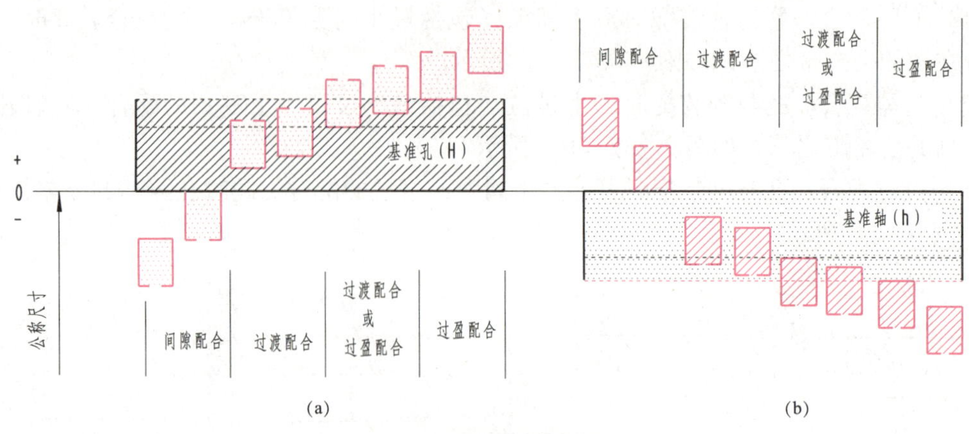

图9-38 基孔制和基轴制

(a) 基孔制；(b) 基轴制

5）公差等级的选用

公差等级的高低不仅影响产品的性能，还影响加工的经济性。由于孔的加工较轴的加工困难，因此选用公差等级时，通常孔比轴低一级。在一般机械中，重要的精密部位用 IT5、IT6，常用的部位用 IT6 ~ IT8，次要的部位用 IT8、IT9。

6）优先及常用配合

国家标准在最大限度地满足生产需要的前提下，考虑各类产品的不同特点，制定了优先及常用配合。基孔制常用配合有 59 种，其中包括 13 种优先配合（见表 9-7）；基轴制常用配合有 47 种，其中也包括了 13 种优先配合（见表 9-8）。

为了使用方便，国家标准对所规定的孔、轴公差带列有极限偏差表，其中优先选用的轴、孔极限偏差表见附录中附表 2 和附表 3。

表 9-7 基孔制优先及常用配合

基准孔	轴																				
	a	b	c	d	e	f	g	h	js	k	m	n	p	r	s	t	u	v	x	y	z
	间隙配合								过渡配合			过盈配合									
H6						H6/f5	H6/g5	H6/h5	H6/js5	H6/k5	H6/m5	H6/n5	H6/p5	H6/r5	H6/s5	H6/t5					
H7						H7/f6	*H7/g6	H7/h6	H7/js6	*H7/k6	H7/m6	*H7/n6	*H7/p6	H7/r6	*H7/s6	H7/t6	*H7/u6	H7/v6	H7/x6	H7/y6	H7/z6
H8					H8/e7	*H8/f7	H8/g7	*H8/h7	H8/js7	H8/k7	H8/m7	H8/n7	H8/p7	H8/r7	H8/s7	H8/t7	H8/u7				
				H8/d8	H8/e7	H8/f7		H8/h7													
H9			H9/c9	*H9/d9	H9/e9	H9/f9		*H9/h9													
H10			H10/c10	H10/d10				H10/h10													

续表

	轴																				
基准孔	a	b	c	d	e	f	g	h	js	k	m	n	p	r	s	t	u	v	x	y	z
	间隙配合								过渡配合			过盈配合									
H11	$\frac{H11}{a11}$	$\frac{H11}{b11}$	* $\frac{H11}{c11}$	$\frac{H11}{d11}$				* $\frac{H11}{h11}$													
H12		$\frac{H12}{b12}$						$\frac{H12}{h12}$													

注：（1）$\frac{H6}{n5}\frac{H7}{p6}$在基本尺寸小于或等于3mm和$\frac{H8}{r7}$在小于或等于100mm时，为过渡配合。

（2）标注“*”的配合为优先配合。

表9-8 基轴制优先、常用配合

	孔																				
基准轴	A	B	C	D	E	F	G	H	Js	K	M	N	P	R	S	T	U	V	X	Y	Z
	间隙配合								过渡配合			过盈配合									
h5						$\frac{F6}{h5}$	$\frac{G6}{h5}$	$\frac{H6}{h5}$	$\frac{Js6}{h5}$	$\frac{K6}{h5}$	$\frac{M6}{h5}$	$\frac{N6}{h5}$	$\frac{P6}{h5}$	$\frac{R6}{h5}$	$\frac{S6}{h5}$	$\frac{T6}{h5}$					
h6						$\frac{F7}{h6}$	* $\frac{G7}{h6}$	* $\frac{H7}{h6}$	$\frac{Js7}{h6}$	* $\frac{K7}{h6}$	$\frac{M7}{h6}$	* $\frac{N7}{h6}$	* $\frac{P7}{h6}$	$\frac{R7}{h6}$	* $\frac{S7}{h6}$	$\frac{T7}{h6}$	* $\frac{U7}{h6}$				
h7					$\frac{E8}{h7}$	* $\frac{F8}{h7}$		* $\frac{H8}{h7}$	$\frac{Js8}{h7}$	$\frac{K8}{h7}$	$\frac{M8}{h7}$	$\frac{N8}{h7}$									
h8				$\frac{D8}{h8}$	$\frac{E8}{h8}$	$\frac{F8}{h8}$		$\frac{H8}{h8}$													
h9				* $\frac{D9}{h9}$	$\frac{E9}{h9}$	$\frac{F9}{h9}$		* $\frac{H9}{h9}$													
h10				$\frac{D10}{h10}$				$\frac{H10}{h10}$													
h11	$\frac{A11}{h11}$	$\frac{B11}{h11}$	* $\frac{C11}{h11}$	$\frac{D11}{h11}$				* $\frac{H11}{h11}$													
h12		$\frac{B12}{h12}$						$\frac{H12}{h12}$													

注：标注“*”的配合为优先配合。

3. 标准公差与基本偏差

1）标准公差

标准公差是由国家标准所规定的、用以确定公差带大小的任一公差，它由基本尺寸和公差等级所组成。标准公差分20个等级，即IT01、IT0、IT1、…、IT18。IT表示标准公差，阿拉伯数字表示公差等级，它反映了尺寸精度的高低。IT01公差最小，尺寸精度最高；IT18公差最大，尺寸精度最低。标准公差数值见表9-9。

表9－9　标准公差数值

基本尺寸/mm		公差等级																			
		IT01	IT0	IT1	IT2	IT3	IT4	IT5	IT6	IT7	IT8	IT9	IT10	IT11	IT12	IT13	IT14	IT15	IT16	IT17	IT18
大于	至	μm													mm						
—	3	0.3	0.5	0.8	1.2	2	3	4	6	10	14	25	40	60	0.10	0.14	0.25	0.40	0.60	1.0	1.4
3	6	0.4	0.6	1	1.5	2.5	4	5	8	12	18	30	48	75	0.12	0.18	0.30	0.48	0.75	1.2	1.8
6	10	0.4	0.6	1	1.5	2.5	4	6	9	15	22	36	58	90	0.15	0.22	0.36	0.58	0.90	1.5	2.2
10	18	0.5	0.8	1.2	2	3	5	8	11	18	27	43	70	110	0.18	0.27	0.43	0.70	1.10	1.8	2.7
18	30	0.6	1	1.5	2.5	4	6	9	13	21	33	52	84	130	0.21	0.33	0.52	0.84	1.30	2.1	3.3
30	50	0.6	1	1.5	2.5	4	7	11	16	25	39	62	100	160	0.25	0.39	0.62	1.00	1.60	2.5	3.9
50	80	0.8	1.2	2	3	5	8	13	19	30	46	74	120	190	0.30	0.46	0.74	1.20	1.90	3.0	4.6
80	120	1	1.5	2.5	4	6	10	15	22	35	54	87	140	220	0.35	0.54	0.87	1.40	2.20	3.5	5.4
120	180	1.2	2	3.5	5	8	12	18	25	40	63	100	160	250	0.40	0.63	1.00	1.60	2.50	4.0	6.3
180	250	2	3	4.5	7	10	14	20	29	46	72	115	185	290	0.46	0.72	1.15	1.85	2.90	4.6	7.2
250	315	2.5	4	6	8	12	16	23	32	52	81	130	210	320	0.52	0.81	1.30	2.10	3.20	5.2	8.1
315	400	3	5	7	9	13	18	25	36	57	89	140	230	360	0.57	0.89	1.40	2.30	3.60	5.7	8.9
400	500	4	6	8	10	15	20	27	40	63	97	155	250	400	0.63	0.97	1.55	2.50	4.00	6.3	9.7
注：基本尺寸小于1mm时，无IT14～IT18。																					

2）基本偏差

基本偏差是由国家标准所规定的、用以确定公差带相对于零线位置的上极限偏差或下极限偏差，一般指靠近零线的那个偏差。当公差带在零线上方时，基本偏差为下极限偏差；反之，则为上极限偏差。如图9－39所示，孔和轴分别规定了28个基本偏差，其代号用拉丁字母按其顺序表示，大写的字母表示孔，小写的字母表示轴。在基本偏差系列图中，每个基本偏差只表示公差带的位置，不表示公差带的大小。因此，公差带的一端是开口的。轴和孔的基本偏差值可根据基本尺寸从标准表中查取（见附录中附表2和附表3），再根据标准公差即可计算出孔和轴的另一偏差。

对于孔的另一偏差（上极限偏差ES或下极限偏差EI）为

$$ES = EI + IT \text{ 或 } EI = ES - IT$$

对于轴的另一偏差（上极限偏差es或下极限偏差ei）为

$$es = ei + IT \text{ 或 } ei = es - IT$$

孔、轴的公差带代号由基本偏差代号与公差等级代号组成。

例如：

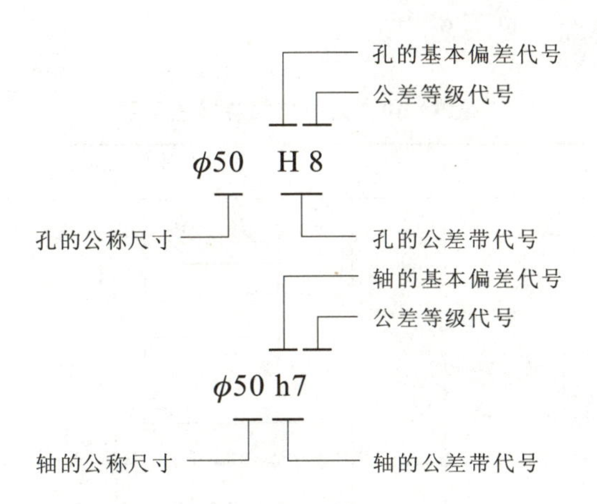
孔的基本偏差代号
公差等级代号
ϕ50　H 8
孔的公称尺寸
孔的公差带代号
轴的基本偏差代号
公差等级代号
ϕ50 h7
轴的公称尺寸
轴的公差带代号

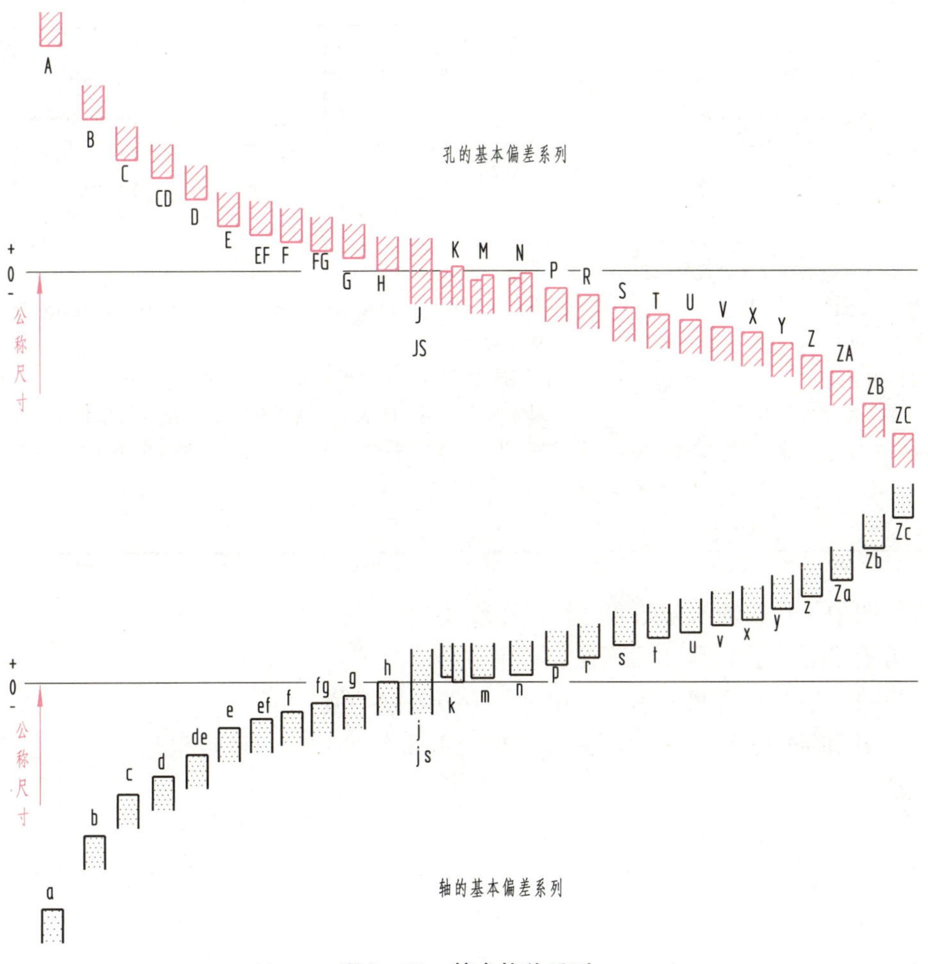
孔的基本偏差系列
A
B
C
CD
D
E
EF
F
FG
G
H
J
JS
K
M
N
P
R
S
T
U
V
X
Y
Z
ZA
ZB
ZC
公称尺寸
轴的基本偏差系列
a
b
c
d
de
e
ef
f
fg
g
h
j
js
k
m
n
p
r
s
t
u
v
x
y
z
za
zb
zc

图9-39　基本偏差系列

4. 极限与配合的标注方法

1）在零件图上的标注（见表 9－10）

表 9－10　公差与配合标注示例

配件图		零件图			
基准孔	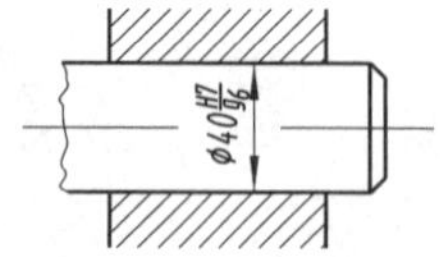 $\phi40\frac{H7}{g6}$	基准孔	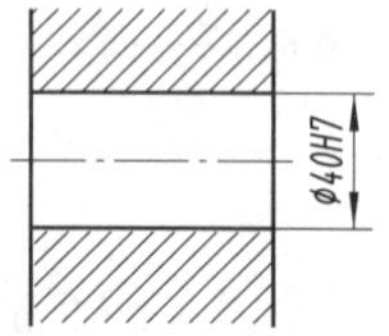 $\phi40H7$	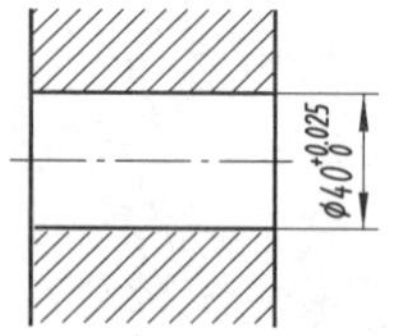 $\phi40^{+0.025}_{0}$
		轴	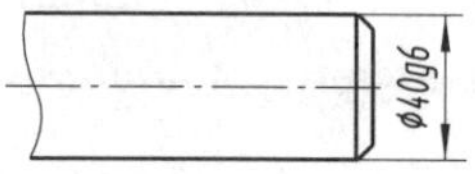 $\phi40g6$	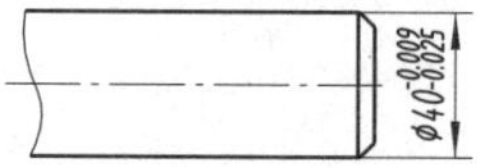 $\phi40^{-0.009}_{-0.025}$
基轴制	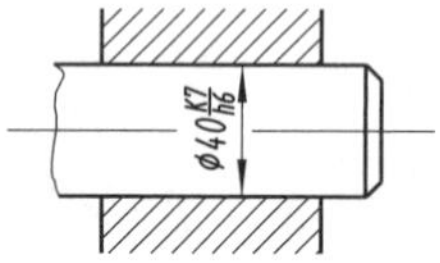 $\phi40\frac{K7}{h6}$	基准轴	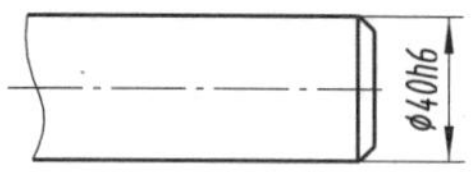 $\phi40h6$	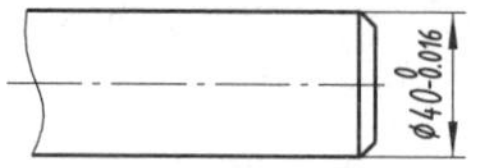 $\phi40^{0}_{-0.016}$
		孔	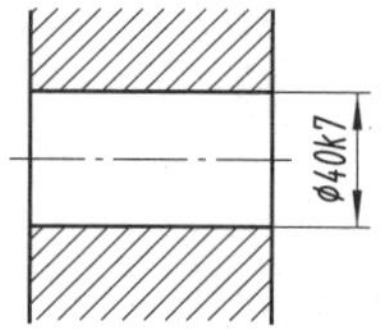 $\phi40K7$	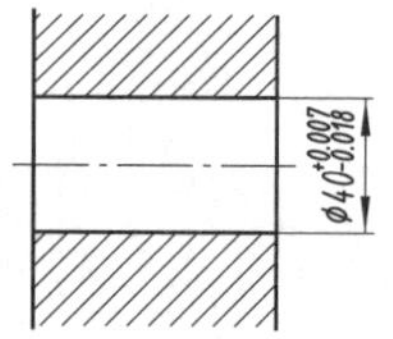 $\phi40^{+0.007}_{-0.018}$
说明	装配图上一般标注配合代号。以上两种形式在图上均可标注。 例如 φ40H7/g6 表示孔为公差等级 7 级的基准孔；轴的公差等级为 6 级，基本偏差代号为 g。 φ40k7/h6 表示轴为公差等级 6 级的基准轴；孔的公差等级为 7 级，基本偏差代号为 K	零件图上一般标注偏差数值或标注公差带代号，亦可在注明代号后用括弧加注偏差值。 填写偏差数值时，上极限偏差应注在基本尺寸的右上方，下极限偏差应与基本尺寸在同一底线上。若上极限偏差或下极限偏差等于零时，则用数字“0”标出，并与下极限偏差或上极限偏差的小数点前的个位数对齐，如 $40^{+0.025}_{0}$			

在零件图中，孔和轴的公差有三种标注形式：

（1）在孔和轴的公称尺寸后面注公差带代号。

（2）在孔和轴的公称尺寸后面注出上、下极限偏差值。

（3）在孔和轴的公称尺寸后面同时注出公差带代号和上、下极限偏差值，这时应将偏差值加上括号。

2）在装配图上的标注（表 9－10）。

根据国家标准规定，在装配图上一般在公称尺寸后标注配合代号。配合代号由孔、轴公差带代号组合而成，写成分数形式，分子为孔的公差带代号，分母为轴的公差带代号。

公差与配合在图样上标注时，代号字体的大小与公称尺寸数字的大小相同；偏差值比公称尺寸数字的字体小一号，上极限偏差注在右上角，下极限偏差注在右下角，单位为 mm，偏差值前必须注出正负号（偏差为零时例外）；上、下极限偏差的小数点必须对齐，小数点后的位数一般也应相同，如 $\phi50^{-0.025}_{-0.050}$、$\phi60^{-0.06}_{-0.09}$；若上、下极限偏差值相同而符号相反时，在公称尺寸后注“±”号，再填写一个数值，其数字大小与公称尺寸数字的大小相同，如 60 ±0. 15。

5. 查表举例

【例 9 -1】 查表写出 ϕ50H7/k6 的极限偏差值。

解： 由表 9 -9 可知，ϕ50H7/k6 是基孔制优先过渡配合。分子 H7 是基准孔的公差带代号，查附表3，在公称尺寸为“40 ~50”这一行中查 H7，得 $^{+25}_{0}$ μm，即孔的极限偏差值，写作 $\phi50^{+0.025}_{0}$。分母 k6 是轴的公差带代号，查附表2，在公称尺寸为“40 ~50”这一行中查 k6，得 $^{+18}_{+2}$ μm，即轴的极限偏差值，写作 $\phi50^{+0.018}_{+0.002}$。

【例 9 -2】 查表写出 ϕ40P7/h6 的极限偏差值。

解： 由表 9 -7 可知，P7/h6 是基轴制优先过盈配合。分子 P7 是孔的公差带代号，查附表3，在公称尺寸为“30 ~ 40”这一行中查 P7，得 $^{-17}_{-42}$ μm，即孔的极限偏差值，写作 $\phi40^{-0.017}_{-0.042}$，分母 h6 是基准轴的公差带代号，查附表2，在公称尺寸为“30 ~40”这一行中查 h6，得 $^{0}_{-16}$ μm，即轴的极限偏差值，写作 $\phi40^{0}_{-0.016}$。

9. 4. 3　几何公差的标注

在机械中某些精度要求较高的零件，除了要保证其尺寸公差外，还要保证其形状和位置公差。形状和位置公差（简称几何公差）是指零件的实际形状、位置对理想形状、位置的允许变动量，它是评定产品质量的又一项重要指标，直接影响到机器、仪表、量具和工艺装备的精度、性能、强度和使用寿命等。如图 9 -40（a）所示，为保证滚柱的工作质量，除了注出直径的尺寸公差 $\phi12^{-0.006}_{-0.017}$外，还注出了滚柱轴线的形状公差 | — | ϕ0. 006 |，此代号表示滚柱实际轴线与理想轴线之间的变动量——直线度，其实际轴线必须在 ϕ0. 006mm 的圆柱面内。又如图 9 -40（b）所示，箱体上两个孔是安装齿轮轴的，如果两个孔轴线歪斜太大，就会影响锥齿轮的啮合传动。为了保证正确啮合，应使两孔轴线保证一定的垂直位置——垂直度，图 9 -40（b）所示中 | ⊥ | 0. 05 | 说明一个孔的轴线必须位于距离为 0. 05mm 且垂直于另一个孔的轴线的两平行平面之间。

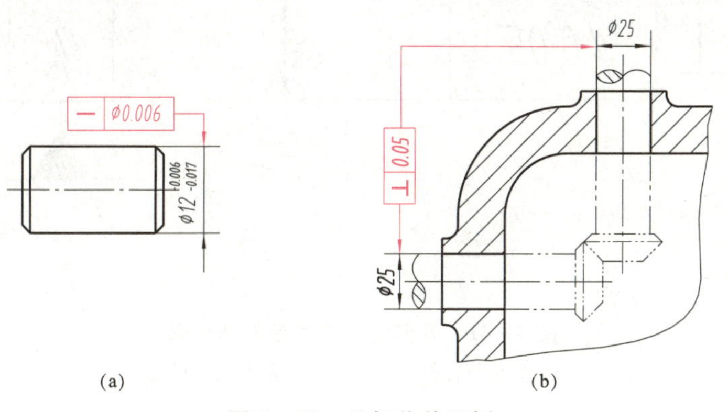

图 9 -40　几何公差示例

1. 几何公差代号

国家标准规定用代号标注几何公差。在实际生产中，如无法用代号标注时，允许在技术要求中用文字说明。

几何公差代号包括：几何公差各项的符号（见表9－11）、几何公差框格及指引线、几何公差数值、其他有关符号及基准代号等。它们的画法如图9－41所示，框格内字体与图样中的尺寸数字同高。

表9－11　几何公差的分类及特征符号（摘自GB/T 1182—2008）

公差类型	几何特征	符号	有无基准	公差类型	几何特征	符号	有无基准
形状公差	直线度	—	无	位置公差	位置度	⌖	有或无
	平面度	⏥			同心度（用于中心点）	◎	有
	圆度	○			同轴度（用于轴线）	◎	
	圆柱度	⌭			对称度	⌯	
	线轮廓度	⌒			线轮廓度	⌒	
	面轮廓度	⌓			面轮廓度	⌓	
方向公差	平行度	//	有	跳动公差	圆跳动	↗	有
	垂直度	⊥			全跳动	⌰	
	倾斜度	∠		—	—	—	—
	线轮廓度	⌒		—	—	—	—
	面轮廓度	⌓		—	—	—	—

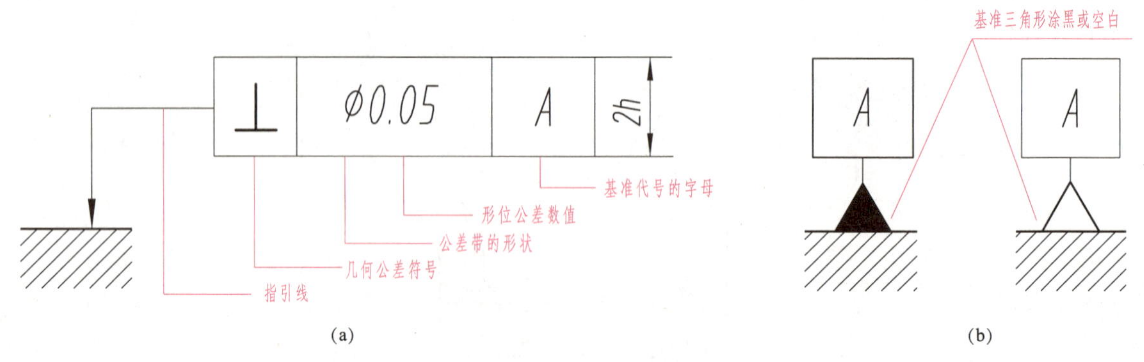

图9－41　几何特征符号及基准代号

(a) 几何特征符号画法；(b) 基准代号画法

2. 几何公差标注示例

图 9 – 42 所示为气门阀杆，附加的文字为有关几何公差的标注说明。从图 9 – 42 中可以看出，当被测要素为线或表面时，从框格引出的指引线箭头应指在该要素的轮廓或其延长线上。当被测要素是轴线时，应将箭头与该要素的尺寸线对齐，如 M8 ×1 轴线的同轴度注法。当基准要素是轴线时，应加上基准符号与该要素的尺寸线对齐，如图 9 – 42 所示中的基准 A。

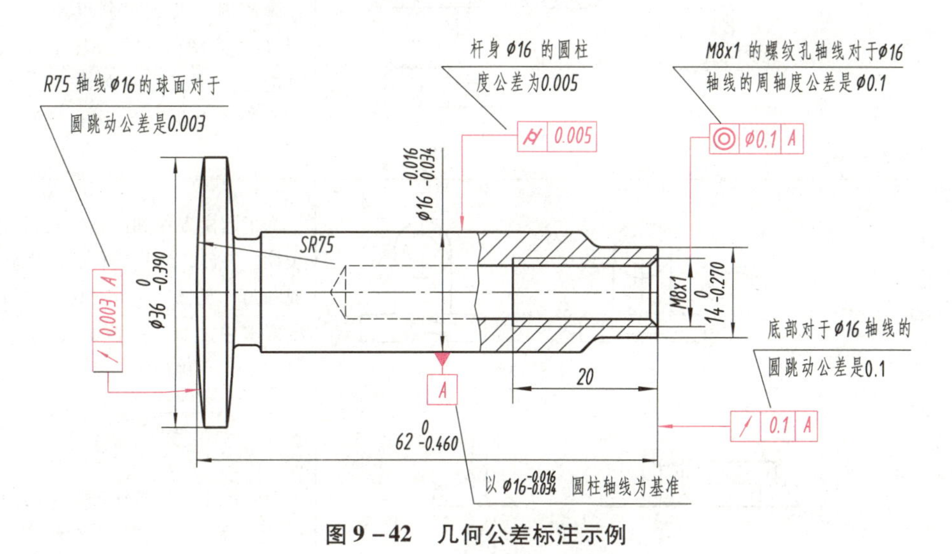

图 9 – 42 几何公差标注示例

9.5 零件结构工艺性与合理性

零件结构工艺性。

由于设计与工艺的要求，零件上常有一些特定的结构，如键槽、退刀槽、锥销孔、螺孔、销孔、沉孔、中心孔、滚花、倒角和凸台等。这些结构往往会影响零件的使用功能，是结构设计中必须考虑的因素之一。在绘制零件图时，必须准确地表达出上述结构，以便使所绘制的零件图符合要求。现将零件上常见结构及表达列于表 9 – 12 ~ 表 9 – 15，供画图时参考。

1. 铸造结构工艺性

常见零件铸造结构工艺性见表 9 – 12。

表 9-12 铸件结构

名称	图例	作用及注意事项
起模斜度	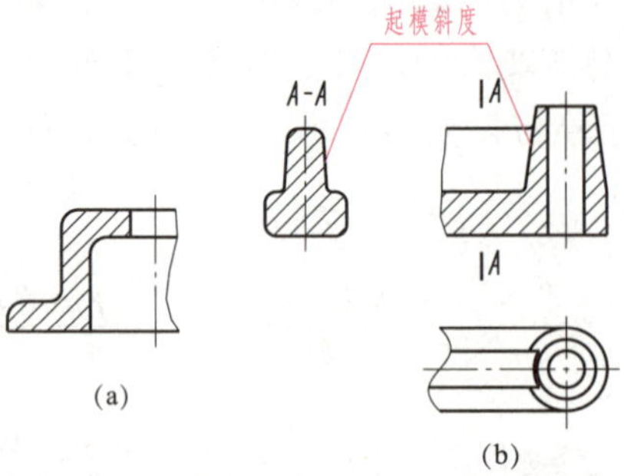 起模斜度 A-A A A (a) (b)	铸造时，为了起模方便，在铸轧件内、外壁沿起模方向作出的斜度，称为起模斜度，一般为3°~5°。 画图时，若起模斜度小，则不画出斜度［见图（a）］。若斜度较明显，则应在一个投影中画出，其他投影可按小端画出肋板［见图（b）］
铸造圆角	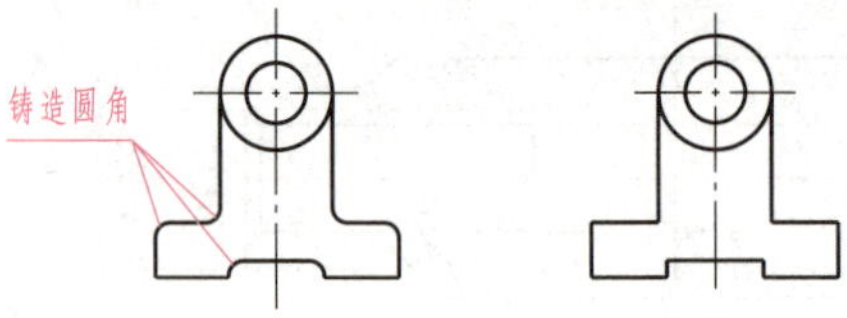 铸造圆角 (a) (b)	为了起模方便和防止铸造过程中产生裂纹、夹砂，应将铸件各表面转角处作成圆角［见图（a）］，其尺寸可注在技术要求中，如“铸造圆角 *R*3~5”，图（b）为不正确形状
壁厚	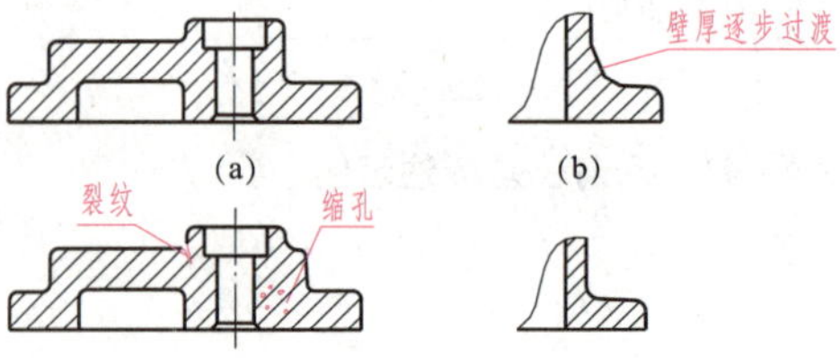 壁厚逐步过渡 (a) (b) 裂纹 缩孔 (c) (d)	空心铸件应尽量保持壁厚均匀［见图（a）］，壁厚不同时应逐渐过渡［见图（b）］，以防止金属冷却时产生缩孔或裂纹

2. 锻造结构工艺性

常见零件锻造结构工艺性见表 9-13。

表 9-13 模锻件结构

名称	图例	作用及注意事项
模锻斜度模压角	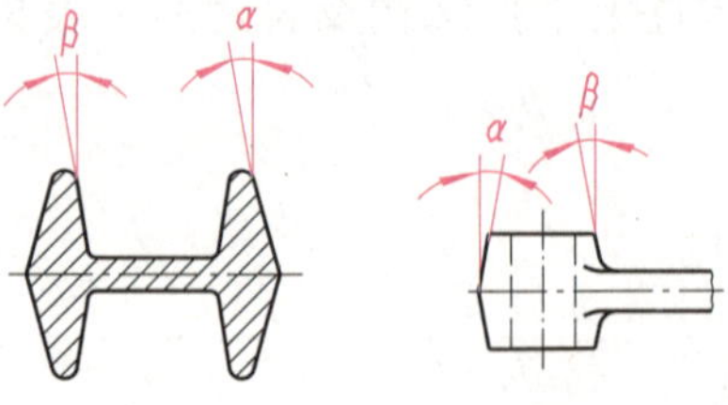 β α α β (a) (b)	模锻斜度是便于将零件从模锻内取出而作出的，一般外模斜度 α 应小于内模锻斜度 β，最常用的模锻斜度为7°~10°
模锻圆角	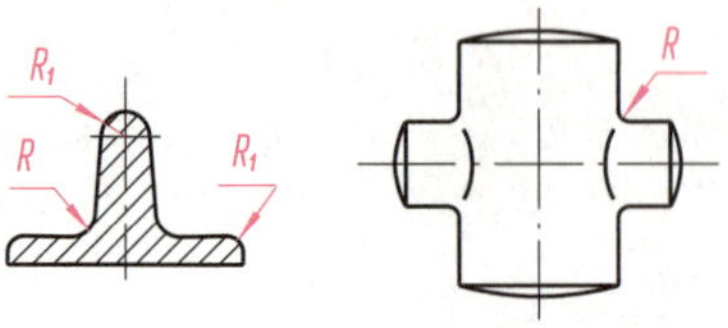 R_1 R R_1 R (a) (b)	模锻零件表面转角处必须有模锻圆角［见图（a）和图（b）］，通常 $R > R_1$。一般 $R=3\sim5$mm

续表

名称	图例	作用及注意事项
模锻刨面	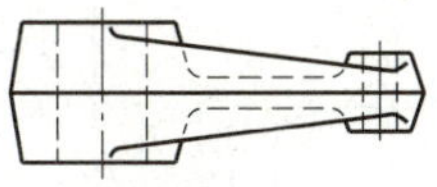 (a) 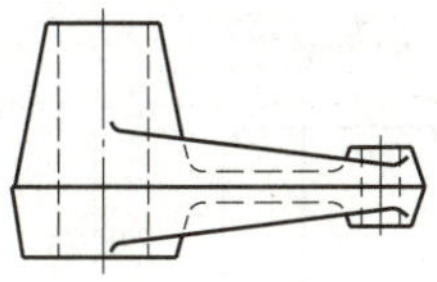 (b)	模锻件的剖面应避免突然变化［见图(a)］，否则加热的坯料流动慢，不易填满模腔。图（b）为不正确的形状

3. 机械加工工艺结构

常见零件机械加工工艺结构见表9－14。

表9－14 机械加工件结构

名称	图例	作用及注意事项
倒角	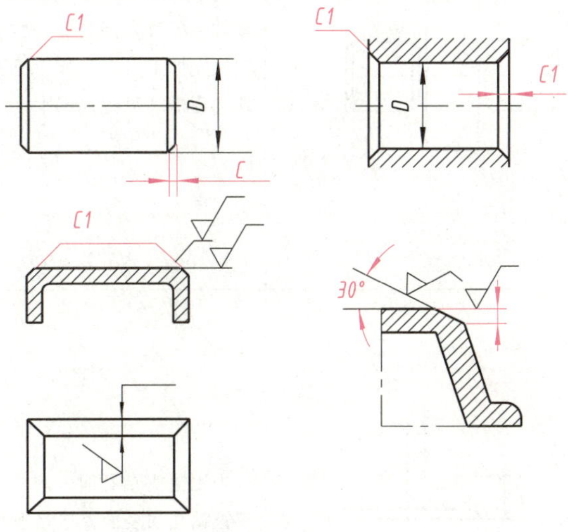 C1　D　C　C1　D　C1　C1　30°	为了便于装配和操作时的安全，需要在零件上作出倒角
倒圆	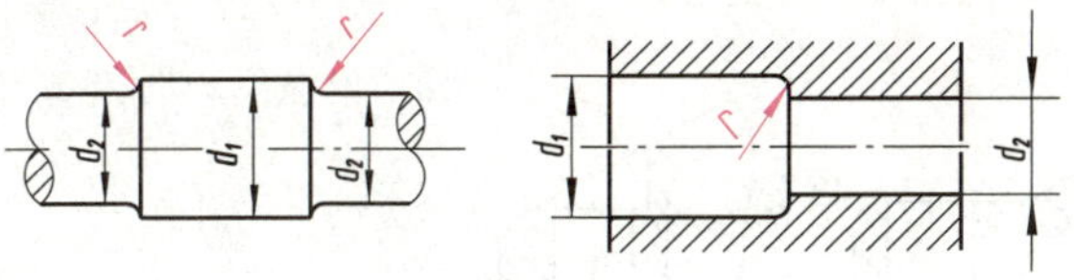 r　r　d_2　d_1　d_2　d_1　r　d_2	为了防止应力集中，往往在阶梯轴、孔的转向处作出倒角 r

续表

名称	图例	作用及注意事项
凸台与凹槽	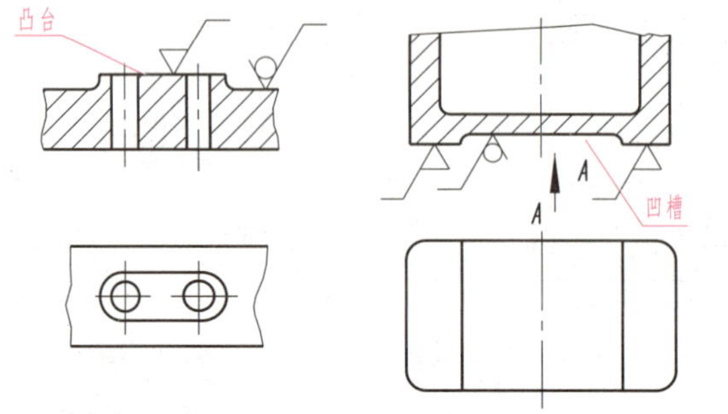 (a) (b)	为了保证零件接触面间的装配或安装质量，并减少加工面，可在铸件上制出凸台［见图（a)］或凹槽［见图（b)］
退刀槽及砂轮越程槽	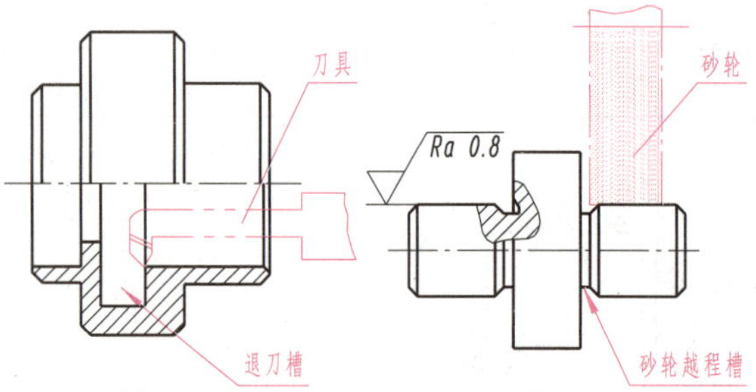 (a) (b)	为了加工时便于退出刀具，并与相关零件装配时易于紧靠，常在被加工面末端预先加工出退刀槽［见图（a)］或砂轮越程槽［见图（b)］
钻孔	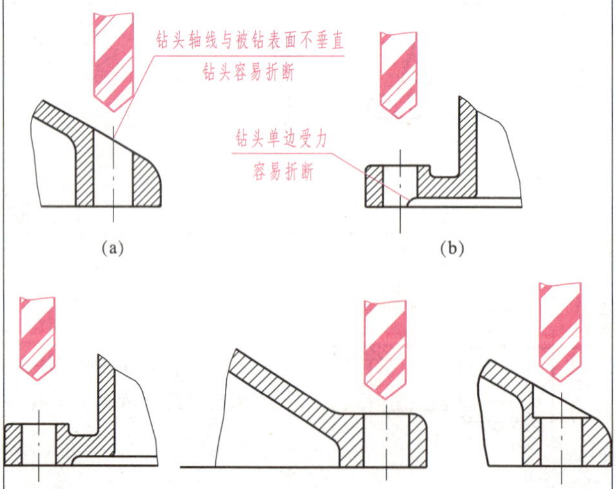 (a) (b) (c) (d) (e)	当用钻头钻孔时，应尽量使钻头垂直于被钻孔的表面，尽量避免使钻头沿铸造斜面［见图（a)］或单边［见图（b)］进行加工，可改为图（c)、图（d）及图（e）的结构形状，以改善刀具的工作条件，防止钻头折断

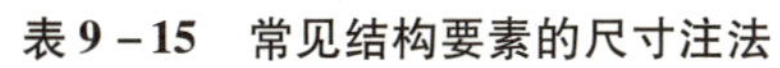

表9-15 常见结构要素的尺寸注法

零件结构类型		标注方法	说明
螺孔	通孔	3xM6-6H；3xM6-6H；3xM6-6H	3×M6 表示直径为6有规律分布的三个螺孔。 可以旁注，也可以直接注出
	不通孔	3xM6-6H↧10；3xM6-6H↧10；3xM6-6H，10	螺孔深度可与螺孔直径连注，也可分开注出
	不通孔	3xM6-6H↧10 孔↧12；3xM6-6H↧10 孔↧12；3xM6-6H，10，12	需要注出孔深时，应明确标注孔深尺寸
光孔	一般孔	4xϕ5；4xϕ5↧10；4xϕ5，10	4×ϕ5 表示直径为5、有规律分布的4个光孔。 孔深可与孔径连注，也可分开注出
	精加工孔	$4\times\phi5^{+0.012}_{0}$↧10 钻↧12；$4\times\phi5^{+0.012}_{0}$↧10 钻↧12；$4\times\phi5^{+0.012}_{0}$，10，12	光孔深为12，钻孔后需精加工至 $\phi5^{+0.012}_{0}$，深度为10
	锥销孔	锥销孔ϕ5 装配时配作；锥销孔ϕ5 装配时配作	ϕ5 为与锥销相配的圆锥销小头直径，锥销孔通常是相邻两零件装配后一起加工的

续表

零件结构类型		标注方法	说明
沉孔	锥形沉孔	6×ϕ7 ⌵ϕ13×90°；6×ϕ7 ⌵ϕ13×90°；90° ϕ13 6×ϕ7	6×ϕ7 表示直径为 7、有规律分布的六个孔。 锥形部分尺寸可以旁注，也可直接注出
	柱形沉孔	4×ϕ6 ⌴ϕ10 ↧3.5；4×ϕ6 ⌴ϕ10 ↧3.5；ϕ10 3.5 4×ϕ6	4×ϕ6 的意义同上。柱形沉孔的直径为 ϕ10，深度为 3.5，均需注出
	锪平面	4×ϕ7⌴ϕ16；4×ϕ7⌴ϕ16；⌴ϕ16 4×ϕ7	锪平面 ϕ16 的深度不需标注，一般锪平到不出现毛面为止
键槽	平键键槽	L A A；A-A D-t b	标注 $D-t$ 以便于测量
	半圆键键槽	A ϕ A；A－A b D-t	标注直径 ϕ 以便于选择铣刀，标注 $D-t$ 以便于测量
锥轴，锥孔		D d L；d D L	当锥度要求不高时，这样标注便于制造木模
		1:5 D L；1:5 D	当锥度要求准确并为保证一端直径尺寸时的标注形式

续表

零件结构类型	标注方法	说明
退刀槽及砂轮越程槽	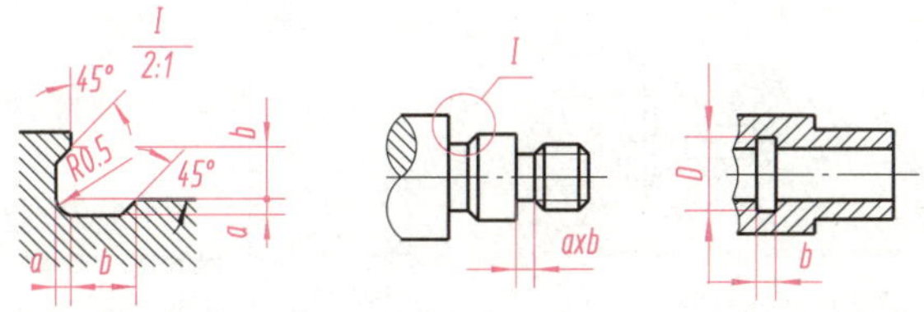 I 2:1 45° R0.5 45° b a a b I a×b D b	为便于选择割槽刀，退刀槽宽度直接注出；直径 D 可直接注出，也可注出切入深度 a
倒角	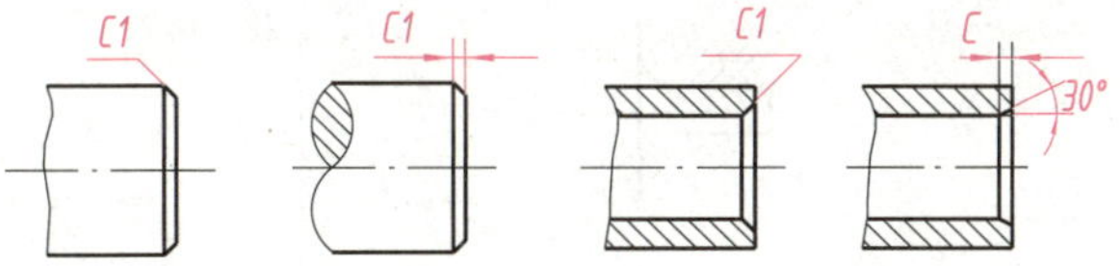 C1 C1 C1 C 30°	倒角为 45° 时可与倒角的轴向尺寸 C 连注；倒角不是 45° 时，要分开标注
滚花	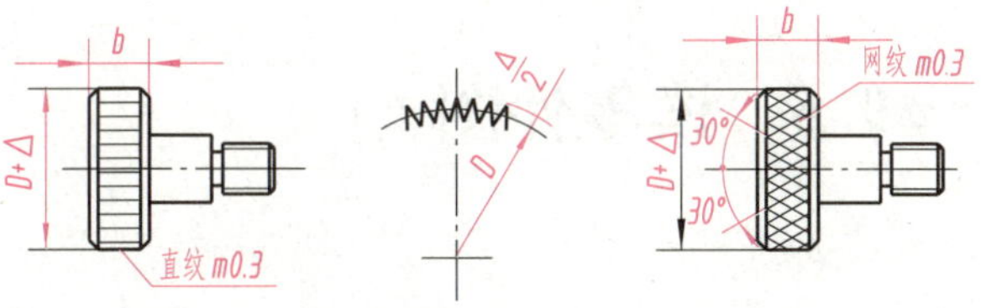 b D+Δ 直纹 m0.3 Δ/2 D b 网纹 m0.3 D+Δ 30° 30°	滚花有直纹与网纹两种标注形式。滚花前的直径尺寸为 D，滚花后为 $D+\Delta$，Δ 应按模数 m 查相应的标准确定
平面	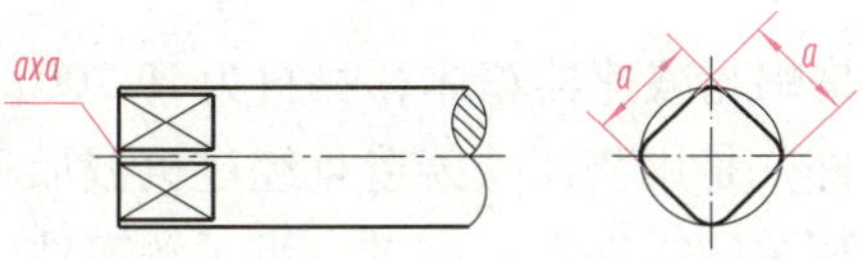 a×a a a	在没有表示出正方形实形的图形上该正方形的尺寸可用 $a \times a$（a 为正方形边长）表示；否则要直接标注
中心孔	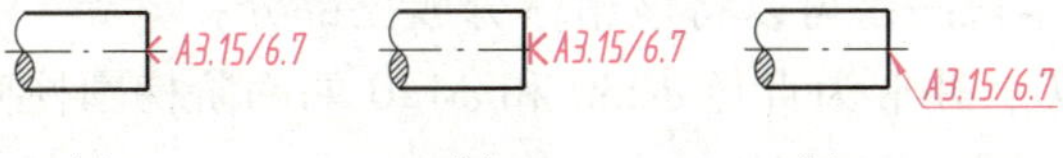 A3.15/6.7 (a) A3.15/6.7 (b) A3.15/6.7 (c)	中心孔是标准结构，如需在图纸上表明中心孔要求时，可用符号表示。 图（a）为在完工零件上要求保留中心孔的标注示例； 图（b）为在完工零件上不要求保留中心孔的标注示例； 图（c）为在完工零件上是否保留中心孔都可以的标注示例

续表

零件 结构类型	标注方法	说明
中心孔	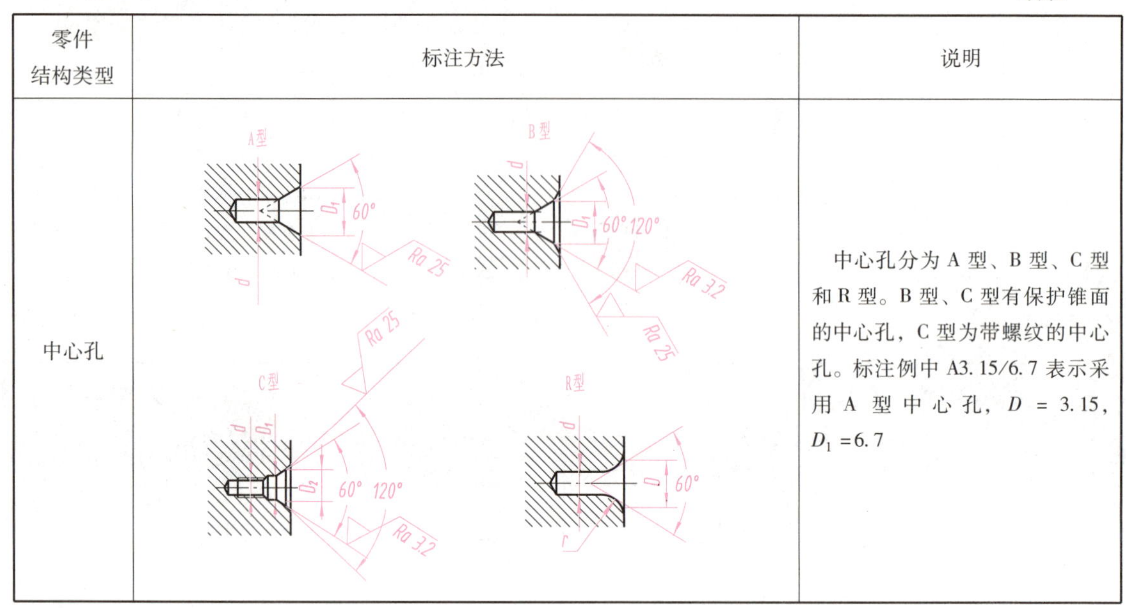	中心孔分为 A 型、B 型、C 型和 R 型。B 型、C 型有保护锥面的中心孔，C 型为带螺纹的中心孔。标注例中 A3. 15/6. 7 表示采用 A 型中心孔，D = 3. 15，D_1 = 6. 7

9.6　读零件图

读零件图的要求。

现以蜗轮减速器箱体（见图 9 – 43）为例，说明阅读零件图的过程。

1. 概括了解

如图 9 – 43 所示中标题栏的名称是蜗轮减速器箱体，材料为 HT200，比例为 1 : 2。由此可见，它是支撑蜗轮、蜗杆的箱体零件，是用灰铸铁铸造且经过机械加工而成的。除了看标题栏以外，还应尽可能参看装配图及相关的零件图，以进一步了解零件的功能以及它与其他零件的关系。

2. 视图和形体分析

在蜗轮减速器箱体的零件图中，其主视图反映箱体的工作位置，采用全剖视的表达方法，主要表达箱体的内部结构和蜗轮、蜗杆支承孔之间的相对位置；而左视图采用半剖视的表达方法，结合这两个主要的基本视图，可以将该箱体分成三部分：

（1）上部为内腔 ϕ190 和 ϕ70、外形为直径 ϕ230 和 ϕ120 的两阶梯圆柱筒，此腔体包容蜗轮，右端 ϕ70H7 孔为支承蜗轮轴的轴承部位；

（2）中部为内腔 ϕ110、外形为半径 R70 的圆柱体，其轴线与上部轴线交叉垂直，此腔体包容蜗杆，两端 ϕ90H7 孔为支承蜗杆轴的轴承部位；

（3）下部为矩形平板，是蜗轮减速器的安装结构。经过这样分析，就大致明确了箱体的主要结构。

（4）其他结构分析。例如：顶部螺孔 M20 是加油孔，是为了注入润滑、冷却油而设计的；而下部接近底板的螺孔是放油孔，是为了更换润滑、冷却油而设计的；由 C 向视图结

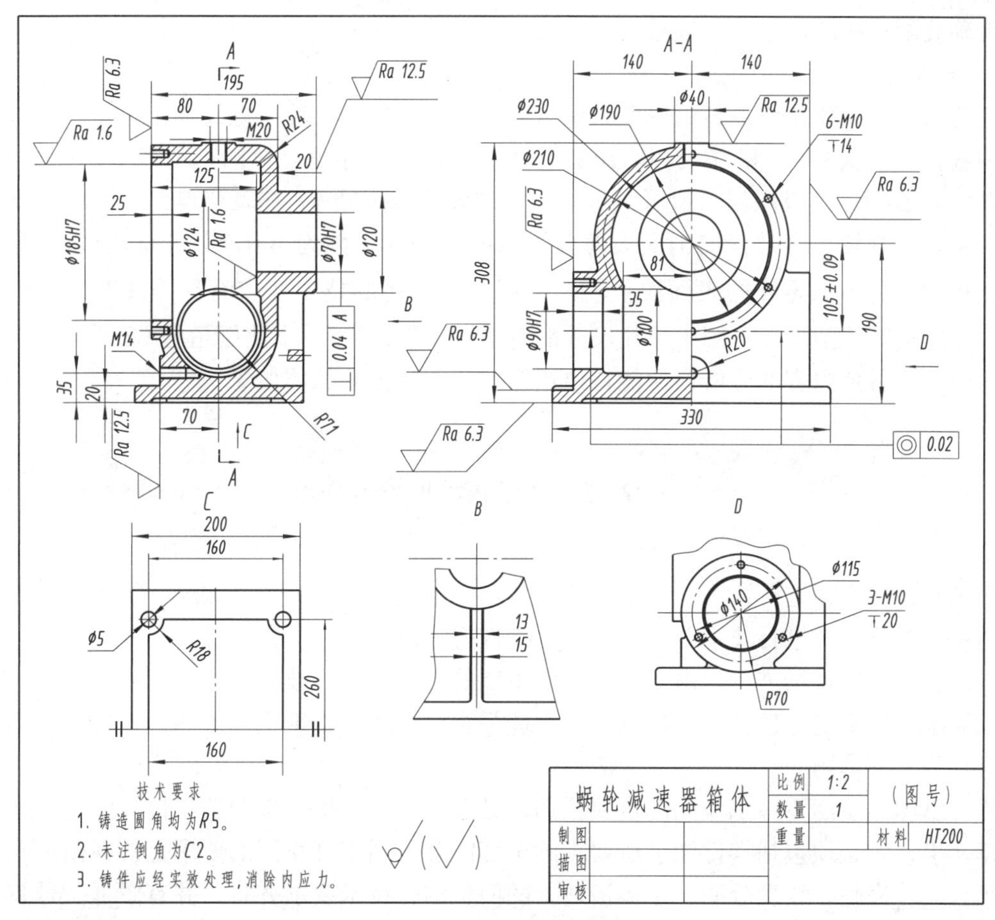

图9－43　蜗轮减速器箱体

合主、左视图，可以看出底板的凹坑结构与安装孔的大小和位置；而 *B* 向视图表达了上部圆柱后凸台和底板之间支承肋板的位置和厚度以及拔模斜度；*D* 向视图反映上部圆柱体、中间圆柱体、底板和起加强支承作用的肋板之间的位置关系，并说明蜗杆支承圆柱体端面上钻有三个均布的螺孔，而底板侧面有 *R*70 的圆弧槽，这是为满足与端盖装配时的需要设计的。通过以上分析，可以得到蜗轮减速器箱体的各部分形状和结构特点。

3. 尺寸分析

1）尺寸基准分析

由主视图可知，箱体的左端面是长度方向的主要尺寸基准；而从左视图可知，宽度方向的主要尺寸基准是零件的前后对称平面；结合主、左视图可知，高度方向的主要尺寸基准是箱体的底面，而蜗轮腔的中心轴线是辅助设计基准，从这个基准出发，标注蜗轮、蜗杆的中心距，能确保蜗轮、蜗杆的正常运行。

2）分析主要尺寸和非主要尺寸

为了保证蜗轮蜗杆准确地啮合和传动，主要尺寸有：上、下轴孔中心距 105 ±0.09，上轴孔中心高 190 以及各支承孔 ϕ70*H*7、ϕ185*H*7、ϕ90*H*7 等。标有主要尺寸的结构是零件上的重要结构，应给予重视。另外一些安装尺寸如底板上的 260、160 和大圆柱的左端面 ϕ230 上螺孔的定位尺寸等，其精度虽要求不高，但也是主要尺寸，因为它们是保证该零件与其他零件准确装配连接的尺寸，应该重视。

4. 技术要求分析

蜗轮减速器箱体是铸件，由毛坯到成品需经车、钻、刨、镗、螺纹加工等工序，技术要求的内容较多。从图 9－43 中可以看出：有公差要求的尺寸是箱体内部的各支承孔 $\phi70H7$、$\phi185H7$、$\phi90H7$，其极限偏差值可由基本尺寸和公差带代号 $H7$ 查表获得；表面粗糙度的要求，除主要的圆柱孔之外，加工面大部分为 Ra6.3μm，少数为 Ra1.6μm，其余为铸造表面为$\checkmark$。由此可见，该零件的表面质量较高；用文字叙述的技术要求有：铸件要经过时效处理后，才能进行切削加工；图中未注尺寸的铸造圆角都是 R5，未注倒角为 C2。

综合上述各项内容的分析，便能得出蜗轮减速器箱体的总体概念。

9.7　零件测绘

对现有零件实物进行绘图、测量和确定技术要求的过程称为零件测绘。在机器或部件设计、仿造、维修以及进行技术改造时，常常要进行零件测绘。

零件测绘常在现场进行，由于受各方面条件的限制，工程技术人员不用绘图仪器，仅凭目测或简单方法确定零件各部分比例关系，徒手在白纸或方格纸上画出表达零件的图样，这种图样称为零件草图。

零件草图是绘制零件工作图的重要依据，必要时还可直接用来制造零件。因此，绝不可以潦草从事，它必须包括零件图上所要求的全部内容。画零件草图的要求是：视图正确，表达清晰，尺寸完整，线型分明，字体清楚，图面整洁，技术要求齐备，并有图框、号签、标题栏等内容。不同之处是零件草图无须严格比例及不用仪器绘制。零件草图绘制不好，就会给绘制零件图带来很大困难，甚至使工作无法进行。

关于草图的绘制方法在第 1 章已详细介绍，此处不在叙述。下面介绍零件测绘的一般方法和步骤及如何根据零件草图绘制零件工作图。

9.7.1　零件测绘方法与步骤

1. 了解和分析测绘对象

在着手绘制零件草图之前，首先了解所测绘零件的名称、用途、材料以及它在机器或部件中的位置和作用，然后对该零件进行形体分析和制造方法的大致分析。

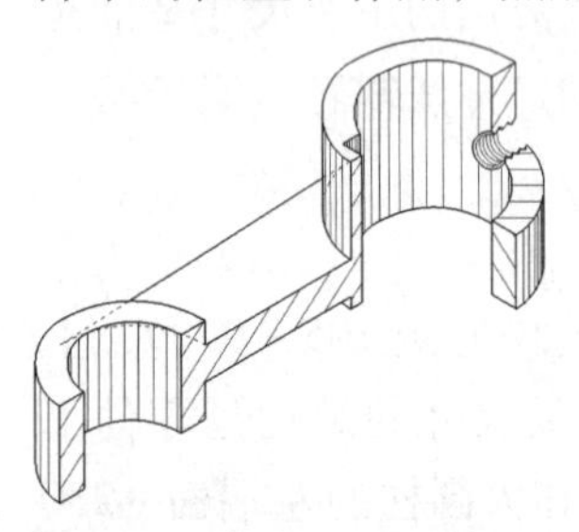

图9－44　连杆的轴测剖视图

2. 拟定视图表达方案

根据零件图的视图选择原则和各种表达方法，结合被测零件的具体情况，选择恰当的视图表达方案，即可确定图纸幅面的大小，并画出图框、标题栏和号签等。

3. 徒手绘制零件草图

现以绘制连杆（见图 9－44）的草图为例，说明绘制零件草图的步骤，如图 9－45 所示。

（1）在图纸上定出各视图的位置，画出各视图的基准线和中心线，如图9－45（*a*）所示。布置视图时，要考虑到各视图间应留有足够的空间，以便标注尺寸。

（2）目测比例，用细实线画出表达零件内、外结构形状的视图、剖视和剖面等，如图9－45（*b*）所示。画图时，注意各几何形体的投影在基本视图上应尽量同时绘制，以保证正确的投影关系。另外，不要把零件毛坯或机械加工中的缺陷及使用过程中的磨损和破坏反映在图样中。

（3）选定尺寸基准，正确、完整、清晰以及尽可能合理地标注尺寸的要求，画出尺寸线、尺寸界线及尺寸箭头，并加注有关符号（如“ϕ”“R”等），同时画出剖面线，如图9－45（*c*）所示。

（4）仔细检查，按规定线型徒手将图线加深，然后量取和标注尺寸数值，标注各表面粗糙度代号，注写其他技术要求，填写标题栏，完成草图，如图9－45（*d*）所示。

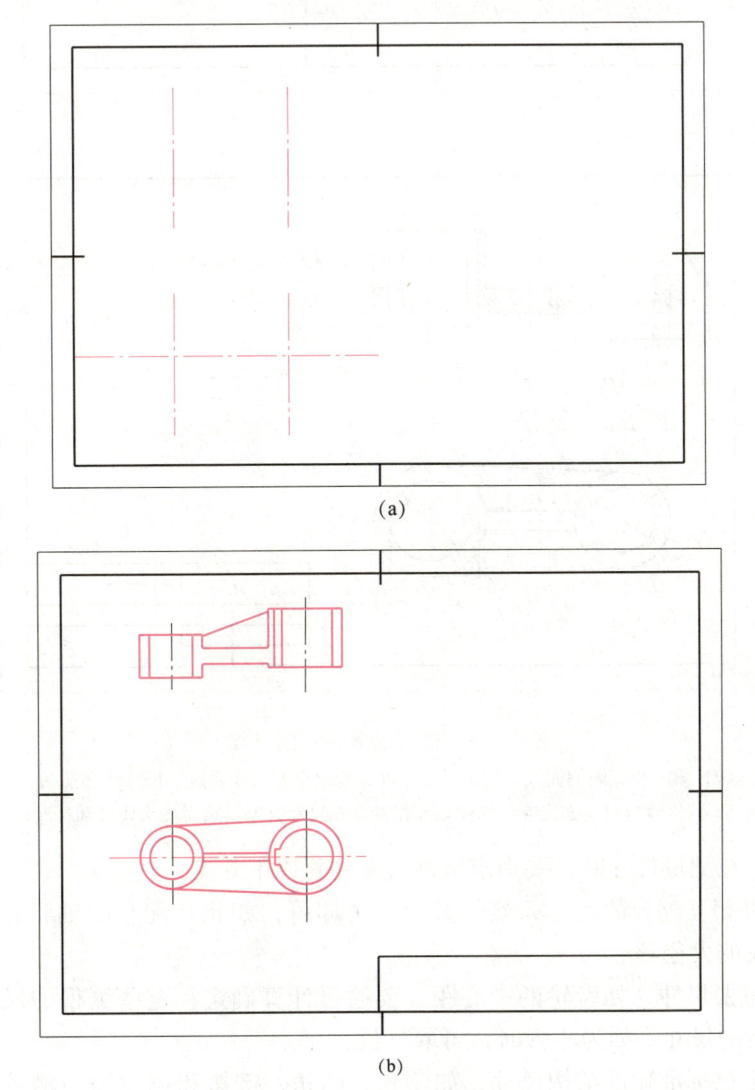

(a)

(b)

图9－45 连杆的零件草图

(a) 第一步，布置视图，画主、俯视图的定位线；(b) 第二步，目测比例，徒手画主视图、俯视图

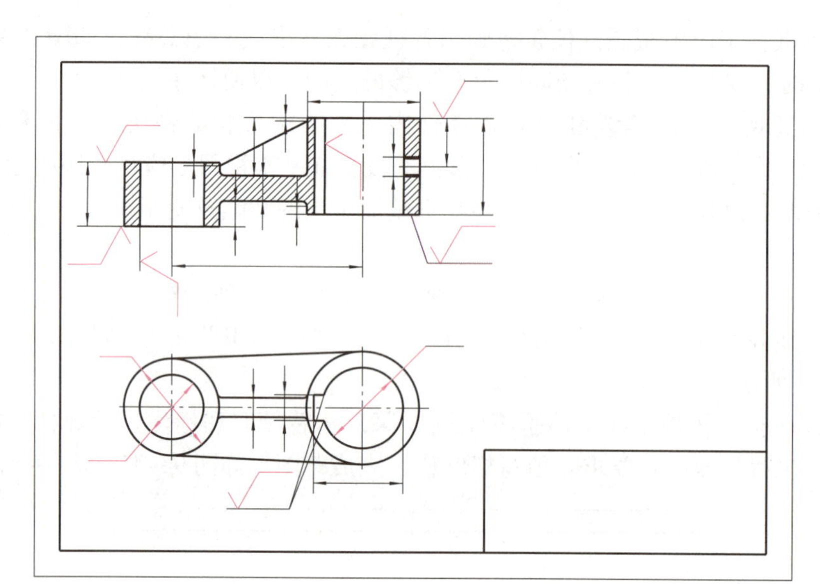

(c)

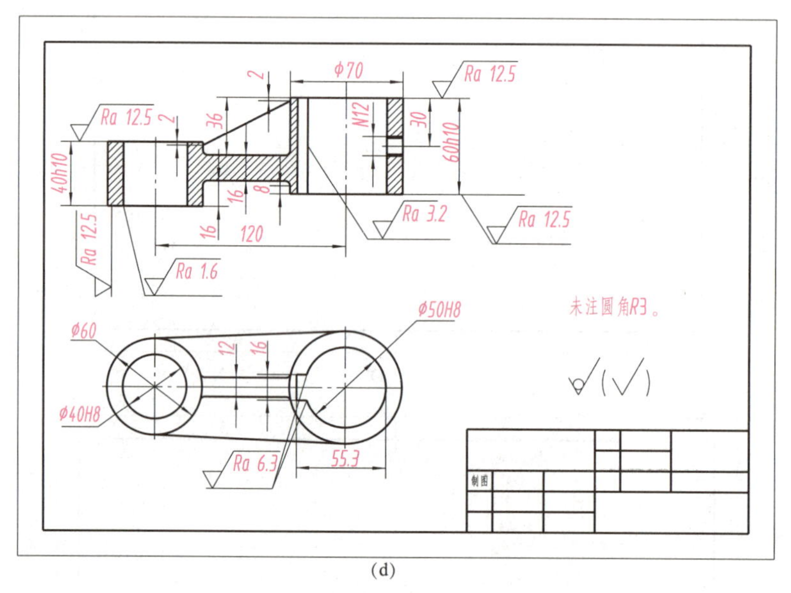

(d)

图 9-45　连杆的零件草图（续）

（c）第三步，画剖面线，选定尺寸基准，画出全部尺寸界线、尺寸线和箭头；

（d）测量并填写全部尺寸，标注表面粗糙度和尺寸公差，填写技术要求和标题栏

应该指出，在测量尺寸时，要力求准确，并注意以下几点：

（1）两零件相互配合的尺寸，测量其中一个即可，如相互配合的轴和孔的直径、相互旋合的内外螺纹的大径等。

（2）对于重要尺寸，如齿轮的中心距，要通过计算确定；有些测得的尺寸应取标准数值；对于不重要的尺寸，如为小数时，可取整数。

（3）零件上已标准化的结构尺寸，如倒角、圆角、键槽和螺纹退刀槽等结构尺寸，可查阅有关标准确定；零件上与标准部件，如与滚动轴承相配合的轴和孔的尺寸，可通过标准部件的型号查表确定。

在标注表面粗糙度代号时，要按零件各表面的作用和加工情况标注。在注写公差代号时，应根据零件的设计要求和作用确定。初学者可参阅同类型或用途相近的零件图及有关资料确定。若以文字形式说明有关技术要求，一般应注写在标题栏的上方。

9.7.2　常用测绘工具及其使用方法

1. 常用的测量工具

测量零件的尺寸是零件测绘过程中的必要步骤。测量尺寸时，需要使用多种不同的测量工具和仪器，才能比较准确地确定各种复杂程度和精度要求不同的零件尺寸。常用的测量工具有钢板尺、内卡钳、外卡钳、游标卡尺、圆角规和螺纹规等，如图 9－46 所示。

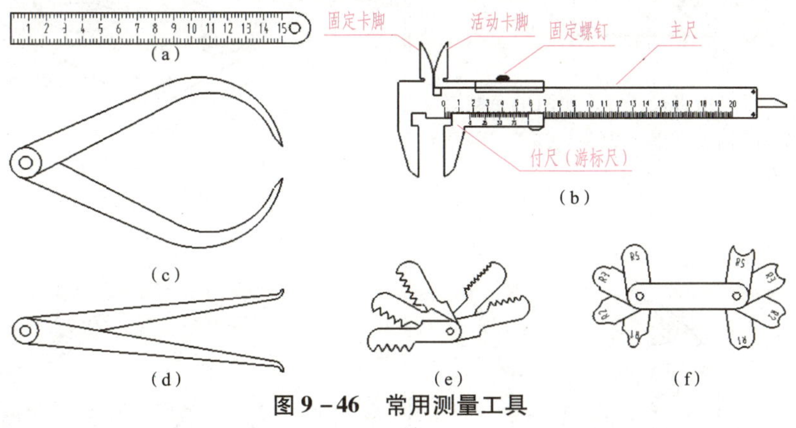

图 9－46　常用测量工具

（a）钢板尺；（b）游标卡尺；（c）外卡钳；（d）内卡钳；（e）螺纹规；（f）圆角规

2. 测量尺寸的方法

在测绘零件时，正确测量零件上各部分的尺寸，对确定零件的形状大小非常重要。表 9－16 介绍的几种常用测量方法可供学习时参考。

表 9－16　零件尺寸的测量方法

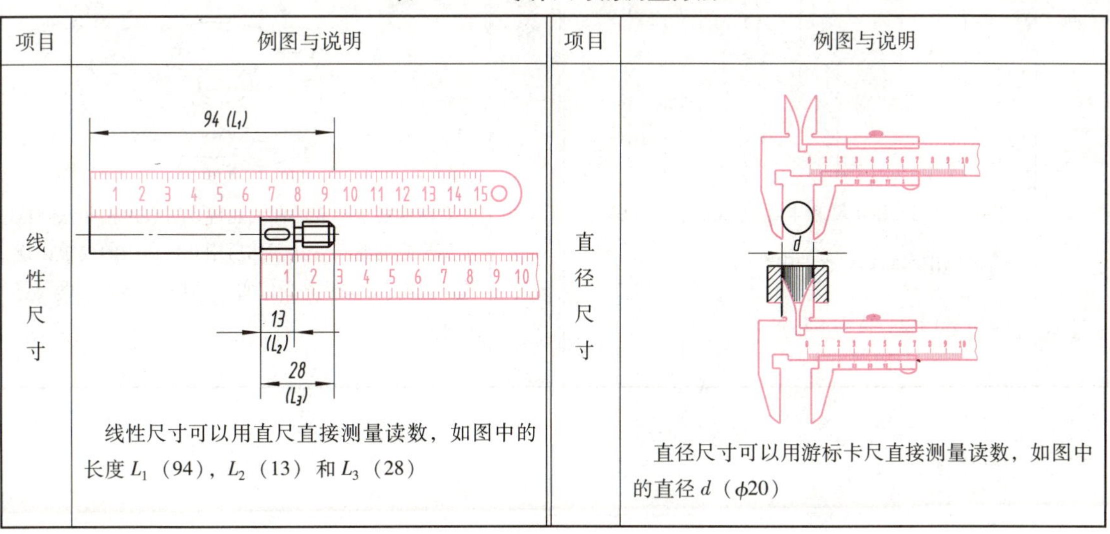

项目	例图与说明	项目	例图与说明
线性尺寸	线性尺寸可以用直尺直接测量读数，如图中的长度 L_1（94），L_2（13）和 L_3（28）	直径尺寸	直径尺寸可以用游标卡尺直接测量读数，如图中的直径 d（ϕ20）

续表

项目	例图与说明	项目	例图与说明
壁厚尺寸	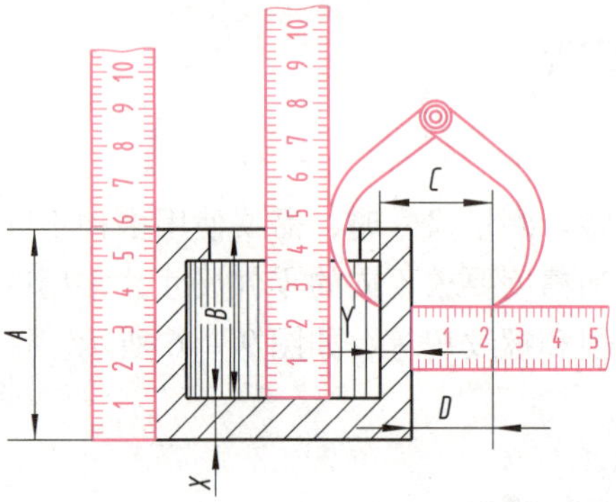 壁厚尺寸可以用直尺测量，如图中底壁厚度 $X=A-B$；或用卡钳和直尺测量，如图中侧壁厚度 $Y=C-D$	孔间距	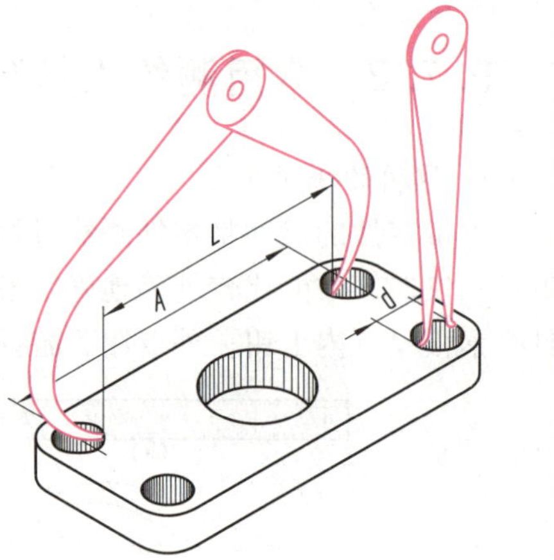 孔间距可以用卡钳（或游标卡尺）结合测出，如图中两孔中心距 $A=L+d$
中心高	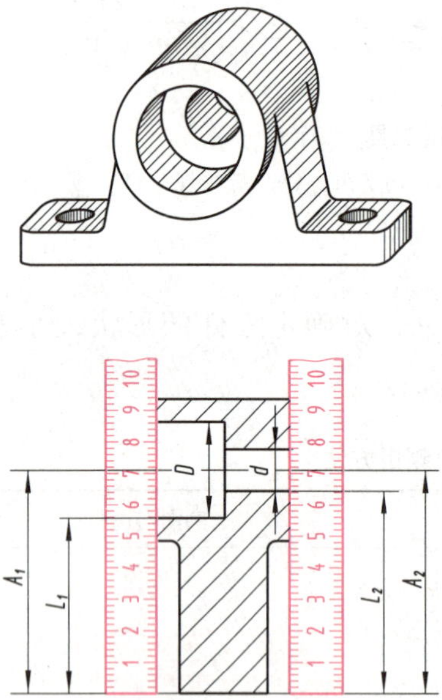 中心高可以用直尺和卡钳（或游标卡尺）测出，如图中左侧 $\phi50$ 孔的中心高 $A_1=L_1+\dfrac{D}{2}$，右侧 $\phi18$ 孔的中心高 $A_2=L_2+\dfrac{d}{2}$	曲面轮廓	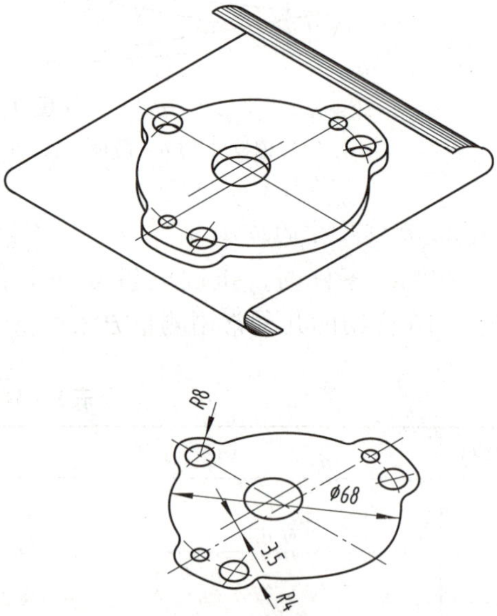 对精度要求不高的曲面轮廓，可以用拓印法在纸上拓出它的轮廓形状，然后用几何作图的要求去连接圆弧的尺寸和中心位置，如图中 $\phi68$、$R8$、$R4$ 和3.5

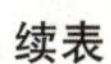

续表

项目	例图与说明	项目	例图与说明
螺纹的螺距	螺纹的螺距可以用螺纹规或直尺测得，如图中螺距 $P=1.5$	齿轮的模数	对标准齿轮，可先用游标卡尺测得 D_a，再计算得到模数 $m=\frac{D_a}{Z}+2$。奇数齿的齿顶圆直径 $D_a=2e+d$

本章小结

本章主要介绍了零件图的作用和内容、常用零件的表达方法、尺寸注法、技术要求、零件的测绘及零件图的读法和画法。通过本章的学习，了解零件图的作用与内容、零件图尺寸标注的合理性和画法、零件图上的技术要求。掌握绘制和阅读零件图的方法及步骤。

第 10 章　标准件和常用件

【本章知识点】

(1) 螺纹的形成、种类、标记及常用螺纹紧固件。

(2) 键连接、画法和标记。

(3) 销连接、画法和标记。

(4) 滚动轴承的基本代号和画法。

(5) 齿轮的用途、结构、计算和画法。

(6) 弹簧各部分的名称与代号及规定画法和标记。

在各种机器、仪表和电器设备中，经常有一些标准件和常用件。标准件是对结构形状、尺寸、技术要求、代号、图示画法和标记都标准化了的零件或部件，如螺栓、螺母、垫圈、键、销、滚动轴承等。常用件是对其部分结构要素及其尺寸参数标准化了的零件，如齿轮、弹簧等。一个国家工业标准化程度的高低，反映了工业生产水平的高低。在国家标准《机械制图》中，对标准件和常用件中标准结构要素的表达制定了一系列规定画法和标记规则，遵守这些标准可以提高设计绘图的速度和质量。

从绘图角度看，标准件和常用件中的标准结构要素有以下一些表达特点：

(1) 在图样中对标准件的完整表达由视图、尺寸和规定的标注方法所组成，缺一不可。

(2) 标准件和标准结构要素一般只给几个主要尺寸，其余尺寸要根据规定的标注方法从所列标准编号查表获得。

(3) 标准件或标准结构要素按规定的画法表达，非标准结构按正投影法表达。

10.1　螺　纹

10.1.1　螺纹的形成和螺纹的工艺结构

1. 螺纹的形成

螺纹是在圆柱或圆锥表面上沿着螺旋线形成的、具有规定牙型的连续凸起。在圆柱（或圆锥）外表面上所形成的螺纹称为外螺纹；在圆柱（或圆锥）内表面上形成的螺纹称为内螺纹。加工螺纹的方法很多，如在机床上车制、碾压及手工工具丝锥、板牙加工等，如图 10－1所示。图 10－1（a）表示在车床上车削外螺纹，图 10－1（b）表示在车床上车削内螺纹。对于加工直径较小的螺孔，可按图 10－1（d）所示的方法，先用钻头钻出光孔，再用丝锥攻出螺纹。

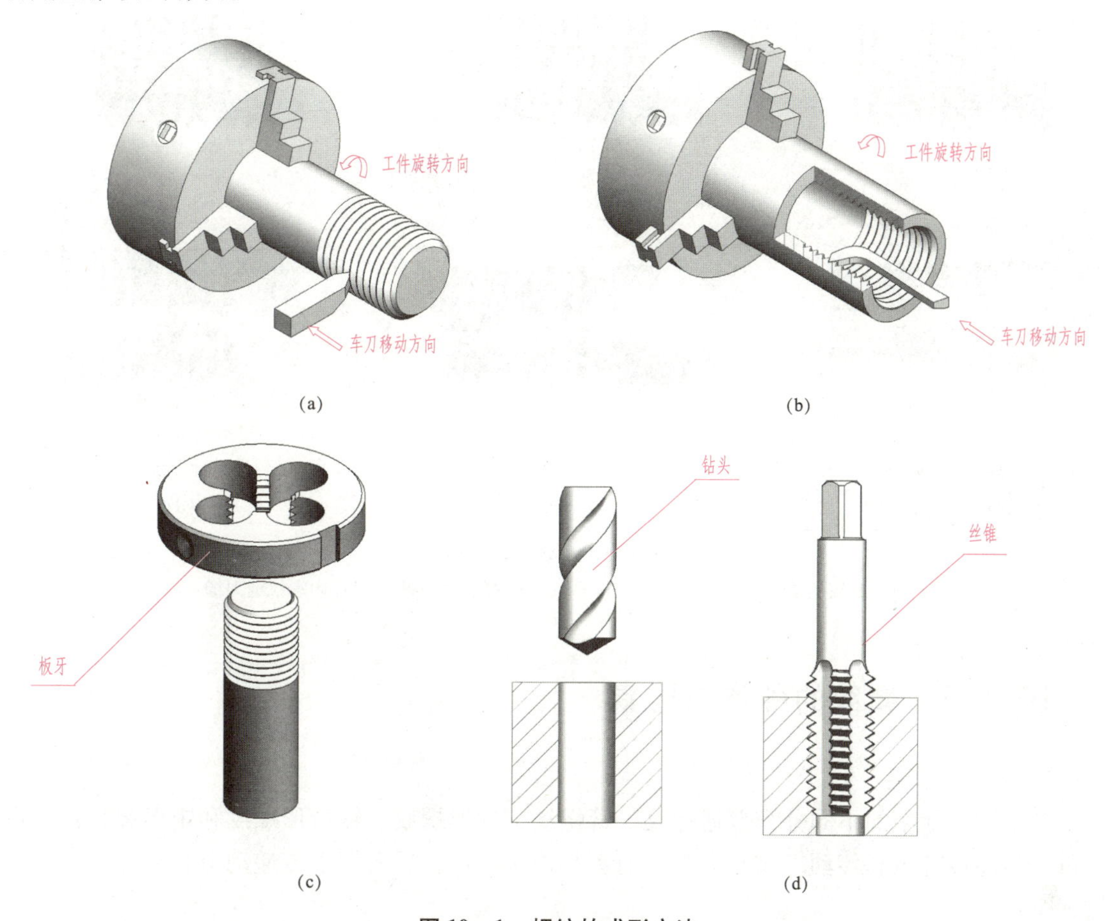

图 10－1　螺纹的成形方法

（a）车床加工外螺纹；（b）车削加工内螺纹；（c）套扣外螺纹；（d）攻内螺纹

2. 螺纹的工艺结构

1）螺纹的端部

为了便于装配和防止螺纹起始圈损坏，常在螺纹的起始处加工成一定的形式，如倒角、倒圆等，如图 10－2（a）所示。

2）螺纹的收尾和退刀槽

车削螺纹时，刀具接近螺纹末尾处要逐渐离开工件。因此，螺纹收尾部分的牙型是不完整的，这一段不完整的收尾部分称为螺尾，如图 10－2（b）所示。为了避免产生螺尾，可以预先在螺纹末尾处加工出退刀槽，然后再车削螺纹，如图 10－2（c）和图 10－2（d）所示。

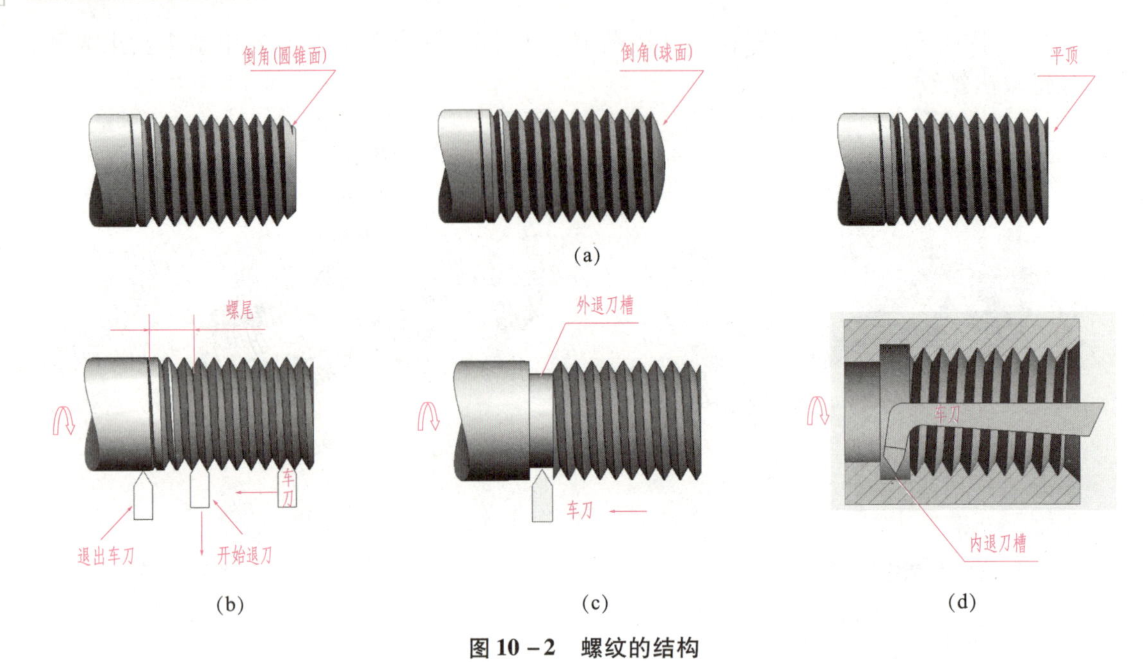

图 10－2　螺纹的结构

(a) 螺纹的端部；(b) 螺纹的收尾；(c) 外螺纹退刀槽；(d) 内螺纹退刀槽

10.1.2　螺纹的种类与要素

1. 螺纹的种类

螺纹按照牙型的不同分为普通螺纹、管螺纹、梯形螺纹、锯齿形螺纹和矩形螺纹；按用途可分为连接螺纹和传动螺纹两大类，前者起连接作用，后者用于传递动力和运动。常用螺纹如下：

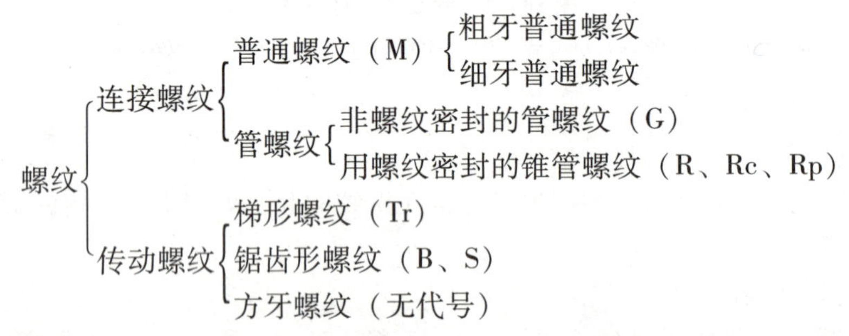

2. 螺纹的要素

螺纹由五个要素确定，内、外螺纹连接时，只有五个要素完全相同才能旋合在一起。螺纹的要素如下：

1）牙型

在通过螺纹轴线的剖面上，螺纹的轮廓形状称为螺纹牙型。常见的牙型有三角形、梯形、锯齿形和方形等。不同的螺纹牙型（用不同的代号表示）有不同的用途，如图 10－3（a）所示。

2）公称直径

公制螺纹的大径为螺纹的公称直径，其是代表螺纹尺寸的直径。如图 10－3（b）所示，螺纹大径是与外螺纹牙顶或内螺纹牙底相切的假想圆柱或圆锥的直径，用 d（外螺纹）或 D（内螺纹）表示；与外螺纹牙底或内螺纹牙顶相切的假想圆柱或圆锥的直径，称为螺纹的小径，用 d_1（外螺纹）或 D_1（内螺纹）表示；中径在大径与小径之间，其是母线通过牙型上凸起宽度与沟槽宽度相等的假想圆柱的直径，用 d_2（外螺纹）或 D_2（内螺纹）表示。管螺纹的公称直径用尺寸代号表示，即管子通孔直径的近似值。

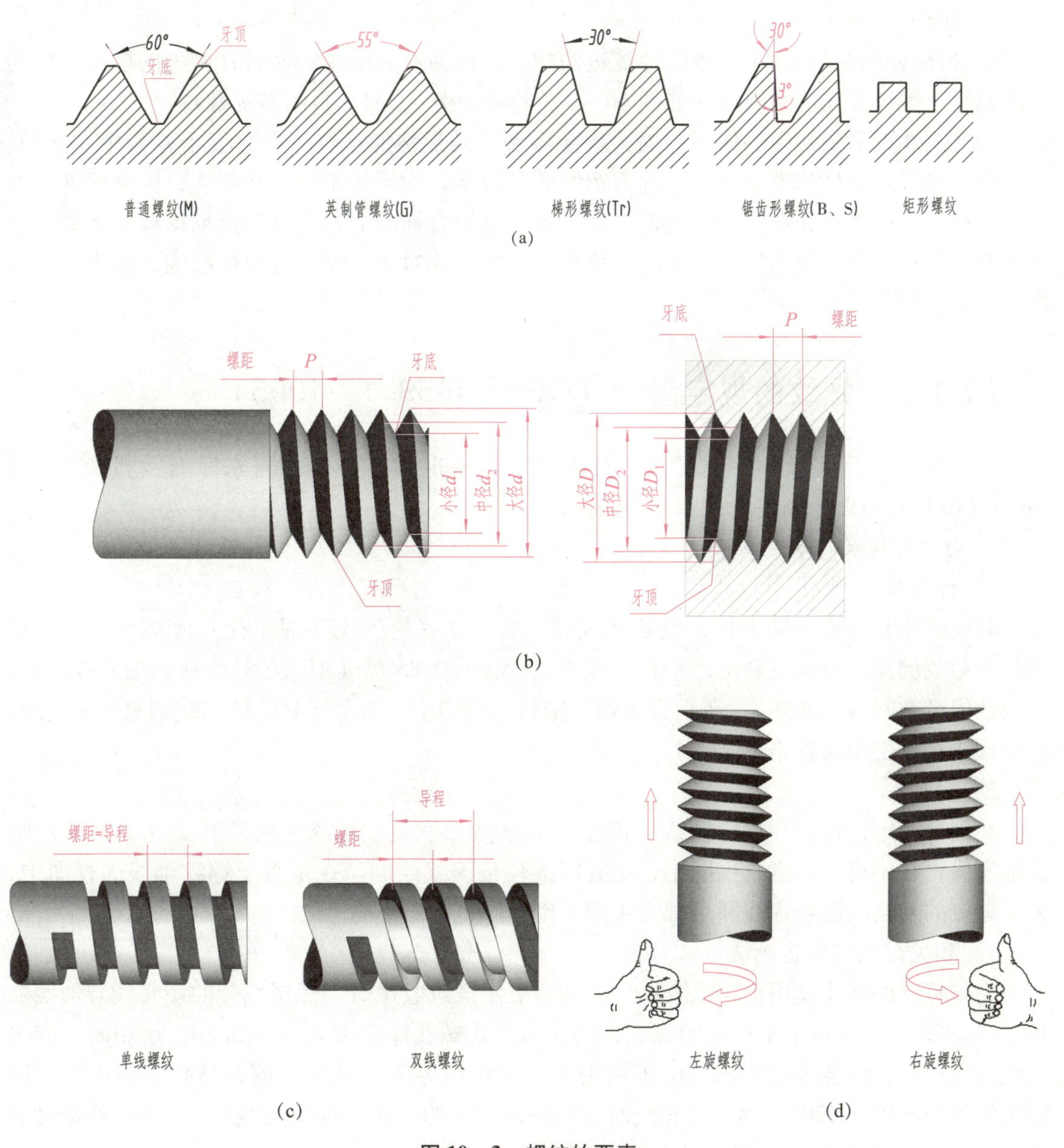

图 10－3　螺纹的要素

（a）牙型；（b）螺纹的直径；（c）螺距、线数、导程；（d）旋向

3）线数（n）

螺纹有单线和多线之分，沿一条螺旋线形成的螺纹为单线螺纹；沿两条或两条以上在轴向等距离分布的螺旋线所形成的螺纹为多线螺纹，如图 10－3（c）所示。

4）螺距（P）和导程（T）

螺纹上相邻两牙在中径线上对应两点间的轴向距离，称为螺距；同一条螺旋线上的相邻两牙在中径线上对应两点间的轴向距离，称为导程。单线螺纹的导程等于螺距，多线螺纹的导程等于螺距乘以线数，即 $T=nP$，如图 10－3（c）所示。

5）旋向

螺纹分右旋和左旋两种，顺时针旋进的螺纹，称为右旋螺纹；逆时针旋进的螺纹，称为左旋螺纹。螺纹旋向的判断方法如图 10－3（d）所示，工程上常用右旋螺纹。

改变上述五项要素中的任何一项，就会得到不同规格的螺纹，在这五个要素中，牙型、公称直径和螺距是最基本的要素，称为螺纹的三要素。为了便于设计和制造，国家标准对螺纹的牙型、公称直径和螺距作了规定。凡是这三项符合标准的，均称为标准螺纹；牙型符合标准而公称直径或螺距不符合标准的，称为特殊螺纹；对于牙型不符合标准的，称为非标准螺纹。螺纹的要素如图 10－3 所示。

10.1.3　螺纹的规定画法（GB/T 4459.1—1995）

绘制螺纹的真实投影十分复杂，且实际生产中也没有必要，国家标准《机械制图》GB/T 4459.1—1995 制定了螺纹的规定画法。

1. 内、外螺纹的规定画法

1）外螺纹

螺纹牙顶轮廓线（即大径）画成粗实线，螺纹牙底轮廓线（即小径）画成细实线，螺杆的倒角或倒圆部分也应画出，小径可以画成大径的 0.85 倍（但大径较大或画细牙螺纹时，小径数值可查阅有关表格）。在垂直于螺纹轴线的视图中，表示牙底的细实线圆只画 3/4 圈，此时轴或孔上倒角圆省略不画。

2）内螺纹

在剖视图中，螺纹牙顶轮廓线（即小径）画成粗实线，螺纹牙底轮廓线（即大径）画成细实线；在不可见的螺纹视图中，所有图线均按虚线绘制。在垂直于螺纹轴线的视图中，表示牙底的细实线圆或虚线圆只画 3/4 圈，倒角圆也省略不画。

3）相关结构的规定画法

完整螺纹的终止线用粗实线表示，当需要表示螺纹收尾时，螺尾部分的牙底线与轴线成 30°用细实线绘制。对于不穿通的螺孔，钻孔深度比螺孔深度大 $0.2d \sim 0.5d$，绘制时，应将钻孔深度和螺孔深度分别画出，由于钻头的刃锥角约等于 120°，因此，钻孔底部以下的圆锥坑的锥角应画成 120°。螺纹孔相交时，只画出钻孔的交线（即相贯线）。无论是外螺纹还是内螺纹，在剖视或断面图中的剖面线都必须画到粗实线。单个内、外螺纹的规定画法见表 10－1。

表 10－1　内、外螺纹的画法

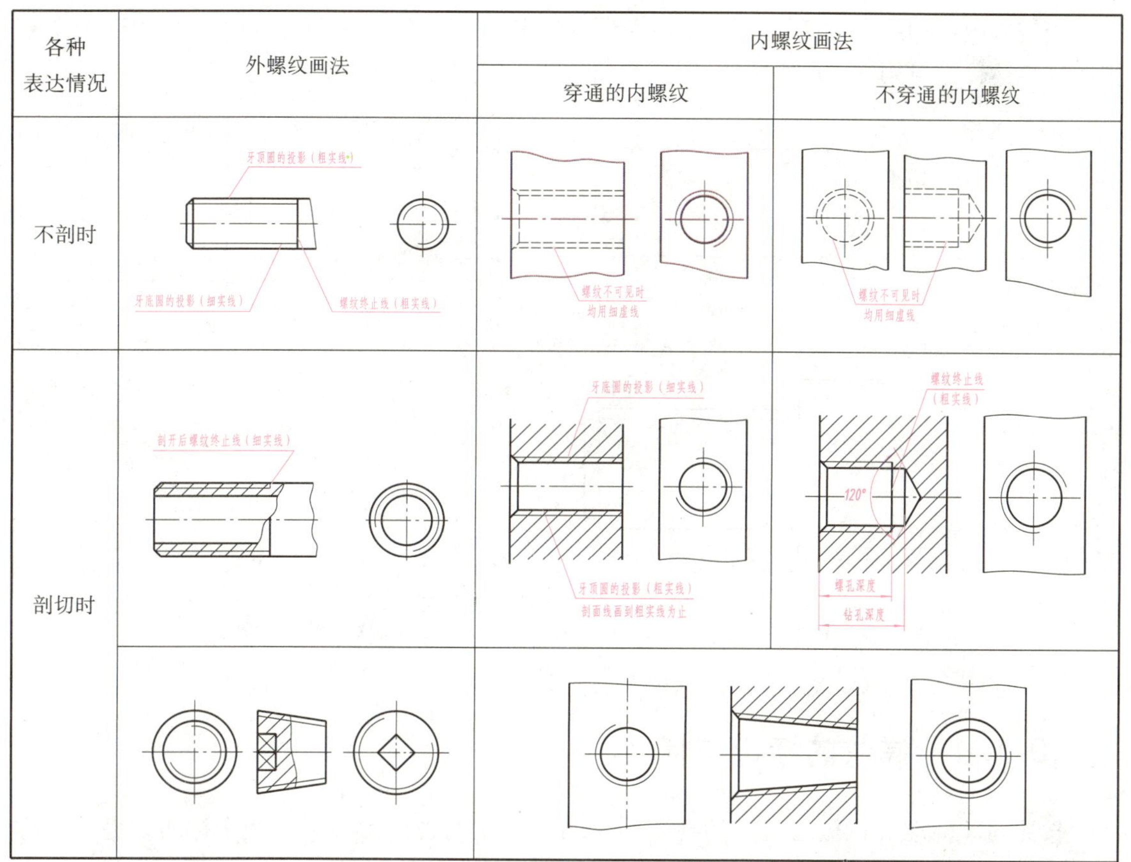

各种表达情况	外螺纹画法	内螺纹画法	
		穿通的内螺纹	不穿通的内螺纹
不剖时			
剖切时			

2. 螺纹连接的规定画法

如图 10－4 所示，以剖视图表示内、外螺纹连接时，其旋合部分应按外螺纹绘制，其余部分仍按各自的画法表示。表示大、小径的粗实线和细实线应分别对齐，而与倒角的大小无关。

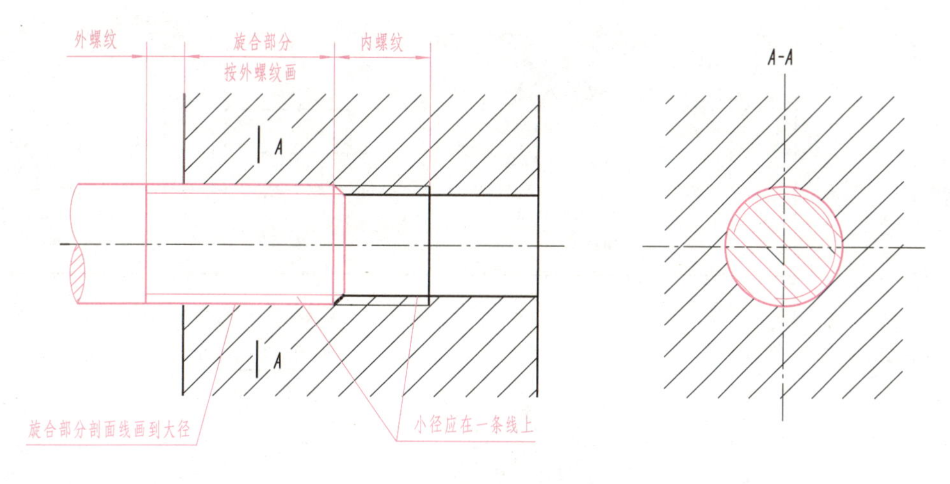

图 10－4　螺纹连接的画法

3. 螺纹牙型的图示法

当需要图示螺纹牙型时，可用图 10－5（a）和图 10－5（b）所示的局部剖视图或全剖视图来表达，也可用图 10－5（c）所示的局部放大图的形式绘制。

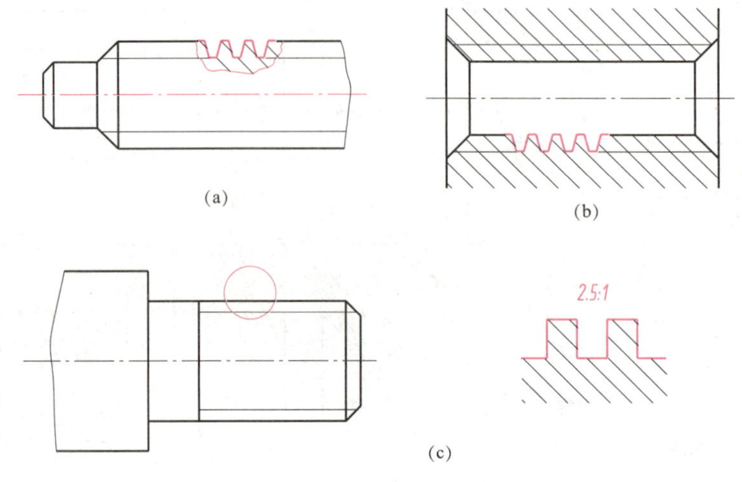

图 10－5　螺纹牙型的图示法

（a）用局部剖表示；（b）用剖视图表示；（c）用局部放大图表示

10.1.4　螺纹的标记与标注

按照国家标准《机械制图》的规定画法画出螺纹的视图后，图上并未标明牙型、公称直径、螺距、线数和旋向等要素，因此，需要用标注的方式来说明。各种常用螺纹的标注方式及示例见表 10－2。

表 10－2　常用螺纹的标注

螺纹类别		螺纹种类代号	标记方法	标注图例	说明
连接螺纹	粗牙普通螺纹	M	M12-6h-s 短旋合长度代号 外螺纹中径和顶径(大径)公差带代号 公称直径（大径） 螺纹种类代号	M12	粗牙普通螺纹不标注螺距
	细牙普通螺纹		M20x2-6H-LH 左旋 内螺纹中径和顶径(小径)公差带代号 螺距 公称直径（大径） 螺纹种类代号	M20×2-6H-LH	细牙普通螺纹必须标注螺距

续表

螺纹类别		螺纹种类代号	标记方法	标注图例	说明
连接螺纹	非螺纹密封管螺纹	G	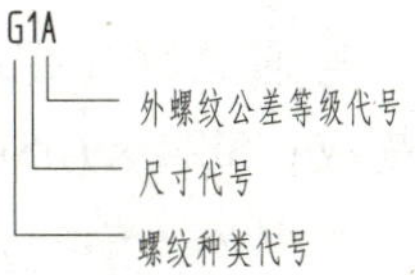 G1A 外螺纹公差等级代号 尺寸代号 螺纹种类代号	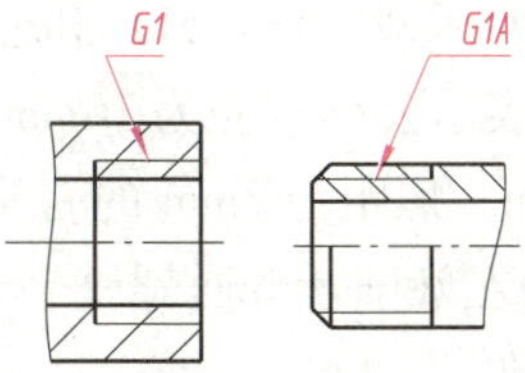 G1　G1A	外螺纹公差代号有A、B两种，若内螺纹公差等级仅一种，则不必标注其代号
	螺纹密封管螺纹	Rc Rp R	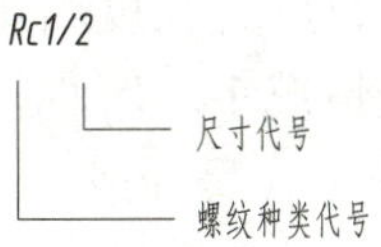 Rc1/2 尺寸代号 螺纹种类代号	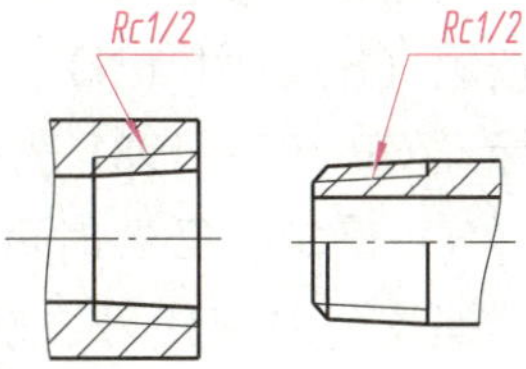 Rc1/2　Rc1/2	圆锥内螺纹螺纹种类代号—Rc； 圆柱内螺纹螺纹种类代号—Rp； 圆锥外螺纹螺纹种类代号—R
	60°圆锥管螺纹	NPT	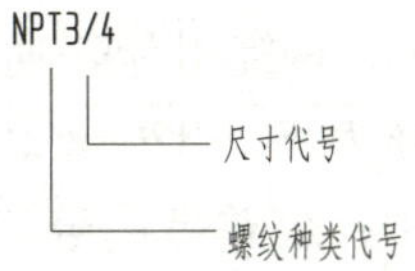 NPT3/4 尺寸代号 螺纹种类代号	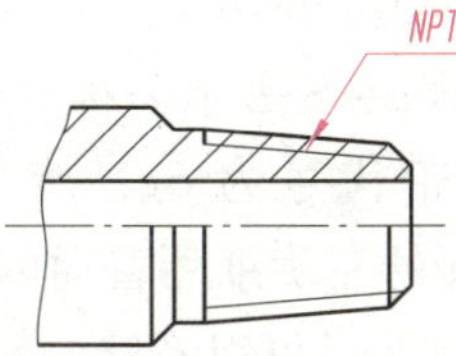 NPT3/4	
传动螺纹	梯形螺纹	Tr	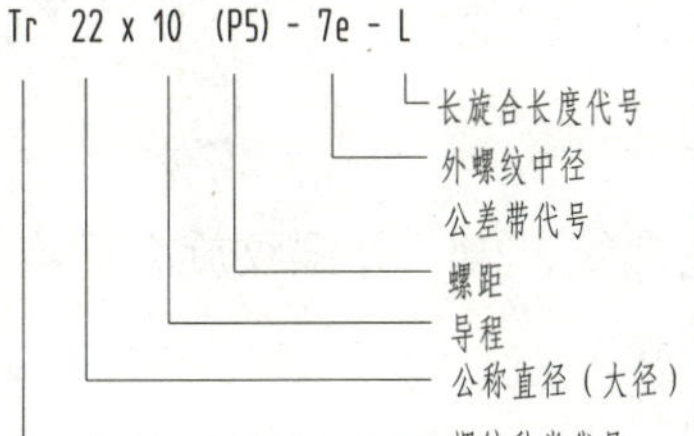 Tr 22 x 10 (P5) - 7e - L 长旋合长度代号 外螺纹中径公差带代号 螺距 导程 公称直径（大径） 螺纹种类代号	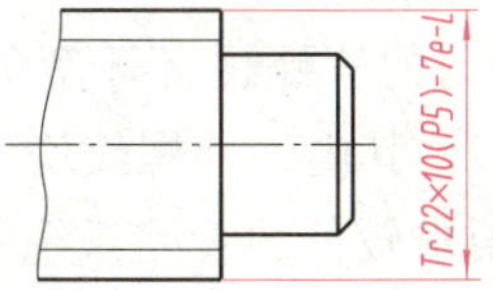 Tr22×10(P5)-7e-L	梯形螺纹螺距或导程必须标明

1. 普通螺纹

普通螺纹的标准直径和螺距的尺寸关系可查附表6。同一公称直径的普通螺纹，按螺距分粗牙和细牙两种，因此，在标注细牙螺纹时，必须注出螺距。由于细牙螺纹的螺距比粗牙螺纹的螺距小，所以细牙螺纹多用于细小的精密零件上。细牙螺纹的螺距与小径的关系，可查附表7。

1）螺纹代号（用来描述螺纹的五要素）

普通螺纹的牙型符号为M，粗牙普通螺纹代号用牙型“M”及“公称直径”表示；细牙普通螺纹代号用牙型符号“M”及“公称直径×螺距”表示。当螺纹为左旋时，在螺纹代号中要加注“LH”代号。工程上常用的普通螺纹为粗牙、单线、右旋螺纹，对于这种螺纹只需标注螺纹的牙型代号（M）和公称直径即可。

例如：M16表示公称直径为16mm的右旋粗牙普通螺纹（螺距为2mm）；M20×2表示公称直径为20mm、螺距为2mm的右旋细牙普通螺纹；M24×1.5LH表示公称直径为24mm、螺距为1.5mm的左旋细牙普通螺纹。

2）螺纹标记

普通螺纹的完整标记由螺纹代号、螺纹公差带代号及螺纹旋合长度代号组成。螺纹公差带代号包括中径公差带代号与顶径（指外螺纹大径和内螺纹小径）公差带代号，小写字母指外螺纹，大写字母指内螺纹。如果中径公差带与顶径公差带代号相同，则只标注一个代号。螺纹公差带按短（S）、中（N）、长（L）三组旋合长度给出了精密、中等、粗糙三种精度，可按国家标准GB 197—1981选用。在一般情况下，不标注旋合长度，其螺纹公差带按中等旋合长度（N）确定；必要时可加注旋合长度代号S或L，也可以直接标注旋合长度数值。螺纹代号、螺纹公差带代号、旋合长度代号（或数值）之间分别用“-”分开。尺寸标注采用在螺纹大径上引尺寸线的方式。

普通螺纹的完整标记格式如下：

[特征代号][公称直径]×[螺距]-[中径、顶径公差带代号]-[旋合长度代号]-[旋向代号]

例如：M10-5g6g-S表示公称直径为10mm的右旋粗牙普通外螺纹，其中径公差带代号为5g，顶径公差带代号为6g，旋合长度代号为S；M20×2LH-6H表示公称直径为20mm、螺距为2mm的左旋细牙普通内螺纹，其中径公差带代号和顶径公差带代号均为6H，旋合长度代号为中等N（可以省略）。

2. 管螺纹

在液压系统、气动系统、润滑附件和仪表等管道连接中常用管螺纹，它们是英制的，公称直径近似为管子内径。

1）非螺纹密封的管螺纹（牙型角为55°）

牙型符号为G，其内、外螺纹均为圆柱螺纹，内、外螺纹旋合后本身无密封能力，常用于电线管等密封要求较低的管路系统中的连接。

2）用螺纹密封的管螺纹（牙型角为55°）

牙型符号有三种：圆锥内螺纹（锥度1∶16）为Rc；圆柱内螺纹为Rp；圆锥外螺纹为R。用螺纹密封的管螺纹（牙型角为55°）可以实现圆锥内螺纹与圆锥外螺纹相连接，也可以实现圆柱内螺纹和圆锥外螺纹相连接，其内、外螺纹旋合后有密封能力，常用于高温高压系统及润滑系统，如管接头阀门等。

3）60°圆锥管螺纹（牙型角为60°）

牙型符号为NPT，常用于汽车、拖拉机、航空机械、机床等燃料、油、水、气输送系统的管连接。

管螺纹应标注牙型符号和尺寸代号；非螺纹密封的外管螺纹还应标注公差等级；当螺纹

为左旋时，应在最后加注“LH”，并用“－”隔开。尺寸代号近似为管子内径，而不是管螺纹的大径。非螺纹密封的管螺纹大径、小径和螺距，可根据尺寸代号从附表8中查出。英制管螺纹的尺寸标注采用指引线方式。

管螺纹的标记格式为

牙型符号 尺寸代号 － 旋向代号

例如：“G3/4－LH”表示非螺纹密封的左旋螺纹，尺寸代号为3/4in[①]；

“R1/2”表示用螺纹密封的圆锥右旋外螺纹，尺寸代号为1/2in；

“Rc1”表示用螺纹密封的圆锥右旋内螺纹，尺寸代号为1in。

3. 梯形螺纹

梯形螺纹用来传递双向动力，如机床的丝杠。梯形螺纹的直径和螺纹系列、基本尺寸，可查阅附表9。

1）螺纹代号

梯形螺纹的牙型符号为“Tr”。梯形螺纹的代号由牙型符号和尺寸规格两部分组成。当螺纹为左旋时，需在尺寸规格之后加注“LH”，右旋时不标注旋向。单线螺纹的尺寸规格用“公称直径×螺距”表示；多线螺纹用“公称直径×导程（*P*螺距）”表示。

例如：“Tr40×7LH”表示公称直径为40mm、螺距为7mm的单线左旋梯形螺纹；“Tr40×14（P7）”表示公称直径为40mm、导程为14mm（螺距为7mm）的双线右旋梯形螺纹。

2）螺纹标记

梯形螺纹的标记由梯形螺纹代号、公差带代号及旋合长度代号组成。梯形螺纹的公差带代号只标注中径公差带代号。梯形螺纹按公称直径和螺距的大小将旋合长度分为中等旋合长度（N）和长旋合长度（L）两组。当旋合长度为中等旋合长度时，不标注旋合长度代号；当旋合长度为长旋合长度时，应将旋合的组别代号L写在公差带代号的后面，并用“－”隔开。尺寸标注形式采用在螺纹大径上引尺寸线方式。

梯形螺纹的完整标记格式如下：

牙型符号 尺寸规格 旋向 － 中径公差带代号 － 旋合长度代号

例如：“Tr36×6－7H－L”表示公称直径为36mm、螺距为6mm的单线右旋梯形内螺纹，中径公差带代号为7H，长旋合长度；“Tr36×12（P6）LH－8e”表示公称直径为36mm、导程为12mm（螺距为6mm）的双线左旋梯形外螺纹，中径公差带代号为8e，中等旋合长度。

4. 锯齿形螺纹

锯齿形螺纹用来传递单向动力，如千斤顶中的螺杆。

锯齿形螺纹标记的顺序是：牙型符号S、公称直径、导程/线数或螺距、精度等级（加“－”与前面隔开）、旋向。如为单线螺纹，则不必注导程，仅注螺距；如为右旋螺纹，则不必注明旋向。标注的基本形式与梯形螺纹的标记类似，所不同的是锯齿形螺纹用精度等级表示公差级别，用文字表示旋向。

锯齿形螺纹代号的内容和标注格式：

---

① 1in＝0.0254m。

螺距（单线螺纹）

牙型代号 公称直径 × 或 - 制造精度 旋向

导程/线数（多线螺纹）

例如："S70 ×10 -2 左"表示公称直径为70mm、螺距为10mm、2 级精度（对应的公差数值可在有关的设计手册中查到）的单线左旋锯齿形螺纹；"S40 ×10（P5）-2"表示公称直径为40mm、导程为10mm（螺距为5mm）、2 级精度的双线右旋锯齿形螺纹。

10.2 螺纹紧固件及其连接画法

螺纹紧固件是工程中最常用的标准件，其利用内、外螺纹的旋合作用在机器中连接和紧固一些零部件，常用于机器上的紧固可拆卸连接结构中。根据螺纹紧固件的规定标记，就能在相应的标准中查出有关尺寸。一般不需画出它们的零件图。

本节重点介绍常用螺纹紧固件的标记规则及其连接画法。

10.2.1 螺纹紧固件的标记

常用的螺纹紧固件有螺栓、双头螺柱、螺钉、螺母和垫圈等，如图 10 -6 所示。它们的简图和标记规则见表 10 -3。

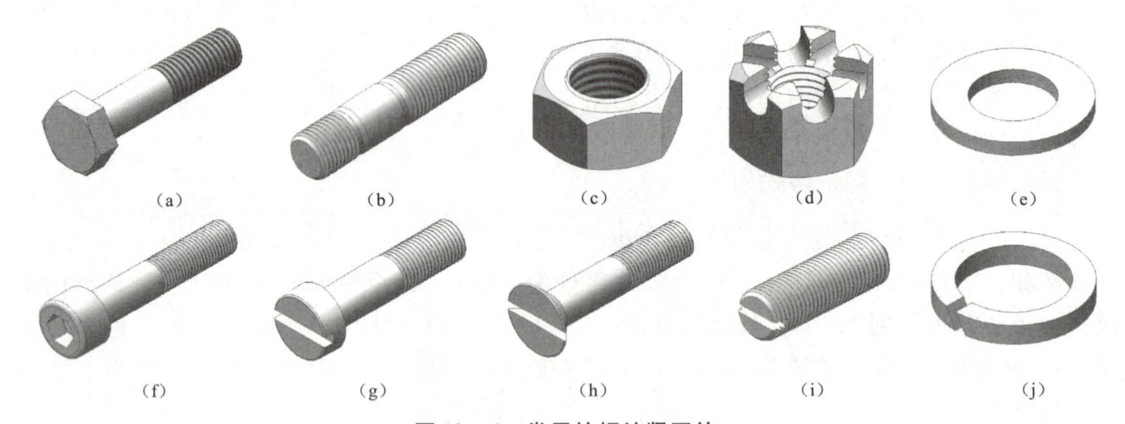

图 10 -6 常用的螺纹紧固件

（a）六角头螺栓；（b）双头螺柱；（c）I 型六角螺母；（d）I 型六角开槽螺母；（e）平垫圈；（f）内六角圆柱头螺钉；（g）开槽圆柱头螺钉；（h）沉头螺钉；（i）开槽紧定螺钉；（j）弹簧垫圈

表 10 -3 常用螺纹紧固件的标注示例

名称及视图	规定标记示例	名称及视图	规定标记示例
六角头螺栓 M12 50	螺栓 GB/T 5782 M12 ×50	双头螺柱 M12 50	螺柱 GB/T 899 M12 ×50

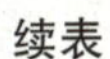

续表

名称及视图	规定标记示例	名称及视图	规定标记示例
内六角圆柱头螺钉	螺钉 GB/T 70.1 M16×40	Ⅰ型六角螺母	螺母 GB 6170 M16
十字槽沉头螺钉	螺钉 GB/T 819.1 M10×45	Ⅰ型六角开槽螺母	螺母 GB/T 6178 M16
开槽锥端紧定螺钉	螺钉 GB/T 71 M12×40	平垫圈	垫圈 GB/T 95 16
开槽盘头螺钉	螺钉 GB/T 67 M10×45	弹簧垫圈	垫圈 GB/T 93 20

1. 紧固件完整的标记方法

标准件完整标记项内容及顺序如下：

（1）标准件名称：用于区别不同的标准件。

（2）标准编号：用于说明制定标准的年份和标准代号。

（3）螺纹规格或公称尺寸：用于说明标准件的公称尺寸。

（4）技术要求：用于说明标准件的性能等级或材料、热处理、产品等级及表面处理等检测指标。

【例 10-1】公称直径为 12mm，公称长度为 80mm，性能等级为 10.9 级，表面氧化，产品等级为 A 级的六角头螺栓的完整标记为：

螺栓　GB/T 5783-2000-M12×80-10.9-A-O

2. 标记方法的简化原则

（1）标准年份代号允许省略，省略年代的标准以现行标准为准，标记中的“-”允许全部或部分省略。

（2）当产品标准中规定只有一种产品型式、性能等级（或材料）、产品等级及表面处理时，允许全部或部分省略。

（3）当产品标准中规定有一种产品型式、性能等级（或材料）、产品等级及表面处理时，可规定省略其中的一种，并在产品标准的标记示例下给出省略后的简化标记。

【例 10-2】 螺纹规格 d = M12、公称长度 l = 80mm、性能等级 4.8 级、不经表面处理、C 级六角螺栓的标记，根据简化原则（1）和（3）可简化为

螺栓　GB/T 5782　M12×80

【例 10-3】 螺纹规格 D = M12、性能等级为 10 级、不经表面处理、A 级的 1 型六角螺母，其简化标记为

螺母　GB/T 6170　M12

【例 10-4】 标准系列、公称尺寸 d = 8mm、性能等级为 140HV 级、倒角型、不经表面处理的平垫圈，其简化标记为

垫圈　GB 97.2 8

3. 螺纹紧固件的装配连接画法

机器上常见的可拆卸紧固连接方式有三种，即螺栓连接、双头螺柱连接和螺钉连接，如图 10-7 所示。螺纹紧固件的装配画法应遵守下述有关规定：

（1）两个零件接触表面画一条线，非接触面用两条线表示各自的轮廓。

（2）两个零件相邻时，不同零件的剖面线方向应相反或者方向一致、间隔不等，且同一零件在各个剖视图中的剖面线方向、间隔应相同。

（3）对于紧固件和实心零件（如螺钉、螺栓、螺母、垫圈、键、销、球及轴等），若剖切平面通过它们的基本轴线，则这些零件按不剖绘制，仍画外形；需要时，可采用局部剖视来表达。

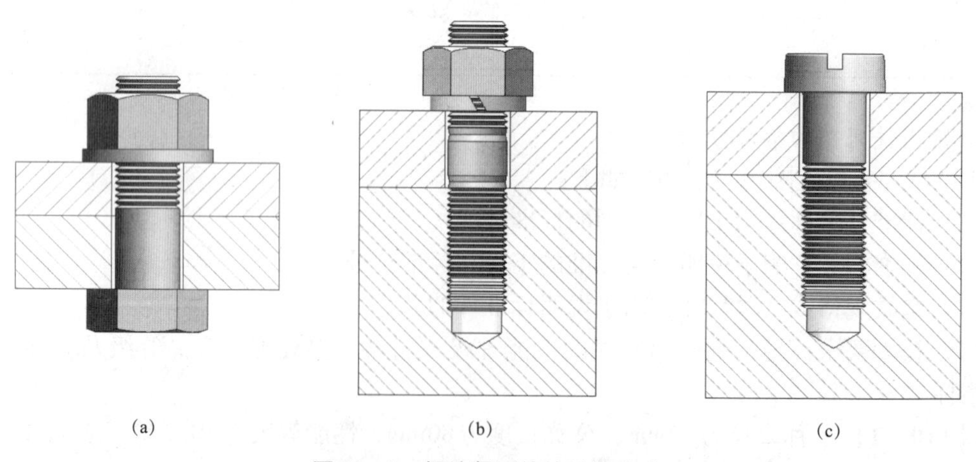

图 10-7　螺纹紧固件的连接方式

（a）螺栓连接；（b）双头螺柱连接；（c）螺钉连接

10.2.2　螺栓连接

螺栓用来连接两个或两个以上不太厚并能钻成通孔的零件。它是用螺栓、螺母和垫圈来紧固被连接零件的。

单个螺纹紧固件的画法：螺纹紧固件的全部尺寸可根据标记在标准中查出，如由附表 11～附表 19 或有关标准得出各部分的尺寸，但为了简化画图，通常采用比例画法，即绘制螺栓、螺母和垫圈时，通常按螺栓上的螺纹规格尺寸、螺母的螺纹规格尺寸和垫圈的公称尺寸进行比例折算，得出各部分尺寸后按近似画法画出。

1）螺栓

螺栓的种类很多，按其头部形状可分为六角螺栓和方螺栓等，其中六角螺栓应用最广。根据加工质量，螺栓的产品等级分 A、B、C 三级，A 级最精确，C 级最不精确。六角螺栓的标准系列尺寸见附表 11，它的规格尺寸为螺纹的公称直径 d 和公称长度 l。

2）螺母

常用的螺母有六角螺母、方螺母、六角开槽螺母和圆螺母等。其中六角螺母应用最广，产品等级分 A、B、C 三级，分别与相对应精度的螺栓、螺钉及垫圈相配。根据高度的不同又分薄型、1 型、2 型和厚型。各种螺母的标准系列尺寸见附表 15～附表 16，螺母的规格尺寸为螺纹的公称尺寸 D。

3）垫圈

垫圈一般用于金属零件，放在螺母与被连接件之间，垫圈的作用是增加螺母与被连接零件的支承面积，使螺母的压力均匀分布到零件表面上，同时遮盖较大的孔，防止拧紧螺母时损伤被连接零件的表面。常用的垫圈有平垫圈、弹簧垫圈和止动垫圈等。平垫圈的产品等级有 A、C 两级，A 级垫圈主要用于精装配，C 级垫圈用于中等装配系列。弹簧垫圈广泛用于经常拆开的连接处，靠弹性和斜口摩擦防止紧固件松动。各种标准垫圈的系列尺寸见附表 17～附表 19，垫圈的规格尺寸为与它配套使用的紧固件上螺纹的公称直径（d 或 D）。

4）螺栓连接画法

图 10－8 所示为用螺栓连接两块板的比例画法。被连接的两块板上钻有直径比螺栓大径略大的孔（画图时取孔径 $=1.1d$，设计时可按附表 25 选用）。连接时，先将螺栓杆身穿过两零件的通孔，一般以螺栓的头部抵住被连接板的下面，然后套上垫圈，最后拧紧螺母。

在画装配图时（见图 10－8），应根据各紧固件的型式、螺纹大径（d）和被连接零件的厚度（δ），按下列步骤确定螺栓的公称长度（l）。

（1）通过计算，初步确定螺栓的公称长度 l。公称长度 l 应满足下面的关系式：

$$l \geqslant (\delta_1 + \delta_2) + h + m + a$$

式中，若取被连接件的厚度分别为 $\delta_1 = 10$mm 和 $\delta_2 = 15$ mm，螺纹紧固件的公称直径为 12mm，则可从相关的标准中查得垫圈厚度 $h = 2.5$mm，螺母高度 $m = 10.8$mm；a 一般取 $0.2d \sim 0.3d$ 而无须查表。

（2）根据公称长度 l 的计算值，在螺栓标准的公称长度系列值中，选用最接近的标准长度 l。

由 $l \geqslant 10 + 15 + 2.5 + 10.8 + 0.3 \times 12 = 41.9$（mm），查附表 11 取 $l = 45$mm。

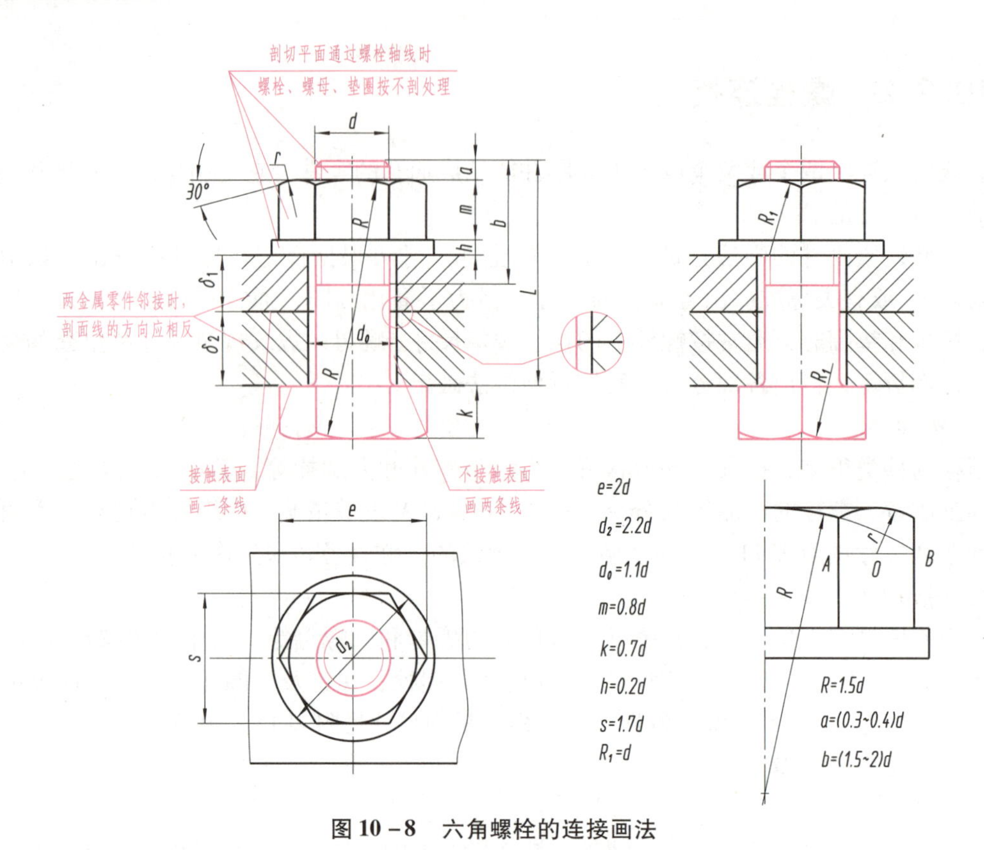

图 10-8　六角螺栓的连接画法

10.2.3　双头螺柱连接

双头螺柱用于被连接件中有一个零件较厚或不能安置螺栓的情况。这种连接的紧固件有双头螺柱、螺母和垫圈，连接时需要在一个零件上加工出不通的螺孔，把双头螺柱的旋入端旋紧在螺孔内，在另一被连接件上钻出通孔，并装在双头螺柱上，然后装上垫圈，旋紧螺母，如图 10-7（b）所示。

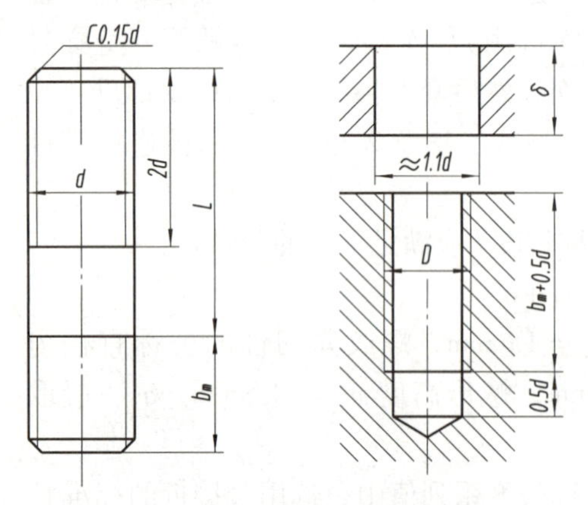

图 10-9　双头螺柱及被连接件

1）双头螺柱

双头螺柱的两端都有螺纹，图 10-9 所示为一种常用的双头螺柱，它的规格尺寸为螺纹的公称直径 d 和公称长度 l。根据旋入端长度 b_m 的不同，双头螺柱有四种标准。b_m 的大小由带螺孔的被连接零件的材料决定：

用青铜、钢制造的零件取 $b_m = 1d$，GB/T 897—1988；

用铸铁制造的零件取 $b_m = 1.25d$，GB/T 898—1988；

材料强度在铸铁和铝之间的零件取 $b_m = 1.5d$，GB/T 899—1988；

非金属材料零件取 $b_m=2d$，GB/T 900—1988。

双头螺柱的结构型式和标准系列尺寸见附表 12。

2）双头螺柱连接画法

绘图时首先应知道双头螺柱的型式、公称直径和被连接零件的厚度，然后从有关的标准中查出双头螺柱、螺母和垫圈的有关尺寸，再用下面的公式算出双头螺柱的公称长度 l，最后在双头螺柱标准公称长度系列尺寸中选取最接近的长度值满足下面的关系式：

$$l \geqslant \delta + s + m + (0.2 \sim 0.3)d$$

双头螺柱连接画法与螺栓连接画法基本相同，如图 10 - 10 所示；旋入端的螺纹终止线应与被旋入零件上螺孔顶面的投影线重合，盲孔的相关尺寸按下式计算：

螺孔深度 $H_1 = b_m + 0.5d$；

钻孔深度 $H_2 \approx H_1 + (0.2 \sim 0.5)d$；

弹簧垫圈开口槽方向画成与水平线成 60°，从左上向右下倾斜。

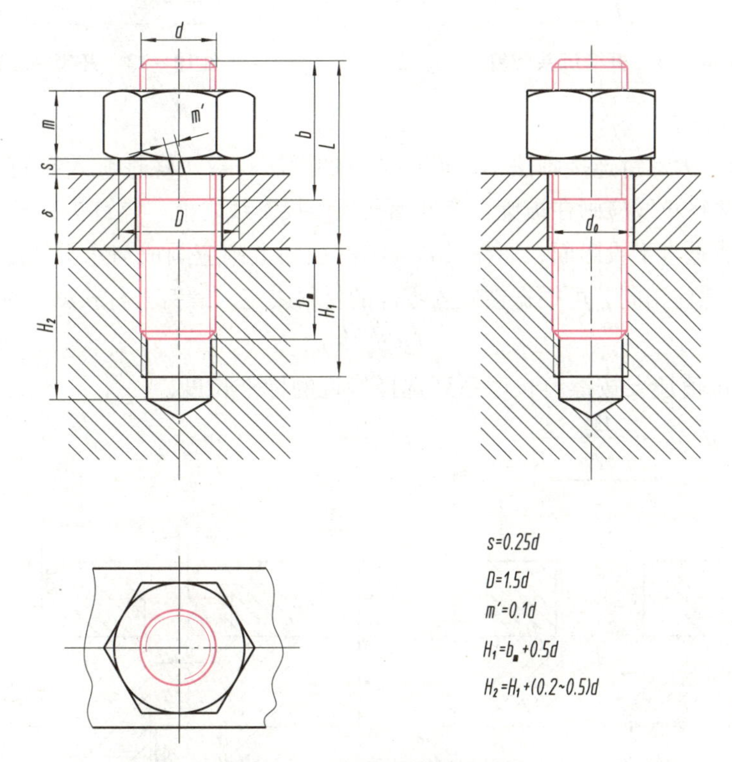

图 10 - 10　双头螺柱连接画法

10. 2. 4　螺钉连接

螺钉按用途可分为连接螺钉和紧定螺钉两类，前者用来连接零件，后者主要用来固定零件。如图 10 - 7（c）所示，在较厚零件上加工出螺孔而在另一个零件上加工成通孔，然后把螺钉穿过通孔拧紧两个零件即螺钉连接。连接螺钉常用于连接不经常拆装并且受力不大的零件。

1）螺钉

连接螺钉的一端为螺纹，旋入到被连接零件的螺孔中，另一端为头部。螺钉的种类很多，有内六角螺钉、开槽圆柱头螺钉、开槽沉头螺钉和开槽平头紧定螺钉等，可根据不同的需要选用。紧定螺钉用于防止两相配零件之间发生相对运动的场合。紧定螺钉端部形状有平端、锥端、凹端和圆柱端等。

图 10－11 所示为开槽沉头螺钉（GB/T 68—2000），连接螺钉标准的系列尺寸见附表 13。图 10－12 所示为开槽平端紧定螺钉（GB/T 73—1985），螺钉的规格尺寸为螺纹的公称直径 d 和公称长度 l。

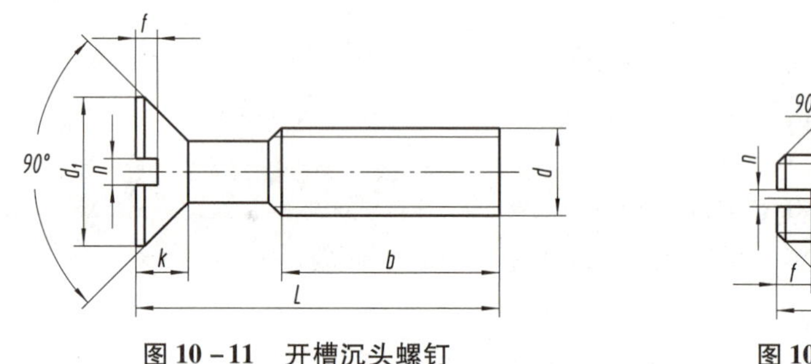

图 10－11　开槽沉头螺钉

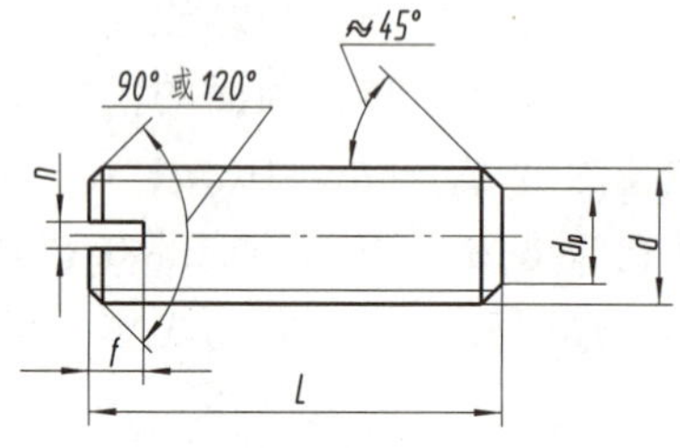

图 10－12　开槽平端紧定螺钉

2）螺钉连接画法

图 10－13 所示为螺钉连接画法，其连接部分的画法与双头螺柱旋入端的画法接近，所不同的是螺钉的螺纹终止线应画在被旋入零件螺孔顶面投影线之上。螺钉头部槽口在反映螺钉轴线的视图上应画成垂直于投影面，而在投影为圆的视图上则应画成与水平线成 45°。螺纹的旋入深度 b_m 与双头螺柱相同，可根据被旋入零件的材料决定。螺钉公称长度 l 的确定方法为

$$l = b_m + \delta$$

计算出的长度值还要按螺钉长度系列选择接近的标准长度。

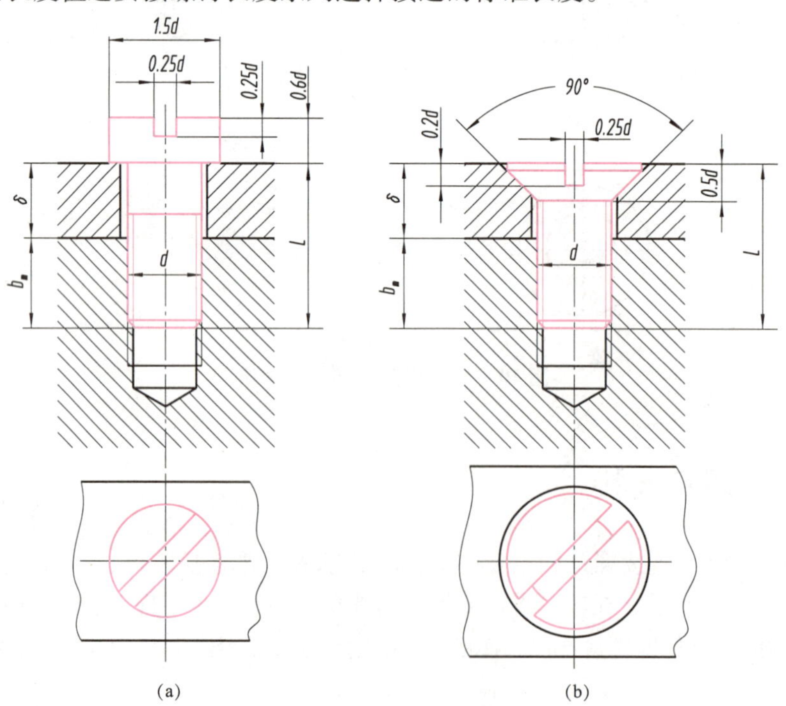

图 10－13　螺钉连接画法

在装配图中，螺纹紧固件的工艺结构如倒角、退刀槽、缩颈和凸肩等均可省略不画。常用的螺栓、螺钉的头部及螺母等也可采用表 10－4 所列的简化画法。

表 10－4　螺栓、螺钉的头部及螺母的简画画法

序号	形式	简化画法	序号	形式	简化画法
1	六角头	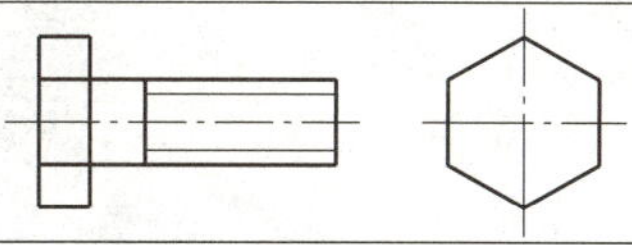	8	半沉头 一字槽	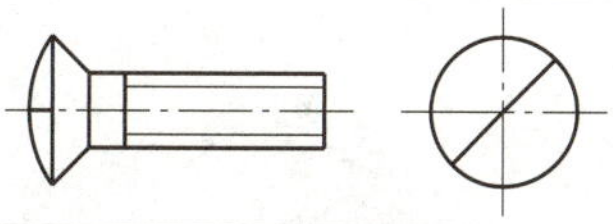
2	方头	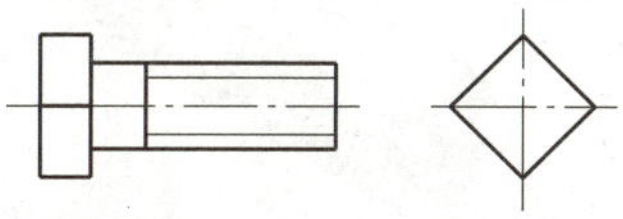	9	沉头 十字槽	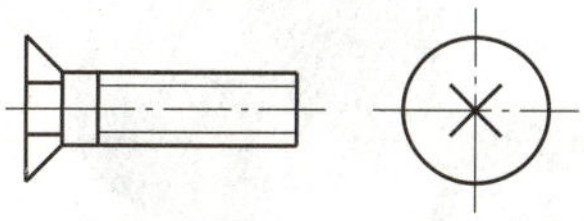
3	圆柱头 内六角	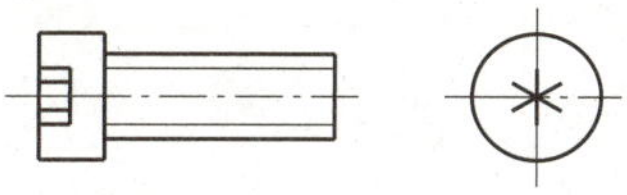	10	半沉头 十字槽	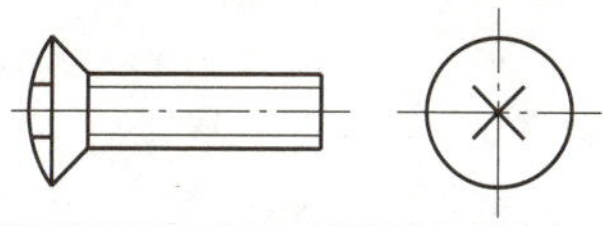
4	无头 内六角	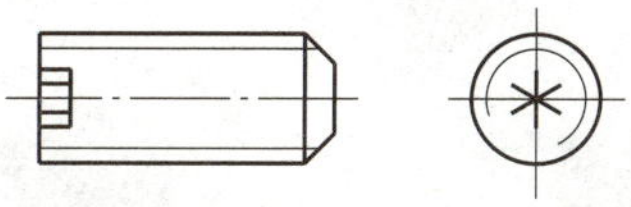	11	盘头 十字槽	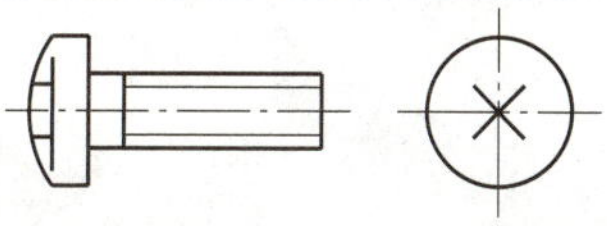
5	无头 一字槽	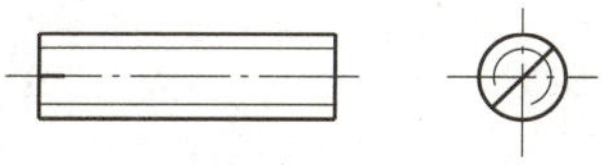	12	六角形	
6	沉头 一字槽	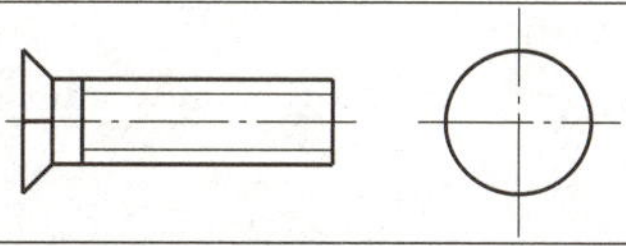	13	方形	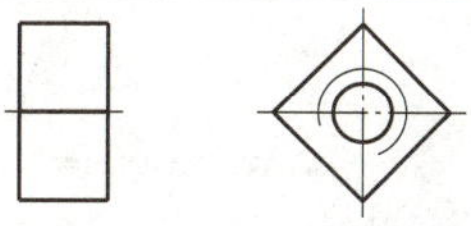
7	圆柱头 一字槽	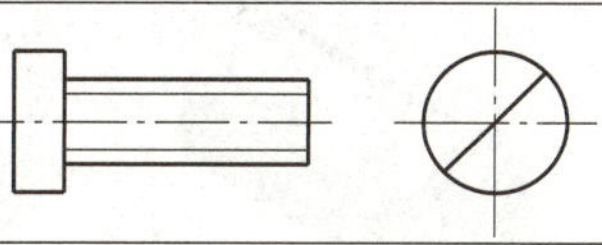	14	开槽六角形	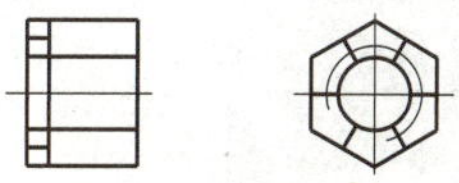
螺栓连接简化画法示例：		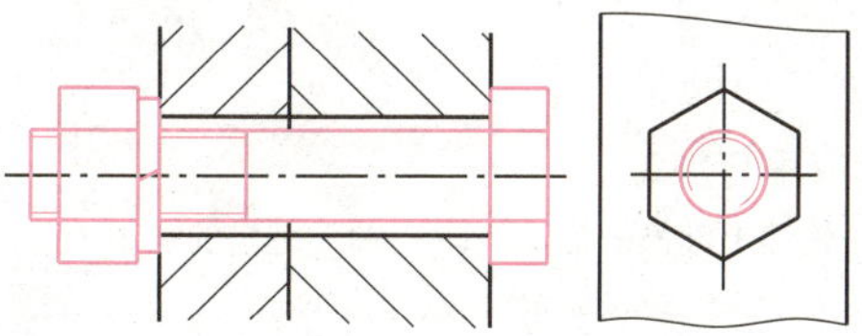	螺钉连接简化画法示例：		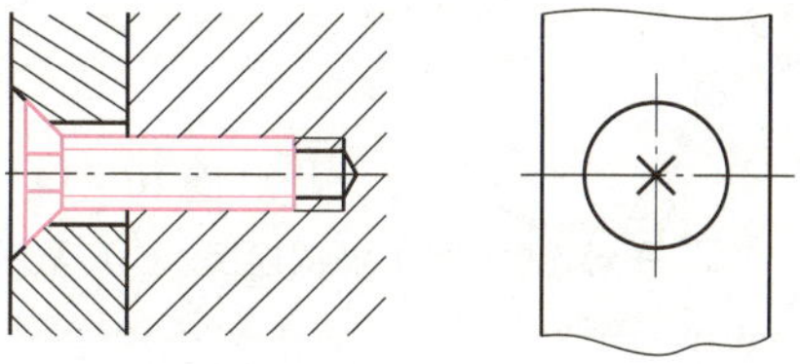

10.3　键和销

键为标准件，用于连接轴和装在轴上的传动零件（如齿轮、带轮等），起到传递动力和扭矩的作用，如图 10－14（a）和图 10－14（b）所示。键的种类很多，常用的有普通平键、半圆键、钩头楔键和花键等，如图 10－14（c）所示，其中普通平键最为常见。普通平

键、半圆键的断面尺寸、键槽尺寸等见附表20和附表21。轮毂上的键槽常用插刀加工，如图10－14（d）所示，轴上的键槽常用铣刀铣削而成，如图10－14（e）所示。

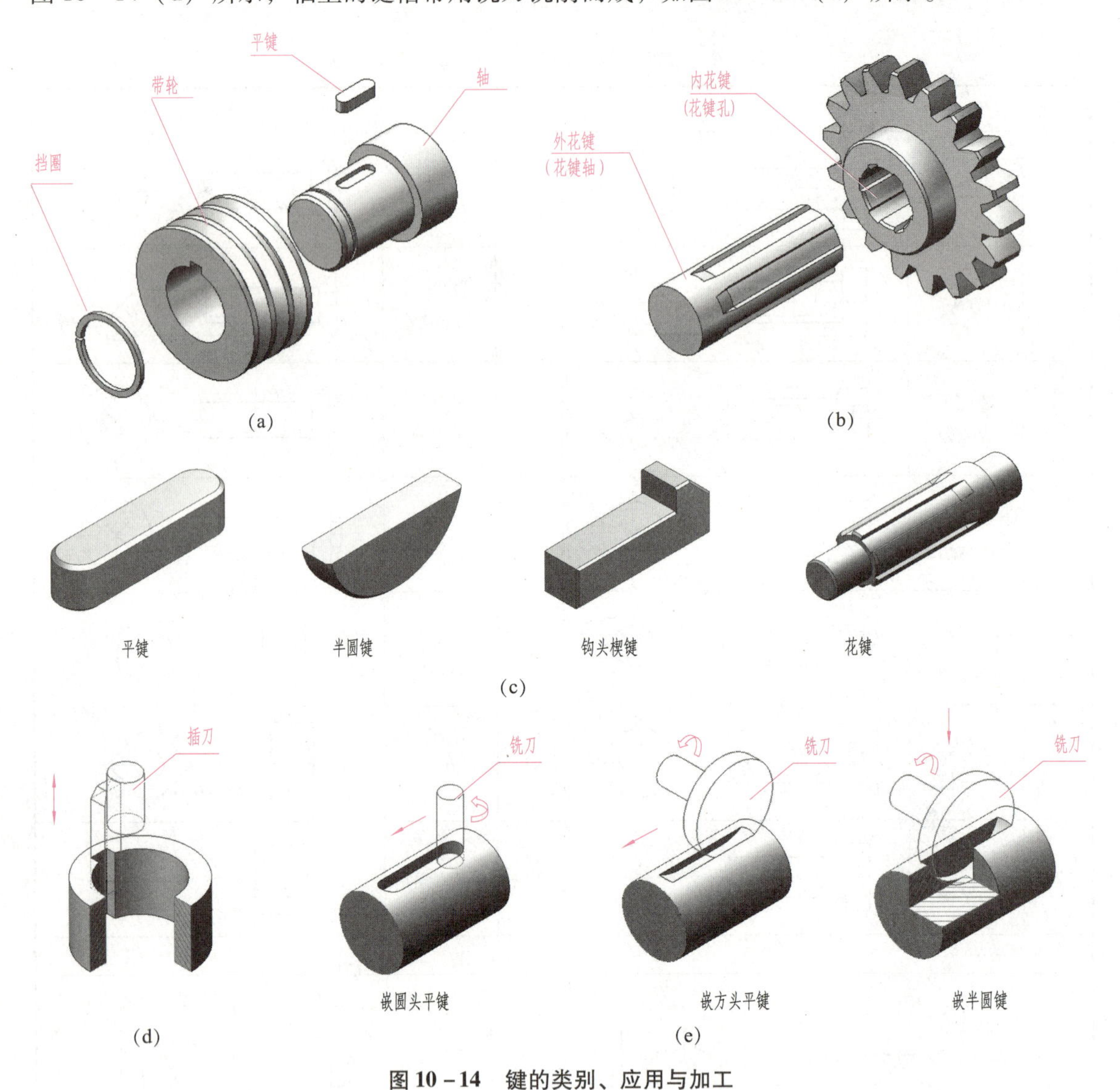

图10－14　键的类别、应用与加工

（a）平键连接；（b）花键连接；（c）常用几种键；（d）轮毂上键槽的加工；（e）轴上键槽的加工

10.3.1　普通平键连接

1. 键的画法和标记

表10－5为平键、半圆键和钩头楔键的标准编号、画法及标记示例，未列入本表的其他各种键可参阅有关的标准。

表10－5　键的标准编号、画法和标记示例

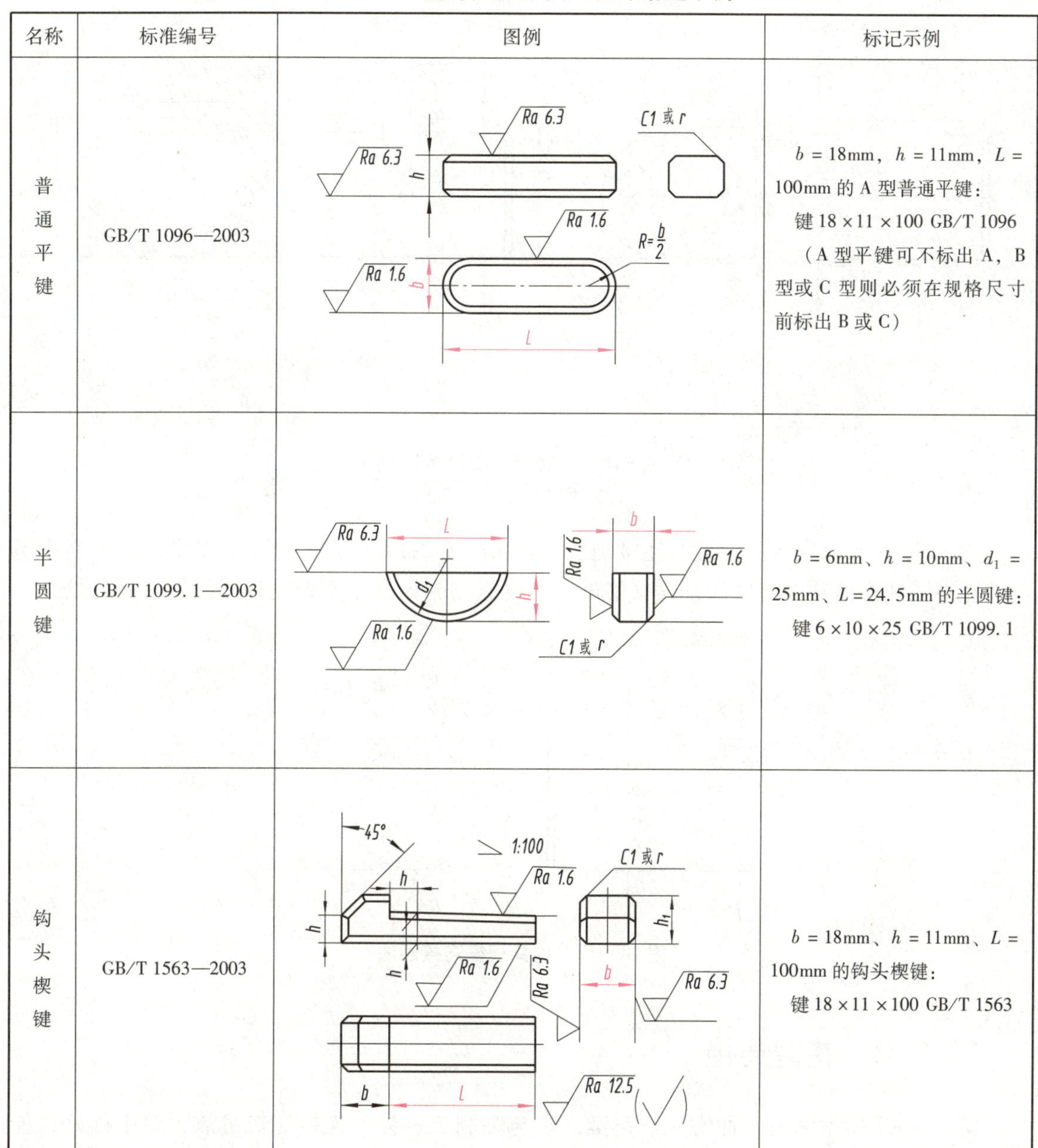

名称	标准编号	图例	标记示例
普通平键	GB/T 1096—2003		b = 18mm，h = 11mm，L = 100mm 的 A 型普通平键： 键 18×11×100 GB/T 1096 （A 型平键可不标出 A，B 型或 C 型则必须在规格尺寸前标出 B 或 C）
半圆键	GB/T 1099.1—2003		b = 6mm、h = 10mm、d_1 = 25mm、L = 24.5mm 的半圆键： 键 6×10×25 GB/T 1099.1
钩头楔键	GB/T 1563—2003		b = 18mm、h = 11mm、L = 100mm 的钩头楔键： 键 18×11×100 GB/T 1563

2. 键连接的画法

画平键连接时，应已知轴的直径、键的型式、键的长度，然后根据轴的直径查阅相关标准以选取键和键槽的断面尺寸，键的长度按轮毂长度在标准长度系列中选用。

如图10－15所示，平键连接与半圆键连接的画法类同，这两种键与被连接零件侧面接触，顶面留有一定间隙。在键连接图中，键的倒角或小圆角一般不画。

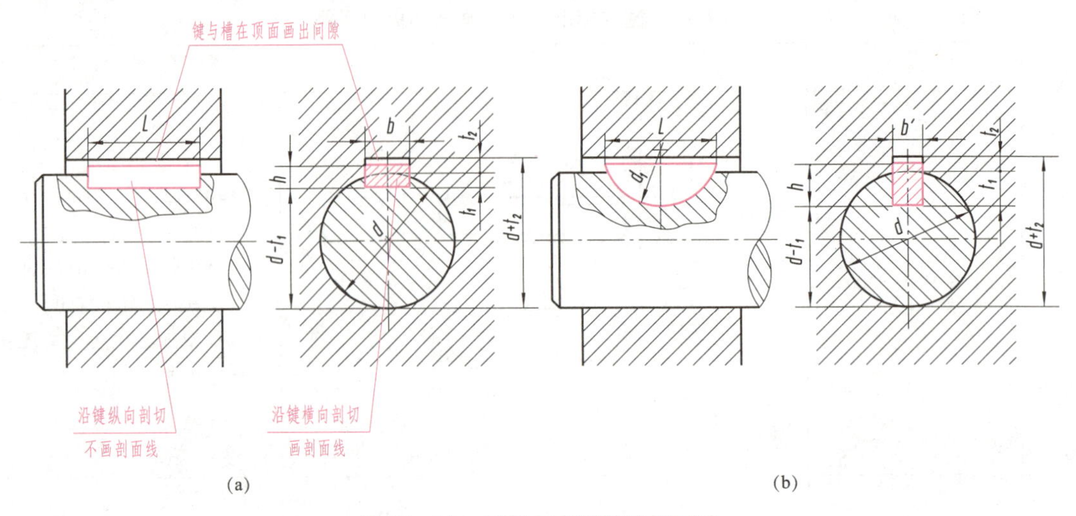

图 10－15　平键与半圆键连接画法

（a）平键；（b）半圆键

图 10－16 所示为钩头楔键的连接画法。钩头楔键的顶面有 1∶100 的斜度，装配后楔键与被连接零件键槽顶面和底面都是接触的，这是它与平键及半圆键连接画法的不同之处。

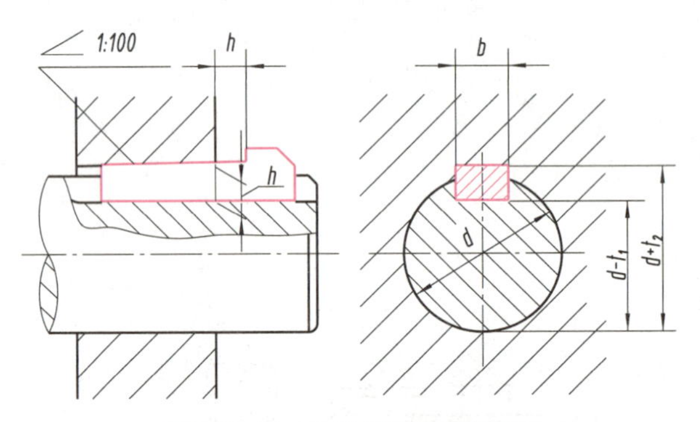

图 10－16　钩头楔键连接画法

10.3.2　花键连接

图 10－17 所示为另一种键——花键，它与轴制成一体，连接比较可靠，对中性好，能传递较大的动力。花键的齿形有矩形、三角形和渐开线形等。其中矩形花键应用较广，它的结构和尺寸都已标准化，需用专用机床和刀具加工。

矩形花键的画法和尺寸注法如图 10－17 所示。对于外花键，在反映花键轴线的视图上，大径用粗实线、小径用细实线绘制，并需要在剖面图中画出一部分齿形［见图 10－17（a）］或全部齿形。花键工作长度的终止端和尾部长度的末端均用细实线绘制，并与轴线垂直，尾部则画成斜线，其倾斜角度一般与轴线成 30°，必要时可按实际情况画出。对于内花键，在反映花键轴线的剖视图中，大径及小径均用粗实线绘制。在垂直于花键轴线的视图中应画出一部分齿形［见图 10－17（b）］或全部齿形。

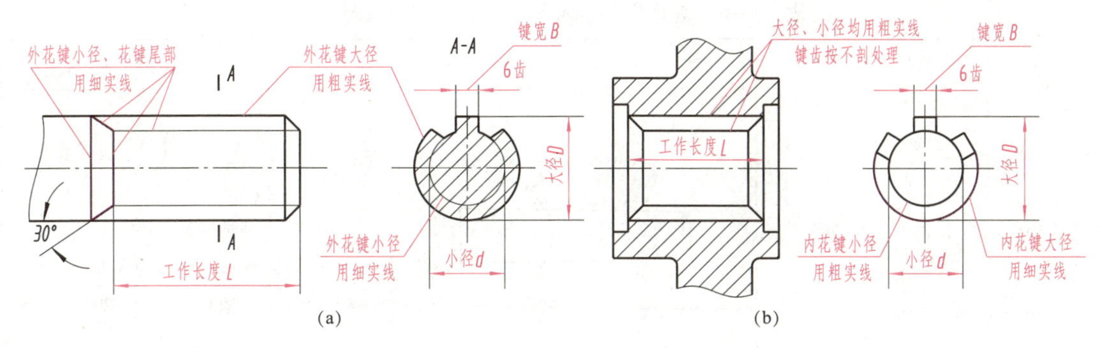

图 10－17　矩形花键的画法和尺寸注法

（a）外花键；（b）内花键

矩形花键连接用剖视图表示时，其连接部分按外花键的画法绘制，如图 10－18 所示。

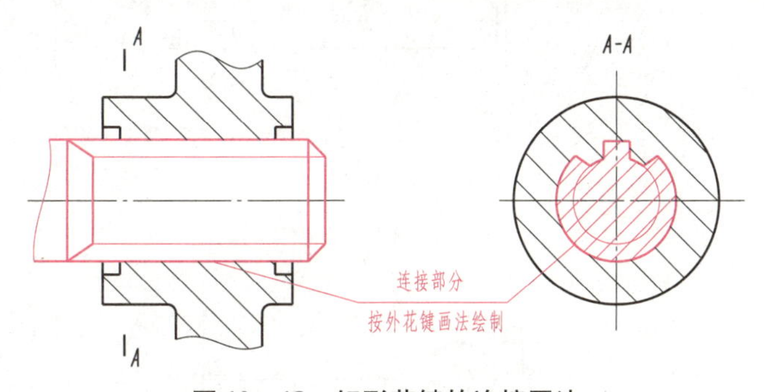

图 10－18　矩形花键的连接画法

10. 3. 3　销连接

1. 常用销的种类、画法和标记

销在机器零件之间主要起连接或定位作用。工程上常用的销有圆柱销、圆锥销和开口销（如图 10－19 所示）。开口销与槽形螺母配合使用，可防止螺母松动。

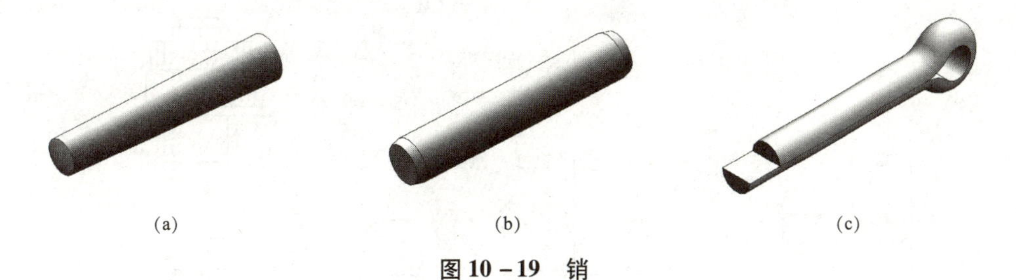

图 10－19　销

（a）圆锥销；（b）圆柱销；（d）开口销

销是标准件，使用时应按相关标准选用，相关标准的摘录见附表 22 ~ 附表 24。表 10－6 是常用销的标准编号、画法和标记示例，其他类型的销可参阅有关标准。

表 10－6　常用销的标准编号、画法及标记示例

名称	标准编号	图例	标记示例
圆锥销	GB/T 117—2000	A型	d = 6mm，公称长度 l = 60mm。材料为 35 钢，热处理硬度 HRC 28 ~ 38，表面氧化处理的 A 型圆锥销： 销 GB/T 117—2000 10 × 60
圆柱销	GB/T 119. 1—2000	A型 直径公差m6	公称直径 d = 10mm，公称长度 l = 30mm，材料为钢，热处理硬度 HRC 28 ~ 38，不经处理，表面氧化处理的 A 型圆锥销： 销 GB/T 119. 1 10 × 30
开口销	GB/T 91—2000		公称规格（开口销孔直径）d = 5mm，公称长度 l = 50mm，材料为 Q215 或 Q235 不经表面处理的开口销： 销 GB/T 91 5 × 50

2. 销连接画法

图 10－20（a）所示为圆柱销的连接画法和孔及圆锥销孔的加工方法，图 10－20（b）所示为圆锥销的连接画法，图 10－20（c）所示为开口销的连接画法。

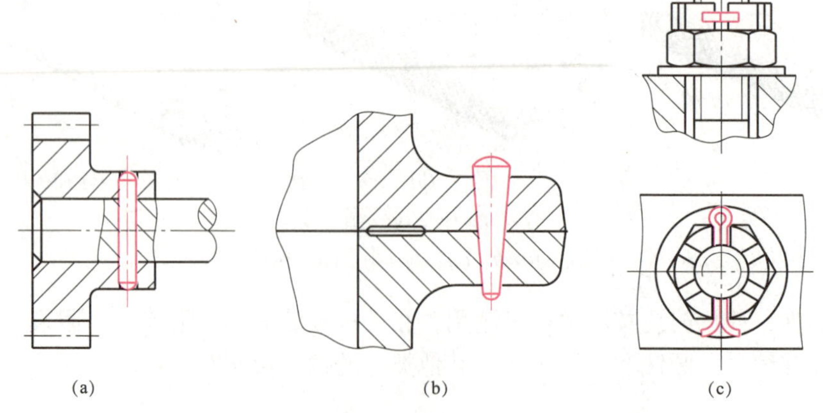

(a)　(b)　(c)

图 10－20　圆柱销、圆锥销、开口销的连接画法

（a）圆柱销；（b）圆锥销；（c）开口销

10.4　滚动轴承

滚动轴承是支承轴的部件，由于摩擦力小，能承受轴向或径向负荷且互换性好，故在工业生产中得到了广泛应用。滚动轴承的常见结构如图10-21所示，由下列零件组成：

外圈——装在机座或轴承座的孔内，其最大直径为轴承的外径；

内圈——装在轴颈上，其内孔直径为轴承的内径；

滚动体——装在内、外圈之间的滚道中，其形状可为圆球、圆柱、圆锥等；

隔离架——用以将滚动体均匀隔开。有些滚动轴承无隔离架。

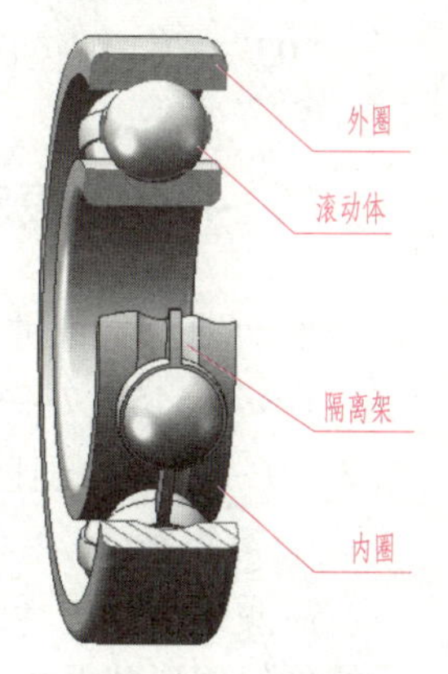

图10-21　滚动轴承结构

10.4.1　滚动轴承的基本代号（GB/T 272—1993）

滚动轴承按内部结构和承受载荷方向的不同分为三类（见表10-7）：

向心轴承：适用于主要承受径向载荷的场合。

推力轴承：适用于主要承受轴向载荷的场合。

圆锥滚子轴承：适用于同时承受径向和轴向载荷的场合，以径向载荷为主。

滚动轴承的结构及尺寸已标准化，常用规定代号表示。轴承代号由前置代号、基本代号和后置代号组成。基本代号包括：轴承的类型、尺寸系列代号、内径代号。前置代号与后置代号说明滚动轴承的结构形状、尺寸及公差技术要求有变化时，在基本代号前后添加的补充代号，可查阅国家标准（GB/T 272—1993）。

前四项用五位数字组表示，精度一项用汉语拼音字母表示并标注在数字组的左方。常用滚动轴承代号中的数字组仅由五位数字组成，对五位数字组所代表的意义说明如下：

1）轴承的类型代号用数字或字母表示

（1）数字“3”代表圆锥滚子轴承（GB/T 297—1994）。

（2）数字“5”代表平底推力球轴承（GB/T 301—1995）。

（3）数字“6”代表深沟球轴承（GB/T 276—1994）。

2）尺寸系列代号

尺寸系列代号由轴承宽（高）度系列代号和直径系列代号组成，用两位数字表示，左边的一位数字表示轴承宽（高）度系列代号，右边的一位数字表示轴承直径系列代号。

右起第四位为“（0）”时可以省略，

3）内径代号

当代号数字小于04时，即00、01、02、03分别表示轴承内径 d = 10mm、12mm、15mm、17mm；代号数字为04～99时，代号数字乘以5，即轴承公称内径。

【**例 10－5**】轴承型号为 61805，它所表示的意义为：

“6”——该轴承为 60000 型深沟球轴承。

“18”——该轴承尺寸系列（宽度系列代号为 1，直径系列代号为 8）。

“05”——内径代号，由此可求出该轴承的内径：$d=05\times5=25$（mm）。

10. 4. 2　滚动轴承的画法（GB/T 4459. 7—1998）

滚动轴承是标准件，一般不画零件工作图。在装配图中可采用规定画法或简化画法绘制（GB/T 4459. 7—1998）；在画图时应根据选定的轴承代号查表确定各部分的尺寸，再按表 10－7 所示的比例画法作图。

1. 简化画法

需要在滚动轴承的剖视图中较详细地表达其主要结构形式时，可采用简化画法。滚动轴承的外轮廓形状及大小不能简化，要能正确地反映出与其相配合的零件的装配关系。简化画法可分为通用画法和特征画法，在同一张图样中只能采用一种画法。

1）通用画法

在剖视图中，采用矩形框及位于线框中央的十字形符号表示，如图 10－22 所示中规定画法示例轴线下方的图示画法。

2）特征画法

如图 10－22（b）所示特征画法示例：在剖视图中，采用矩形框并在线框内画出滚动轴承结构要素的画法。

2. 规定画法

滚动轴承的规定画法如图 10－22 中规定画法示例的轴线上方所示，在画滚动轴承的图形时，通常在轴线的一侧按规定画法绘制，另一侧按照通用画法绘制。

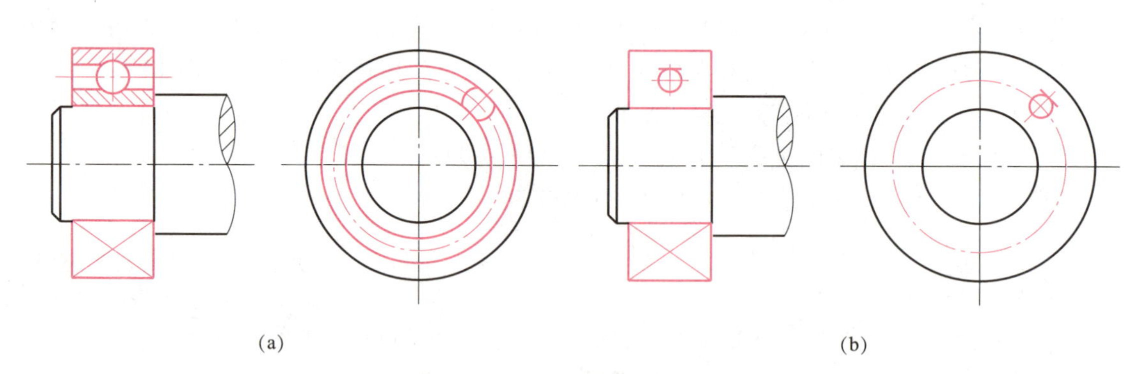

图 10－22　滚动轴承安装画法

（a）简化画法；（b）示意画法

同一图样中应采用一种画法，但不论采用哪种画法，在图样中都必须按规定注出滚动轴承的代号。简化、规定画法中，滚动轴承的基本尺寸可查阅附表 26 ~ 附表 28 或有关手册。

表 10－7　常用滚动轴承的型式和规定画法

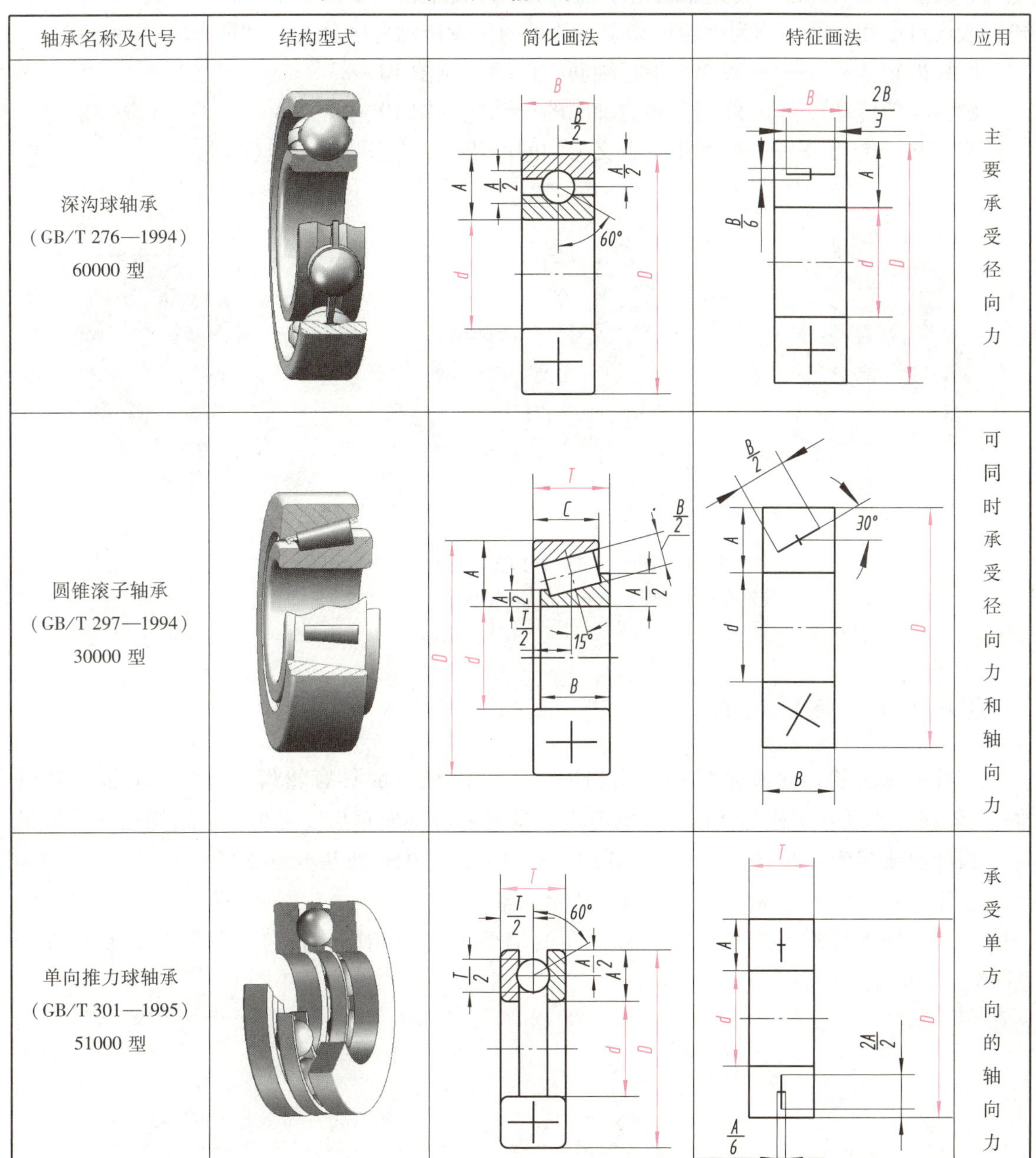

轴承名称及代号	结构型式	简化画法	特征画法	应用
深沟球轴承 （GB/T 276—1994） 60000 型				主要承受径向力
圆锥滚子轴承 （GB/T 297—1994） 30000 型				可同时承受径向力和轴向力
单向推力球轴承 （GB/T 301—1995） 51000 型				承受单方向的轴向力

10.5　齿　轮

10.5.1　齿轮的基本知识

齿轮是各类机器、仪器仪表中普遍使用的传动零件，它的作用是利用一对啮合的轮齿，把一个轴上的动力和运动传递给另一个轴，同时还可根据需要改变轴的转速和旋转方向。齿轮一般成对使用，故又称为齿轮传动副，常见的齿轮传动可区分为（如图 10－23 所示）：

圆柱齿轮传动——一般用于平行轴间的传动［见图 10－23（a）］；

圆锥齿轮传动——一般用于相交轴间的传动［见图 10－23（b）］；

蜗轮蜗杆传动——一般用于垂直交叉轴间的传动［见图 10－23（c）］。

(a)

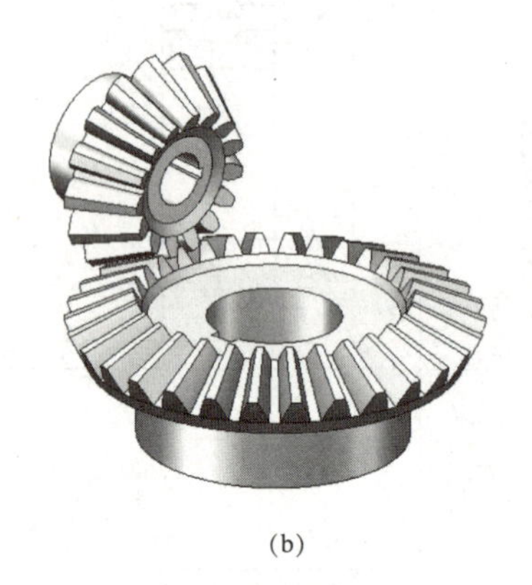
(b)

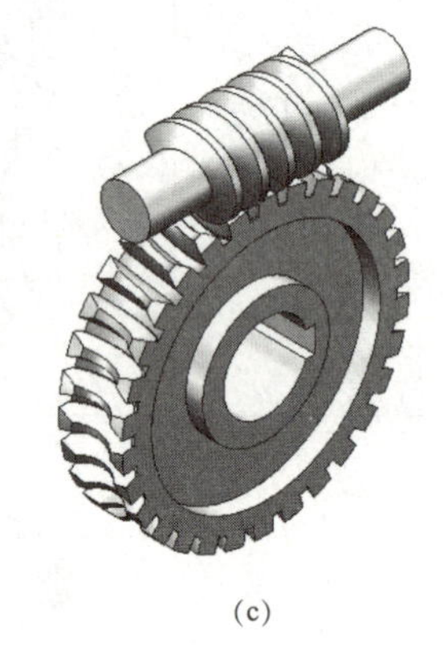
(c)

图 10－23　常见的齿轮传动

（a）圆柱齿轮啮合；（b）圆锥齿轮啮合；（c）蜗轮蜗杆啮合

10.5.2　圆柱齿轮

圆柱齿轮的轮齿是在圆柱体上切出的，单个齿轮一般具有轮齿、轮缘、辐板（或辐条）、轮毂、轴孔和键槽等结构；它的轮齿根据需要可制成直齿、斜齿等，结构尺寸已标准化；齿廓曲线多为渐开线。下面简要介绍标准直齿圆柱齿轮的基本参数及画法。

1. 标准直齿圆柱齿轮各部分名称及尺寸关系

直齿圆柱齿轮的齿廓形状及尺寸，在两端面上完全相同，轮齿各部分名称及尺寸如图 10－24所示，现分述如下：

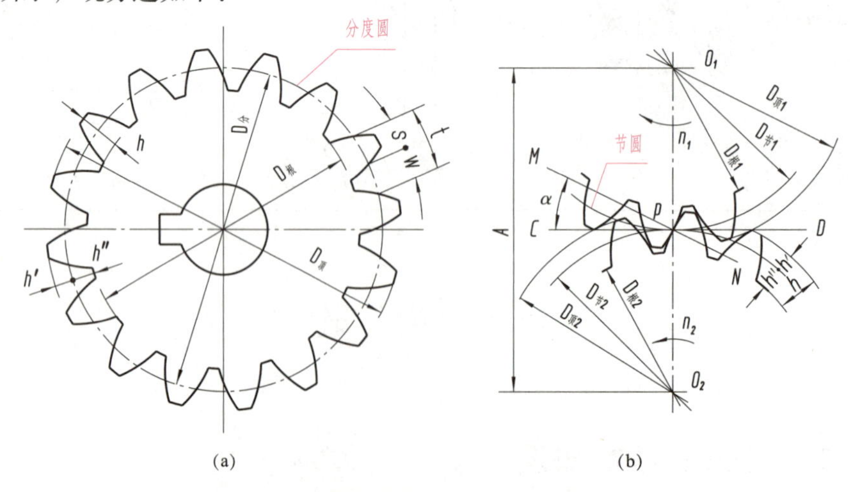

(a)　(b)

图 10－24　直尺圆柱齿轮各部分名称及尺寸

（a）单个齿轮；（b）一对啮合齿轮

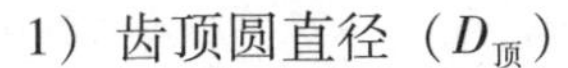

1）齿顶圆直径（$D_{顶}$）

齿顶圆直径是指包含圆柱齿轮各个齿顶面的假想圆柱面的直径或该圆柱面与端平面的交线。相啮合的两齿轮，齿顶圆直径分别以 $D_{顶1}$、$D_{顶2}$表示。

2）齿根圆直径（$D_{根}$）

齿根圆直径是指包含圆柱齿轮各个齿槽底面的假想圆柱面的直径或该圆柱面与端平面的交线。相啮合的两齿轮，齿根圆直径分别以 $D_{根1}$、$D_{根2}$表示。

3）分度圆直径（$D_{分}$）

分度圆直径是指圆柱齿轮上一个约定的假想圆柱面的直径或该圆柱面与端平面的交线。在分度圆上齿厚的弧长（s）等于齿槽的弧长（w）；相啮合的两齿轮，分度圆直径分别以 $D_{分1}$、$D_{分2}$表示。

4）分度圆齿距（t）

分度圆齿距是指分度圆上相邻两齿对应齿廓之间的弧长。相啮合的两齿轮，分度圆齿距相等。

5）齿数（z）

齿数是指沿齿轮一周轮齿的总数。相啮合的两齿轮，齿数分别以 z_1、z_2表示。

6）模数（m）

模数是指分度圆齿距 t 除以圆周率 π 所得的商，其单位为 mm。由以上关系可知：

$D_{分} \cdot \pi = z \cdot t$

故 $D_{分} = z \cdot t/\pi$

令：$m = t/\pi$

则：$D_{分} = z \cdot m$

模数相同的两齿轮才能互相啮合。圆柱齿轮各部分的尺寸都与模数成正比，因此，模数是齿轮设计和制造的重要参数。为了便于设计和制造，国家标准（GB/T 1357—1987）规定了渐开线圆柱齿轮模数的标准系列值，供设计和制造齿轮时选用，见表 10－8。

表 10－8　齿轮标准模数系列

第一系列	0.1　0.2　0.25　0.3　0.4　0.5　0.6　0.8　1　1.25　1.5　2　2.5　3　4　5　6　8　10　12　16　20　25　32　40　50
第二系列	0.35　0.7　0.9　1.75　2.25　2.75　（3.25）　3.5　（3.75）　4.5　5.5　（6.5）　7　9　（11）　14　18　22　28　（30）　36　45
注：在选用模数时，应优先选用第一系列，其次选用第二系列，括号内模数尽可能不选用。	

7）全齿高（h）

全齿高是指齿顶圆和齿根圆之间的径向距离。全齿高又可分为两段，即：

（1）齿顶高（h'）。齿顶圆和分度圆之间的径向距离，一般取 $h' = m$；

（2）齿根高（h''）。齿根圆和分度圆之间的径向距离，一般取 $h'' = 1.25m$。

故有：

$$h = h' + h'' = 2.25m$$

由上述各式即可求出：

$$D_{顶} = D_{分} + 2h' = m\ (z+2)$$

$$D_{根} = D_{分} - 2h'' = m\ (z - 2.5)$$

8）节圆直径（$D_{节}$）

节圆直径是指齿轮副中两圆柱齿轮的假想节圆柱面的直径或该圆柱面与端平面的交线。两节圆相互外切，切点即齿廓曲线的接触点。如图 10－24 所示，两齿轮啮合时在中心线（O_1O_2）上齿廓曲线的接触点为 P，以 O_1、O_2为中心过接触点 P 所作两圆即两齿轮的节圆，分别以 $D_{节1}$、$D_{节2}$表示；一对正确安装的标准齿轮，其节圆与分度圆重合。

9）压力角（α）

如图 10－24 所示，过接触点 P 作齿廓曲线的公法线 MN，该线与两节圆公切线 CD 所夹锐角称为压力角。标准直齿圆柱齿轮的压力角一般取 $\alpha = 20°$，相啮合的两齿轮压力角相等。

10）中心距（A）

齿轮副的两轴线之间的距离：

$$A = (D_{分1} + D_{分2})\ /2 = m\ (z_1 + z_2)\ /2。$$

11）传动比（i）

传动比是指齿轮副两齿轮的转数之比。齿轮的转数比与齿数成反比，若以 n_1、n_2表示两啮合齿轮的转数，则：

$$i = n_1/n_2 = z_2/z_1$$

2. 圆柱齿轮的画法（GB/T 4459.2—2003）

1）单个圆柱齿轮的画法

单个圆柱齿轮轮齿部分的视图画法如图 10－25 所示，齿轮的齿顶圆和齿顶线用粗实线绘制；分度圆和分度线用点画线绘制；齿根圆和齿根线用细实线绘制，也可以省略不画。

当剖切平面通过齿轮的轴线时，在剖视图中轮齿部分按不被剖切绘制，但齿根线应画成粗实线，如图 10－25（b）和图 10－25（c）所示。当需要表示齿轮的轮齿方向时，可在其平行于轴线的视图中，画三条与齿向一致的细实线，如图 10－25（c）所示，但直齿无须表示。圆柱齿轮的其他结构仍按照视图、剖视图等有关画法绘制。

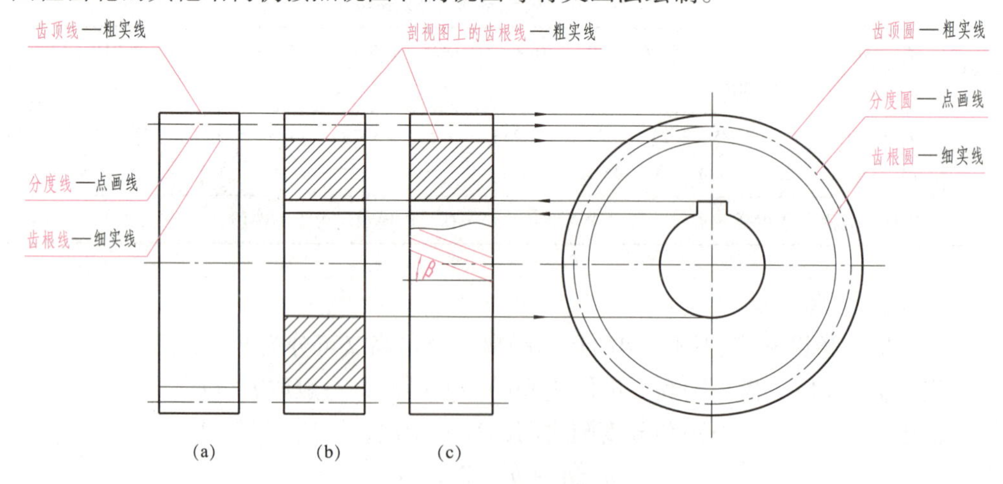

图 10－25　单个圆柱齿轮画法

（a）齿轮主视图；（b）齿轮剖视图；（c）斜齿轮

2）圆柱齿轮的啮合画法

两啮合圆柱齿轮的画法如图 10－26 所示。在垂直于齿轮轴线的视图中，两节圆用点画线绘制并在啮合区内相切，齿顶圆用粗实线绘制，齿根圆省略不画，如图 10－26（a）所示。啮合区内齿顶圆也可省略不画，如图 10－26（b）所示。在平行于轴线的视图中，啮合区的齿顶线和齿根线无须画出，而节线用粗实线绘制，其余各处的节线用点画线绘制，齿顶线用粗实线绘制，齿根线省略不画，如图 10－26（a）所示。

当剖切平面通过两啮合齿轮的轴线时，轮齿仍按不被剖切绘制，在啮合区主动齿轮的齿顶线画成粗实线，从动齿轮的齿顶线画成虚线，齿根线均用粗实线绘制，节线仍用点画线绘制，如图 10－26（b）所示。轮齿及啮合区以外的其他部分，仍按视图、剖视图等有关画法绘制。

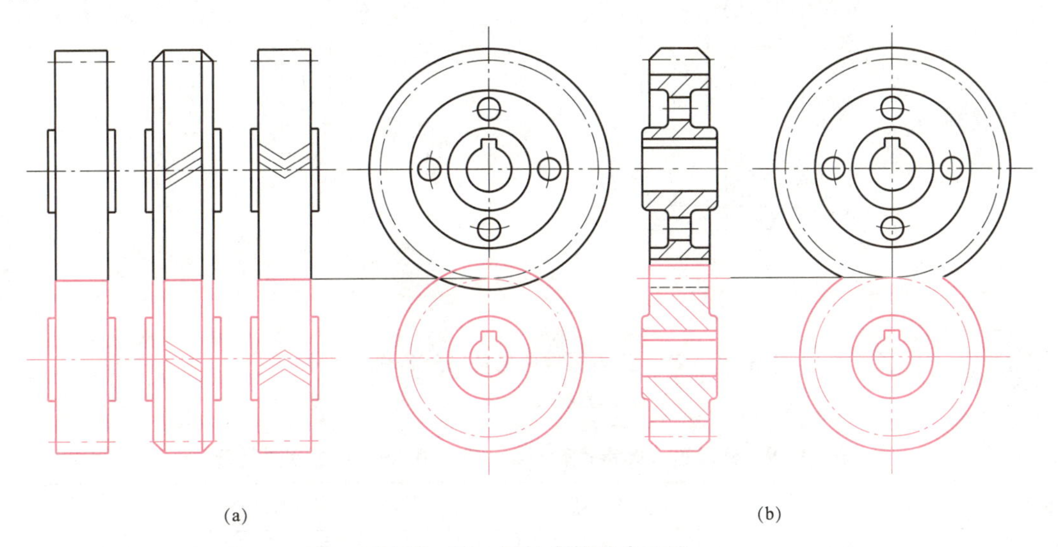

图 10－26　圆柱齿轮啮合画法

（a）圆柱齿轮啮合视图；（b）圆柱齿轮啮合剖视图

两圆柱齿轮啮合区的放大图及其规定画法的投影关系如图 10－27 所示。

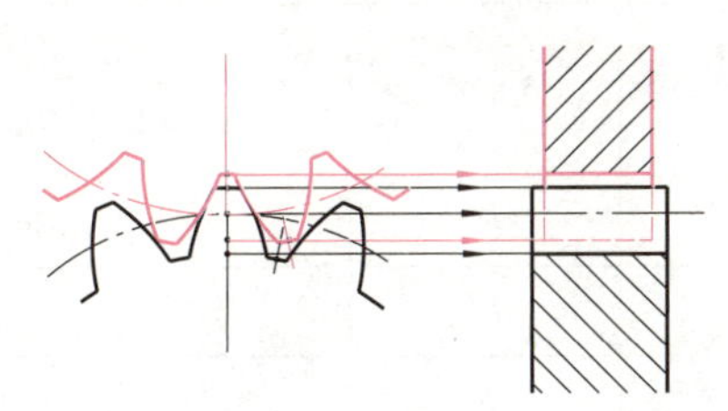

图 10－27　圆柱齿轮啮合间隙画法

10. 5. 3　直齿锥齿轮

圆锥齿轮的轮齿分布在圆锥体表面上，轮齿可根据需要制成直齿、斜齿等，其结构尺寸已标准化，这里简要介绍标准直齿圆锥齿轮的基本参数及画法。

1. 标准直齿圆锥齿轮各部分名称及尺寸关系

圆锥齿轮的轮齿一端大一端小，大、小端的模数和分度圆直径也不相等，通常规定以大端模数和分度圆直径作为决定其他有关尺寸的依据。轮齿各部分名称及尺寸关系如图 10－28 和表 10－9 所示。

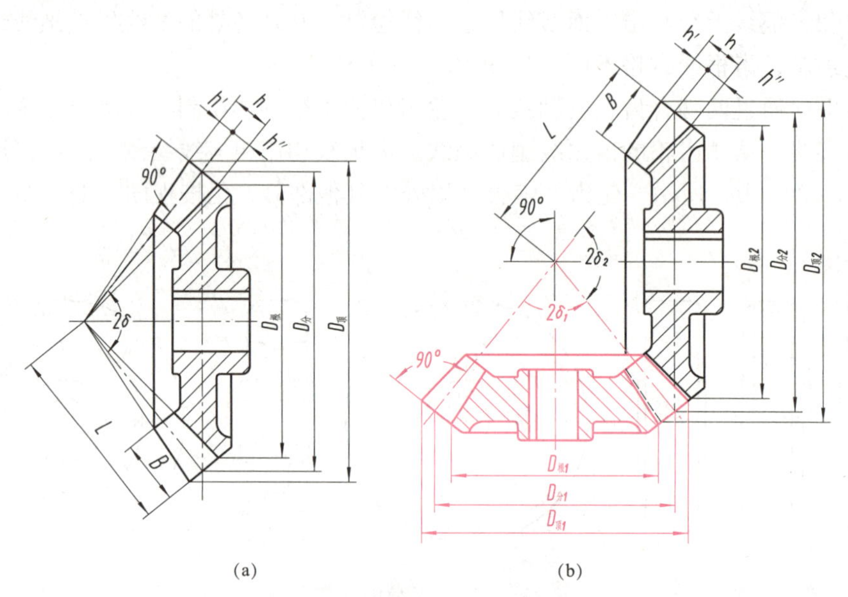

图 10－28　直齿圆锥齿轮各部分名称及尺寸

（a）单个齿轮；（b）一对啮合齿轮

表 10－9　标准直齿圆锥齿轮（$\alpha=20°$，$\delta=90°$）的尺寸计算

序号	名称	代号	计算公式
1	模数	m	以大端模数为标准，由设计给定
2	齿数	z_1，z_2	由设计者给定
3	分度圆直径	$D_{分1}$，$D_{分2}$	$D_{分1}=mz_1$，$D_{分2}=mz_2$
4	分度圆锥角（分度圆锥面母线与轴线之间的夹角）	δ_1，δ_2	当 $\delta=90°$时： $\tan\delta_1=D_{分1}/D_{分2}=z_1/z_2$，$\tan\delta_2=D_{分2}/D_{分1}=z_2/z_1$
5	齿顶高	h'	$h'=m$
6	齿根高	h''	$h''=1.25m$
7	全齿高	h	$h=h'+h''=2.25m$
8	齿顶圆直径	$D_{顶1}$	$D_{顶1}=D_{分1}+2m\cos\delta_1=m(z_1+2\cos\delta_1)$
		$D_{顶2}$	$D_{顶2}=D_{分2}+2m\cos\delta_2=m(z_2+2\cos\delta_2)$
9	齿根圆直径	$D_{根1}$	$D_{根1}=D_{分1}-2.5m\cos\delta_1=m(z_1-2.5\cos\delta_1)$
		$D_{根2}$	$D_{根2}=D_{分2}-2.5m\cos\delta_2=m(z_2-2.5\cos\delta_2)$
10	外锥距（分度圆锥面母线的长度）	L_1，L_2	$L_1=(mz_1)/(2\sin\delta_1)$，$L_2=(mz_2)/(2\sin\delta_2)$，$L_1=L_2$
11	齿宽	B_1，B_2	$B_1=L_1/3$，$B_2=L_2/3$，$B_1=B_2$

续表

序号	名称	代号	计算公式
12	轴交角 （两圆锥齿轮轴线之间的夹角）	δ	$\delta=\delta_1+\delta_2=90°$
13	传动比	i	$i=n_1/n_2=z_2/z_1$

2. 圆锥齿轮的画法

圆锥齿轮轮齿部分的画法与圆柱齿轮基本相同，如图 10－29（c）所示。单个圆锥齿轮的画图步骤如图 10－29（a）～图 10－29（c）所示。相互啮合的一对圆锥齿轮的啮合画法如图 10－30 所示。

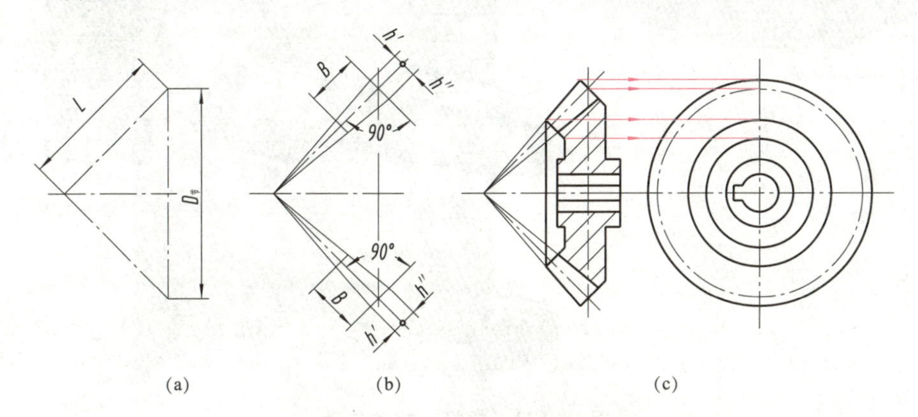

图 10－29　单个圆锥齿轮的画法

（a）根据 L 和 D 节，画出节圆锥；（b）取大端齿高，画出齿顶线、齿根线，并取齿宽 B；（c）画出主视图、左视图底稿，最后描深

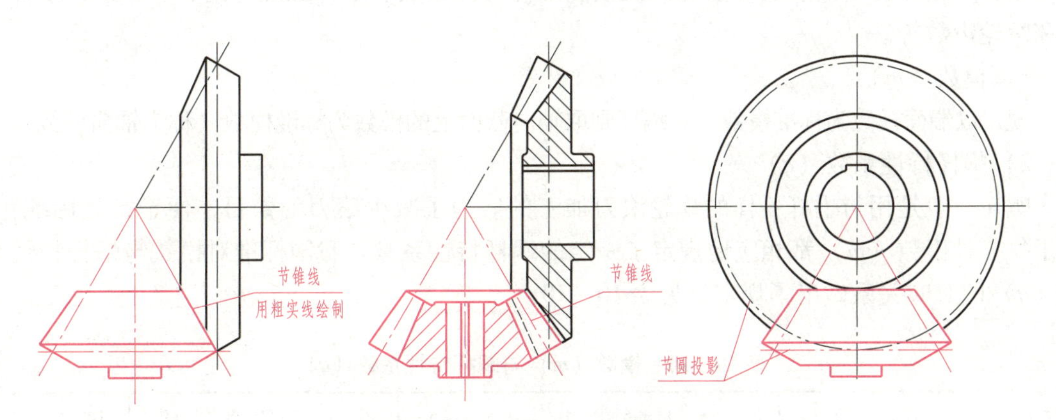

图 10－30　圆锥齿轮的啮合画法

10.5.4　蜗杆与蜗轮

蜗杆、蜗轮用于垂直交错的两轴之间的传动，如图 10－31 所示。蜗杆的齿数（即头数）Z_1 相当于螺杆上螺纹的线数。蜗杆常用单头或双头，在传动时，蜗杆旋转一圈，则蜗

轮只转过一个齿或两个齿。因此，可得到大的传动比。通常蜗杆是主动件，蜗轮是从动件。蜗杆、蜗轮传动常用于速比较大的减速装置中，其传动速比为

$$i = n_1/n_2 = z_2/z_1$$

式中，n_1，n_2——蜗杆和蜗轮的转速；

　　z_2，z_1——蜗轮的齿数和蜗杆的头数。

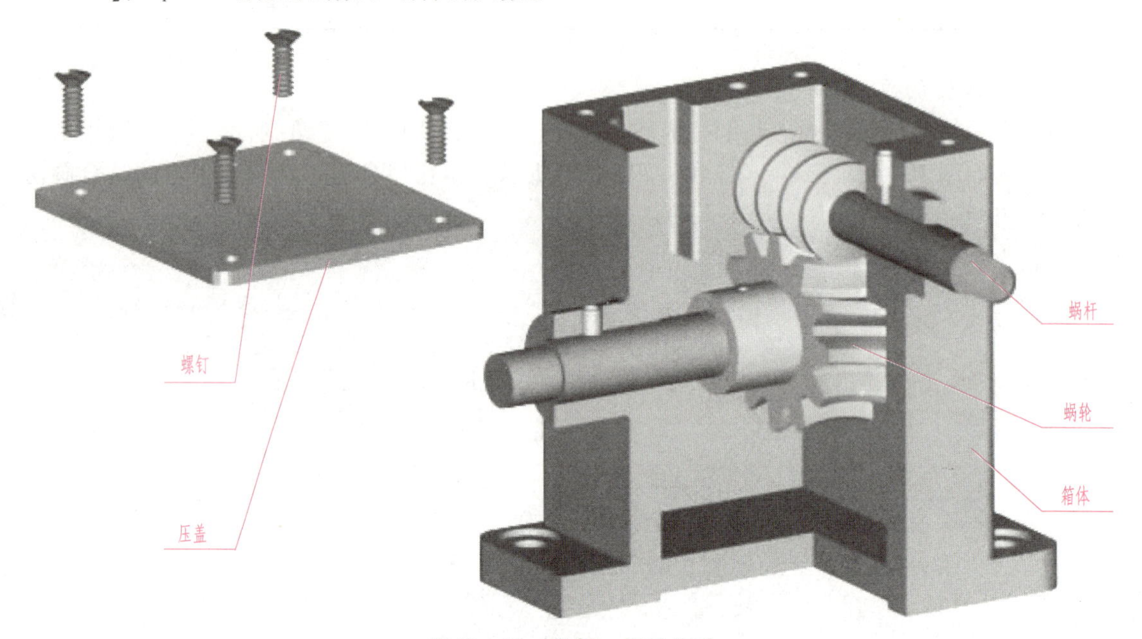

图 10－31　蜗杆、蜗轮传动

1. 蜗杆和蜗轮的主要参数

蜗杆、蜗轮传动的主要参数有：模数、蜗杆特性系数、蜗杆螺旋升角、中心距、蜗杆头数和蜗轮齿数等。

1）模数（m）

规定以端面模数为标准模数，对蜗杆则取轴向截面上的模数为标准模数（称为轴向模数）。

2）蜗杆特性系数（q）

蜗轮一般是用与蜗杆一样的蜗轮滚刀加工的。为了减少滚刀的数目，便于刀具标准化，对于每一种模数（m）都相应地规定了一定的蜗杆特性系数。我国标准对模数与蜗杆特性系数（q）的对应关系做出了规定，见表 10－10。

表 10－10　模数（m）与蜗杆特性系数（q）

模数(m)	1	1.5	2	2.5	3	(3.5)	4	4.5	5	6	(7)	8	(9)	10	12
蜗杆特性系数(q)	14	14	13	12	12	12	11	11	10 (12)	9 (11)	9 (11)	8 (11)	8 (11)	8 (11)	8 (11)

3）蜗杆螺旋升角（λ）

蜗杆特性系数（q）和蜗杆头数确定以后，则蜗杆分度圆柱上的螺旋升角（λ）也随之

确定。

$$\tan\lambda = z_1/q = z_1 m/D_{分1}$$

为了便于计算，将 z_1、q、λ 之间的关系列于表10－11中。

表10－11　蜗杆分度圆上的螺旋线升角 λ

z_1 \ q (λ)	8	9	10	11	12	13	14
1	7°07′30″	6°20′25″	5°42′38″	5°11′40″	4°45′49″	4°23′55″	4°05′08″
2	14°02′10″	12°31′44″	11°18′36″	10°18′17″	9°27′44″	9°44′46″	8°07′48″
3	20°33′22″	18°26′06″	16°41′57″	15°15′18″	14°02′10″	12°59′41″	12°05′41″
4	20°33′54″	23°57′45″	21°48′05″	19°58′59″	18°26′06″	17°06′10″	15°56′43″

4）中心距 A

$$A = m\ (z_2 + q)\ /2$$

式中，m——模数；

z_2——蜗轮齿数；

q——蜗杆的特性系数。

5）蜗轮、蜗杆的相关尺寸计算

蜗轮、蜗杆的主要尺寸如图10－32所示，其尺寸计算见表10－12和表10－13。

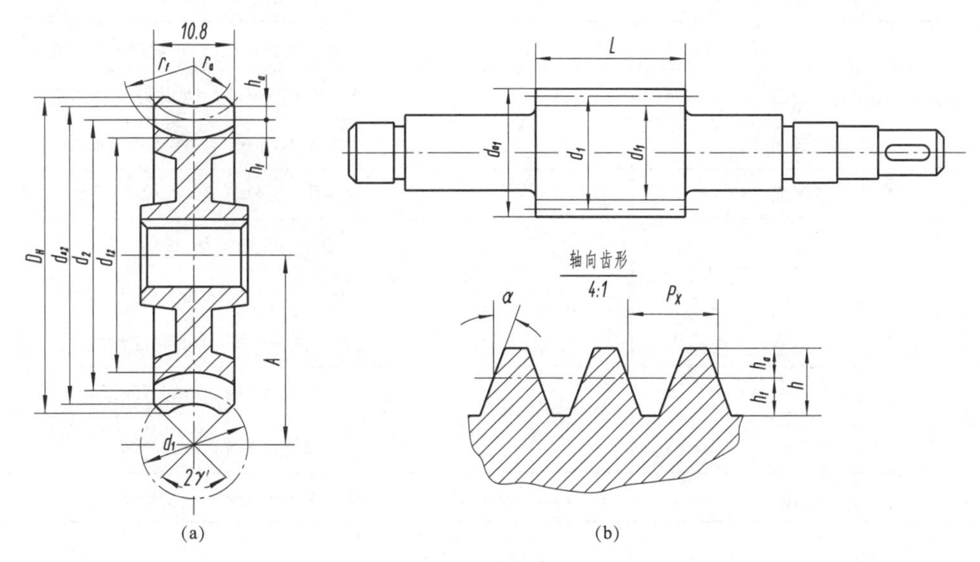

(a)　　(b)

图10－32　蜗轮、蜗杆的主要尺寸

表10－12　蜗杆的尺寸计算

序号	名称	代号	计算公式
1	分度圆直径	d_1	$d_1 = mq$
2	齿顶高	h_a	$h_a = m$

续表

序号	名称	代号	计算公式
3	齿根高	h_f	$h_f = 1.25m$
4	全齿高	h	$h = h_a + h_f$
5	齿顶圆直径	d_{a1}	$d_{a1} = d_1 + 2h_a = m\ (q+2)$
6	齿根圆直径	d_{f1}	$d_{f1} = d_1 - 2h_f = d_1 - 2.5m = m\ (q-2.5)$
7	轴向齿距	P_X	$P_X = \pi m$
8	蜗杆导程	T	$T = z_1 \cdot p_x$
9	导程角	γ	$\tan\gamma = z_1 \cdot m/d_1 = z_1/q$
10	轴向齿形角	α	$\alpha = 20°$
11	蜗杆螺纹部分长度	L	当 $z_1 = 1 \sim 2$ 时，$L \geqslant (11 + 0.06z_2)\ m$ 当 $z_1 = 3 \sim 4$ 时，$L \geqslant (12.5 + 0.09z_2)\ m$

表 10－13　蜗轮的尺寸计算

序号	名称	代号	计算公式
1	分度圆直径	d_2	$d_2 = mz_2$
2	齿顶圆直径	$d_{(a)2}$	$d_{a2} = d_2 + 2m = m\ (z_2 + 2)$
3	齿根圆直径	d_{f2}	$d_{f2} = d_2 - 2.4m = m\ (z_2 - 2.5)$
4	中心距	A	$A = (d_1 + d_2) = m\ (q + z_2)\ /2$
5	齿顶圆弧面半径	r_a	$r_a = 0.2m + d_{f1}/2 = d_1/2 - m$
6	齿根圆弧面半径	r_f	$r_f = 0.2m + d_{a1}/2 = d_1/2 + 1.2m$
7	外径	D_H	当 $z_1 = 1$ 时，$D_H \leqslant d_{a2} + 2m$ 当 $z_1 = 2 \sim 3$ 时，$D_H \leqslant d_{a2} + 1.5m$ 当 $z_1 = 4$ 时，$D_H \leqslant d_{a2} + m$
8	宽度	B	当 $z_1 \leqslant 3$ 时，$b \leqslant 0.75d_{a1}$ 当 $z_1 = 4$ 时，$b \leqslant 0.67d_{a1}$
9	包角	$2\gamma'$	$2\gamma' = 45° \sim 130°$

2. 蜗轮、蜗杆的画法

如图 10－32 所示蜗杆，它相当于一个梯形螺纹，其齿数就是螺纹的头数。蜗杆的画法与圆柱齿轮的规定画法相同，其齿形一般用局部剖视或移出剖面来表示。

蜗轮的画法（见图 10－33）与圆柱齿轮相似。不同点是，如需画出垂直于蜗轮轴线的视图时，其外形图的轮齿部分只画出节圆与蜗轮外圆，齿根圆和齿顶圆都不画（见图 10－33）。

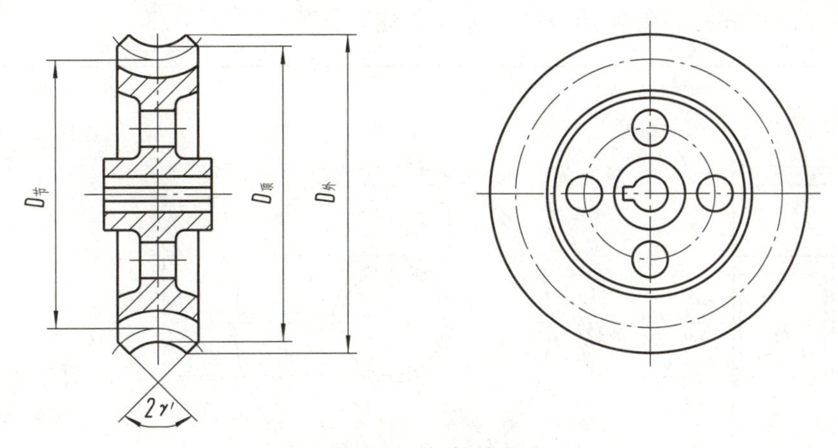

图 10－33　蜗轮的画法

蜗轮、蜗杆的啮合画法与齿轮啮合画法相似，其不同点是：在垂直于蜗杆轴线的视图中，蜗轮与蜗杆投影重合的部分只画蜗杆而不画蜗轮，如图 10－34（b）主视图所示。在垂直于蜗轮轴线的视图上，啮合区内用粗实线画出蜗轮的外圆及蜗杆的齿顶线，如图 10－34（b）左视图所示。

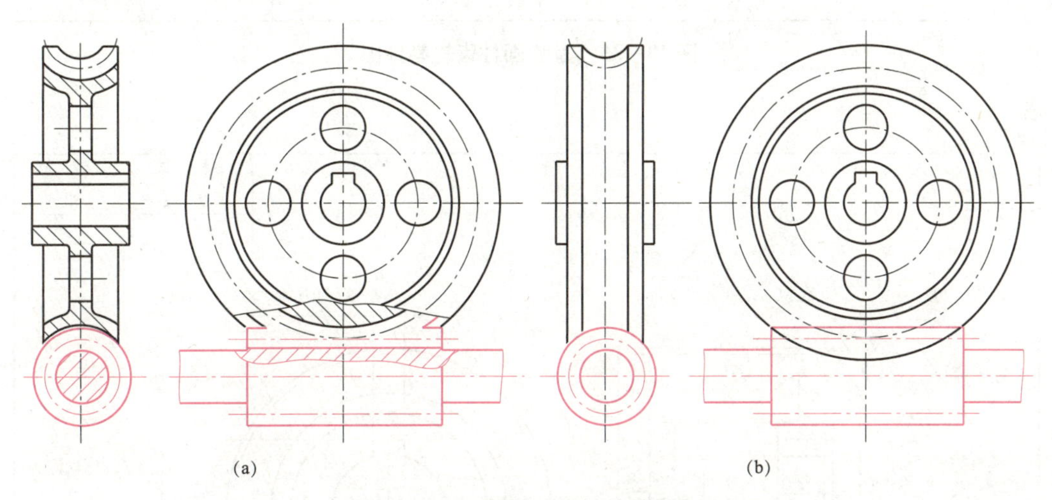

图 10－34　蜗轮、蜗杆的啮合图

（a）蜗轮、蜗杆的啮合剖视图画法；（b）蜗轮、蜗杆的啮合视图画法

画剖视图时，垂直于蜗轮轴线且在啮合区内蜗轮的外圆、齿顶圆及垂直蜗杆轴线的图中，啮合区画法与齿轮相同，如图 10－34（a）左视图所示。

3. 齿轮零件图示例（见图 10－35～图 10－38）

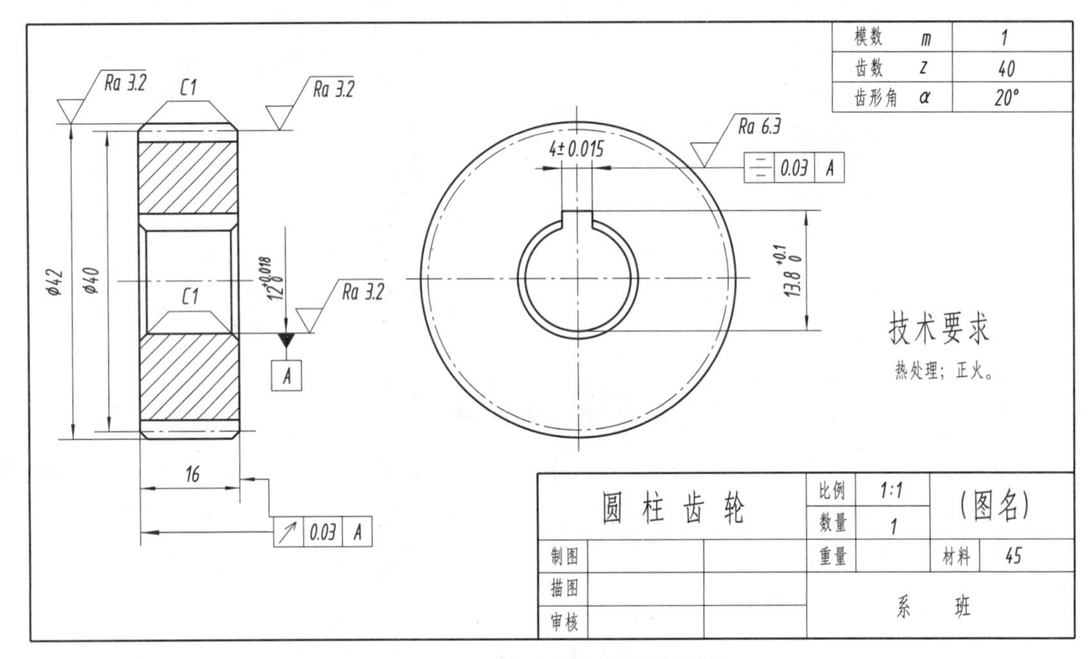

图 10－35　直齿圆柱齿轮零件图

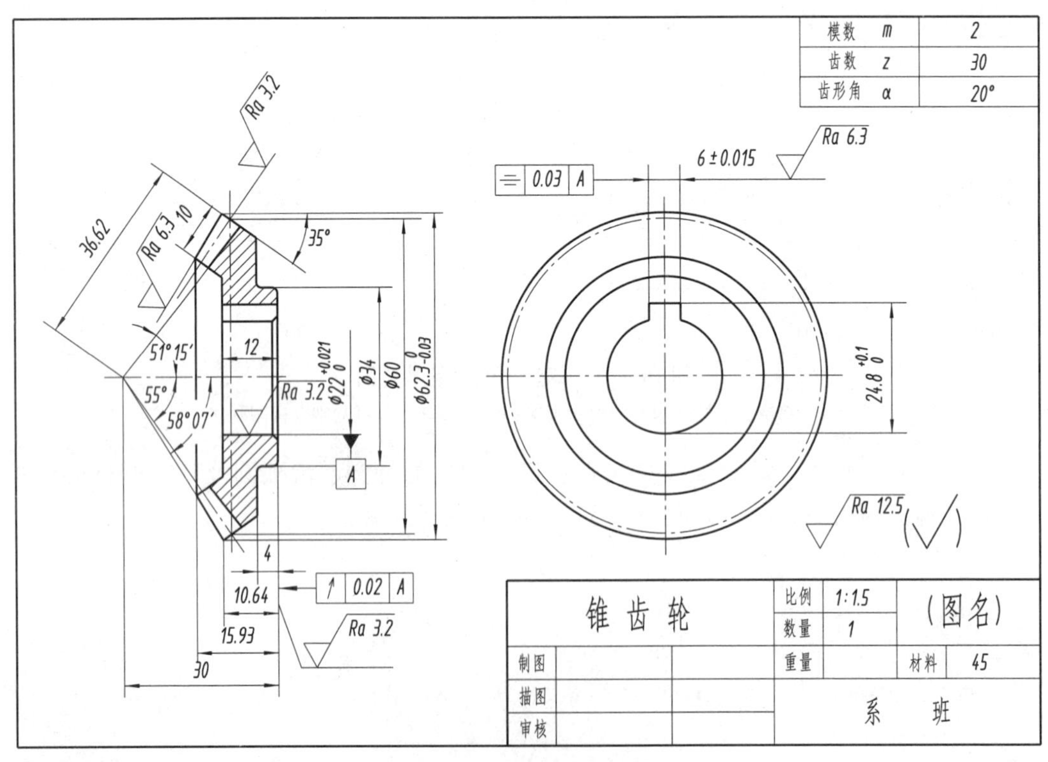

图 10－36　圆锥齿轮零件图

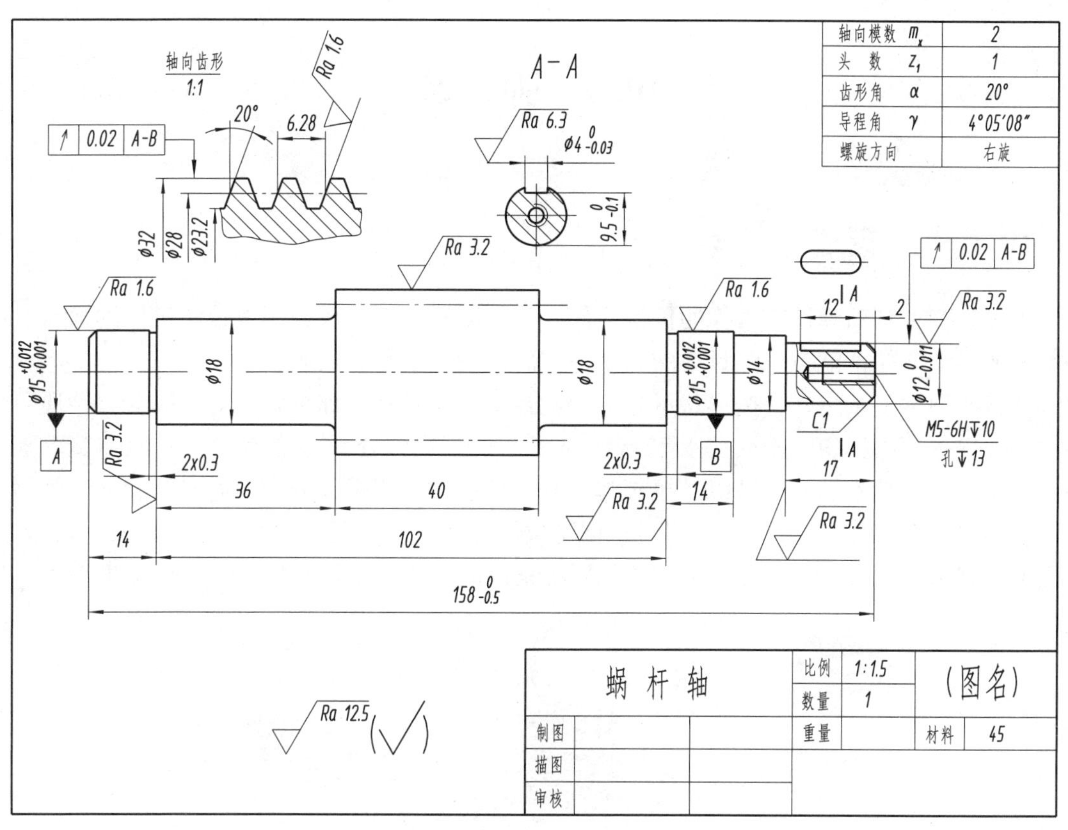

图 10－37　蜗杆零件图

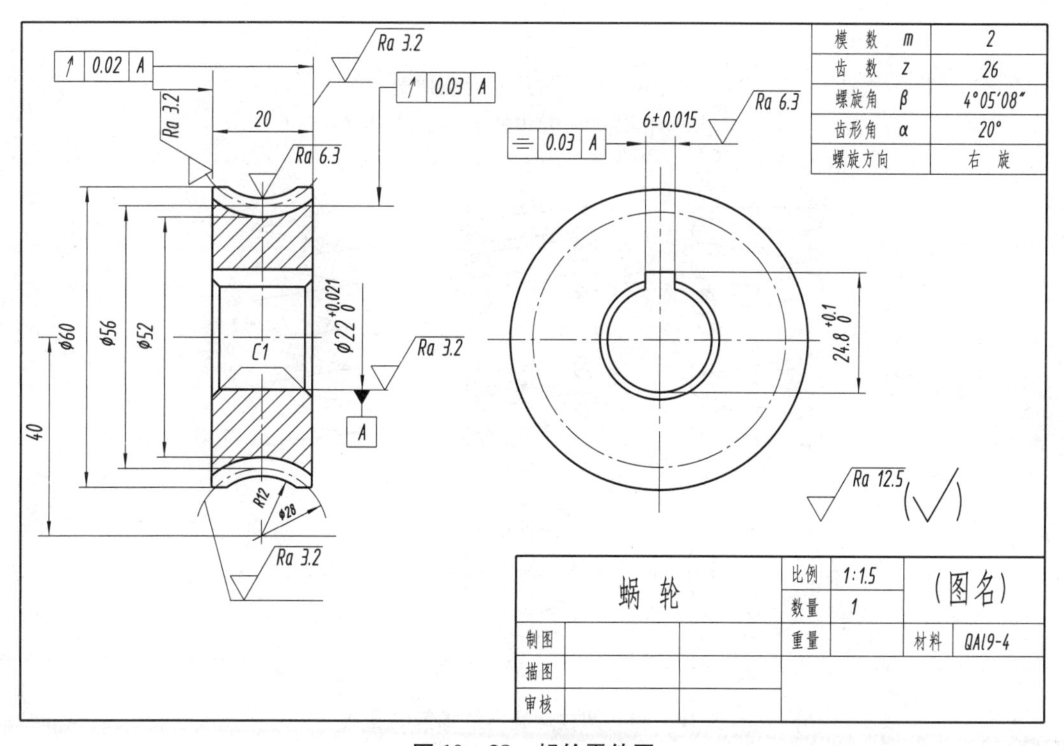

图 10－38　蜗轮零件图

10.6 弹　簧

10.6.1 概述

弹簧是一种利用弹性来工作的机械零件，一般用弹簧钢制成，用以控制机件的运动、缓和冲击或震动、储蓄能量、测量力的大小等，广泛用于机器、仪表中。

弹簧的种类复杂多样，按形状可分为螺旋弹簧、涡卷弹簧和板弹簧等；按受力性质可分为拉伸弹簧、压缩弹簧、扭转弹簧和弯曲弹簧；按形状可分为碟形弹簧、环形弹簧、板弹簧、螺旋弹簧、截锥涡卷弹簧以及扭杆弹簧等；按制作过程可以分为冷卷弹簧和热卷弹簧。

普通圆柱弹簧由于制造简单，且可根据受载情况制成各种型式，结构简单，故应用最广，如图 10－39 所示。本节只介绍普通圆柱螺旋压缩弹簧的画法（见图 10－40）和尺寸计算。

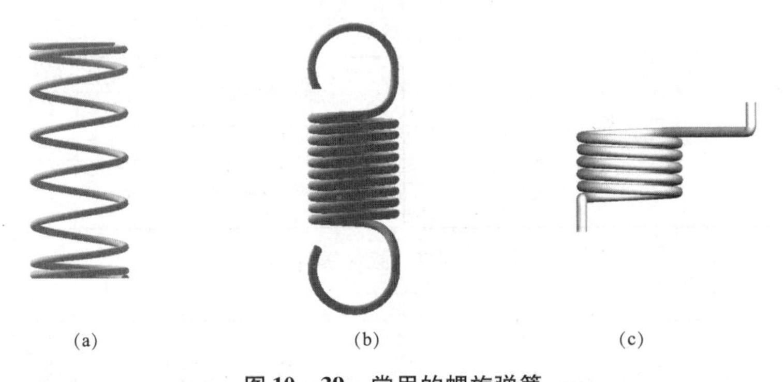

图 10－39　常用的螺旋弹簧

（a）压缩弹簧；（b）拉力弹簧；（c）扭力弹簧

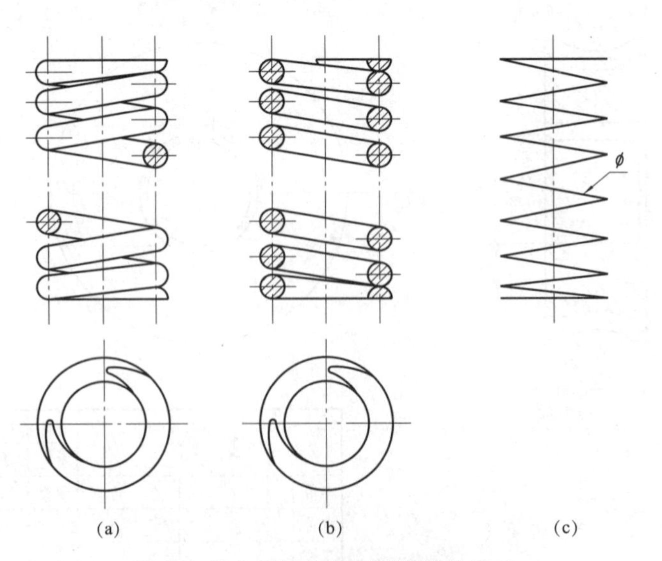

图 10－40　圆柱螺旋压缩弹簧的画法

（a）视图；（b）剖视图；（c）示意图

10.6.2　圆柱螺旋压缩弹簧各部分的名称与代号

（1）簧丝直径 d：弹簧钢丝的直径。

（2）弹簧外径 D：弹簧的最大直径，$D=D_2+d$。

（3）弹簧内径 D_1：最小直径，$D_1=D-2d$。

（4）弹簧中径 D_2：内径和外径的平均值，$D_2=(D+D_1)/2=D-d$。

（5）节距 P：除支承圈外，相邻两圈的轴向距离。

（6）支承圈数（n_0）、有效圈数（n）和总圈数（n_1）。为了使螺旋压缩弹簧工作时受力均匀，增加弹簧的平稳性，弹簧两端应并紧磨平，这部分圈数仅起支承作用，称为支承圈。支承圈数有 1.5 圈、2 圈和 2.5 圈。如图 10－41 所示的弹簧，两端各有 1.25 圈为支承圈，即 $n_0=2.5$。保持相等节距的圈数，称为有效圈数（n）。有效圈数与支承圈数之和，称为总圈数（n_1），即：$n_1=n+n_0$。

（7）自由高度 H_0：弹簧在不受外力作用时的高度（或长度）。

$$H_0=nP+(n_0-0.5)d$$

（8）弹簧展开长度 L：制造弹簧时坯料的长度，由螺旋线的展开可知：

$$L=n_1\sqrt{(\pi D_2)^2+P^2}$$

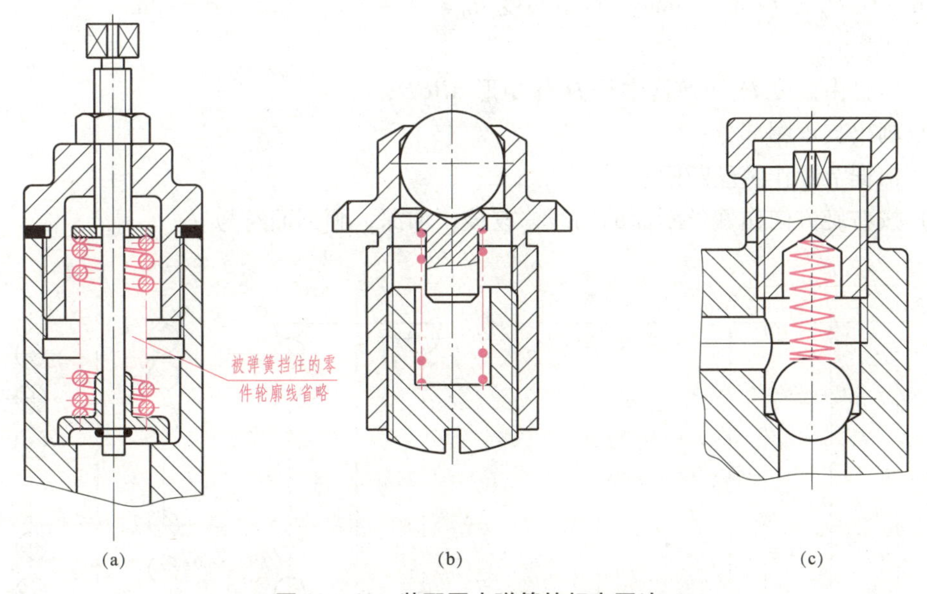

图 10－41　装配图中弹簧的规定画法

（a）不画挡住部分的零件轮廓；（b）簧丝剖面涂黑；（c）簧丝示意画法

10.6.3　圆柱螺旋压缩弹簧的规定画法（GB/T 4459.4—2003）

GB/T 4459.4—2003 规定了弹簧的画法，如图 10－40 所示，现只说明螺旋压缩弹簧的画法。

（1）弹簧在平行于轴线的视图中，各圈的投影转向轮廓线画成直线。

（2）有效圈数在四圈以上的弹簧，中间各圈可省略不画。当中间部分省略后，可适当缩短图形的长度。

（3）在装配图中，弹簧被挡住的结构一般不画出，可见部分应从弹簧的外轮廓线或从弹簧钢丝剖面的中心线画起，如图 10－41（a）所示。

（4）在装配图中，弹簧被剖切时，如弹簧钢丝（简称簧丝）剖面的直径在图形上等于或小于2mm 时，剖面可以涂黑表示，也可用示意画法画出，如图 10－41（b）和图 10－41（c）所示。

（5）在图样上，螺旋弹簧均可画成右旋，但左旋螺旋弹簧不论画成左旋或右旋，一律要加注“左”字。

1. 螺旋压缩弹簧画法举例

对于两端并紧且磨平的压缩弹簧，不论支承圈的圈数有多少及端部贴紧情况如何，都可按图 10－42 所示的形式画出，即按支承圈数为 2.5、磨平圈数为 1.5 的形式表达。下面用一个实例说明弹簧的作图步骤。

【例 10－6】 已知弹簧外径 $D=45$mm，簧丝直径 $d=5$mm，节距 $P=10$mm，有效圈数 $n=8$，支承圈数 $n_2=2.5$mm，右旋，试画出此弹簧的剖视图。

1）相关尺寸计算

弹簧中径 $D_2=D-d=40$mm，自由高度 $H_0=nP+(n_2-0.5)d=90$mm。

2）作图

（1）以自由高度 H_0 和弹簧中径 D_2 作矩形 $ABCD$；

（2）画出支承圈部分；

（3）根据节距作簧丝断面；

（4）按右旋方向作簧丝断面的切线，校核，加深，画剖面符号。

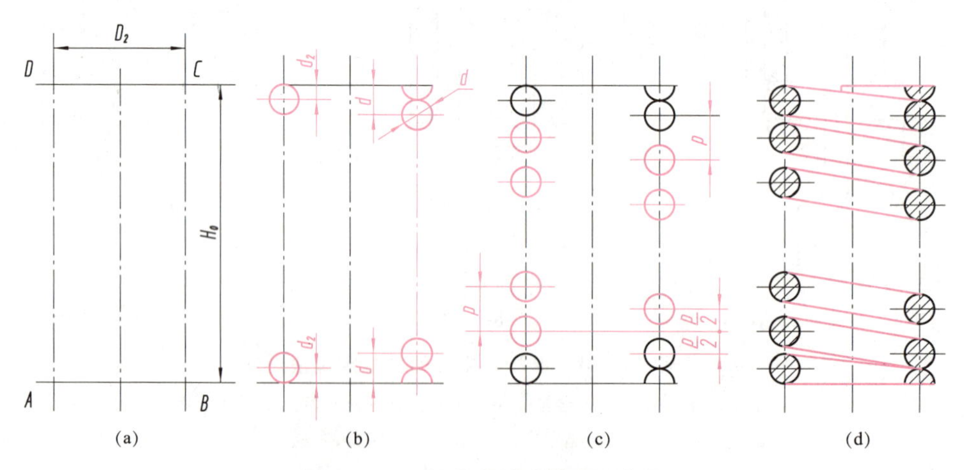

图 10－42　螺旋压缩弹簧作图步骤

（a）作基准线；（b）画支承圈；（c）画簧丝断面；（d）完成全图

2. 螺旋压缩弹簧工作图

图 10－43 所示为一个圆柱螺旋压缩弹簧的零件图，在轴线水平放置的主视图上注出了

完整的尺寸；同时，用文字叙述了技术要求，在零件图上方用图解表示出了弹簧受力时的压缩长度，并在右上角注明了弹簧的主要参数。

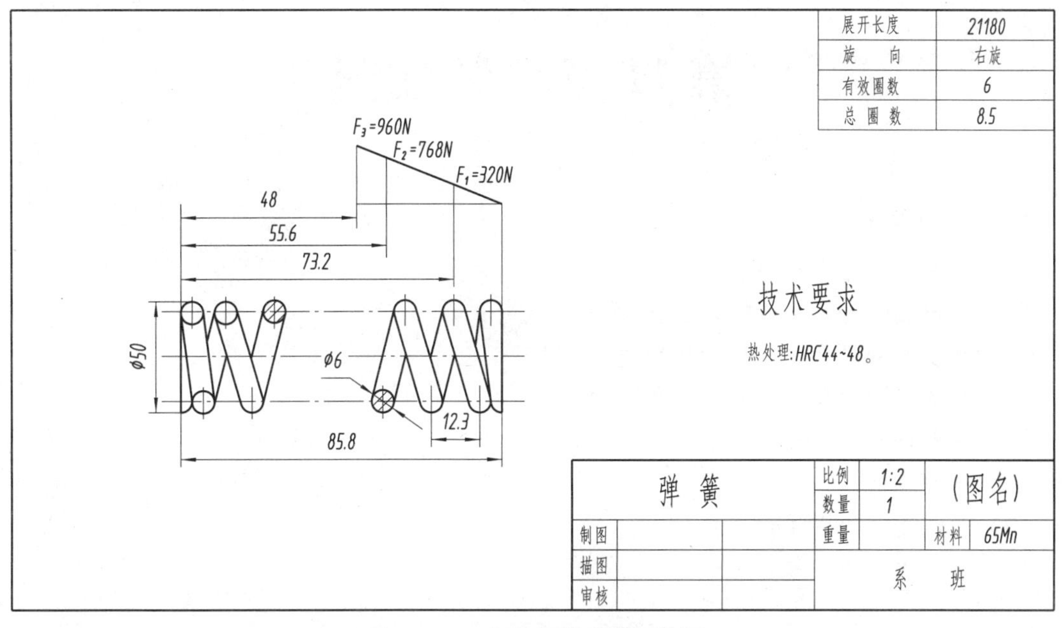

图 10－43　螺旋压缩弹簧零件图

3. 圆柱螺旋压缩弹簧的标记

国家标准 GB/T 2089—1994 中规定：普通圆柱螺旋压缩弹簧的标记由名称、尺寸与精度、旋向及表面处理组成，标记格式如下：

名称　$d \times D_2 \times H_0$—精度、旋向、标准编号、材料牌号—表面处理

【例 10－7】 压簧 3×20×80—2 左 GB/T 2089—1994 Ⅱ—D. Z

本章介绍了螺纹紧固件、齿轮、键、销和弹簧等常用件的作用、结构、标记及规定画法。通过本章的学习，会查阅国家标准手册、选用标准件，掌握螺纹标准件与常用件的规定画法及标注方法；掌握齿轮、弹簧的计算和画法。

第11章　装配图

【本章知识点】

(1) 装配图的作用和内容。

(2) 装配图的常用及特殊表达方法。

(3) 装配图的尺寸分类、标注和技术要求。

(4) 装配图上的序号、标题栏和明细表。

(5) 装配结构的合理性。

(6) 装配图的画法。

(7) 看装配图的方法和步骤。

(8) 由装配图拆画零件图。

11.1　装配图的作用和内容

机器或部件都是由若干个零件按一定的装配关系和技术要求组装而成的。表示机器或部件装配关系的图样称为装配图。其中表示部件的图样称为部件装配图；表示一台完整机器的图样称为总装配图或总图。

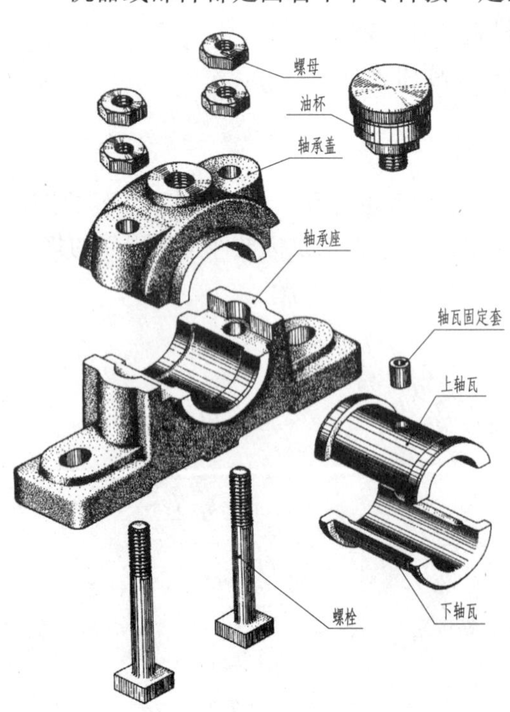

图11－1　滑动轴承的组成

装配图是生产中重要的技术文件，在设计产品时，通常是根据设计任务书先画出符合设计要求的装配图，再根据装配图画出符合要求的零件图；在制造产品的过程中，要根据装配图制定装配工艺规程来进行装配、调试和检验产品；在使用产品时，要从装配图上了解产品的结构、性能、工作原理及保养、维修的方法和要求。同时，装配图又是安装、调试、操作和检修机器或部件的重要参考资料。如图11－1所示的滑动轴承是由轴承盖，轴承座，上、下轴瓦，油杯，螺栓，螺母及轴瓦固定套等零件组成的。图11－2所示为滑动轴承装配图，从该图中可以看出，一张完整的装配图应具有下列内容：

1）一组视图

可采用前面学过的各种表达方法，正确、清晰地表达机器或部件的工作原理与结构、传动路线、各零件间的装配关系、连接方式和主要零件的结构形状等。如图 11－2 所示的装配图选用了两个基本视图。

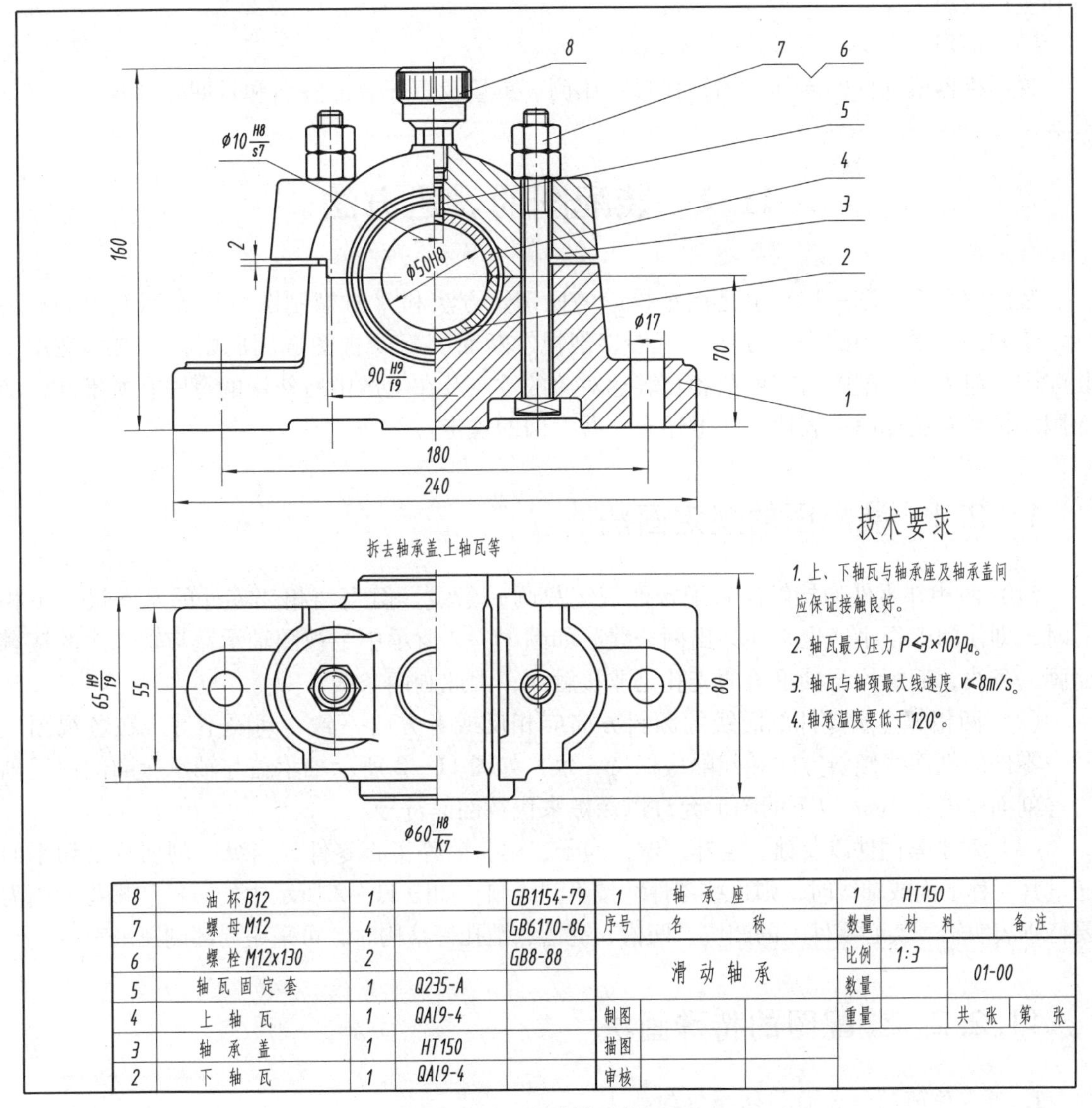

图 11－2　滑动轴承装配图

2）必要的尺寸

装配图上要注出表示机器或部件的规格（性能）尺寸、零件之间的配合尺寸、外形尺寸、机器或部件的安装尺寸及其他必要的尺寸，如图 11－2 所示中 240、160、80 为外形尺寸；180 和 $\phi 17$ 是安装尺寸；$\phi 50$H8 为规格尺寸。

3）技术要求

提出机器或部件性能、装配、调试、检验和运转等方面的技术要求，一般用文字写出，如图 11－2 所示中标题栏上方文字说明。

4）零件的编号和明细表（栏）

组成机器或部件的每一种零件（结构形状、尺寸规格及材料完全相同的为一种零件），在装配图上，必须按一定的顺序编上序号，并编制出明细栏。明细栏中注明各种零件的序号、代号、名称、数量、材料、重量和备注等内容，以便读图、进行图样管理及做好生产准备和生产组织工作。

5）标题栏

说明机器或部件的名称、图样代号、比例、重量及责任者的签名和日期等内容。

11.2 装配图的表达方法

装配图和零件图一样，也是按正投影的原理、方法和《机械制图》国家标准中的有关规定绘制的。零件图的表达方法（视图、剖视、断面等）及视图选用原则，一般都适用于装配图。但由于装配图与零件图各自表达对象的重点及在生产中所使用的范围有所不同，因而国家标准对装配图在表达方法上还有一些专门的规定。

11.2.1 装配图的规定画法

（1）两相邻零件的接触面和配合面规定只画一条线。但当两相邻零件的基本尺寸不相同时，即使间隙很小，也必须画出两条线。如图 11－2 所示中主视图轴承盖与轴承座的接触面画一条线，而螺栓与轴承盖的光孔是非接触面，因此画两条线。

（2）两相邻金属零件剖面线的倾斜方向应相反或者方向一致、间隔不等。在各视图上同一零件的剖面线倾斜方向和间隔应保持一致，如图 11－2 所示轴承盖与轴承座的剖面线画法。剖面厚度在 2mm 以下的图形允许以涂黑来代替剖面符号。

（3）对于紧固件以及轴、连杆、球、钩子、键、销等实心零件，当纵向剖切且剖切平面通过其对称平面或轴线时，则这些零件均按不剖绘制，如图 11－2 所示中的螺栓和螺母。当需要特别表明轴等实心零件上的凹坑、凹槽、键槽、销孔等结构时，可采用局部剖视来表达。

11.2.2 装配图的特殊画法

1. 沿零件间的结合面剖切和拆卸画法

装配体上零件间往往有重叠现象，当某些零件遮住了需要表达的结构与装配关系时，可采用拆卸画法，需要说明时，可加注文字“拆去××等”。如图 11－2 所示俯视图上方右半部分是沿轴承盖与轴承座结合面剖切的，即相当于拆去轴承盖、上轴瓦等零件后的投影。结合面上不画剖面符号，被剖切到的螺栓则必须画出剖面线。拆卸画法的拆卸范围比较灵活，可以将某些零件全拆，也可以将某些零件半拆（此时以对称线为界，类似于半剖），还可以将某些零件局部拆卸（此时以波浪线分界，类似于局部剖）。

采用拆卸画法的视图需加以说明时，可标注“拆去××零件”等字样。如图 11－2 所示“拆卸轴承盖、上轴瓦等”。

2. 展开画法

为了表示传动机构的传动路线和零件间的装配关系，可假想按传动顺序沿轴线剖切，然后依次展开使剖切面摊平并与选定的投影面平行，再画出它的剖视图，这种画法称为展开画法，如图 11－3（b）所示。

3. 假想画法

（1）在装配图中，当需要表示某些零件的运动范围和极限位置时，可用双点画线画出这些零件的极限位置。如图 11－3（a）所示，当三星轮板在位置Ⅰ时，齿轮 2、3 都不与齿轮 4 啮合；当处于位置Ⅱ时，运动由齿轮 1 经 2 传至 4；当处于位置Ⅲ时，运动由齿轮 1 经 2、3 传至 4，这样齿轮 4 的转向与前一种情况相反，图中Ⅱ、Ⅲ位置用双点画线表示。

（2）在装配图中，当需要表达本部件与相邻零部件的装配关系时，可用双点画线画出相邻部分的轮廓线，如图 11－3（b）所示中主轴箱的画法。

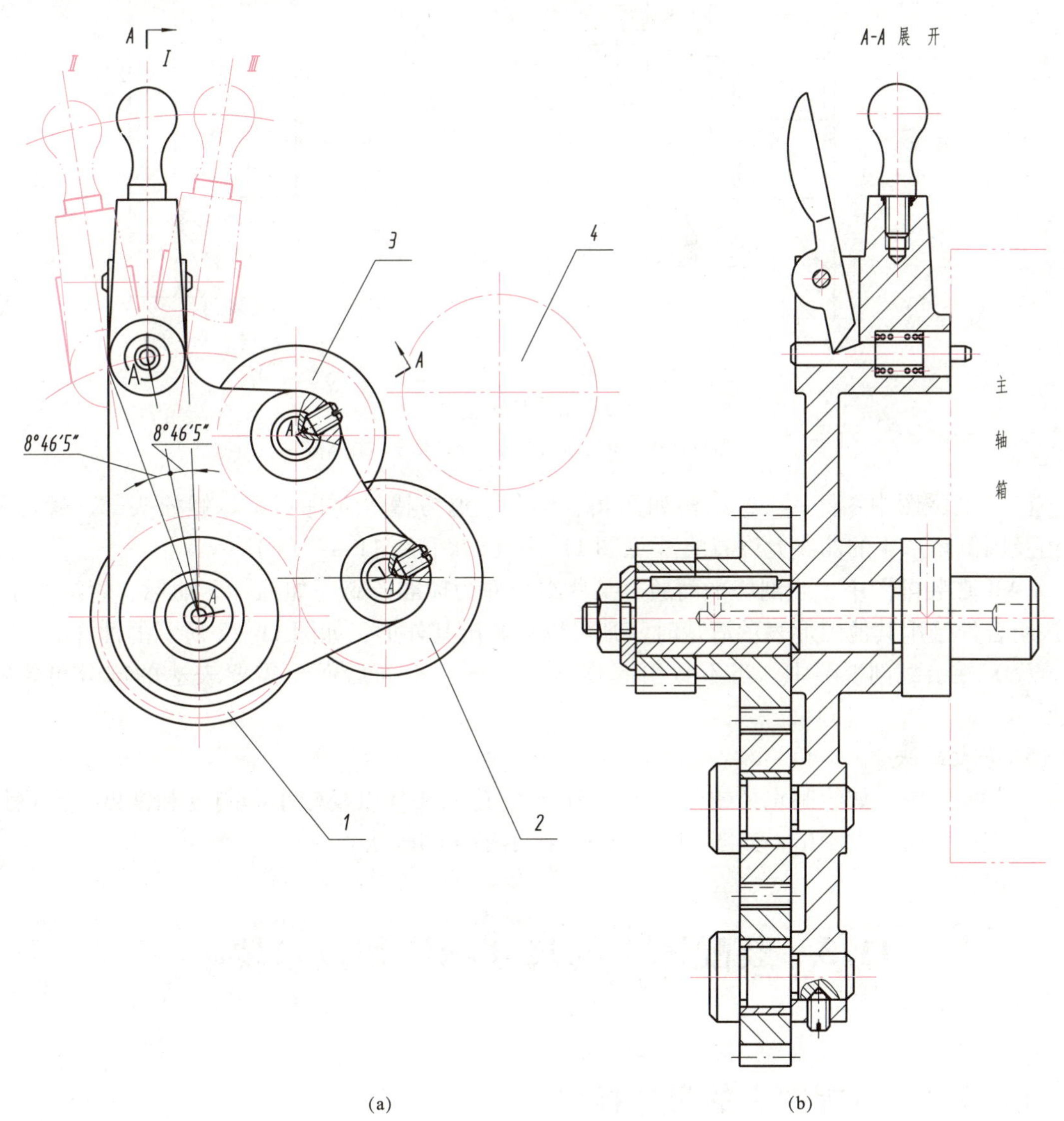

图 11－3　展开画法

4. 简化画法

(1) 装配图中若干相同的零件组或螺栓连接等，可仅详细地画出一组或几组，其余只需表示装配位置［见图 11-4 (a) 和图 11-4 (b)］即可。

(2) 装配图中的滚动轴承允许采用如图 11-4 (a) 所示的简化画法。滚动轴承、密封圈等可只画出其对称图形的一半，而另一半则画轮廓并用细实线画出轮廓的两条对角线［见图 11-4 (a)］。图 11-4 (b) 所示为滚动轴承的示意画法。

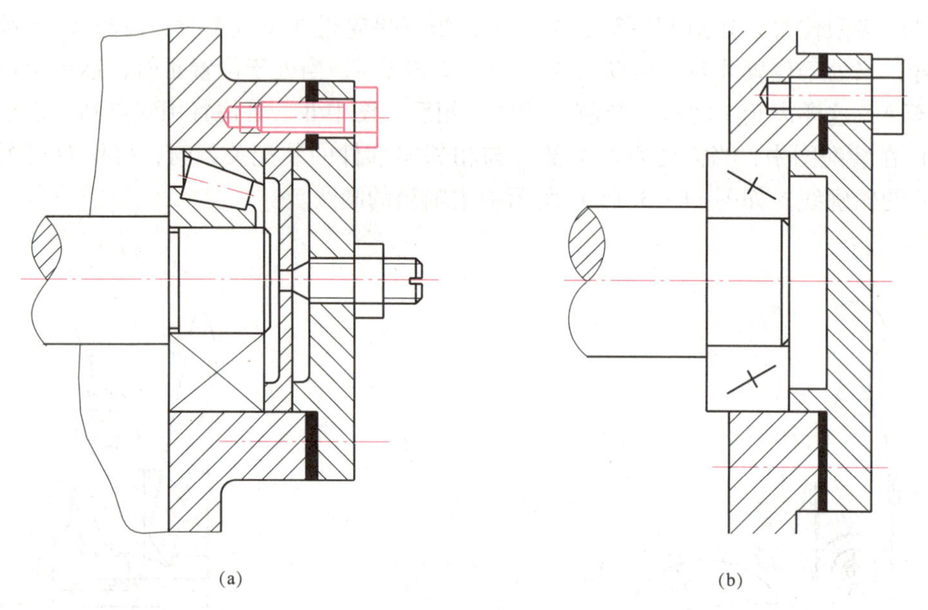

图 11-4　简化画法

(a) 紧固件和轴承的简化画法；(b) 轴承示意画法

(3) 装配图中零件的工艺结构如圆角、倒角、退刀槽等允许不画。螺栓头部、螺母的倒角及因倒角产生的曲线允许省略［见图 11-4 (a) 和图 11-4 (b)］。

(4) 在装配图中，当剖切平面通过某些组合件为标准产品（如油杯、油标、管接头等）或该组合件已用其他图形表示清楚时，则可以只画出其外形，如图 11-2 所示的油杯。

(5) 在装配剖视图中，当不致引起误解时，剖切平面后面不需要表达的部分可省略不画。

5. 夸大画法

在装配图中，如绘制直径或厚度小于 2mm 的孔或薄片以及较小的斜度和锥度，允许该部分不按比例而夸大画出，如图 11-4 (b) 所示垫片的画法。

11.3　装配图上的尺寸标注和技术要求

11.3.1　装配图上的尺寸标注

装配图与零件图不同，其不是用来直接指导零件生产的，不需要、也不可能注出每一个零件的全部尺寸，而只需标注出一些必要的尺寸即可，这些尺寸按其作用的不同，大致可分为以下几类。

1. 特性、规格（性能）尺寸

表示装配体的性能、规格或特征的尺寸。它常常是设计或选择使用装配体的依据，如图11－2所示中的轴承孔 ϕ50H8。

2. 装配尺寸

表示机器或部件上有关零件间装配关系和工作精度的尺寸。

1）配合尺寸

表示零件间有配合要求的尺寸。如图11－22所示中齿轮轴与端盖孔的配合尺寸 ϕ16H7/h6 及齿轮轴与传动齿轮的配合尺寸 ϕ14H7/k6 等。

2）相对位置尺寸

表示装配时需要保证的零件间较重要的距离、间隙等的尺寸。如图11－22所示中两齿轮间的中心距28.76 ±0.016。

3）装配时加工尺寸

有些零件要装配在一起后才能进行加工，装配图上要标注装配时的加工尺寸。

3. 安装尺寸

表示将部件安装在机器上或将机器安装在基础件上所需的尺寸。如图11－2所示中安装孔尺寸 ϕ17 和孔距尺寸180。

4. 外形尺寸

表示机器或部件总体的长、宽、高的尺寸。它是包装、运输、安装和厂房设计时所需的尺寸，如图11－2所示中的外形尺寸240、160、80。

5. 其他重要尺寸

经计算或选定的不能包括在上述几类尺寸中的重要尺寸，如千斤顶调节极限尺寸。

必须指出，上述五种尺寸，并不是每张装配图上都全部具有，而且装配图上的一个尺寸有时兼有几种意义。因此，应根据装配体的具体情况来考虑装配图上的尺寸标注。

11.3.2 装配图上的技术要求

装配图上注写的技术要求，通常可以从以下几方面考虑：

（1）装配体装配后应达到的性能要求。如装配后的密封、润滑等要求。

（2）装配体在装配过程中应注意的事项及特殊加工要求。例如：有的表面需要装配后加工；有的孔需要将有关零件装好后配作等。

（3）有关试验或检验方法的要求。

（4）使用要求。如对装配体的维护、保养方面的要求及操作使用时应注意的事项等。

技术要求一般注写在明细表的上方或图纸下部空白处，如果内容很多，也可另外编写成技术文件作为图纸的附件。

11.4　装配图上的序号

为了便于读图、便于进行图样管理以及做好生产准备工作，装配图中所有零、部件都必须编写序号，编写序号应遵循国家标准的有关规定。

编写序号的方法。

1. 一般规定

（1）装配图中所有零、部件都必须编写序号。

（2）在装配图中，一个部件可只编写一个序号，例如滚动轴承就只编写一个序号；同一装配图中，尺寸规格完全相同的零、部件，应编写相同的序号。

（3）装配图中零、部件的序号应与明细栏中的序号一致。

2. 序号的标注形式

一个完整的序号一般应有三个部分：指引线、水平线（或圆圈）及序号数字，如图 11－5（a）和图 11－5（b）所示。也可以不画水平线或圆圈，如图 11－5（c）所示。

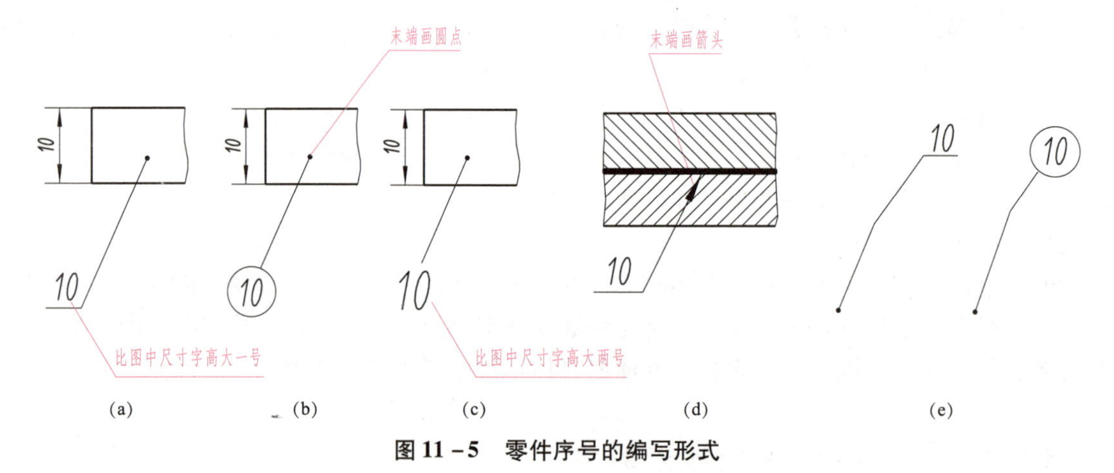

图 11－5　零件序号的编写形式

1）指引线

指引线用细实线绘制，应自所指部分的可见轮廓内引出，并在可见轮廓内的起始端画一圆点，如图 11－5（a）所示。

2）水平线或圆圈

水平线或圆圈用细实线绘制，用以注写序号数字，如图 11－5（a）和图 11－5（b）所示。

3）序号数字

在指引线的水平线上或圆圈内注写序号时，其字号比该装配图中所注尺寸数字大一号，如图 11－5（a）和图 11－5（b）所示；也允许大两号，如图 11－5（c）所示。当不画水平线或圆圈而在指引线附近注写序号时，序号字号必须比该装配图中所标注尺寸数字大两号，如图 11－5（c）所示。

3. 序号的编排方法

序号在装配图周围按水平或垂直方向排列整齐，序号数字可按顺时针或逆时针方向依次增大，以便查找，如图 11 -6 所示。在一个视图上无法连续编完全部所需序号时，可在其他视图上按上述原则继续编写。

4. 其他规定

（1）在同一张装配图中，编注序号的形式应一致。

（2）当序号指引线所指部分内不便画圆点时（如很薄的零件或涂黑的剖面），可用箭头代替圆点，箭头需指向该部分轮廓，如图 11 -6（a）所示。

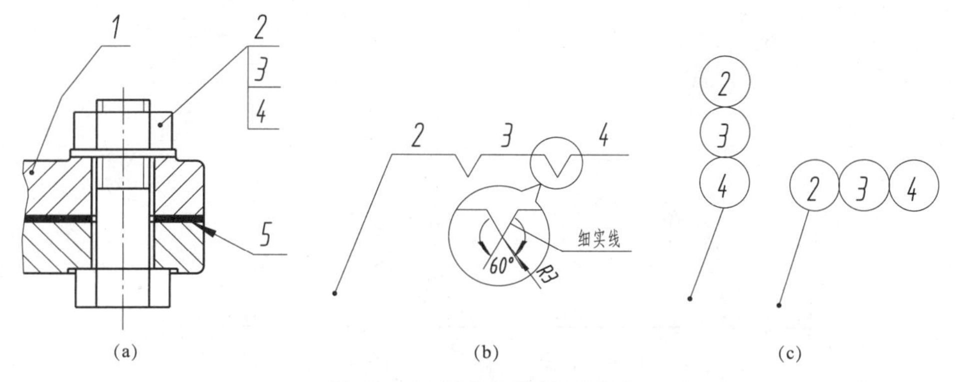

图 11 -6　零件组的编号形式

（a）序号指引线末端；（b）紧固件的连续画法；（c）组件共同指引线

（3）一组紧固件以及装配关系清楚的零件组，可采用公共指引线，如图 11 -6（b）所示。

（4）部件中的标准件可以与非标准零件同样地编写序号；也可以不编写序号，而将标准件的数量与规格直接用指引线标明在图中。

（5）指引线可以画成折线，只可曲折一次，如图 11 -5（e）所示。指引线不能相交，且当指引线通过有剖面线的区域时不应与剖面线平行，如图 11 -6（a）所示。

11.5　装配结构

为了保证装配体的质量，在设计装配体时，必须考虑装配体上装配结构的合理性，以保证机器和部件的性能，并给零件的加工和拆装带来方便。在装配图上，除允许简化画出的情况外，都应尽量把装配工艺结构正确地反映出来。下面介绍几种常见的装配工艺结构。

11.5.1　接触面与配合面结构

在设计时，同方向的接触面或配合面一般只有一组，若因其他原因需要多于一组接触面时，则在工艺上要提高精度、增加制造成本，有时甚至根本做不到，如图 11 -7（a）~

图 11－7（c)所示。圆锥面与端面配合，其轴向相对位置即被确定，因此，不应要求圆锥面和端面同时接触，如图 11－7（d）所示。

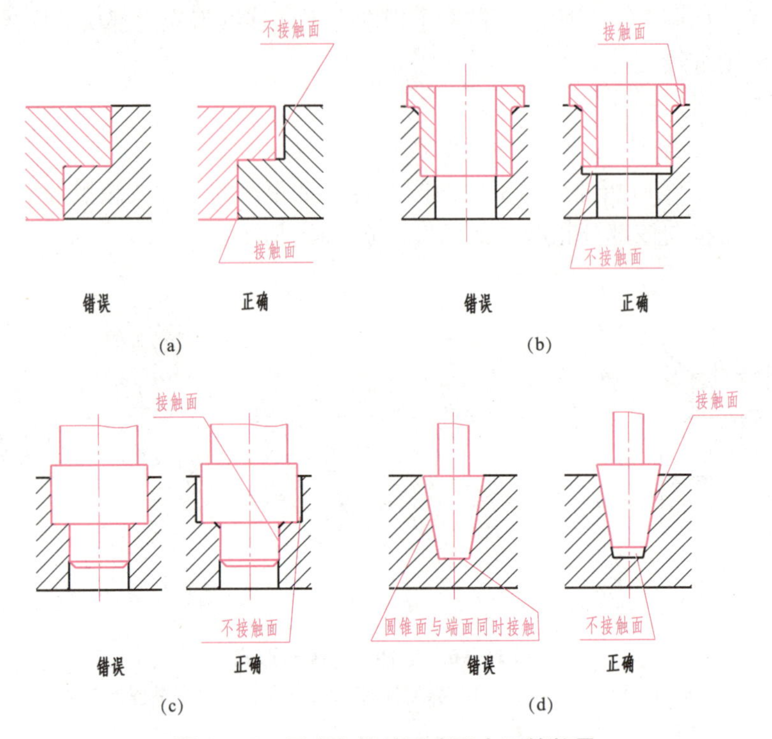

图 11－7　同方向接触面或配合面的数量

（a）平面接触；（b）端面接触；（c）径向接触；（d）圆锥面配合

11.5.2　螺纹连接的合理结构

为了保证螺纹旋紧，应在螺纹尾部留出退刀槽或在螺孔端部加工出凹坑或倒角，如图 11－8所示。为了保证连接件与被连接件间接触良好，被连接件上应做沉孔或凸台，且被连接件通孔的直径应大于螺孔大径或螺杆直径，如图 11－9 所示。

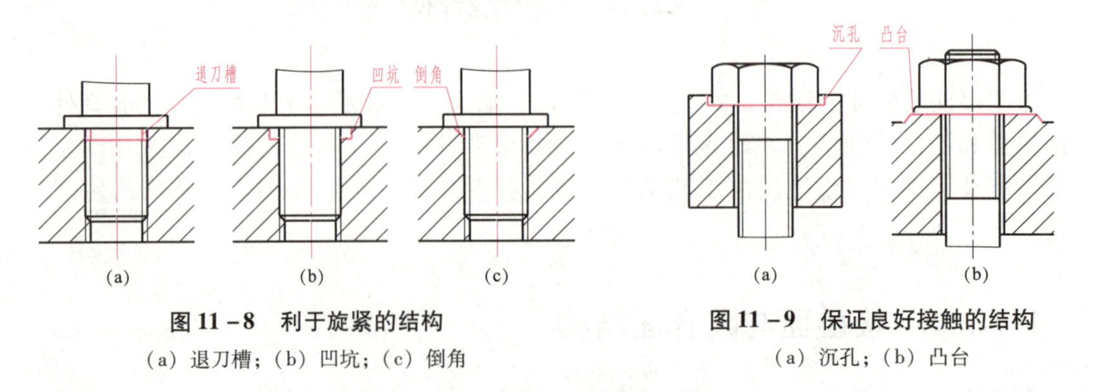

图 11－8　利于旋紧的结构

（a）退刀槽；（b）凹坑；（c）倒角

图 11－9　保证良好接触的结构

（a）沉孔；（b）凸台

11.5.3　轴肩与孔端面结构

轴与孔配合且轴肩与端面相互接触时，在接触面的交角处（孔或轴的根部）应加工出退刀槽、倒角或不同大小的倒圆，以保证两个方向的接触面均接触良好，并确保装配精度。如图 11－10（c）所示的孔口倒角和图 11－10（c）所示的轴上切槽，即使孔口端面与轴肩有良好的接触。如图 11－10（a）和图 11－10（b）所示的结构是错误的。

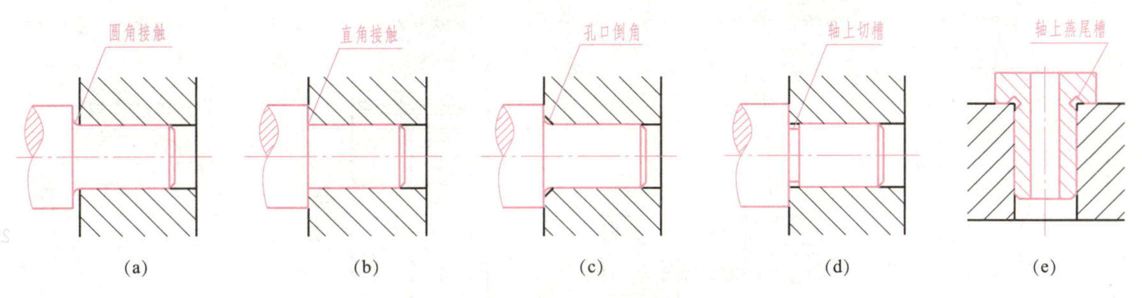

图 11－10　轴肩与孔端面的结构

（a），（b）不合理；（c），（d），（e）合理

11.5.4　防松结构

机器运转时，由于受到振动或冲击，螺纹紧固件可能发生松动，这不仅会妨碍机器正常工作，有时甚至会造成严重事故，因此需要防松装置。常用的防松装置有双螺母、弹簧垫圈、止动垫片、开口销等，如图 11－11 所示。

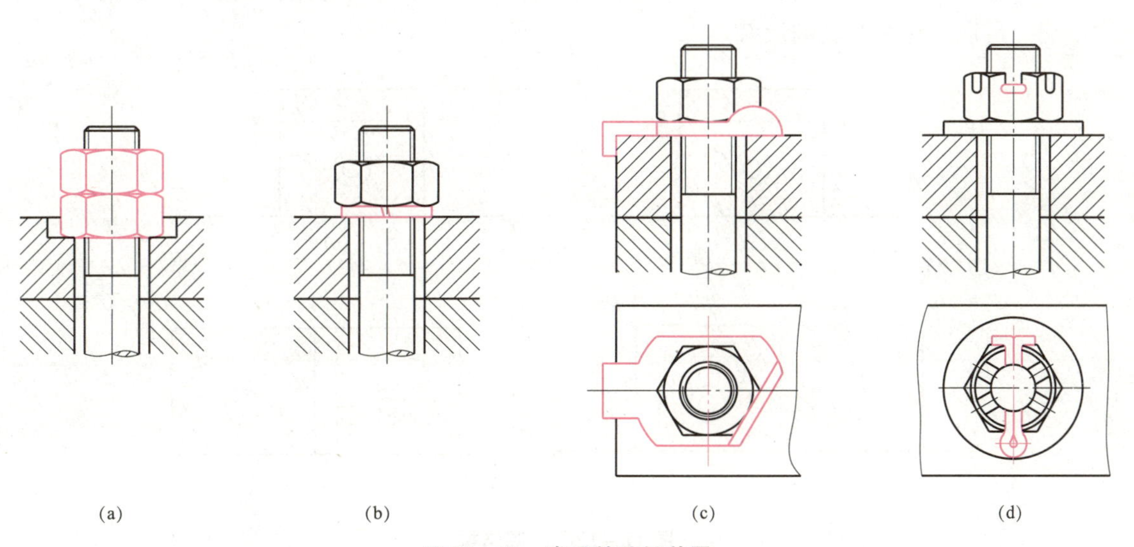

图 11－11　常用的防松装置

（a）双螺母防松；（b）弹簧垫圈防松；（c）止动垫片防松；（d）开口销锁紧防松

11.5.5 密封防漏结构

1. 密封装置

(1) 填料密封的装置［见图 11－12（a）］。

(2) 管子接口处用垫片密封的密封装置［见图 11－12（b）］。

(3) 滚动轴承的常用密封装置［见图 11－12（c）和图 11－12（d）］。

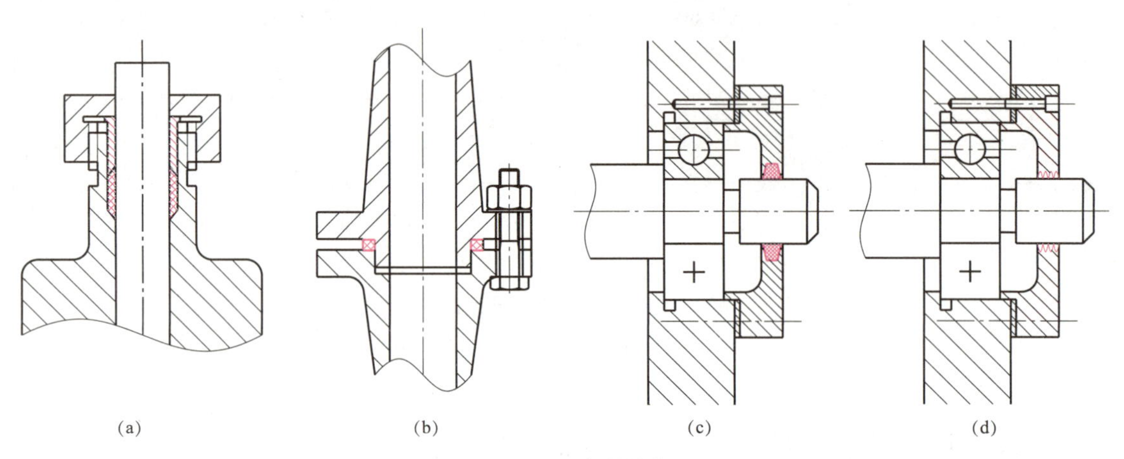

图 11－12　密封结构

（a）填料密封；（b）垫片密封；（c）毡圈式密封；（d）油沟式密封

2. 防漏结构（见图 11－13）

为避免箱内润滑油漏出，应使密封唇口朝向箱内。如果既要防止尘土进入又要避免润滑油漏出，可以采用两个皮圈反装。

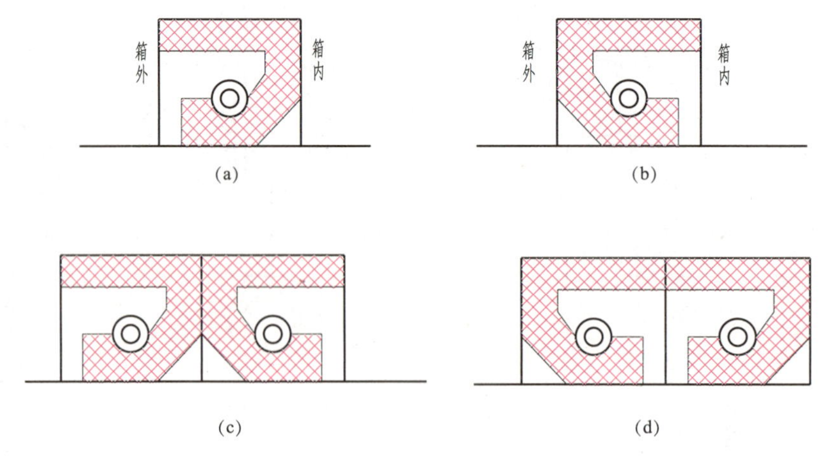

图 11－13　防漏结构

（a）防尘土进入的安装；（b）防油露出的安装；（c）错误；（d）两个皮圈反装正确安装方法

11.6　部件测绘和装配图画法

11.6.1　部件测绘方法和步骤

设计机器或部件需要画出装配图，测绘机器或部件是对现有的部件进行测量、计算，并绘制出零件图及装配图。测绘工作对推广先进技术、交流生产经验、改造或维修设备等有重要的意义。因此，装配体测绘也是工程技术人员应该掌握的基本技能之一。现以测绘千斤顶为例，说明由零件图拼画装配图的方法和步骤。

1. 测绘准备工作

测绘部件之前，一般应根据部件的复杂程度编制测绘计划，准备必要的拆卸工具、量具，如扳手、榔头、改刀、铜棒、钢皮尺、卡尺和细铅丝等，还应准备好标签及绘图用品等。

2. 了解和分析部件

测绘前先要对部件进行必要的分析研究，一般可通过观察、分析该装配体的结构和工作情况，阅读有关的说明书、资料，参阅同类产品图纸以及向有关人员了解使用情况和改进意见，从而了解部件的用途、性能、工作原理、结构特点和零件间的装配关系。

3. 画装配示意图

为了便于装配体被拆后仍能顺利装配复原，对于较复杂的装配体，在拆卸过程中应尽量做好记录。最简便常用的方法是绘制出装配示意图，用以记录各种零件的名称、数量及其在装配体中的相对位置及装配连接关系，同时也为绘制正式的装配图做好准备。条件允许，还可以用照相乃至录像等手段做记录。装配示意图是将装配体看作透明体来画的，在画出外形轮廓的同时，又画出其内部结构。

装配示意图是通过目测，徒手用简单的线条示意性的画出部件或机器的图样。它用来示意性的表达部件或机器的结构、装配关系、工作原理和传动路线等，作为重新装配部件或机器和画装配图时参考。

装配示意图可参照国家标准《机械制图机构运动简图符号》（GB 4460—1984）绘制。对于国家标准中没有规定符号的零件，可用简单线条勾出大致轮廓，并将部件或机器看成透明体。画装配示意图的顺序，一般可以从主要零件着手，由内向外扩展，按装配顺序把其他零件逐个画出。图形画好后，各零件编上序号，并列表注明各零件的名称、数量和材料等。对于标准件要及时确定其尺寸规格，连同数量直接注写在装配示意图上。

4. 拆卸零件

拆卸零件的过程也是进一步了解部件中各零件的作用、结构和装配关系的过程。拆卸前应仔细研究拆卸顺序和方法，并应选择适当的工具，对不可拆的连接和过盈配合的零件尽量不拆。一些重要的装配尺寸，如零件间的相对位置尺寸、极限位置尺寸、装配间隙等要进行测量，并做好记录，以便重新装配时能保持原来的要求。拆卸后要将各零件编号（与装配示意图上编号一致），扎上标签，妥善保管，以避免散失、错乱，并注意防止生锈。对精度高的零件应防止碰伤和变形，以便测绘后重新装配时仍能保证部件的性能和要求。

5. 画零件草图

组成装配体的零件，除去标准件，其余非标准件均应画出零件草图及工作图。零件草图及工作图的绘制应按第 9 章中零件测绘的有关内容进行。在画零件草图中，要注意以下几点：

（1）零件间有连接关系或配合关系的部分的基本尺寸应相同。测绘时，只需测出其中一个零件的有关基本尺寸，即可分别标注在两个零件的对应部分上，以确保尺寸的协调。

（2）标准件虽不画零件草图，但要测出其规格尺寸，并根据其结构和外形，从有关标准中查出它的标准代号，把名称、代号和规格尺寸等填入装配图的明细栏中。

（3）零件的各项技术要求（包括尺寸公差、形状和位置公差、表面粗糙度、材料、热处理及硬度要求等）应根据零件在装配体中的位置、作用等因素来确定；也可参考同类产品的图纸，用类比的方法来确定。

（4）零件的工艺结构，如倒角、退刀槽和中心孔等要全部表达清楚。

6. 画装配图

零件草图或零件图画好后，还要拼画出装配图。画装配图的过程是一次检验、校对零件形状、尺寸的过程。根据零件草图和装配示意图画出装配图，在画装配图时，应对零件草图上可能出现的差错予以纠正。根据画好的装配图及零件草图再画零件图，对草图中的尺寸配置等可做适当调整或重新布置。

11.6.2 画装配图的方法和步骤

部件由若干零件组成，故根据部件所属零件草图（或零件图）就可以拼画出部件的装配图。

1. 视图选择

对部件装配图视图选择的基本要求是：必须清楚地表达部件的工作原理、各零件的相对位置和装配连接关系。因此，在选择表达方案以前，必须仔细了解部件的工作原理和结构情况。在选择表达方案时，首先要选好主视图，然后配合主视图选择其他视图。

1）主视图的选择

主视图一般应满足下列要求：

（1）应按部件的工作位置放置。当工作位置倾斜时，则将它放正，使主要装配干线、主要安装面等处于特殊位置。

（2）应较好地表达部件的工作原理和结构特征。

（3）应较好地表达主要零件间的相对位置和装配连接关系。

主视图一般常选用剖视图。

2）其他视图的选择

选择其他视图时，首先应分析部件中还有哪些工作原理、装配关系和主要零件的结构没有表达清楚，然后确定选用适当的其他视图。

对不同的表达方案进行分析、比较、调整，使确定的方案既满足上述基本要求，又便于看图且绘图简便。

2. 画图步骤

根据部件的大小及复杂程度选定绘制装配图的合适比例。一般情况下，只要可以就应尽量选用 1∶1 的比例画图，以便于看图。比例确定后，再根据选好的视图，考虑标注必要的尺寸、零件序号、标题栏、明细栏和技术要求等所需的图面位置，确定出图幅的大小（在计算机上绘图，可不过多考虑布图问题），然后按下述步骤画图。

（1）画图框和标题栏及明细表的外框。

（2）布置视图，画出各视图的作图基线。在布置视图时，要注意为标注尺寸和编号留出足够的位置。

（3）画底稿。一般从主视图入手，先画基本视图，后画非基本视图。

（4）标注尺寸。

（5）画剖面线。

（6）检查底稿后进行编号和加深。加深步骤与零件图的加深步骤相同。

（7）填写明细表、标题栏和技术要求。

（8）全面检查图样。

画装配图一般比画零件图要复杂些，因为装配图中的零件多，又有一定的相对位置关系。为了使底稿画得又快又好，必须注意画图顺序，应该先画哪个零件、后画哪个零件，才便于在图上确定每个零件的具体位置，并且少画一些不必要的（被遮盖的）线条。为此，要围绕装配干线进行考虑，根据零件间的装配关系来确定画图顺序。作图的基本顺序可分为两种：一种是由里向外画，即大体上先画里面的零件，后画外面的零件。另一种是由外向里画，即大体上是先画外面的大件（先画出视图的大致轮廓），后画里面的小件。这两种方法各有优、缺点，一般情况下，将它们结合使用。

3. 画装配图应注意的事项

（1）要正确确定各零件间的相对位置。运动件一般按其一个极限位置绘制，另一个极限位置需要表达时，可用双点画线画出其轮廓。螺纹连接件一般按将连接零件压紧的位置绘制。

（2）某视图已确定要剖开绘制时，应先画被剖切到的内部结构，即由内逐层向外画。这样其他零件被遮住的外形就可以省略不画。

（3）装配图中各零件的剖面线是看图时区分不同零件的重要依据之一，必须按照 11.2 节中的有关规定绘制。剖面线的密度可按零件的大小来决定，不宜太稀或太密。

【例 11－1】 图 11－14 所示为千斤顶的装配示意图和实体图，图 11－15 和图 11－16 所示为千斤顶的各零件图，由千斤顶零件图绘制装配图。

原理分析：

千斤顶由底座、起重螺杆、旋转杆、螺钉、顶盖组成，其工作原理是：使用时，逆时针方向转动旋转杆，使起重螺杆向上升起，将重物顶起，螺钉将顶盖紧固在起重螺杆上。底座、起重螺杆、螺钉、顶盖的轴线与千斤顶的装配干线重合。

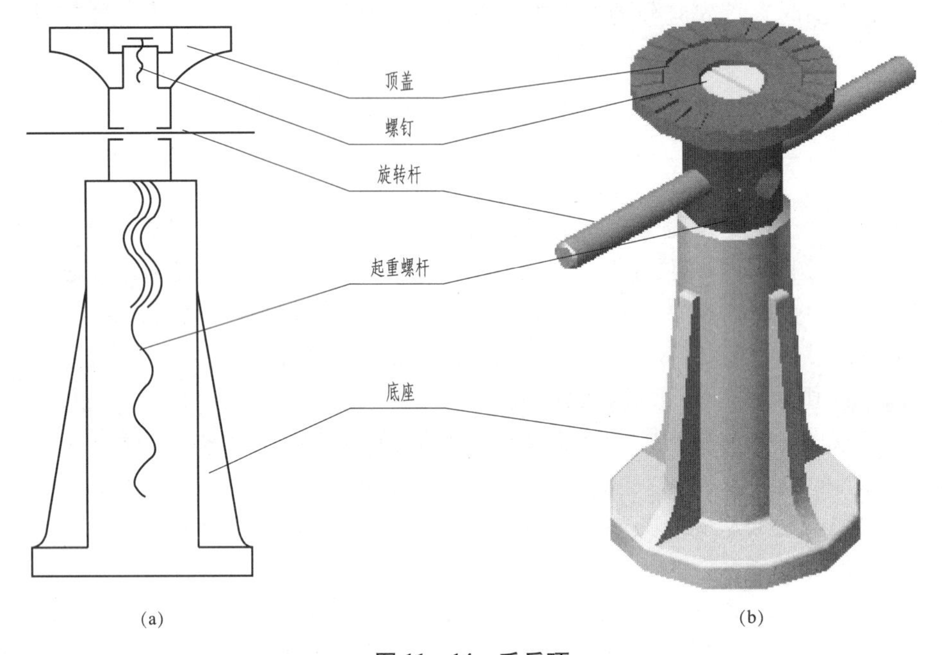

图 11－14　千斤顶

（a）千斤顶的装配示意图；（b）千斤顶实体图

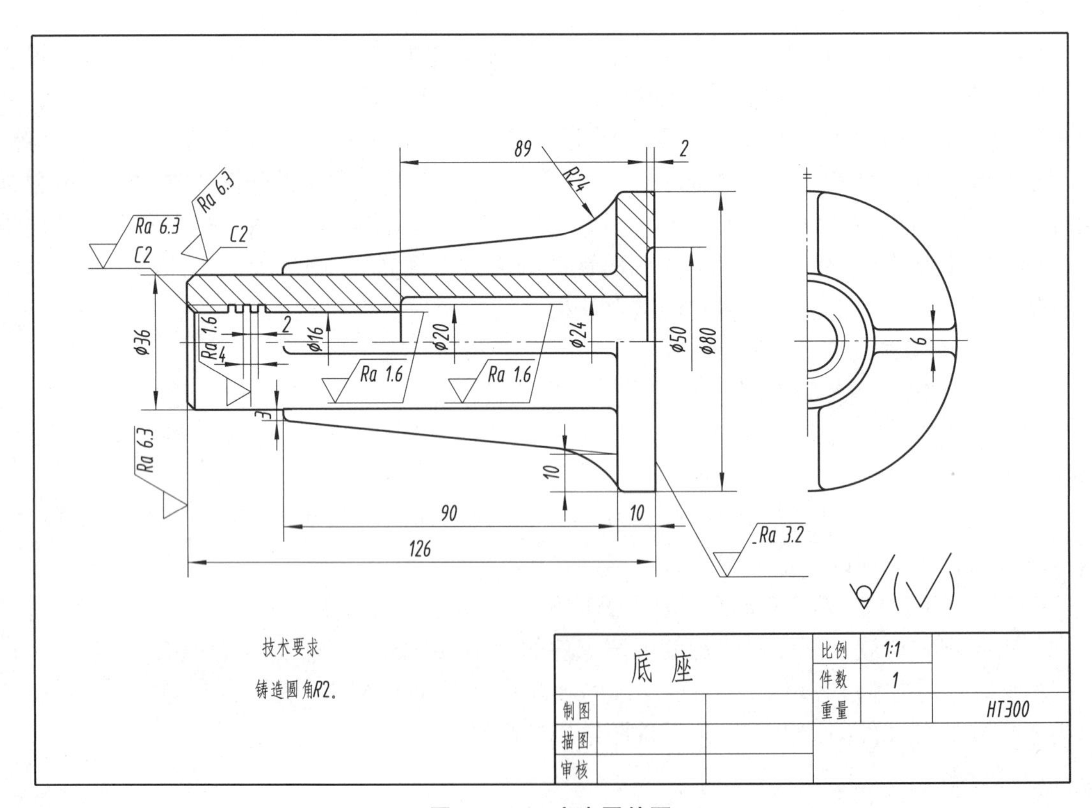

图 11－15　底座零件图

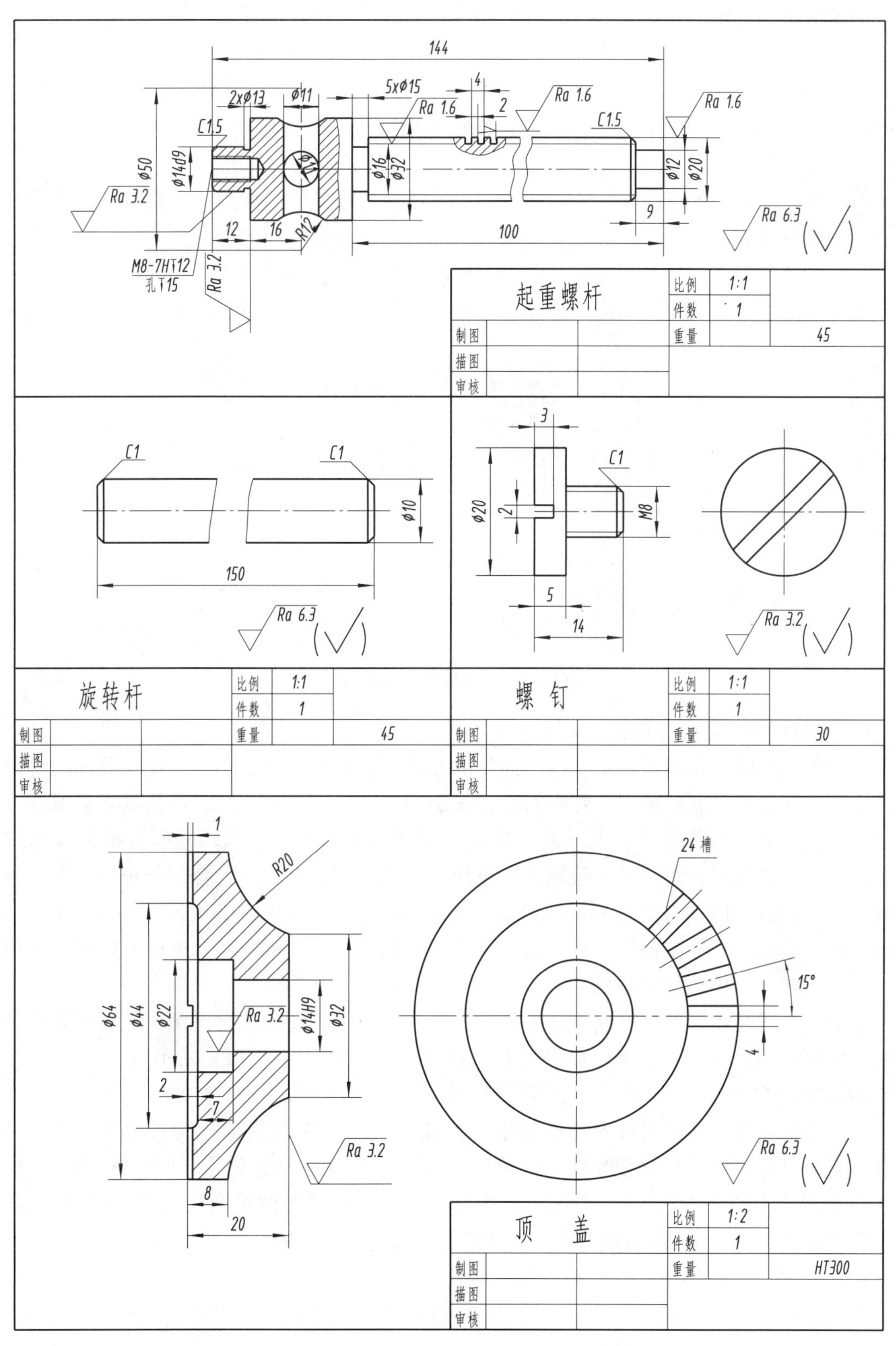

图 11 – 16 千斤顶其他零件图

装配图绘图过程：

（1）选择图纸和绘图比例。

由千斤顶各零件图可知，千斤顶非工作状态下，高度为178mm，所以选择A3图纸，绘图比例采用1∶1，绘制图框、图纸框、标题栏和明细栏。

（2）布置视图，画出各视图的作图基线。

由千斤顶的装配示意图和各零件图可知，千斤顶各零件大都前后、左右对称，采用一个全剖的主视图基本上能够表达清楚千斤顶的内外结构、各零件间的相对位置、装配关系和工作原理。选择一个视图的表达方案，画出主视图作图基线，如图11－18（a）所示。

将各零件中需要的视图分离，去除尺寸及其他标记，分离的各视图如图11－17所示。

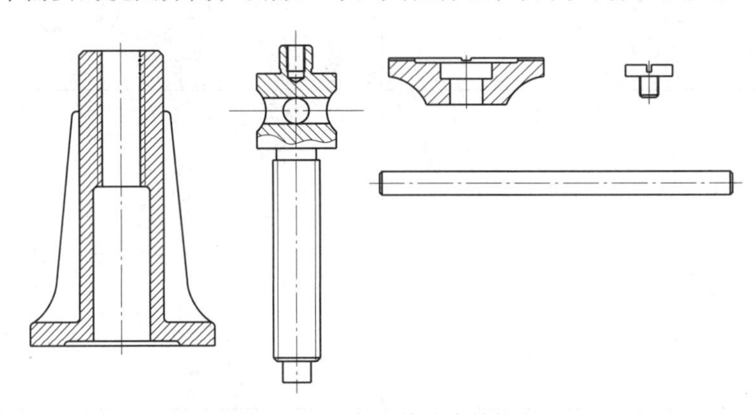

图11－17　各零件分离的视图

（3）画底稿，绘制剖面线，加深视图。

千斤顶装配图采用由下往上、由内向外的方法逐个绘制。在绘图前，要布置视图，预留出尺寸标注的空间。底座前后、左右对称，先绘制全剖的底座主视图；再绘制起重螺杆，起重螺杆轴线与底座轴线重合，下端面与底座上端面接触，画一条线，底座与螺杆有螺纹配合，配合部分要按照外螺纹画法绘制，起重螺杆有退刀槽，在底座配合部分表达出来；顶盖放置在起重螺杆端面上，起重螺杆凸台高12mm，顶盖凹槽端面到底面距离为11mm，凸台高出顶盖凹槽端面；绘制螺钉，螺钉与起重螺杆有螺纹配合，配合部分也按照外螺纹画法绘制；绘制旋转杆，旋转杆绘制成左右对称。

绘制剖面线时相邻的剖面线方向要相反，若方向一致则间隔要有区别，最后擦除多余的线并加深可见的轮廓线。绘制过程如图11－18（b）～图11－18（f）所示。

（4）标注尺寸。

装配图上需要标注的尺寸有特性规格（性能）尺寸、装配尺寸、安装尺寸、外形尺寸和其他重要尺寸等。千斤顶装配图上需要标注的尺寸有规格性能尺寸，如底座的直径$\phi80$、顶盖直径$\phi66$；装配尺寸，由零件图可得螺钉与起重螺杆的螺纹配合尺寸M8 H7/h6；顶盖与起重螺杆的配合尺寸$\phi14$H9/d9；千斤顶的极限尺寸178～269。

（5）检查、加深图线，并填写相关内容。

完成装配图底稿，经检查无误后再加深并进行零件编号，填写明细表、标题栏和技术要求，完成千斤顶装配图，如图11－19所示。

(a)　(b)　(b)　(d)　(e)　(f)

图 11－18　画千斤顶装配图的步骤

（a）画图框、基准线；（b）画主体零件底座；（c）画起重螺杆；（d）画顶盖；（e）画螺钉；（f）画旋转杆

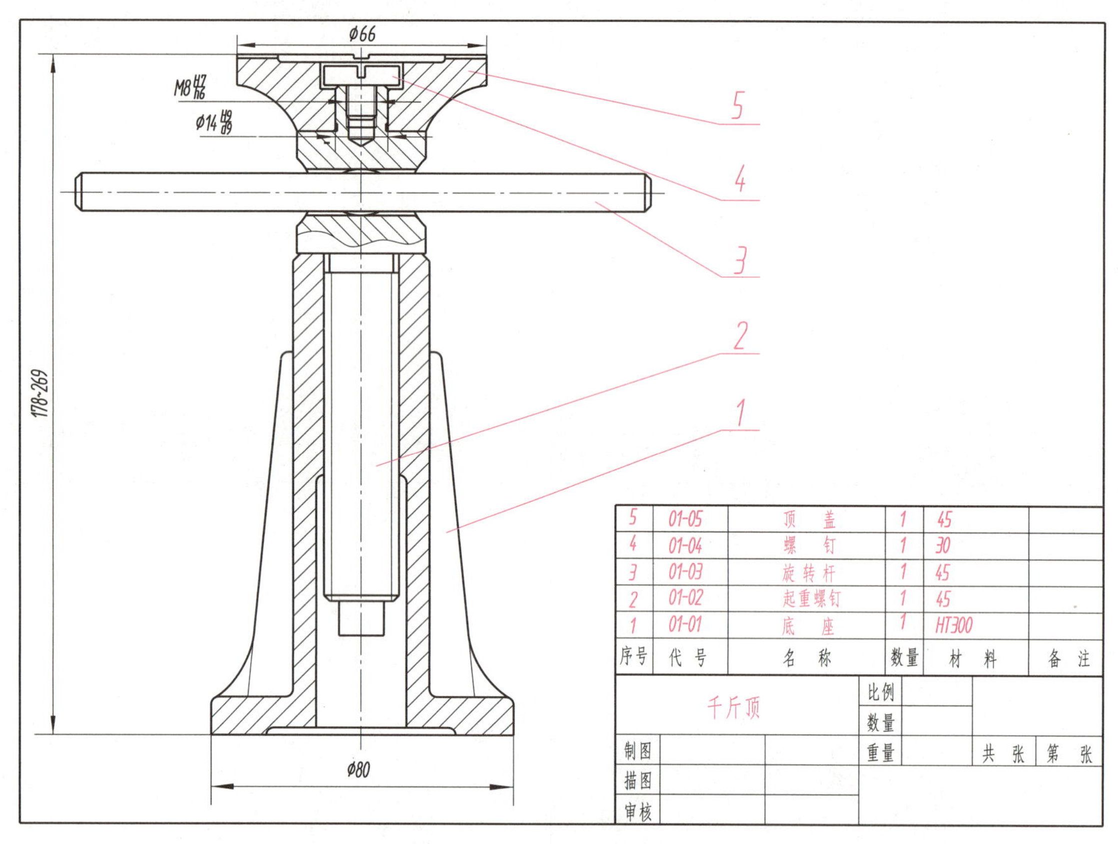

图 11 – 19 千斤顶装配图

11.7 读装配图和拆画零件图

11.7.1 读装配图的要求

在设计、制造、使用、维修和技术交流等生产活动中，都需要读装配图。读装配图的主要要求如下：

(1) 了解机器或部件的用途、工作原理和结构；

(2) 了解零件间的装配关系以及它们的装拆顺序；

(3) 弄清零件的主要结构形状和作用。

11.7.2 读装配图的方法和步骤

1. 了解并分析表达方法

(1) 了解部件或机器的名称和用途，可以通过调查研究和查阅明细栏及说明书获知。首先从标题栏入手，了解装配体的名称和绘图比例。从装配体的名称联系生产实践知识，往往可以知道装配体的大致用途。例如：阀一般是用来控制流量并起开关作用的；虎钳一般是用来夹持工件的；减速器是在传动系统中起减速作用的；各种泵则是在气压、液压或润滑系统中产生一定压力和流量的装置。通过比例，即可大致确定装配体的大小。

（2）了解标准零、部件与非标准零、部件的名称、数量和材料；对照零、部件的编号，在装配图上查找这些零、部件的位置。

（3）对视图进行分析，根据装配图上视图的表达情况，找出各个视图、剖视、剖面的配置及投影方向，从而搞清各视图的表达重点。

通过对以上这些内容地初步了解，并参阅有关尺寸，可以对部件的大体轮廓与内容有一个概略的印象。

2. 了解工作原理和装配关系

对照视图仔细研究部件的工作原理和装配关系，这是读装配图的一个重要环节。在概括了解的基础上，分析各条装配干线，弄清各零件间相互配合的要求以及零件间的定位、连接方式和密封等问题。再进一步搞清运动零件与非运动零件的相对运动关系。经过这样的观察分析，即可以对部件的工作原理和装配关系有所了解。

分析装配体的工作原理、装配连接关系、结构组成情况及润滑、密封情况，分析零件的结构形状。要对照视图，将零件逐一从复杂的装配关系中分离出来，想出其结构形状。分离时，可按零件的序号顺序进行，以免遗漏。标准件、常用件往往一目了然，比较容易看懂；轴套类、轮盘类和其他简单零件一般通过一个或两个视图就能看懂；对于一些比较复杂的零件，应根据零件序号指引线所指部位，分析出该零件在该视图中的范围及外形，然后对照投影关系，找出该零件在其他视图中的位置及外形，并进行综合分析，想象出该零件的结构形状。

3. 分析零件读懂零件的结构形状

分析零件，就是弄清每个零件的结构形状及其作用。一般先从主要零件着手，然后是其他零件。当零件在装配图中表达不完整时，可对有关的零件进行仔细观察和分析后，再进行结构分析，从而确定该零件的内外形状。在分离零件时，利用剖视图中剖面线的方向或间隔的不同及零件间互相遮挡时的可见性规律来区分零件是十分有效的。对照投影关系时，借助三角板、分规等工具，往往能大大提高看图的速度和准确性。对于运动零件的运动情况，可按传动路线逐一分析其运动方向、传动关系及运动范围。

4. 分析尺寸

分析装配图上所注的尺寸，有助于进一步了解部件的规格、外形大小、零件间的装配关系、配合性质以及该部件的安装方法等。

5. 总结归纳

为了加深对所读装配图的全面认识，还需从装拆顺序、安装方法和技术要求等方面综合考虑，以加深对整个部件的进一步认识，从而获得对整台机器或部件的完整概念。

【例 11－2】 读球压阀装配图（见图 11－20 和图 11－21）。

1）概括了解

在管道系统中，阀是用于启闭和调节流体流量的部件。球阀是阀的一种，它的阀芯是球形的，通常认为球阀最适宜直接做启、闭使用，但近年来的发展已将球阀设计成用作节流和控制流量的部件。球阀的主要特点是本身结构紧凑，易于操作和维修，适用于水、溶剂、酸和天然气等一般工作介质，而且还适用于工作条件恶劣的介质，如氧气、过氧化氢、甲烷和乙烯等。球阀阀体可以是整体的，也可以是组合式的。

其装配关系是：阀体 1 和阀盖 2 均带有方形的凸缘，它们用四个螺柱 5 和螺母 6 连接（注意轴测图已剖去球阀左前方的一部分），并用合适的调整垫 7 调节阀芯 4 与密封圈 3 之间的松紧。在阀体上部有阀杆 12，阀杆下部有凸块，连接阀芯 4 上的凹槽（轴测图中阀杆 12 未剖去，可以看出它与阀芯 4 的关系）。为了密封，在阀体与阀杆之间加进中填料 9 和上填料 10，并且旋入填料压紧套 11。

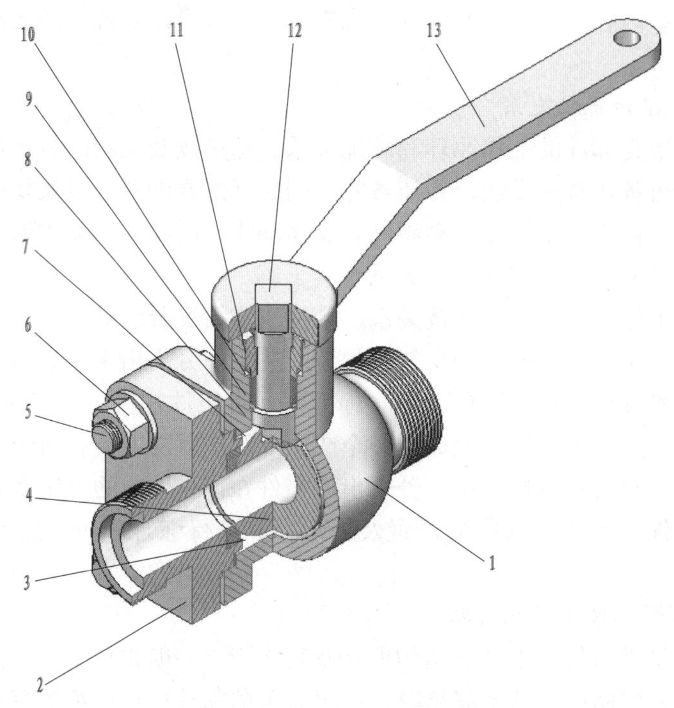

图 11 – 20　球阀的装配轴测图

1—阀体；2—阀盖；3—密封圈；4—阀芯；5—螺柱；6—螺母；7—调整垫；8—填料垫；
9—中填料；10—上填料；11—填料压紧套；12—阀杆；13—把手

球阀原理：阀杆 12 上部的四棱柱与把手 13 的方孔连接，当把手处于如图 11 – 21 所示的位置时，则阀门全部开启，管道畅通（对照图 11 – 20 所示轴测图）；当把手按顺时针方向旋转 90°时，则阀门全部关闭，管道断流。从俯视图的 *B – B* 局部剖视中可以看到阀体 1 顶部定位凸块的形状（为 90°的扇形），该凸块用以限制把手 13 的旋转位置。

2）了解装配关系和工作原理

从主视图观察知道：铅垂的轴线是主要装配干线。主要零件阀体 1 的右端具有和管路相接的凸缘，阀盖 2 的左端具有和管路相接的凸缘。在阀体的中心用阀芯 4 与密封圈 3 连接后，阀杆 12 穿过上填料 10、中填料 9、填料垫 8、阀体 1 与阀芯 4 的槽相连接，再用填料压紧套 11 将其固定，并将把手 13 与阀杆 12 相固定。

工作时，当把手 12 与阀体管道轴线平行时，流量最大，顺时针旋转，流量逐渐减少，当顺时针旋转到与管道轴线垂直位置时，管道关闭。

为了防止流体泄漏，常采用密封垫圈、填料和垫片等元件密封。

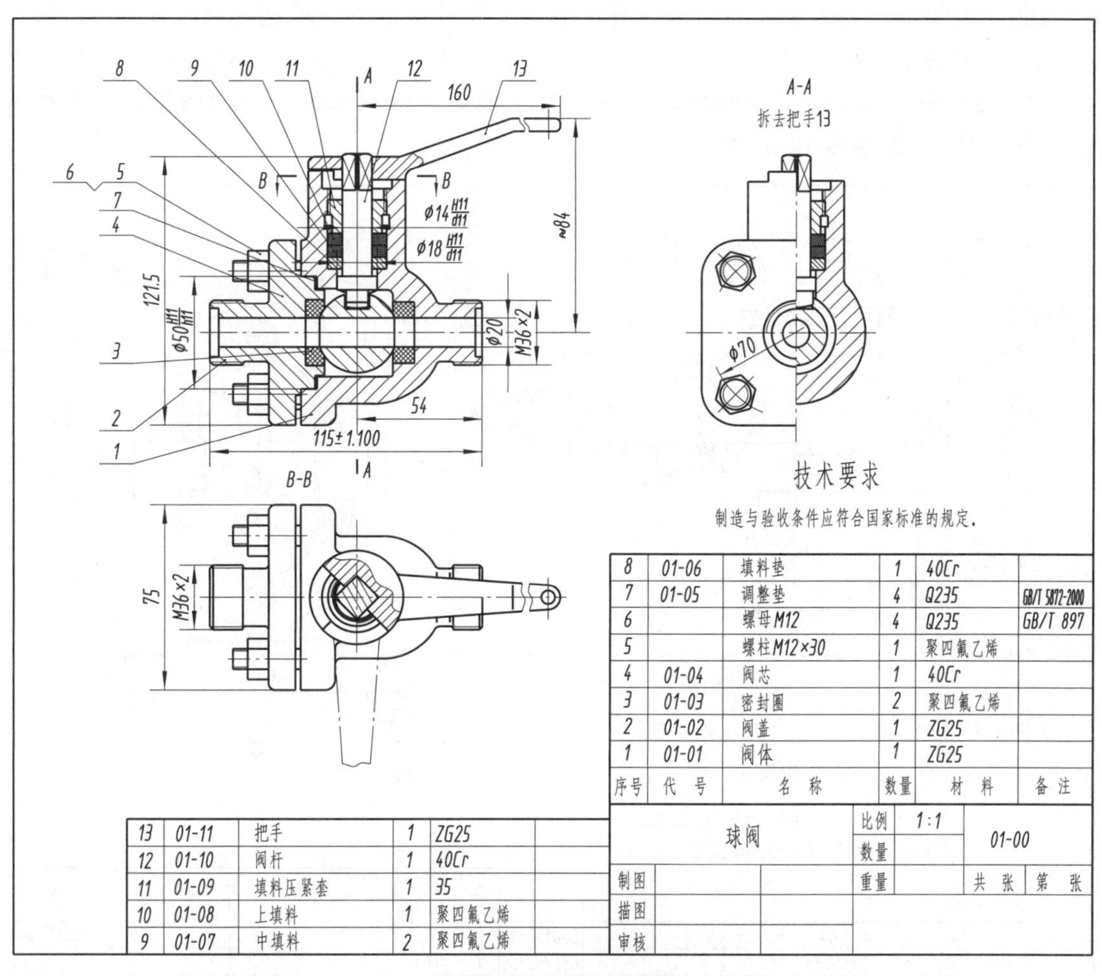

序号	代号	名称	数量	材料	备注
13	01-11	把手	1	ZG25	
12	01-10	阀杆	1	40Cr	
11	01-09	填料压紧套	1	35	
10	01-08	上填料	1	聚四氟乙烯	
9	01-07	中填料	2	聚四氟乙烯	
8	01-06	填料垫	1	40Cr	
7	01-05	调整垫	4	Q235	GB/T 5872-2000
6		螺母M12	4	Q235	GB/T 897
5		螺柱M12×30	1	聚四氟乙烯	
4	01-04	阀芯	1	40Cr	
3	01-03	密封圈	2	聚四氟乙烯	
2	01-02	阀盖	1	ZG25	
1	01-01	阀体	1	ZG25	

球阀	比例	1:1	01-00	
	数量			
制图	重量		共 张	第 张
描图				
审核				

图 11－21　球阀装配图

球阀中比较重要的装配关系：为了保证阀杆 12 运动的直线性，采用填料压紧套将其固定，其不仅使阀杆得到了支承，还增加了刚度，并可使阀杆在运动中始终处于正中位置。阀杆 12 与填料压紧套 11 采用配合尺寸 ϕ14H11/d11；阀杆 12 与阀体 1 采用配合尺寸 ϕ18H11/d11。还有其他装配关系和配合要求，请读者参照图 11－20 所示球阀的装配轴测图自行分析。

【例 11－3】 看齿轮油泵装配图（见图 11－22）。

1）概括了解

图 11－22 所示齿轮油泵是机器中用来输送润滑油的一个部件。对照零件序号及明细栏可以看出：齿轮油泵由 17 种零件装配而成，主要零件包括泵体，左、右端盖，传动齿轮，齿轮轴，传动齿轮轴等，其中标准件有 7 种。在表达方法上，主视图采用了 *A*－*A* 全剖视图，完全表达了各个零件之间装配和连接关系以及传动路线。左视图用的是 *B*－*B* 半剖视图，并有局部剖视图，主要表达了齿轮油泵的工作原理（吸、压油情况）以及主要零件泵体的内、外部形状。

2）了解装配关系及工作原理

泵体 6 是齿轮油泵中的主要零件之一，它的内腔容纳一对吸油和压油的齿轮。将齿轮轴 2、传动齿轮轴 3 装入泵体后，两侧有左端盖 1 和右端盖 7 支承这一对齿轮轴的旋转运动。由销 4 将左、右端盖与泵体定位后，再用螺钉 15 将左、右端盖与泵体连接成整体。

为了防止泵体与端盖结合面处以及传动齿轮轴 3 伸出端漏油，分别用垫片 5 及密封圈 8、轴套 9、压紧螺母 10 密封。

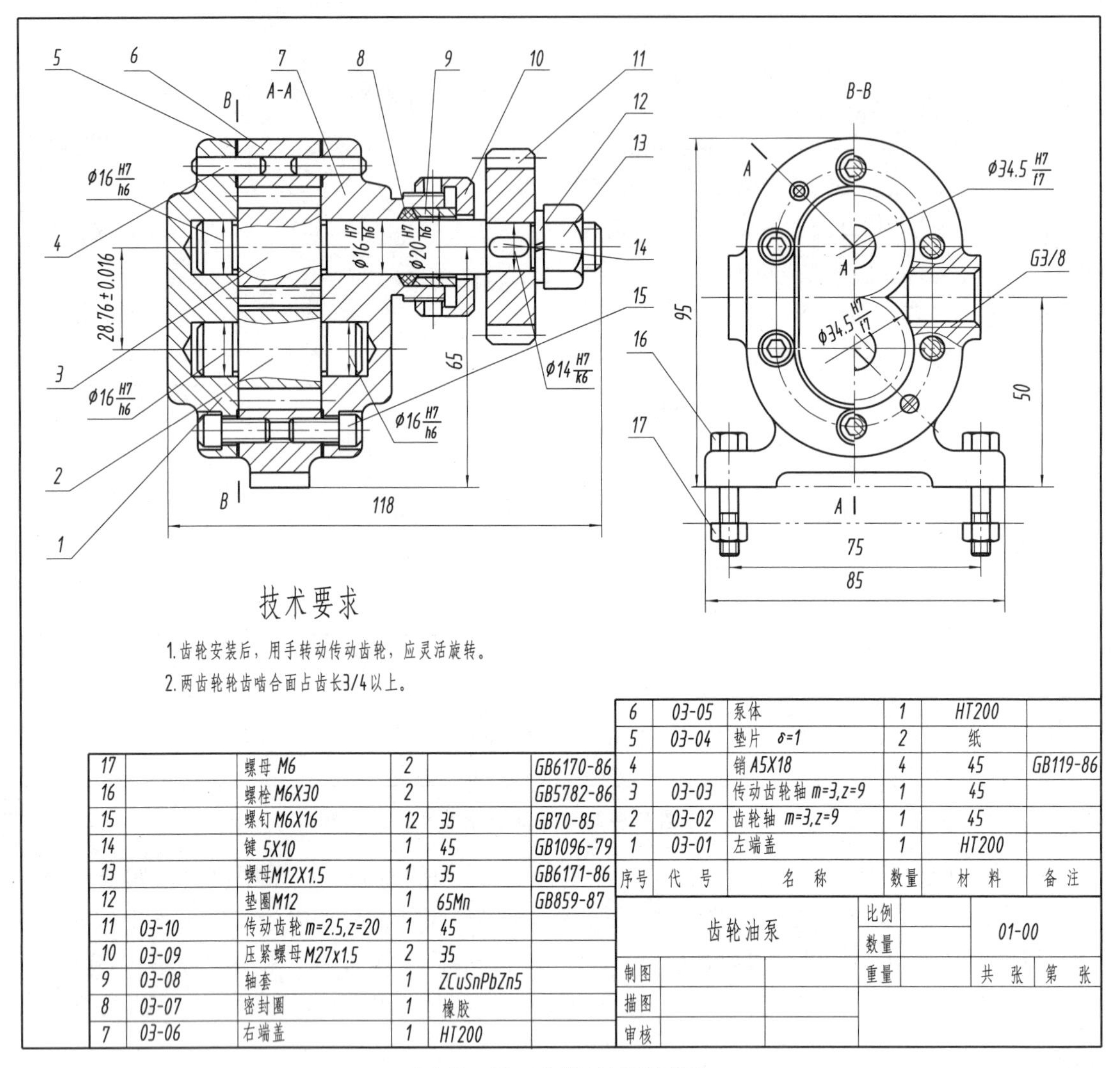

17		螺母 M6	2		GB6170-86
16		螺栓 M6X30	2		GB5782-86
15		螺钉 M6X16	12	35	GB70-85
14		键 5X10	1	45	GB1096-79
13		螺母M12X1.5	1	35	GB6171-86
12		垫圈M12	1	65Mn	GB859-87
11	03-10	传动齿轮 m=2.5,z=20	1	45	
10	03-09	压紧螺母 M27x1.5	2	35	
9	03-08	轴套	1	ZCuSnPbZn5	
8	03-07	密封圈	1	橡胶	
7	03-06	右端盖	1	HT200	

6	03-05	泵体	1	HT200	
5	03-04	垫片 δ=1	2	纸	
4		销 A5X18	4	45	GB119-86
3	03-03	传动齿轮轴 m=3,z=9	1	45	
2	03-02	齿轮轴 m=3,z=9	1	45	
1	03-01	左端盖	1	HT200	
序号	代号	名称	数量	材料	备注

图 11－22 齿轮油泵装配图

齿轮轴 2、传动齿轮轴 3、传动齿轮 11 是油泵中的运动零件。当传动齿轮 11 按逆时针方向（从左视图观察）转动时，可通过键 14 将扭矩传递给传动齿轮轴 3，并经过齿轮啮合带动齿轮轴 2，从而使后者能顺时针方向转动。如图 11－23 所示，当一对齿轮在泵体内做啮合传动时，啮合区内右边空间的压力将降低而产生局部真空，油池内的油在大气压力作用下进入油泵低压区内的吸油口，随着齿轮的传动，齿槽中的油不断沿箭头方向被带至左边的压油口把油压出，并送至机器中需要润滑的部分。

3）对齿轮油泵中一些配合和尺寸的分析

根据零件在部件中的作用和要求，应注出相应的公差与配合。例如传动齿轮 11 要带动传动齿轮轴 3 一起转动，除了靠键把两者连成一体传递扭矩外，还需定出相应的配合。在图 11 - 22 中可以看到，它们之间的配合尺寸是 ϕ14H7/k6，它属于基孔制的优先过渡配合，由附表 3 ~ 附表 5 查得：

孔的尺寸是 $\phi14^{+0.018}_{0}$，轴的尺寸是 $\phi14^{+0.012}_{+0.001}$，即：

配合的最大间隙 = 0.018 - 0.001 = +0.017；

配合的最大过盈 = 0 - 0.012 = -0.012。

齿轮与端盖在支承处的配合尺寸是 ϕ16H7/h6；轴套与右端盖的配合尺寸是 ϕ20H7/h6；齿轮轴的齿顶圆与泵体内腔的配合尺寸是 ϕ34.5H7/f7。它们的配合关系请读者自行解答。

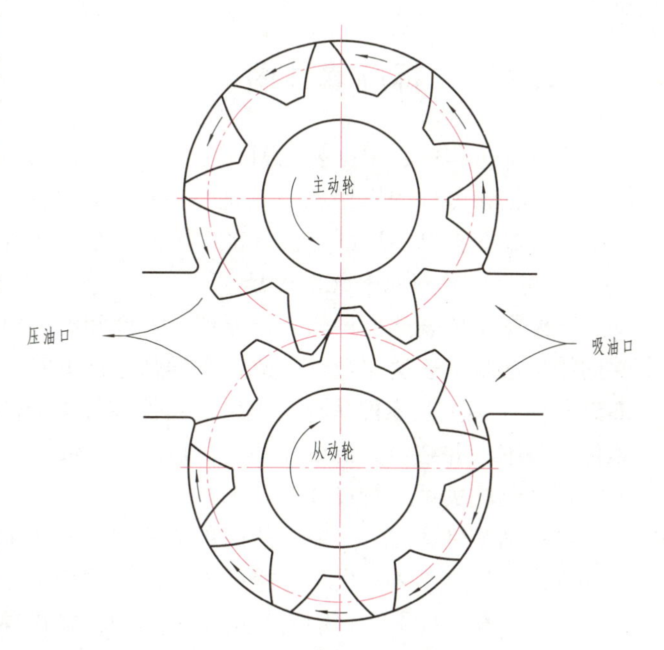

图 11 - 23　齿轮油泵原理

尺寸 28.76 ± 0.016 是一对啮合齿轮的中心距，这个尺寸准确与否将会直接影响齿轮的啮合传动；尺寸 65 是传动齿轮轴线离泵体安装面的高度尺寸。尺寸 28.76 ± 0.016 与 65 分别是设计和安装所要求的尺寸。

齿轮油泵轴测图如图 11 - 24 所示。

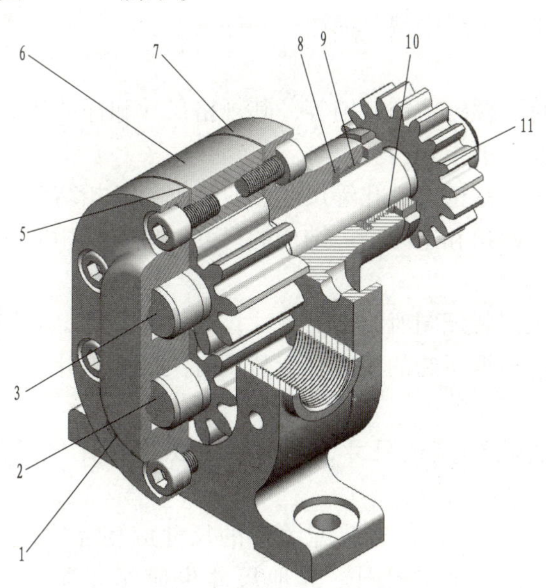

图 11 - 24　齿轮油泵轴测图

1—左端盖；2—齿轮轴；3—传动齿轮轴；4—销；5—垫片；6—泵体；7—右端盖；8—密封圈；9—轴套；10—压紧螺母；11—传动齿轮

11.7.3 拆画零件图

在设计过程中，根据装配图画出零件图，称为拆图。拆图时，要在全面读懂装配图的基础上，根据该零件的作用和与其他零件的装配关系，确定结构形状、尺寸和技术要求等内容。由装配图拆画零件图是设计工作中的一个重要环节。

1. 构思零件形状和视图选择

装配图主要表达部件的工作原理、零件间的相对位置和装配关系，不一定能把每一个零件的结构形状都表达完全。因此，在拆画零件图时，应对所拆零件的作用进行分析，然后分离该零件（即把该零件从与其组装的其他零件中分离出来），在各视图的投影轮廓中画出该零件的范围，并结合分析情况补齐所缺的轮廓线。对那些尚未表达完全的结构，要根据零件的作用和装配关系进行设计。

在拆画零件图时，一般不能简单地照搬装配图中零件的表达方法，应根据零件的结构形状和零件图的视图表达要求，重新考虑最好的表达方案安排视图。

此外，在装配图上可能省略的工艺结构，如拔模斜度、圆角、倒角和退刀槽等，在零件图上都应表达清楚。

2. 零件图的尺寸

标注零件图上的尺寸的方法一般有以下几种。

1）抄注

在装配图中已标注出的尺寸，大多是重要尺寸，一般都是零件设计的依据，故在拆画其零件图时，这些尺寸要完全抄注。对于配合尺寸，应根据其配合代号查出偏差数值，并根据配合类别、公差等级将上、下极限偏差标注在零件图上。

2）查找

标准件如螺栓、螺母、螺钉、键、销等，其规格尺寸和标准代号一般在明细栏中已经列出，其详细尺寸可从相关标准中查得。

螺孔直径、螺孔深度、键槽、销孔等尺寸，应根据与其相结合的标准件尺寸来确定。

按标准规定的倒角、圆角和退刀槽等结构的尺寸，应查阅相应的标准来确定。

3）计算

某些尺寸数值，应根据装配图所给定的尺寸，通过计算确定。如齿轮轮齿部分的分度圆尺寸、齿顶圆尺寸等，应根据所给的模数、齿数及有关公式来计算。

4）量取

在装配图上没有标注出的其他尺寸，可从装配图中用比例尺量得。量取时，一般取整数。

另外，在标注尺寸时应注意，有装配关系的尺寸应相互协调，不要造成矛盾。如配合部分的轴、孔，其基本尺寸应相同。其他尺寸也应相互适应，使之不致在零件装配时或运动时产生矛盾或产生干涉、咬卡现象。在进行尺寸的具体标注时，还要注意尺寸基准的选择。

3. 零件的技术要求

在画零件工作图时，零件的各表面都应注写表面粗糙度代号，对零件的几何公差、表面粗糙度及其他技术要求，可根据零件在装配体的使用要求，用类比法参照同类产品的有关资料以及已有的生产经验进行综合确定。配合表面要选择恰当的公差等级和基本偏差，根据零件的作用还要加注必要的技术要求和几何公差要求。

最后，必须检查零件图是否已经画全，并对所拆画的零件图进行仔细校核。校核时应注意：每张零件图的视图、尺寸、表面粗糙度和其他技术要求是否完整、合理，有装配关系的尺寸是否协调，零件的名称、材料、数量等是否与明细表一致等。

【例 11 -4】拆画球阀（见图 11 -21）阀杆零件图。

拆球阀的顺序为：球阀有水平和竖直两条装配干线，拆卸时按照拆把手 13—填料压紧套 11—上填料 10—中填料 9—填料垫 8—阀杆 12—4 个 M12 的螺母 5—4 个 M12 ×30 螺柱—端盖 2—密封圈 3—阀芯 4—阀体 1 的顺序拆卸。安装时则按照相反的顺序安装。现以阀杆（序号 12）为例作为拆画零件图进行分析，由主视图可见：阀杆由填料压紧套 11 通过上填料 10、中填料 9、填料垫 8 压紧在阀体 1 上，扳手 13 通过方孔与阀杆连接。

拆画阀杆零件时，由图 11 -21 标题栏看出该装配图是按 1∶1 比例画的，故先从主视图上区分出阀杆的视图轮廓。如图 11 -25（a）所示，考虑轴套类零件加工主要在车床、磨床上加工，加工时将轴线按照水平位置摆放进行加工，阀杆主视图选择如图 11 -25（b）所示。

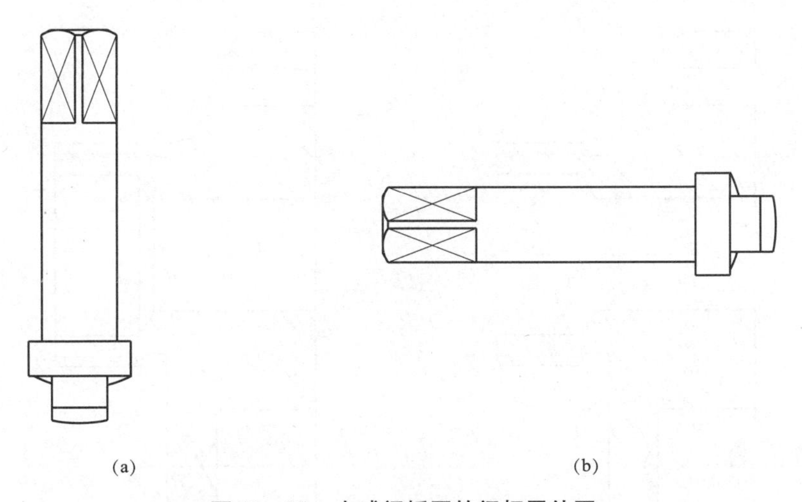

图 11 -25　由球阀拆画的阀杆零件图

（a）从装配图中分离出的阀杆主视图；（b）根据轴套类零件表达方法选择的主视图

按照图 11 -25 所示的方法，该零件还有左端面方形的凸缘及右端面的凸块没有表达清楚，由图 11 -21 所示球阀装配图中的俯视图测出方形凸缘的两端面距离，采用断面图表达该结构。结合如图 11 -21 所示主视图、左视图可以知道凸块的形状，配以 A 向视图表达凸块形状。如图 11 -26 所示。

对装配图上已标注出的尺寸进行抄注，配合尺寸 ϕ14d11、ϕ18d11 应根据配合代号，查出偏差数值，并根据配合类别、公差等级将上、下偏差标注在零件图上，其他尺寸量取标注，技术要求参照相关轴类零件进行注写。

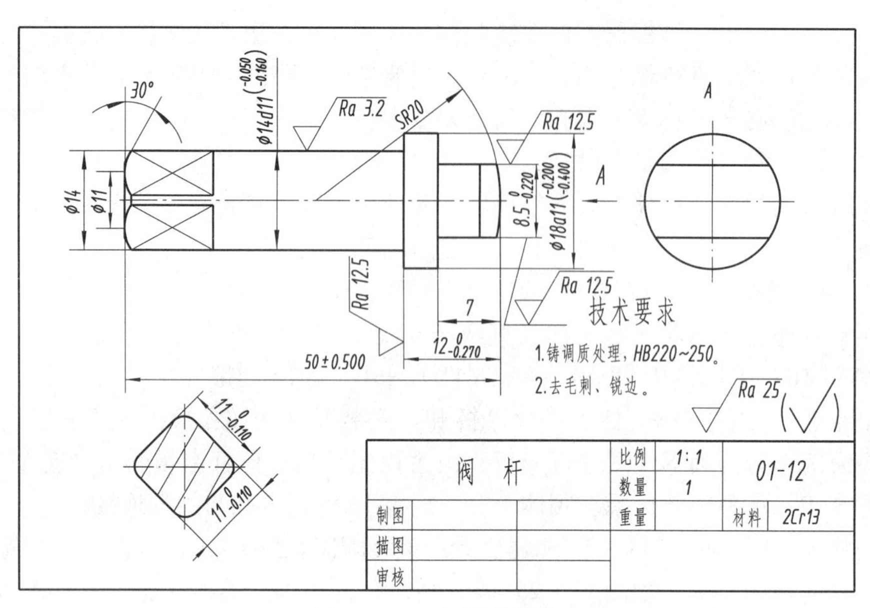

图 11－26　阀杆零件图

【**例 11－5**】拆画齿轮油泵右端盖零件图，如图 11－27 所示。

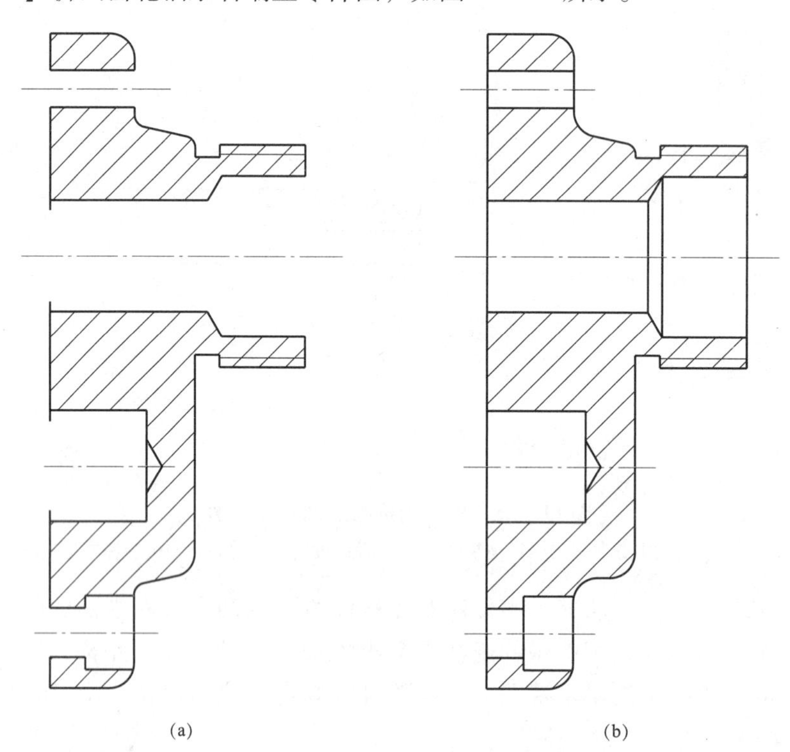

(a)　　(b)

图 11－27　由齿轮油泵拆画的右端盖零件图

(a) 从装配图中分离出的右端盖主视图；(b) 补全图线右端盖全剖主视图

分析：

如图 11－22 所示，右端盖为 7 号件，由主视图可见：右端盖上部有传动齿轮轴 3 穿过，下部有齿轮轴 2 轴颈的支承孔，在右端盖凸缘的外圆柱面上有外螺纹，用压紧螺母 10 通过轴套 9 将密封圈 8 压紧在轴的四周。由左视图可见：右端盖的外形为长圆形，沿周围分布有六个螺钉沉孔和两个圆柱销孔。

拆画此零件时，先从主视图上区分出右端盖的视图轮廓，由于在装配图的主视图上，右端盖的一部分可见投影被其他零件所遮盖，因而它是一幅不完整的图形，如图 11－27（a）所示。根据此零件的作用及装配关系，可以补全所缺的轮廓线。这样的盘盖类零件一般可用两个视图表达，从装配图的主视图中拆画右端盖的图形，显示了右端盖各部分的结构，其仍可作为零件图的主视图，然后再加俯视图或左视图。对于盘盖类零件，一般采用主、侧视图表达，为了使侧视图能显示较多的可见轮廓，可采用主、右视图表达方案。分离后需补全图线右端盖全剖的主视图，如图 11－27（b）所示。

图 11－28 所示为画出表达外形的右视图后的右端盖零件图。在图中按零件图的要求注全了尺寸和技术要求，有关的尺寸公差是按装配图中已表达的要求注写的。这张零件图能完整、清晰地表达右端盖。

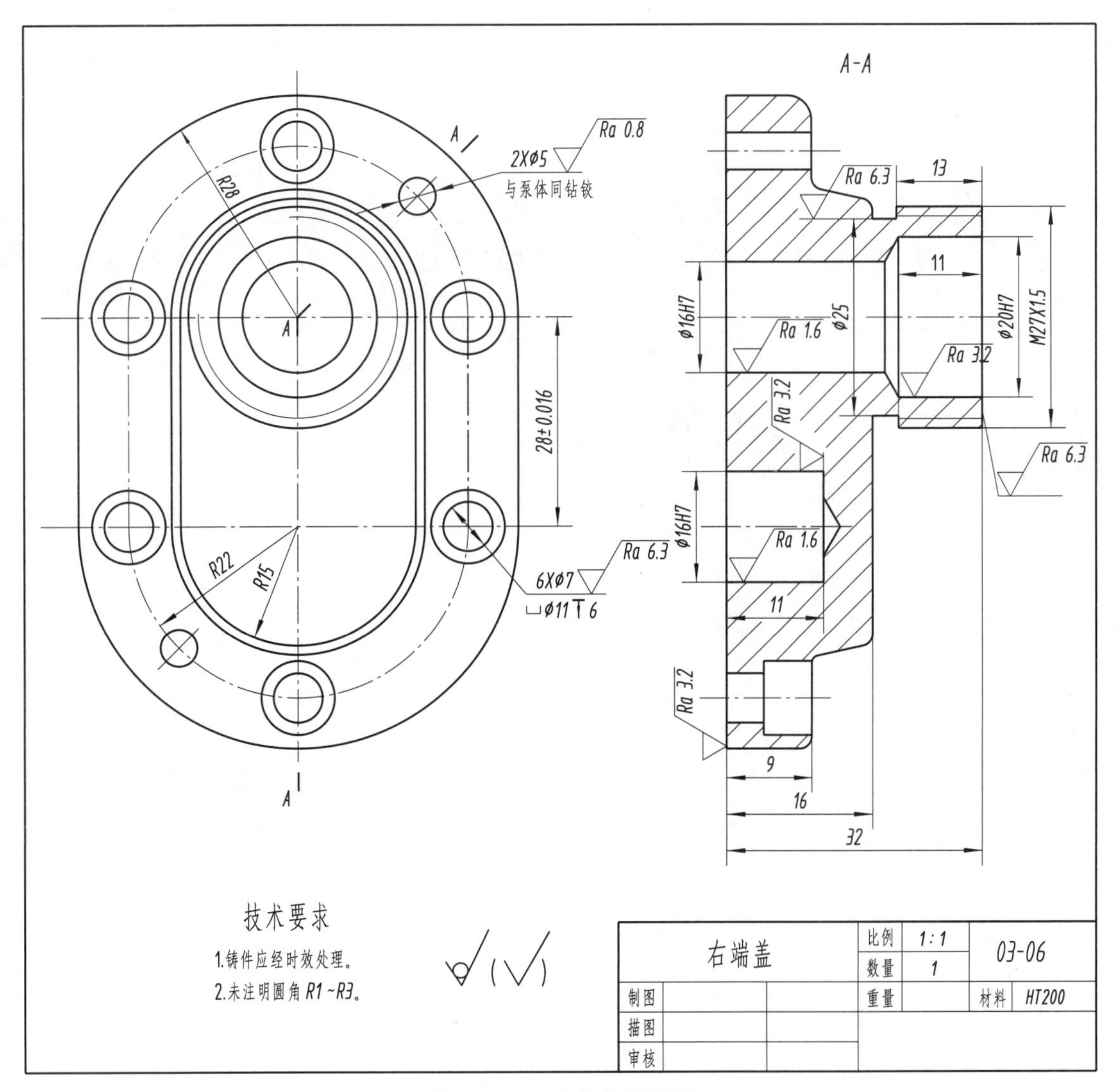

图 11－28　右端盖装配图

本章小结

本章主要介绍了装配图的作用与内容、装配体上常见表达方法与合理结构，读装配图的方法与步骤，由零件图拼画装配图及由装配图拆画零件图的作图过程与方法。通过学习，了解装配图作用、内容和表达方法，掌握装配图的尺寸标注和明细编号标注规则，掌握绘制装配图、拆画零件图的方法与步骤。

第 12 章　其他工程图

【本章知识点】

(1) 三棱锥、料口等平面立体表面的展开。

(2) 圆柱管、等径直角弯管、变形接头等可展曲面的展开。

(3) 球面、马蹄形接头、圆柱螺旋面等不可展曲面的近似展开。

(4) 焊接图的画法。

12.1　平面立体的表面展开

在工业生产中，经常遇到由板材制作的器件，如大型管道、化工容器、船体、机器外罩等。制造时需要先依据图样，画出展开图（也称为放样），然后按图下料，并通过卷、焊等加工而成。表面展开图实际上就是将立体表面按其实际大小，依次摊开在同一个平面上所得到的平面图形。一般应先按 1∶1 比例画出立体的投影图，然后再根据投影图按一定方法画出表面展开图。除图解法外，也可用计算法画出表面展开图。图 12－1（a）所示为圆柱筒，图 12－1（b）所示为其表面展开图，图 12－1（c）所示为用板材卷制圆柱筒的情况。

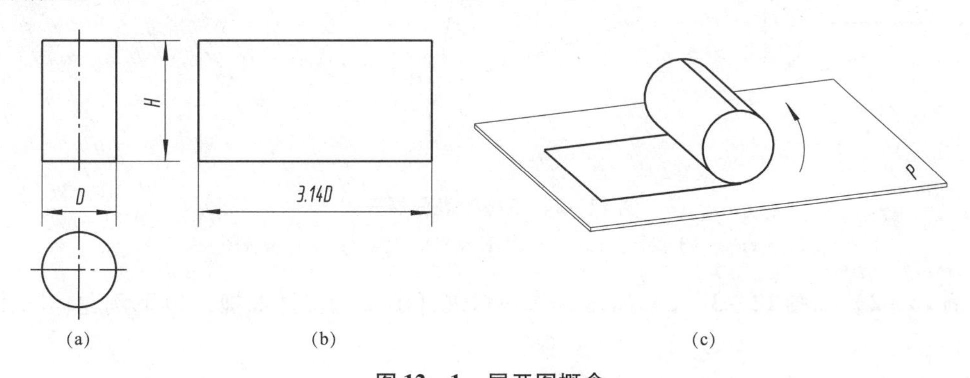

图 12－1　展开图概念

（a）圆柱筒的视图；（b）圆柱面展开图；（c）卷制圆柱筒

立体的表面分为可展与不可展两种。平面立体的表面都是可展表面，都可以精确展开。某些种类的曲面是不可展表面，而不可展表面常采用近似展开的方法画出其展开图。在实际生产中，展开图还要考虑板厚、咬缝余量及展开精度等因素，并做出一定的技术处理。

平面立体各表面均为平面图形，棱线是相邻两表面的交线，展开作图的一般步骤如下：

（1）求表面实形；

（2）找出相邻两表面的共有边；

（3）按一定顺序相继画出各表面实形。

由于三角形具有三边边长确定三角形这一性质，所以表面展开一般采用三角形法。

【例 12－1】 如图 12－2（a）所示，作三棱锥展开图。

分析：

三棱锥共有四个表面，前后两侧面相同，底面为水平面，水平投影反映实形，三条底棱的水平投影反映实长；一条侧棱处于正平线位置，其正面投影反映实长。

作图：

（1）如图 12－2（a）所示，按 1∶1 画出投影图。

（2）用直角三角形法或换面法求作三棱锥三条侧棱 SA、SB、SC 和底边 AB、AC、BC 实长，有了三角形的三边边长，再求△SAB、△SAC、△SBC、△ABC 实形，如图 12－2（b）所示。

（3）先画底面△ABC，再按顺序画出各表面实形，如图 12－2（c）所示。

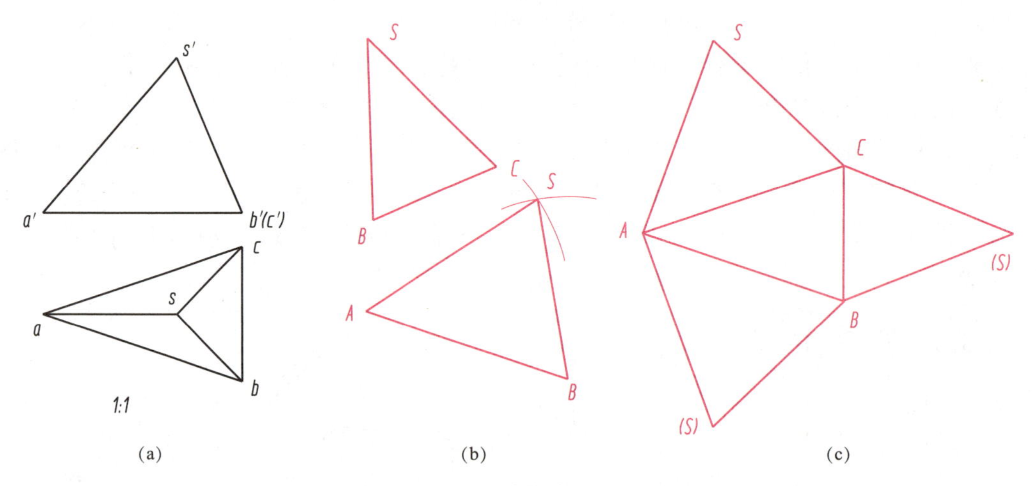

图 12－2　三棱锥表面展开图

（a）1∶1 投影图；（b）求实长及三角形实形；（c）展开图

【例 12－2】 如图 12－3（a）所示，作料口展开图（为叙述简捷，以下例题作图比例均为 1∶1）。

分析：

此件是由薄板制成的筒，由四个侧面围成。该件前后对称，十二条侧棱中八条在投影图上能反映实长［见图 12－3（a），注有 L 者反映实长］，另四条两两等长，所以仅有两条须求实长［见图 12－3（a），BB_1 和 DD_1 或者 AA_1 和 CC_1］。可以将四个侧面四边形分别化解为三角形去作图，作图时应充分注意对称性及反映实长和实形的投影。

作图：

(1) 引四边形的对角线 a_1c、b_1a、c_1d［见图 12－3 (b)］。

(2) 用旋转法（或其他方法）求出 A_1C、B_1A、C_1D、B_1B、D_1D 实长［见图 12－3 (b)］中 a_1C_0、b_1A_0、c_1D_0、b_1B_0、d_1D_0。

(3) 先画 CC_1A_1 实形，再按共有边关系按顺序相继画出各相邻表面实形，即展开图［见图 12－3 (c)］。

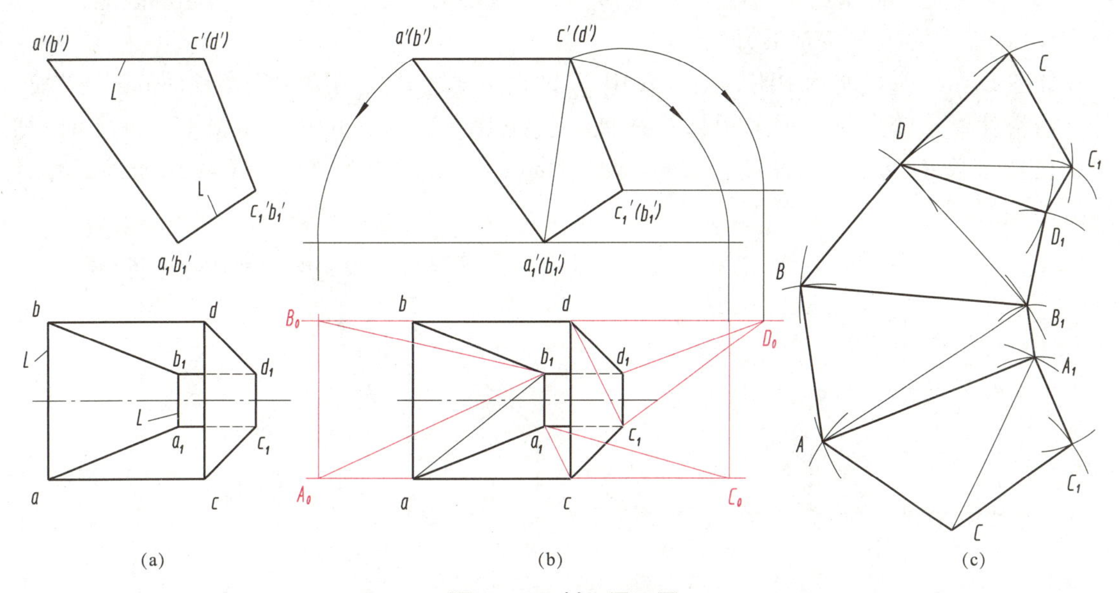

图 12－3　料口展开图

(a) 投影图；(b) 划分三角形求实长；(c) 展开图

12.2　可展曲面的展开

12.2.1　带斜截口的圆柱管的展开

对于直纹曲面，当任意两连续素线能确定一个平面时，该直纹曲面为可展曲面。可展曲面可以精确展开，常用计算法或作图法展开［见图 12－1 (b)］，而当精确度要求不高时，一般用图解法展开。简易作图法的基本原则是先将曲面近似地划分成有限个连续的由素线构成的平面，再按平面立体表面展开的方法展开。这一种近似的展开方法称为素线平面法。

【例 12－3】 求作斜口圆柱管的展开图（见图 12－4）。

分析及作图：

(1) 在俯视图上等分圆周（图上是作 12 等分，因前后对称，仅作前面 7 个点），如图 12－4 (a) 所示。

（2）在主视图上作出各等分点对应的素线 $1'a'$、$2'b'$、$3'c'$、…、$7'g'$。

（3）将底圆展开为一直线（πD），并在直线上顺序取Ⅰ、Ⅱ、Ⅲ、…、Ⅶ点，使两相邻点间线段长等于$\overset{\frown}{12}$弧长。

（4）过Ⅰ、Ⅱ、Ⅲ、…、Ⅶ等分点作对应素线ⅠA、ⅡB、ⅢC、…、ⅦG，使其等于实长（即 = $1'a'$、$2'b'$、$3'c'$、…、$7g'$）。

（5）光滑连接各端点 A、B、C、…、G，对称画出另一半，即斜口椭圆轮廓线展开，用粗实线加深轮廓线，则完成展开图。

如图 12－4（a）所示中阴影图形Ⅱ ⅢCB 即是两素线ⅡC、ⅢB 之间圆柱面的素线平面。

当精度要求较高时，可采用计算法展开［见图 12－4（b）］。如图 12－4（b）所示，已知参数 d、H、a 及曲线公式 $y = d/2 \times \tan\alpha \times \sin(2x/d) + H$（$0 \leqslant x \leqslant \pi d$），用计算机绘制展开图。

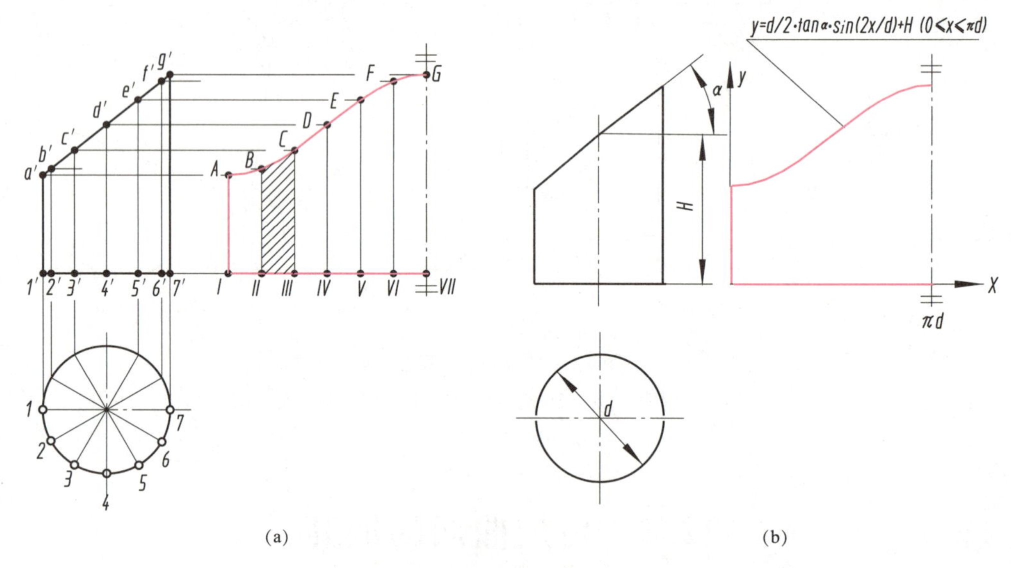

(a)　(b)

图 12－4　斜口圆柱管的展开图

（a）图解法展开；（b）计算法展开

12.2.2　等径直角弯管的展开

【例 12－4】 如图 12－5 所示，求作等径直角弯管的展开图。

分析及作图：

直角弯管本应是 1/4 段圆环［见图 12－5（a）］，但实际生产中经常用五节斜口圆柱管焊接而成［见图 12－5（b）粗实线所示］。展开作图与【例 12－1】相同。实际下料时，为合理用料可直接截割五段圆柱管［见图 13－6（c）中 $a'b'$、$b'c'$、$c'd'$、$d'e'$、$e'f'$］，然后将 $b'c'$、$d'e'$ 两段绕它的轴线旋转 180°后焊接即成；也可将展开图合理排画在板材上［见图 12－6（d）］，再进行截割、卷制和焊接。

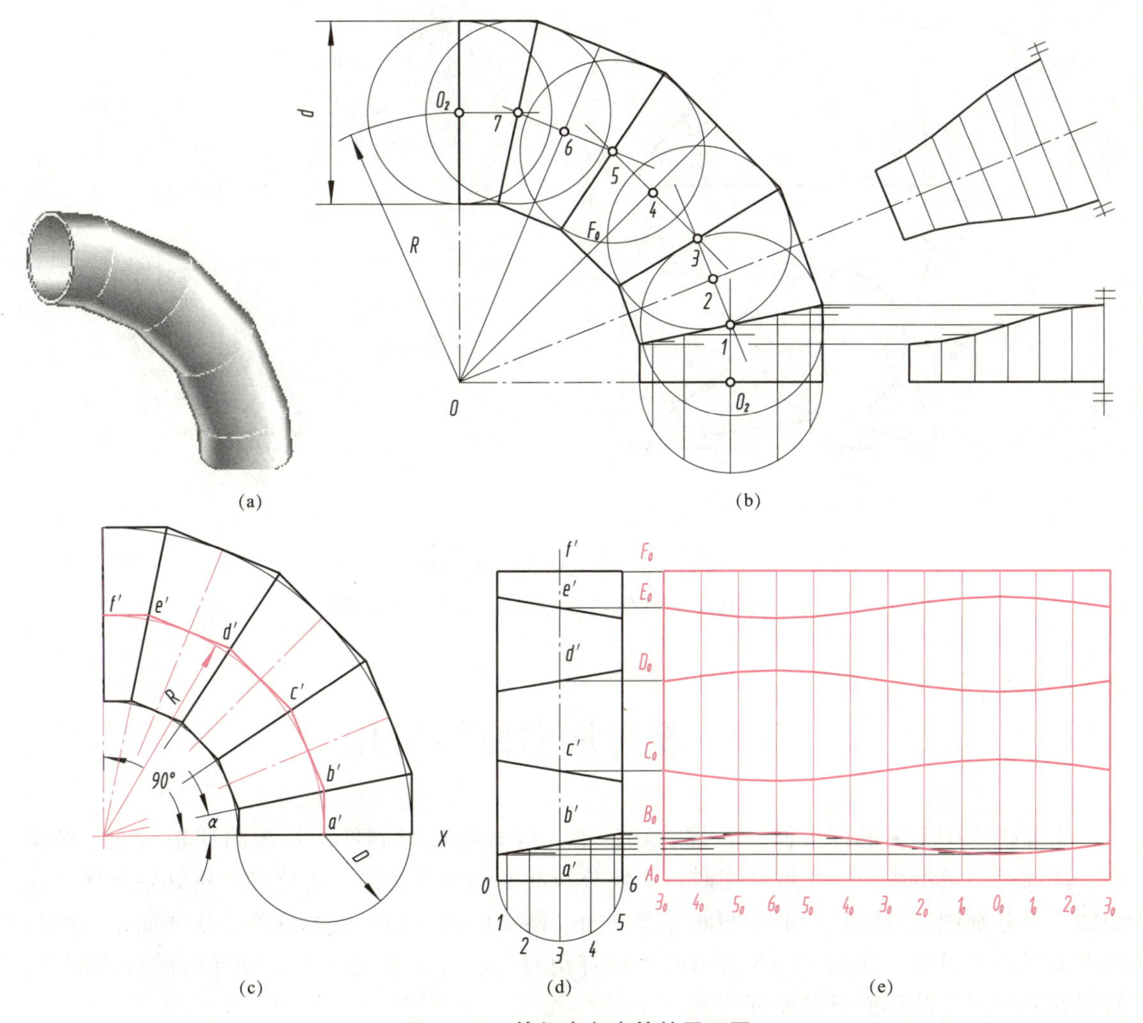

图 12－5　等径直角弯管的展开图

（a）等径直角弯管；（b）局部展开；（c）视图；（d）相当于截割圆柱筒；（e）展开图

12.2.3　变形接头的展开

【例 12－5】 如图 12－6 所示，求矩形口倾斜过渡为圆形口的变形接头的展开图。

作图：

（1）等分圆周为 12 等分，引斜圆锥素线 $c1$、$c2$、$c3$ 和 $c'1'$、$c'2'$、$c'3'$，如图 12－6（a）所示。

（2）求作斜圆锥各素线实长（图 12－6 中采用旋转法）。

（3）按顺序展开各三角形及斜圆锥面，如图 12－6（b）所示。

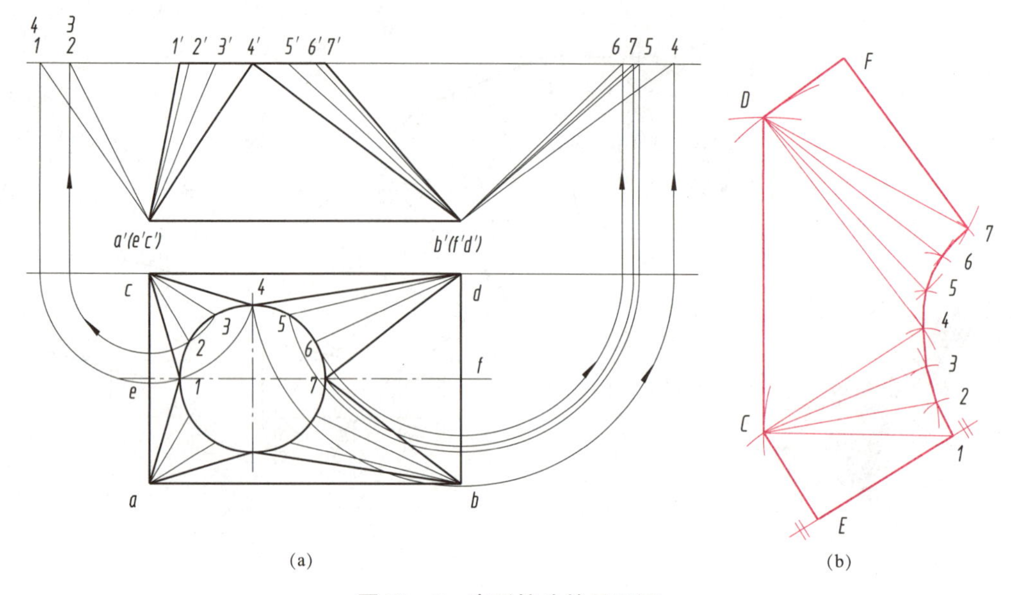

(a) (b)

图 12－6 变形接头的展开图

(a) 旋转法求斜圆锥素线实长；(b) 斜圆锥面展开图

12.3 不可展曲面的展开

工业生产中常见的球形储罐、螺旋输送器、弯管等板材制件，其表面均是球面、螺旋面、环面等不可展表面。作展开图时首先要分析曲面的几何性质，再合理地将其划分成小块曲面，并分别用比较贴近的可展曲面如圆柱面、圆锥面或三角形代替这些小块曲面，从而达到近似展开的目的。如图 12－5 所示的等径直角弯管实际上就是 1/4 段圆环管的替代制件，其展开图可视为圆环面近似展开图。

12.3.1 球面的近似展开

【例 12－6】 如图 12－7 所示，求作球面的展开图。

分析：

球面是曲线面，不可展。近似展开的方法有多种，不同行业、不同材料、不同环境有不同的展开要求，展开时应查阅和参考有关标准及技术资料。以钢板制作的球罐为例，常用经纬分块法展开。

以上、下两顶点 N、S 为极点作经线，将球面分为等分条块，如图 12－7（a）所示［图 12－7（a）中是 12 等分］，以上、下半球分界线为赤道圆，将球面适当划分为两极带、两温带、赤道带，如地球仪状（图 12－7 中仅分为两极带及赤道带），将两极带近似地展开为两圆平面［见图 12－7（b）和图 12－7（d）］，赤道带各小块近似的以圆柱面代替并展开，如图 12－7（c）、图 12－7（e）和图 12－7（f）所示。图 12－7（c）所示为圆柱面小块投影图，图 12－7（e）所示为直观图，图 12－7（f）所示为其展开图。

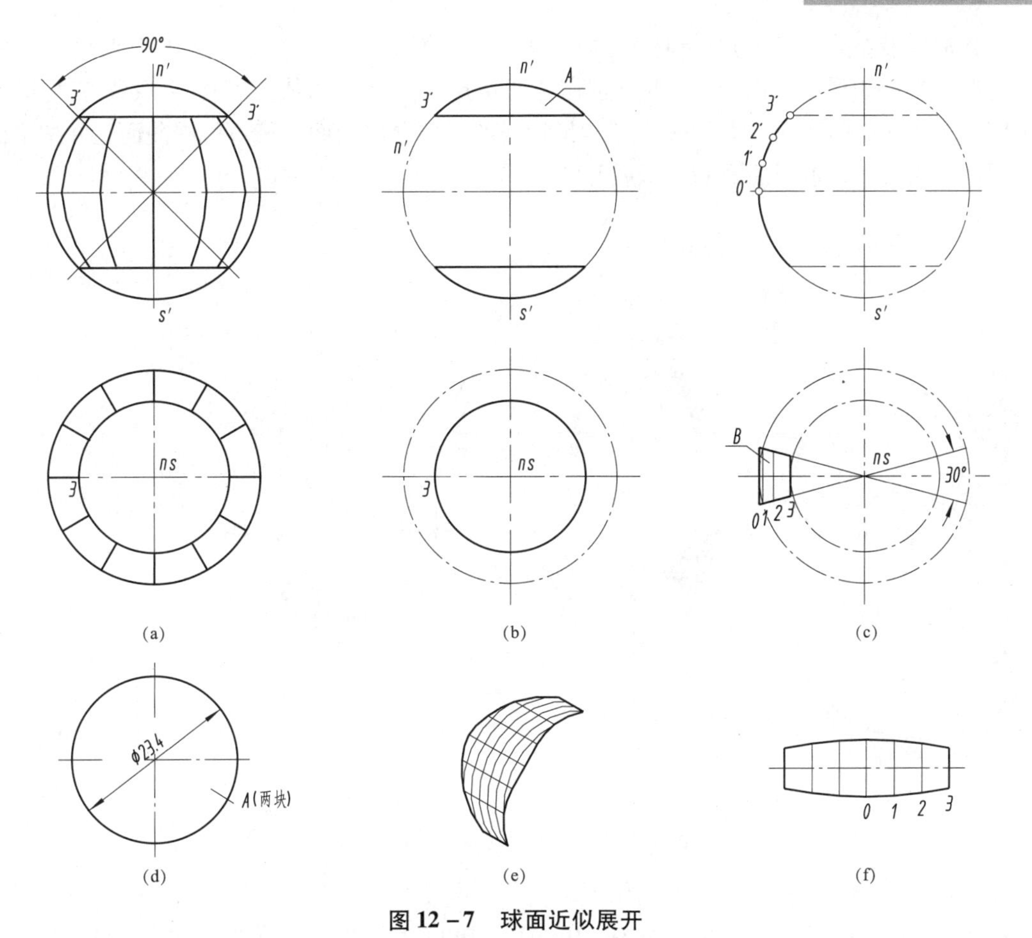

(a)　(b)　(c)　(d)　(e)　(f)

图 12－7　球面近似展开

(a) 球面分块；(b) 两极块；(c) 1/12 块赤道带；(d) 两极展开；(e) 赤道块；(f) 赤道带块展开图

作图：

(1) 过正面投影圆心作两条夹角为90°的直线，与圆交于3，将球面分为两极及赤道带，如图 12－7 (a) 所示。

(2) 作经线将赤道带划分为 12 等分。

(3) 以弧 $n'3'$ 长度为半径作圆，即极带 A 的近似展开，如图 12－7 (b) 和图 12－7 (d) 所示。

(4) 取球面赤道带左侧 1/12 小块，以外切斜口圆柱面片取代之，其水平投影是一等腰梯形，两底边分别与两圆相切；正面投影为球面的轮廓线（圆弧），如图 12－7 (c) 中 $0'$、$1'$、$2'$、$3'$所在粗实线弧所示。

(5) 将外切斜口圆柱片展开，如图 12－7 (f) 所示。

12.3.2　马蹄形接头的近似展开

【例 12－7】 如图 12－8 所示，求作变直径弯管接头展开图。

分析：

上部斜口为小圆，下面水平口为大圆，表面为柱状面，属于不可展曲面，如图 12－8 (a)

所示。分别从最左点 O、Ⅰ为始点将上、下两圆作 12 等分，将对应等分点连为直线，形成 12 个四边形（如四边形 O Ⅰ Ⅲ Ⅱ），再分别作各四边形的一条对角线，就构成 24 个三角形（如△O Ⅰ Ⅱ、Ⅰ Ⅱ Ⅲ，等等）。以这 24 个三角形构成的平面立体表面代替不可展曲面，并按平面立体表面展开法展开，可得曲面的近似展开图。

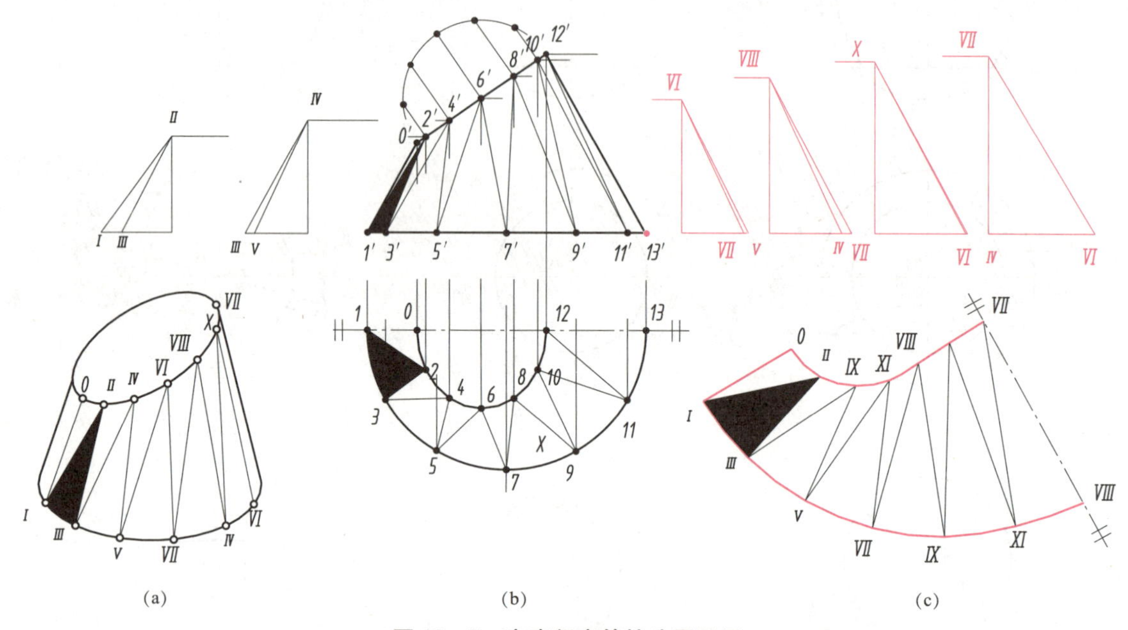

图 12 - 8　变直径弯管接头展开图

作图：

（1）将上、下圆周各作 12 等分 O、Ⅱ、Ⅳ…和Ⅰ、Ⅲ、Ⅴ、…［见图 12 - 8（b）］，将曲面分割为 24 个小区域，并以相应三角形（如△O Ⅰ Ⅱ、△Ⅰ Ⅱ Ⅲ、△Ⅱ Ⅲ Ⅳ…）代替这些小区间。

（2）求作各三角形边的实长，如图 12 - 8（c）所示。

（3）按三角形法展开，得近似展开图，如图 12 - 8（d）所示。

12.3.3　圆柱螺旋面的近似展开

【例 12 - 8】如图 12 - 9 所示，求作正圆柱螺旋面展开图。

分析一

正圆柱螺旋面是锥状面，属于不可展曲面。将一个导程（S）的正螺旋按素线面分割为 12 等分［见图 12 - 9（a）］，每等分近似的当作四边形，再将每个四边形分为两个三角形（如图 12 - 9（b）所示将四边形 $ABCD$ 分成△ABD、△BDC），然后按三角形法展开。

作图：

（1）将水平投影的圆作 12 等分，并求出正面投影轮廓上的对应点［如图 12 - 9（a）中 A、B、C、D 点］，得到一个导程的 12 个等分块，再将每小块曲面近似的划分为两个三角形（如△ABD 和△BDC）。

（2）按三角形法展开每一块，获得展开图，如图 12 - 9（c）所示。作展开图时，因各块形状相同、图形对称，故实际上只需展开一小块 $ABCD$，延长 AB 和 DC，得交点 O，以 O 为圆心作大、小两圆弧，在圆弧上求作 12 段与 AD、BC 等长的圆弧即可。

分析二

由图 12-9（c）可知，近似展开图为开口圆环，与圆锥面展开的扇形相同。如图 12-9（a）所示，设螺旋面的大、小圆柱直径分别为 D、d，导程为 S，素线长为 b，内、外圈两螺旋线长分别为 L 和 l。如图 12-9（c）所示，展开图中开口圆弧所对的中心角为 α，大、小两圆弧半径分别为 R、r，由螺旋面几何关系可得：$D = d + 2b$，由图 12-9（d）可知，用计算法画展开图的参数是 R、r、α，这三个参数都可由 b、L、l 求得，即已知螺旋面的基本参数 D、d、S 就可以用计算法画出近似展开图。

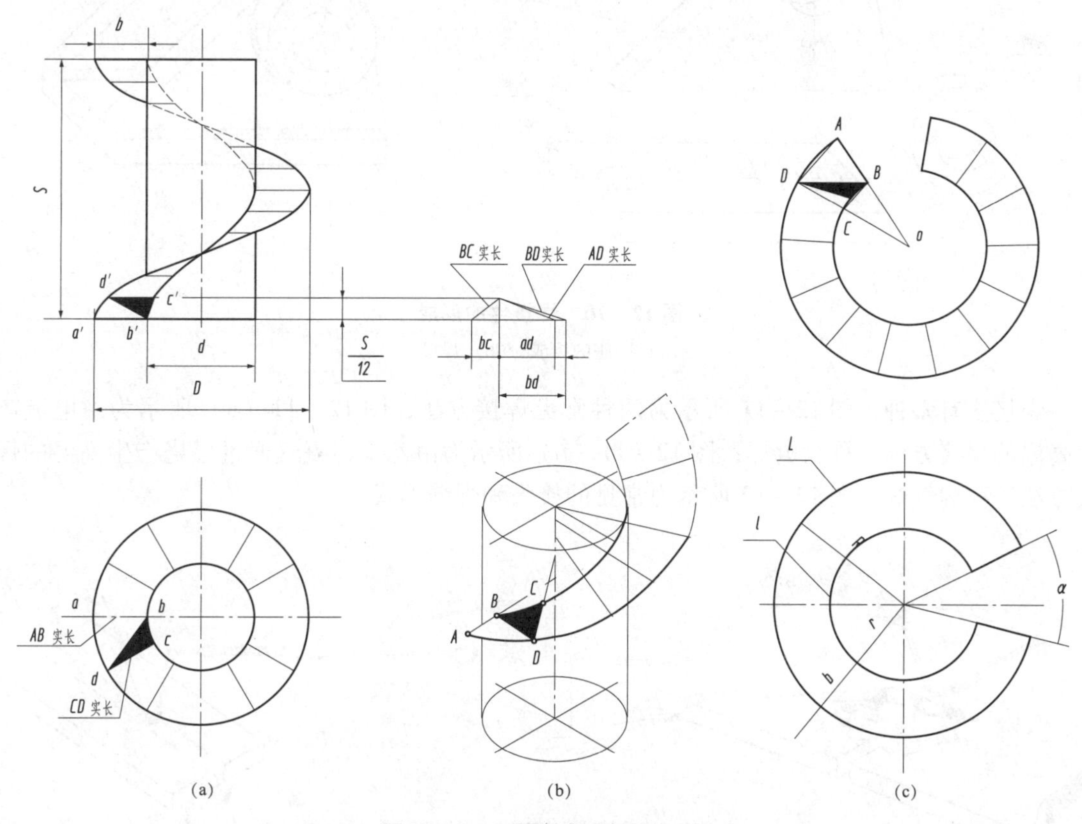

图 12-9　正圆柱螺旋面展开图

（a）投影图及求实长；（b）近似展开分析；（c）用计算法算出的螺旋面展开图

12.4　焊接图

除机械工程领域通用的机械图样外，在造船、化工、电子、建筑等工程领域或行业也通行着适合自己特点的工程图样。这些图样的基本原理是相同或相似的，学习时需要抓住它们的特点。本章简单介绍两种与机械行业密切相关的图样。

将两个以上需要永久连接在一起的金属件的连接处快速加热至熔化，使原子结合成一体的连接称为焊接。图 12－10 所示为一个焊接零件的组成情况，首先将各组成部分分别加工成形［图 12－10（a）中底板、支板和轴承］，然后按要求将它们焊接在一起，成为一个整体［图见 12－10（b）］。

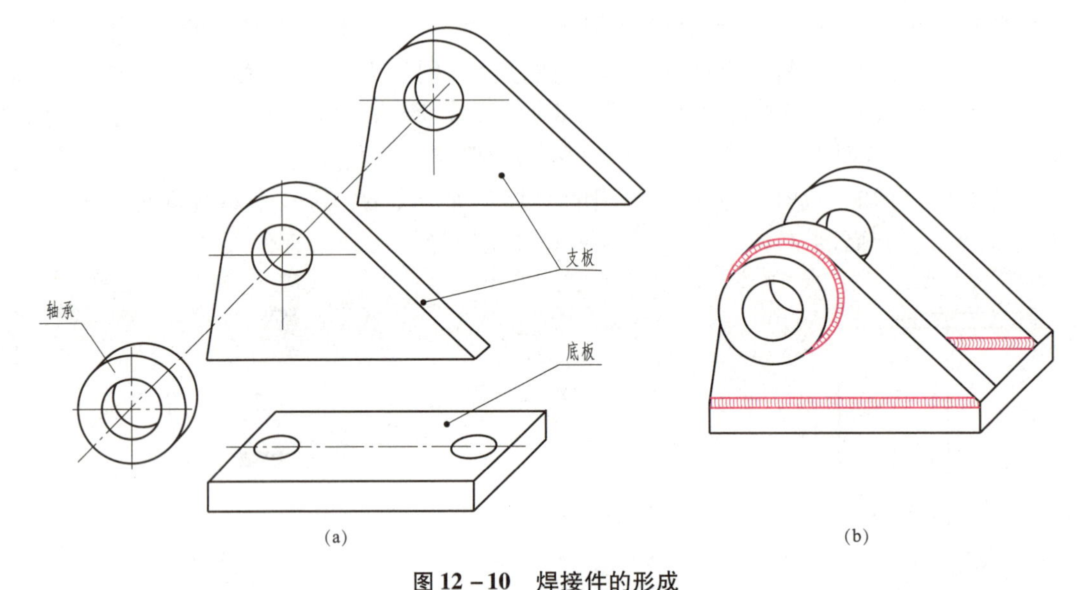

图 12－10　焊接件的形成

（a）底座的组成；（b）焊接

焊接法有多种，图 12－11 所示为两种常见焊接方法，图 12－11（a）所示为由电流产生高温的焊接方法，称为电焊；图 12－11（b）所示为由乙炔与氧气通过燃烧产生高温的焊接方法，称为气焊。图 12－12 所示为常见的接头和焊缝形式。

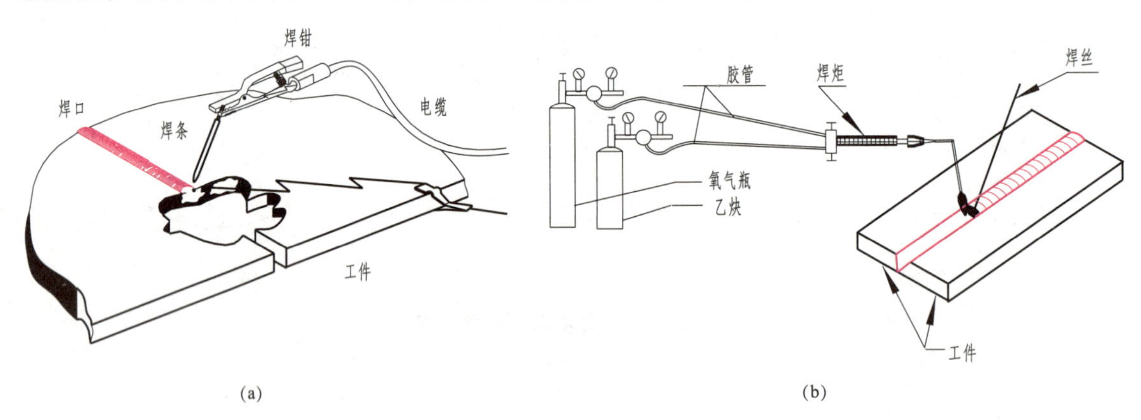

图 12－11　焊接方法

（a）电焊；（b）气焊

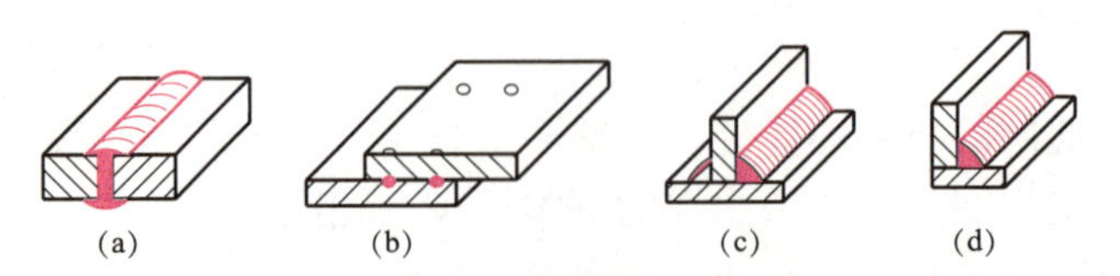

图 12－12　常见的焊接接头和焊缝形式

（a）对接焊缝；（b）点焊缝；（c），（d）角焊缝

焊接图样与零件图和装配图相近，其主要特点是图样上要用焊缝符号对焊缝作出明确的标注。

12.4.1　焊缝符号

图样上对焊缝的表示方法一般应采用焊缝符号表示。一个完整的焊缝符号是由基本符号和指引线组成的，有时还应加上辅助符号、补充符号、焊缝尺寸符号以及必要的技术要求代号，其格式如图 12－13 所示。指引线箭头由焊缝外侧指向焊缝处，必要时可折一次；基准线一般应与图样的底边平行；虚线可画在实线上面。基准线上面或下面一般用来标注多种符号和尺寸。基本符号的位置应与焊缝的位置对应，如果焊缝在接头箭头所指的一侧，则基本符号标在基准线的实线一侧［见图 12－14（a）中三角形符号所示］；反之，基本符号应标在虚线一侧［见图 12－14（b）］。对称及双面焊缝可不加虚线［见图 12－14（c）和图 12－14（d）］。

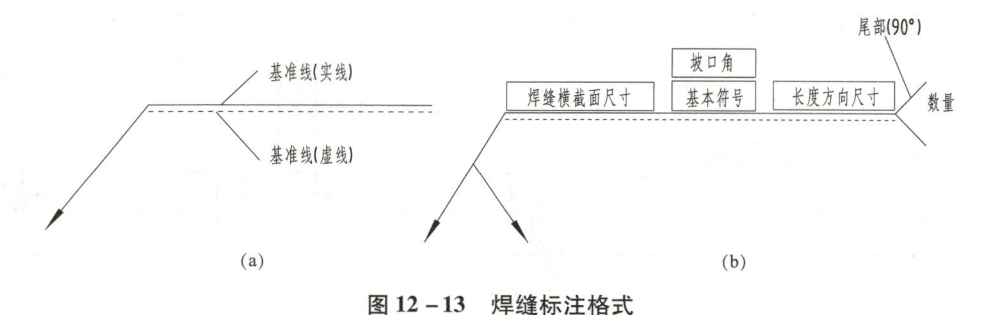

图 12－13　焊缝标注格式

（a）指引线（细线）；（b）符号标注格式

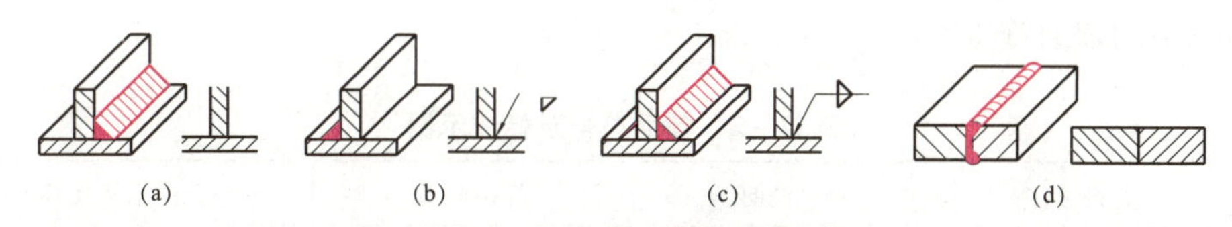

图 12－14　基本符号相对基准线的位置

在 GB 324—1988、GB 985—1988、GB 986—1988 等国家标准中，对焊缝符号及坡口形式与尺寸作了规定，简述如下。

1）基本符号

基本符号用来表示焊缝横截面形状，见表 12－1。

表 12－1　常见焊缝的基本符号及标注示例

焊缝名称基本符号	焊接形式	一般图示法	符号表示法标注示例
I 形焊缝 ‖			

续表

焊缝名称基本符号	焊接形式	一般图示法	符号表示法标注示例
V形焊缝	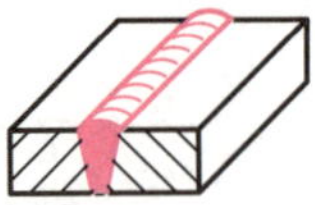	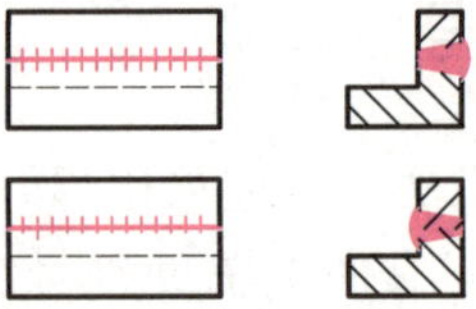	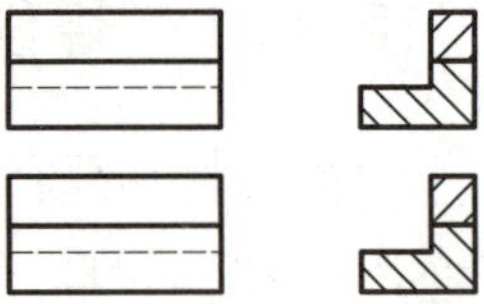
角焊缝	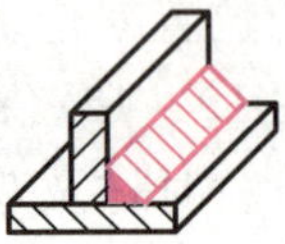	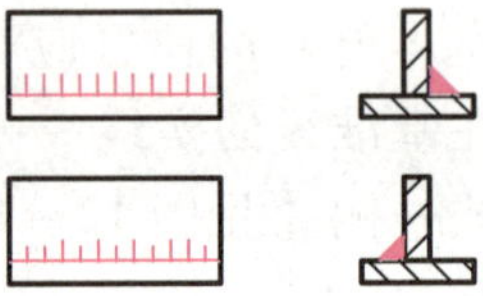	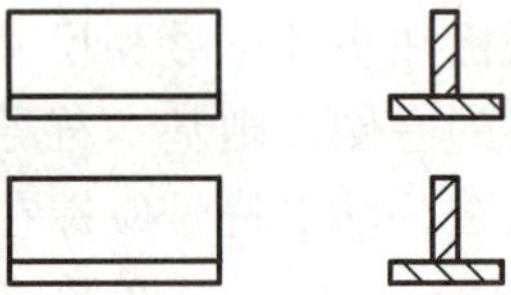
点焊缝	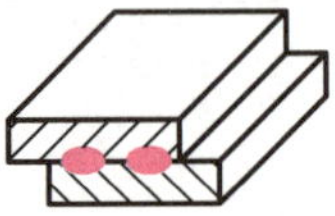	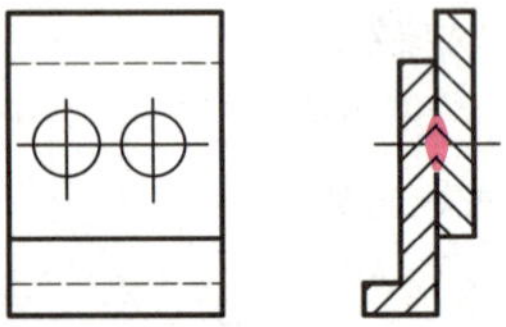	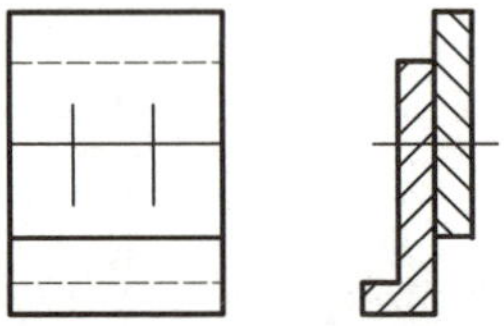

2）辅助符号

辅助符号用来表示焊缝的表面形状特征，见表12－2。在不需要确切地说明焊缝表面形状时，可以不用辅助符号。

表12－2　辅助符号及标注示例

名称	符号	符号说明	焊接形式	标注示例及其说明
平面符号	—	焊缝表面平齐		平面V形对接焊缝
凹面符号	◡	焊缝表面凹陷	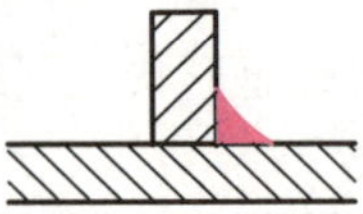	 凹面角焊接
凸面符号	◠	焊缝表面凸起	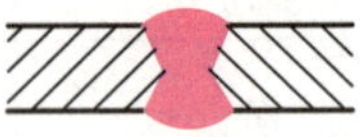	凸面X形对接焊接

3）补充符号

必要时要用补充符号，补充说明焊缝的某些特征，见表12－3。

表 12－3 补充符号及其说明

名称	符号	符号说明	一般图示法	标注示例及其说明
带板符号		表示焊缝底部有垫板	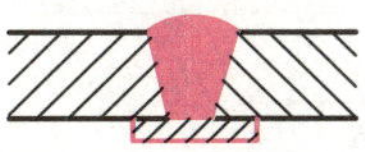	V 形焊缝的背面底部有垫板
三面焊符号		表示三面带有焊缝，开口的方向应与焊缝开口的方向一致	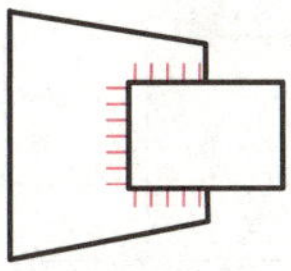	工件三面有焊缝
周围焊符号		表示环绕工件周围均有焊缝	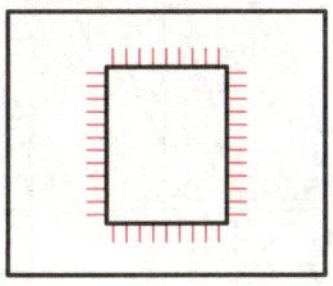	表示在现场沿工件周围施焊
现场符号		表示在现场或工地上进行焊接		
交错断续焊接符号		表示焊缝由一组交错继续的相同焊缝组成	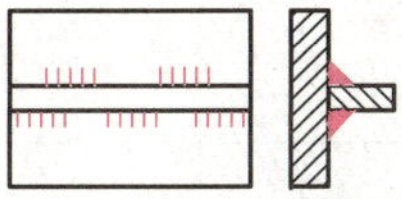	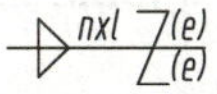 nxl (e) (e) 表示有 n 段，长度为 l，间距为 e 的交错断续角焊缝

4）焊缝尺寸符号

焊缝尺寸一般不标注，若因设计、施工需要，基本符号可附带尺寸符号及数据。常见的焊缝尺寸符号见表 12－4。

表 12－4 常用的焊缝尺寸符号

符号	名称	示意图	符号	名称	示意图	符号	名称	示意图
δ	板材厚度	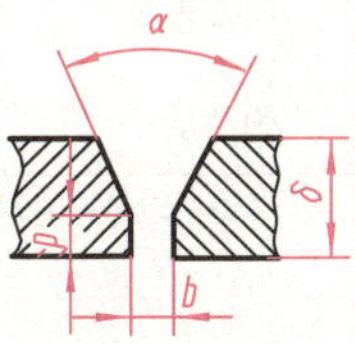	K	角焊高度	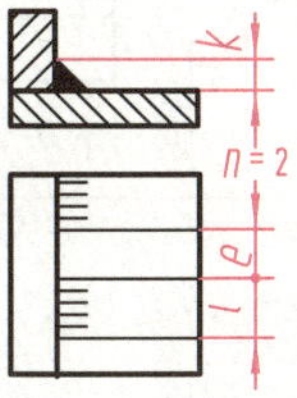	c	焊缝宽度	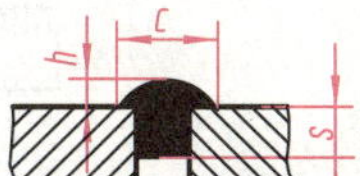
a	坡口角度		l	焊缝长度		h	余高	
p	钝边高度		e	焊缝间距		s	焊缝有效厚度	
b	根部间隙		n	焊缝段数		h	坡口深度	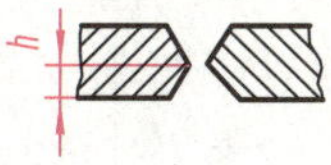
r	根部半径	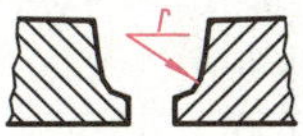	d	熔核直径	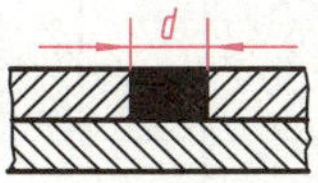	β	坡口面角度	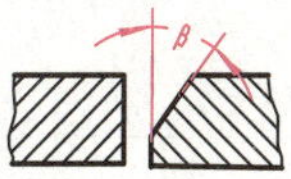

焊缝尺寸数值标注在基本符号的左、右、上（或下）方［见图 12－5（a）］，必要时应同时写出符号。规定焊缝横截面尺寸（如 p、h、k、c 等）标注在基本符号的左侧；长度方向尺寸（如 l、e、n 等）标注在右侧；坡角、间隙（如 α、β、b）标注在上（或下）方；相同焊缝数量 n 标在尾部。当若干条焊缝的焊缝符号相同时，各指引线可使用公共基准线进行标注［见图 12－5（b）］。

表 12－5　常见焊接的标注示例

接头形式	焊缝示例	标注示例	说明
T形接头	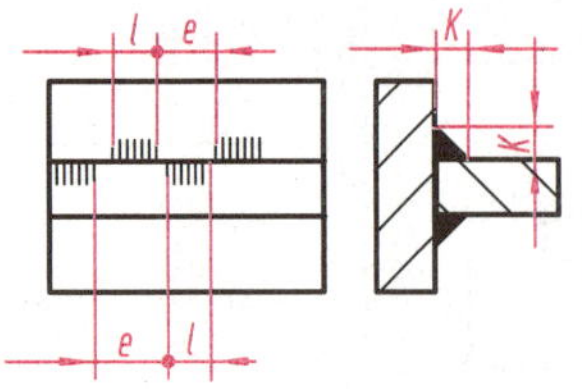	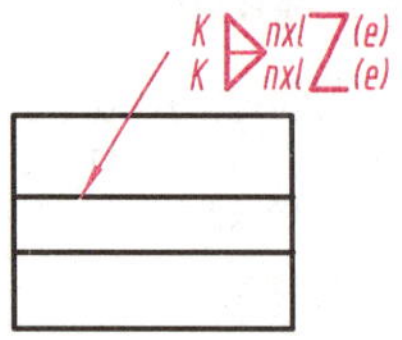	有 n 条交错断续角焊缝，焊缝长度为 l，焊缝间距为 e，焊角高度为 K
	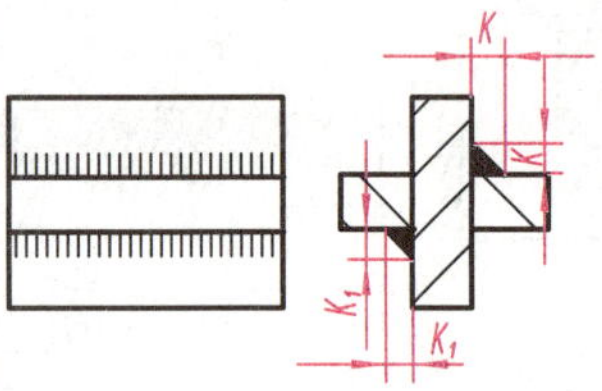	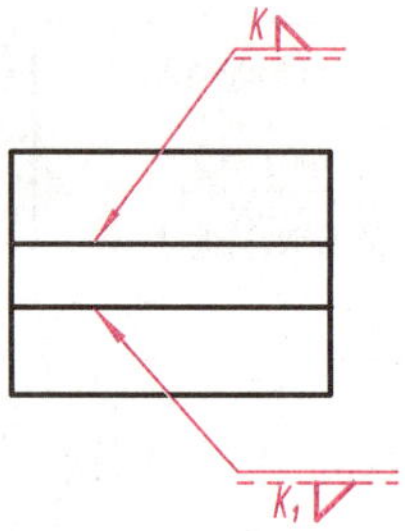	有对角的双面角焊缝，焊角高度为 K 和 K_1
	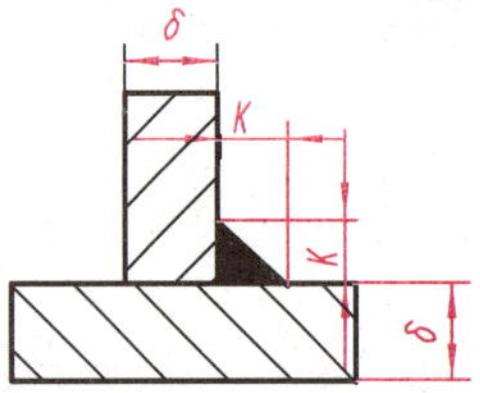	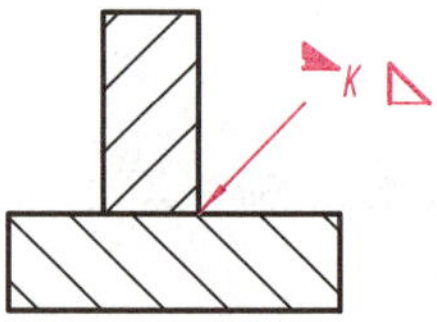	在现场装配时进行焊接，焊角高度为 K
	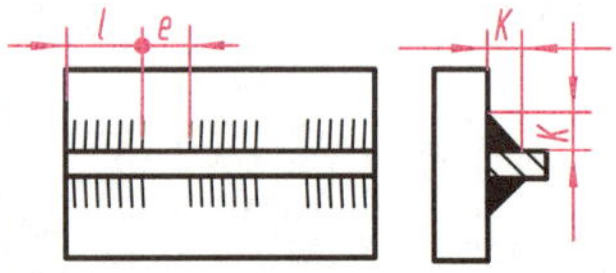	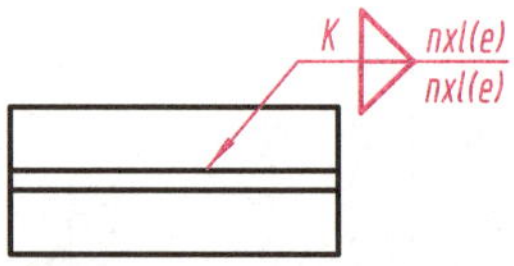	有 n 条断双面继续链状角焊缝的焊缝长度为 l，焊缝的间距为 e，焊角高度为 K
角接接头	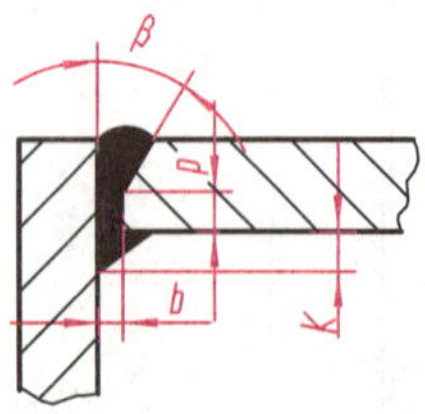	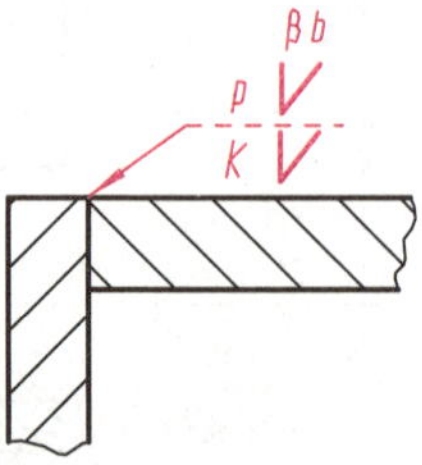	双面焊缝上面为单边 V 形焊缝，下面为角焊缝
搭接接头	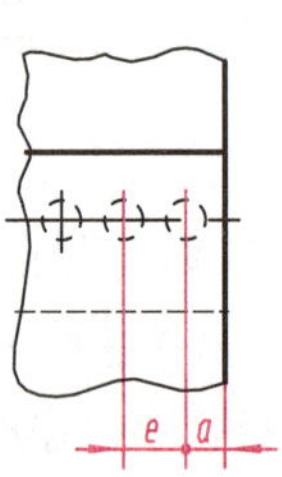	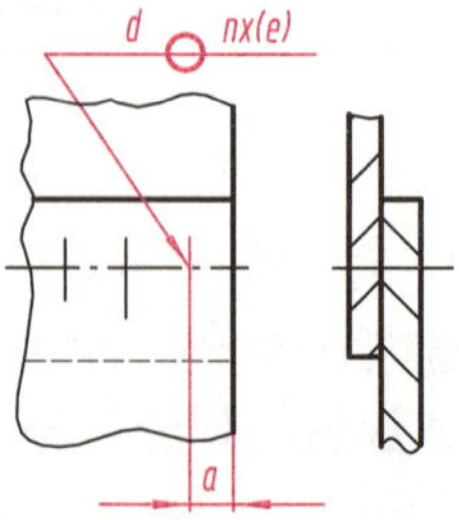	点焊，熔核直径为 d，共 n 个焊点，焊点间距 e

续表

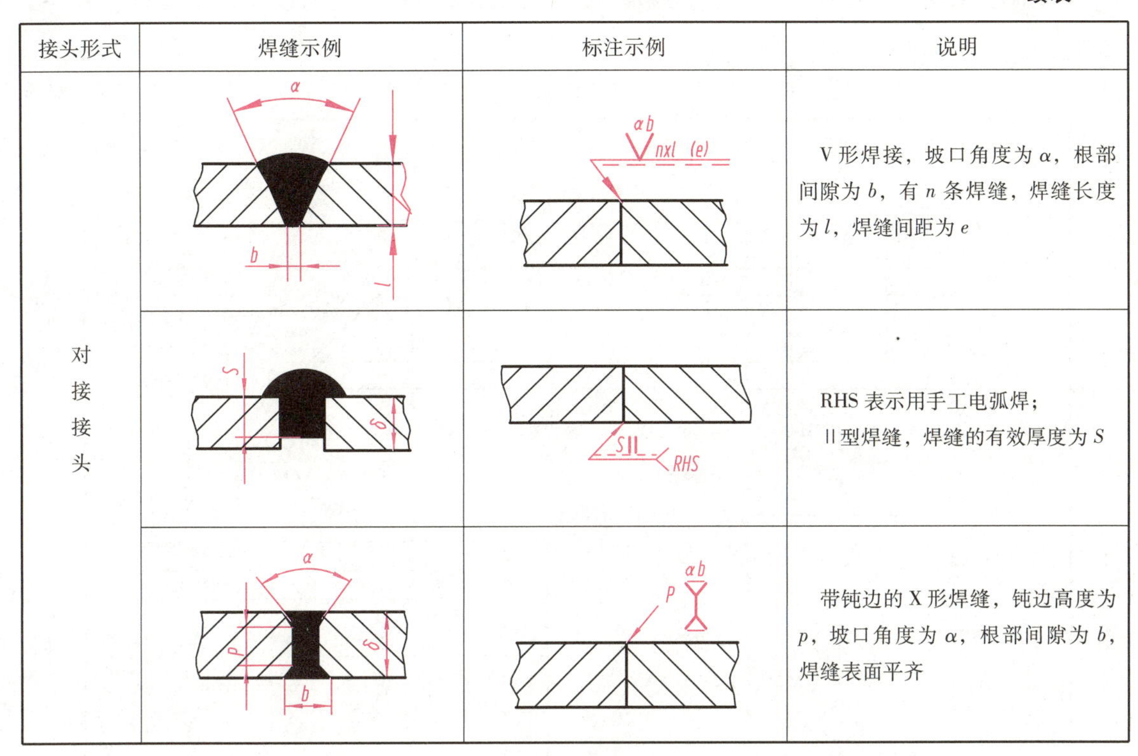

接头形式	焊缝示例	标注示例	说明
对接接头			V 形焊接，坡口角度为 α，根部间隙为 b，有 n 条焊缝，焊缝长度为 l，焊缝间距为 e
			RHS 表示用手工电弧焊；Ⅱ型焊缝，焊缝的有效厚度为 S
			带钝边的 X 形焊缝，钝边高度为 p，坡口角度为 α，根部间隙为 b，焊缝表面平齐

12.4.2　焊接方法的字母符号

焊接的方法有很多，在图样中可用文字在技术要求中注明，也可用数字代替符号直接注写在尾部符号中。常用的焊接方法数字代号见表 12－6。

表 12－6　常用的焊缝方法的字母符号

焊接方法	字母符号	焊接方法	字母符号
手工电弧焊	RHS	激光焊	RJG
埋弧焊	RHM	气焊	RQH
丝级电渣焊	RZS	烙铁钎焊	QL
电子束焊	RDS	加压接触焊	YJ

12.4.3　焊接图举例

图 12－15 所示图样是由四个组合件焊接起来，再经机械加工而形成的图样，该图样表达了机件的形状大小及组合情况，并在焊接处标注了焊接符号用于焊接施工，故称为焊接图。

如图 12－15 所示，两块支板分别用外侧 V 形平焊、内侧角焊方式与底板连接；在左侧上方的圆柱形轴承用周围焊方式与左支板连接；在技术要求中，还对该件的加工方法作了统一说明。

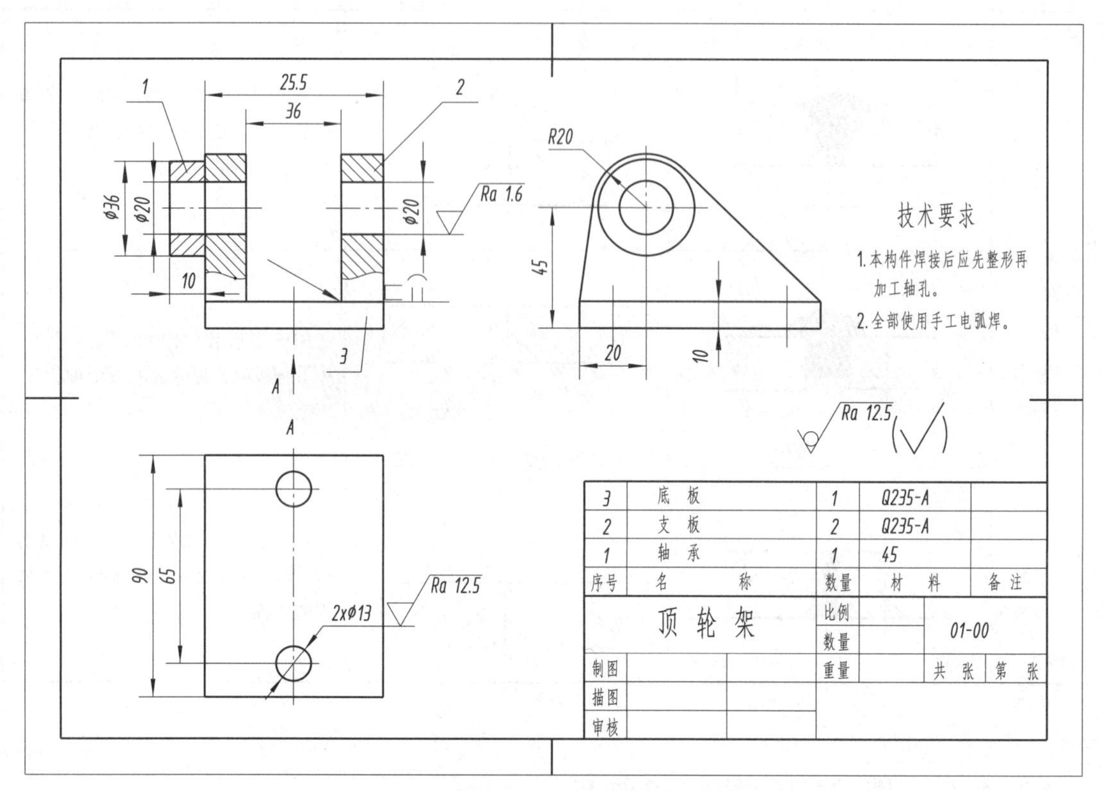

图 12－15　焊接图

本章主要介绍了平面立体表面的展开，圆柱管、等径直角弯管、变形接头等可展曲面的展开，球面、马蹄形接头、圆柱螺旋面等不可展曲面的近似展开，焊接符号及画法等知识。通过本章的学习，应基本掌握工程上常见加工制件的展开方法，能较熟练地绘制工件展开图和焊接图。

附　录

为了突出重点，减少篇幅，以下从各项标准与资料中摘录部分和本课程相关的内容汇集在一起，以便学习。各项标准的详尽内容可查有关的标准手册。

一、极限与配合

1. 标准公差数值（GB/T 1800.2—2009）（见附表1）

附表1　标准公差数值（GB/T 1800.2—2009）

公称尺寸/mm		标准公差等级																	
		IT1	IT2	IT3	IT4	IT5	IT6	IT7	IT8	IT9	IT10	IT11	IT12	IT13	IT14	IT15	IT16	IT17	IT18
大于	至	μm											mm						
—	3	0.8	1.2	2	3	4	6	10	14	25	40	60	0.1	0.14	0.25	0.4	0.6	1	1.4
3	6	1	1.5	2.5	4	5	8	12	18	30	48	75	0.12	0.18	0.3	0.48	0.75	1.2	1.8
6	10	1	1.5	2.5	4	6	9	15	22	36	58	90	0.15	0.22	0.36	0.58	0.9	1.5	2.2
10	18	1.2	2	3	5	8	11	18	27	43	70	110	0.18	0.27	0.43	0.7	1.1	1.8	2.7
18	30	1.5	2.5	4	6	9	13	21	33	52	84	130	0.21	0.33	0.52	0.84	1.3	2.1	3.3
30	50	1.5	2.5	4	7	11	16	25	39	62	100	160	0.25	0.39	0.62	1	1.6	2.5	3.9
50	80	2	3	5	8	13	19	30	46	74	12	190	0.3	0.46	0.74	1.2	1.9	3	4.6
80	120	2.5	4	6	10	15	22	35	54	87	140	220	0.35	0.54	0.87	1.4	2.2	3.5	5.4
120	180	3.5	5	8	12	18	25	40	63	100	160	250	0.4	0.63	1	1.6	2.5	4	6.3
180	250	4.5	7	10	14	20	29	46	72	115	185	290	0.46	0.72	1.15	1.85	2.9	4.6	7.2
250	315	6	8	12	16	23	32	52	81	130	210	320	0.52	0.81	1.3	2.1	3.2	5.2	8.1
315	400	7	9	13	18	25	36	57	89	140	230	360	0.57	0.89	1.4	2.3	3.6	5.7	8.9
400	500	8	10	15	20	27	40	63	97	155	250	400	0.63	0.97	1.55	2.5	4	6.3	9.7
500	630	9	11	16	22	32	44	70	110	175	280	440	0.7	1.1	1.75	2.8	4.4	7	11
630	800	10	13	18	25	36	50	8	125	200	320	500	0.8	1.25	2	3.2	5	8	12.5
800	1 000	11	15	21	28	40	56	90	140	230	360	560	0.9	1.4	2.3	3.6	5.6	9	14
1 000	1 250	13	18	24	33	47	66	105	165	260	420	660	1.05	1.65	2.6	4.2	6.6	10.5	16.5
1 250	1 600	15	21	29	39	55	78	125	195	310	500	760	1.25	1.95	3.1	5	7.8	12.5	19.5
1 600	2 000	18	25	35	46	65	92	150	230	370	600	920	1.5	2.3	3.7	6	9.2	15	23
2 000	2 500	22	30	41	55	78	110	175	280	440	700	1 100	1.75	2.8	4.4	7	11	17.5	28

续表

公称尺寸/mm		标准公差等级																	
		IT1	IT2	IT3	IT4	IT5	IT6	IT7	IT8	IT9	IT10	IT11	IT12	IT13	IT14	IT15	IT16	IT17	IT18
2 500	3 150	26	36	50	68	96	135	210	330	540	860	1 350	2. 1	3. 3	5. 4	8. 6	13. 5	21	33
注：（1）公称尺寸大于500mm的IT1～IT5标准公差数值为试行。 （2）公称尺寸小于或等于1mm时，无IT14～IT18。																			

2. 轴的基本偏差数值（GB/T 1800. 1—2009）（见附表2）

附表2　轴的基本偏差数值（GB/T 1800. 1—2009）　μm

基本偏差		上极限偏差（es）														
		a	b	c	cd	d	e	ef	f	fg	g	h	js	j		
公称尺寸/mm		公差														
大于	至	所有标准公差等级												IT5和IT6	IT7	IT8
—	3	-270	-140	-60	-34	-20	-14	-10	-6	-4	-2	0	偏差 = $\pm\frac{IT_n}{2}$，式中，IT_n是IT值数	-2	-4	-6
3	6	-270	-140	-70	-46	-30	-20	-14	-10	-6	-4	0		-2	-4	—
6	10	-280	-150	-80	-56	-40	-25	-18	-13	-8	-5	0		-2	-5	—
10	14	-290	-150	-95	—	-50	-32	—	-16	—	-6	0		-3	-6	—
14	18															
18	24	-300	-160	-110	—	-65	-40	—	-20	—	-7	0		-4	-8	—
24	30															
30	40	-310	-170	-120	—	-80	-50	—	-25	—	-9	0		-5	-10	—
40	50	-320	-180	-130												
50	65	-340	-190	-140	—	-100	-60	—	-30	—	-10	0		-7	-12	—
65	80	-360	-200	-150												
80	100	-380	-220	-170	—	-120	-72	—	-36	—	-12	0		-9	-15	—
100	120	-410	-240	-180												
120	140	-460	-260	-200	—	-145	-85	—	-43	—	-14	0		-11	-18	—
140	160	-520	-280	-210												
160	180	-580	-310	-230												
180	200	-660	-340	-240	—	-170	-100	—	-50	—	-15	0		-13	-21	—
200	225	-740	-380	-260												
225	250	-820	-420	-280												
250	280	-920	-480	-300	—	-190	-110	—	-56	—	-17	0		-16	-26	—
280	315	-1 050	-540	-330												
315	355	-1 200	-600	-360	—	-210	-125	—	-62	—	-18	0		-18	-28	—
355	400	-1 350	-680	-400												

续表

基本偏差		上极限偏差（es）														
		a	b	c	cd	d	e	ef	f	fg	g	h	js	j		
公称尺寸/mm		公差														
大于	至	所有标准公差等级												IT5和IT6	IT7	IT8
400	450	-1 500	-760	-440	—	-230	-130	—	-68	—	-20	0		-20	-32	—
450	500	-1 650	-840	-480												

注：基本尺寸小于或等于1mm时，基本偏差a和b均不采用。

下极限偏差（ei）															
k		m	n	p	r	s	t	u	v	x	y	z	za	zb	zc
等级															
IT4~IT7	≤IT3 >IT7	所有标准公差等级													
0	0	+2	+4	+6	+10	+14	—	+18	—	+20	—	+26	+32	+40	+60
+1	0	+4	+8	+12	+15	+19	—	+23	—	+28	—	+35	+42	+50	+80
+1	0	+6	+10	+15	+19	+23	—	+28	—	+34	—	+42	+52	+67	+97
+1	0	+7	+12	+18	+23	+28	—	+33	—	+40	—	+50	+64	+90	+130
									+39	+45	—	+60	+77	+108	+150
+2	0	+8	+15	+22	+28	+35	—	+41	+47	+54	+63	+73	+98	+136	+188
							+41	+48	+55	+64	+75	+88	+118	+160	+218
+2	0	+9	+17	+26	+34	+43	+48	+60	+68	+80	+94	+112	+148	+200	+274
							+54	+70	+81	+97	+114	+136	+180	+242	+325
+2	0	+11	+20	+32	+41	+53	+66	+87	+102	+122	+144	+172	+226	+300	+405
					+43	+59	+75	+102	+120	+146	+174	+210	+274	+360	+480
+3	0	+13	+23	+37	+51	+71	+91	+124	+146	+178	+214	+258	+335	+445	+585
					+54	+79	+104	+144	+172	+210	+254	+310	+400	+525	+690
+3	0	+15	+27	+43	+63	+92	+122	+170	+202	+248	+300	+365	+470	+620	+800
					+65	+100	+134	+190	+228	+280	+340	+415	+535	+700	+900
					+68	+108	+146	+210	+252	+310	+380	+465	+600	+780	+1 000
+4	0	+17	+31	+50	+77	+122	+166	+236	+284	+350	+425	+520	+670	+880	+1 150
					+80	+130	+180	+258	+310	+385	+470	+575	+740	+960	+1 250
					+84	+140	+196	+284	+340	+425	+520	+640	+820	+1 050	+1 350
+4	0	+20	+34	+56	+94	+158	+218	+315	+385	+475	+580	+710	+920	+1 200	+1 550
					+98	+170	+240	+350	+425	+525	+650	+790	+1 000	+1 300	+1 700
+4	0	+21	+37	+62	+108	+190	+268	+390	+475	+590	+700	+900	+1 150	+1 500	+1 900
					+114	+208	+294	+435	+530	+660	+820	+1 000	+1 300	+1 650	+2 100

续表

下极限偏差（ei）															
k		m	n	p	r	s	t	u	v	x	y	z	za	zb	zc
等级															
IT4 ~ IT7	≤IT3 >IT7		所有标准公差等级												
+5	0	+23	+40	+68	+126	+232	+330	+490	+595	+740	+920	+1 100	+1 450	+1 850	+2 400
					+132	+252	+360	+540	+660	+820	+1 000	+1 250	+1 600	+2 100	+2 600

3. 孔的基本偏差数值（GB/T 1800. 1—2009）（见附表 3）

附表 3　孔的基本偏差数值（GB/T 1800. 1—2009）　μm

基本偏差		下极限偏差（EI）																		
		A	B	C	CD	D	E	EF	F	FG	G	H	JS	J			K		M	
公称尺寸/mm		公差																		
大于	至	所有标准公差等级												IT6	IT7	IT8	≤IT8	>IT8	≤IT8	>IT8
-	3	+270	+140	+60	+34	+20	+14	+10	+6	+4	+2	0	偏差为 $\pm\frac{IT_n}{2}$，式中，IT_n是IT值数	+2	+4	+6	0	0	-2	-2
3	6	+270	+140	+70	+46	+30	+20	+14	+10	+6	+4	0		+5	+6	+10	-1+Δ	-	-4+Δ	-4
6	10	+280	+150	+80	+56	+40	+25	+18	+13	+8	+5	0		+5	+8	+12	-1+Δ	-	-6+Δ	-6
10	14	+290	+150	+95	-	+50	+32	-	+16	-	+6	0		+6	+10	+15	-1+Δ	-	-7+Δ	-7
14	18																			
18	24	+300	+160	+110	-	+65	+40	-	+20	-	+7	0		+8	+12	+20	-2+Δ	-	-8+Δ	-8
24	30																			
30	40	+310	+170	+120	-	+80	+50	-	+25	-	+9	0		+10	+14	+24	-2+Δ	-	-9+Δ	-9
40	50	+320	+180	+130																
50	65	+340	+190	+140	-	+100	+60	-	+30	-	+10	0		+13	+18	+28	-2+Δ	-	-11+Δ	-11
65	80	+360	+200	+150																
80	100	+380	+220	+170	-	+120	+72	-	+36	-	+12	0		+16	+22	+34	-3+Δ	-	-13+Δ	-13
100	120	+410	+240	+180																
120	140	+460	+260	+200	-	+145	+85	-	+43	-	+14	0		+18	+26	+41	-3+Δ	-	-15+Δ	-15
140	160	+520	+280	+210																
160	180	+580	+310	+230																
180	200	+660	+340	+240	-	+170	+100	-	+50	-	+15	0		+22	+30	+47	-4+Δ	-	-17+Δ	-17
200	225	+740	+380	+260																
225	250	+820	+420	+280																
250	280	+920	+480	+300	-	+190	+110	-	+56	-	+17	0		+25	+36	+55	-4+Δ	-	-20+Δ	-20
280	315	+1 050	+540	+330																

续表

基本偏差		下极限偏差（EI）																		
		A	B	C	CD	D	E	EF	F	FG	G	H	JS	J			K		M	
公称尺寸/mm		公差																		
大于	至	所有标准公差等级												IT6	IT7	IT8	≤IT8	>IT8	≤IT8	>IT8
315	355	+1 200	+600	+360	–	+210	+125	–	+62	–	+18	0		+29	+39	+60	-4+Δ	–	-21+Δ	-21
355	400	+1 350	+680	+400																
400	450	+1 500	+760	+440	–	+230	+135	–	+68	–	+20	0		+33	+43	+66	-5+Δ	–	-23+Δ	-23
450	500	+1 650	+840	+480																

注：（1）公称尺寸小于或等于1mm时，基本偏差A和B及大于IT8的N均不采用。

（2）一个特殊情况：250～315mm段的M6，ES＝-9μm（代替-11μm）。

上极限偏差（ES）															Δ					
N		P-ZC	P	R	S	T	U	V	X	Y	Z	ZA	ZB	ZC						
等级																				
≤IT8	>IT8	≤IT7	>IT7												IT3	IT4	IT5	IT6	IT7	IT8
-4	0	在大于IT7的相应数值上增加一个Δ值	-6	-10	-14	–	-18	–	-20	–	-26	-32	-40	-60	0					
-8+Δ	0		-12	-15	-19	–	-23	–	-28	–	-35	-42	-50	-80	1	1.5	1	3	4	6
-10+Δ	0		-15	-19	-23	–	-28	–	-34	–	-42	-52	-67	-97	1	1.5	2	3	6	7
-12+Δ	0		-18	-23	-28	–	-33	–	-40	–	-50	-64	-90	-130	1	2	3	3	7	9
								-39	-45	–	-60	-77	-108	-150						
-15+Δ	0		-22	-28	-35	–	-41	-47	-54	-63	-73	-98	-136	-188	1.5	2	3	4	8	12
						-41	-48	-55	-64	-75	-88	-118	-160	-218						
-17+Δ	0		-26	-34	-43	-48	-60	-68	-80	-94	-112	-148	-200	-274	1.5	3	4	5	9	14
						-54	-70	-81	-97	-114	-136	-180	-242	-325						
-20+Δ	0		-32	-41	-53	-66	-87	-102	-122	-144	-172	-226	-300	-405	2	3	5	6	11	16
				-43	-59	-75	-102	-120	-146	-174	-210	-274	-360	-480						
-23+Δ	0		-37	-51	-71	-91	-124	-146	-178	-214	-258	-335	-445	-585	2	4	5	7	13	19
				-54	-79	-104	-144	-172	-210	-254	-310	-400	-525	-690						
-27+Δ	0		-43	-63	-92	-122	-170	-202	-248	-300	-365	-470	-620	-800	3	4	6	7	15	23
				-65	-100	-134	-190	-228	-280	-340	-415	-535	-700	-900						
				-68	-108	-146	-210	-252	-310	-380	-465	-600	-780	-1 000						
-31+Δ	0		-50	-77	-122	-166	-236	-284	-350	-425	-520	-670	-880	-1 150	3	4	6	9	17	26
				-80	-130	-180	-258	-310	-385	-470	-575	-740	-960	-1 250						
				-84	-140	-196	-284	-340	-425	-520	-640	-820	-1 050	-1 350						
-34+Δ	0		-56	-94	-158	-218	-315	-385	-475	-580	-710	-920	-1 200	-1 550	4	4	7	9	20	29
				-98	-170	-240	-350	-425	-525	-650	-790	-1 000	-1 300	-1 700						
-37+Δ	0		-62	-108	-190	-268	-390	-475	-590	-700	-900	-1 150	-1 500	-1 900	4	5	7	11	21	32
				-114	-208	-294	-435	-530	-660	-820	-1 000	-1 300	-1 650	-2 100						
-40+Δ	0		-68	-126	-232	-330	-490	-595	-740	-920	-1 100	-1 450	-1 850	-2 400	5	5	7	13	23	34
				-132	-252	-360	-540	-660	-820	-1 000	-1 250	-1 600	-2 100	-2 600						

4. 优先配合中轴的极限偏差（GB/T 1800.2—2009）（见附表4）

附表4　优先配合中轴的极限偏差（GB/T 1800.2—2009） μm

公称尺寸/mm		公差带												
		c	d	f	g	h				k	n	p	s	u
大于	至	11	9	7	6	6	7	9	11	6	6	6	6	6
-	3	-60 -120	-20 -45	-6 -16	-2 -8	0 -6	0 -10	0 -25	0 -60	+6 0	+10 +4	+12 +6	+20 +14	+24 +18
3	6	-70 -145	-30 -60	-10 -22	-4 -12	0 -8	0 -12	0 -30	0 -75	+9 +1	+16 +8	+20 +12	+27 +19	+31 +23
6	10	-80 -170	-40 -76	-13 -28	-5 -14	0 -9	0 -15	0 -36	0 -90	+10 +1	+19 +10	+24 +15	+32 +23	+37 +28
10	14	-95 -205	-50 -93	-16 -34	-6 -17	0 -11	0 -18	0 -43	0 -110	+12 +1	+23 +12	+29 +18	+39 +28	+44 +33
14	18													
18	24	-100 -240	-65 -117	-20 -41	-7 -20	0 -13	0 -21	0 -52	0 -130	+15 +2	+28 +15	+35 +22	+48 +35	+54 +41
24	30													+61 +48
30	40	-120 -280	-80 -142	-25 -50	-9 -25	0 -16	0 -25	0 -62	0 -160	+18 +2	+33 +17	+42 +26	+59 +43	+76 +60
40	50	-130 -290												+86 +70
50	65	-140 -330	-100 -174	-30 -60	-10 -29	0 -19	0 -30	0 -74	0 -190	+21 +2	+39 +20	+51 +32	+72 +53	+106 +87
65	80	-150 -340											+78 +59	+121 +102
80	100	-170 -390	-120 -207	-36 -71	-12 -34	0 -22	0 -35	0 -87	0 -220	+25 +3	+45 +23	+59 +37	+93 +71	+146 +124
100	120	-180 -400											+101 +79	+166 +144
120	140	-200 -450	-145 -245	-43 -83	-14 -39	0 -25	0 -40	0 -100	0 -250	+28 +3	+52 +27	+68 +43	+117 +92	+195 +170
140	160	-210 -460											+125 +100	+215 +190
160	180	-230 -480											+133 +108	+235 +210

续表

公称尺寸/mm		公差带												
		c	d	f	g	h				k	n	p	s	u
180	200	-240 -530	-170 -285	-50 -96	-15 -44	0 -29	0 -46	0 -115	0 -290	+33 +4	+60 +31	+79 +50	+151 +122	+265 +236
200	225	-260 -550											+159 +130	+287 +258
225	250	-280 -570											+169 +140	+313 +284
250	280	-300 -620	-190 -320	-56 -108	-17 -49	0 -32	0 -52	0 -130	0 -320	+36 +4	+66 +34	+88 +56	+190 +158	+347 +315
280	315	-330 -650											+202 +170	+382 +350
315	355	-360 -720	-210 -350	-62 -119	-18 -54	0 -36	0 -57	0 -140	0 -360	+40 +4	+73 +37	+98 +62	+226 +190	+426 +390
355	400	-400 -760											+244 +208	+471 +435
400	450	-440 -840	-230 -385	-68 -131	-20 -60	0 -40	0 -63	0 -155	0 -400	+45 +5	+80 +40	+108 +68	+272 +232	+530 +490
450	500	-480 -880											+292 +252	+580 +540

5. 优先配合中孔的极限偏差（GB/T 1800. 2—2009）（见附表5）

附表5 优先配合中孔的极限偏差（GB/T 1800. 2—2009） μm

公称尺寸/mm		公差带												
		C	D	F	G	H				k	N	P	S	U
大于	至	11	9	8	7	7	8	9	11	7	7	7	7	7
-	3	+120 +60	+45 +20	+20 +6	+12 +2	+10 0	+14 0	+25 0	+60 0	0 -10	-4 -14	-6 -16	-14 -24	-18 -28
3	6	+145 +70	+60 +30	+28 +10	+16 +4	+12 0	+18 0	+30 0	+75 0	+3 -9	-4 -16	-8 -20	-15 -27	-19 -31
6	10	+170 +80	+76 +40	+35 +13	+20 +5	+15 0	+22 0	+36 0	+90 0	+5 -10	-4 -19	-9 -24	-17 -32	-22 -37

续表

公称尺寸/mm		公差带												
		C	D	F	G	H				k	N	P	S	U
10	14	+205 +95	+93 +50	+43 +16	+24 +6	+18 0	+27 0	+43 0	+110 0	+6 −12	−5 −23	−11 −29	−21 −39	−26 −44
14	18													
18	24	+240 +110	+117 +65	+53 +20	+28 +7	+21 0	+33 0	+52 0	+130 0	+6 −15	−7 −28	−14 −35	−27 −48	−33 −54
24	30													−40 −61
30	40	+280 +120	+142 +80	+64 +25	+34 +9	+25 0	+39 0	+62 0	+160 0	+7 −18	−8 −33	−17 −42	−34 −59	−51 −76
40	50	+290 +130												−61 −86
50	65	+330 +140	+174 +100	+76 +30	+40 +10	+30 0	+46 0	+74 0	+190 0	+9 −21	−9 −39	−21 −51	−42 −72	−76 −106
65	80	+340 +150											−48 −78	−91 −121
80	100	+390 +170	+207 +120	+90 +36	+47 +12	+35 0	+54 0	+87 0	+220 0	+10 −25	−10 −45	−24 −59	−58 −93	−111 −146
100	120	+400 +180											−66 −101	−131 −166
120	140	+450 +200											−77 −117	−155 −195
140	160	+460 +210	+245 +145	+106 +43	+54 +14	+40 0	+63 0	+100 0	+250 0	+12 −28	−12 −52	−28 −68	−85 −125	−175 −215
160	180	+480 +230											−93 −133	−195 −235
180	200	+530 +240											−105 −151	−219 −265
200	225	+550 +260	+285 +170	+122 +50	+61 +15	+46 0	+72 0	+115 0	+290 0	+13 −33	−14 −60	−33 −79	−113 −159	−241 −287
225	250	+570 +280											−123 −169	−267 −313
250	280	+620 +300	+320 +190	+137 +56	+69 +17	+52 0	+81 0	+130 0	+320 0	+16 −36	−14 −66	−36 −88	−138 −190	−295 −347
280	315	+650 +330											−150 −202	−330 −382

续表

公称尺寸/mm		公差带												
		C	D	F	G	H				k	N	P	S	U
315	355	+720 +360	+350 +210	+151 +62	+75 +18	+57 0	+89 0	+140 0	+360 0	+17 −40	−16 −73	−41 −98	−169 −226	−369 −426
355	400	+760 +400											−187 −244	−414 −471
400	450	+840 +440	+385 +230	+165 +68	+83 +20	+63 0	+97 0	+155 0	+400 0	+18 −45	−17 −80	−45 108	−209 −272	−467 −530
450	500	+880 +480											−229 −292	−517 −580

二、螺纹

1. 普通螺纹直径、螺距和基本尺寸（GB/T 192—2003、GB/T 196—2003）（见附表6）

附表6　普通螺纹直径、螺距和基本尺寸（GB/T 192—2003、GB/T 196—2003） mm

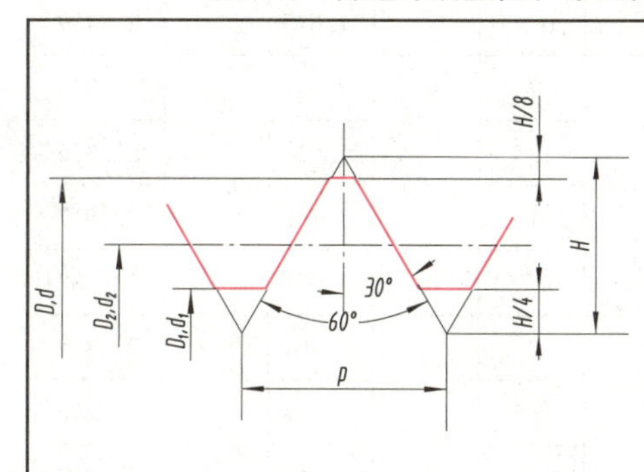

$D_2 - 2\times 3/8H$;　　D——内螺纹的基本大径（公称直径）；

$d_2 = d - 2\times 3/8H$;　　d——外螺纹的基本大径（公称直径）；

$D_1 - 2\times 5/8H$;　　D_2——内螺纹的基本中径；

$D_1 = d - 2\times 5/8H$;　　d_2——外螺纹的基本中径；

D_1——内螺纹的基本小径；

$H = \sqrt{3}/2p$　　d_1——外螺纹的基本小径；

H——原始三角形高度；

P——螺距。

公称直径 D、d	螺距 P		中径 D_2、d_2		小径 D_1、d_1		公称直径 D、d	螺距 P		中径 D_2、d_2		小径 D_1、d_1	
	粗牙	细牙	粗牙	细牙	粗牙	细牙		粗牙	细牙	粗牙	细牙	粗牙	细牙
3	0. 5	0. 35	2. 675	2. 773	2. 459	2. 621	16	2	1. 5	14. 701	15. 026	13. 835	14. 376
(3. 5)	(0. 6)	0. 35	3. 110	3. 273	2. 850	3. 121			1		15. 350		14. 917
4	0. 7	0. 5	3. 545	3. 675	3. 242	3. 459			(0. 75)		15. 513		15. 188
(4. 5)	(0. 75)	0. 5	4. 013	4. 175	3. 688	3. 959			(0. 5)		15. 675		15. 459
5	0. 8	0. 5	4. 480	4. 675	4. 134	4. 459	[17]		1. 5		16. 026		15. 376
[5. 5]		0. 5		5. 175		4. 959			(1)		16. 350		15. 917
6	1	0. 75	5. 350	5. 513	4. 917	5. 188			2		16. 701		15. 835
		(0. 5)		5. 675		5. 459			1. 5		17. 026		16. 376

续表

公称直径 D、d	螺距 P		中径 D_2、d_2		小径 D_1、d_1	
	粗牙	细牙	粗牙	细牙	粗牙	细牙
[7]	1	0.75	6.350	6.513	5.917	6.188
		(0.5)		6.675		6.459
8	1.25	1	7.188	7.350	6.647	6.917
		0.75		7.513		7.188
		(0.5)		7.675		7.459
[9]	(1.25)	1	8.188	8.350	7.647	7.917
		0.75		8.513		8.188
		(0.5)		8.675		8.495
10	1.5	1.25	9.026	9.188	8.376	8.647
		1		9.350		8.917
		0.75		9.513		9.188
		(0.5)		9.675		9.459
[11]	(1.5)	1	10.026	10.350	9.376	9.917
		0.75		10.513		10.188
		(0.5)		10.675		10.459
12	1.75	1.5	10.863	11.026	10.106	10.376
		1.25		11.188		10.647
		1		11.350		10.917
		(0.75)		11.513		11.188
		0.5		11.675		11.459
(14)	2	1.5	12.701	13.026	11.835	12.376
		1.25		13.188		12.647
		1		13.350		12.917
		(0.75)		13.513		13.188
		(0.5)		13.675		13.459
[15]		1.5		14.026		13.376
		(1)		14.350		13.917

公称直径 D、d	螺距 P		中径 D_2、d_2		小径 D_1、d_1	
	粗牙	细牙	粗牙	细牙	粗牙	细牙
(18)	2.5	1	16.376	17.350	15.294	16.917
		(0.75)		17.513		17.188
		(0.5)		17.675		19.459
20	2.5	2	18.376	18.701	17.294	17.835
		1.5		19.026		18.376
		1		19.350		18.917
		(0.75)		19.513		19.188
		(0.5)		19.675		19.459
(22)	2.5	2	20.376	20.701	19.294	19.835
		1.5		21.026		20.376
		1		21.350		20.917
		(0.75)		21.513		21.188
		(0.5)		21.675		21.459
24	3	2	22.051	22.701	20.752	21.835
		1.5		21.026		22.376
		1		21.350		22.917
		(0.75)		21.675		23.188
[25]		2		23.701		22.835
		1.5		24.026		23.376
		(1)		24.350		23.917
[26]		1.5		25.026		24.376
(27)	3	2	25.051	25.701	23.752	24.835
		1.5		26.026		25.376
		1		26.350		25.917
		(0.75)		26.513		26.188
[28]		2		26.701		25.835
		1.5		27.026		26.376
		1		27.350		26.917

注：(1) 公称直径栏中不带括号的为第一系列，带圆括号的为第二系列，带方括号的为第三系列。应优先选用第一系列，第三系列尽可能不用。

(2) 括号内的螺距尽可能不用。

(3) M14×1.25 仅用于火花塞。

2. 细牙普通螺纹螺距与小径的关系（见附表7）

附表7　细牙普通螺纹螺距与小径的关系　mm

螺距 P	小径 D_1、d_1	螺距 P	小径 D_1、d_1	螺距 P	小径 D_1、d_1
0.35	$D-1+0.621$	1	$D-2+0.917$	2	$D-3+0.835$
0.5	$D-1+0.459$	1.25	$D-2+0.647$	3	$D-4+0.752$
0.75	$D-1+0.188$	1.5	$D-2+0.376$	4	$D-5+0.670$
注：小径按 $D_1=d_1=d-2H\times5/8$ 和 $H=3^{1/2}P/2$ 计算得出。					

55°非螺纹密封管螺纹的基本尺寸（GB/T 7307—2001）（见附表8）。

附表8　55°非螺纹密封管螺纹的基本尺寸（GB/T 7307—2001）　mm

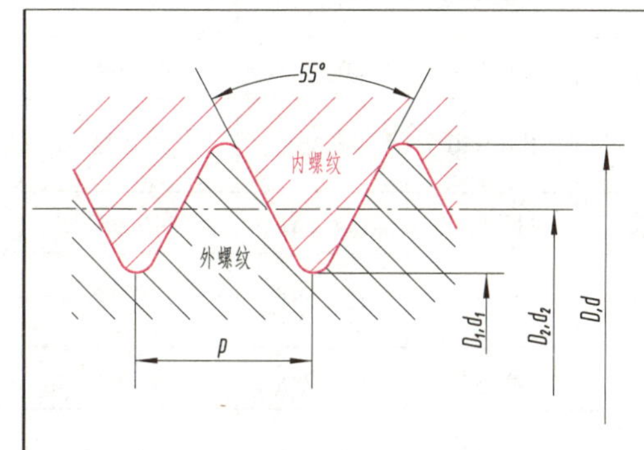

标记示例：$1\frac{1}{2}$左旋内螺纹：G1 $\frac{1}{2}$LH（右旋不标）；

$1\frac{1}{2}$A 级外螺纹：G1 $\frac{1}{2}$A；

$1\frac{1}{2}$B 级外螺纹：G1 $\frac{1}{2}$B。

内外螺纹装配：G1 $\frac{1}{2}$/G1 $\frac{1}{2}$A。

尺寸代号	每25.4mm内的牙数 n	螺距 P	牙高（h）	圆弧半径 r（≈）	基本直径		
					大径 $d=D$	中径 $d_2=D_2$	小径 $d_1=D_1$
1/16	28	0.907	0.581	0.125	7.723	7.142	6.561
1/8	28	0.907	0.581	0.125	9.728	9.147	8.566
1/4	19	1.337	0.856	0.184	13.157	12.301	11.445
3/8	19	1.337	0.856	0.184	16.662	15.806	14.950
1/2	14	1.814	1.162	0.249	20.955	19.793	18.631
5/8	14	1.814	1.162	0.249	22.911	21.749	20.587
3/4	14	1.814	1.162	0.249	26.441	25.279	24.117
7/8	14	1.814	1.162	0.249	30.201	29.039	27.877
1	11	2.309	1.479	0.317	33.249	31.770	30.291
$1\frac{1}{3}$	11	2.309	1.479	0.317	37.897	36.418	34.939
$1\frac{1}{2}$	11	2.309	1.479	0.317	41.910	40.431	38.952

续表

尺寸代号	每25.4mm内的牙数 n	螺距 P	牙高（h）	圆弧半径 $r\approx$	基本直径		
					大径 $d=D$	中径 $d_2=D_2$	小径 $d_1=D_1$
$1\frac{2}{3}$	11	2.309	1.479	0.317	47.803	46.324	44.485
$1\frac{3}{4}$	11	2.309	1.479	0.317	53.746	52.267	50.788
2	11	2.309	1.479	0.317	59.614	58.135	56.656
$2\frac{1}{4}$	11	2.309	1.479	0.317	65.710	64.231	62.752
$2\frac{1}{2}$	11	2.309	1.479	0.317	75.184	73.705	72.226
$2\frac{3}{4}$	11	2.309	1.479	0.317	81.534	80.055	78.576
3	11	2.309	1.479	0.317	87.884	86.405	84.926
$3\frac{1}{2}$	11	2.309	1.479	0.317	100.330	98.851	97.372
4	11	2.309	1.479	0.317	113.030	111.551	110.072
$4\frac{1}{2}$	11	2.309	1.479	0.317	125.730	124.251	122.772
5	11	2.309	1.479	0.317	138.430	136.951	135.472
$5\frac{1}{2}$	11	2.309	1.479	0.317	151.130	149.651	148.172
6	11	2.309	1.479	0.317	163.830	162.351	160.872
注：本标准适应用于管接头、旋塞、阀门及其附件。							

3. 梯形螺纹直径与螺距系列基本尺寸（GB/T 5796.2—2005、GB/T 5796.3—2005）（见附表9）

附表9　梯形螺纹直径与螺距系列基本尺寸（GB/T 5796.2—2005、GB/T 5796.3—2005）　mm

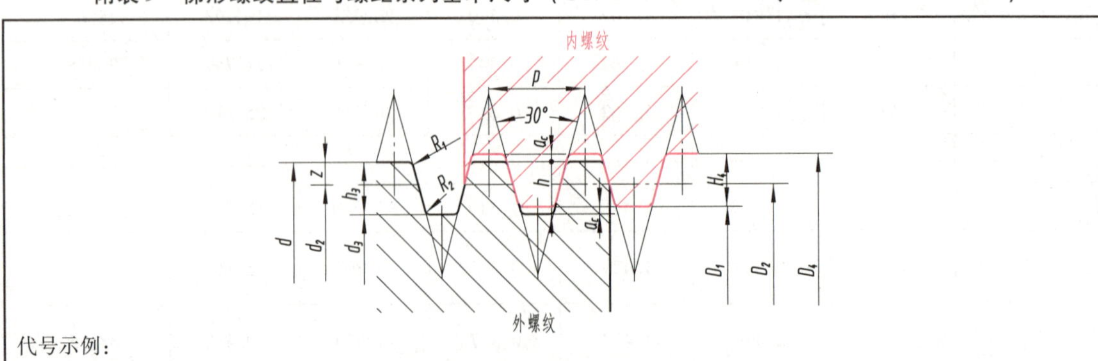

代号示例：

公称直径40mm、导程14mm、螺距为7mm的左旋双线梯形螺纹标记为

$T_r40\times14$（P7）LH

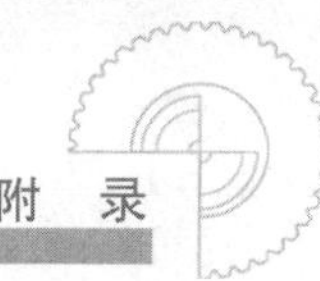

续表

公称直径 d		螺距 P	中径 $d_2=D_2$	大径 D_4	小径	
第一系列	第二系列				d_3	D_1
8		1.5	7.25	8.30	6.20	6.50
	9	1.5	8.25	9.30	7.20	7.50
		2	8.00	9.50	6.50	7.00
10		1.5	9.25	10.30	8.20	8.50
		2	9.00	10.50	7.50	8.00
	11	2	10.00	11.50	8.50	9.00
		3	9.50	11.50	7.50	8.00
12		2	11.00	12.50	9.50	10.00
		3	10.50	12.50	8.50	9.00
	14	2	13.00	14.50	11.50	12.00
		3	12.50	14.50	10.50	11.00
16		2	15.00	16.50	13.50	14.00
		4	14.00	16.50	11.50	12.00
	18	2	17.00	18.50	15.50	16.00
		4	16.00	18.50	13.50	14.00
20		2	19.00	20.50	17.50	18.00
		4	18.00	20.50	15.50	16.00
	22	3	20.50	22.50	18.50	19.00
		5	19.50	22.50	16.50	17.00
		8	18.00	23.00	13.00	14.00
24		3	22.50	24.50	20.50	21.00
		5	21.50	24.50	18.50	19.00
		8	20.00	25.00	15.00	16.00

公称直径 d		螺距 P	中径 $d_2=D_2$	大径 D_4	小径	
第一系列	第二系列				d_3	D_1
	26	3	24.50	26.50	22.50	23.00
		5	23.50	26.50	20.50	21.00
		8	22.00	27.00	17.00	18.00
28		3	26.50	28.50	24.50	25.00
		5	25.50	28.50	22.50	23.00
		8	24.00	29.00	19.00	20.00
	30	3	28.50	30.50	26.50	29.00
		6	27.00	31.00	23.00	24.00
		10	25.00	31.00	19.00	20.50
32		3	30.50	32.50	28.50	29.00
		6	29.00	33.00	25.00	26.00
		10	27.00	33.00	21.00	22.00
	34	3	32.50	34.50	30.50	31.00
		6	31.00	35.00	27.00	28.00
		10	29.00	35.00	23.00	24.00
36		3	34.50	36.50	32.50	33.00
		6	33.00	37.00	29.00	30.00
		10	31.00	37.00	25.00	26.00
	38	3	36.50	38.50	34.50	35.00
		7	34.50	39.00	30.00	31.00
		10	33.00	39.00	27.00	28.00
40		3	38.50	40.50	36.50	37.00
		7	36.50	41.00	32.00	33.00
		10	35.00	41.00	29.00	30.00

4. 普通螺纹的螺纹收尾、肩距、退刀槽和倒角（摘自 GB/T 3—1997）（见附表 10）

附表 10　普通螺纹的螺纹收尾、肩距、退刀槽和倒角（摘自 GB/T 3—1997） mm

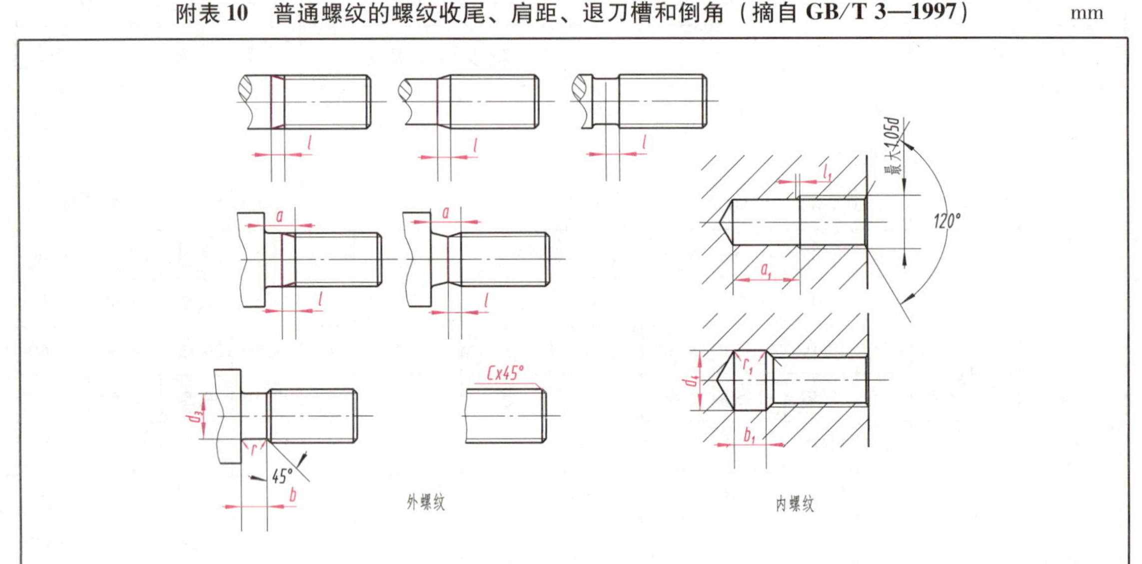

螺距 P	粗牙螺纹直径 D	细牙螺纹直径	螺纹收尾≤ 一般 l	短的 l_1	长的 l	长的 l_1	肩距≤ 一般 a	一般 a_1	长的 a	长的 a_1	短的 a	退刀槽 一般 b	一般 b_1	窄的 b	窄的 b_1	d_3	d_4	r 或 r_1 (≈)	倒角 C
0.5	3	根据螺距查表	1.25	1	0.7	1.5	1.5	3	2	4	1	1.5	2	1	1.5	$d-0.8$	$d+0.3$	$0.5P$	0.5
0.6	3.5		1.5	1.2	0.75	1.8	1.8	3.2	2.4	4.8	1.2					$d-1$			
0.7	4		1.75	1.4	0.9	2.1	2.1	3.5	2.8	5.6	1.4	2	3			$d-1.1$			0.6
0.75	4.5		1.9	1.5	1	2.3	2.25	3.8	3	6	1.5				2	$d-1.2$			
0.8	5		2	1.6	1	2.4	2.4	4	3.2	6.4	1.6					$d-1.3$			0.8
1	6；7		2.5	2	1.25	3	3	5	4	8	2	2.5	4	1.5	2.5	$d-1.6$	$d+0.5$		1
1.25	8		3.2	2.5	1.6	3.8	4	6	5	10	2.5	3	5		3	$d-2$			1.2
1.5	10		3.8	3	1.9	4.5	4.5	7	6	12	3	4	6	2.5	4	$d-2.3$			1.5
1.75	12		4.3	3.5	2.2	5.2	5.3	9	7	14	3.5	5	7			$d-2.6$			2
2	14；16		5	4	2.5	6	6	10	8	16	4		8	3.5	5	$d-3$			
2.5	18；20；22		6.3	5	3.2	7.5	7.5	12	10	18	5	6	10		6	$d-3.6$			2.5
3	24；27		7.5	6	3.8	9	9	14	12	22	6	7	12	4.5	7	$d-4.4$			
3.5	30；33		9	7	4.5	10.5	10.5	16	14	24	7	8	14		8	$d-5$			3
4	36；39		10	8	5	12	12	18	16	26	8	9	16	5	9	$d-5.7$			
4.5	42；45		11	9	5.5	13.5	13.5	21	18	29	9	10	18	6	10	$d-6.4$			4
5	48；52		12.5	10	6.3	15	15	23	20	32	10	11	20	6.5	11	$d-7$			
5.5	56；60		14	11	7	16.5	16.5	25	22	35	11	12	22	7.5	12	$d-7.7$			5
6	64；68		15	12	7.5	18	18	28	24	38	12	14	24	8	14	$d-8.3$			

注：(1) 本表未摘录 $P<0.5$ 的各有关尺寸。

(2) 对于其他相关内容，可查阅国家标准《紧固件外螺纹零件的末端》(GB/T 2—1997)。

三、螺栓

六角头螺栓—A 和 B 级（GB/T 5782—2000）、六角头螺栓—全螺纹（GB/T 5783—2000）（见附表 11）。

附表 11　六角头螺栓—A 和 B 级（GB/T 5782—2000）、六角头螺栓—全螺纹（GB/T 5783—2000）

mm

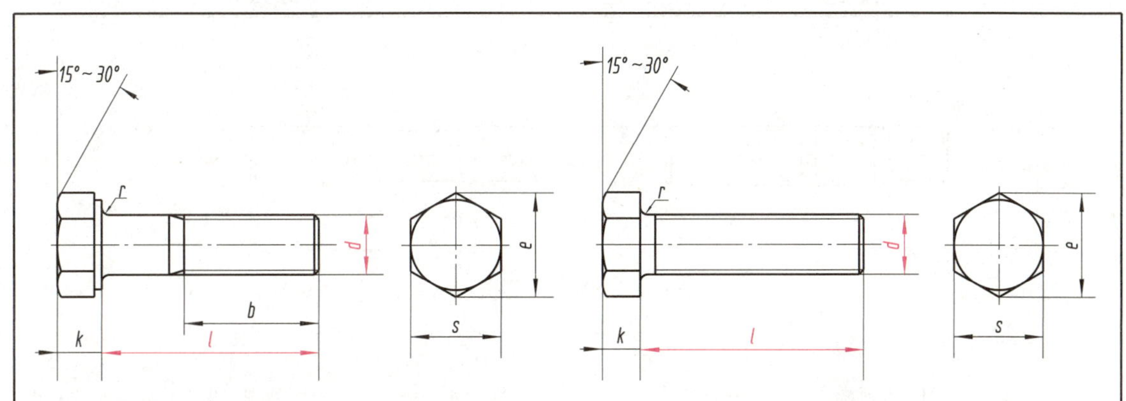

六角头螺栓—A 和 B 级（GB/T 5782—2000）　　　　六角头螺栓—全螺纹（GB/T 5783—2000）

标记示例：

螺纹规格 d = M12、公称长度 l = 80mm、性能等级为 8.8 级、表面氧化、产品等级为 A 级的六角头螺栓的标记：

螺栓　GB/T 5782　M12×80

螺纹规格 d		M3	M4	M5	M6	M8	M10	M12	(M14)	M16	(M18)	M20	(M22)	M24	(M27)	M30	M36	M42	M48
s		5.5	7	8	10	13	16	18	21	24	27	30	34	36	41	46	55	65	75
k		2	2.8	3.5	4	5.3	6.4	7.5	8.8	10	11.5	12.5	14	15	17	18.7	22.5	26	30
r		0.1	0.2	0.2	0.25	0.4	0.4	0.6	0.6	0.6	0.6	0.8	1	0.8	1	1	1	1.2	1.6
e		6.1	7.7	8.8	11.1	14.4	17.8	20	23.4	26.8	30	33.5	37.7	40	45.2	50.9	60.8	72	82.6
b 参数	l≤125	12	14	16	18	22	26	30	34	38	42	46	50	54	60	66	78		
	125≤l≤200	—	—	—	—	28	32	36	40	44	48	52	56	60	66	72	84	96	108
	l >24	—	—	—	—	—	—	—	53	57	61	65	69	73	79	85	97	109	121
l (GB/T 5782)		20~30	25~40	25~50	30~60	35~80	40~100	45~120	60~140	55~160	80~180	65~200	90~220	80~240	100~260	90~300	110~360	130~400	140~400
l (GB/T 5783)		6~30	8~40	10~50	12~60	16~80	20~100	25~100	30~140	35~100	35~180	40~100	45~200	40~100	55~200	40~100	40~100	80~500	100~500
l		6，8，10，12，16，20，25，30，35，40，45，50，（55），60，（65），70，80，90，100，110，120，130，140，150，160，180，200，220，240，260，280，300，320，340，360，380，400，420，480，500																	

注：(1) A 级用于 d = 1.6 ~ 24mm 和 l≤10d 或 l≤150mm 的螺栓；B 级用于 d > 24 和 l > 10d 或 l > 150mm 的螺栓（按较小值）。

(2) 不带括号的为优选系列。

四、双头螺柱

双头螺柱 $b_m=d$（GB/T 897—1988）、$b_m=1.25d$（GB/T 898—1988）、$b_m=1.5d$（GB/T 899—1988）、$b_m=2d$（GB/T 900—1988）（见附表 12）

附表 12　双头螺柱 $b_m=d$（GB/T 897—1988）、$b_m=1.25d$（GB/T 898—1988）、$b_m=1.5d$（GB/T 899—1988）、$b_m=2d$（GB/T 900—1988）

mm

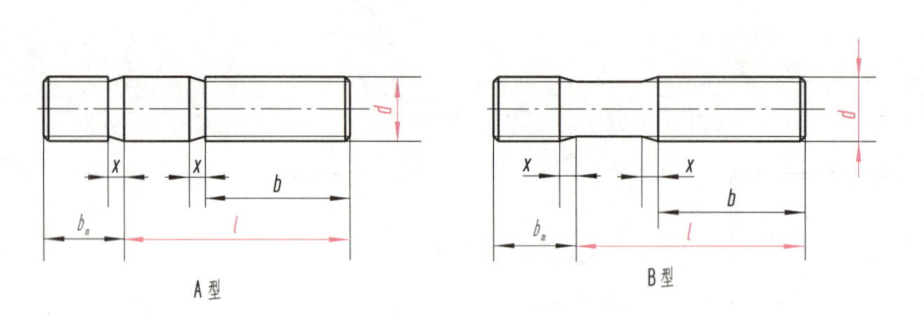

标记示例：

（1）两端均为粗牙普通螺纹，$d=10$mm、$l=50$mm、性能等级为 4.8 级、不经表面处理、B 型、$b_m=d$ 的双头螺柱：

螺柱　GB/T 897—1988 M10×50

（2）旋入机体一端为粗牙普通螺纹，旋入螺母一端为螺距（P）=1mm 的细牙普通螺纹，$d=10$mm、$l=50$mm、性能等级为 4.8 级、不经表面处理、A 型、$b_m=d$ 的双头螺柱：

螺柱　GB/T 897—1988　AM10－M10×1×50

（3）旋入机体一端为过渡配合螺纹的第一种配合，旋入螺母一端为粗牙普通螺纹，$d=10$mm、$l=50$mm、性能等级为 8.8 级、镀锌钝化、B 型、$b_m=d$ 的双头螺柱：

螺柱　GB/T 897—1988　GM10－M10×50－8.8－Zn·D

螺纹规格 d	b_m				l/b
	GB/T 897—1988	GB/T 898—1988	GB/T 899—1988	GB/T 900—1988	
M2			3	4	(12～16)/6，(18～25)/10
M2.5			3.5	5	(14～18)/8，(20～30)/11
M3			4.5	6	(16～20)/6，(22～40)/12
M4			6	8	(16～22)/8，(25～40)/14
M5	5	6	8	10	(16～22)/10，(25～50)/16
M6	6	8	10	12	(18～22)/10，(25～30)/14，(32～75)/18
M8	8	10	12	16	(18～22)/12，(25～30)/16，(32～90)/22
M10	10	12	15	20	(25～28)/14，(30～38)/16，(40～120)/30，130/32
M12	12	15	18	24	(25～30)/16，(32～40)/20，(45～120)/30，(130～180)/36

续表

螺纹规格 d	b_m				l/b
	GB/T 897—1988	GB/T 898—1988	GB/T 899—1988	GB/T 900—1988	
(M14)	14	18	21	28	(30~35)/18，(38~45)/25，(50~120)/34，(130~180)/40
M16	16	20	24	32	(30~38)/20，(40~55)/30，(60~120)/38，(130~200)/44
(M18)	18	22	27	36	(35~40)/22，(45~60)/35，(65~120)/42，(130~200)/48
M20	20	25	30	40	(35~40)/25，(45~65)/38，(70~120)/46，(130~200)/52
(M22)	22	28	33	44	(40~45)/30，(50~70)/40，(75~120)/50，(130~200)/56
M24	24	30	36	48	(45~50)/30，(55~75)/45，(80~120)/54，(130~200)/60
(M27)	27	35	40	54	(50~60)/35，(65~85)/50，(90~120)/60，(130~200)/66
M30	30	38	45	60	(60~65)/40，(70~90)/50，(95~120)/66，(130~200)/72，(210~250)/85
M36	36	45	54	72	(65~75)/45，(80~110)/60，120/78，(130~200)/84，(210~300)/97
M42	42	52	63	84	(70~80)/50，(85~110)/70，120/90，(130~200)/96，(210~300)/109
M48	48	60	72	96	(80~90)/60，(95~110)/80，120/102，(130~200)/108，(210~300)/121
l（系列）	12，(14)，16，(18)，20，(22)，25，(28)，30，(32)，35，(38)，40，45，50，55，60，65，70，75，80，85，90，95，100，110，120，130，140，150，160，170，180，190，200，210，220，230，240，250，260，280，300				

注：(1) $b_m=d$ 一般用于旋入机体为钢的场合；$b_m=(1.25\sim1.5)d$ 一般用于旋入机体为铸铁的场合；$b_m=2d$ 一般用于旋入机体为铝的场合。

(2) 不带括号的为优选系列，仅 GB/T 898—1988 有优选系列。

(3) b 不包括螺尾。

五、螺钉

1. 开槽圆柱头螺钉（GB/T 65—2000）、开槽沉头螺钉（GB/T 68—2000）（见附表 13）

附表 13　开槽圆柱头螺钉（GB/T 65—2000）、开槽沉头螺钉（GB/T 68—2000） mm

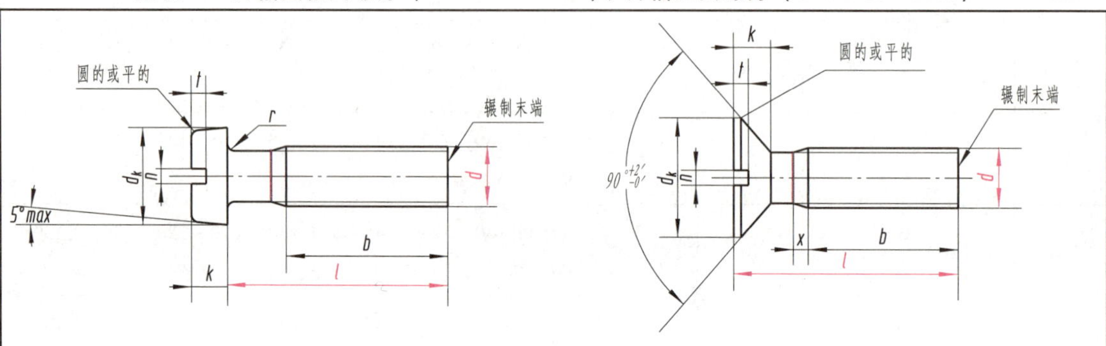

开槽圆柱头螺钉（GB/T 65—2000）　　开槽沉头螺钉（GB/T 68—2000）

标记示例：

螺纹规格 d = M5、公称长度 l = 20mm、性能等级为 4.8 级、不经表面处理的 A 级开槽圆柱头螺钉的标记：

螺钉　GB/T 65 M5 × 20

螺纹规格 d = M5、公称长度 l = 20mm、性能等级为 4.8 级、不经表面处理的 A 级开槽沉头螺钉的标记：

螺钉　GB/T 68 M5 × 20

螺纹规格 d		M1.6	M2	M2.5	M3	M4	M5	M6	M8	M10
GB/T 65—2000	$d_{k\ max}$	3	3.8	3	3	7	8.5	10	13	16
	k_{max}	1.1	1.4	1.1	1.1	2.6	3.3	3.9	5	6
	t_{min}	0.45	0.6	0.45	0.45	1.1	1.3	1.6	2	2.4
	R_{min}	0.1	0.1	0.1	0.1	0.2	0.2	0.25	0.4	0.4
	商品规格长度 l	2 ~ 16	3 ~ 20	3 ~ 25	4 ~ 30	5 ~ 40	6 ~ 50	8 ~ 60	10 ~ 80	12 ~ 80
	全螺纹时最大长度	2 ~ 30	3 ~ 30	3 ~ 30	4 ~ 30	5 ~ 40	6 ~ 40	8 ~ 40	10 ~ 40	12 ~ 40
GB/T 68—2000	$d_{k\ max}$	3	3.8	4.7	5.5	8.4	9.3	11.3	15.8	18.3
	k_{max}	1	1.2	1.5	1.65	2.7	2.7	3.3	4.65	5
	t_{min}	0.32	0.4	0.5	0.6	1	1.1	1.2	1.8	2
	r_{max}	0.4	0.5	0.6	0.8	1	1.3	1.5	2	2.5
	商品规格长度 l	2.5 ~ 16	3 ~ 20	4 ~ 25	5 ~ 30	6 ~ 40	8 ~ 50	8 ~ 60	10 ~ 80	12 ~ 80
	全螺纹时最大长度	2.5 ~ 30	3 ~ 30	4 ~ 30	5 ~ 30	6 ~ 45	8 ~ 45	8 ~ 45	10 ~ 45	12 ~ 45
n 公称		0.4	0.5	0.6	0.8	1.2	1.2	1.6	2	2.5
b_{min}		25				38				
l（系列）		2，2.5，3，4，5，6，8，16，12，（14），16，20，25，30，35，40，45，50，（55），60，（65），70，（75），80								

2. 内六角圆柱头螺钉（GB/T 70.1—2008）（见附表 14）

附表 14　内六角圆柱头螺钉（GB/T 70.1—2008）　　mm

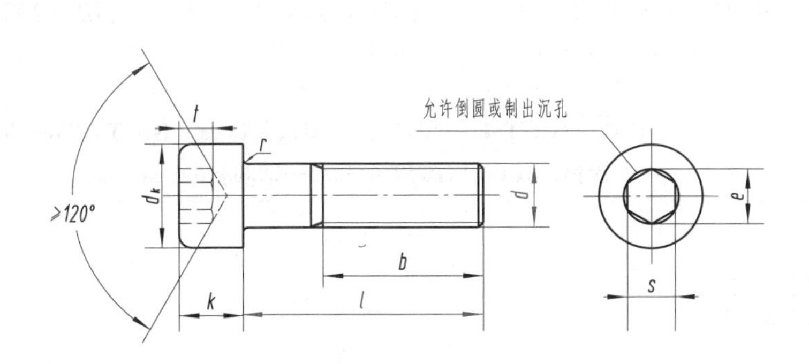

标记示例：

螺纹规格 d = M5、公称长度 l = 20mm、性能等级为 8.8 级、表面氧化的 A 级内六角圆柱头螺钉的标记：

螺钉　GB/T 70.1 M5 × 20

螺纹规格 d	M1.6	M2	M2.5	M3	M4	M5	M6	M8	M10	M12	(M14)	M16	M20	M24	M30	M36
d_k	3	3.8	4.5	5.5	7	8.5	10	13	16	18	21	24	30	36	45	54
k	1.6	2	2.5	3	4	5	6	8	10	12	14	16	20	24	30	36
t	0.7	1	1.1	1.3	2	2.5	3	4	5	6	7	8	10	12	15.5	19
r	0.1	0.1	0.1	0.1	0.2	0.2	0.25	0.4	0.4	0.6	0.6	0.6	0.8	0.8	1	1
s	1.5	1.5	2	2.5	3	4	5	6	8	10	12	14	17	19	22	27
e	1.73	1.73	2.3	2.9	3.4	4.6	5.7	6.9	9.2	11.4	13.7	16	19	21.7	25.2	30.9
b（参考）	15	16	17	18	20	22	24	28	32	36	40	44	52	60	72	84
l	2.5 ~ 16	3 ~ 20	4 ~ 25	5 ~ 30	6 ~ 40	8 ~ 50	10 ~ 60	12 ~ 80	16 ~ 100	20 ~ 120	25 ~ 140	25 ~ 160	30 ~ 200	40 ~ 200	45 ~ 200	55 ~ 200
全螺纹时最大长度	16	16	20	20	25	25	30	35	40	45	55	55	65	80	90	110
l（系列）	2.5，3，4，5，6，8，10，12，(14)，16，20，25，30，35，40，45，50，(55)，60，(65)，70，80，90，100，110，120，130，140，150，160，180，200															

注：（1）尽可能不采用括号内的规格。

（2）b 不包括螺尾。

六、螺母

1. 六角螺母—C 级（GB/T 41—2000）、Ⅰ型六角螺母（GB/T 6170—2000）、六角薄螺母（GB/T 6172. 1—2000）（见附表 15）

附表 15　六角螺母—C 级（GB/T 41—2000）、Ⅰ型六角螺母（GB/T 6170—2000）、六角薄螺母（GB/T 6172. 1—2000）

mm

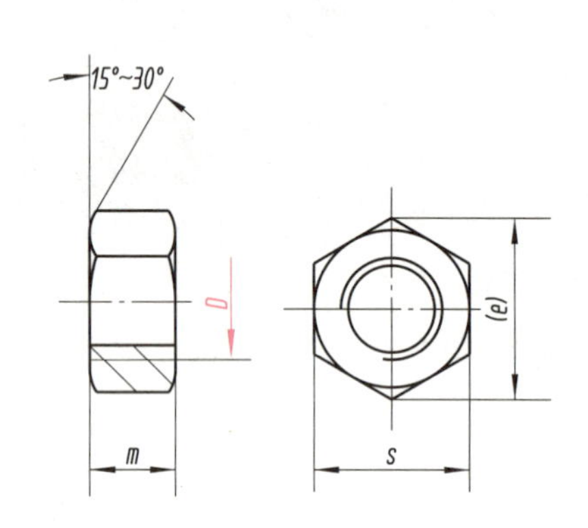

六角螺母—C 级（GB/T 41—2000）

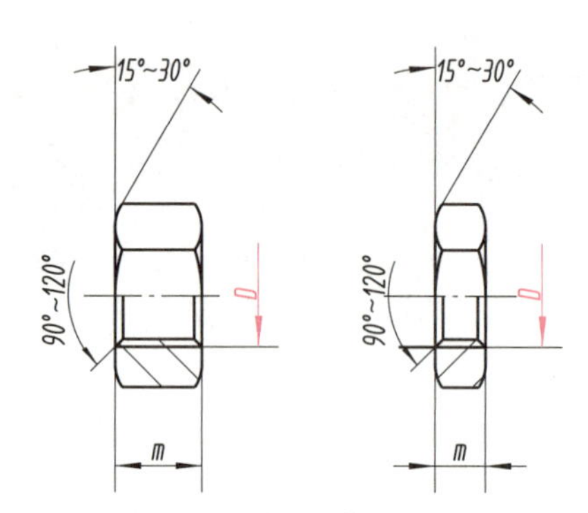

1 型六角螺母（GB/T 6170—2000）
六角薄螺母（GB/T 6172. 1—2000）

标记示例：

螺纹规格 D = M12、性能等级为 5 级、不经表面处理、产品等级为 C 级的六角螺母的标记：

螺母　GB/T 41　M12

螺纹规格 D = M12、性能等级为 8 级、不经表面处理、产品等级为 A 级的 1 型六角螺母的标记：

螺母　GB/T 6170　M12

螺纹规格 D = M12、性能等级为 04 级、不经表面处理、产品等级为 A 级的六角薄螺母的标记：

螺母　GB/T 6172. 1　M12

螺纹规格 D		M3	M4	M5	M6	M8	M10	M12	(M14)	M16	(M18)	M20	(M22)	M24	(M27)	M30	M36	M42	M48	M56	M64
e		6	7. 7	8. 8	11	14. 4	17. 8	20	23. 4	26. 8	29. 6	35	37. 3	39. 6	45. 2	50. 9	60. 8	72	82. 6	93. 6	104. 9
s		5. 5	7	8	10	13	16	18	21	24	27	30	34	36	41	46	55	65	75	85	95
m	GB/T 6170—2000	2. 4	3. 2	4. 7	5. 2	6. 8	8. 4	10. 8	12. 8	14. 8	15. 8	18	19. 4	21. 5	23. 8	25. 6	31	34	38	45	51
	GB/T 6172—2000	1. 8	2. 2	2. 7	3. 2	4	5	6	7	8	9	10	11	12	13. 5	15	18	21	24	28	32
	GB/T 41—2000			5. 6	6. 1	7. 9	9. 5	12. 2	13. 9	15. 9	16. 9	18. 7	20. 2	22. 3	24. 7	26. 4	31. 5	34. 9	38. 9	45. 9	52. 4

注：(1) 表中 e 为圆整近似值。

(2) 不带括号的为优选系列。

2. 圆螺母（GB/T 812—1988）（见附表 16）

附表 16　圆螺母（GB/T 812—1988）　　mm

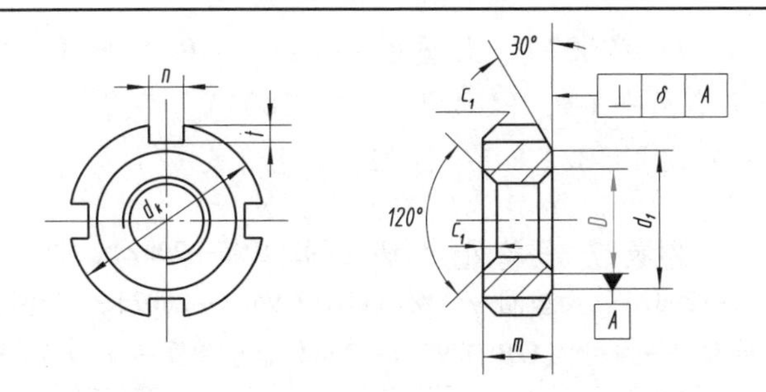

标记示例：

螺纹规格 D = M16 × 1.5，材料为 45 钢、槽或全部热处理后硬度 HRC35 - 45、表面氧化的圆螺母的标记：

螺母　GB/T 812 M16 × 1.5

D	d_k	d_1	m	n	t	C	C_1	D	d_k	d_1	m	n	t	C	C_1
M10 × 1	22	16	8	4	2	0.5	0.5	M64 × 2	95	84	12	8	3.5	1.5	1
M12 × 1.25	25	19						M65 × 2 *	95	84					
M14 × 1.5	28	20						M68 × 2	100	88		10	4		
M16 × 1.5	30	22		5	2.5			M72 × 2	105	93	15				
M18 × 1.5	32	24						M75 × 2 *	105	93					
M20 × 1.5	35	27						M76 × 2	110	98					
M22 × 1.5	38	30	10					M80 × 2	115	103					
M24 × 1.5	42	34				1		M85 × 2	120	108					
M25 × 1.5 *	42	34						M90 × 2	125	112	18	12	5		
M27 × 1.5	45	37						M95 × 2	130	117					
M30 × 1.5	48	40						M100 × 2	135	122					
M33 × 1.5	52	43		6	3			M105 × 2	140	127					
M35 × 1.5 *	52	43						M110 × 2	150	135		14	6		
M36 × 1.5	55	46						M115 × 2	155	140	22				
M39 × 1.5	58	49				1.5		M120 × 2	160	145					
M40 × 1.5 *	58	49						M125 × 2	165	150					
M42 × 1.5	62	53						M130 × 2	170	155					
M45 × 1.5	68	59						M140 × 2	180	165	26				
M48 × 1.5	72	61	12	8	3.5			M150 × 2	200	180		16	7		
M50 × 1.5 *	72	61						M160 × 3	210	190				2	1.5
M52 × 1.5	78	67						M170 × 3	220	200					
M55 × 2 *	78	67						M180 × 3	230	210	30				
M56 × 2	85	74					1	M190 × 3	240	220					
M60 × 2	90	79						M200 × 3	250	230					

注：（1）槽数 n：当 $D \leqslant M105 \times 2$ 时，$n = 4$；当 $D \geqslant M105 \times 2$ 时，$n = 6$。

（2）标有 * 者仅用于滚动轴承锁紧装置。

七、垫圈

1. 平垫圈—C 级（GB95－2002）、大垫圈—A 级（GB/T 96. 1—2002）、大垫圈—C 级（GB/T 96. 2—2002）、平垫圈—A 级（GB/T 97. 1—2002）、平垫圈　倒角型—A 级（GB/T 97. 2—2002）、小垫圈—A 级（GB/T 848—2002）（见附表 17）

附表 17　平垫圈—C 级（GB/T 95—2002）、
大垫圈—A 级（GB/T 96. 1—2002）、大垫圈—C 级（GB/T 96. 2—2002）；平垫圈—A 级（GB/T 97. 1—2002）、平垫圈　倒角型—A 级（GB/T 97. 2—2002）、小垫圈—A 级（GB/T 848—2002）　mm

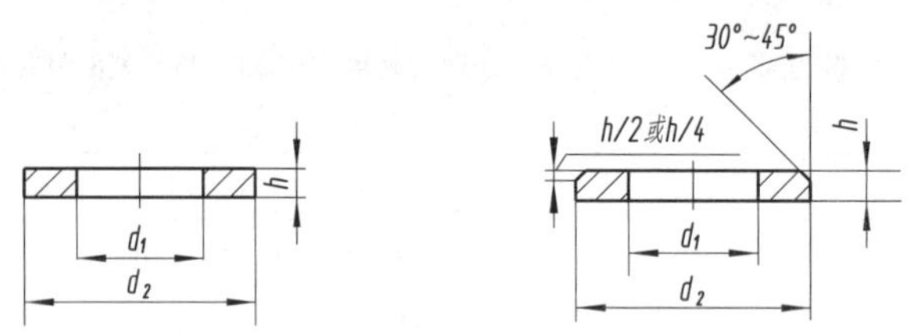

平垫圈—C 级（GB/T 95—2002）；平垫圈—A 级（GB/T 97. 1—2002）；大垫圈—A 级（GB/T 96. 1—2002）；
大垫圈—C 级（GB/T 96. 2—2002）；平垫圈倒角型—A 级（GB/T 97. 2—2002）；小垫圈—A 级（GB/T 848—2002）

* 垫圈两端面无粗糙度符号。

标记示例：

标准系列、公称规格 8mm、硬度等级为 100HV 级、不经表面处理、产品等级为 C 级的平垫圈的标记：

垫圈　GB/T 95　8

标准系列、公称规格 8mm、由钢制造的硬度等级为 200HV 级、不经表面处理、产品等级为 A 级、倒角型平垫圈的标记：

垫圈　GB/T 97. 2　8

公称规格（螺纹大径）	标准系列				大系列				小系列		
	GB/T 95	GB/T 97. 1—2002 GB/T 97. 2—2002			GB/T 96. 1—2002	GB/T 96. 2—2002			GB/T 848—2002		
d	d_1	d_1	d_2	h	d_1	d_1	d_2	h	d_1	d_2	h
1. 6	1. 8	1. 7	4	0. 3					1. 7	3. 5	0. 3
2	2. 4	2. 2	5	0. 3					2. 2	4. 5	
2. 5	2. 9	2. 7	6	0. 5					2. 7	5	0. 5
3	3. 4	3. 2	7	0. 5	3. 2	3. 4	9	0. 8	3. 2	6	
4	4. 5	4. 3	9	0. 8	4. 3	4. 5	12	1	4. 3	8	
5	5. 5	5. 3	10	1	5. 3	5. 5	15	1	5. 3	9	1
6	5. 6	6. 4	12	1. 6	6. 4	6. 6	18	1. 6	6. 4	11	1. 6
8	9	8. 4	16	1. 6	8. 4	9	24	2	8. 4	15	
10	11	10. 5	20	2	10. 5	11	30	2. 5	10. 5	18	
12	13. 5	13	24	2. 5	13	13. 5	37	3	13	20	2
16	17. 5	17	30	3	17	17. 5	50	3	17	28	2. 5
20	22	21	37	3	21	22	60	4	21	34	3

续表

公称规格（螺纹大径）	标准系列				大系列				小系列		
	GB/T 95	GB/T 97.1—2002 GB/T 97.2—2002			GB/T 96.1—2002	GB/T 96.2—2002			GB/T 848—2002		
24	26	25	44	4	25	26	72	5	25	39	4
30	33	31	56	4	33	33	92	6	31	50	4
36	39	37	66	5	39	39	110	8	37	60	5

注：（1）GB/T 97.2，$d \geqslant 5$。

（2）表列 d_1、d_2、h 均为公称值。

（3）C 级垫圈表面粗糙度要求为 $\sqrt{\ }$。

（4）GB/T 848—2002 主要用于带圆柱头的螺钉，其他用于标准的六角螺栓、螺钉和螺母。

（5）精装配系列适用于 A 级垫圈，中等装配系列适用于 C 级垫圈。

2. 标准型弹簧垫圈（GB/T 93—1987）、轻型弹簧垫圈（GB/T 859—1987）（见附表 18）

附表 18　标准型弹簧垫圈（GB/T 93—1987）、轻型弹簧垫圈（GB/T 859—1987）　mm

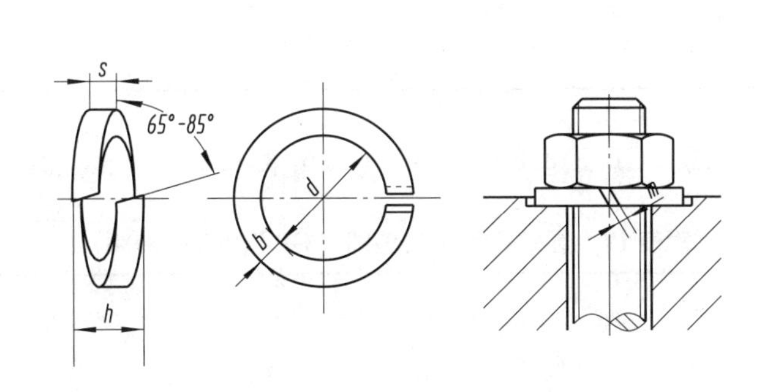

标记示例：

规格 16mm、材料为 65Mn，表面氧化的标准型弹簧垫圈：

垫圈　GB/T 93—1987　16

规格（螺纹大径）	d_{min}	GB/T 93—1987			GB/T 859—1987			
		$S=b$	H_{max}	$0<m\leqslant$	S	b	H_{max}	$0<m\leqslant$
2	2.1	0.5	1.25	0.25	0.5	0.8	—	
2.5	2.6	0.65	1.63	0.33	0.6	0.8	—	0.3
3	3.1	0.8	2	0.4	0.8	1	1.5	0.4
4	4.1	1.1	2.75	0.55	0.8	1.2	2	0.55
5	5.1	1.3	3.25	0.65	1	1.2	2.75	

续表

规格（螺纹大径）	d_{min}	GB/T 93—1987			GB/T 859—1987			
		$S=b$	H_{max}	$0<m\leqslant$	S	b	H_{max}	$0<m\leqslant$
6	6.2	1.6	4	0.8	1.2	1.6	3.25	0.65
8	8.2	2.1	5.25	1.05	1.6	2	4	0.8
10	10.2	2.6	6.5	1.3	2	2.5	5	1
12	12.3	3.1	7.75	1.55	2.5	3.5	6.25	1.25
(14)	14.3	3.6	9	1.8	3	4	7.5	1.5
16	16.3	4.1	10.25	2.05	3.2	4.5	8	1.6
(18)	18.3	4.5	11.25	2.25	3.5	5	9	1.8
20	20.5	5	12.5	2.5	4	5.5	10	2
(22)	22.5	5.5	13.75	2.75	4.5	6	11.25	2.25
24	24.5	6	15	3	4.8	6.5	12.5	2.5
(27)	27.5	6.8	17	3.4	5.5	07	13.75	
30	30.5	7.5	18.75	3.75	6	8	15	2.75
36	36.6	9	22.5	4.5			—	3
42	42.6	10.5	26.25	5.25			—	
48	49	12	30	6			—	

3. 圆螺母用止动垫圈（GB/T 858—1988）（见附表19）

附表19　圆螺母用止动垫圈（GB/T 858—1988）　mm

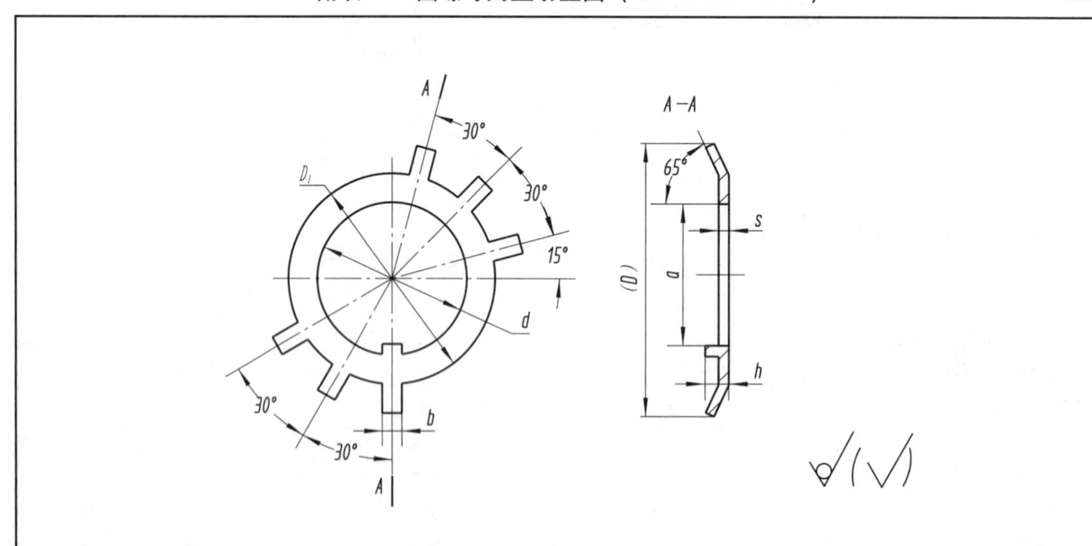

标记示例：

规格16mm、材料为A_3、经退火、表面氧化的圆螺母用止动垫圈的标记：

垫圈　GB/T 858　16

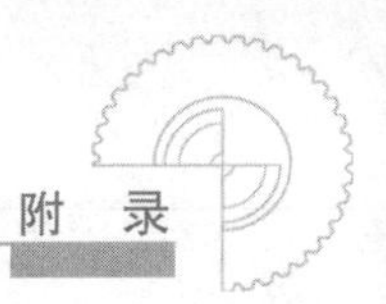

续表

规格（螺纹大径）	d	(D)	D_1	S	b	a	h	轴端		规格（螺纹大径）	d	(D)	D_1	S	B	a	h	轴端	
								b_1	t									b_1	t
14	14.5	32	20	1	3.8	11	3	4	10	55 *	56	82	67	1.5	7.7	52	6	8	—
16	16.5	34	22		4.8	13		5	12	56	57	90	74			53			52
18	18.5	35	24			15	4		14	60	61	94	79			57			56
20	20.5	38	27			17			16	64	65	100	84			61			60
22	22.5	42	30			19			18	65 *	66	100	84			62			—
24	24.5	45	34			21			20	68	69	105	88		9.6	65		10	64
25 *	25.5	45	34			22			—	72	73	110	93			69	7		68
27	27.5	48	37			24	5		23	75 *	76	110	93			71			—
30	30.5	52	40			27			26	76	77	115	98			72			70
33	33.5	56	43	1.5	5.7	30		6	29	80	81	120	103			76			74
35 *	35.5	56	43			32			—	85	86	125	108			81			79
36	36.5	60	46			33			32	90	91	130	112	2		86		12	84
39	39.5	62	49			36			35	95	96	135	117		11.6	91			89
40 *	40.5	62	49			37			—	100	101	140	122			96			94
42	42.5	66	53			39			38	105	106	145	127			101			99
45	45.5	72	59			42			41	110	111	156	135		13.5	106		14	104
48	48.5	76	61		7.7	45		8	44	115	116	160	140			111			109
50 *	50.5	76	61			47			—	120	121	166	145			116			114
52	52.5	82	67			49	6		48	125	126	170	150			121			119

注：标有 * 仅用于滚动轴承锁紧装置。

八、键

1. 平键—键槽的剖面尺寸（GB/T 1095—2003）、普通型—平键（GB/T 1096—2003）（见附表 20）

附表 20　平键—键槽的剖面尺寸（GB/T 1095—2003）、普通型—平键（GB/T 1096—2003）　mm

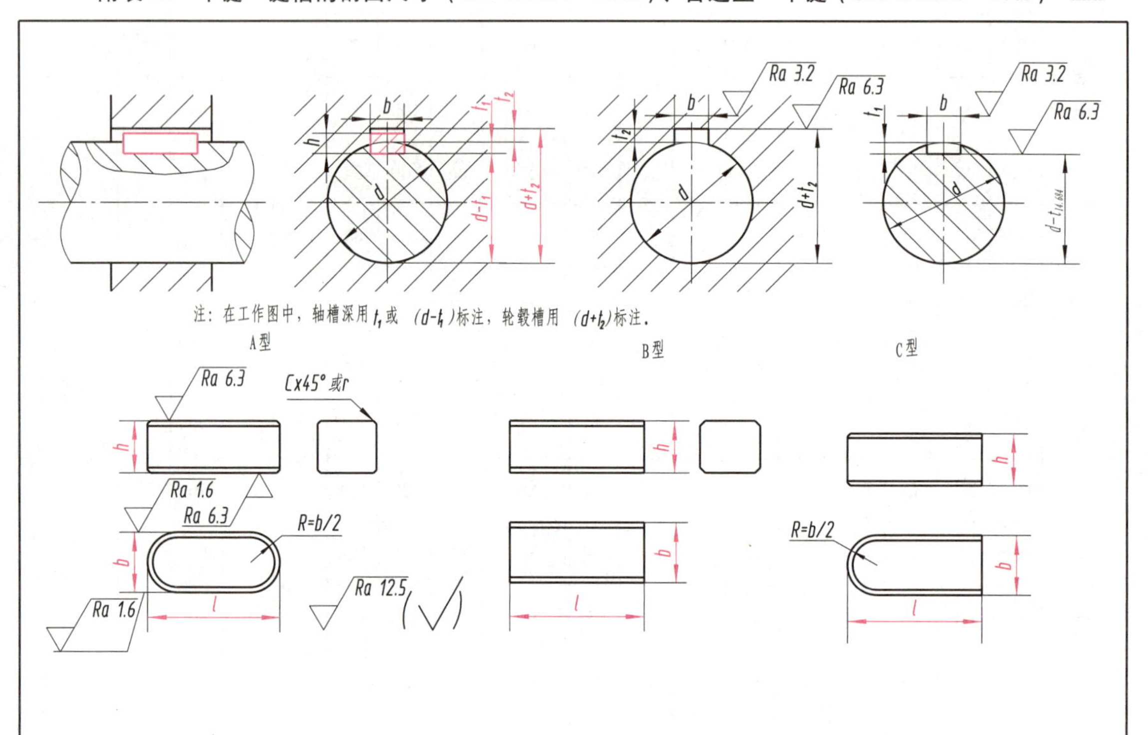

标记示例：

宽度 $b=16$mm、高度 $h=10$mm、长度 $L=100$mm 普通 A 型平键的标记为：键 16×10×100 GB/T 1096

宽度 $b=16$mm、高度 $h=10$mm、长度 $L=100$mm 普通 B 型平键的标记为：键 B 16×10×100 GB/T 1096

宽度 $b=16$mm、高度 $h=10$mm、长度 $L=100$mm 普通 C 型平键的标记为：键 C 16×10×100 GB/T 1096

键尺寸 $b\times h$	长度 l	键槽											
		宽度 b						深度				半径 r	
		基本尺寸 b	极限偏差					轴 t_1		毂 t_2			
			松连接		正常连接		紧密连接						
			轴 H9	毂 D10	轴 N9	毂 Js9	轴和毂 P9	基本尺寸	极限偏差	基本尺寸	极限偏差	min	max
2×2	6~20	2	+0.025 0	+0.060	-0.004	±0.0125	-0.006	1.2	+0.10	1	+0.10	0.08	0.16
3×3	6~36	3		0.020	-0.029		-0.031	1.8		1.4			
4×4	8~45	4	+0.030 0	+0.078	0	±0.015	-0.012	2.5		1.8			
5×5	10~56	5		+0.030	-0.030		-0.042	3.0		2.3			
6×6	14~70	6						3.5		2.8			

续表

键槽													
键尺寸 $b \times h$	长度 l	宽度 b						深度				半径 r	
		基本尺寸 b	极限偏差					轴 t_1		毂 t_2			
			松连接		正常连接		紧密连接						
			轴 H9	毂 D10	轴 N9	毂 Js9	轴和毂 P9	基本尺寸	极限偏差	基本尺寸	极限偏差	min	max
8×7	18~90	8	+0.036 0	+0.098	0	±0.018	−0.015	4.0		3.3			
10×8	22~110	10		+0.040	−0.036		−0.051	5.0		3.3		0.16	0.25
12×8	28~140	12						5.0		3.3			
14×9	36~160	14	+0.043 0	+0.120 +0.050	0 −0.043	±0.0215	−0.018 −0.061	5.5		3.8			
16×10	45~180	16						6.0		4.3			
18×11	50~200	18						7.0	+0.20	4.4	+0.20	0.25	0.40
20×12	56~220	20						7.5		4.9			
22×14	63~250	22	+0.052 0	+0.149 +0.065	0 −0.052	±0.026	−0.022 −0.074	9.0		5.4			
25×14	70~280	25						9.0		5.4			
28×16	80~320	28						10.0		6.4		0.40	0.60
32×18	80~360	32						11.0		7.4			
36×20	100~400	36	+0.062 0	+0.180 +0.080	0 −0.062	±0.031	−0.026 −0.088	12.0		8.4			
40×22	100~400	40						13.0	+0.30	9.4	+0.30	0.70	1.0
45×25	110~450	45						15.0		10.4			

注：l 系列：6，8，10，12，14，16，18，20，22，25，28，32，36，40，45，50，56，63，70，80，90，100，110，125，140，160，180，200，220，250，280，320，330，400，450。

2. 半圆键—键槽的剖面尺寸（GB/T 1098—2003）、普通型—半圆键（GB/T 1099.1—2003）（见附表 21）

附表 21 半圆键—键槽的剖面尺寸（GB/T 1098—2003）、普通型—半圆键（GB/T 1099.1—2003） mm

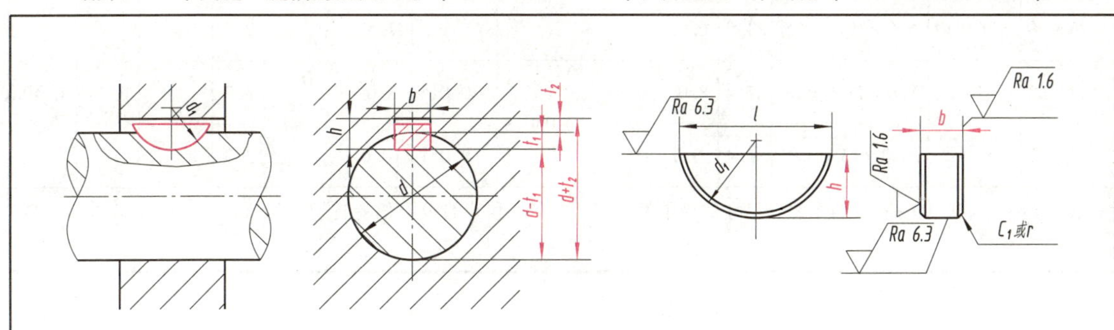

注：在工作图中，轴槽深用 t_1 或（$d-t_1$）标注，轮毂槽深用（$d+t_2$）标注。

标记示例：

宽度 $b=6$mm、高度 $h=10$mm、直径 $d=25$mm 普通型半圆键的标记为：键 6×10×25 GB/T 1099.1

续表

<table>
<tr><th colspan="2">轴径 d</th><th colspan="2">键</th><th colspan="10">键槽</th></tr>
<tr><th rowspan="4">键传递扭矩</th><th rowspan="4">键定位用</th><th rowspan="4">公称尺寸
$b \times h \times d_1$</th><th rowspan="4">长度
$L\approx$</th><th colspan="4">宽度 b</th><th colspan="4">深度</th><th colspan="2" rowspan="3">半径 r</th></tr>
<tr><th rowspan="3">公称尺寸
b</th><th colspan="3">极限偏差</th><th colspan="2" rowspan="2">轴 t</th><th colspan="2" rowspan="2">毂 t_1</th></tr>
<tr><th colspan="2">一般键连接</th><th>较紧键连接</th></tr>
<tr><th>轴 N9</th><th>毂 Js9</th><th>轴和毂 P9</th><th>公称尺寸</th><th>极限偏差</th><th>公称尺寸</th><th>极限偏差</th><th>最小</th><th>最大</th></tr>
<tr><td>自 3~4</td><td>自 3~4</td><td>1.0×1.4×4</td><td>3.9</td><td>1.0</td><td rowspan="7">-0.004
-0.029</td><td rowspan="7">±0.012</td><td rowspan="7">-0.006
-0.031</td><td>1.0</td><td rowspan="5">+0.1
0</td><td>0.6</td><td rowspan="13">+0.1
0</td><td rowspan="6">0.08</td><td rowspan="6">0.16</td></tr>
<tr><td>>4~5</td><td>>4~6</td><td>1.5×2.6×7</td><td>6.8</td><td>1.5</td><td>2.0</td><td>0.8</td></tr>
<tr><td>>5~6</td><td>>6~8</td><td>2.0×2.6×7</td><td>6.8</td><td>2.0</td><td>1.8</td><td>1.0</td></tr>
<tr><td>>6~7</td><td>>8~10</td><td>2.0×3.7×10</td><td>9.7</td><td>2.0</td><td>2.9</td><td>1.0</td></tr>
<tr><td>>7~8</td><td>>10~12</td><td>2.5×3.7×10</td><td>9.7</td><td>2.5</td><td>2.7</td><td>1.2</td></tr>
<tr><td>>8~10</td><td>>12~15</td><td>3.0×5.0×13</td><td>12.7</td><td>3.0</td><td>3.8</td><td rowspan="7">+0.20
0</td><td>1.4</td></tr>
<tr><td>>10~12</td><td>>15~18</td><td>3.0×6.5×16</td><td>15.7</td><td>3.0</td><td>5.3</td><td>1.4</td><td rowspan="7">0.16</td><td rowspan="7">0.25</td></tr>
<tr><td>>12~14</td><td>>18~20</td><td>4.0×6.5×16</td><td>15.7</td><td>4.0</td><td rowspan="7">0
-0.030</td><td rowspan="7">±0.015</td><td rowspan="7">-0.012
-0.042</td><td>5.0</td><td>1.8</td></tr>
<tr><td>>14~16</td><td>>20~22</td><td>4.0×7.5×19</td><td>18.6</td><td>4.0</td><td>6.0</td><td>1.8</td></tr>
<tr><td>>16~18</td><td>>22~25</td><td>5.0×6.5×16</td><td>15.7</td><td>5.0</td><td>4.5</td><td>2.3</td></tr>
<tr><td>>18~20</td><td>>25~28</td><td>5.0×7.5×19</td><td>18.6</td><td>5.0</td><td>5.5</td><td>2.3</td></tr>
<tr><td>>20~22</td><td>>28~32</td><td>5.0×9.0×22</td><td>21.6</td><td>5.0</td><td>7.0</td><td>2.3</td></tr>
<tr><td>>22~25</td><td>>32~36</td><td>6.0×9.0×22</td><td>21.6</td><td>6.0</td><td>6.5</td><td rowspan="4">+0.30
0</td><td>2.8</td></tr>
<tr><td>>25~28</td><td>>36~40</td><td>6.0×10.0×25</td><td>24.5</td><td>6.0</td><td>7.5</td><td>2.8</td><td rowspan="3">+0.2
0</td><td rowspan="3">0.25</td><td rowspan="3">0.40</td></tr>
<tr><td>>28~32</td><td>40</td><td>8.0×11.0×28</td><td>27.4</td><td>8.0</td><td rowspan="2">0
-0.036</td><td rowspan="2">±0.018</td><td rowspan="2">-0.015
-0.051</td><td>8.0</td><td>3.3</td></tr>
<tr><td>>32~38</td><td>—</td><td>10.0×13.0×32</td><td>31.4</td><td>10.0</td><td>10.0</td><td>3.3</td></tr>
<tr><td colspan="14">注：($d-t$) 和 ($d+t_1$) 两个组合尺寸的极限偏差按相应的 t 和 t_1 的极限偏差选取，但 ($d-t$) 极限偏差值应取负号 (-)。</td></tr>
</table>

九、销

1. 圆柱销—不淬硬钢和奥氏体不锈钢（GB/T 119.1—2000）（见附表22）

附表22 圆柱销—不淬硬钢和奥氏体不锈钢（GB/T 119.1—2000） mm

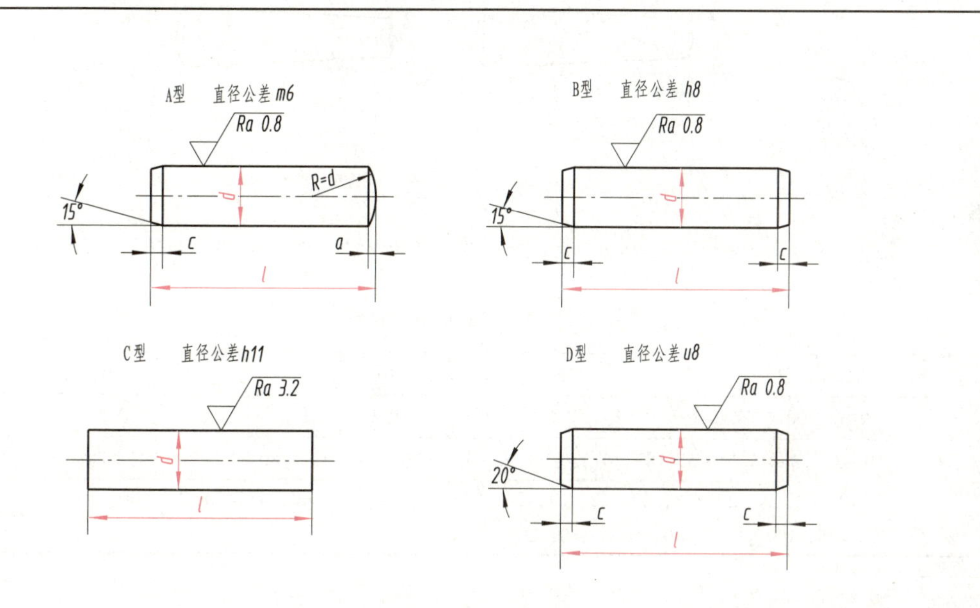

标记示例：

公称直径 d=6mm、公差为m6、公称长度 l=30mm、材料为钢、不经淬火、不经表面处理的圆柱销的标记：

销 GB/T 119.1 6m6×30

公称直径 d=6mm、公差为m6、公称长度 l=30mm、材料为 A_1 组奥氏体不锈钢、表面简单处理的圆柱销的标记：

销 GB/T 119.1 6m6×30－A_1

d（公称）	2.5	3	4	5	6	8	10	12	16	20	25	30
a≈	0.3	0.4	.05	0.63	0.80	1.0	1.2	1.6	2.0	2.5	3.0	4.0
c≈	0.4	0.5	0.63	0.80	1.2	1.6	2.0	2.5	3.0	3.5	4.0	5.0
l	6~24	8~30	8~40	10~50	12~60	14~80	18~95	22~140	26~180	35~200	50~200	60~200
l（系列）	6，8，10，12，14，16，18，20，22，24，26，28，30，32，35，40，45，50，55，60，65，70，75，80，85，90，95，100，120，140，160，180，200											

注：（1）其他公差由供需双方协议。

（2）公称长度大于200mm，按20mm递增。

2. 圆锥销（GB/T 117—2000）（见附表 23）

附表 23　圆锥销（GB/T 117—2000）　　mm

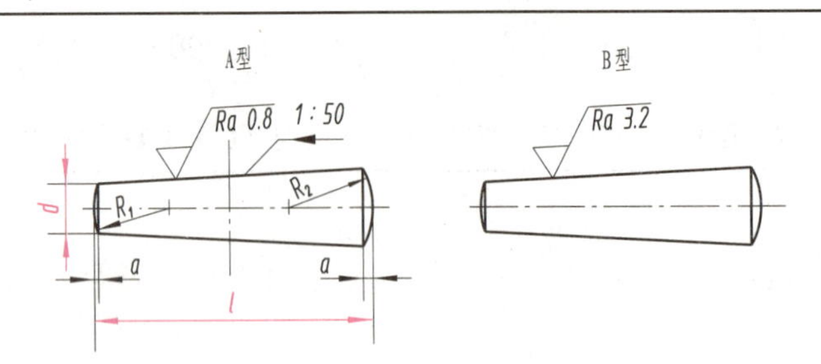

标记示例：

公称直径 d = 6mm、公称长度 l = 30mm、材料为 35 钢、热处理硬度 28 ~ 38HRC、表面氧化处理的 A 型圆锥销的标记：

销　GB/T 117 6 × 30

d（公称）	2.5	3	4	5	6	8	10	12	16	20	25	30
a≈	0.3	0.4	0.5	0.63	0.8	1.0	1.2	1.6	2	2.5	3.0	4.0
l	10 ~ 35	12 ~ 45	14 ~ 55	18 ~ 60	22 ~ 90	22 ~ 120	26 ~ 160	32 ~ 180	40 ~ 200	45 ~ 200	50 ~ 200	55 ~ 200
l（系列）	10，12，14，16，18，20，22，24，26，28，30，32，35，40，45，50，55，60，65，70，75，80，85，90，95，100，120，140，160，180，200											

3. 开口销（GB/T 91—2000）（见附表 24）

附表 24　开口销（GB/T 91—2000）　　mm

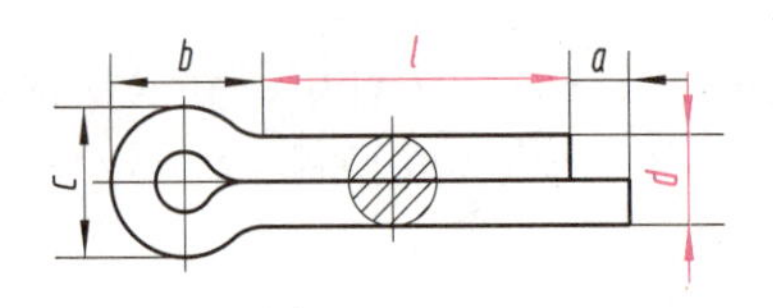

标记示例：

公称规格为 5mm、公称长度 l = 50mm、材料为 Q215 或 Q235、不经表面处理的开口销的标记：

销　GB/T 91 5 × 50

d（公称）	0.6	0.8	1	1.2	1.6	2	2.5	3.2	4	5	6.3	8	10	12
c	1	1.4	1.8	2	2.8	3.6	4.6	5.8	7.4	9.2	11.8	15	19	24.8
b≈	2	2.4	3	3	3.2	4	5	6.4	8	10	12.6	16	20	26
a	1.6	1.6	2.5	2.5	2.5	2.5	2.5	3.2	4	4	4	4	6.3	6.3
l	4 ~ 12	5 ~ 16	6 ~ 20	8 ~ 26	8 ~ 32	10 ~ 40	12 ~ 50	14 ~ 65	18 ~ 80	22 ~ 100	30 ~ 120	40 ~ 160	45 ~ 200	70 ~ 200
l（系列）	4，5，6，8，10，12，14，16，18，20，22，24，26，28，30，32，36，40，45，50，55，60，65，70，75，80，85，90，95，100，120，140，160，180，200													

注：销孔直径等于 d（公称）。

十、紧固件通孔及沉孔尺寸

紧固件通孔及沉孔尺寸（GB/T 5277—1985、GB/T 152.2～152.4—1988）（见附表25）

附表25 紧固件通孔及沉孔尺寸（GB/T 5277—1985、GB/T 152.2～152.4—1988） mm

螺栓或螺钉直径 d			3	3.5	4	5	6	8	10	12	14	16	20	24	30	36	42	48
通孔直径 d_h（GB/T 5277—1985）	精装配		3.2	3.7	4.3	5.3	6.4	8.4	10.5	13	15	17	21	25	31	37	43	50
	中等装配		3.4	3.9	4.5	5.5	6.6	9	11	13.5	15.5	17.5	22	26	33	39	45	52
	粗装配		3.6	4.2	4.8	5.8	7	10	12	14.5	16.5	18.5	24	28	35	42	48	56
六角头螺栓和六角螺母用沉孔（GB/T 152.4—1988）		d_2	9	—	10	11	13	18	22	26	30	33	40	48	61	71	82	98
		t	只要能制出与通孔轴线垂直的圆平面即可															
沉头用沉孔（GB/T 152.2—1988）		d_2	6.4	8.4	9.6	10.6	12.8	17.6	20.3	24.4	28.4	32.4	40.4	—	—	—	—	—
开槽圆柱头用沉孔（GB/T 152.3—1988）		d_2	—	—	8	10	11	15	18	20	24	26	33	—	—	—	—	—
		t	—	—	3.2	4	4.7	6	7	8	9	10.5	12.5	—	—	—	—	—
内头角圆柱头用沉孔（GB/T 152.3—1988）		d_2	6	—	8	10	11	15	18	20	24	26	33	40	48	57	—	—
		t	3.4	—	4.6	5.7	6.8	9	11	13	15	17.5	21.5	25.5	32	38	—	—

十一、滚动轴承

1. 深沟球轴承（GB/T 276—1994） 60000 型（见附表 26）

附表 26 深沟球轴承（GB/T 276—1994） 60000 型 mm

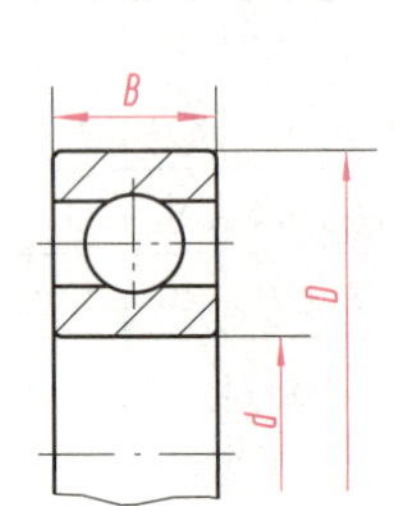

60000 型

轴承型号	尺寸		
	d	*D*	*B*
特轻（1）系列			
61800	10	26	8
61801	12	28	8
61802	15	32	9
61803	17	35	10
61804	20	42	12
105	25	47	12
106	30	55	13
107	35	62	14
108	40	68	15
109	45	75	16
110	50	80	16
111	55	90	18
112	60	95	18
113	65	100	18
114	70	110	20
115	75	115	20
116	80	125	22
117	85	130	22
118	90	140	24
119	95	145	24
120	100	150	24
121	105	160	26
122	110	170	28
124	120	180	28

轴承型号	尺寸		
	d	*D*	*B*
219	95	170	32
220	100	180	34
221	105	190	36
222	110	200	38
224	120	215	40
226	130	230	40
228	140	250	42
230	150	270	45
中（3）窄系列			
300	10	35	11
301	12	37	12
302	15	42	13
303	17	47	14
304	20	52	15
305	25	62	17
306	30	72	19
307	35	80	21
308	40	90	23
309	45	100	25
310	50	110	27
311	55	120	29
312	60	130	31
313	65	140	33
314	70	150	35

续表

轴承型号	尺寸		
	d	*D*	*B*
126	130	200	33
128	140	210	33
130	150	225	35
轻（2）窄系列			
200	10	30	9
201	12	32	10
202	15	35	11
203	17	40	12
204	20	47	14
205	25	52	15
206	30	62	16
207	35	72	17
208	40	80	18
209	45	85	19
210	50	90	20
211	55	100	21
212	60	110	22
213	65	120	23
214	70	125	24
215	75	130	25
216	80	140	26
217	85	150	28
218	90	160	30

轴承型号	尺寸		
	d	*D*	*B*
315	75	160	37
316	80	170	39
317	85	180	41
318	90	190	43
319	95	200	45
320	100	215	47
重（4）窄系列			
403	17	62	17
404	20	72	19
405	25	80	21
406	30	90	23
407	35	100	25
408	40	110	27
409	45	120	29
410	50	130	31
411	55	140	33
412	60	150	35
413	65	160	37
414	70	180	42
415	75	190	45
416	80	200	48
417	85	210	52
418	90	225	54

2. 推力球轴承（GB/T 301—1995） 51000 型（见附表 27）

附表 27 推力球轴承（GB/T 301—1995） 51000 型 mm

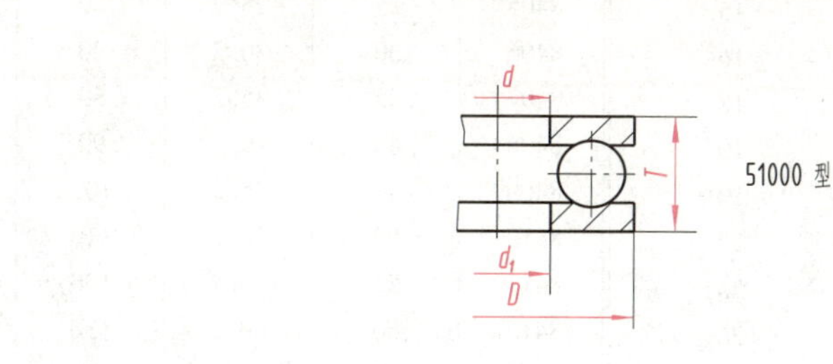

续表

轴承型号	尺寸			
	d	d_1最小	D	T
特轻（1）系列				
8100	10	10.2	24	9
8101	12	12.2	26	9
8102	15	15.2	28	9
8103	17	17.2	30	9
8104	20	20.2	35	10
8105	25	25.2	42	11
8106	30	30.2	47	11
8107	35	35.2	52	12
8108	40	40.2	60	13
8109	45	45.2	65	14
8110	50	50.2	70	14
8111	55	55.2	78	16
8112	60	60.2	85	17
8113	65	65.2	90	18
8114	70	70.2	95	18
8115	75	75.2	100	19
8116	80	80.2	105	19
8117	85	85.2	110	19
8118	90	90.2	120	22
8120	100	100.2	135	25
8122	110	110.2	145	25
8124	120	120.2	155	25
8126	130	130.2	170	30
8128	140	140.3	180	31
8130	150	150.3	190	31
轻（2）系列				
8200	10	10.2	26	11
8201	12	12.2	28	11
8202	15	15.2	32	12
8203	17	17.2	35	12
8204	20	20.2	40	14
8205	25	25.2	47	15
8206	30	30.2	52	16
8207	35	35.2	62	18
8208	40	40.2	68	19
8209	45	45.2	73	20
8210	50	50.2	78	22
8211	55	55.2	90	25
8212	60	60.2	95	26
8213	65	65.2	100	27
8214	70	70.2	105	27
8215	75	75.2	110	27
8216	80	80.2	115	28
8217	85	85.2	125	31
8218	90	90.2	135	36
8220	100	100.2	150	38
8222	110	110.2	160	38
8224	120	120.2	170	39
8226	130	130.3	190	45
8228	140	140.3	200	46
8230	150	150.3	215	50
中（3）系列				
8305	25	25.2	52	18
8306	30	30.2	60	21
8307	35	35.2	68	24
8308	40	40.2	78	26
8309	45	45.2	85	28
8310	50	50.2	95	31
8311	55	55.2	105	35
8312	60	60.2	110	35
8313	65	65.2	115	36
8314	70	70.2	125	40
8315	75	75.2	135	44
8316	80	80.2	140	44
8317	85	85.2	150	49
8318	90	90.2	155	52
8320	100	100.2	170	55
8322	110	110.2	190	63
8324	120	120.2	210	70
8326	130	130.3	225	75
8328	140	140.3	240	80
8330	150	150.3	250	80
重（4）窄系列				
8405	25	25.2	60	24
8406	30	30.2	70	28
8407	35	35.2	80	32
8408	40	40.2	90	36
8409	45	45.2	100	39
8410	50	50.2	110	43
8411	55	55.2	120	48
8412	60	60.2	130	51
8413	65	65.2	140	56
8414	70	70.2	150	60
8415	75	75.2	160	65
8416	80	80.2	170	68

3. 圆锥滚子轴承（GB/T 297—1994） 30000 型（见附表 28）

附表 28 圆锥滚子轴承（GB/T 297—1994） 30000 型

3000 型

轴承型号	尺寸						
	d/mm	D/mm	B/mm	C/mm	T/mm	E/mm	α
特轻（1）宽系列							
2007105E	25	47	15	11. 5	15	37. 393	16°
2007106E	30	55	17	13	17	44. 438	16°
2007107E	35	62	18	14	18	50. 510	16°50′
2007108E	40	68	19	14. 5	19	56. 897	14°10′
2007109E	45	75	20	15. 5	20	63. 248	14°40′
2007110E	50	80	20	15. 5	20	67. 841	15°45′
2007111E	55	90	23	17. 5	23	76. 505	15°10′
2007112E	60	95	23	17. 5	23	80. 634	16°
2007113E	65	100	23	17. 5	23	85. 567	17°
2007114E	70	110	25	19	25	93. 633	16°10′
2007115E	75	115	25	19	25	98. 358	17°
轻（2）窄系列							
7203E	17	40	12	11	13. 25	31. 408	12°57′10″
7204E	20	47	14	12	15. 25	37. 304	12°57′10″
7205E	25	52	15	13	16. 25	41. 135	14°02′10″
7206E	30	62	16	14	17. 25	49. 990	14°02′10″
7207E	35	72	17	15	18. 25	58. 844	14°02′10″
7208E	40	80	18	16	19. 75	65. 730	14°02′10″
7209E	45	85	19	16	20. 75	70. 440	15°06′34″
7210E	50	90	20	17	21. 75	75. 078	15°38′32″
7211E	55	100	21	18	22. 75	84. 197	15°06′34″
7212E	60	110	22	19	23. 75	91. 876	15°06′34″
7213E	65	120	23	20	24. 75	101. 934	15°06′34″
7214E	70	125	24	21	26. 25	105. 748	15°38′32″
7215E	75	130	25	22	27. 25	110. 408	16°10′20″
7216E	80	140	26	22	28. 25	119. 169	15°38′32″
7217E	85	150	28	22	30. 50	126. 685	15°38′32″
7218E	90	160	30	26	32. 50	134. 901	15°38′32″
7219E	95	170	32	27	34. 50	143. 385	15°38′32″
7220E	100	180	34	29	37	151. 310	15°38′32″
中（3）窄系列							
7302E	15	42	13	11	14. 25	33. 272	10°45′29″
7303E	17	47	14	12	15. 25	37. 420	10°45′29″
7304E	20	52	15	13	16. 25	41. 318	11°18′36″
7305E	25	62	17	15	18. 25	50. 637	11°30′
7306E	30	72	19	16	20. 75	58. 287	11°51′35″
7307E	35	80	21	18	22. 75	65. 769	11°51′35″
7308E	40	90	23	20	25. 25	72. 703	12°57′10″
7309E	45	100	25	22	27. 25	81. 780	12°57′10″
7310E	50	110	27	23	29. 25	90. 633	12°57′10″
7311E	55	120	29	25	31. 50	99. 146	12°57′10″
7312E	60	130	31	26	33. 50	107. 769	12°57′10″
7313E	65	140	33	28	36	116. 846	12°57′10″
7314E	70	150	35	30	38	125. 244	12°57′10″
7315E	75	160	37	31	40	134. 097	12°57′10″
7316E	80	170	39	33	42	143. 174	12°57′10″
7317E	85	180	41	34	44. 50	150. 433	12°57′10″
7318E	90	190	43	36	46. 50	159. 061	12°57′10″
7319E	95	200	45	38	49. 50	165. 861	12°57′10″
7320E	100	215	47	39	51. 50	178. 578	12°57′10″

注：我国标准型号后的“E”表示轴承公称接触角 α 和外滚道小端公称直径 E 符合本标准，以与目前尚在生产的老产品相区别。

十二、常用材料及热处理名词解释

1. 常用铸铁牌号（见附表29）

附表 29　常用铸铁牌号

名称	牌号	牌号表示方法说明	硬度/HB	特性及用途举例
灰铸铁	HT100	“HT”是灰铸铁的代号，它后面的数字表示抗拉强度（“HT”是“灰、铁”两字汉语拼音的第一个字母）	143 ~ 229	属低强度铸铁。用于盖、手把、手轮等不重要零件
	HT150		143 ~ 241	属中等强度铸铁。用于一般铸件如机床座、端盖、皮带轮、工作台等
	HT200 HT250		163 ~ 255	属高强度铸铁。用于较重要铸件如气缸、齿轮、凸轮、机座、床身、飞轮、皮带轮、齿轮箱、阀壳、联轴器、衬筒、轴承座等
	HT300 HT350 HT400		170 ~ 255 170 ~ 269 197 ~ 269	属高强度、高耐磨铸铁。用于主要铸件如齿轮、凸轮、床身、高压液压筒、液压泵和滑阀的壳体、车床卡盘等
球墨铸铁	QT450 - 10 QT500 - 7 QT600 - 3	“QT”是球墨铸铁的代号，它后面的数学分别表示强度和延伸率的大小。（“QT”是“球、铁”两字汉语拼音的第一个字母）	170 ~ 207 187 ~ 255 197 ~ 269	具有较高的强度和塑性。广泛用于机械制造业中受磨损和受冲击的零件，如曲轴、凸轮轴、齿轮、气缸套、活套环、摩擦片、中低压阀门、千斤顶底座、轴承座等
可锻铸铁	KTH300 - 06 KTH330 - 08 KTZ450 - 05	“KHT”“KTZ”分别是黑心和珠光体可锻铸铁的代号，它们后面的数字分别表示强度和延伸率的大小（“KT”是“可、铁”两字汉语拼音的第一个字母）	120 ~ 163 120 ~ 163 152 ~ 219	用于承受冲击、振动等零件，如汽车零件、机床附件（如扳手等）、各种管接头、低压阀门、农机具等。珠光体可锻铸铁在某些场合可代替低碳钢、中碳钢及低合金钢，如用于制造齿轮、曲轴、连杆等

2. 常用钢材牌号（见附表30）

附表 30　常用钢材牌号

名称	牌号	牌号表示方法说明	特性及用途举例
碳素结构钢	Q215 - A	牌号由屈服点字母（Q）、屈服点数值、质量等级符号（A、B、C、D）和脱氧方法（F——沸腾钢，b——半镇静钢，Z——镇静钢，TZ——特殊镇静）等四部分按顺序组成。在牌号组成表示方法中“Z”与“TZ”符号可以省略	塑性大，抗拉强度低，易焊接。用于炉撑、铆钉、垫圈、开口销等
	Q235 - A		有较高的强度和硬度，延伸率也相当大，可以焊接，用途很广，是一般机械上的主要材料，用于低速轻载齿轮、键、拉杆、钩子、螺栓、套圈等
	Q255 - A		延伸率低，抗拉强度高，耐磨性好，焊接性不够好。用于制造不重要的轴、键、弹簧等

续表

名称		牌号	牌号表示方法说明	特性及用途举例
优质碳素结构钢	普通含锰钢	15	牌号数字表示钢中平均含碳量。如“45”表示平均含碳量为0.45%	塑性、韧性、焊接性能和冷冲性能均极好，但强度低。用于螺钉、螺母、法兰盘、渗碳零件等
		20		用于不经受很大应力而要求很大韧性的各种零件，如杠杆、轴套、拉杆等；还可用于表面硬度高而心部强度要求不大的渗碳与氧化零件
		35		不经热处理可用于中等载荷的零件，如拉杆、轴、套筒、钩子等；经调质处理后适用于强度低及韧性要求较高的零件如传动轴等
		45		用于强度要求较高的零件。通常在调质或正火后使用，用于制造齿轮、机床主轴、花键轴、联轴器等。由于它的淬透性差，因此用于截面大的零件
		60		这是一种强度和弹性相当高的钢。用于制造连杆、轧辊、弹簧、轴等
		75		用于板弹簧、螺旋弹簧以及受磨损的零件
	较高含锰钢	15Mn		它的性能与15号钢相似，但淬透性及强度和塑性比15号都高些。用于制造中心部分的机械性能要求较高且需渗碳的零件，焊接性好
		45Mn		用于受磨损的零件，如转轴、心轴、齿轮、叉等，还可用作受较大载荷的离合器盘、花键盘、凸轮轴、曲轴等，焊接性差
		65Mn		钢的强度高，淬透性较大，脱碳倾向小，但有过热敏感性，易生淬火裂纹，并有回火脆性。适用于较大尺寸的各种扁、圆弹簧以及其他经受摩擦的农机具零件
合金钢	锰钢	15Mn2	（1）合金钢牌号用化学元素符号表示； （2）含碳量写在牌号之前，但高合金钢如高速工具钢、不锈钢等的含碳量不标出； （3）合金工具钢含碳量≥1%时不标出；<1%时，以千分之几来标出； （4）化学元素的含量<1.5%时不标出；含量>1.5%时才标出，如Cr17，17是铬的含量约为17%	用于钢板、钢管，一般只经正火
		20Mn2		对于截面较小的零件，相当于20Cr钢，可用作渗碳小齿轮、小轴、活塞销、柴油机套筒、气门推杆、钢套等
		30Mn2		用于调质钢，如冷镦的螺栓及截面较大的调质零件
		45Mn2		用于截面较小的零件，相当于40Cr钢，直径在50mm以下时，可代替40Cr作重要螺栓及零件
	硅锰钢	27SiMn		用于调质钢
		35SiMn		除要求低温（-20℃），当冲击韧性很高时，可全面代替40Cr钢作调质零件，亦可部分代替40CrNi钢，此钢耐磨、耐疲劳性均佳，可作为轴、齿轮及在430℃以下的重要紧固件
	铬钢	15Cr		用于船舶主机上的螺栓、活塞销、凸轮、凸轮轴、汽轮机套环，机车上用的小零件以及用于心部韧性高的渗碳零件
		20Cr		用于柴油机活塞销、凸轮、轴、小拖拉机传动齿轮以及较重要的渗碳件。20MnVB、20Mn2B可代替它使用
	铬锰钛钢	18CrMnTi		工艺性能好，用于汽车、拖拉机等上的重要齿轮及一般强度、韧性均较高的减速器齿轮，供渗碳处理
		35CrMnTi		用于尺寸较大的调质钢件

续表

名称		牌号	牌号表示方法说明	特性及用途举例
合金钢	铬钼铝钢	38CrMoAlA	铬轴承钢，牌号前有汉语拼音字母“G”，并且不标出含碳量。含铬量以千分之几表示	用于渗氮零件，如主轴、高压阀杆、阀门、橡胶及塑料挤压机等
	铬轴承金钢	GCr6		一般用来制造滚动轴承中的直径小于10mm的滚球或滚子
		GCr15		一般用来制造滚动轴承中尺寸较大的滚球、滚子、内圈和外圈
铸钢		ZG200—400	铸钢件，前面一律加汉语拼音字母“ZG”	用于各种形状的零件，如机座、变速箱壳等
		ZG270—500		用于各种形状的零件，如飞轮、机架、水压机工作缸、横梁等。焊接性较好
		ZG310—570		用于各种形状的零件，如联轴器气缸齿轮及重负荷的机架等

3. 常用有色金属符号（见附表31）

附表31　常用有色金属牌号

名称		牌号	说明	用途举例
青铜	压力加工用青铜	QSn4－3	Q表示青铜，后面加第一个主添加元素符号及除基元素铜以外的成分数字组来表示	扁弹簧、圆弹簧、管配件和化工器械
		QSn6.5－0.1		耐磨零件、弹簧及其他零件
	铸造锡青铜	ZQSn5.5－5	Z表示铸造，其他同上	用于承受摩擦的零件，如轴套、轴承填料与承受10个大气压以下的蒸汽和水的配件
		ZQSn10－1		用于承受剧烈摩擦的零件，如丝杆、轻型轧钢机轴承、蜗轮等
		ZQSn8－12		用于制造轴承的轴瓦和轴套以及在特别重载荷条件下工作的零件
	铸造无锡青铜	ZQAl 9－4		强度高，减磨性、耐蚀性、受压、铸造性均良好。用于在蒸汽和海水条件下工作及受摩擦和腐蚀的零件，如蜗轮衬套、轧钢机压下螺母等
		ZQAl10－5－1.5		制造耐磨、硬度高、强度好的零件，如蜗轮、螺母、轴套及防锈零件
		ZQMn5－21		用在中等工作条件下轴承的轴套和轴瓦等
黄铜	压力加工用黄铜	H59	H表示黄铜，后面数字表示基元素铜的含量。黄铜是铜锌合金	热压及热轧零件
		H62		散热器、垫圈、弹簧、各种网、螺钉及其他零件
	铸造黄铜	ZHMn58－2－2	Z表示铸造，后面符号表示主添加元素，后一组数字表示除锌以外的其他元素含量	用于制造轴瓦、轴套及其他耐磨零件
		ZHAl66－6－3－2		用于制造丝杆螺母、受重载荷的螺旋杆、压下螺丝的螺母及在重载荷下工作的大型蜗轮轮缘等

续表

名称		牌号	说明	用途举例
铝	硬铝合金	LY1	LY 表示硬铝，后面是顺序号	时效状态下塑性良好；切削加工性在时效状态下良好，在退火状态下降低；耐蚀性中等。是铆接铝合金结构用的主要铆钉材料
		LY8		退火和新淬火状态下塑性中等；焊接性好；切削加工性在时效状态下良好，退火状态下降低；耐蚀性中等。用于各种中等强度的零件和构件、冲压的连接部件、空气螺旋桨叶及铆钉等
	锻铝合金	LD2	LD 表示锻铝，后面是顺序号	热态退火状态下塑性高，时效状态下中等；焊接性良好；切削加工性能在软态下不良，在时效状态下良好，耐蚀性高。用于要求在冷状态和热状态量具有高可塑性且承受中等载荷的零件和构件
	铸造铝合金	ZL301	Z 表示铸造，L 表示铝，后面是顺序号	用于受重大冲击负荷、高耐蚀的零件
		ZL102		用于气缸活塞以及高温工作的复杂形状零件
		ZL401		适用于压力铸造用的高强度铝合金
轴承合金	锡基轴承合金	ZChSnSb9－7	Z 表示铸造，Ch 表示轴承合金，后面是主元素，再后面是第一添加元素。一组数字表示除第一个基元素外的添加元素含量	韧性强，适用于内燃机、汽车等轴承及轴衬
		ZChSnSb13－5－12		适用于一般中速、中压的各种机器轴承及轴衬
	铅基轴承合金	ZChPbSn16－16－2		用于浇注汽轮机、机车、压缩机的轴承
		ChPbSb15－5		用于浇注汽油发动机、压缩机和球磨机等的轴承

4. 热处理名词解释（见附表32）

附表32　热处理名词解释

名词	标注举例	说明	目的	适用范围
退火	Th	加热到临界温度以上，保温一定时间，然后缓慢冷却（例如在炉中冷却）	（1）消除在前一工序（锻造、冷拉等）中所产生的内应力。 （2）降低硬度，改善加工性能。 （3）增加塑性和韧性。 （4）使材料的成分或组织均匀，为以后的热处理准备条件	完全退火适用于含碳量0.8%以下的铸锻焊件；为消除内应力的退火主要用于铸件和焊件
正火	Z	加热到临界温度以上，保温一定时间，再在空气中冷却	（1）细化晶粒。 （2）与退火后相比，强度略有增高，并能改善低碳钢的切削加工性能	用于低、中碳钢。对低碳钢常用以代替退火

续表

名词	标注举例	说明	目的	适用范围
淬火	C62（淬火后回火至HRC60～65）； Y35（油冷淬火后回火至HRC30～40）	加热到临界温度以上，保温一定时间，再在冷却剂（水、油或盐水）中急速地冷却	（1）提高硬度及强度。 （2）提高耐磨性	用于中、高碳钢。淬火后钢件必须回火
回火	回火	经淬火后再加热到临界温度以下的某一温度，在该温度停留一定时间，然后在水、油或空气中冷却	（1）消除淬火时产生的内应力。 （2）增加韧性，降低硬度	高碳钢制的工具、量具、刃具用低温（150℃～250℃）回火。 弹簧用中温（270℃～450℃）回火
调质	T235（调质至HB220～250）	在450℃～650℃进行高温回火称“调质”	可以完全消除内应力，并获得较高的综合机械性能	用于重要的轴、齿轮以及丝杠等零件
表面淬火	H54（火焰加热淬火后，回火到HRC52～58）； G52（高频淬火后，回火至HRC50～55）	用火焰或高频电流将零件表面迅速加热至临界温度以上，急速冷却	使零件表面获得高硬度，而心部保持一定的韧性，使零件既耐磨又能承受冲击	用于重要的齿轮以及曲轴、活塞销等
渗碳淬火	S0.5—C59（渗碳层深0.5，淬火硬度HRC56～62）	在渗碳剂中加热到900℃～950℃，停留一定时间，将碳渗入钢表面，深度为0.5～2mm，再淬火后回火	增加零件表面硬度和耐磨性，提高材料的疲劳强度	适用于含碳量为0.08%～0.25%的低碳钢及低碳合金钢
氮化	D0.3—900（氮化深度0.3，硬度大于HV850）	使工作表面渗入氮元素	增加表面硬度、耐磨性、疲劳强度和耐蚀性	适用于含铝、铬、锰等的合金钢，例如要求耐磨的主轴、量规、样板等
碳氮共渗	Q59（氰化淬火后，回火至HRC56～62）	使工作表面同时饱和碳和氮元素	增加表面硬度、耐磨性、疲劳强度和耐蚀性	适用于碳素钢及合金结构钢，也适用于高速钢的切削工具
时效处理	时效处理	（1）天然时效：在空气中长期存放半年到一年以上。 （2）人工时效：加热到500℃～600℃，在这个温度保持10～20h或更长时间	使铸件消除其内应力面稳定其形状和尺寸	用于机床床身等大型铸件
冰冷处理	冰冷处理	将淬火钢继续冷却至室温以下的处理方法	进一步提高硬度、耐磨性，并使其尺寸趋于稳定	用于滚动轴承的钢球、量规等
发蓝发黑	发蓝或发黑处理	氧化处理。用加热办法使工件表面形成一层氧化铁所组成的保护性薄膜	防腐蚀、美观	用于常见的紧固件

续表

名词	标注举例	说明	目的	适用范围
硬度	HB（布氏硬度）	材料抵抗硬的物体压入零件表面的能力称为“硬度”。根据测定方法的不同，可分布氏硬度、洛氏硬度和维氏硬度	硬度测定是为了检验材料经热处理后的机械性能——硬度	用于经退火、正火、调质的零件及铸件的硬度检查
	HRC（洛氏硬度）			用于经淬火、回火及表面化学热处理的零件的硬度检查
	HV（维氏硬度）			特别适用于薄层硬化零件的硬度检查

参考文献

[1] 秦大同，谢里阳．现代机械设计手册（第1卷）[M]．北京：化学工业出版社，2011.

[2] 中国纺织大学．画法几何与机械制图 [M]．第5版．上海：上海科学技术出版社，2003.

[3] 王兰美，殷昌贵．画法几何与机械制图 [M]．第2版．北京：机械工业出版社，2007.

[4] 万静，许纪倩．机械制图 [M]．北京：清华大学出版社，2011.

[5] 侯洪生．机械工程学 [M]．第2版．北京：科学出版社，2008.

[6] 大连理工大学工程画教研室．机械制图 [M]．高等教育出版社，2002.

[7] 胡琳．工程制图（英汉双语对照）[M]．第2版．北京：机械工业出版社，2010.

[8] 胡建生．机械制图 [M]．北京：机械工业出版社，2009.

[9] 刘小年．机械制图 [M]．第2版．北京：高等教育出版社，2010.

[10] 焦永和，林宏．画法几何及机械制图 [M]．修订版．北京：北京理工大学出版社，2011.

[11] 刘青科，李凤平，苏猛，屈振生．画法几何及机械制图 [M]．沈阳：东北大学出版社，2011.

[12] 刘青科，齐白岩．工程图学 [M]．沈阳：东北大学出版社，2008.

[13] 屈振生，苏猛，张士庆，李凤平．机械图学 [M]．第四版．沈阳：东北大学出版社，2005.

[14] 全国技术产品文件标准化技术委员会，中国标准出版社．技术产品文件标准汇编：技术制图卷 [M]．第2版．北京：中国标准出版社，2009.

[15] 全国技术产品文件标准化技术委员会，中国标准出版社．技术产品文件标准汇编：机械制图卷 [M]．北京：中国标准出版社，2009.